深圳2018超限高层建筑工程设计研究及实例

魏琏　王森　张剑　主编

中国建筑工业出版社

图书在版编目（CIP）数据

深圳2018超限高层建筑工程设计研究及实例 / 魏琏，王森，张剑主编. —北京：中国建筑工业出版社，2020.11

ISBN 978-7-112-25638-9

Ⅰ. ①深… Ⅱ. ①魏… ②王… ③张… Ⅲ. ①高层建筑—建筑设计—研究—深圳 Ⅳ. ①TU972

中国版本图书馆CIP数据核字(2020)第235567号

责任编辑：刘瑞霞　李天虹

责任校对：赵　菲

深圳2018超限高层建筑工程设计研究及实例

魏琏　王森　张剑　主编

*

中国建筑工业出版社出版、发行(北京海淀三里河路9号)

各地新华书店、建筑书店经销

北京红光制版公司制版

天津翔远印刷有限公司印刷

*

开本：787毫米×1092毫米　1/16　印张：27¼　字数：679千字

2020年12月第一版　2020年12月第一次印刷

定价：**88.00**元

ISBN 978-7-112-25638-9

(35984)

编　委　会

序

短短40年，深圳经济特区从边陲小镇迅速崛起为一座超大型城市，高层建筑比比皆是。从国贸大厦到20世纪90年代“亚洲第一个高楼”的地王大厦，再到平安金融中心，其建筑高度已达世界前列。由于城市发展需要，深圳还涌现了大量造型新颖复杂、建筑功能优越、结构受力各具特色的公共建筑，这些建筑根据规定均属于超限高层建筑，需呈报当地建设行政主管部门进行超限高层建筑抗震设防专项审查，以更好地保证其抗震安全性。深圳市住房和建设局高度重视超限高层建筑的设计管理，规范审查资料和审查流程，对审查意见落实情况严格把关，同时开展相关新技术的研究工作，对提高和保证深圳市超限高层建筑抗震设防专项审查工作的水平和质量起到积极作用。

为了总结超限高层建筑工程在抗震设计和审查工作中的经验，面临的技术难点、问题及解决方法，更好地指导今后的工作，深圳市住房和建设局组织编写《深圳2018超限高层建筑工程设计研究及实例》一书，内容包括有关政府规定文件、精选的具有代表性的超限高层建筑案例以及若干热点技术问题的讨论和相应设计建议，希望为业内人员提供参考与借鉴，也希望有助于海内外读者更好地了解深圳市城市建设在这一领域的发展与科技成果。

作为粤港澳大湾区的中心城市，深圳正致力于成为具有世界影响力的创新创意之都，着力建设中国特色社会主义先进示范区。站在新的历史起点上，如何在过去40年成就的基础上继续推进深圳城市建设，是我们面临的新的重大挑战和课题。希望借此书的出版发行激励广大建设工作者，为深圳高层建筑的建设与发展作出新的更大的贡献。

本书编委会
2019-07-18

前　言

为总结深圳市2018年完成的超限高层建筑工程在设计与审查过程中获得的经验、遇到的问题及处理方法，深圳市住房和建设局立项编写《深圳2018超限高层建筑工程设计研究及实例》一书，为业内设计人员提供参考与借鉴，提高结构抗震设计水平及质量。

在住建局领导下组织了本书的编委会，编写内容包括：①2018年深圳市超限审查工程综述；②在2018年深圳市超限高层建筑工程百余个项目中选择了10个各有特色、现行规范尚不能完全涵盖的超限高层建筑工程案例，请各设计单位提供了经过适当修改的超限设计文本；③提供了超限高层建筑设计的一些研究成果。市住建局还组织专家对本书进行了审查，提出了宝贵意见。

希望本书的出版能对从事超限高层建筑抗震设计的广大设计人员提供一定的参考价值。如有不妥之处，欢迎广大读者批评指正。

编写组

于2019年7月

目　录

第1章　综　　述

1.1　深圳市2018年超限工程概况

深圳市2018年度共进行了106项超限高层建筑抗震设防专项审查，其基本情况见表1.1-1。其中有2项的超限审查结论为“修改”，104项的超限审查结论为“通过”。

2018年深圳市超限高层建筑抗震设防专项审查项目汇总　　表1.1-1

编号	审查时间	项目名称	建设单位	设计单位	超限审查结论
1	0105	太子湾DY02-04号地块T7、T8栋公寓塔楼	深圳市太子湾乐湾置业有限公司	奥意建筑工程设计有限公司	通过
2	0111	深圳北（龙华）商务中心（01-07）地块	深圳市鸿荣源实业有限公司	深圳市华阳国际工程设计股份有限公司	通过
3	0112	光明新区公明街道华发片区城市更新项目（南庄地块）一期	深圳市名巨南庄房地产有限公司	深圳市库博建筑设计事务所有限公司 深圳市国际印象建筑设计有限公司	修改
4	0119	光明文化艺术中心	深圳市光明新区建筑公务局	奥意建筑工程设计有限公司	通过
5	0123	宝安中心区演艺中心	深圳华侨城滨海有限公司	北京市建筑设计研究院有限公司	通过
6	0123	中泰瑧府	深圳市众联业贸易有限公司	深圳华森建筑与工程设计顾问有限公司	通过
7	0126	龙岗区龙岗街道水一村城市更新单元项目（01-01地块、01-02地块）	深圳市碧桂园实业有限公司	深圳市库博建筑设计事务所有限公司 北京市住宅建筑设计研究院有限公司	通过
8	0131	特区建发东部大厦	广东特建发东部投资有限公司	中国建筑技术集团有限公司	通过
9	0202	光明新区光明办事处大丰安片区城市更新单元01-01、03-01地块	深圳市奥星房地产开发有限公司	艾奕康设计与咨询（深圳）有限公司	通过

续表

编号	审查时间	项目名称	建设单位	设计单位	超限审查结论
10	0207	光明新区公明街道华发片区城市更新项目（南庄地块）一期	深圳市名巨南庄房地产有限公司	深圳市库博建筑设计事务所有限公司 深圳市国际印象建筑设计有限公司	通过
11	0208	天鹅湖畔 01、06、07 地块	深圳市特衡佳房地产投资有限公司	艾奕康设计与咨询（深圳）有限公司	通过
12	0209	首创商务大厦	深圳首龙房地产开发有限公司	深圳华森建筑与工程设计顾问有限公司	通过
13	0209	上步片区第十四更新单元 14-05 地块	深圳市雅钰投资发展有限公司	奥意建筑工程设计有限公司	通过
14	0302	光明尚智科园 1 栋 A 座、B 座	深圳市特区建设发展集团有限公司	深圳市华阳国际工程设计股份有限公司	通过
15	0302	深城投中城花园 3 栋保障房和 4 栋公寓	深圳市深城投置业有限公司	深圳市华阳国际工程设计股份有限公司	通过
16	0309	中外运长航物流中心项目 02 地块 A 栋、C 栋	深圳市德瀚投资有限发展公司	深圳市建筑设计研究总院有限公司	通过
17	0315	锦顺名居（2 栋 A 座～2 栋 D 座）	深圳市锦顺源实业集团有限公司深圳市大浪水围股份合作公司	深圳市何域城建筑设计有限公司	通过
18	0320	碧湖春天南花园	深圳市盛城和记房地产开发有限公司	奥意建筑工程设计有限公司	通过
19	0323	龙华清湖社区新业更新单元项目 02-01 地块	深圳市盛宏置业投资有限公司 深圳市龙华清湖股份合作公司	悉地国际设计顾问（深圳）有限公司	通过
20	0320	大鹏下沙海滨生态旅游度假区整体开发项目 06-02 地块酒店（一期）	深圳市佳富东部旅游开发有限公司	深圳市博万结构设计事务所（普通合伙）	通过
21	0330	东亚嘉里项目 T102-0260 宗地项目一期、二期	寰裕置业（深圳）有限公司	筑博设计股份有限公司	通过
22	0418	龙华新区民治办事处梅林关更新单元 02-01 地块	深圳市深国际联合置地有限公司	深圳市华阳国际工程设计股份有限公司 筑博设计有限股份有限公司	通过
23	0425	万科星城商业中心	深圳市西城房地产开发有限公司	筑博设计股份有限公司	通过

续表

编号	审查时间	项目名称	建设单位	设计单位	超限审查结论
24	0427	塘朗F地块物业开发项目（南翠华府）	深圳市地铁集团有限公司	深圳市市政设计研究院有限公司	通过
25	0428	海德园A区	深圳市新润园房地产开发有限公司 深圳市新活力实业发展集团有限公司 深圳市常源实业股份有限公司 深圳市大梅沙实业股份有限公司	中国航天建设集团有限公司	通过
26	0428	海德园B区	深圳市新润园房地产开发有限公司 深圳市新活力实业发展集团有限公司 深圳市常源实业股份有限公司 深圳市大梅沙实业股份有限公司	中国航天建设集团有限公司	通过
27	0502	龙岗保障性住房2016年EPC项目南约地块	龙岗区住房和建设局	深圳市华阳国际工程设计股份有限公司	通过
28	0502	罗湖区莲塘街道翠苑花园2、3栋城市更新单元项目	深圳市罗湖区莲塘街道办事处	深圳机械院建筑设计有限公司	通过
29	0509	坂田南杨美村布龙路保障性住房项目04-21地块、06-01地块	深圳市永恒置业有限公司	深圳市华阳国际工程设计股份有限公司	通过
30	0509	深圳市大鹏下沙滨海生态旅游度假区整体开发项目（06-09地块）	深圳市佳富东部旅游开发有限公司	筑博设计股份有限公司	通过
31	0510	京基长源村旧改03地块1栋、2栋A座、2栋B座	深圳市京基房地产股份有限公司	深圳市华阳国际工程设计股份有限公司	通过
32	0512	简上体育综合体	深圳市龙华区政府投资工程项目前期工作办公室	悉地国际设计顾问（深圳）有限公司	修改
33	0518	辛养工业区更新单元01地块	深圳卓越青浦房地产开发有限公司	奥意建筑工程设计有限公司	通过
34	0518	辛养工业区更新单元02地块	深圳卓越青浦房地产开发有限公司	奥意建筑工程设计有限公司	通过
35	0518	龙岗区横岗街道保安片区更新单元01-01地块	深圳市卓弘新城实业有限公司	奥意建筑工程设计有限公司	通过

续表

编号	审查时间	项目名称	建设单位	设计单位	超限审查结论
36	0518	龙岗区横岗街道保安片区更新单元 01-02 地块	深圳市卓弘新城实业有限公司	奥意建筑工程设计有限公司	通过
37	0523	平安产险大厦	中国平安财产保险股份有限公司	筑博设计股份有限公司	通过
38	0524	罗湖“二线插花地”棚户区改造项目	深圳市罗湖区住房和建设局	中国中建设计集团有限公司	通过
39	0524	佳兆业金沙湾国际酒店（一期）2 栋	深圳市佳富东部旅游开发有限公司	北建院建筑（深圳）有限公司 深圳千典建筑与工程设计顾问有限公司	通过
40	0529	深圳大学艺术综合楼	深圳大学	深圳大学建筑设计研究院有限公司	通过
41	0614	深科技城	深圳长城开发科技股份有限公司	深圳市建筑设计研究总院有限公司	通过
42	0614	简上体育综合体	深圳市龙华区政府投资工程项目前期工作办公室	悉地国际设计顾问（深圳）有限公司	通过
43	0626	乐荟科创中心 1-10 栋	深圳市龙岗国商企业有限公司	深圳市华阳国际工程设计股份有限公司	通过
44	0710	长源御景峯大厦	深圳市京基房地产股份有限公司	深圳市华阳国际工程设计股份有限公司	通过
45	0717	鹏鼎时代大厦	鹏鼎控股（深圳）股份有限公司	奥意建筑工程设计有限公司	通过
46	0725	民治简上老屋村更新单元	深圳市中益名浩房地产开发有限公司	深圳机械院建筑设计有限公司	通过
47	0801	安托山停车场综合上盖项目	深圳地铁前海国际发展有限公司	深圳市市政设计研究院有限公司 筑博设计股份有限公司	通过
48	0801	宝安西乡街道金百利工业园城市更新项目	深圳市嘉兴宇投资发展有限公司	深圳机械院建筑设计有限公司	通过
49	0807	天泊广场 1 栋 A、C 座	深圳市九州房地产开发有限公司	深圳市博万建筑设计事务所（普通合伙） 深圳市博万结构设计事务所（普通合伙）	通过
50	0807	天泊广场 1 栋 B、C 座	深圳市九州房地产开发有限公司	深圳市博万建筑设计事务所（普通合伙） 深圳市博万结构设计事务所（普通合伙）	通过

续表

编号	审查时间	项目名称	建设单位	设计单位	超限审查结论
51	0807	传音控股总部大厦	深圳传音控股股份有限公司	深圳市建筑科学研究院股份有限公司	通过
52	0814	中山大学·深圳建设工程项目	深圳市住宅工程管理站	中国建筑东北设计研究院有限公司	通过
53	0814	龙华区民治街道民治第三工业区城市更新项目01-01	深圳市民治股份合作有限公司 深圳市佰亨置业有限公司	悉地国际设计顾问（深圳）有限公司	通过
54	0814	龙华区民治街道民治第三工业区城市更新项目02-01地块	深圳市民治股份合作有限公司 深圳市佰亨置业有限公司	悉地国际设计顾问（深圳）有限公司	通过
55	0816	前海周大福金融大厦	深圳天得房地产开发有限公司	悉地国际设计顾问（深圳）有限公司	通过
56	0816	南水工业村城市更新单元	深圳市富诺房地产开发有限公司	深圳市柏涛蓝森国际建筑设计有限公司 柏涛国际工程设计顾问（深圳）有限公司	通过
57	0824	盛龙时代广场	深圳市盛宏置业投资有限公司 深圳市龙华清湖股份合作公司	悉地国际设计顾问（深圳）有限公司	通过
58	0824	天悦壹号玖苑	中粮地产发展（深圳）有限公司	深圳艺州建筑工程设计有限公司	通过
59	0824	天悦壹号玺苑	中粮地产发展（深圳）有限公司	深圳艺州建筑工程设计有限公司	通过
60	0830	信义荔景御园F01地块1栋、2栋	深圳市信旺房地产开发有限公司	深圳机械院建筑设计有限公司	通过
61	0830	信义荔景御园E02地块1栋、2栋、3栋、4栋、5栋、7栋A座、7栋B座、7栋C座、7栋D座	深圳市信旺房地产开发有限公司	深圳机械院建筑设计有限公司	通过
62	0830	有轨电车上盖保障房	深圳市龙华区政府投资项目前期工作办公室	深圳市华阳国际工程设计股份有限公司	通过
63	0905	龙华区民治街道民治第三工业区城市更新项目02-03地块	深圳市民治股份合作有限公司 深圳市佰亨置业有限公司	悉地国际设计顾问（深圳）有限公司	通过

续表

编号	审查时间	项目名称	建设单位	设计单位	超限审查结论
64	0913	大冲村改造专项规划 02-11、02-10 地块	华润置地（深圳）有限公司	深圳市华阳国际工程设计股份有限公司	通过
65	1016	粤海街道文体中心	深圳市南山区建筑公务局	深圳中咨建筑设计有限公司 深圳市都市实践设计有限公司	通过
66	1009	龙岗区龙城街道爱联新屯工业区城市更新单元	深圳市裕盛和投资有限公司	广东省建筑设计研究院	通过
67	0918	正东名苑	深圳市阳关华艺房地产有限公司 深圳市南岗实业股份有限公司	深圳市力鹏建筑结构设计事务所	通过
68	0920	深圳北（龙华）商务中心城市更新项目五期	深圳市鸿荣源实业有限公司	深圳市华阳国际工程设计股份有限公司	通过
69	0920	深圳市第二儿童医院	深圳市建筑公务署工程设计管理中心	筑博设计股份有限公司	通过
70	0921	长圳公共住房及其附属工程	深圳市住房保障署	中建科技有限公司	通过
71	0921	公明商业中心城市更新项目四期（03 地块）	深圳市天荣盛房地产开发有限公司	筑博设计股份有限公司	通过
72	0925	丹华公馆	深圳市福光实业股份有限公司 深圳市桑泰房地产开发有限公司	筑博设计股份有限公司	通过
73	0929	恒裕金融中心项目 A、D 塔楼	深圳市创信置业有限公司	深圳市力鹏建筑工程结构技术有限公司 深圳市力鹏建筑结构设计事务所	通过
74	0929	恒裕金融中心项目 B、C 塔楼	深圳市创信置业有限公司	深圳市力鹏建筑工程结构技术有限公司 深圳市力鹏建筑结构设计事务所	通过
75	1008	大冲村改造专项规划 02-04 地块	华润置地（深圳）有限公司	深圳市华阳国际工程设计股份有限公司	通过
76	1016	乐荟科创中心 11-13 栋	深圳市龙岗国商企业有限公司	深圳市华阳国际工程设计股份有限公司	通过
77	1025	深汕绿地商务中心 3＃B 座	深汕特别合作区绿晟房地产开发有限公司	北京市建筑设计研究院有限公司	通过
78	1025	鸿景名苑 1 栋	深圳市中海启宏房地产开发有限公司	筑博设计股份有限公司	通过
79	1030	华强金融大厦	深圳华强前海置地有限公司	筑博设计股份有限公司	通过

续表

编号	审查时间	项目名称	建设单位	设计单位	超限审查结论
80	1030	华润大冲旧村改造项目-05-07、05-06（2）	华润置地（深圳）有限公司	理雅结构咨询（上海）有限公司 深圳市华阳国际工程设计股份有限公司 广东省建筑科学研究院有限公司	通过
81	1101	笋岗冷库城市更新单元07-01地块1栋	深圳市笋岗华润置地发展有限公司	深圳市华阳国际工程设计股份有限公司	通过
82	1101	笋岗冷库城市更新单元07-02地块1栋A、B、C座	深圳市笋岗华润置地发展有限公司	深圳市华阳国际工程设计股份有限公司	通过
83	1101	飞西片区城市更新单元一期01-01地块	深圳市鸿腾投资管理有限公司	深圳市建筑设计研究总院有限公司	通过
84	1101	飞西片区城市更新单元一期01-03地块	深圳市鸿腾投资管理有限公司	深圳市建筑设计研究总院有限公司	通过
85	1120	深业物流12-08地块	深圳市罗湖人才安居有限公司	中建科技有限公司	通过
86	1123	清华大学深圳国际校区（一期）C座	深圳市建筑公务署工程设计管理中心	中国建筑设计研究院有限公司	通过
87	1123	深圳市人民医院龙华分院改扩建工程（一期）	深圳市建筑公务署工程设计管理中心	深圳机械院建筑设计有限公司	通过
88	1127	凸版印刷工业区城市更新单元二期（01）地块	深圳市宏正达房地产开发有限公司	深圳和华国际工程与设计有限公司	通过
89	1127	凸版印刷工业区城市更新单元二期（02）地块	深圳市宏正达房地产开发有限公司	深圳和华国际工程与设计有限公司	通过
90	1127	凸版印刷工业区城市更新单元三期（03）地块	深圳市宏正达房地产开发有限公司	深圳和华国际工程与设计有限公司	通过
91	1127	深圳文学艺术中心项目（裙房）	深圳市建筑公务署工程设计管理中心	深圳市华阳国际工程设计股份有限公司	通过
92	1129	2010-60U-0005号非农用地	深圳市信发房地产开发有限公司	深圳机械建筑设计有限公司	通过
93	1129	深圳市急救血液信息三中心公共卫生服务综合楼	深圳市建筑公务署工程管理中心	深圳市建筑设计研究总院有限公司	通过
94	1204	乐普大厦	乐普（深圳）国际发展中心有限公司	华艺设计顾问（深圳）有限公司	通过
95	1204	龙华新区民治办事处梅林关更新单元01-01	深圳市深国际联合置地有限公司	深圳市华阳国际工程设计股份有限公司	通过

续表

编号	审查时间	项目名称	建设单位	设计单位	超限审查结论
96	1206	T201-0097 宗地	深圳市控股发展有限公司	悉地国际设计顾问（深圳）有限公司	通过
97	1206	仁恒世纪大厦	深圳市东关盛泰投资有限公司	深圳市柏涛蓝森国际建筑设计有限公司 柏涛国际工程设计顾问（深圳）有限公司	通过
98	1211	坂固大厦 2 栋	深圳市经纬通信技术有限公司	深圳机械院建筑设计有限公司	通过
99	1211	神州数码集团总部基地项目	神州数码集团股份有限公司	广东省建筑设计研究院	通过
100	1214	卫星通信运营大厦	亚太卫星宽带通信（深圳）有限公司	筑博设计股份有限公司	通过
101	1214	榕江壹号院	深圳市榕江实业有限公司	北京中外建建筑设计有限公司	通过
102	1220	星河雅宝高科创新园三地块 3-1 栋、四 A 地块 4-1 栋	深圳雅宝房地产开发有限公司	艾奕康设计与咨询（深圳）有限公司	通过
103	1220	东海莲塘汇（富宝化纤厂）	东海俊兆实业（深圳）有限公司	筑博设计股份有限公司	通过
104	1227	北站商务区 06-06 地块项目	深圳市龙华人才安居有限公司	深圳市壹创国际设计股份有限公司	通过
105	1227	留仙洞公司返还用地项目	深圳市中住房地产开发有限公司	香港华艺设计顾问（深圳）有限公司	通过
106	1227	创维海外发展大厦	创维集团有限公司	深圳华森建筑与工程设计顾问有限公司	通过

注：表中“审查时间”栏中，前两个数字表示月份，后两个数字表示日期。

1.2　超限工程的建筑概况和超限情况汇总

2018 年审查通过的 104 项超限高层建筑中，按建筑功能分类，有住宅公寓类建筑、办公建筑、商业建筑和公共建筑等；按结构形式分类，有剪力墙结构、框架-剪力墙结构、框架-核心筒结构、部分框支剪力墙结构、混合结构和特殊类型等。各项目的建筑功能、结构形式及超限情况等详见表 1.2-1。

2018年深圳市超限高层建筑抗震设防专项审查项目汇总

表 1.2-1

编号	项目名称	建筑功能	栋数	建筑高度(m)/层数	超限情况	高度超限	结构形式
1	太子湾DY02-04号地块T7、T8栋公寓塔楼	1	2	T7：119.45/31 T8：119.45/31	T7：扭转不规则、楼板不连续、凹凸不规则、构件间断、扭转刚度弱、塔楼偏置 T8：扭转不规则、构件间断、塔楼偏置	T7、T8：B级	T7、T8：4
2	深圳北（龙华）商务中心(01-07)地块	1，2	6	A座：218.55/46 B、C、D座：156.20/47 E座：159.20/48 F座：132.65/39	A座：扭转不规则、楼板不连续、局部不规则 B、C、D、E、F座：扭转不规则、凹凸不规则、构件间断	A座：超B级 B、C、D、E、F座：超B级	A座：3 B、C、D、E、F座：4
4	光明文化艺术中心	4	1	40.35	楼板不连续、复杂连接特别不规则	A级	2
5	宝安中心区演艺中心	4	1	47.35	扭转不规则、楼板不连续、凹凸不规则	A级	2
6	中泰臻府	1	1	129.3/38	扭转不规则、楼板不连续、竖向构件不连续	超B级	4
7	龙岗区龙岗街道水一村城市更新单元项目(01-01地块、01-02地块)	1	5	01-01地块 A1：97.90/32 01-02地块 A1：100.80/32 A2：100.80/33 B1：104.25/34 B2：104.25/34	01-01地块 A1：竖向构件不连续，扭转不规则，凹凸不规则 01-02地块 A1、A2、B1：竖向构件不连续，扭转不规则，凹凸不规则，楼板不连续 B2：竖向构件不连续，扭转不规则，凹凸不规则	01-01地块 A1：A级 01-02地块 A1、A2、B1、B2：A级	01-01地块 A1：4 01-02地块 A1、A2、B1、B2：4

续表

编号	项目名称	建筑功能	栋数	建筑高度(m)/层数	超限情况	高度超限	结构形式
8	特区建发东部大厦	1，2	1	136.5/36	楼板不连续、局部托柱转换、穿层柱	B级	3
9	光明新区光明办事处大丰安片区城市更新单元01-01、03-01地块	1	7	01-01地块 1栋A座：147.85/50 03-01地块 A座：147.65/49 B、C座：147.65/49 D、E、F座：148.05/49	01-01地块 1栋A座：扭转不规则，凹凸不规则，构件间断 03-01地块 A座：扭转不规则，凹凸不规则，尺寸突变 B、C座：扭转不规则，凹凸不规则，尺寸突变，局部不规则 D、E、F座：扭转不规则，凹凸不规则，尺寸突变	01-01地块 1栋A座：B级 03-01地块 A、B、C、D、E、F座：B级	01-01地块 1栋A座：4 03-01地块 A、B、C、D、E、F座：1
10	光明新区公明街道华发片区城市更新项目(南庄地块)一期	1	2	均为：112.55/29	扭转不规则、竖向构件不连续	均为：B级	均为：4
11	天鹅湖畔01、06、07地块	1	10	01地块 1栋A座：147.2/47； 1栋B座、2栋A座、2栋B座：152.7/48； 3栋：139.5/45； 06、07地块 4栋：153.4/50 5栋：123.5/38 6栋：126.4/39 7栋：149.0/47 8栋：152.5/48	01地块 1栋A座、1栋B座、2栋A座、2栋B座、3栋：扭转不规则、凹凸不规则、扭转刚度弱； 06、07地块 4栋：扭转不规则、凹凸不规则、构件间断； 5栋、6栋、7栋、8栋：扭转不规则、凹凸不规则、扭转刚度弱	01地块 1栋A座、3栋：B级， 1栋B座、2栋A座、2栋B座：超B级， 06、07地块 4栋、8栋：超B级， 5栋、6栋、7栋：B级	01地块 1栋A座、1栋B座、2栋A座、2栋B座、3栋：1 06、07地块 4栋：4 5栋、6栋、7栋、8栋：1

续表

编号	项目名称	建筑功能	栋数	建筑高度(m)/层数	超限情况	高度超限	结构形式
12	首创商务大厦	2	1	141.40/33	扭转不规则、凹凸不规则、尺寸突变、局部不规则(局部穿层柱、斜柱)	B级	3
13	上步片区第十四更新单元14-05地块	2	1	142.2/31	扭转不规则	B级	3
14	光明尚智科园1栋A座、B座	2	2	1栋A座：147.48/34 1栋B座：103.30/26	1栋A座：尺寸突变(多塔)、局部不规则(穿层柱) 1栋B座：扭转不规则、凹凸不规则、尺寸突变(多塔)、局部不规则(个别构件转换)	1栋A座：B级 1栋B座：A级	1栋A座：3 1栋B座：2
15	深城投中城花园3栋保障房和4栋公寓	1	2	3栋保障房：137.95/46 4栋公寓：65.25/18	3栋保障房：复杂连接 4栋公寓：扭转不规则、楼板不连续、构件间断、复杂连接(在屋面层与3栋保障房之间设置有连体)	3栋保障房：B级 4栋公寓：A级	3栋保障房：1 4栋公寓：2
16	中外运长航物流中心项目02地块A栋、C栋	1，2	2	A栋：137.9/42 C栋：154.6/35	A栋：扭转不规则、刚度突变、构件间断 C栋：扭转不规则、楼板不连续、局部穿层柱、斜柱	A栋：超B级 C栋：B级	A栋：4 C栋：3
17	锦顺名居(2栋A座～2栋D座)	1	4	A、B座：146.30/46 C、D座：131.30/41	A、B座：扭转不规则、凹凸不规则(组合平面)构件间断 C、D座：扭转不规则、凹凸不规则(组合平面)、构件间断、局部穿层柱	A、B、C、D座：B级	A、B、C、D座：4

续表

编号	项目名称	建筑功能	栋数	建筑高度(m)/层数	超限情况	高度超限	结构形式
18	碧湖春天南花园	1	5	3栋A、B、C座和4栋A、B座：150.10/48	3栋A、B、C座和4栋A、B座：扭转不规则、凹凸不规则、多塔	3栋A、B、C座和4栋A、B座：B级	3栋A、B、C座和4栋A、B座：1
19	龙华清湖社区新业更新单元项目02-01地块	1	4	A/D座：147.55/45 C：147.55/45 B：147.55/45	A/D、C座：扭转不规则、凹凸不规则、构件间断、局部不规则(跃层柱) B座：扭转不规则、凹凸不规则(组合平面)、构件间断、局部不规则(跃层柱)	A/D、B、C座：超B级	A/D、B、C座：4
20	大鹏下沙海滨生态旅游度假区整体开发项目06-02地块酒店(一期)	4	2	西塔：31.85/8 东塔：31.85/8	西塔：扭转不规则、偏心布置、凹凸不规则、楼板不连续、尺寸突变、构件间断、局部不规则 东塔：扭转不规则、偏心布置、凹凸不规则、楼板不连续、尺寸突变、承载力突变、局部不规则	西塔、东塔：A级	西塔、东塔：2
21	东亚嘉里项目T102-0260宗地项目一起、二期	1	2	一期：125.2/27 二期：86.7/23	一期：扭转不规则、楼板不连续、其他不规则(穿层柱) 二期：扭转不规则、塔楼偏置、其他不规则(斜柱、穿层柱)	一期：B级 二期：A级	一期、二期：2
22	龙华新区民治办事处梅林关更新单元02-01地块	1	3	1栋A、B座：134.10/43 2栋：130.5/42	1栋A、B座：扭转不规则、凹凸不规则、楼板不连续、构件间断 2栋：扭转不规则、凹凸不规则、楼板不连续、构件间断	1栋A、B座：超B级 2栋：B级	1栋A、B座：4 2栋：2

续表

编号	项目名称	建筑功能	栋数	建筑高度(m)/层数	超限情况	高度超限	结构形式
23	万科星城商业中心	1	2	1、2栋：136.15/30	1栋：扭转不规则、凹凸不规则、楼板不连续、尺寸突变、竖向构件不连续 2栋：扭转不规则、楼板不连续	1、2栋：B级	1、2栋：2
24	塘朗F地块物业开发项目(南翠华府)	1	5	T5-A、T6-B、T6-C、T6-D：147.85/47 人才安居房：148.0/51	T5-A、T6-B、T6-C、T6-D：高位转换、扭转不规则、凹凸不规则、多塔 人才安居房：扭转不规则	T5-A、T6-B、T6-C、T6-D：超B级 人才安居房：B级	T5-A、T6-B、T6-C、T6-D：4 人才安居房：1(部分楼板为叠合楼板)
25	海德园A区	1	6	1号：135.55/37 2号：139.15/38 3号：142.75/39 4号：141.45/44 5号A、B座：135.85/42	1、2、3、4、5号A、B座：扭转不规则、凹凸不规则、楼板不连续、构件间断、其他不规则	1、2、3、4、5号A、B座：超B级	1、2、3、4、5号A、B座：4
26	海德园B区	1	2	1号A、B座：128.50/39	1号A、B座：扭转不规则、凹凸不规则、楼板不连续、构件间断、其他不规则	1号A、B座：超B级	1号A、B座：4
27	龙岗保障性住房2016年EPC项目南约地块	1	2	1栋：154.8/52 2栋：156.8/53	扭转不规则、凹凸不规则、楼板不连续、构件间断	均为：超B级	均为：1
28	罗湖区莲塘街道翠苑花园2、3栋城市更新单元项目	1	1	149.70/48	高位转换、扭转不规则、凹凸不规则	超B级	4

续表

编号	项目名称	建筑功能	栋数	建筑高度(m)/层数	超限情况	高度超限	结构形式
29	坂田南杨美村布龙路保障性住房项目 04-21 地块、06-01 地块	1，2	7	04-21 地块 1 栋：147.00/35 3A 栋、3B 栋：141.575/48 06-01 地块 2 栋：145.975/50	04-21 地块 1 栋：扭转不规则、楼板不连续 3A 栋、3B 栋：扭转不规则 06-01 地块 2 栋：扭转不规则、楼板不连续	04-21 地块 1 栋：B 级 3A 栋、3B 栋：B 级 06-01 地块 2 栋：B 级	04-21 地块 1 栋：3 3A 栋、3B 栋：1 06-01 地块 2 栋：1
30	深圳市大鹏下沙滨海生态旅游度假区整体开发项目(06-09 地块)	5	3	A、B、C 座：39.7/10	A、B、C 座：扭转不规则、楼板不连续、局部不规则、有连体或局部转换	A、B、C 座：A 级	A、B、C 座：2(A、B 在顶部设连体，连体采用隔震支座)
31	京基长源村旧改 03 地块 1 栋、2 栋 A 座、2 栋 B 座	1，2	3	1 栋：177.85/47 2 栋 A、B 座：180.45/54	1 栋：扭转不规则、侧向刚度不规则 2 栋 A 座：扭转不规则、凹凸不规则、楼板不连续 2 栋 B 座：扭转不规则、凹凸不规则	1 栋：B 级 2 栋 A、B 座：超 B 级	1 栋：3 2 栋 A、B 座：1
33	辛养工业区更新单元 01 地块	1	2	AB、C 座：99.55/30	AB、C 座：扭转不规则、凹凸不规则、楼板不连续、尺寸突变	AB、C 座：A 级	AB、C 座：4
34	辛养工业区更新单元 02 地块	1	2	AB、C 座：130.5/43	AB、C 座：扭转不规则、凹凸不规则、竖向构件不连续	AB、C 座：B 级	AB、C 座：1
35	龙岗区横岗街道保安片区更新单元 01-01 地块	1	4	1 号 A 栋：144.65/45 1 号 B 栋：141.65/44 1 号 D、E 栋：99.75/32	1 号 A、B、D、E 栋：扭转不规则、凹凸不规则、竖向构件不连续、多塔	1 号 A、B 栋：超 B 级 1 号 D、E 栋：A 级	1 号 A、B、D、E 栋：4
36	龙岗区横岗街道保安片区更新单元 01-02 地块	1	3	149.90/47	扭转不规则、凹凸不规则、竖向构件不连续、多塔	超 B 级	4

续表

编号	项目名称	建筑功能	栋数	建筑高度(m)/层数	超限情况	高度超限	结构形式
37	平安产险大厦	2	1	186.10/40	扭转不规则、凹凸不规则、楼板不连续、局部不规则	超B级	3
38	罗湖“二线插花地”棚户区改造项目	1	32	布心片区共20栋 B04-1号(左)、B04-1号(右)：147.85/49 B05-2号(左)、B05-2号(右)：153.70/51 木棉岭片区： M02-1号(左)、B02-1号(右)：162.20/55 M02-2号：162.20/55 M03-4号、M03-5号：162.70/56 B01-1号(右)、B01-4号(右)、B01-5号(右)、B04-2号(右)、B08-1号(右)、B08-3号(右)与B04-1号(右)基本相同； B01-1号(左)、B01-2号(左)、B01-3号(左)、B01-4号(左)、B01-5号(左)、B04-2号(左)、B08-1号(左)、B08-2号(左)、B08-3号(左)与B04-1号(左)基本相同； M04-2号(右)、M04-3号(右)、M04-4号(右)、M04-5号(右)、M04-6号(右)、M07-2号(右)、M07-5号(右)与B05-2号(右)基本相同； B05-1号、M04-1号、M04-2号(左)、M04-3号(左)、M04-4号(左)、M04-5号(左)、M04-6号、M07-1号、M07-2号(左)、M07-3号、M07-4号、M07-5号(左)与B05-2号(左)基本相同； M03-1号(左)、M03-2号(左)、M03-3号(左)与M02-1号(左)基本相同； M03-1号(右)、M03-2号(右)、M03-3号(右)与M02-1号(右)基本相同； M03-6号与M02-2号基本相同	M03-4号、M03-5号：扭转不规则、凹凸不规则、立面尺寸突变 其余均为：扭转不规则、立面尺寸突变	B04-1号(左)、B04-1号(右)：B级 其余为：超B级	均为：1

续表

编号	项目名称	建筑功能	栋数	建筑高度(m)/层数	超限情况	高度超限	结构形式
39	佳兆业金沙湾国际酒店(一期)2 栋	5	1	25.10/5	楼板不连续、扭转不规则、体型收进、少量穿层柱、个别构件错层及转换	A 级	1
40	深圳大学艺术综合楼	4	1	38.6/8	扭转不规则、竖向构件不连续、楼板不连续、竖向尺寸突变	A 级	2(少墙)
41	深科技城	2	2	A 座：214.8/47 C 座：94.2/21	A 座：扭转不规则、楼板不连续、承载力突变、穿层柱 C 座：扭转不规则、偏心布置、凹凸不规则、尺寸突变、局部穿层柱	A 座：超 B 级 C 座：A 级	A 座：3 C 座：2
42	简上体育综合体	4	1	53.1/5	扭转不规则、尺寸突变、楼板不连续	A 级	6
43	乐荟科创中心 1～10 栋	1，2	4	1～2 栋：94.95/24 3 栋：142.05/31 6 栋：127.50/27	扭转不规则、凹凸不规则、楼板不连续、多塔、竖向构件不连续、局部不规则	1～2 栋：A 级 3 栋：超 B 级 6 栋：超 B 级	1～2 栋：4 3 栋：3 6 栋：2
44	长源御景峯大厦	2	3	1 座：186.15/46 2、3 座：167.65/41	1 座：扭转不规则、竖向构件间断 2、3 座：扭转不规则、楼板不连续	1 座：超 B 级 2、3 座：B 级	1 座：3(带伸臂桁架) 2、3 座：3
45	鹏鼎时代大厦	2	2	塔 A：140.35/31 塔 B：117.05/25	塔 A：扭转不规则、局部不规则 塔 B：扭转不规则、刚度突变、局部不规则	塔 A：B 级 塔 B：A 级	塔 A：3 塔 B：2

续表

编号	项目名称	建筑功能	栋数	建筑高度(m)/层数	超限情况	高度超限	结构形式
46	民治简上老屋村更新单元	1，2	2	1栋：170.71/47 2栋：139.05/41	1栋：扭转不规则、构件间断、高位转换 2栋：扭转不规则、组合平面(细腰)、构件间断	1栋：超B级 2栋：超B级	1栋：4 2栋：4
47	安托山停车场综合上盖项目	1	4	4号：100.2/32 6号：148.4/47 7、8号：144.9/46	4号：扭转不规则、楼板不连续、凹凸不规则 6号、7号、8号：扭转不规则、楼板不连续、凹凸不规则	4号：A级 6号、7号、8号：B级	4号：1 6号、7号、8号：1
48	宝安西乡街道金百利工业园城市更新项目	2	1	A栋：164.10/38	A栋：楼板不连续、局部穿层柱	A栋：B级	A栋：3
49	天泊广场1栋A、C座	2	2	A座：175.9/38 C座：135.4/29	A、C座：扭转不规则、多塔、局部不规则	A、C座：B级	A、C座：3
50	天泊广场1栋B、C座	2	2	B座：131.4/28 C座：149.45/32	B、C座：扭转不规则、多塔、局部不规则	B、C座：B级	B、C座：3
51	传音控股总部大厦	2	1	149.9/34	楼板不连续、穿层柱	B级	3
52	中山大学·深圳建设工程项目	4	4	综合服务大楼：49.35/10 理科组团(一)A：32.1/6 理科组团(一)B：48.3/9 理科组团(二)：40.8/9 理科组团(四)：47.7/9	扭转不规则、塔楼偏置、凹凸不规则、组合平面、楼板不连续、立面缩进	均为A级	均为2

续表

编号	项目名称	建筑功能	栋数	建筑高度(m)/层数	超限情况	高度超限	结构形式
53	龙华区民治街道民治第三工业区城市更新项目01-01	2	3	B座：210.7/48 C座：245.3/58 裙房：23.6/4	B、C座：扭转不规则、偏心布置、尺寸突变、局部不规则(穿层柱、斜柱) 裙房：扭转不规则、偏心布置、楼板不连续、尺寸突变	B、C座：超B级 裙房：A级	B、C座：3 裙房：2
54	龙华区民治街道民治第三工业区城市更新项目02-01地块	2，3	2	A座：249.6/57 裙房：22.20/4	A座：扭转不规则、尺寸突变、局部不规则(穿层柱) 裙房：扭转不规则、偏心布置、楼板不连续、尺寸突变	A座：超B级 裙房：A级	A座：3 裙房：2
55	前海周大福金融大厦	2	2	南塔：118.02/25 北塔：202.02/43	南塔：扭转不规则、楼板不连续、构件间断 北塔：扭转不规则、尺寸突变	南塔：A级 北塔：超B级	南塔：3 北塔：3
56	南水工业村城市更新单元	1	7	1号：143.55/43 2号：146.05/43 3号：138.25/41 4号：138.25/42 5号：125.80/39 6号：131.2/37 7号：132.15/37	扭转不规则、多塔、塔楼偏置、竖向构件不连续(部分塔楼高位转换)	均为：超B级	均为：4
57	盛龙时代广场	1	4	住宅楼：147.3/43 保障房：74.1/21 公寓楼：146.4/37 办公楼：148.2/32	扭转不规则、多塔、竖向构件不连续、局部穿层柱	住宅楼：B级 保障房：A级 公寓楼：B级 办公楼：B级	住宅楼：4 保障房：4 公寓楼：3 办公楼：3

续表

编号	项目名称	建筑功能	栋数	建筑高度(m)/层数	超限情况	高度超限	结构形式
58	天悦壹号玖苑	1，2	2	1栋A座：162.6/49 1栋B座：130.9/33	1栋A座：扭转不规则、凹凸不规则、尺寸突变、构件间断 1栋B座：扭转不规则、尺寸突变、构件间断	1栋A座：超B级 1栋B座：超B级	1栋A座：4 1栋B座：4
59	天悦壹号玺苑	1，2	3	1栋A座、B座、C座：134.85/39	1栋A座、B座、C座：扭转不规则、凹凸不规则、尺寸突变、构件间断	1栋A座、B座、C座：超B级	1栋A座、B座、C座：4
60	信义荔景御园F01地块1栋、2栋	1	2	1栋：51.07/16 2栋：52.26/16	1、2栋：扭转不规则、楼板不连续、构件间断、局部不规则(穿层柱)、抗扭刚度弱	1、2栋：A级	1、2栋：4
61	信义荔景御园E02地块1栋、2栋、3栋、4栋、5栋、7栋A座、7栋B座、7栋C座、7栋D座	1	9	1栋：108.66/33 2栋：105.36/33 3栋：104.56/33 4栋：101.21/33 5栋：100.01/33 7栋A座：108.26/33 7栋B座：105.26/33 7栋C座：88.1/27 7栋D座：87.7/27	扭转不规则、凹凸不规则、楼板不连续、尺寸突变、构件间断、抗扭刚度弱	7栋C、D座：A级 其余均为：B级	均为：4
62	有轨电车上盖保障房	1	4	1、2栋：68.2/18 4、5栋：79.8/22	1、2栋：扭转不规则、塔楼偏置、凹凸不规则、刚度突变、构件间断 4、5栋：扭转不规则、塔楼偏置、凹凸不规则、刚度突变、构件间断、厚板转换	1、2栋：A级 4、5栋：A级	1、2栋：4 4、5栋：4(厚板转换)

续表

编号	项目名称	建筑功能	栋数	建筑高度(m)/层数	超限情况	高度超限	结构形式
63	龙华区民治街道民治第三工业区城市更新项目02-03地块	1	2	D座：203.35/61 裙房：22.2/4	D座：扭转不规则、偏心布置、凹凸不规则、尺寸突变、构件间断、局部不规则（穿层柱） 裙房：扭转不规则、偏心布置、楼板不连续、尺寸突变	D座：超B级 裙房：A级	D座：4 裙房：2
64	大冲村改造专项规划02-11、02-10地块	1	4	1栋：205.2/62 2栋：197.6/60 3栋：188.9/57 4栋：140.05/41	1栋：扭转不规则、凹凸不规则、尺寸突变、局部不规则 2栋：扭转不规则、凹凸不规则、尺寸突变、局部不规则 3栋：扭转不规则、凹凸不规则、尺寸突变、局部不规则 4栋：扭转不规则、凹凸不规则、尺寸突变、局部不规则	1栋：超B级 2栋：超B级 3栋：超B级 4栋：B级	1栋：4 2栋：2 3栋：2 4栋：1
65	粤海街道文体中心	4	1	69.3/13	扭转不规则、楼板不连续、竖向构件不连续、侧向刚度不规则	A级	6(钢框架支撑体系)
66	龙岗区龙城街道爱联新屯工业区城市更新单元	1	2	1号：175.8/38 4号：148.5/41	1号：扭转不规则、楼板不连续、构件间断 4号：扭转不规则、凹凸不规则	1号：B级 4号：B级	1号：3 4号：1
67	正东名苑	1，2	3	1栋：157.55/34 2栋A座：140.85/43 2栋B座：143.95/44	1栋：扭转不规则 2栋A座：扭转不规则、凹凸不规则、竖向构件不连续 2栋B座：扭转不规则、凹凸不规则、竖向构件不连续、楼板不连续	1栋：B级 2栋A座：超B级 2栋B座：超B级	1栋：3 2栋A座：4 2栋B座：4

续表

编号	项目名称	建筑功能	栋数	建筑高度(m)/层数	超限情况	高度超限	结构形式
68	深圳北(龙华)商务中心城市更新项目五期	1，2	4	1栋A座：226.85/49 1栋B座：114/45 1栋C座：114/45 1栋D座：147.25/46	1栋A座：扭转不规则、楼板不连续、局部跃层柱 1栋B、C、D座：扭转不规则、凹凸不规则、尺寸突变、构件间断	1栋A座：超B级 1栋B、C、D座：超B级	1栋A座：3 1栋B、C、D座：4
69	深圳市第二儿童医院	4	1	75.8/16	扭转不规则、偏心布置、组合平面、楼板不连续、尺寸突变、局部不规则	A级	2
70	长圳公共住房及其附属工程	1	19	4栋A、B座：149.5/51 其余17栋：148.4～149.9/52	扭转不规则、凹凸不规则、楼板不连续、抗扭刚度弱(5栋除外)	均为：B级	均为：1
71	公明商业中心城市更新项目四期(03地块)	1	1	98.3/29	扭转不规则、凹凸不规则、构件间断	A级	4
72	丹华公馆	2	8	1号：136.85/452号：139.8/46 3、5、6A、6B号：145.65/37 7、8号：141.75/36	扭转不规则、凹凸不规则、楼板不连续、构件间断	均为：超B级	均为：4
73	恒裕金融中心项目A、D塔楼	2，3	2	A塔：301.2/66 D塔：26.5/5	A塔：扭转不规则、凹凸不规则、刚度突变、尺寸突变、构件间断、局部跃层柱 D塔：扭转不规则、凹凸不规则、尺寸突变、构件间断、局部穿层柱、塔楼偏置	A塔：超B级 D塔：A级	A塔：3 D塔：6

续表

编号	项目名称	建筑功能	栋数	建筑高度(m)/层数	超限情况	高度超限	结构形式
74	恒裕金融中心项目B、C塔楼	1	2	B塔：246.85/61 C塔：243.25/52	B塔：构件间断、承载力突变、局部跃层柱 C塔：扭转不规则、构件间断	B塔：超B级 C塔：超B级	B塔：3 C塔：3
75	大冲村改造专项规划02-04地块	1	4	1栋：191.85/60 2、3栋：198.05/62 4栋：196.45/61	扭转不规则、凹凸不规则、尺寸突变、局部转换、局部跃层柱	均为：超B级	均为：2(局部转换)
76	乐荟科创中心11-13栋	1，2，3	3	11栋A、B座：96.84/24 12栋：142.05/31	扭转不规则、凹凸不规则、楼板不连续、构件间断、承载力突变、局部不规则	11栋A、B座：A级 12栋：B级	11栋A、B座：4 12栋：3
77	深汕绿地商务中心3号B座	2	1	187.05/44	承载力突变、局部不规则	超B级	3
78	鸿景名苑1栋	1	1	146.75/49	扭转不规则、凹凸不规则、组合平面、楼板不连续、抗扭刚度弱	B级	1
79	华强金融大厦	2	1	178.95/39	楼板不连续、局部不规则	B级	3
80	华润大冲旧村改造项目-05-07、05-06(2)	2，3	1	275.1/61	扭转不规则、凹凸不规则、尺寸突变、局部不规则	超限	5(钢管柱，带环桁架和伸臂加强层)
81	笋岗冷库城市更新单元07-01地块1栋	2	1	168.2/38	塔楼偏置、楼板不连续、局部不规则	B级	3

续表

编号	项目名称	建筑功能	栋数	建筑高度(m)/层数	超限情况	高度超限	结构形式
82	笋岗冷库城市更新单元 07-02 地块 1 栋 A、B、C 座	1	3	1 栋 A、B 座：196.55/55 1 栋 C 座：198.15/57	1 栋 A 座：扭转不规则、凹凸不规则、楼板不连续、构件间断、高位转换 1 栋 B 座：扭转不规则、凹凸不规则、楼板不连续、构件间断、高位转换、塔楼偏置 1 栋 C 座：扭转不规则、楼板不连续、构件间断、高位转换、塔楼偏置	均为：超 B 级	均为：4
83	飞西片区城市更新单元一期 01-01 地块	1，2	6	1 号：139.485/45 2 号：127.685/41 3 号：127.735/41 5 号：121.835/39 6 号：124.835/40 7 号：139.285/45	扭转不规则、组合平面	均为：超 B 级	均为：1(产业化技术)
84	飞西片区城市更新单元一期 01-03 地块	1	5	1 号：148.9/47 2 号：134.9/45 3 号：135.2/45 6 号：124.835/40 7 号：136.635/44	1 号：扭转不规则、组合平面、构件间断 2、3、6、7 号：扭转不规则、组合平面	1 号：超 B 级 2、3、6、7 号：B 级	1 号：4 2、3 号：1(产业化技术) 6、7 号：1
85	深业物流 12-08 地块	1	1	141.7/46	扭转不规则、凹凸不规则、构件间断	B 级	1
86	清华大学深圳国际校区(一期)C 座	4	1	42.2/9	扭转不规则、偏心布置、凹凸不规则、楼板不连续、承载力突变、局部斜柱	A 级	2

续表

编号	项目名称	建筑功能	栋数	建筑高度(m)/层数	超限情况	高度超限	结构形式
87	深圳市人民医院龙华分院改扩建工程(一期)	2	1	95.2/22	扭转不规则、楼板不连续、尺寸突变、构件间断	A 级	2
88	凸版印刷工业区城市更新单元二期(01)地块	1	3	1 栋 A、B、C 座：148.85/48	扭转不规则、组合平面、构件间断	均为：超 B 级	均为：4
89	凸版印刷工业区城市更新单元二期(02)地块	1	2	2 栋 A 座：147.3/47 2 栋 B 座：91.15/28	2 栋 A 座：扭转不规则、楼板不连续、构件间断、多塔 2 栋 B 座：高位转换、扭转不规则、楼板不连续、构件间断、多塔	2 栋 A 座：超 B 级 2 栋 B 座：A 级	2 栋 A 座：4 2 栋 B 座：4
90	凸版印刷工业区城市更新单元三期(03)地块	2	1	182.45/42	扭转不规则、楼板不连续、局部穿层柱	超 B 级	3
91	深圳文学艺术中心项目(裙房)	2，3	2	主体：93.9/19 裙房：39.55/6	扭转不规则、楼板不连续、构件间断、承载力突变、局部不规则	A 级	主体：3 裙房：2
92	2010-60U-0005 号非农用地	1	7	1A、1B 栋：81.2/26 2A 栋：96.3/31 2B 栋：90.3/29 3 栋：93.3/30 5A、5B 栋：74.8/24	1A、1B、5A、5B 栋：扭转不规则、凹凸不规则、楼板不连续、尺寸突变、构件间断 2A、2B、3 栋：扭转不规则、凹凸不规则、楼板不连续、尺寸突变、构件间断、抗扭刚度弱	2A 栋：B 级 其余栋均为：A 级	均为：4

续表

编号	项目名称	建筑功能	栋数	建筑高度(m)/层数	超限情况	高度超限	结构形式
93	深圳市急救血液信息三中心公共卫生服务综合楼	2	1	67.4/15	扭转不规则、凹凸不规则、楼板不连续、尺寸突变、局部不规则	A级	2
94	乐普大厦	2	2	1栋A座：148.9/32 1栋B座：148.3/33	扭转不规则、楼板不连续、局部不规则	均为：B级	均为：3
95	龙华新区民治办事处梅林关更新单元01-01	1，2	6	1栋：196.9/42 2栋A、B座：138.27/43 2栋C座：138.27/43 2栋D、E座：167.35/55	1栋：扭转不规则、局部斜撑转换柱 2栋A、B、C、D、E座：扭转不规则、凹凸不规则、尺寸突变、构件间断、局部夹层	均为：超B级	1栋：3 2栋A、B、C、D、E座：4
96	T201-0097宗地	2	1	238.5/52	扭转不规则、凹凸不规则、楼板不连续、刚度突变、尺寸突变、构件间断、承载力突变、局部不规则	高度超限	5(钢管柱)
97	仁恒世纪大厦	2	1	198.15/44	扭转不规则、楼板不连续、局部不规则	超B级	3
98	垵固大厦2栋	1	3	44.2/12	扭转不规则、凹凸不规则、构件间断	A级	4
99	神州数码集团总部基地项目	2	2	3栋：197.9/43 1栋A座：198.15/48	扭转不规则、楼板不连续、局部不规则	均为：超B级	均为：3
100	卫星通信运营大厦	2	1	213.6/47	扭转不规则、楼板不连续、尺寸突变、构件间断、承载力突变、局部不规则	高度超限	5(钢管柱，立面斜撑+腰桁架)

续表

编号	项目名称	建筑功能	栋数	建筑高度(m)/层数	超限情况	高度超限	结构形式
101	榕江壹号院	1	3	A座：92.65/28 B座：92.45/30 C座：92.55/29	A、B座：扭转不规则、凹凸不规则、楼板不连续、尺寸突变、塔楼偏置 C座：扭转不规则、凹凸不规则、楼板不连续、尺寸突变、构件间断、塔楼偏置	均为：A级	A座：1 B座：4 C座：4
102	星河雅宝高科创新园三地块3-1栋、四A地块4-1栋	2	2	三地块3-1栋、四A地块4-1栋：338.1/74	扭转不规则、楼板不连续、尺寸突变、承载力突变、局部不规则(穿层柱、斜柱)	高度超限	5(型钢柱，带加强层)
103	东海莲塘汇(富宝化纤厂)	1	5	2栋：128.3/41 3栋A座：102.2/29 3栋B座：141.65/43 4栋：149.55/47 5栋：147.9/48	2栋：扭转不规则、构件间断 3栋A、B座：扭转不规则、构件间断、凹凸不规则 4、5栋：扭转不规则、构件间断、楼板不连续	均为：超B级	均为：4
104	北站商务区06-06地块项目	1	3	1栋A座：98.05/30 1栋B、C座：99.7/31	扭转不规则、楼板不连续、凹凸不规则、构件间断	均为：A座	均为：4
105	留仙洞公司返还用地项目	1，2	2	A座：145.35/32 B座：51.4/16 (两塔沿高设5个连廊)	扭转不规则、楼板不连续、凹凸不规则、多塔、连体	A座：B级 B座：A级	A座：3 B座：4
106	创维海外发展大厦	2	1	119.4/27	扭转不规则、凹凸不规则、楼板不连续、尺寸突变、局部不规则(穿层柱)	A级	3

注：① 表中“建筑功能”栏中，“1”表示“住宅公寓”；“2”表示“办公建筑”；“3”表示“商业建筑”；“4”表示“公共建筑”。

② 表中“结构类型”栏中，“1”表示“剪力墙结构”；“2”表示“框架-剪力墙结构”；“3”表示“框架核心筒结构”；“4”表示“部分框支剪力墙结构”；“5”表示“混合结构”；“6”表示“特殊类型”。

1.3 超限工程案例统计分析

本节对2018年超限审查通过项目的建筑高度、建筑功能、结构类型及超限情况进行汇总统计。

1. 建筑功能

2018年超限审查通过项目104项，共包含342栋塔楼，其中有住宅公寓、办公建筑、商业建筑和公共建筑，其中大部分为住宅公寓类建筑。

2. 建筑高度

342栋塔楼的建筑高度见表1.3-1。从表中看出，342栋塔楼中，绝大部分楼高小于200m，其中最多的楼高为100～150m，还有比较多的为150～200m和100m以下建筑；高度超过200m的有16栋，其中200～250m的有12栋，超过300m的有3栋。

超限工程塔楼的建筑高度统计情况 **表1.3-1**

建筑高度	＜100m	100～150m	150～200m	200～250m	250～300m	＞300m
栋数	64	180	82	12	1	3

3. 结构类型

342栋塔楼的结构类型见表1.3-2。从表中看出，342栋塔楼中，大部分采用剪力墙和部分框支剪力墙结构形式；还有较多的采用了框架核心筒和框架-剪力墙结构形式；少部分200m以上的超高层建筑采用了混合结构形式，其中有的采用钢管混凝土柱和型钢混凝土柱，有的设置环桁架和伸臂桁架加强层，有的还设置有立面斜撑；部分公共建筑和商业建筑采用了特殊类型的结构形式。

超限工程塔楼的结构类型统计情况 **表1.3-2**

结构类型	剪力墙	框架-剪力墙	框架核心筒	部分框支剪力墙	混合结构	特殊类型
栋数	120	41	46	127	5	3

4. 超限情况

（1）高度超限情况

342栋塔楼中，A级高度建筑有71栋，B级高度建筑有125栋，超B级高度建筑有141栋，高度超限建筑有5栋（均为混合结构）。

（2）其他超限情况

表1.3-3列出342个塔楼除高度外的其他超限项情况。

超限工程塔楼的结构超限项统计情况 **表1.3-3**

结构超限项	扭转不规则	楼板不连续	凹凸不规则	尺寸突变	构件间断	扭转刚度弱
栋数	333	150	188	128	110	44

续表

结构超限项	局部不规则	多塔	竖向构件不连续	穿层柱	组合平面	塔楼偏置
栋数	42	39	36	28	22	21

结构超限项	偏心布置	承载力突变	跃层柱	高位转换	局部转换	斜柱	其他不规则
栋数	15	14	11	10	10	8	8

结构超限项	侧向刚度不规则	局部夹层	连体	刚度突变	复杂连接	厚板转换	特别不规则
栋数	7	5	5	3	3	2	1

本章由魏琏、王森编写。

第 2 章　超限高层建筑工程典型设计实例

2.1　恒裕金融中心项目 B、C 塔楼

2.1.1　工程概况

恒裕金融中心项目 B、C 塔总建筑面积约 12 万 m^2。其中 B 塔楼地面以上 61 层，塔楼屋顶高度 246.85m，屋顶以上构架最高处高约 255.85m；C 塔楼地面以上 52 层，塔楼屋顶高度 243.25m，屋顶以上构架最高处高约 252.25m。B 塔楼主要为公寓，C 塔主要为办公。该项目设有 5 层地下室，地下深约 26.2m，主要功能为商业及停车库。图 2.1.1-1、图 2.1.1-2 分别为该项目总平面图和建筑效果图。

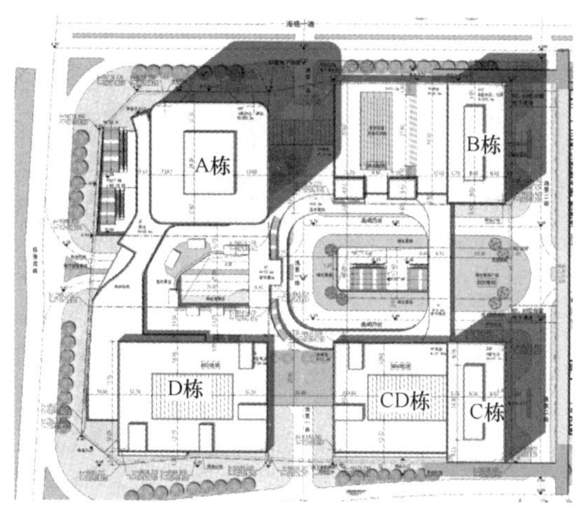

图 2.1.1-1　项目总平面图

(*a*)　(*b*)

图 2.1.1-2　建筑效果图

(*a*) 效果图；(*b*) 南立面

该项目 B、C 塔楼东面临海，基本风压为 0.75kN/m^2，东西向外围宽度约 23m，核心筒宽度 7.2m。B 塔楼结构高宽比 10.7，核心筒高宽比 35；C 塔楼结构高宽比 10.6，核心筒高宽比 34。两栋塔楼的高宽比均远超规范限值，结构抗侧刚度偏小。

2.1.2　地质情况与基础设计

根据区域地质资料《深圳 1：5 万地质图》（广东地质局出版）分析，区内有地质构造，构造走向主要北东向，但无全新世活动性断裂带穿越。邻近工点揭露的断层破碎带产状为倾向 311°、倾角 70°，视厚度大于 20.9m，力学性质属张扭性正断层。本工程所在场地构造引起节理、裂隙发育，场地内揭露岩土种类较多，为不均匀地基。

根据现场勘察及室内土工试验成果，场地内第四系地层自上而下为人工填土（石），海积淤泥质黏土、粗砂，冲洪积淤泥质黏土，残积砾质黏土，基底岩石为不同风化程度的

燕山期侵入粗粒花岗岩。

工程场地基岩埋藏很深，即便是强分化下层的层顶标高也在－82.75m～－139.93m，因此即使以强分化下层作为桩基础的桩端持力层，桩长至少为 60 余 m，最高达 110 余 m。

根据地质报告建议，本工程考虑采用钻（冲）孔灌注桩。考虑到本工程为高近 250m 的超高层建筑，而土层的端阻和侧阻均相对较小，为了提高钻孔灌注桩的单桩承载力，减少沉渣引起的过大沉降，可采取后注浆工艺。

2.1.3 结构体系与特点

本工程采用带加强层的框架（型钢混凝土柱）-核心筒结构结构体系（图 2.1.3-1）。塔楼标准平面长为 47m、宽为 23m，最大高宽比约 10.7。首层层高 6.6m，15 层以下标准层层高 4.5m，15 层以上标准层层高为 3.6m，避难层（设备层）层高 5.1m。结构主要由竖向混凝土核心筒、型钢混凝土框架柱，边框梁、加强层及楼板构成。核心筒连续贯通，外围长约 28.7m，宽约 7.2m，高宽比 35。核心筒内外均采用普通钢筋混凝土梁板。

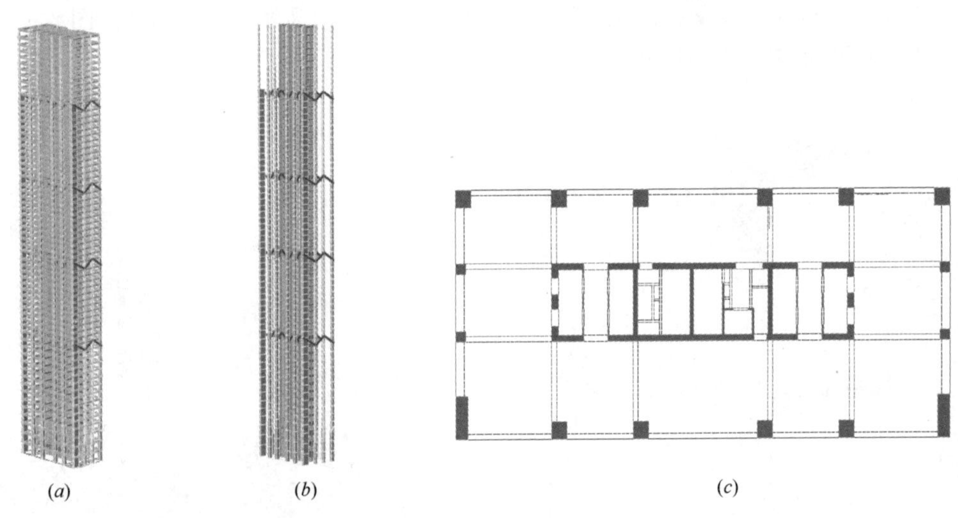

图 2.1.3-1 结构体系

(*a*) 结构体系；(*b*) 外框（未显示梁）；(*c*) 标准层平面布置

1. 核心筒

混凝土核心筒位于平面中央，外筒沿高度连续贯通，内部墙体在上部有减少。核心筒外围长约 28.7m，高宽比 8.5；宽约 7.2m，高宽比 35。根据建筑功能需要布置门洞及设备洞口，电梯厅位置典型连梁高度 700mm。

核心筒内部墙厚 400mm、500mm，从底部到顶保持不变，外围墙厚由底部 1000m 逐渐减薄至顶部 600mm。由于结构设置伸臂桁架的需要，在核心筒周边靠近外框柱的四角及水平墙肢处设置型钢，另外在底部其余部分墙肢内埋置型钢柱，既分担了混凝土的轴力，减小混凝土剪力墙的厚度，又能提高墙体抗弯及抗剪承载力。减薄混凝土剪力墙厚度，可以更多地增加建筑使用面积，提高建筑使用率。

2. 框架柱

在标准层平面沿建筑周边共布置 16 根柱，柱位置及数量沿建筑高度不变（图 2.1.3-

1c)。在东西两侧各布置6根框架柱，除东侧角柱由于建筑使用功能需要，柱截面高宽比较大，为长矩形截面外，其余10根柱均为正方形或高宽比接近1的矩形柱。由于建筑平面东西向的结构高宽比较大，结构设计时加大这16根柱的截面尺寸，以提高东西向结构的抗侧刚度和抗倾覆能力。另外在建筑南北侧沿边各布置2根框架柱，这4根柱对东西向的结构抗侧刚度贡献相对较小，且由于建筑使用功能需要，采用了截面尺寸相对较小的方柱。

各层框架柱在各层均有周边框架梁相连，同时还有内框梁与核心筒剪力墙相连接，形成完整的受力性能良好的框架核心筒结构。

柱内设置型钢时综合考虑柱截面沿高度的变化、柱型钢率、型钢中心与柱中心、柱与型钢框架梁连接、柱型钢与加强层桁架的连接等因素。为节约结构成本，在建筑上部除了减小框架柱截面尺寸外，同时采用普通的钢筋混凝土柱。由于建筑使用功能需要，标准层框架柱截面尺寸希望尽可能减小，设计柱截面尺寸时综合根据结构抗侧刚度、构件受力、施工及工程造价等因素，采用了高型钢率的型钢框架柱，最大型钢率约19%（图2.1.3-2）。

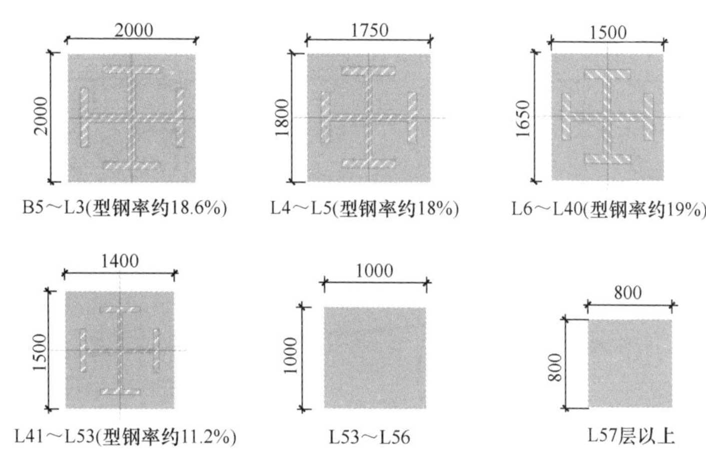

图2.1.3-2 框架柱主要截面形式

3. 伸臂桁架

结构沿高设有四道伸臂桁架，第一道伸臂桁架位于15～16层，即建筑第二个避难层；第二道伸臂桁架位于28～29层，即建筑第三个避难层；第三道伸臂桁架位于40～41层，即建筑第四个避难层；第四道伸臂桁架位于53～54层，即建筑第五个避难层；各避难层层高均为5.1m。四道伸臂桁架加强层中每道均由沿Y向（东西向）布置的8组桁架组成，均设置在框架柱与核心筒间。每道伸臂的8组伸臂布置形式和截面尺寸相同，桁架布置形式见图2.1.3-3。8组伸臂桁架的上、下弦杆按相同截面延伸到核心筒墙内，传力直接，提高伸臂桁架的整体性，当剪力墙厚度不能满足上下弦杆伸入的构造要求时，在相应位置将剪力墙局部加厚。

伸臂桁架斜杆截面为焊接矩形钢管型钢，长边竖向放置，采用Q345GJ钢材。伸臂桁架上、下弦杆均采用内置H型钢的钢骨混凝土梁，型钢翼缘竖向放置，材料为Q345B，混凝土强度等级与楼面梁板相同。伸臂桁架布置示意图见图2.1.3-3。

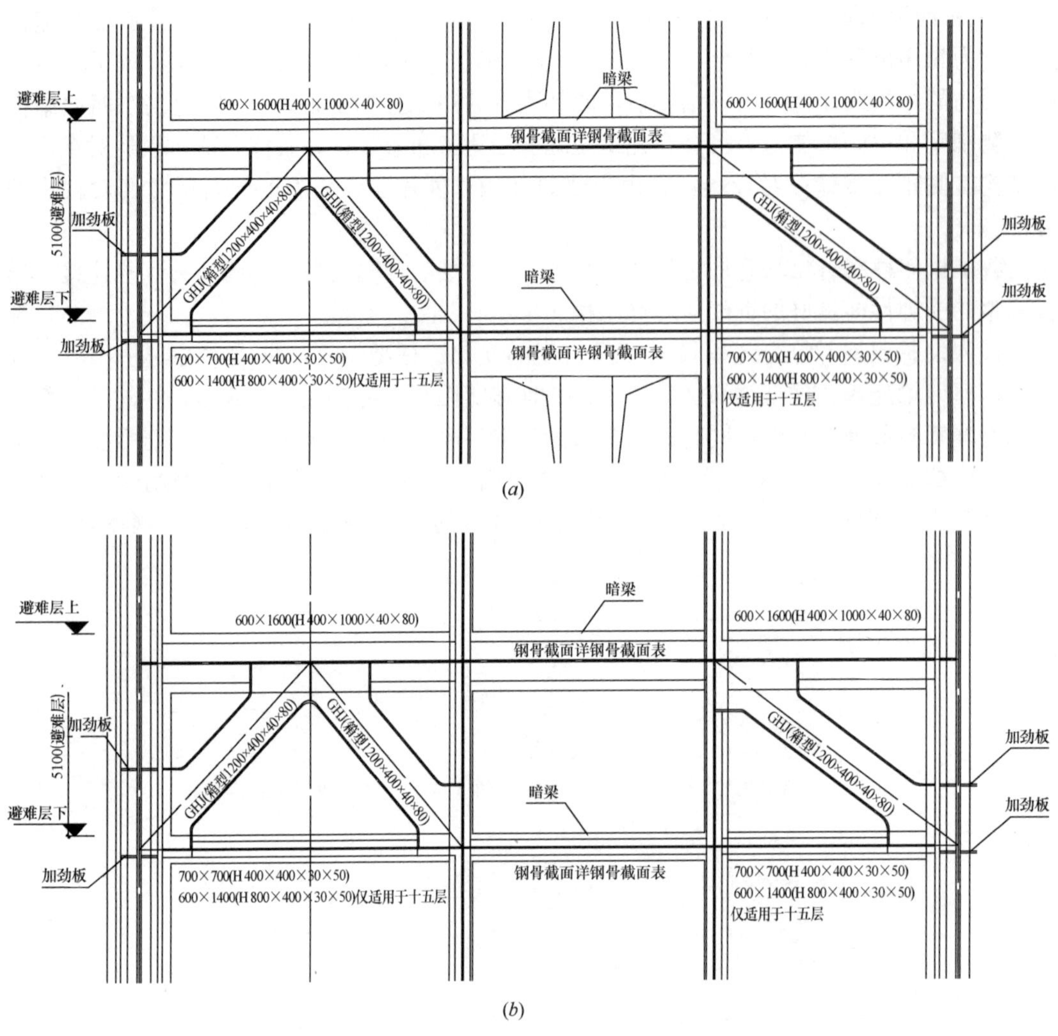

(*a*)

(*b*)

图 2.1.3-3　伸臂桁架布置示意图

(*a*) 两端伸臂桁架；(*b*) 中部伸臂桁架

伸臂桁架协调了核心筒与外框架的变形，使框架柱与核心筒一起抵抗水平地震与风荷载作用，提高结构的整体刚度。

4. 边框梁

周边梁跨度约为 6～11.3m，内框梁跨度约为 7.4～9.75m，大部分楼层采用钢筋混凝土梁，仅在伸臂楼层内设置部分型钢混凝土梁。

5. 楼板

标准层、避难层上下楼层及屋顶均采用普通钢筋混凝土梁板体系，且楼板开洞面积均不大于 30％。

6. 竖向传力路径

本工程塔楼竖向构件包括混凝土核心筒、型钢混凝土框架柱，荷载传递路径简单，各构件受力明确。

(1) 混凝土核心筒

混凝土核心筒全高连续，除局部开洞外，没有转换和错置。

(2) 型钢混凝土框架柱

框架柱沿高连续，承担部分荷载，无转换。

(3) 边框梁、楼面梁及楼板

水平构件边框梁、楼面梁和楼板承担本层竖向荷载，将竖向荷载传递至核心筒及框架柱上。

7. 侧向传力途径

本工程塔楼结构抗侧力构件包括钢筋混凝土核心筒和带加强层的框架，通过楼板协调工作共同抗侧。

(1) 钢筋混凝土核心筒

混凝土核心筒全高连续，除局部开洞外，没有转换和错置。

(2) 周边带加强层的框架

带加强层的框架由型钢混凝土框架柱以及伸臂桁架组成。

(3) 框架柱

承载力、刚度很大的框架柱位于结构边缘，以最有效的方式提供抗倾覆力矩。

(4) 伸臂桁架

协调核心筒与框架的变形，使框架柱与核心筒一起抵抗侧向力，大大提高了框架柱的利用率。

8. 本工程结构的主要特点

(1) 主要受力体系属于带加强层的框架（型钢混凝土柱）-核心筒结构体系；

(2) 核心筒位于平面中部，采用钢筋混凝土；

(3) 外框架大部分楼层采用型钢混凝土柱；

(4) 在结构的第二、三、四、五个避难层分别设置带伸臂桁架的加强层。

2.1.4　超限项判定及抗震性能目标

1. 抗震等级

本工程抗震设防烈度为7度（0.10g），抗震措施为7度。塔楼抗震等级按表2.1.4-1。

塔楼抗震等级　　表2.1.4-1

构件类型	范围	抗震等级
剪力墙框架柱	嵌固层以上（除伸臂层及伸臂层上下层）	一级
	伸臂层及伸臂层上下层	特一级
	嵌固层以下一层	同上层
	嵌固层以下二层及以下	逐层降低
框架梁	嵌固层及以上层	一级
	嵌固层以下一层	同上层
	嵌固层以下二层及以下	逐层降低
斜撑	全楼	一级

2. 超限项的判定

根据《高层建筑混凝土结构技术规程》JGJ 3—2010（以下简称《高规》）本结构超限内容如下：

（1）高度超限

本建筑的 B 塔楼地面以上至结构屋面高度为 246.85m，高宽比约 10.7；C 塔楼地面以上至结构屋面高度为 243.25m，高宽比约 10.6。B、C 塔楼高度和高宽比均超过了规范的限值。

（2）构件间断

结构沿高设置 4 个伸臂加强层。

（3）承载力突变

部分楼层的相邻层受剪承载力之比小于 80%。

（4）平面不规则

C 塔楼在考虑偶然偏心时，部分楼层的扭转位移比较大，最大为 1.21。

3. 抗震性能目标

根据结构受力特点设定结构抗震设防性能目标 C 级，相应塔楼构件抗震性能目标见表 2.1.4-2。

构件抗震性能目标　　表 2.1.4-2

			小震	中震	大震
关键构件	底部加强区剪力墙	抗弯	弹性*	不屈服	部分抗弯屈服，弯曲塑性转角<LS
		抗剪	弹性*	弹性	不屈服
	底部加强区框架柱	抗弯	弹性*	弹性	不屈服
		抗剪	弹性*	弹性	不屈服
	加强层及相邻层框架柱、剪力墙	抗弯	弹性*	弹性	不屈服
		抗剪	弹性*	弹性	不屈服
	伸臂	抗拉、抗压	弹性*	弹性	轻微屈服
		抗剪	弹性*	弹性	不屈服
	节点	不先于构件破坏			
一般构件	剪力墙非加强区	抗弯	弹性*	不屈服	允许抗弯屈服，弯曲塑性铰<IO
		抗剪	弹性*	不屈服	不屈服
	框架柱	抗弯	弹性*	不屈服	部分抗弯屈服，弯曲塑性铰<IO
		抗剪	弹性*	不屈服	不屈服
	连梁	抗弯	弹性*	部分抗弯屈服，弯曲塑性铰<IO	部分抗弯屈服，弯曲塑性铰<CP
		抗剪	弹性*	不屈服	不屈服
	框架梁	抗弯	弹性*	允许部分抗弯屈服，弯曲塑性铰<IO	部分抗弯屈服，弯曲塑性铰<CP
		抗剪	弹性*	不屈服	不屈服
	楼板 加强层上下层	面内拉压	弹性*	弹性	局部屈服
		面内抗剪	弹性*	弹性	不屈服
	楼板 普通楼层	面内抗弯	弹性*	不屈服	局部屈服
		面内抗剪	弹性*	弹性	不屈服
层间位移角			<1/400		<1/100

2.1.5 小震和风力作用分析

1. 计算分析参数的选取

为了确保分析结果的准确性，本工程分别采用 YJK、ETABS 和 MIDAS/Gen 三个软件进行多遇地震下的静力计算分析，相互复核验证结构各部位在多遇地震作用下的性能目标。

主要输入参数如下：

（1）结构重要性系数：1.0；

（2）周期折减系数：0.9，各软件计算的振型参与质量均大于总质量的 90%；

（3）连梁刚度折减系数：0.7；

（4）嵌固端：0F（首层）满足作为嵌固端的刚度要求，因此结构的嵌固部位设在地下一层顶板；

（5）抗震设防烈度：7 度，基本地震加速度为 0.1g，第一组；

（6）风荷载：采用风洞试验结果作为本工程结构设计的风荷载依据。

（7）结构阻尼比：0.05；

（8）根据规范规定，本工程考虑质量偶然偏心的影响。

（9）重力二阶效应：根据计算结果判断，需考虑重力二阶效应。

2. 主要计算分析结果

（1）周期与振型

采用 MIDAS、ETABS 和 YJK 软件分别进行结构分析，确保分析结果可靠。计算结果表明三个软件的计算结果接近。根据 YJK 的计算结果，B 塔楼结构总质量(D+0.5L) 24.54 万 t，C 塔楼结构总质量 20.01 万 t。各塔楼周期和振型见表 2.1.5-1、表 2.1.5-2。根据 YJK 计算结果，B 塔楼扭转周期比为 0.58，C 塔楼扭转周期比为 0.61。

B 塔楼周期（s） **表 2.1.5-1**

	ETABS	YJK	MIDAS	振型方向
T1	7.32	7.16	7.36	Y 向
T2	5.06	5.09	5.31	X 向
T3	4.20	4.16	4.36	扭转
T4	1.84	1.76	1.82	Y 向
T5	1.43	1.42	1.53	扭转
T6	1.30	1.32	1.36	X 向

C 塔楼周期（s） **表 2.1.5-2**

	ETABS	YJK	MIDAS	振型方向
T1	7.19	7.08	7.21	Y 向
T2	5.09	5.19	5.44	X 向
T3	4.20	4.29	4.41	扭转
T4	1.82	1.77	1.83	Y 向
T5	1.42	1.44	1.44	扭转
T6	1.26	1.32	1.35	X 向

(2) 层间位移角

风和小震作用下结构的层间位移角见表 2.1.5-3、表 2.1.5-4。根据 YJK 计算结果，小震和 Y 向风作用下层间位移角小于 1/500，X 向风作用下最大层间位移角 B 塔为 1/391，C 塔为 1/401。

B 塔楼层间位移角　　表 2.1.5-3

计算程序			ETABS	YJK	MIDAS
层间位移角（位置）	风	X 向	1/1506〈34F〉	1/1582〈35F〉	1/1579〈33F〉
		Y 向	1/380〈35F〉	1/391〈35F〉	1/379〈35F〉
	地震	X 向	1/1282〈35F〉	1/1280〈35F〉	1/1292〈35F〉
		Y 向	1/760〈46F〉	1/709〈46F〉	1/767〈46F〉

C 塔楼层间位移角　　表 2.1.5-4

计算程序			ETABS	YJK	MIDAS
层间位移角（位置）	风	X 向	1/1626〈28F〉	1/1759〈30F〉	1/1607〈28F〉
		Y 向	1/388〈39F〉	1/401〈39F〉	1/385〈40F〉
	地震	X 向	1/1287〈39F〉	1/1272〈30F〉	1/1247〈30F〉
		Y 向	1/757〈40F〉	1/697〈40F〉	1/731〈41F〉

(3) 扭转位移比

B 塔楼在偶然偏心的地震作用下，结构扭转位移比小于 1.2。C 塔楼在偶然偏心的地震 E_X 作用下，结构扭转位移比小于 1.2；在偶然偏心的地震 E_Y 作用下，结构扭转位移比 1.21。

(4) 剪重比

小震作用下结构的剪重比见图 2.1.5-1、图 2.1.5-2。B、C 塔剪重比仅在小震 E_Y 作用下小于规范限值 0.012，应按规范要求调整 Y 向地震反应。

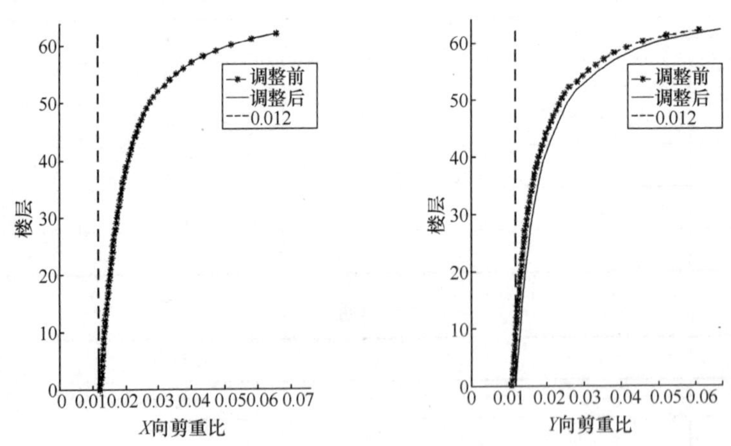

图 2.1.5-1　B 塔剪重比

(5) 基底剪力和倾覆力矩

表 2.1.5-5～表 2.1.5-8 给出了外围框架和中部核心筒在地震作用下基底剪力和倾覆

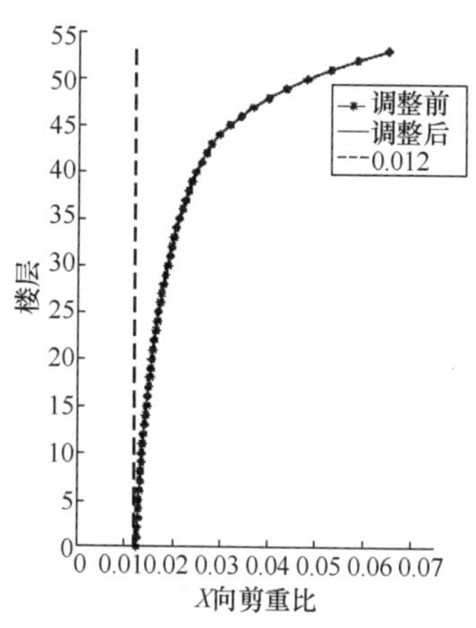

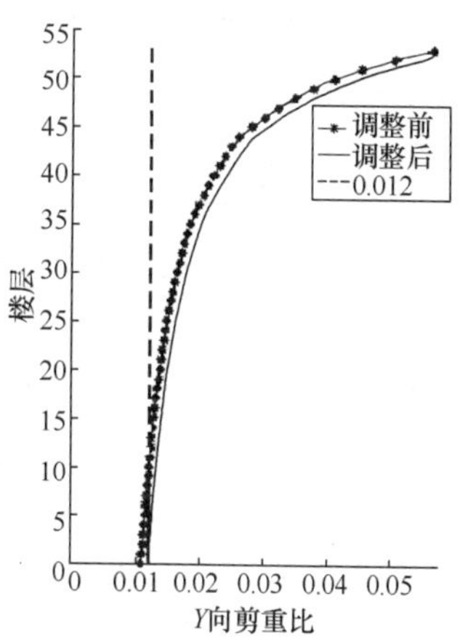

图 2.1.5-2 C 塔剪重比

力矩占总剪力和总倾覆力矩的比值。图 2.1.5-3 和图 2.1.5-4 为外框柱剪力比曲线。根据《高规》第 9.1.11 条关于筒体结构的框架部分分配的地震剪力的有关规定，对相应楼层地震剪力进行了放大调整。

B 塔倾覆力矩 **表 2.1.5-5**

倾覆力矩(kN·m)		YJK		
		核心筒	框架	总计
小震(X)	倾覆力矩	2644567	504471	3149038
	占比(%)	83.98	16.02	100.0
小震(Y)	倾覆力矩	1618311	1411613	3029924
	占比(%)	53.41	46.59	100.0

C 塔倾覆力矩 **表 2.1.5-6**

倾覆力矩(kN·m)		YJK		
		核心筒	框架	总计
小震(X)	倾覆力矩	2918979	310544	3229524
	占比(%)	90.38	9.62	100.0
小震(Y)	倾覆力矩	1805098	1264986	3070084
	占比(%)	58.80	41.20	100.0

B 塔基底剪力 **表 2.1.5-7**

基底剪力(kN)		YJK		
		核心筒	框架	总计
小震(X)	基底剪力	14460	4835	19295
	占比(%)	74.94	25.06	100.0
小震(Y)	基底剪力	8354	10312	18666
	占比(%)	44.76	55.24	100.0

C 塔基底剪力 **表 2.1.5-8**

基底剪力(kN)		YJK		
		核心筒	框架	总计
小震(X)	基底剪力	15837	4196	20033
	占比(%)	79.05	20.95	100.0
小震(Y)	基底剪力	8749	9094	17843
	占比(%)	49.03	50.97	100.0

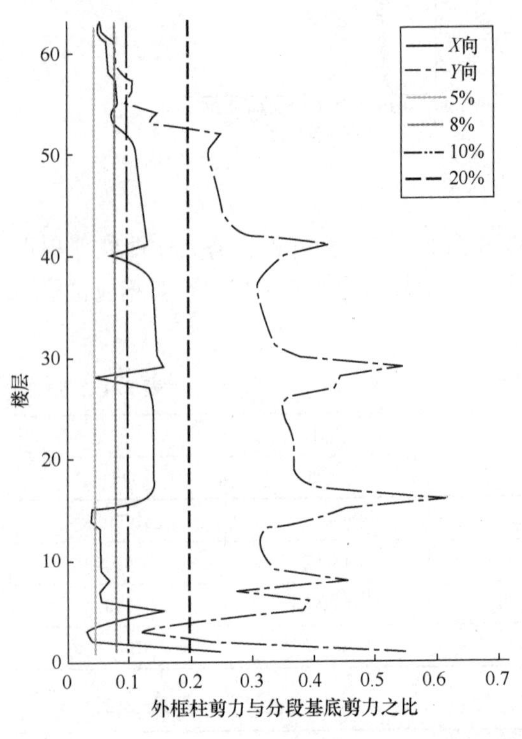

图 2.1.5-3 B 塔框架柱剪力比

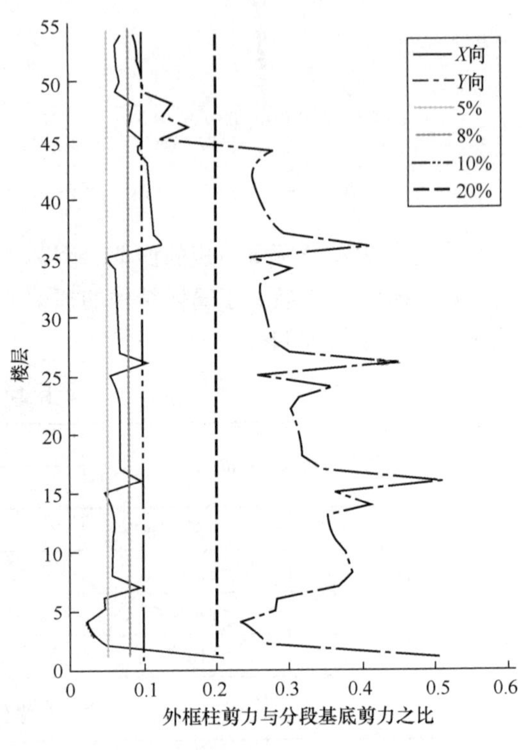

图 2.1.5-4 C 塔框架柱剪力比

(6) 刚重比

B 塔 X、Y 向刚重比分别为 3.25、1.66，满足《高规》的整体稳定验算，Y 向需考虑重力二阶效应；C 塔 X、Y 向刚重比分别为 3.26、1.76，满足《高规》的整体稳定验算，Y 向需考虑重力二阶效应。

(7) 软弱层与薄弱层判断

图 2.1.5-5～图 2.1.5-8 为 B、C 塔楼层刚度比及抗剪承载力之比，从图中可以看出，楼层刚度比满足规范要求。B、C 塔楼局部楼层存在抗剪承载力不满足规范要求，需考虑放大地震力 1.25 倍。

(8) 轴压比

从图 2.1.5-9、图 2.1.5-10 可知，柱轴压满足规范要求。

墙轴压比均小于 0.5，满足规范要求（图略）。

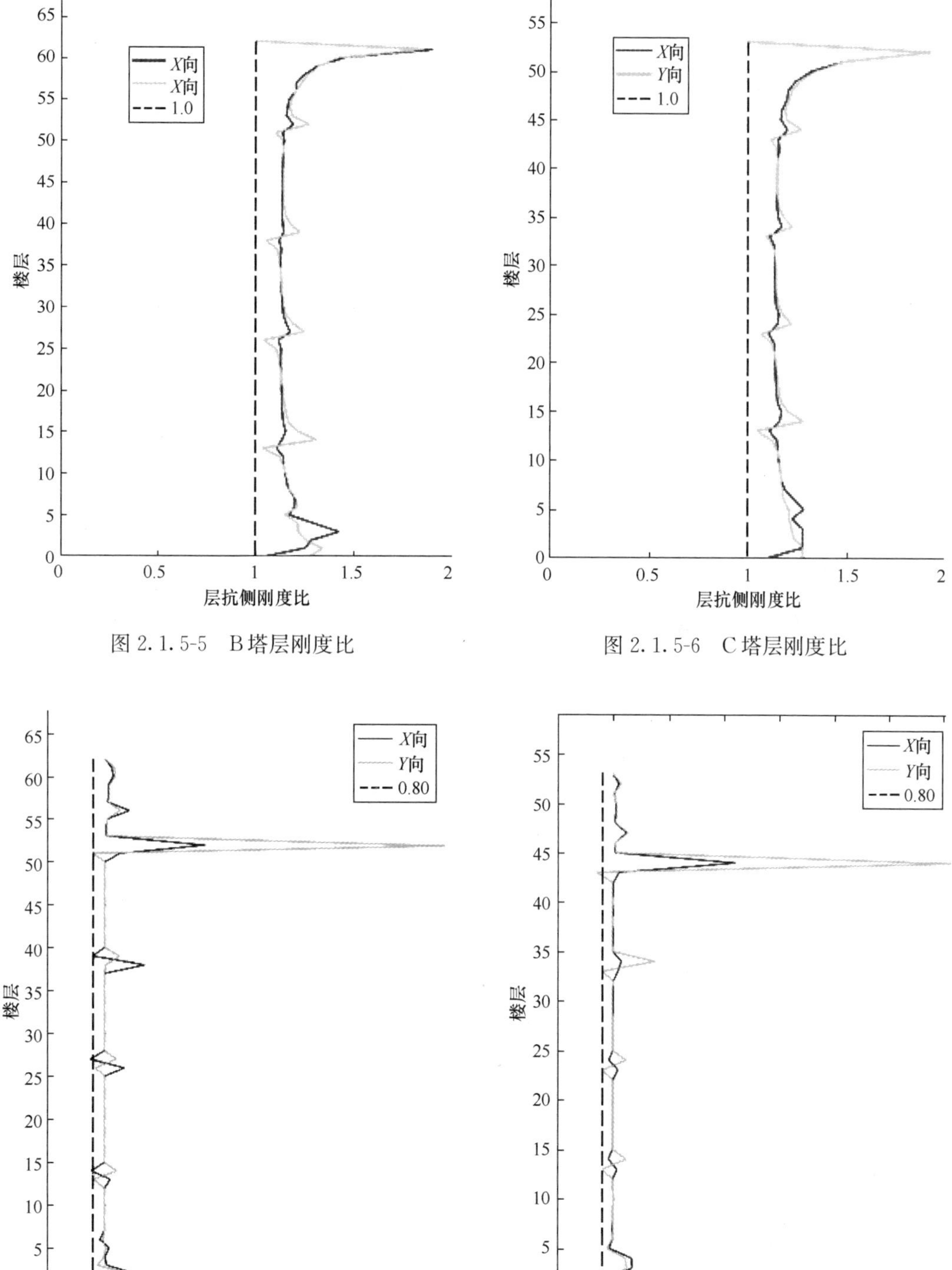

图 2.1.5-5　B塔层刚度比

图 2.1.5-6　C塔层刚度比

图 2.1.5-7　B塔层抗剪承载力比

图 2.1.5-8　C塔层抗剪承载力比

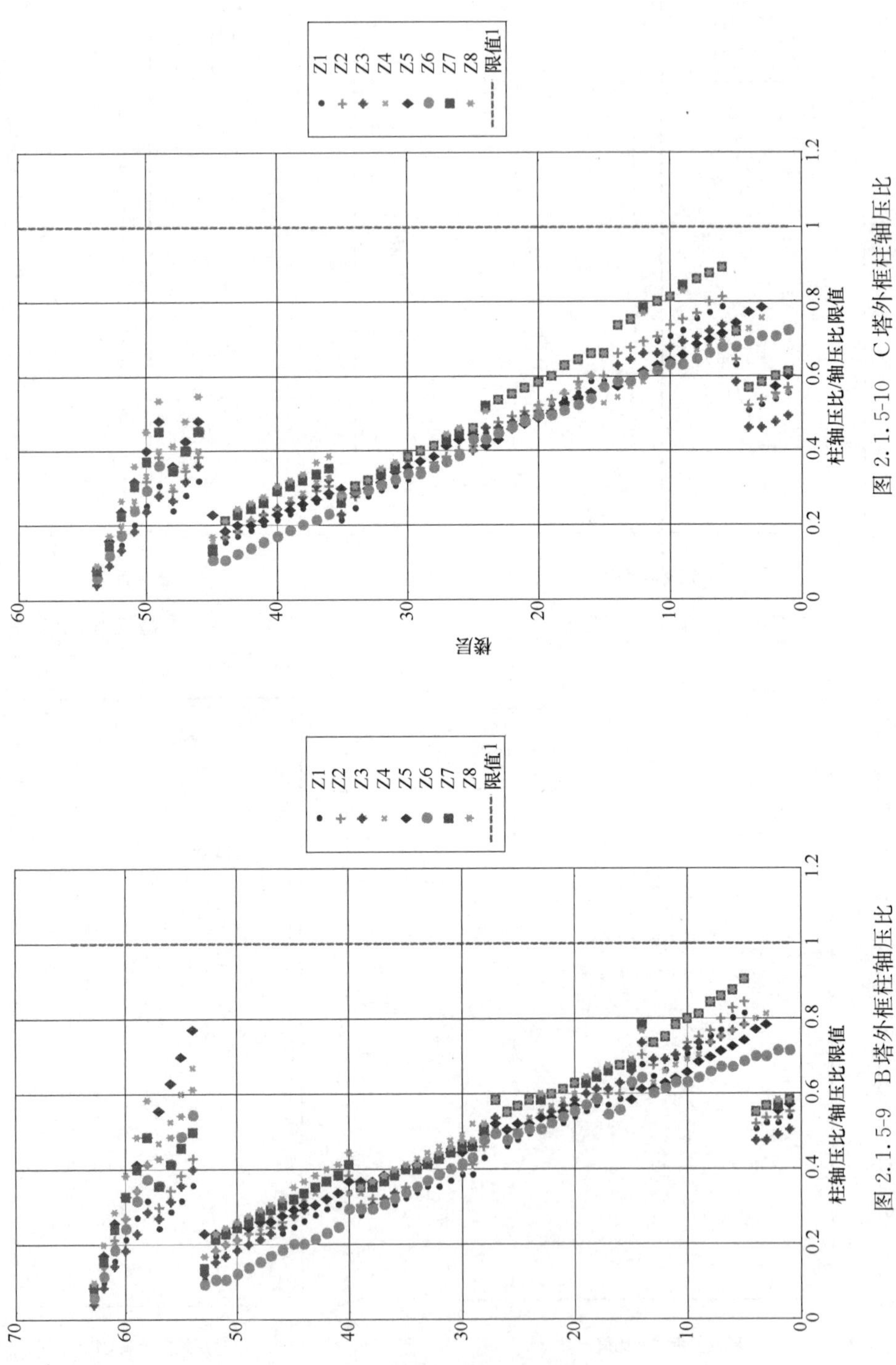

图 2.1.5-9　B 塔外框柱轴压比

图 2.1.5-10　C 塔外框柱轴压比

(9) 弹性时程分析

选择5组天然波和2组人工波进行多遇地震下的弹性时程分析。

时程分析的各条波与规范谱基底剪力之比的最小值：B塔X向为0.756，Y向为0.673；C塔X向为0.749，Y向为0.747。最大值：B塔X向为1.06，Y向为1.09；C塔X向为1.11；Y向为1.12。处于65%～135%之间（即CQC±35%）。时程分析各条波平均值与规范谱基底剪力之比：B塔X向为0.94，Y向为0.89；C塔X向为0.96，Y向为0.95；处于80%～120%之间，满足规范的各项要求。7条波的平均值及绝大多数地震波的楼层剪力、位移、位移角均小于反应谱的计算结果，因此采用规范反应谱计算。

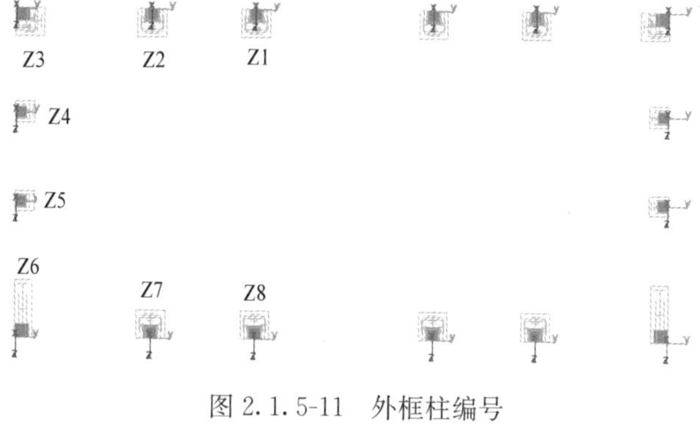

图2.1.5-11 外框柱编号

2.1.6 中震作用下构件的验算

1. 剪力墙

中震作用下B塔墙柱压弯（部分结果见图2.1.6-1，C塔略），其中定义承载能力比为：

承载能力比＝设计内力/承载力；

rat-N_y：轴力N和弯矩M_y组合下的抗轴力能力比；

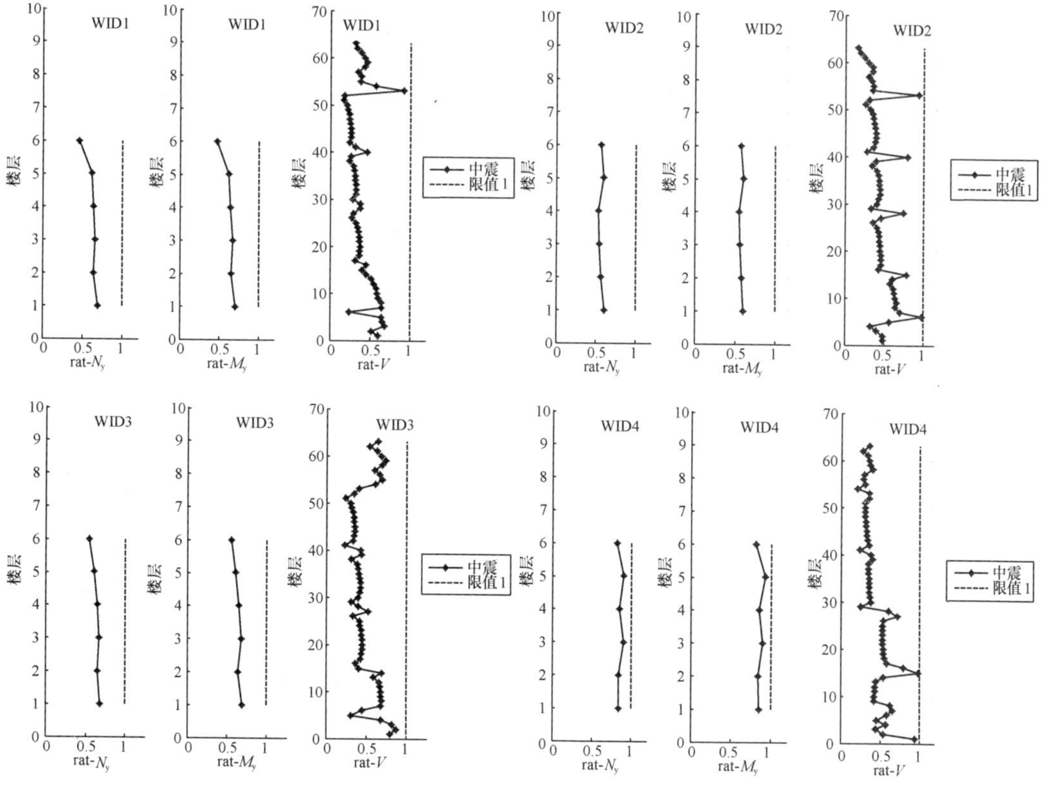

图2.1.6-1 B塔墙承载力验算（一）

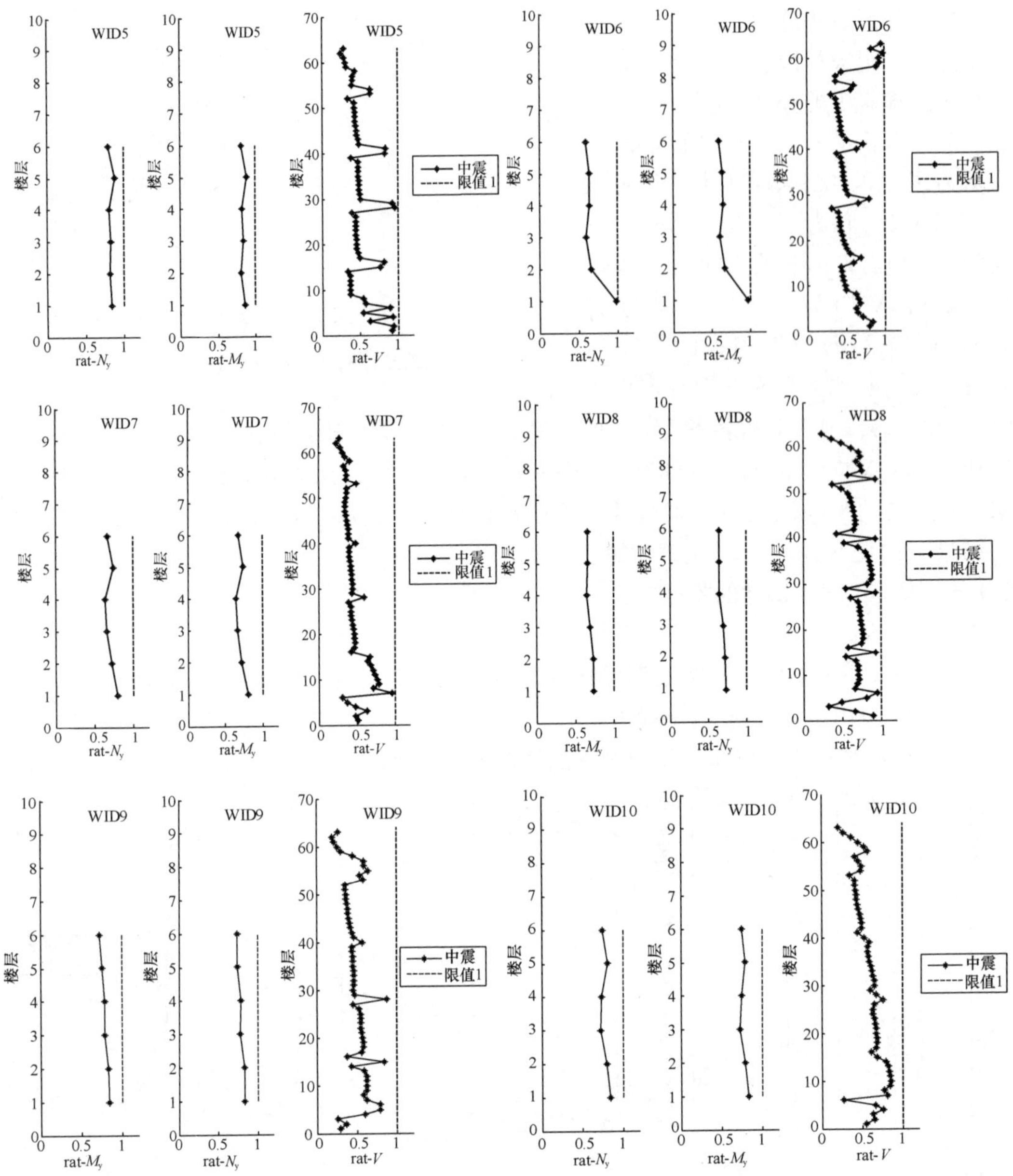

图 2.1.6-1　B塔墙承载力验算（二）

rat-M_y：轴力 N 和弯矩 M_y 组合下的抗弯能力比；

rat-V：抗剪能力比。

承载能力比<1 表示剪力墙承载力满足要求。

2. 外框柱

选取B塔楼轴力较大的外框柱进行压弯承载力验算，部分外框柱压弯承载力验算的PMM曲线见图 2.1.6-2。从图中可以看出，本工程的外框柱均满足中震作用下抗弯不屈服的性能目标。

3. 伸臂桁架

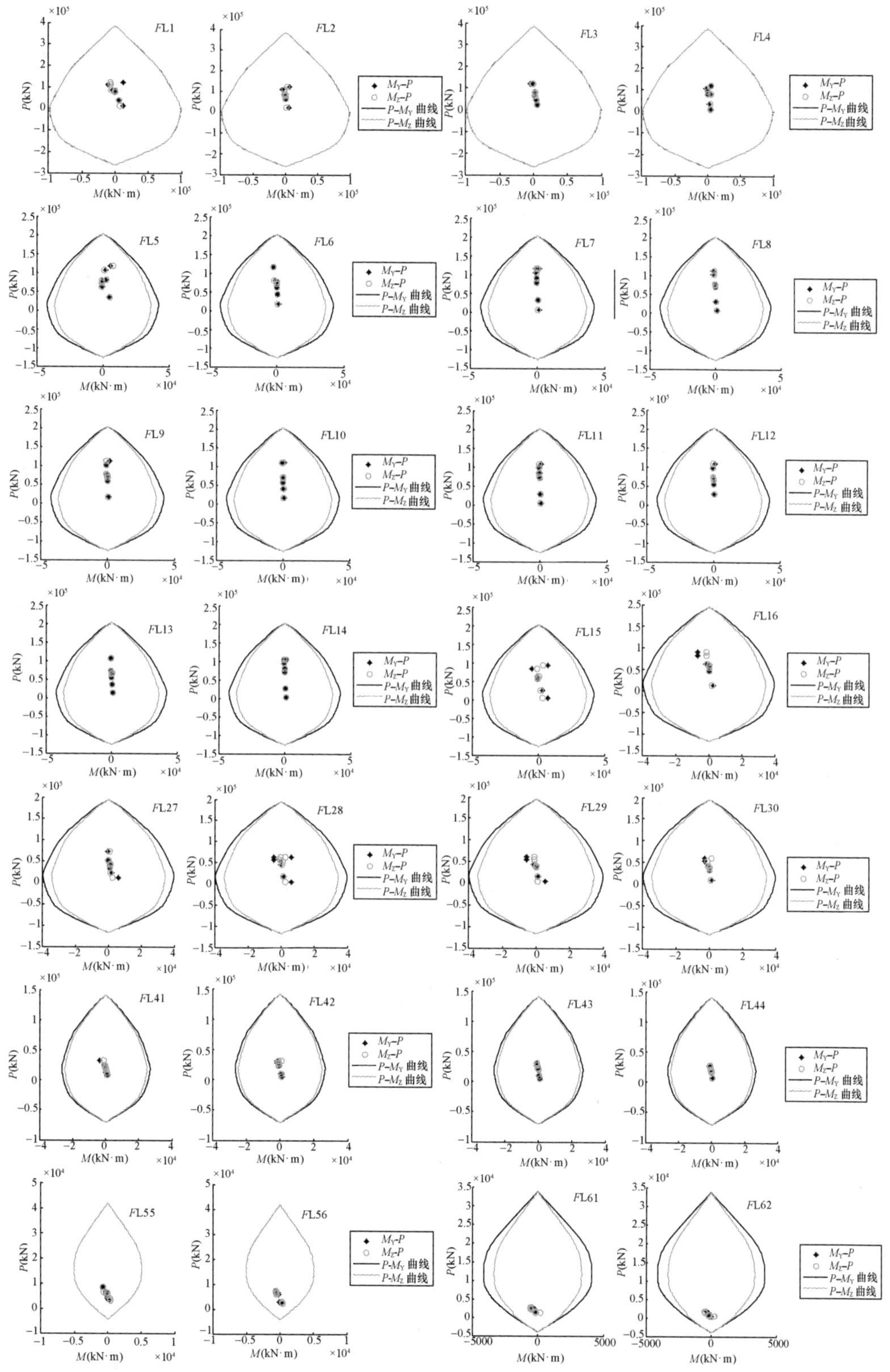

图 2.1.6-2 B塔外框柱承载力验算

伸臂桁架腹杆按逐层施工加载和施工完成后最后封闭的包络设计。

设计桁架时，释放桁架层外围楼板的拉压刚度，考虑内力全部由桁架构件承担。

轴力验算按《钢结构设计规范》GB 50017—2003 第 5.1 条规定计算，压弯拉弯验算和稳定验算按《钢结构设计规范》GB 50017—2003 第 5.2 条规定计算。经构件验算，B 塔楼桁架构件轴向应力比和组合应力比结果见图 2.1.6-3，桁架构件中震弹性复核的构件

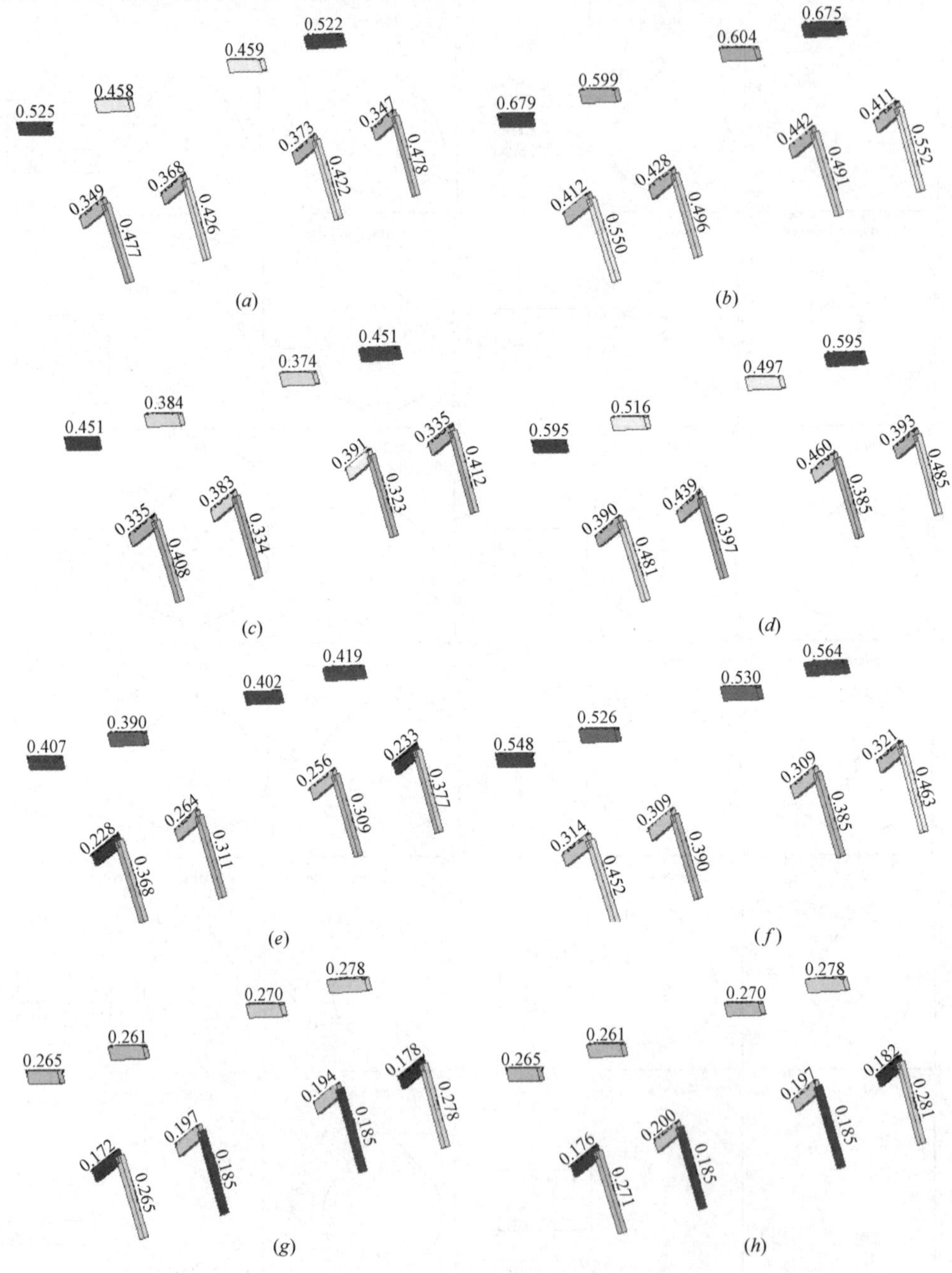

图 2.1.6-3 伸臂承载力验算

(a) 第一加强层桁架腹杆轴向应力比；(b) 第一加强层桁架腹杆组合应力比；(c) 第二加强层桁架腹杆轴向应力比；(d) 第二加强层桁架腹杆组合应力比；(e) 第三加强层桁架腹杆轴向应力比；(f) 第三加强层桁架腹杆组合应力比；(g) 第四加强层桁架腹杆轴向应力比；(h) 第四加强层桁架腹杆组合应力比

轴向应力比最大值为 0.525，组合应力比最大值为 0.675，均能满足中震弹性设计要求。

4. 竖向构件受拉验算

如图 2.1.6-4、图 2.1.6-5 所示中震墙柱受拉验算，在中震作用下外框柱均受压，无拉力出现。核心筒剪力墙仅在顶部及底部部分墙肢受拉，最大拉应力为 0.47f_{tk}，没有超过混凝土抗拉强度标准值。

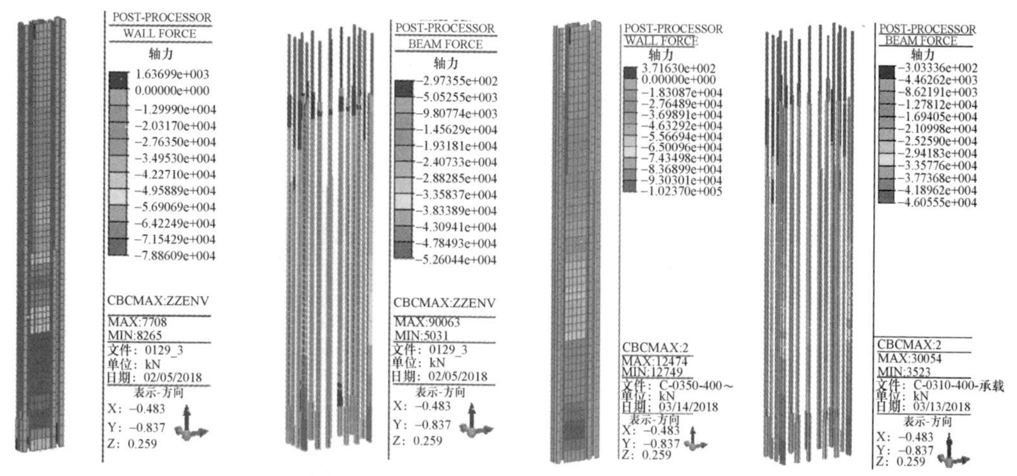

图 2.1.6-4　B 塔墙柱拉力　　图 2.1.6-5　C 塔墙柱拉力

2.1.7 大震作用下的弹塑性动力时程分析

本结构在大震作用下的弹塑性动力时程分析采用软件 Perform-3D。梁、柱采用集中塑性铰单元，剪力墙采用纤维单元。

弹塑性分析模型包含了全部的抗侧力构件，其弹性性质、荷载、质量与弹性模型一致。部分次要构件如次梁等按弹性计算或不包含在计算模型内。若计算模型内不包含上述次要构件，则将这些构件的荷载和质量传递到相邻主要构件上。

经弹塑性分析知，大震下结构层间位移角最大值为：B 塔 X 向 1/177，Y 向 1/136；C 塔 X 向/195，Y 向 1/146。

墙损伤较小。大部分剪力墙受弯处于弹性水准（图 2.1.7-1），个别剪力墙轻微屈服（低于 LS 水准），因此可知，剪力墙受弯高于预期目标“部分中度损坏”。剪力墙受剪均小于所控制的剪切应力 0.15f_{ck}，满足抗剪要求（图 2.1.7-2）。

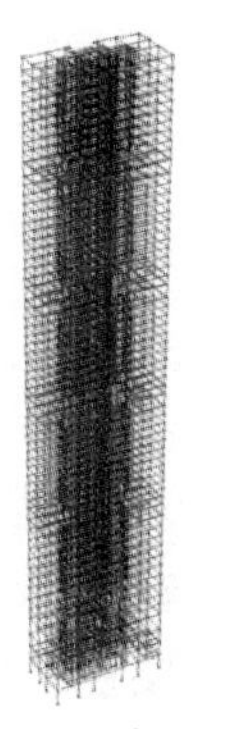

图 2.1.7-1　墙压弯损伤

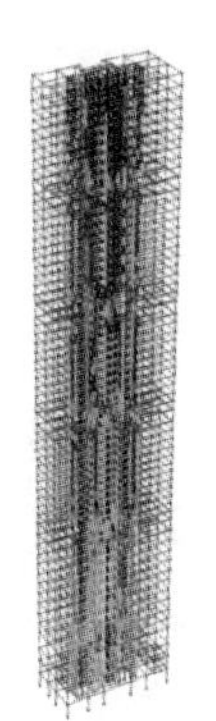

图 2.1.7-2　墙剪切损伤

底部加强区混凝土框架柱受弯不屈服，顶部出现少数抗弯屈服并达到“轻度损坏”LS水准；因此，框架柱受弯达到了预期性能目标。所有框架柱受剪均小于所控制的剪切应力 $0.15f_{ck}$，满足规范抗剪要求。

伸臂：伸臂受拉均未屈服，满足性能目标要求。低区第一伸臂层出现少数伸臂受压屈曲，但其塑性轴向变形小于 $0.25\Delta C$，满足性能目标要求（图2.1.7-3）。

大部分连梁受弯达到“轻度损坏”LS水准，部分连梁达到CP水准（图2.1.7-4）；因此，连梁受弯满足预期性能目标。连梁受剪均小于所控制的剪切应力 $0.15f_{ck}$，满足性能目标要求。B、C塔在大震作用下的耗能分布图见图2.1.7-5，从图中可见非弹性耗能所占比例分别为30%左右，整体处于中等非线性状态。

图2.1.7-3　伸臂受压损伤

图2.1.7-4　连梁受弯损伤

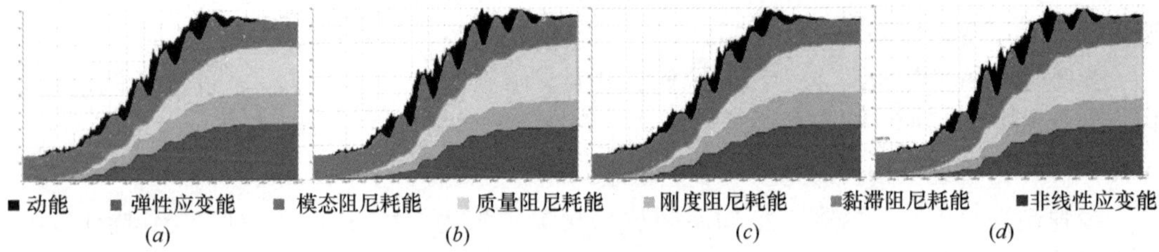

图2.1.7-5　能量图

(a) B塔 X 向；(b) B塔 Y 向；(c) C塔 X 向；(d) C塔 Y 向

罕遇地震作用下各项控制指标均满足性能水准4的抗震性能目标。

2.1.8　结构专项分析

1. 风作用下层间位移角限值1/400的分析

(1) 风作用下结构层间位移角限值的讨论

本部分内容详见3.6节。

(2) 本工程在风及小震作用下层间位移角的计算结果

B塔楼在风、小震作用下的最大层间位移角计算结果如下（YJK结果）：X 向，1/1582（风），1/1280（小震）；Y 向，1/391（风），1/709（小震）。

上述计算结果是考虑结构二阶效应，同时按实际结构输入地下室模型得到的计算结果。从前面分析可以看出，当考虑地下室影响时，由于墙柱结构墙柱拉压及转动变形的影响，结构楼层的最大层间位移角将会增大。实际上地下室外围土体及周边结构的侧向约束也会对上部楼层的层间位移角有一定影响。分析结果表明，对本工程而言，当将结构嵌固端设置在地下室底板面时，上部楼层的最大层间角由1/398增大为1/396。而实际工程中地下室外土体及周边结构对地下室一定存在相当的约束，说明考虑地下室侧向变形对上部楼层最大层间位移角影响微小。

如不考虑地下室影响，结构在风荷载作用下Y向的顶点位移角约为1/520，该值小于与深圳相邻的香港地区结构顶点位移角最大限值1/500。

本工程为了减小风振下的结构顶点加速度，在结构避难层设置了若干黏滞阻尼器。结构设置黏滞阻尼器，不仅可以减小在风振作用下的结构加速度反应，同时通过提供结构附加阻尼，实际上起到增加结构阻尼比的作用。分析结果表明，考虑结构黏滞阻尼器后，结构的楼层位移反应、层间位移角反应均会有所降低，减振前Y向最大位移角为1/379，减振后Y向最大位移角为1/408，位移角减振率7%。

(3) 不同位移角限值时结构方案的比较分析

根据本工程特点，分别考虑位移角限值为1/500及1/400进行结构方案的初步设计，位移角限值为1/500的方案主要考虑在位移角限值1/400的方案基础上，仅增大东西侧框架柱的截面尺寸及其内设置的型钢尺寸，其余均相同。

① 剪力墙抗剪承载力对比

两种结构方案下，核心筒部分Y向剪力墙在中震作用下墙承载力验算结果见图2.1.8-1。图中定义承载能力比为：承载能力比＝设计内力/承载力；rat-N_y：轴力N和弯矩M_y组合下的抗轴力能力比；rat-M_y：轴力N和弯矩M_y组合下的抗弯能力比；rat-V：抗剪能力比。由图2.1.8-1可以看出，1/500的结构方案使剪力墙的受力减小，其承载能力冗余度增加，增加程度不大。

② 伸臂桁架承载力对比

层间位移角限值为1/500的结构方案，桁架构件中震弹性复核的构件轴向应力比最大值为0.582，组合应力比最大值为0.746。层间位移角限值为1/500的结构方案，桁架构件中震弹性复核的构件轴向应力比最大值为0.525，组合应力比最大值为0.675。由此可见，位移角为1/500的结构方案在地震力作用下，由于柱子刚度增强，相应伸臂桁架的受力也会有一定程度的增加，但增加的幅度不大。

③ 大震下结构的抗震性能对比

计算得到的层间位移角限值为1/400和1/500的结构方案，结构楼层质心处的最大层间塑性位移角分别为1/136和1/152，均小于规范限值[1/100]的要求，且相差不大(约为10%)。

相较于层间位移角限值为1/500的结构方案，层间位移角限值为1/400结构方案的构件损伤存在以下特点：框架梁、连梁的受弯屈服程度和数量上均略有增加，受剪承载力冗余度略有减小；框架柱受弯也未出现屈服，受剪承载力的冗余度也很大；剪力墙的受弯屈服程度增加，墙内钢筋及混凝土的应力水平略微提高；抗剪截面超限的部位及数量与层间位移角限值为1/500的结构方案接近。伸臂受力减小，受拉未出现屈服，受压均未屈曲。

(4) 位移角限值讨论的结论

从以上讨论及分析可以得出如下结论：

① 超高层建筑中竖向构件的层间位移主要由结构整体弯曲产生的位移组成，在结构中上部计算得到的层间位移角最大楼层位置，位移角限值为1/400和1/500的两个结构方

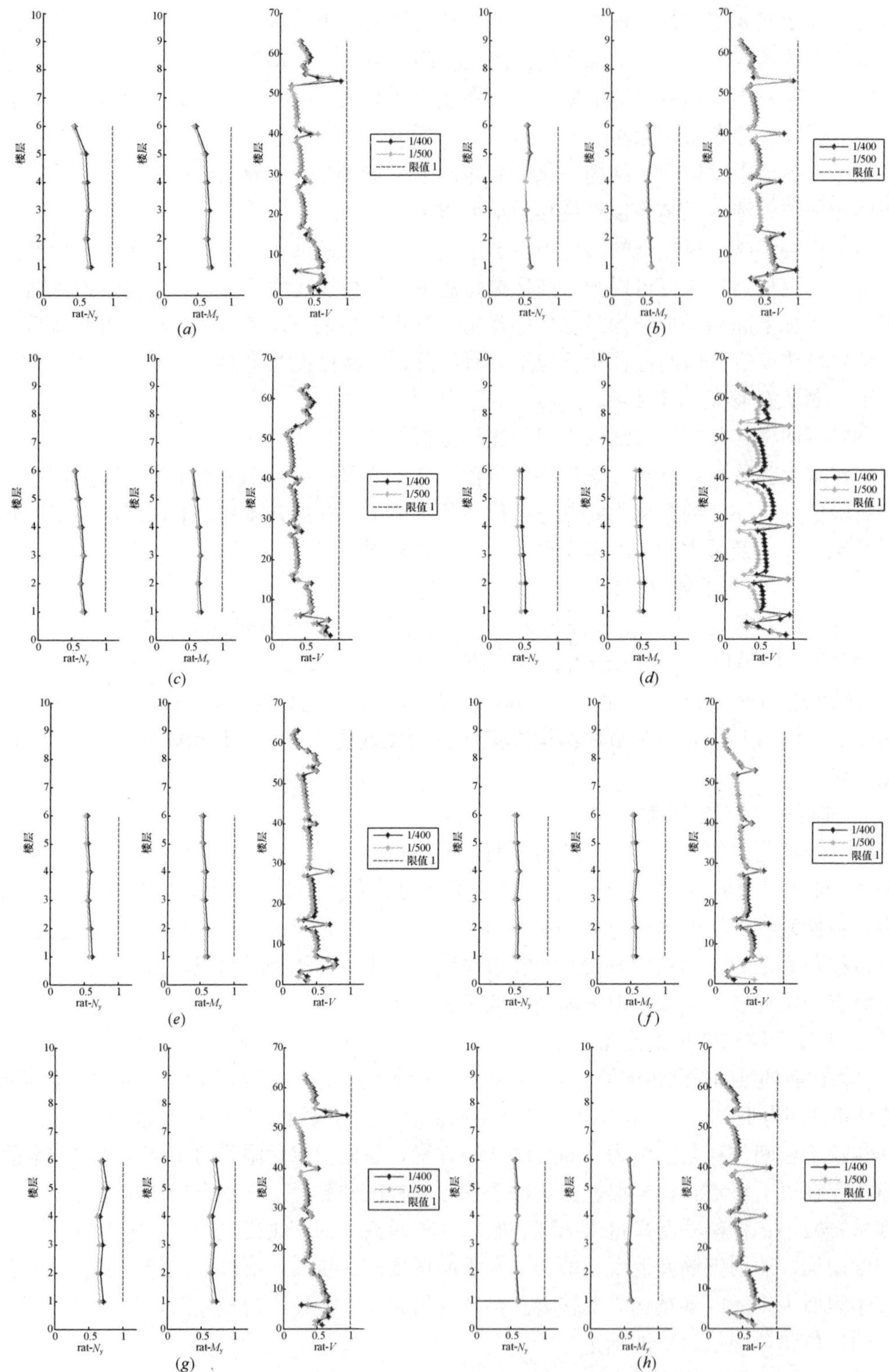

图 2.1.8-1　部分墙承载力比

(*a*) WID1；(*b*) WID2；(*c*) WID3；(*d*) WID8；(*e*) WID9；(*f*) WID16；(*g*) WID19；(*h*) WID20

案的竖向构件的受力层间位移量值基本接近。两个位移限值方案均可确保结构的风和小震作用下的弹性受力状态。

② 位移角限值为 1/400 和 1/500 两个结构方案中主要的抗侧构件，框架柱、剪力墙、伸臂构件的承载力均有相当冗余度，都满足构件承载力的要求。

③ 大震下两个方案的对比结果表明，最大层间位移角值及构架损伤程度上二者略有不同，但均满足规范要求，且有较大冗余度。

综上所述，对本工程而言，风荷载作用下结构楼层最大层间位移角取 1/400 是合理可行的。

2. 设置阻尼减震装置的分析论证

本工程在 10 年一遇风荷载作用下结构的顶点加速度大于《高规》的有关规定，需要进行专门的分析论证，并采取相应的处理措施。

风洞试验报告风振分析结果表明，当结构阻尼比取 0.03 时，10 年一遇风荷载作用下的顶点最大加速度为 0.150m/s^2，满足规范“不超过 0.15 m/s^2”的要求；结构阻尼比取 0.035 时，10 年一遇风荷载作用下的顶点最大加速度为 0.137m/s^2，满足规范“不超过 0.15 m/s^2”的要求。因此采取措施减小结构在风振作用下的振动和降低建筑物楼层的加速度是必须的。

考虑到本工程建筑特点，结合建筑使用功能要求，首选设置黏滞阻尼器的方法，以增加结构阻尼，降低结构在风荷载作用下的风振加速度。

（1）本工程黏滞阻尼器的初步设计成果

a. 阻尼器的布置原则

阻尼器布置除了考虑结构需要外，还需要兼顾建筑使用功能要求。考虑阻尼器布置时，一般选择对建筑使用影响较小的位置布置阻尼器，本工程初步选择在建筑避难层，由于 B 塔 Y 向（东西向）高宽比较大，侧向刚度相对较弱，结构设计时在第 2、3、4、5 个避难层的 Y 向中间 4 榀布置了伸臂桁架。

为了加大黏滞阻尼器的减振效果，阻尼器应选择合适的布置位置，如相对位移差较大的位置等。

b. 阻尼器的减振效果

输入风洞试验给出各层风时程，大量比较分析表明，增设阻尼器后结构的顶点加速度可以改善，并达到规范对舒适度的要求，初步分析结果表明，减振后顶点加速度可以满足规范要求。减振前后的加速度时程比较结果见图 2.1.8-2，其中浅色为减振前的加速度结果，深色为减振后的加速度结果，从中可以看出顶点加速度明显减小。

（2）结构位移角减振效果

为了验证阻尼器对结构位移角的减振效果，验算了结构在 50 年一遇风荷载下的层间位移角变化情况，结构阻尼比取 0.05，其减振前后的位移角曲线见图 2.1.8-3。减振前 Y 向最大位移角为 1/380，减振后 Y 向最大位移角为 1/408，位移角减振率 7%。

3. 设置伸臂加强层的分析

（1）加强层结构的布置

本工程建筑沿高设置了五个建筑避难层（7F、15F、28F、40F、53F），结构设计时在 15F、28F、40F、53F 分别设置了四个结构加强层，加强层内伸臂桁架的结构布置示意

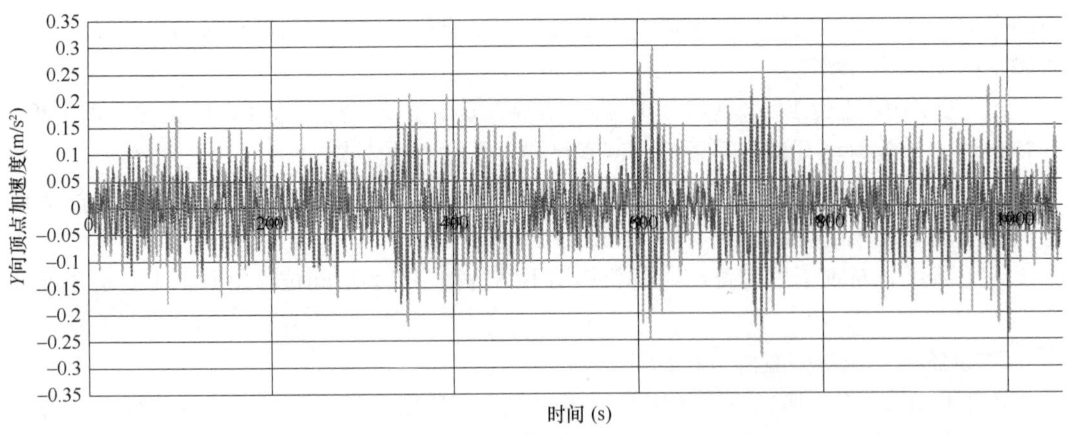

图 2.1.8-2　阻尼减振效果（Y 向顶点加速度时程 m/s²）

如图 2.1.8-4 所示。

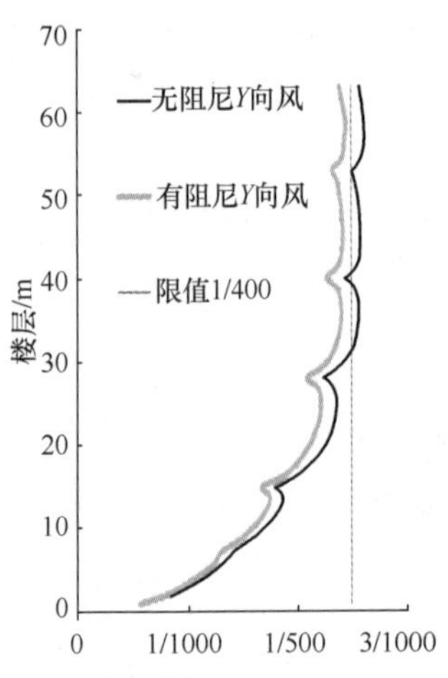

图 2.1.8-3　阻尼减振效果（Y 向位移角曲线）

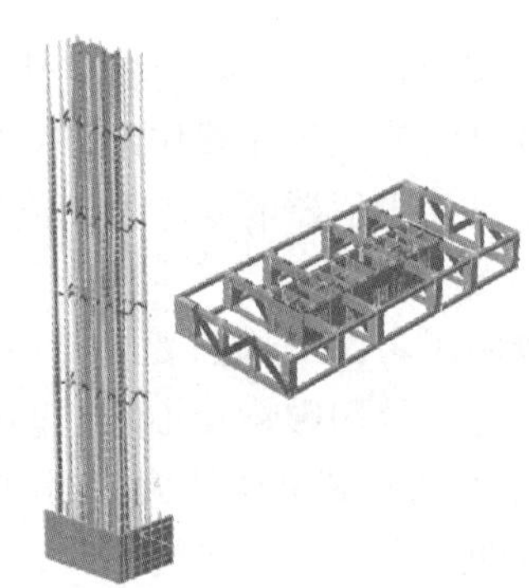

图 2.1.8-4　加强层布置示意图

（2）5 个避难层单独设置伸臂桁架的分析

为了分析加强层位置对结构性能的影响，以下分别在五个避难层单独设置伸臂桁架加强层，以找出伸臂加强层最优设置位置。

周期、位移角的影响分别见表 2.1.8-1、表 2.1.8-2（剪力墙内力的影响略）；

周期（s）　　**表 2.1.8-1**

	T_1(Y)	T_2(X)	T_3(T)	T_4(Y)	T_5(X)	T_6(T)
无加强层	7.745	5.335	4.358	1.934	1.459	1.4
仅 7F 设置伸臂桁架	7.636	5.304	4.272	1.862	1.435	1.373
仅 15F 设置伸臂桁架	7.58	5.279	4.282	1.888	1.449	1.39
仅 28F 设置伸臂桁架	7.551	5.27	4.316	1.935	1.461	1.4
仅 40F 设置伸臂桁架	7.623	5.228	4.337	1.892	1.442	1.379
仅 53F 设置伸臂桁架	7.704	5.316	4.358	1.871	1.447	1.378

位移角 **表 2.1.8-2**

	EX	EY	WX	WY
无加强层	1/1198	1/586	1/1518	1/357
仅 7F 设置伸臂桁架	1/1198	1/601	1/1519	1/358
仅 15F 设置伸臂桁架	1/1201	1/599	1/1533	1/361
仅 28F 设置伸臂桁架	1/1216	1/614	1/1556	1/369
仅 40F 设置伸臂桁架	1/1223	1/618	1/1549	1/374
仅 53F 设置伸臂桁架	1/1205	1/593	1/1545	1/360

计算结果表明，在结构第 2、3、4 个避难层设置伸臂加强层，结构的周期值缩短、层间位移角减小较多，说明在这些楼层设置伸臂桁架加强层对结构抗侧的贡献较大。仅在第 1 个避难层设置伸臂加强层，对结构的周期及最大层间位移角影响微小。从伸臂层剪力墙的剪力结果看，设置伸臂加强层后，该层剪力墙的剪力明显突变，这也是设置伸臂加强层对结构构件的主要影响。从结构抗震角度考虑，较严重的内力突变对构件抗震不利。

(3) 设置避难层方案的分析

不同加强层道数、位置对周期、位移角、刚重比的影响分别见表 2.1.8-3、表 2.1.8-4（剪力墙内力的影响略）；

周期（s） **表 2.1.8-3**

	T_1(Y)	T_2(X)	T_3(T)	T_4(Y)	T_5(X)	T_6(T)
方案一(无加强层)	7.745	5.335	4.358	1.934	1.459	1.4
方案二(设置五道加强层)	7.195	5.176	4.142	1.718	1.399	1.317
方案三(设置 2+4 两道加强层)	7.461	5.236	4.259	1.847	1.431	1.367
方案四(设置 2+3+4 三道加强层)	7.313	5.2	4.223	1.847	1.432	1.366
方案五(设置 2+3+4+5 四道加强层)	7.289	5.196	4.224	1.79	1.419	1.35

位移角、刚重比 **表 2.1.8-4**

	最大层间位移角				刚重比	
	EX	EY	WX	WY	X 向	Y 向
方案一(无加强层)	1/1198	1/586	1/1518	1/357	2.754	1.246
方案二(设置五道加强层)	1/1236	1/688	1/1602	1/400	2.939	1.496
方案三(设置 2+4 两道加强层)	1/1225	1/632	1/1562	1/379	2.846	1.347
方案四(设置 2+3+4 三道加强层)	1/1237	1/642	1/1589	1/390	2.877	1.394
方案四(设置 2+3+4+5 四道加强层)	1/1237	1/672	1/1602	1/400	2.917	1.439

通过以上分析可以看出，不设加强层结构在风荷载作用下的最大层间位移角大于 1/400，不满足要求。5 个避难层中第 2、3、4 各避难层设置伸臂桁架对结构抗侧刚度贡献较大，第 1 个避难层设置伸臂桁架对结构抗侧刚度贡献微小。综合分析后在第 2、3、4、5 个避难层沿 Y 向设置 4 道，每道各 10 组的伸臂桁架可以满足风作用下最大层间位移角不小于 1/400 的要求。但设置伸臂桁架后，伸臂层及相邻层的核心筒剪力墙剪力值会出现明显的突变现象，设计时应采取措施予以加强。

对加强层楼层两端边榀桁架作用的分析结果，建议设计考虑取消伸臂两端的桁架构件，而将其余伸臂斜撑及相应上下弦杆件尺寸适当加大，以满足位移角 1/400 限值的要求。

4. 高型钢率框架柱的分析与设计

(1) 概述

本项目高宽比较大，为了满足位移角要求，除布置伸臂桁架外，外框柱的刚度对位移角影响较大。为了满足建筑使用要求，外框柱的截面尺寸有一定限制，所以部分楼层外框柱设计成高含钢率 SRC 柱。部分框架柱含钢率见表 2.1.8-5。

高含钢率柱表　　**表 2.1.8-5**

楼层	柱截面尺寸	钢骨含钢率
1～3	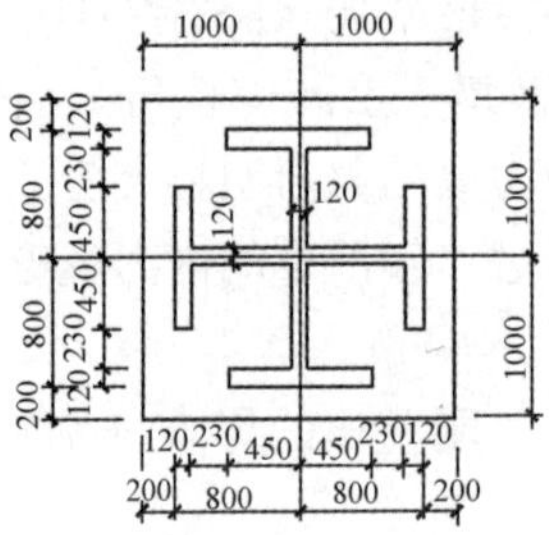 1000 1000 / 200 800 800 200 / 120 230 450 450 230 120 / 1000 1000 / 120 120	ρ=18.6%
4	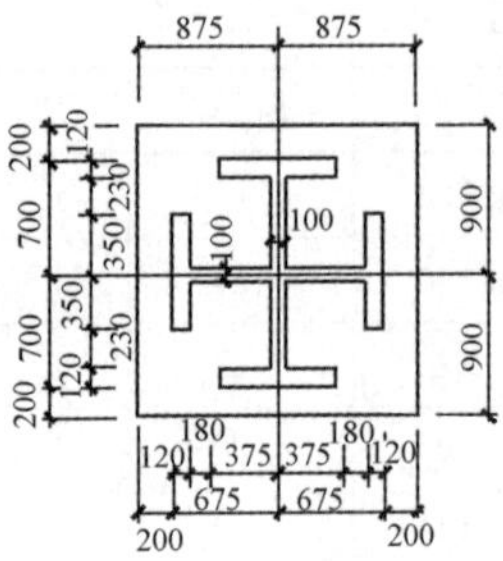 875 875 / 200 700 700 200 / 120 230 350 350 230 120 / 900 900 / 100 100 / 180 180 / 120 375 375 120 / 675 675 / 200 200	ρ=17.9%
5～20	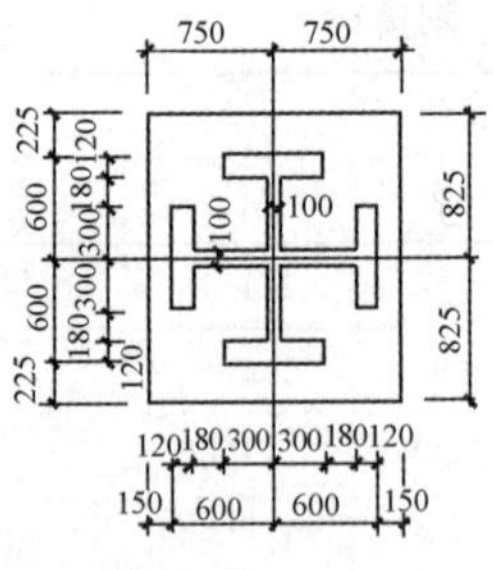 750 750 / 225 600 600 225 / 120 180 300 300 180 120 / 825 825 / 100 100 / 150 600 600 150	ρ=19.0%
21～44	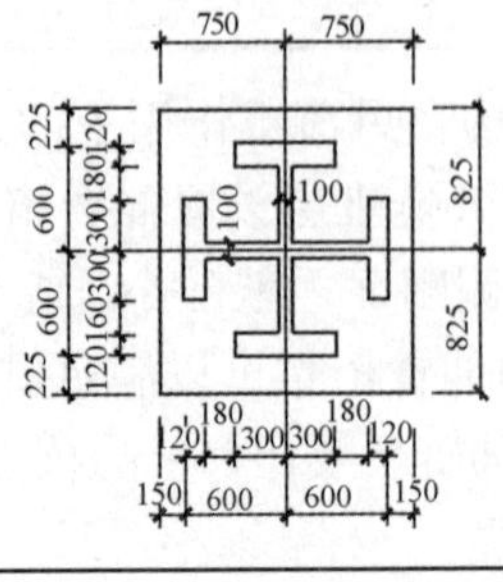 750 750 / 225 600 600 225 / 120 180 300 300 160 120 / 825 825 / 100 100 / 180 180 / 120 300 300 120 / 150 600 600 150	ρ=16.2%

根据部分学者的试验研究，高含钢率 SRC 具有以下力学特性：①高含钢率 SRC 柱试件滞回曲线饱满，各级荷载（位移）下的滞回环大致重合，同一级荷载（位移）承载力没有发生明显退化，表明构件具有良好的耗能性能和抗震能力；②型钢翼缘外侧设置的抗剪栓钉有效保证了型钢与混凝土之间的粘结作用。同一截面上钢筋、型钢的应变分布基本上都符合平截面假定；③高含钢率 SRC 柱的 *N-M* 承载力相关关系与纯钢柱相似；④高含钢率 SRC 柱，其受剪承载力会显著提高。

（2）本工程高含钢率 SRC 柱实体有限元分析

取底层轴压比最大的高含钢率 SRC 柱（钢骨含钢率 18.6%），采用 ANSYS12.1 建立实体有限元模型，如图 2.1.8-5 所示。荷载工况取小震/风组合的控制工况。

混凝土压应力、内置型钢等效应力、混凝土与型钢交界面的剪应力分别见图 2.1.8-6～图 2.1.8-8。

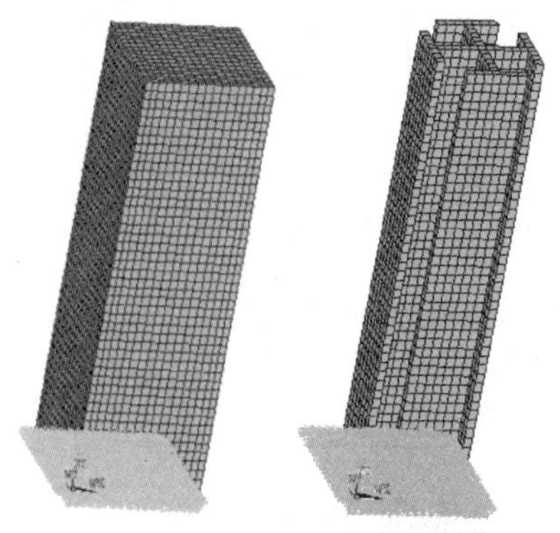

图 2.1.8-5　SRC 实体元模型

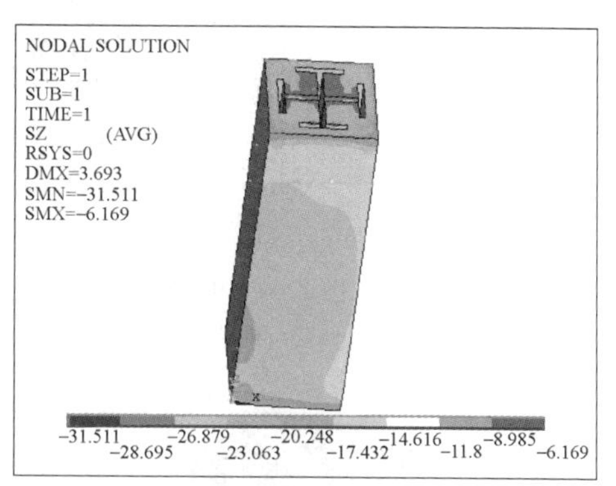

图 2.1.8-6　混凝土压应力

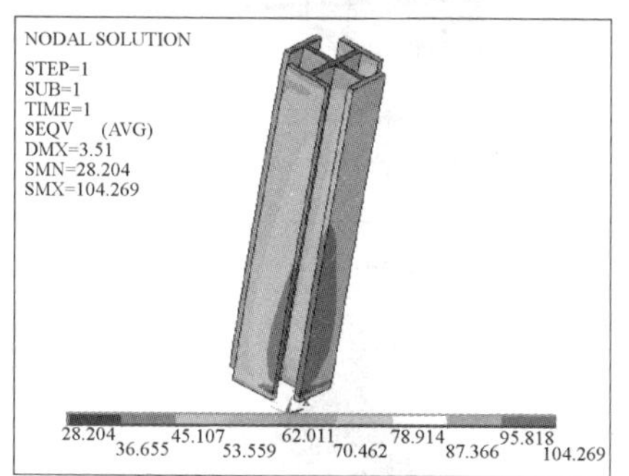

图 2.1.8-7　型钢等效应力

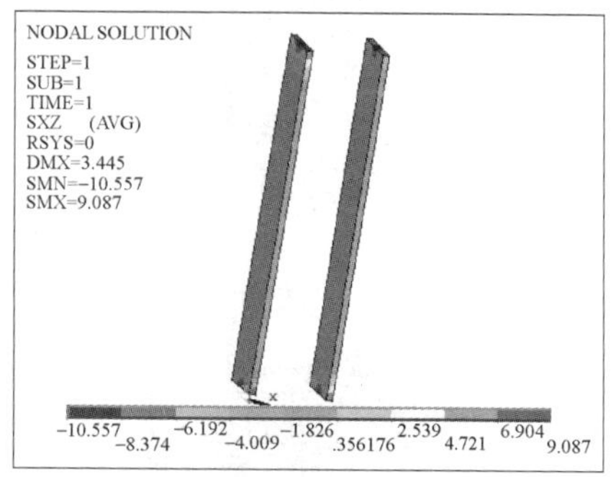

图 2.1.8-8　材料交界面剪应力

由以上各图可见，除柱底局部应力集中外，混凝土压应力为 17.4～20.4MPa，小于 C60 混凝土抗压强度设计值 f_c＝27.5MPa；柱内型钢等效应力除柱底局部应力集中外，大部分应力小于 100MPa，小于 Q345GJ 钢强度设计值 f＝300MPa；型钢翼缘与混凝土交界面的剪应力除了底部、顶部应力集中外，大部分剪应力小于 1.9MPa，即型钢翼缘与混凝土交界面剪应力较小，布置栓钉后能保证不发生粘结滑移。

5. 楼板应力

由于斜腹杆及上下弦杆在竖向荷载下存在较大轴力，导致加强层楼板在竖向荷载下除面外弯矩外，还会产生一定的面内轴力，因此与常规楼板相比，加强层楼板的设计应考虑竖向荷载与水平荷载的组合，把楼板作为拉弯构件进行承载力计算，计算结果（略）。

6. 复杂节点分析与设计

本工程伸臂桁架与框架柱的角度及核心筒的相连的节点示意图见图 2.1.8-9。节点有限元分析模型见图 2.1.8-10。

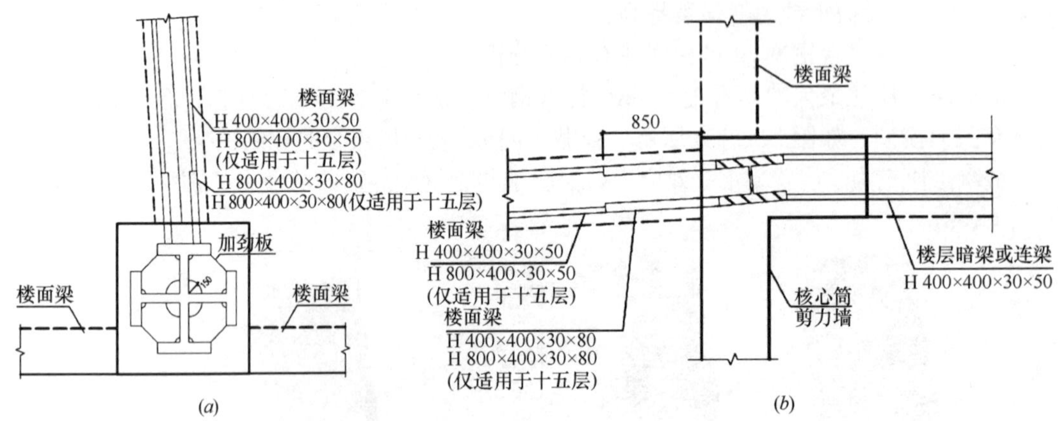

图 2.1.8-9　伸臂与竖向构件相连的节点示意图

(a) 伸臂与框架柱相连的节点；(b) 伸臂与核心筒相连的节点

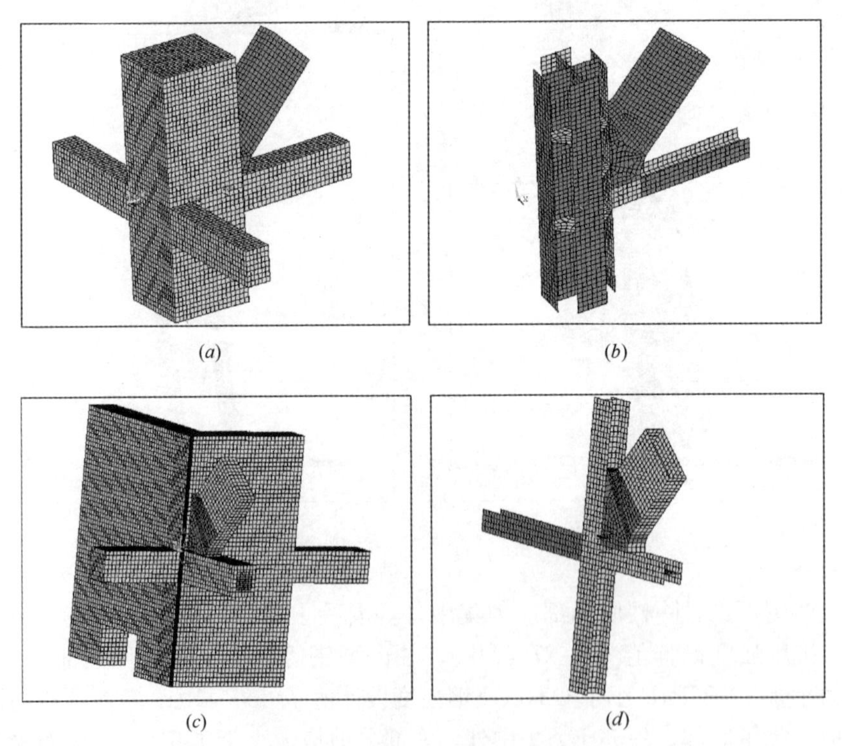

图 2.1.8-10　节点有限元分析模型

(a) 柱节点；(b) 柱节点型钢；(c) 墙节点；(d) 墙节点型钢

计算结果表明（部分结果见图 2.1.8-11），节点型钢板件基本处于弹性工作阶段，节点应力水平低于杆件的应力水平，且承载力还有富余。型钢混凝土构件中的混凝土不会被压坏，抗剪也均满足要求，局部应力集中处需加强配筋，本工程节点设计符合“节点不先于构件破坏”的设防目标。

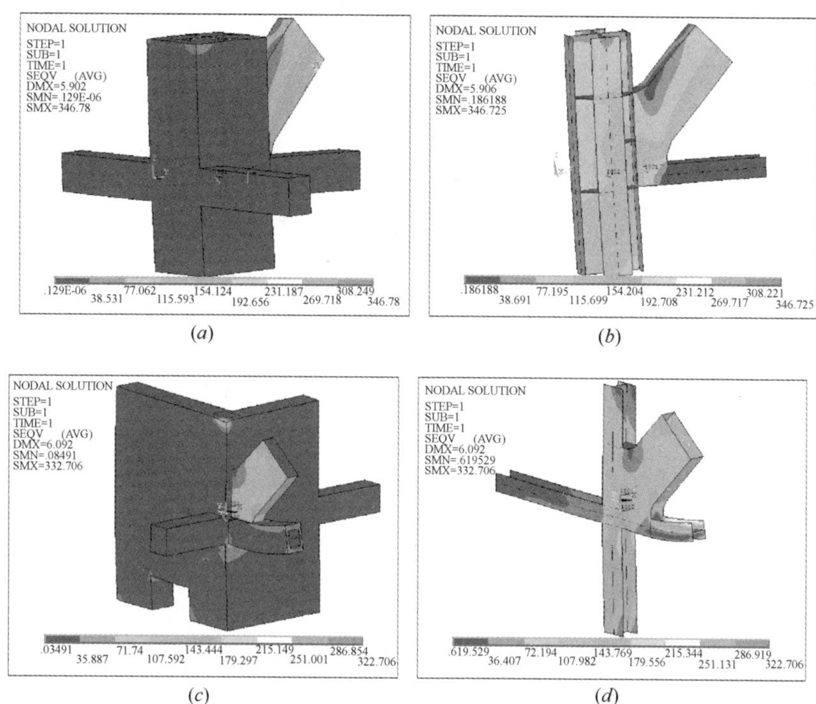

图 2.1.8-11 节点应力分布图

(a) 柱节点；(b) 柱节点型钢；(c) 墙节点；(d) 墙节点型钢

7. 结构整体稳定分析

本工程结构整体稳定能满足规范刚重比的要求，采用 1×(DL+0.5LL) 作为初始荷载，对结构进行整体屈曲分析，得到的前 6 阶屈曲特征值见表 2.1.8-6。第 1 阶模态为 Y 向整体失稳，特征值为 12.50；第 2 阶失稳是 X 向整体失稳，特征值为 25.66，如图 2.1.8-12 所示。以上分析表明，特征值大于 10，结构稳定性较好。

屈曲特征值 **表 2.1.8-6**

模态	屈曲特征值（考虑 P-Δ）	屈曲特征值（不考虑 P-Δ）
1	12.50	13.27
2	25.66	26.43
3	30.13	30.13
4	30.30	30.30
5	30.50	30.71
6	31.20	31.80

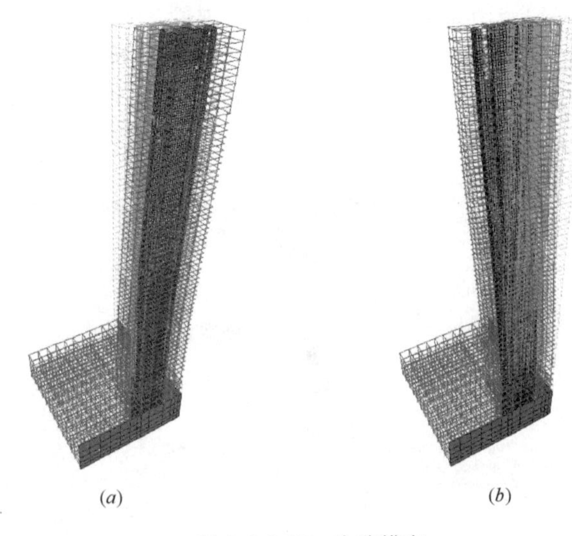

(a)　(b)

图 2.1.8-12　失稳模态
(a) 1 阶失稳模态（Y 向）；(b) 2 阶失稳模态（X 向）

8. 抗连续性倒塌分析

结构抗倒塌设计与一般结构设计不同，一般结构抗风抗震等防灾设计中，考查的是整个完好结构抵御灾害荷载的能力。而结构连续倒塌设计中考查的是局部构件失效后，剩余结构抗倒塌的能力。但一般的抗风抗震构造要求改善了结构的延性和整体性，而这些措施也在一定程度上提高了结构的抗连续抗倒塌能力。

对本工程角柱采用加侧向偶然作用、边柱瞬时去除的方法来模拟荷载对建筑物的直接影响，评估结构是否具有防止连续性倒塌的能力。角柱为关键构件，采用表面附加 80kN/m^2 侧向偶然作用，验算其在偶然荷载作用下的承载力，验算方法如下：

$$R_d \geqslant S_d$$

$$S_d = S_{Gk} + 0.6S_{Qk} + S_{Ad}$$

边柱作为失效构件，采用弹性静力方法分析剩余结构的内力和变形，剩余结构构件承载力应满足下式要求：

$$R_d \geqslant \beta S_d$$

式中　S_d——剩余结构构件效应设计值；

R_d——剩余结构构件承载力设计值；

β——效应折减系数。对中部水平构件取 0.67，对其他构件取 1.0。

结构抗连续倒塌设计时，荷载组合的效应设计值可按下式确定：

$$S_d = \eta_d(S_{Gk} + \sum \varphi_{qi} S_{Qi,k}) + \psi_w S_{wk}$$

式中　S_{Gk}——永久荷载标准值产生的效应；

S_{Qk}——活荷载标准值产生的效应；

S_{Ad}——侧向偶然作用设计值的效应；

$S_{Qi,k}$——第 i 竖向可变荷载标准值产生的效应；

S_{wk}——风荷载标准值产生的效应；

φ_{qi}——可变荷载的标准永久值系数；

ψ_w——风荷载组合值系数，取 0.2；

η_d——竖向荷载动力放大系数。当构件直接与被拆除竖向构件相连时取 2.0，其他构件取 1.0。

构件截面承载力计算时，混凝土强度可取标准值；钢材强度，正截面承载力验算时可取标准值的 1.25 倍，受剪承载力验算时可取标准值。

(1) 角柱抗倒塌分析

结合本工程特点，如图 2.1.8-13 所示，在底层其中一根角柱施加 80kN/m^2 的侧向偶然荷载。

施加偶然荷载后，其承载力见图 2.1.8-14，结合上述承载力公式，结构能满足抗连续倒塌的设计要求。

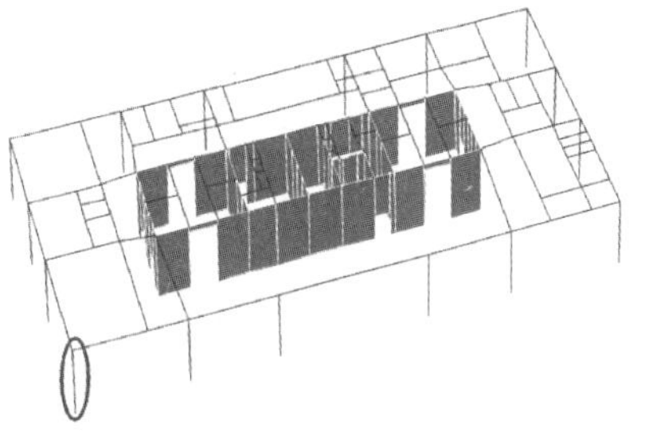

图 2.1.8-13　侧向偶然荷载作用示意图

(2) 拆除边柱分析

结合本工程特点，拆除图 2.1.8-15 (*a*) 中圈出位置处框架柱。

拆除边柱后，对拆除柱附近的主要竖向受力构件柱 1 和柱 2 进行分析。其承载力如图 2.1.8-16 所示，结合上述承载力公式结构能满足抗连续倒塌的设计要求。

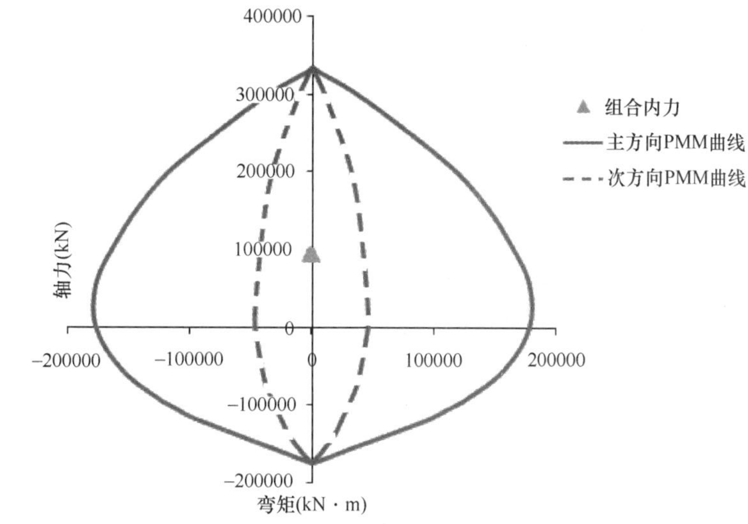

图 2.1.8-14　侧向荷载下角柱承载力验算

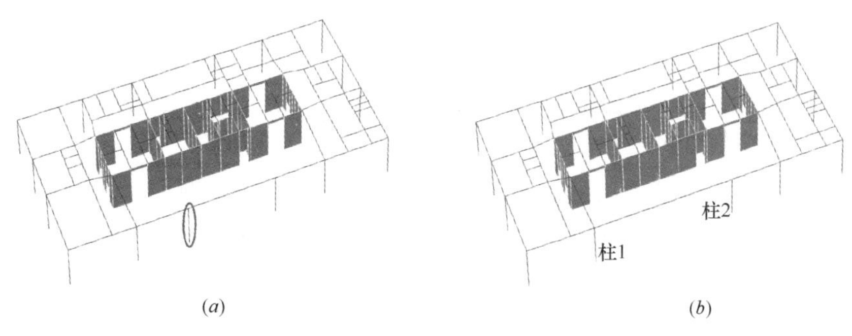

图 2.1.8-15　边柱拆除示意图

(*a*) 拆柱前模型；(*b*) 拆柱后模型

9. 风荷载作用下结构抗倾覆验算

本工程较多楼层的建筑功能定位为 loft 公寓，后期可灵活考虑改造，考虑到当原设计

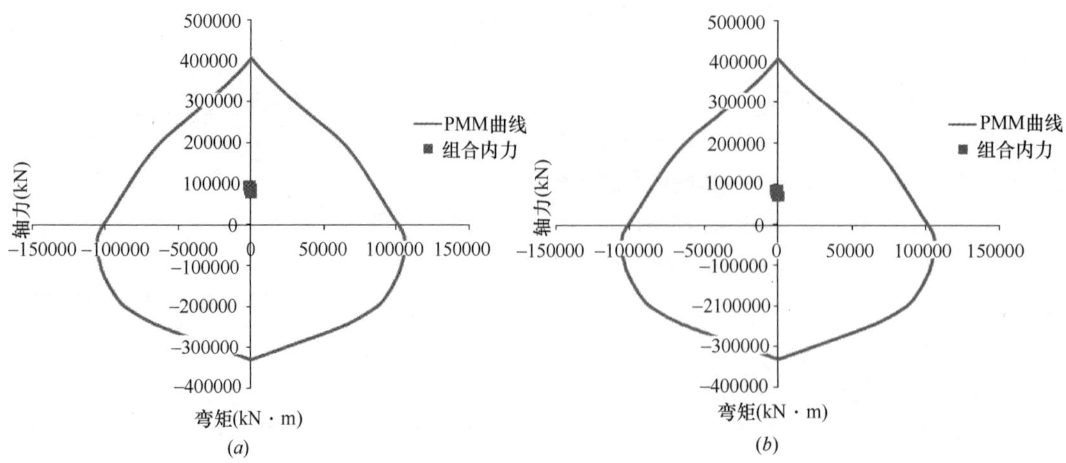

图 2.1.8-16　边柱承载力验算图

(*a*) 柱 1 承载力复核；(*b*) 柱 2 承载力复核

loft 公寓改造成平层的普通公寓，结构自重将有所降低，对风荷载作用下的结构抗倾覆可能带来不利影响。本节按照 loft 公寓与普通公寓验算风荷载作用下的结构抗倾覆承载力。验算如图 2.1.8-17所示竖向构件在恒载、活载、风荷载作用下的轴向力，验算结果详见表 2.1.8-7、表 2.1.8-8。

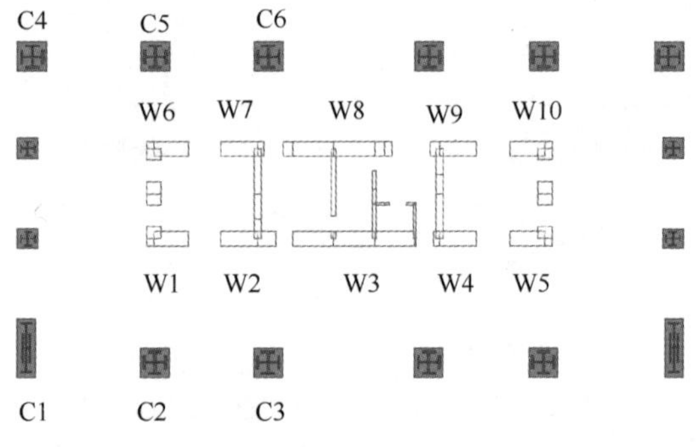

图 2.1.8-17　柱编号

结构倾覆验算（标准组合）　　　　**表 2.1.8-7**

构件编号	改造前（Loft 公寓）(kN)				改造后（普通公寓）(kN)				改造后/改造
	恒载	活载	风	组合值	恒载	活载	风	组合值	
C1	−79353	−10596	26590	−63359	−72672	−6481	26344	−52808	0.83
C2	−68182	−10089	37896	−40375	−61768	−6485	37556	−30697	0.76
C3	−69369	−10288	39091	−40566	−62787	−6633	38744	−30676	0.76
C4	−54676	−7329	25374	−36631	−50190	−4633	25152	−29670	0.81
C5	−59798	−8287	38662	−29422	−54934	−5499	38337	−22096	0.75
C6	−60908	−8438	38743	−30603	−56014	−5628	38413	−23229	0.76
W1	−26389	−3654	11617	−18426	−24174	−2405	11537	−15042	0.82

续表

构件编号	改造前（Loft 公寓）（kN）				改造后（普通公寓）（kN）				改造后/改造
	恒载	活载	风	组合值	恒载	活载	风	组合值	
W2	−38524	−5410	16976	−26958	−35252	−3545	16857	−21940	0.81
W3	−83463	−11903	35233	−60133	−76333	−7839	34987	−49186	0.82
W4	−31043	−4396	14706	−20733	−28382	−2879	14607	−16654	0.8
W5	−26788	−3762	13911	−16639	−24505	−2475	13820	−13160	0.79
W6	−26695	−3702	14399	−15999	−24549	−2481	14300	−12730	0.8
W7	−30544	−4264	16241	−18567	−28073	−2843	16129	−14787	0.8
W8	−75734	−10712	35435	−51012	−69577	−7173	−35174	−41575	0.82
W9	−33082	−4656	16017	−21722	−30386	−3108	15898	−17596	0.81
W10	−27254	−3838	13683	−17409	−25026	−2570	13582	−14013	0.8

结构倾覆验算（基本组合） **表 2.1.8-8**

构件编号	改造前（Loft 公寓）（kN）				改造后（普通公寓）（kN）				改造后/改造
	恒载	活载	风	组合值	恒载	活载	风	组合值	
C1	−79353	−10596	26590	−52512	−72672	−6481	26344	−42140	0.80
C2	−68182	−10089	37896	−25015	−61768	−6485	37556	−15546	0.62
C3	−69369	−10288	39091	−24723	−62787	−6633	38744	−15046	0.61
C4	−54676	−7329	25374	−26335	−50190	−4633	25152	−19517	0.74
C5	−59798	−8287	38662	−13792	−54934	−5499	38337	−6651	0.48
C6	−60908	−8438	38743	−14937	−56014	−5628	38413	−7751	0.52
W1	−26389	−3654	11617	−13706	−24174	−2405	11537	−10379	0.76
W2	−38524	−5410	16976	−20060	−35252	−3545	16857	−15127	0.75
W3	−83463	−11903	35233	−45802	−76333	−7839	34987	−35034	0.76
W4	−31043	−4396	14706	−14763	−28382	−2879	14607	−10753	0.73
W5	−26788	−3762	13911	−10999	−24505	−2475	13820	−7582	0.69
W6	−26695	−3702	14399	−10165	−24549	−2481	14300	−6960	0.68
W7	−30544	−4264	16241	−11985	−28073	−2843	16129	−8279	0.69
W8	−75734	−10712	35435	−36624	−69577	−7173	−35174	−27362	0.75
W9	−33082	−4656	16017	−15223	−30386	−3108	15898	−11174	0.73
W10	−27254	−3838	13683	−11859	−25026	−2570	13582	−8529	0.72

其中，标准组合、基本组合计算公式如下：

标准组合：N=1.0 恒载+1.0 活载+1.0 风荷载；

基本组合：N=1.0 恒载+0.98 活载+1.4 风荷载。

根据上述的计算结果，本工程后期建筑功能改造后，竖向构件的轴压力有所降低且考虑荷载的标准组合及基本组合后，竖向构件未出现轴拉力，说明本工程改造后依然满足抗倾覆的要求。

2.1.9　抗震综合措施

（1）建立多条传力路径

确保结构体系有多种传力途径协同工作。

（2）针对框架柱柱的措施

适当增加伸臂层及其上下层的框架柱的配筋。对于剪跨比小于 2 的柱采用箍筋全高加密，并适当提高体积配箍率。

（3）针对剪力墙的措施

部分连梁内设置型钢或交叉配筋，以保证强剪弱弯，不出现剪切破坏。连梁充分发挥耗能作用。

对于中大震下全截面受拉剪力墙按计算结果配置型钢抗拉抗剪。

适当提高底部加强区剪力墙配筋率，最小配筋率提高为 0.5%。

在较厚墙体中按规范要求布置多层钢筋，以使墙截面中剪应力均匀分布且减少混凝土的收缩裂缝。

适当增加伸臂层及其上下层的剪力墙的配筋。

（4）针对斜撑的措施

斜撑按大震轴向不屈服设计。

（5）针对楼板的措施

本工程伸臂层及相邻层局部楼板应力较大，适当增加楼板配筋构造，满足设计性能目标的要求。

（6）加强节点构造措施

节点区构件板厚取相交构件的最大板厚，满足强节点、弱构件的抗震设计原则。

与斜撑相交框架柱内钢骨增加钢构件连接。

尽量保证节点传力板件对中，传力直接，施工方便可操作。

2.1.10　超限审查意见

2018 年 9 月 29 日，深圳市住房和建设局主持召开了本项目超限高层建筑抗震设防专项审查会。审查结论为通过。在下一阶段工作中补充以下内容：

① 补充论证风荷载地面粗糙度类别的选取；

② 补充风荷载作用下舒适度分析及设置阻尼器的具体做法；

③ 调整伸臂桁架与剪力墙连接节点构造，补充该节点及伸臂桁架腹杆与弦杆连接节点分析，根据分析结果采取加强措施；

④ 进一步复核加强层及相邻上下层剪力墙抗剪承载力，根据分析结果采取相应加强措施。

⑤ 在验算整体稳定性时，应考虑完全嵌固与实际不一致的不利影响。

设计单位：深圳市力鹏工程结构技术有限公司

　　　　　深圳市力鹏建筑结构设计事务所

主要设计人：王森、刘冠伟、许璇、曾庆立

2.2　星河雅宝高科创新园双塔

2.2.1　工程概况

星河雅宝高科创新园三地块 3-1 栋和四 A 地块 4-1 栋位于深圳市龙岗区坂田街道五和大道与雅宝路交汇处东南侧。两栋塔楼合称双子塔，地面以上均为 74 层，建筑面积约 18.6 万 m^2，结构高度 338.1m，建筑最高处高度为 356m。本节仅针对三地块 3-1 栋进行建筑结构抗震可行性分析，由于 4-1 栋的层数、高度、建筑平面及功能 3-1 栋相同，仅 73 层及以上核心筒收进略有不同，可参照 3-1 栋进行结构设计。图 2.2.1-1 为该项目总平面图。

主要剖面图和平面图如图 2.2.1-2 和图 2.2.1-3 所示。塔楼平面形状接近方形，角部有倒角。底部平面尺寸约 55.5m×55.5m，顶部平面尺寸约为 48.3m×48.3m，立面轮廓从 10 层开始往上逐渐收进，结构高宽比为 6.5。核心筒底部平面尺寸为 27.4m×26.15m，从 49 层开始位于南侧穿梭梯附近的墙体开始收进，核心筒平面尺寸变为 26.6m×22.25m，核心筒高宽比约为 13.2。为配合建筑立面外轮廓的逐层收进，外框柱在 43F 开始平行轴线朝核心筒单向内倾至屋面，形成斜柱，倾斜角度为 0.63°～1.94°。

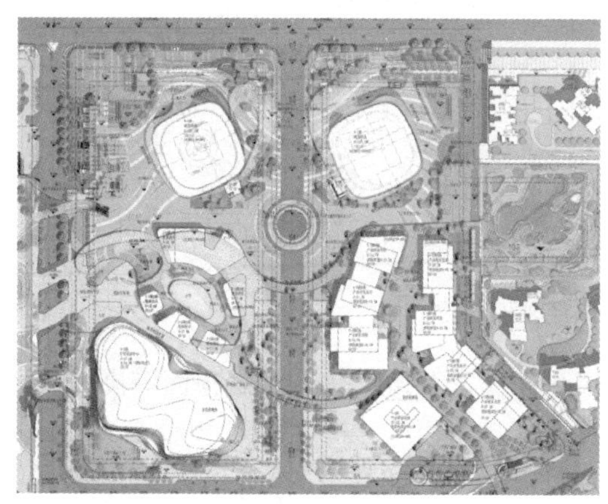

图 2.2.1-1　项目总平面

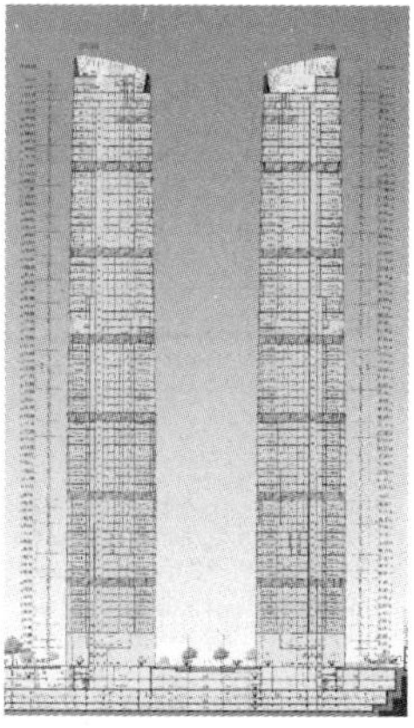

图 2.2.1-2　建筑效果图及剖面图

2.2.2　地质情况与基础设计

根据勘察钻探揭露的情况，结合区域地质资料综合分析，未发现拟建场地及附近有滑坡、泥石流等不良地质作用，钻孔深度内未发现场地有埋藏的河道、沟浜、墓穴、防空洞和溶洞等对工程不利的埋藏物，本工程所在的位置属区域稳定性较好地区，适宜建造拟建建筑物。

根据现场勘察及室内土工试验成果，场地内分布的地层主要有第四系人工填土层、第四系全新统坡洪积层、第四系上更新统冲洪积层、第四系上更新统坡积层、第四系残积层，场地下伏基岩为燕山四期花岗岩。

勘察报告显示，地下室底板标高开挖后，基坑底出露的岩土层主要为燕山四期花岗岩（⑥），局部为残积砾质黏性土（⑤）。残积砾质黏性土及全风化、强风化花岗岩承载力无法满足拟建建筑物上部荷载要求，需采用桩基础，桩型建议采用混凝土冲孔灌注桩，以微

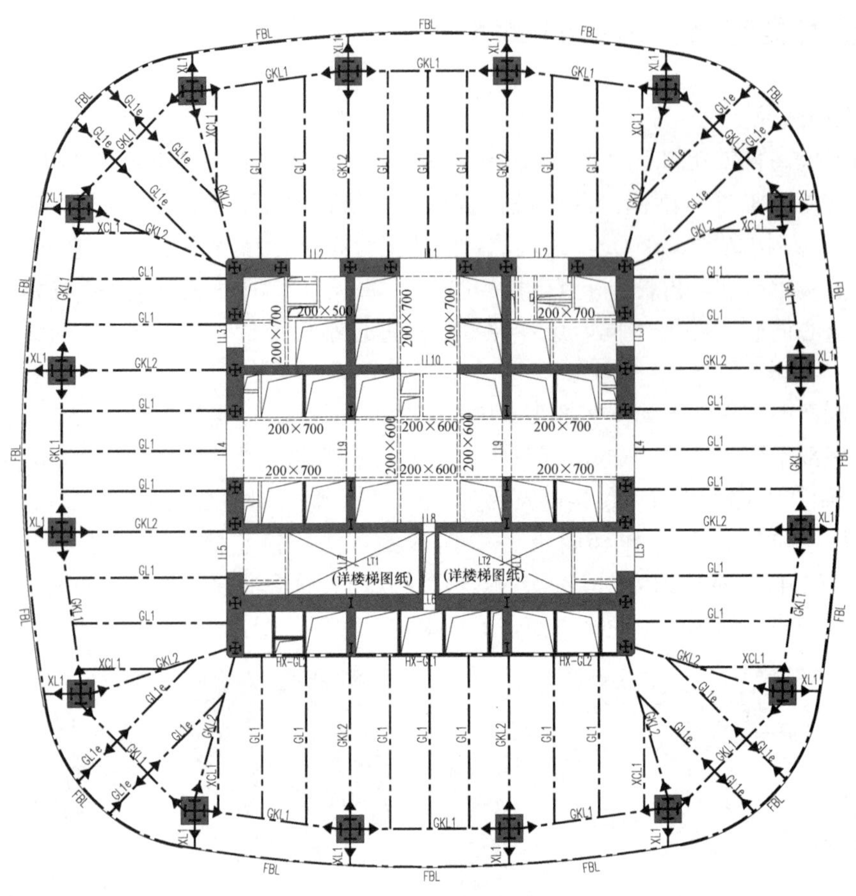

图 2.2.1-3　标准层平面图

风化花岗岩（⑥）作为桩端持力层。塔楼下中风化花岗岩及微风化花岗岩顶面等高线云图和强度分别如表 2.2.2-1 和图 2.2.2-1。

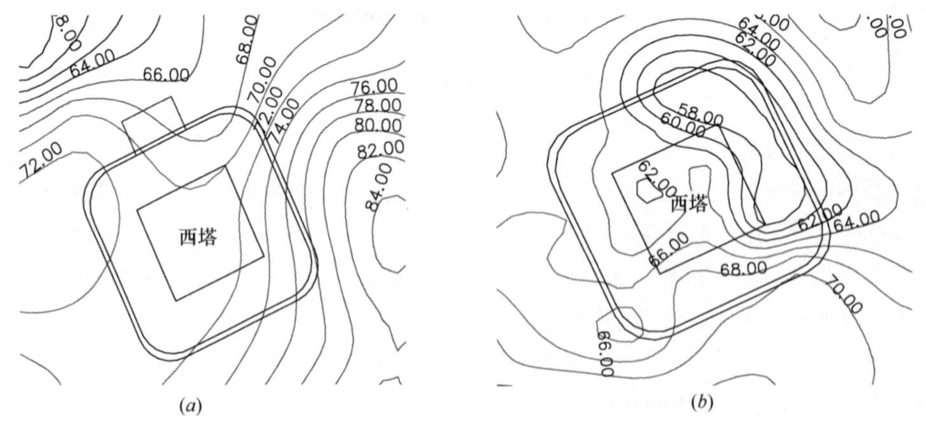

图 2.2.2-1　场地岩层顶面等高线

（*a*）中风化岩；（*b*）微风化岩

嵌岩桩桩基参数建议值 **表 2.2.2-1**

地层名称及成因代号	岩石风化程度	f_{rs}、f_{rp} (MPa)	C1	C2
花岗岩 (γ_5^3)	中风化	12	0.35	0.04
	微风化	40	0.40	0.05

基础设计等级为甲级，安全等级为一级。采用天然基础及人工挖孔桩基础，地基持力层为中（微）风化花岗岩，地基承载力特征值为 3000（6000）kPa，人工挖孔桩竖向抗压承载力特征值见表 2.2.2-2。地下室抗浮设计水位为 90.8～102.0m。塔楼基础平面布置图如图 2.2.2-2 所示。

桩参数表 **表 2.2.2-2**

桩编号	桩径/扩底直径 (m)	桩身混凝土等级	桩端持力层	岩石饱和单轴抗压强度 (MPa)	单桩抗压承载力特征值 (kN)	桩数
ZH3200	3.2/3.6	C55	微风化花岗岩	40	132000	14
ZH3200A	3.2/5.8	C55	中风化花岗岩	12	132000	2
ZH3600	3.6/4.0	C55	微风化花岗岩	40	163000	5

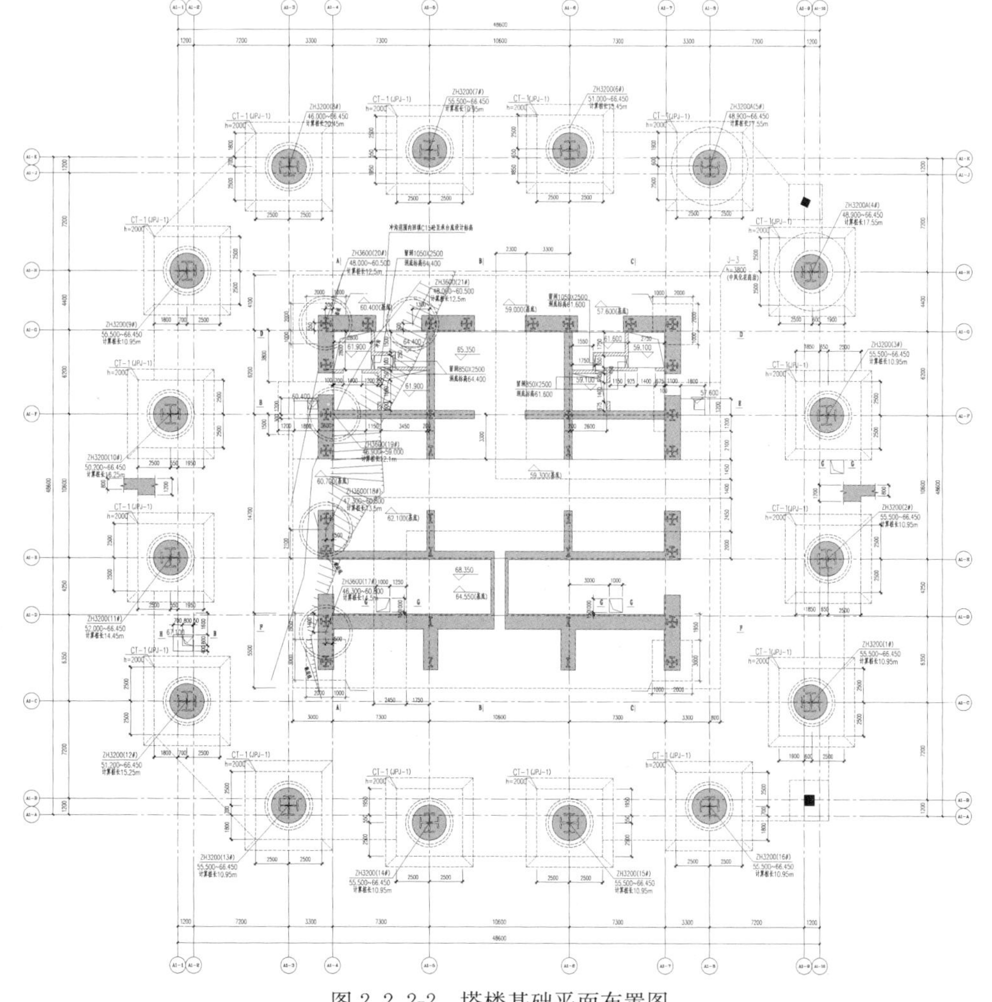

图 2.2.2-2 塔楼基础平面布置图

2.2.3 结构方案的选择

在设计初期阶段，进行了结构多方案的对比研究。为方便统一表达，以下称平行 A1-A 轴方向为 X 向，平行 A1-1 轴方向为 Y 向。根据建筑平面功能及楼层竖向分布特点，本工程采用常用的型钢混凝土柱-混凝土核心筒-钢梁-压型钢板组合楼板混合结构体系。

因结构高度较高，Y 向在不设加强层的情况下很难满足规范对结构位移和刚重比等多方面的要求。以下将进行不同的方案试算，通过设置一道加强层、两道加强层对比研究，选取比较合理的加强层布置方式，提高结构抗侧刚度，满足结构设计规范的要求。

以下进行加强层数量和位置研究时，每个加强层沿 Y 向设 4 榀伸臂桁架，同时外框周圈设环桁架，对比层间位移角时仅列风荷载下（控制荷载）的层间位移角。以下对比分析中伸臂桁架和环桁架均为人字形。

（1）加强层数量和位置分析对比

每道加强层的设置为 Y 向 4 榀伸臂桁架，整层周圈环桁架。从对比结果来看，一道加强层位置对控制结构最大层间位移角效率最高的为 53F，随后依次为 64F 和 42F。设两道加强层时，3+5 方案对结构控制楼层最大层间位移角的效率最高，其次是 4+5 方案和 4+6 方案。如图 2.2.3-1 所示。

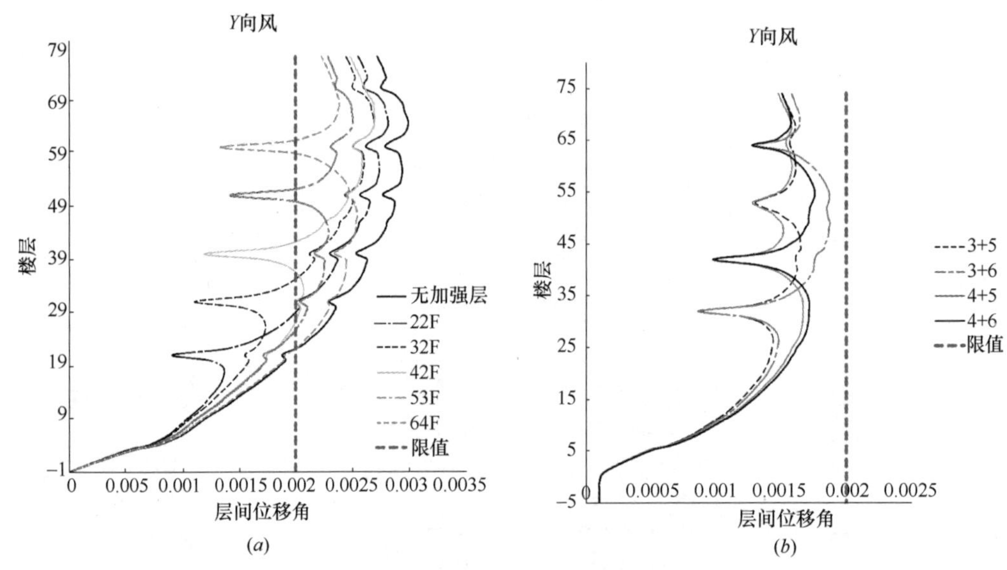

图 2.2.3-1 不同加强层数量时风荷载作用下层间位移角对比

（a）一道加强层；（b）两道加强层

表 2.2.3-1 为设置两道加强层时结构刚重比对比，可见，结构 Y 向的刚重比 3+5 方案相对最好，其余三个方案 Y 向的刚重比都比较接近。综合考虑设备 32 层设备系统及建筑功能、施工进度等多方面因素，选择在 42 层和 53 层两个设备层各设置一道加强层。

设置两道加强层时结构刚重比 **表 2.2.3-1**

方案	工况	X	Y
3+5	风	1.523	1.456
4+5	风	1.535	1.445

续表

方案	工况	X	Y
4+6	风	1.555	1.442
3+6	风	1.544	1.445

注：刚重比计算时考虑结构质量沿楼层分布不均的修正系数。

(2) 环桁架对结构的影响分析

为了探讨在本工程中环桁架对结构整体指标的影响，选取设两道加强层的 4+5 方案（每道按 Y 向 4 榀设置），将环桁架设置前后的结构整体指标进行对比，对比结果见表 2.2.3-2 和图 2.2.3-2。

环桁架对结整体性能的对比分析 **表 2.2.3-2**

结构指标		4+5（有环桁架）	4+5（无环桁架）
周期（s）	T_y	8.19	8.22
	T_x	8.08	8.16
	T_t	4.76	4.85
最大层间位移角	X 向风	1/569	1/552
	Y 向风	1/590	1/586
刚重比	X 向风	1.58	1.55
	Y 向风	1.47	1.46

注：刚重比计算时考虑结构质量沿楼层分布不均的修正系数。

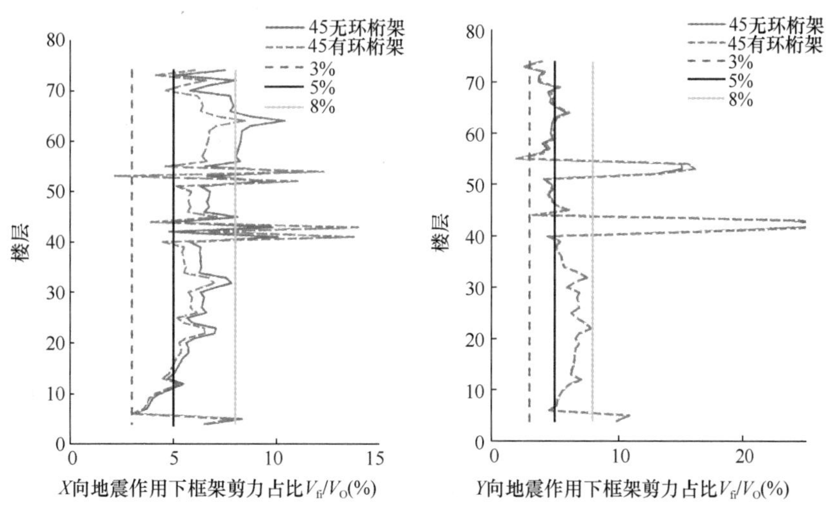

图 2.2.3-2 环桁架对结构的影响对比

从对比结果可以看出，本工程中在加强层设置环桁架对结构主要整体指标的贡献不大，且设置换桁架后，外框柱剪力与底部剪力百分比在 X 向反而较小，在 Y 向略微减小。因此，本工程取消环桁架的设置。

2.2.4 结构体系与特点

本工程采用带有加强层的型钢混凝土框架-钢筋混凝土核心筒混合结构体系，楼面系由钢梁和压型钢板组合楼板构成。同时在42层和53层两设备层各设置一道加强层。两道加强层均沿南北向各设4榀伸臂桁架，伸臂桁架均呈人字形。框架-核心筒结构体系为双重抗侧力体系，钢筋混凝土核心筒作为第一道防线，型钢混凝土框架作为第二道防线。框架与核心筒之间通过楼面钢梁和压型钢板组合楼板相互连接。结构竖向荷载通过水平梁板传递到核心筒墙体和外框柱上，再传递到基础；水平荷载以核心筒承担大部分的水平剪力和倾覆弯矩，外框柱承担少量的水平剪力和抗倾覆弯矩。内筒和外框架通过楼板的面内刚度互相协调。结构主要抗侧力构件和加强层伸臂桁架如图2.2.4-1和图2.2.4-2所示。结构平面布置如图2.2.4-3、图2.2.4-4所示。

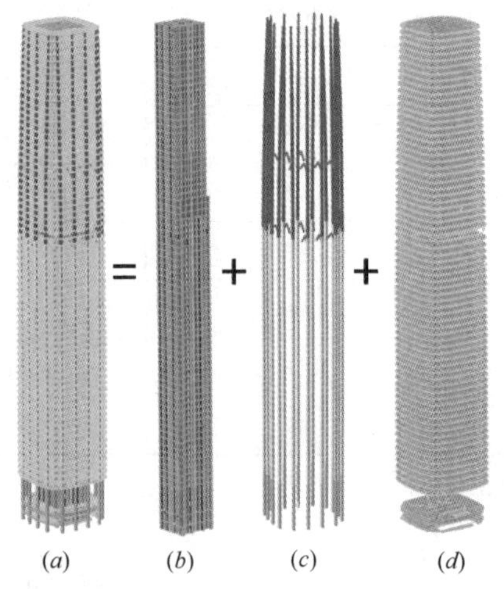

图2.2.4-1 结构体系空间示意图

(a) 整体结构；(b) 核心筒；(c) 外框柱；(d) 梁板

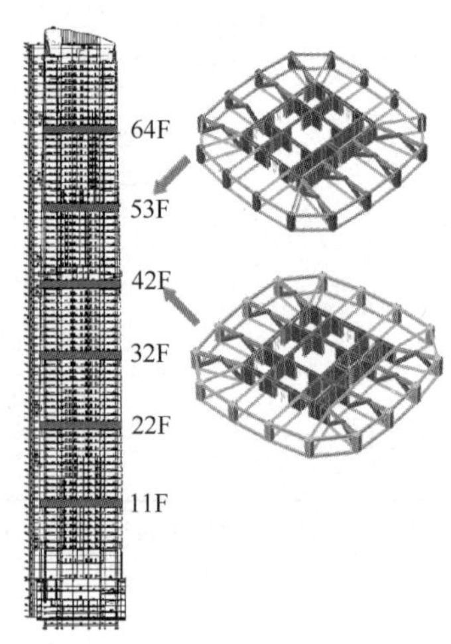

图2.2.4-2 加强层伸臂桁架示意图

核心筒采用现浇钢筋混凝土（底部墙体中设型钢），混凝土强度等级为C60～C50。核心筒在49层穿梭梯侧墙整体收进一次，核心筒1～48层平均平面尺寸为27.0m×25.9m，49层及以上平均尺寸为26.0m×21.7m。核心筒外墙厚度为1200～400mm；核心筒内墙厚度为600～250mm。加强层及相邻层剪力墙内型钢标号为Q390GJC，一般层剪力墙型钢标号Q390B，伸臂桁架及斜腹杆型钢标号为Q390GJC。

外框柱间距为10.6m，采用型钢混凝土柱，混凝土强度为C60～C50。外框柱中心至核心筒最小距离为11.15m，最大距离为14.5m（49F及以上平面核心筒南侧）。外框柱截面5层楼面为1800mm×1800mm（内置十字形型钢混凝土方柱），1～4层19.5m通高圆柱直径为D=2300mm（内置十字形型钢混凝土圆柱），5层往上逐渐收缩至顶部800mm×800mm（内置工字形型钢混凝土方柱）。外框柱在43层开始平行轴线朝核心筒单向内倾至屋面，形成斜柱，倾斜角度为0.63°～1.94°。在43～44层间，因建筑设通高大堂，局部外框柱形成跨层柱。钢柱及柱内型钢标号为Q345B。

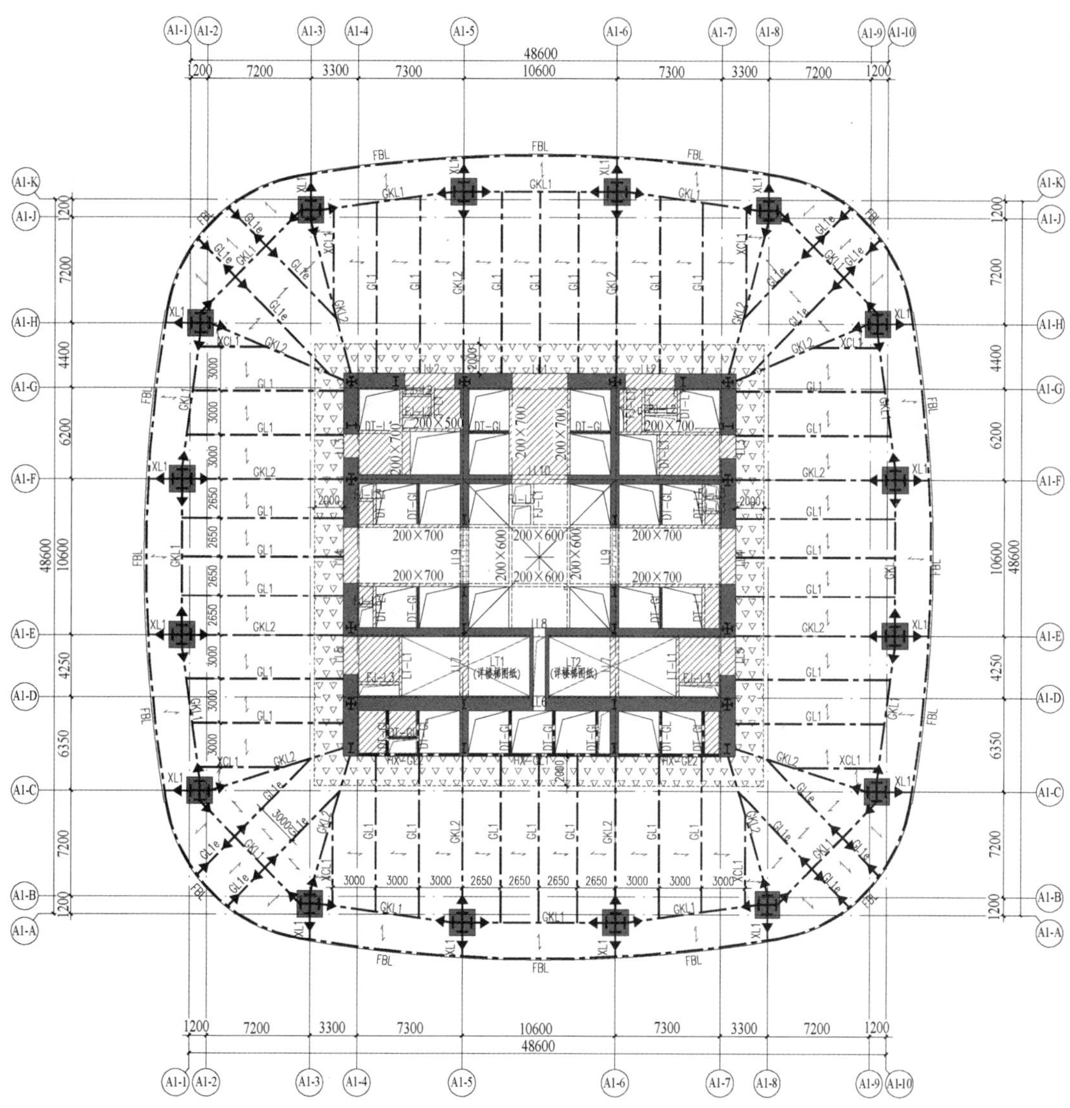

图 2.2.4-3 典型结构平面布置图（低区）

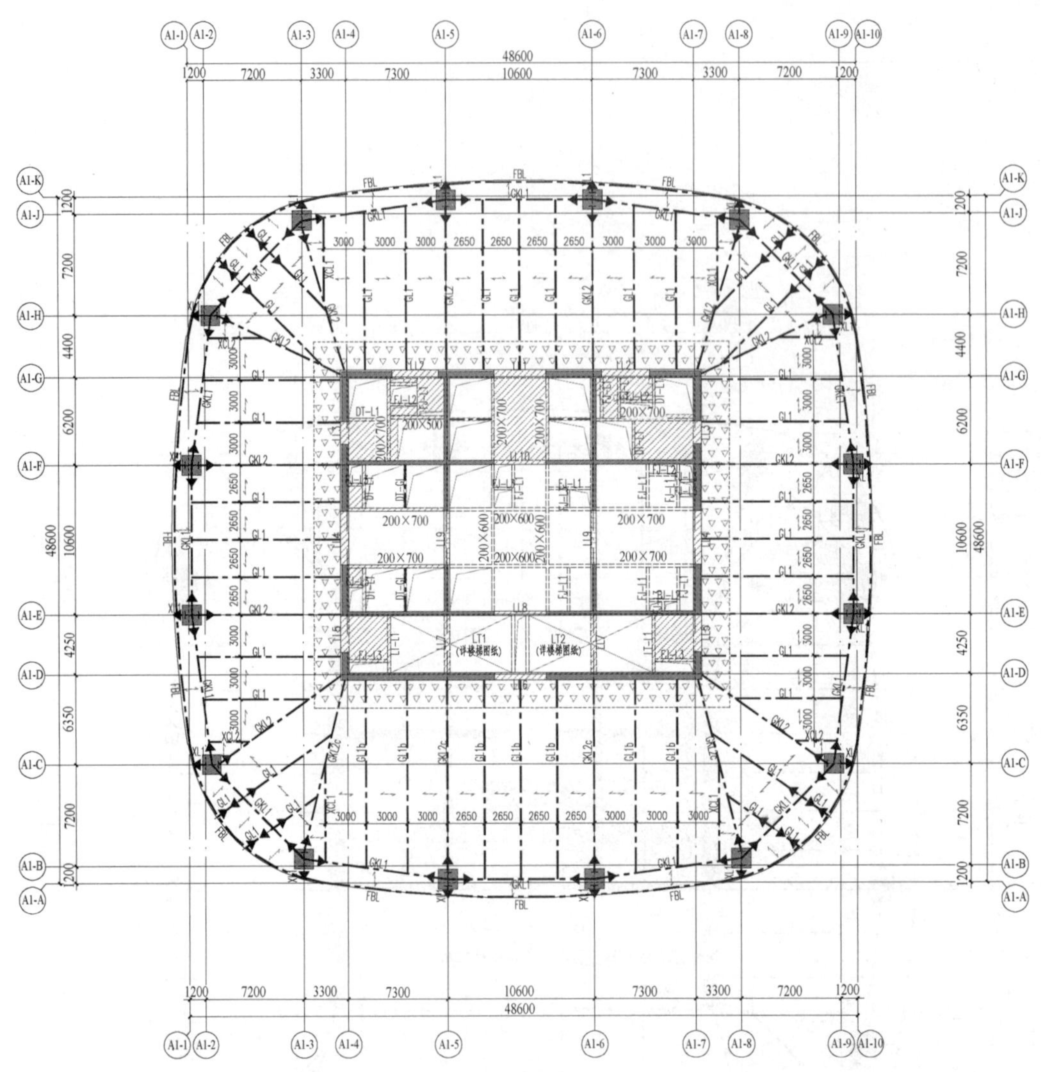

图 2.2.4-4　典型结构平面布置图（高区）

楼盖板形式及板厚如表 2.2.4-1。塔楼 1～4 层通高，形成底部通高大堂；43～44 层设有电梯转换大堂，楼板开洞面积约占楼层面积的 30%；其余楼层板均保持连续。因受层高限制，除五层楼面框架梁高 1200mm 外，一般标准层楼面梁高度控制在 500mm 以内，设备层及局部跨度较大且荷载较大的区域楼面梁高度控制在 600mm 以内。周圈外框梁高度一般为 800mm，设备层上层楼面外框梁高取 900mm。本工程中，楼面外框柱与核心筒间的框架主梁与核心筒连接时均为铰接连接（除加强层框架梁及五层楼面框架梁外），钢梁与外框柱相连时均为刚性连接。一般层钢梁型钢标号为 Q345B。

楼盖板形式及板厚　　**表 2.2.4-1**

楼层	区域	板厚（mm）	楼盖形式
B2	整层	180	核心筒外：钢筋桁架楼层板 核心筒内：现浇混凝土板
一层	整层	160	

续表

楼层	区域	板厚（mm）	楼盖形式
标准层	核心筒外	120	钢筋桁架楼层板或压型钢
	核心筒内	150	现浇混凝土板
一般设备层	整层	180	核心筒外：钢筋桁架楼层板 核心筒内：现浇混凝土板
一般设备层上一层	整层	160	
加强层	层底楼面、层顶楼面	200	
屋面	整层	150	

塔楼附近有下沉广场大开洞，且塔楼周边有大面积的降板，降板高度 1.5m，对首层结构板的连续性影响较大，地下 1 层因塔楼范围内扶梯大开洞等，对地下 1 层结构板的连续性影响也较大，地下 2 层楼面结构板连续性较好，设计时将上部结构嵌固端设置在地下 2 层楼面标高。

本工程结构体系为带有加强层的型钢混凝土框架-钢筋混凝土核心筒混合结构体系，简称“型钢混凝土框架-核心筒结构”。其主要特点为：

① 主要受力体系属于型钢混凝土框架-核心筒结构受力体系；

② 核心筒位于平面中部，采用钢筋混凝土（底部局部设置型钢）；

③ 外框架采用型钢混凝土柱，主要传递竖向荷载；

④ 楼层梁均为钢结构，各层楼盖采用压型钢板组合楼板；

⑤ 一般层楼面外框柱与核心筒间的框架主梁与核心筒连接时铰接连接，钢梁与外框柱相连时为刚性连接。

2.2.5 超限项判定及抗震性能目标

1. 抗震等级

本工程抗震设防烈度为 7 度（0.10g），塔楼抗震等级按表 2.2.5-1。

塔楼抗震等级 **表 2.2.5-1**

构件类型	范围	抗震等级
剪力墙	底部加强区（B2 层～8 层）	特一级
	过渡层（9～11 层）	
	加强层及相邻层	
	一般区域	
	嵌固层以下一层	同上层
	嵌固层以下二层及以下	逐层降低
伸臂构件	加强层	一级
框架柱	全楼	一级
框架梁	全楼	一级
钢框架	全楼	二级

2. 超限项的判定

根据《高层建筑混凝土结构技术规程》JGJ 3—2010（以下简称《高规》）本结构超限内容如下：

（1）高度超限

本建筑的塔楼地面以上至结构屋面高度为 338.1m，高度超过了规范的限值。

（2）楼板不连续

44F 楼面开洞大于 30%。

（3）扭转不规则

底部扭转位移比大于 1.2，其中最大扭转位移比为 1.30，位于 5F。

（4）构件间断

42F、53F 设置有加强层。

（5）承载力突变

存在相邻层受剪承载力变化大于 75%楼层，位于 4F。

（6）局部不规则

43F～44F 有穿层柱、43F～74F 均为斜柱。

综上可知，本工程结构高度超限，且存在 5 项一般不规则项，属于一般不规则结构。

3. 抗震性能目标

根据结构受力特点设定结构抗震设防性能目标 C 级，即多遇地震下满足性能水准 1 要求；设防烈度地震下满足性能水准 3 要求；预估的罕遇地震下满足性能水准 4 要求。相应塔楼构件抗震性能目标如表 2.2.5-2 所示。

塔楼构件抗震性能目标　　　　**表 2.2.5-2**

地震烈度		多遇地震/风	设防地震	罕遇地震
规范抗震概念		小震不坏	中震可修	大震不倒
抗震性能水准		第 1 水准	第 3 水准	第 4 水准
宏观损坏程度		完好	轻度损坏	中度损坏
层间位移角限值		1/500	—	1/100
关键构件	底部加强区剪力墙加强层及相邻层剪力墙	弹性	抗剪弹性	抗剪不屈服
			抗弯不屈服	个别压(拉)弯屈服
	伸臂桁架弦杆及斜腹杆	弹性	弹性	不屈服
普通竖向构件	非底部加强区剪力墙、框架柱	弹性	抗剪弹性	部分压弯屈服
			抗弯不屈服	控制抗剪截面
耗能构件	连梁、框架梁	弹性	抗剪不屈服	多数屈服
			部分抗弯屈服	控制抗剪截面
楼板		弹性	抗剪弹性	全截面抗剪不屈服
			抗弯不屈服	

2.2.6　小震和风力作用分析

1. 计算分析参数的选取

为了确保分析结果的准确性，分别采用 YJK 和 ETABS 进行多遇地震下的静力计算分析，相互复核验证结构各部位在多遇地震作用下的性能目标。主要输入参数如表 2.2.6-1 所示。

主要计算参数 **表 2.2.6-1**

结构体系	框架-核心筒	结构重要性系数	1.0 安全等级为一级的构件为 1.1
结构总层数(地上/地下)	地上 74 层/地下 5 层	分析模型总层数(地上/地下)	76 层(71 / 5)
嵌固部位	B2 层楼面	楼板假定	刚性
基本风压(kN/m^2)	0.72(承载力设计时采用基本风压的 1.1 倍)	风荷载取值	按风洞试验结果
连梁刚度折减(风)	1.0	阻尼比(风)	3.50%
设防烈度	7 度	场地类别	Ⅱ类
设计地震分组	第一组	基本地震加速度	0.10g
场地特征周期	0.35s	阻尼比(地震)	0.035
地震作用	按规范取值，水平地震影响系数最大值 0.08(6s 以后沿前段公式)	地震力计算	单向/双向/偶然偏心
周期折减系数(地震)	0.9	连梁刚度折减(地震)	1.0
振型组合数	30	振型组合方法	考虑扭转耦合的 CQC 法
框架梁刚度放大系数	钢框梁不放大 混凝土框架梁按规范计算	楼层水平地震剪力调整	考虑
竖向荷载分析方法	施工模拟 3	重力二阶效应(P-Δ)	考虑

2. 主要计算分析结果

主要计算结果 **表 2.2.6-2**

小震(风)弹性静力分析结果							
计算软件		YJK			ETABS		
总重量(t)		453541			462477		
楼层单位面积质量(t)		1.677			1.678		
		周期(s)	平动系数(x+y)	扭转系数	周期(s)	平动系数(x+y)	扭转系数
结构基本自振周期	T_1	8.22	0.00+1.00	0	8.37	0.00+0.99	0.01
	T_2	8.16	0.99+0.00	0.01	8.29	0.99+0.00	0.01
	T_3	4.85	0.02+0.00	0.98	4.89	0.02+0.00	0.98
	T_4	2.39	0.00+1.00	0	2.43	0.00+1.00	0
	T_5	2.13	0.78+0.00	0.22	2.15	0.88+0.00	0.12
	T_6	1.78	0.24+0.00	0.76	1.73	0.13+0.00	0.87

续表

小震(风)弹性静力分析结果					
周期比 T_t/T_1		0.59		0.584	
有效质量参与系数		93.90%	97.84%	99.30%	99.57%
楼层响应		X 向	Y 向	X 向	Y 向
风荷载作用	最大层间位移角	1/552(顺)	1/586(顺)	1/544(顺)	1/581(顺)
		1/1082(横)	1/1409(横)	—	—
	所在楼层	56F(顺)	63F(顺)	58F(顺)	65F(顺)
		29F(横)	60F(横)	—	—
地震作用	最大层间位移角	1/962	1/1030	1/909	1/974
	所在楼层	59F	66F	59F	65F
	最大扭转位移比	1.3	1.1	1.1	1.11
	所在楼层	5F	5F	5F	5F
风荷载作用	基底剪力(kN)	39708(顺)	35923(顺)	39708(顺)	35923(顺)
		22229(横)	13526(横)	—	—
	基底倾覆弯矩(kN·m)	9096960(顺)	8787695(顺)	9772273(顺)	9446397(顺)
		5349398(横)	3581012(横)	—	—
地震作用	基底剪力(kN)	45002	40694	42423	40116
	基底倾覆弯矩(kN·m)	4862344	5028042	5240788	5446566
最小剪重比/调整系数		0.83%/1.46	0.80%/1.50	0.86%/1.40	0.86%/1.40
剪重比限值		1.20%	1.20%	1.20%	1.20%
楼层抗剪承载力比最小值/楼层		0.56/4F	0.56/4F	—	—
刚重比(地震)		2.68	2.73	2.77	2.66
刚重比(风)		1.54	1.45	1.55	1.46

注：表中数字后括号内（顺）和（横）分别代表顺风向和横风向结构响应。

(1) 框架倾覆力矩占比、框架剪力占比

《超限高层建筑工程抗震设防专项审查技术要点》(建质〔2015〕67 号) 要求：超高的框架-核心筒结构，其混凝土内筒和外框之间的刚度宜有一个合适的比例，框架部分计算分配的楼层地震剪力，除底部个别楼层、加强层及其相邻上下层外，多数不低于基底剪力的 8%且最大值不宜低于 10%，最小值不宜低于 5%。

本工程中楼层框架柱地震剪力与基底剪力的比值大部分在 5%～8%之间，最低为 X 向 3.1%，Y 向 1.9%，未能满足以上要求，表明本工程的框架-核心筒结构体系中框架部分承担的地震剪力相对较小，绝大部分楼层剪力由核心筒承担。如图 2.2.6-1～图 2.2.6-3 所示。

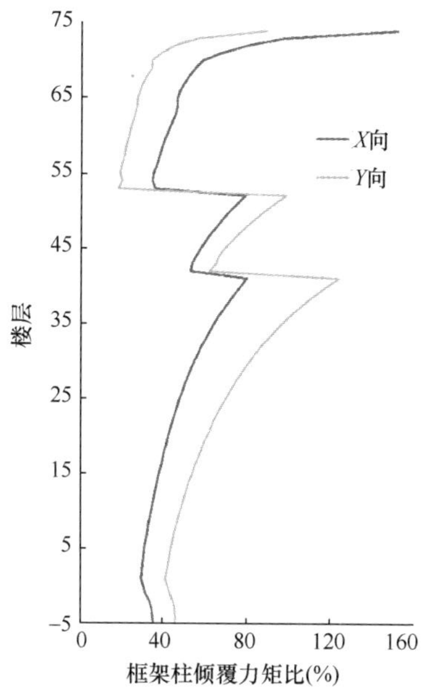

图 2.2.6-1 框架所占倾覆力矩比

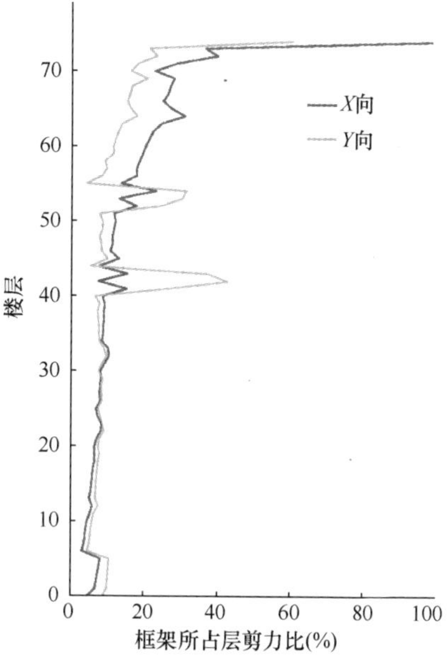

图 2.2.6-2 框架所占层剪力比

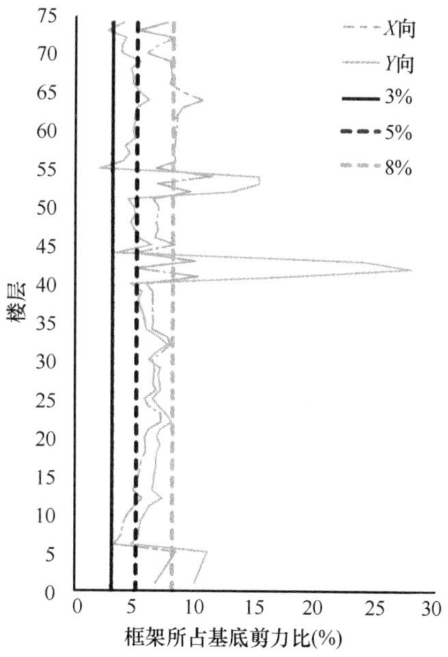

图 2.2.6-3 框架所占基底剪力比

（2）剪重比和刚重比

图 2.2.6-4 为地震作用下楼层剪重比。在多遇地震作用下，结构各楼层的层间剪力、楼层最小地震剪力系数经程序自动调整后均满足《高规》第 4.3.12 条剪重比的规定。

从表 2.2.6-3 中可以看出，结构刚重比均大于 1.4，能满足《高规》对框筒结构刚重比的要求。因本工程结构抗侧刚度主要由结构整体稳定性控制，且刚重比计算结果相对偏

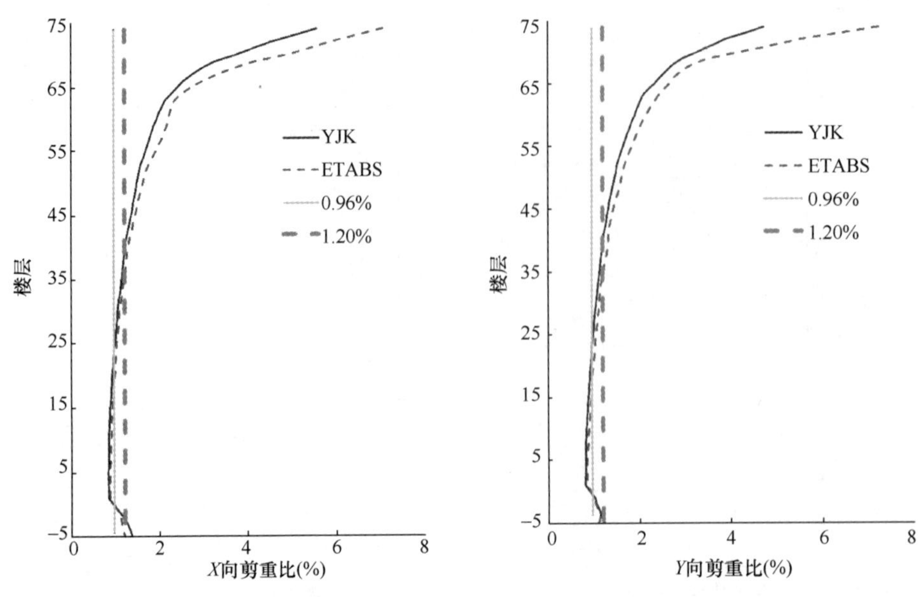

图 2.2.6-4　地震作用下楼层剪重比

小，在后续专项分析中将进行深入研究和探讨。

刚重比计算结果　　**表 2.2.6-3**

刚重比	YJK		ETABS	
(B2 楼面起算)	X 向	Y 向	X 向	Y 向
地震作用	2.68	2.73	2.77	2.66
风荷载作用	1.54	1.45	1.55	1.46

(3) 最大位移（层间位移）比

图 2.2.6-5 为地震作用下结构扭转位移比，最大位移比为 1.28，最大层间位移比为

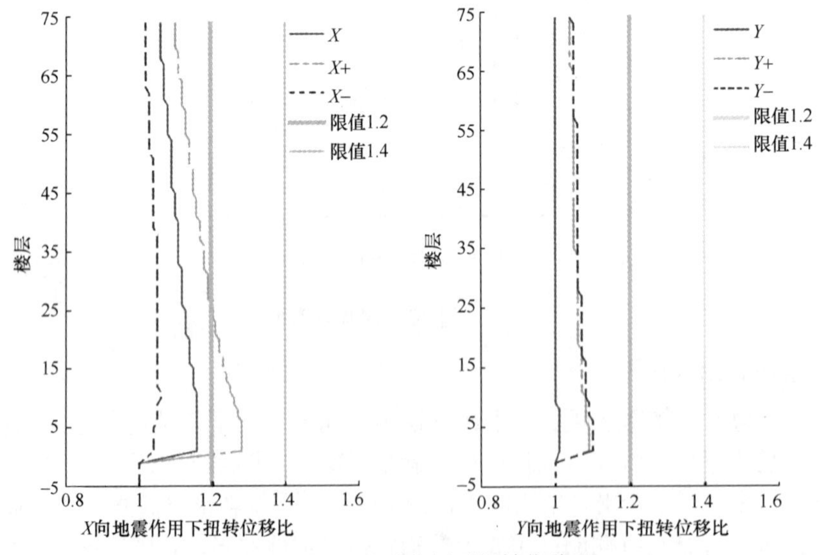

图 2.2.6-5　地震作用下扭转位移比

1.3。部分楼层位移比虽然大于1.2，但均小于1.4，满足广东省《高规》第3.4.4条规范限值要求。

（4）楼层侧向刚度比、抗剪承载力比

如图2.2.6-6和2.2.6-7所示，除41层和52层外，楼层刚度比和层抗剪承载力比满足规范要求。4层X向和Y向抗剪承载力比均为0.56，41层和52层的Y向抗剪承载力比分别为0.64和0.51，不满足《高规》要求。由于41、52层位于第一道和第二道加强层的下层，刚度和抗剪承载力突变是由于伸臂桁架的作用引起的，设计中对加强层上下楼层适当加强即可。

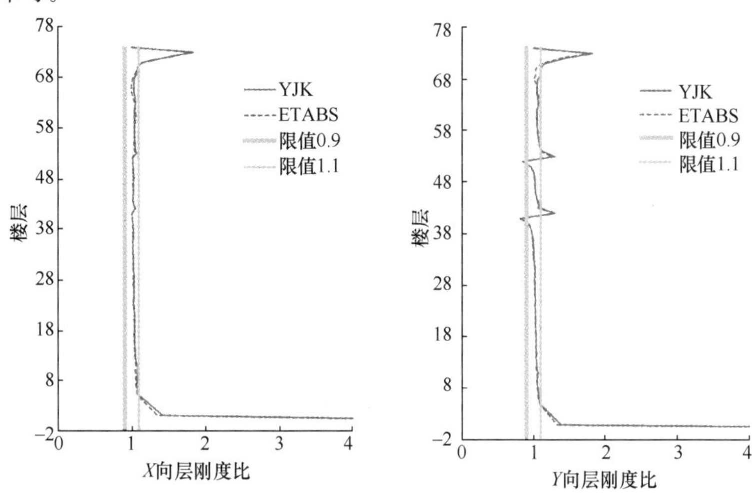

图2.2.6-6　层刚度比值

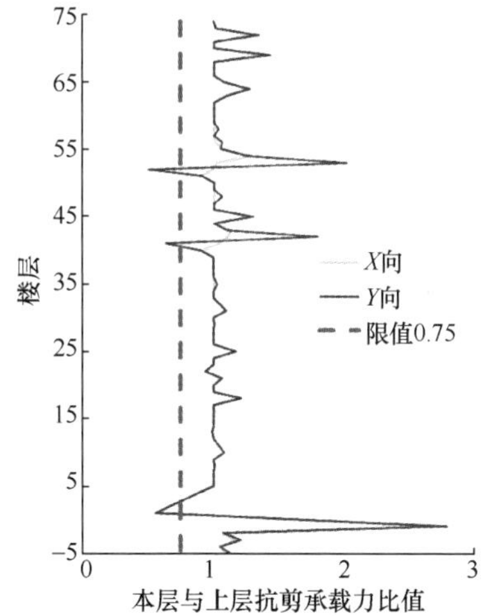

图2.2.6-7　层抗剪承载力比值

（5）结构整体抗倾覆验算

从表2.2.6-4可知，在重力荷载代表值与多遇水平地震及风荷载标准值作用下，满足《高规》第12.1.7条“结构高宽比大于4时基础底面不宜出现零应力区”的规定。

（6）轴压比

由表 2.2.6-5、表 2.2.6-6 可知，剪力墙轴压比小于 0.6，框架柱轴压比不超过 0.65，可见轴压比均满足要求。

结构整体抗倾覆验算结果　　**表 2.2.6-4**

作用	抗倾覆弯矩 M_r(kN·m)	倾覆弯矩 M_{ov}(kN·m)	比值 M_r/M_{ov}	零应力区
X 风荷载	276600000	9486000	29.16	0
Y 风荷载	235100000	8851000	26.56	0
X 地震	264000000	8403000	31.41	0
Y 地震	224400000	8403000	26.7	0

剪力墙轴压比　　**表 2.2.6-5**

楼层	剪力墙			
	厚度（mm）	最大轴压比	厚度（mm）	最大轴压比
65F	400	0.19	250	0.19
57F	500	0.28	300	0.28
56F	600	0.29	300	0.27
55F	700	0.23	300	0.24
44F	800	0.34	400	0.33
33F	800	0.44	500	0.44
26F	900	0.45	500	0.47
19F	1000	0.47	600	0.47
12F	1100	0.45	600	0.47
1F	1200	0.47	600	0.47
B2	1200	0.49	600	0.48

框架柱轴压比　　**表 2.2.6-6**

楼层	框架柱截面（mm）	轴压比
70F	方柱 1000×1000	0.30
65F	方柱 1200×1200	0.30
55F	方柱 1400×1400	0.42
46F	方柱 1400×1400	0.52
33F	方柱 1600×1600	0.64
26F	方柱 1700×1700	0.65
19F	方柱 1700×1700	0.63
5F	方柱 1800×1800	0.65
1F	圆柱 D=2300	0.63
B2	圆柱 D=2300	0.63

（7）弹性时程分析

该部分内容略。

（8）结构风致舒适度

《高层建筑混凝土技术规程》JGJ 3—2010 根据人体舒适度提出重现期为 10 年的最大（峰值）加速度限值标准为 0.25m/s^2（办公）。本工程通过风洞试验获取结构顶部最高使用楼层的最大加速度，试验结果如表 2.2.6-7 所示，阻尼比取 0.015，加速度满足规范舒适度要求。

结构顶部使用楼层高度处最大加速度值　　　　表 2.2.6-7

最不利风向角	最大加速度(m/s^2)		
	a_x	a_y	组合值
50°	0.211	0.12	0.22
90°	0.165	0.203	0.221
140°	0.18	0.222	0.243
160°	0.202	0.163	0.242

综上可知，多遇地震及风荷载作用下，各项主要设计控制指标满足规范要求，且满足性能水准 1 的抗震性能目标。

2.2.7 中震作用下构件的验算

根据设防烈度地震作用下结构抗震性能目标的要求，对其进行中震弹性（或不屈服）判别分析，以判别结构构件在中震作用下的抗震性能。中震弹性和中震不屈服计算模型主要输入参数详见表 2.2.7-1。

主要计算参数　　　　表 2.2.7-1

计算参数	中震弹性设计	中震不屈服设计
楼板模型	刚性楼板	刚性楼板
水平地震影响系数最大值 α_{max}	0.23	0.23
地震组合内力调整系数	1	1
作用分项系数	同小震弹性分析	1
材料分项系数	同小震弹性分析	1
抗震承载力调整系数	同小震弹性分析	1
材料强度	采用设计值	采用标准值
连梁刚度折减系数	0.5	0.5
是否计入风荷载效应	不计入	不计入
结构阻尼比	0.035	0.035

（1）核心筒剪力墙验算

对核心筒剪力墙进行抗剪承载力验算和拉压情况判断。计算结果表明，在中震作用下核心筒剪力墙均满足中震抗剪弹性和中震抗弯不屈服的要求，对位于加强层与伸臂桁架相连的剪力墙进行抗剪承载力验算，结果表明中震下该处剪力墙能满足既定性能目标。

核心筒内剪力墙除首层局部出现受拉情况，其余均为受压，无拉应力出现。计算结果表明首层局部剪力墙在小震风荷载组合下产生拉应力，平均名义拉应力大小为 1.53MPa，小于 f_{tk}。在中震作用下剪力墙无拉应力产生。

（2）框架柱验算

对框架柱进行中震下抗剪弹性、抗弯不屈服和压弯承载力验算，结果表明中震作用下框架柱均能满足既定性能目标。

（3）框架梁、连梁验算

本工程塔楼地面以上框架梁均为钢框梁，根据小震（风荷载）作用下钢梁的设计应力比判别钢梁是否满足中震抗剪不屈服部分抗弯屈服。结果表明钢框梁在小震和中震作用下正应力强度/抗拉（压）强度均不超过 0.85，剪应力强度/抗拉（压）强度均不超过 0.5。

连梁中震抗剪不屈服通过中震不屈服作用下连梁剪力复核小震下连梁抗剪承载力是否满足要求。对于不满足要求的，按小震和中震包络值进行配筋设计。计算结果表明：连梁在小震（风荷载）作用下的抗剪能满足中震不屈服的要求，连梁在中震作用下能满足部分抗弯屈服的性能目标。

2.2.8　大震作用下的弹塑性动力时程分析

（1）抗震性能目标

本结构在大震作用下的弹塑性动力时程分析采用软件 Perform 3D。以中国现行规范为基础，参照 ASCE 41—06 性能水准，制订了罕遇地震作用下结构整体及构件详细的性能目标，见表 2.2.8-1。

罕遇地震作用下结构整体及构件的抗震性能目标（C 级）　　表 2.2.8-1

构 件		控制项	对应性能水准	备注
关键构件	底部加强区剪力墙	抗弯	个别压（拉）弯屈服	LS，塑性转角范围 0.003～0.006rad
		抗剪	抗剪不屈服	
	加强层框架柱及剪力墙	抗弯	抗弯不屈服	IO
		抗剪	抗剪不屈服	
	伸臂构件	抗拉	抗拉不屈服	—
		抗压	抗压不屈曲	
普通竖向构件	非底部加强区剪力墙、框架柱	抗弯	部分压弯屈服	LS，塑性转角范围 0.006～0.009rad
		抗剪	抗剪不屈服	
耗能构件	连梁、框架梁	抗弯	部分抗弯屈服	塑性转角 θ_p<CP
		抗剪	控制抗剪截面	
层间位移角限值		1/100		

（2）地震波

根据《抗规》5.1.2 条的有关要求，本工程选用两条天然波和一条人工波进行罕遇地震弹塑性时程分析。有效峰值取 220cm/s^2，持续时间约 40～50s（大于 5T_g），约为结构基本自振周期 5 倍及以上。分析过程中，各工况均采用双向地震波加载，主次方向加载的地震波形相同，主、次方向地震波峰值加速度比为 1∶0.85。图 2.2.8-1 为地震波加速度谱对比。

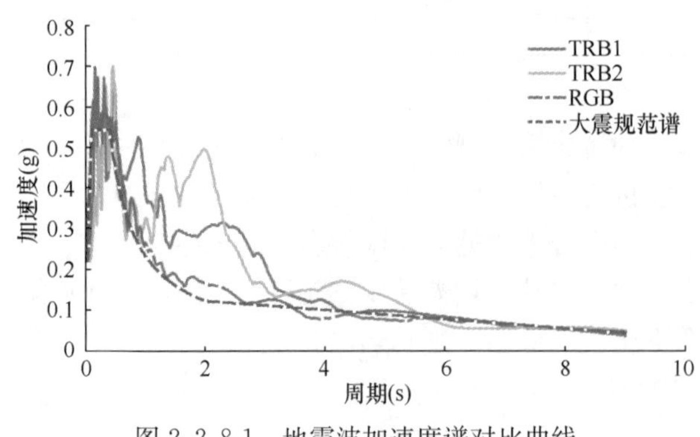

图 2.2.8-1　地震波加速度谱对比曲线

（3）动力弹塑性分析结果——自振特性

分析模型取仅带两层地下室的塔楼结构模型。从表 2.2.8-2 可以看出，两个软件的模型质量和计算的周期比较接近，由于两者采用的单元以及简化不同，所以各阶主要周期有些差别。第一振型均为 Y 向平动，第二振型均为 X 向平动，第三振型均为扭转，整体趋势一致，满足规范要求。

Perform-3D 与 YJK 自振特性对比 **表 2.2.8-2**

分析软件		YJK	Perform-3D	差异比(%)
总质量(t)		386204	388970	0.72
周期(s)	1	7.96(Y)	8.19(Y)	2.90
	2	7.91(X)	8.05(X)	1.80
	3	4.84(T)	5.47(T)	13.00

（4）动力弹塑性分析结果——楼层剪力

大震作用下基底剪力 **表 2.2.8-3**

地震作用	X 向基底剪力（kN）			Y 向基底剪力（kN）		
	大震弹塑性	大震弹性	大震弹塑性/大震弹性	大震弹塑性	大震弹性	大震弹塑性/大震弹性
RGB	173850	306925	0.57	149370	235038	0.64
TRB1	243820	369440	0.66	202820	376036	0.54
TRB2	178505	310733	0.57	158204	296192	0.53

由表 2.2.8-3 中数据可以看到，不同的地震波作用下基底剪力计算结果有一定的离散性，约为相应大震弹性时程计算下结果的 0.53～0.66 倍。

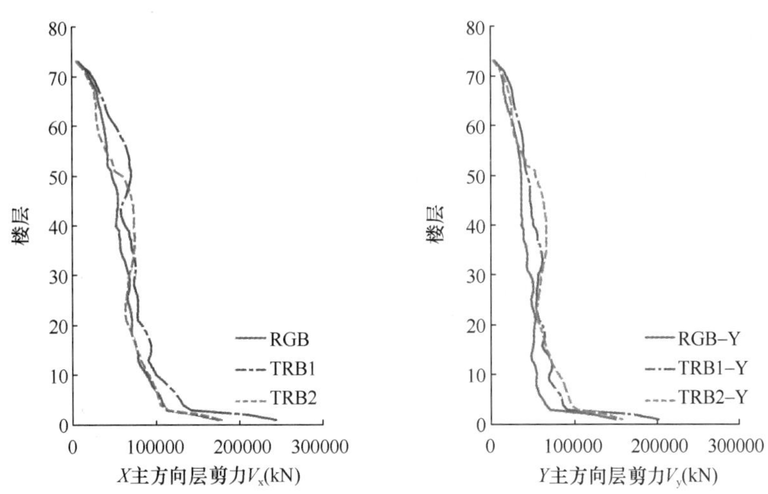

图 2.2.8-2 罕遇地震作用下楼层剪力包络曲线

（5）动力弹塑性分析结果——楼层位移

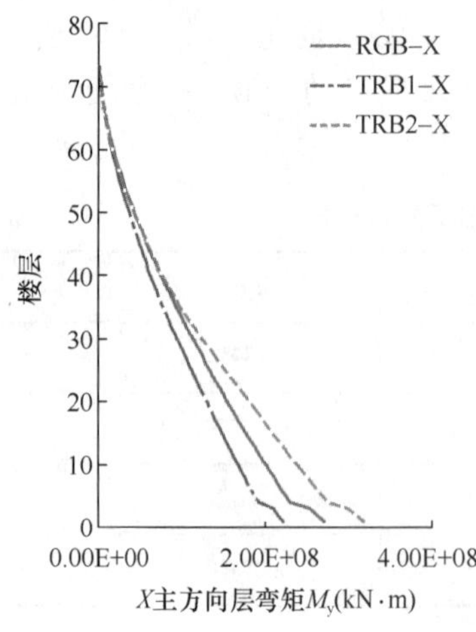

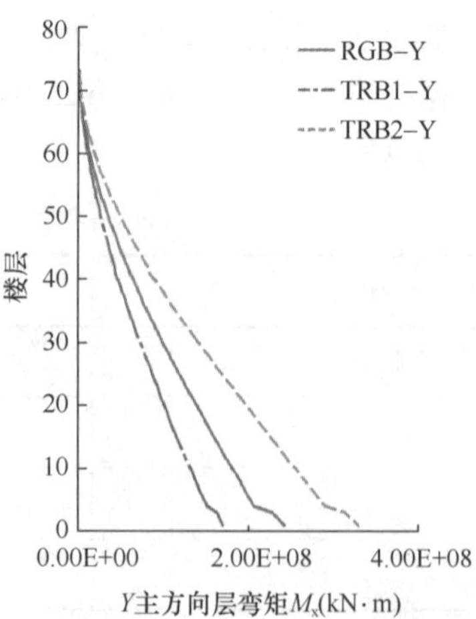

图 2.2.8-3　罕遇地震作用下楼层倾覆弯矩包络曲线

大震作用下结构位移　　**表 2.2.8-4**

地震作用	X 向顶点位移(m)		Y 向顶点位移(m)		最大层间弹塑性位移角	
	大震弹塑性	大震弹性	大震弹塑性	大震弹性	X 向（楼层）	Y 向（楼层）
RGB	1.545	1.367	1.683	1.54	1/133(59F)	1/114(63F)
TRB1	1.224	1.383	1.461	1.598	1/117 (68F)	1/106 (65F)
TRB2	1.571	1.639	1.712	1.715	1/135(66F)	1/122(66F)

由表 2.2.8-4 知，大震下结构层间位移角小于 1/100，满足设计要求。

(6) 动力弹塑性分析结果——结构性能评估

① 核心筒剪力墙抗弯性能（×0.3%rad）

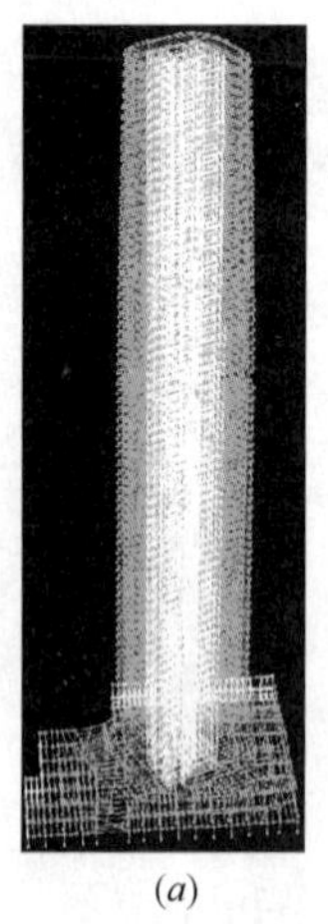

(a)

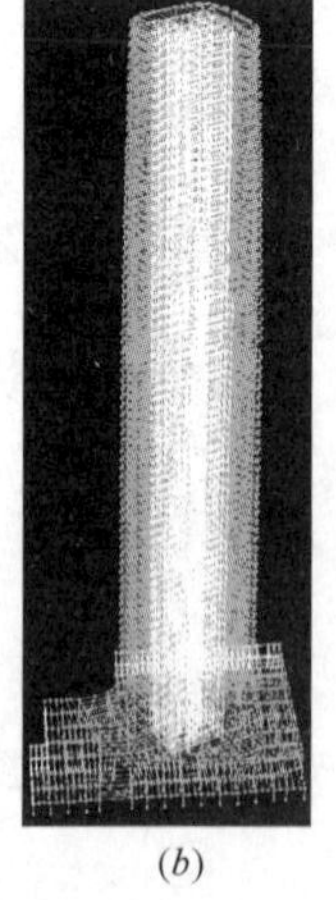

(b)

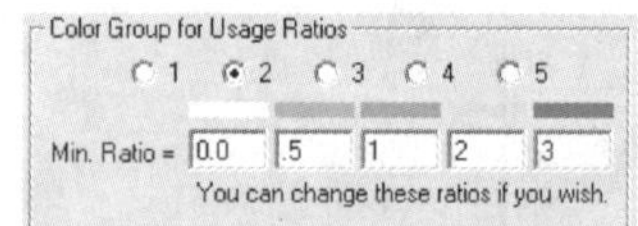

注：ratio=1时即表示墙体达到屈服转角θ_y

图 2.2.8-4　核心筒剪力墙抗弯性能

(a) RGB 波 X 主方向作用时；(b) RGB 波 Y 主方向作用时

② 核心筒剪力墙抗剪性能（$\times 0.15f_{ck}$，名义剪应力）

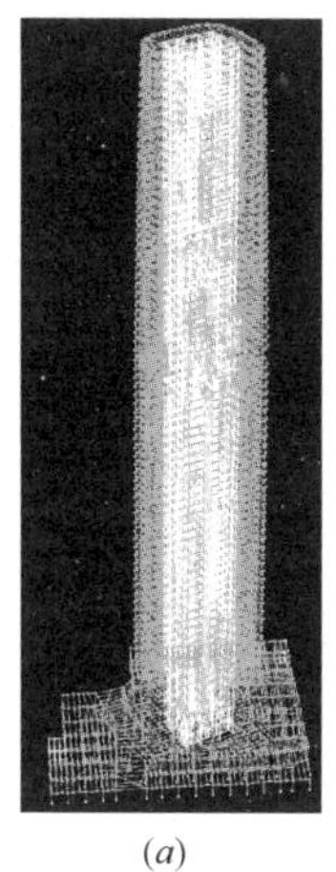
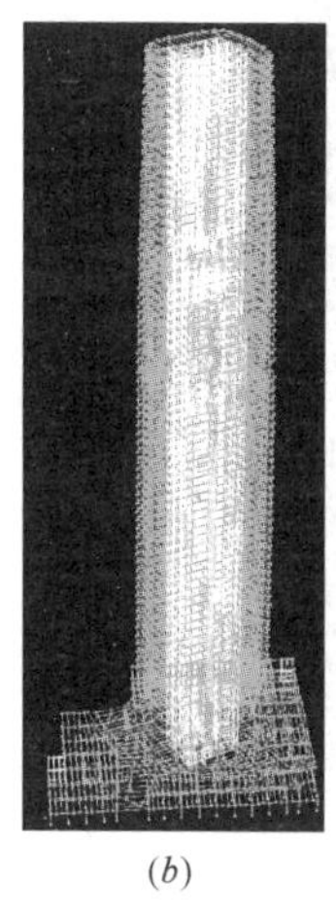
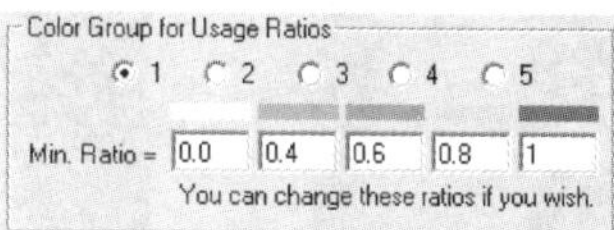

注：ratio=1时相当于墙肢剪压比达到限值

(*a*) (*b*)

图 2.2.8-5 核心筒剪力墙抗剪性能

(*a*) RGB波 *X* 主方向作用时；(*b*) RGB波 *Y* 主方向作用时

从分析结果可知，仅个别剪力墙发生轻度抗弯屈服，其余剪力墙均无损坏；剪力墙剪应力均小于所控制的名义剪应力 $0.15f_{ck}$，满足性能设计目标要求。

③ 外框柱抗弯性能（×0.3%rad）

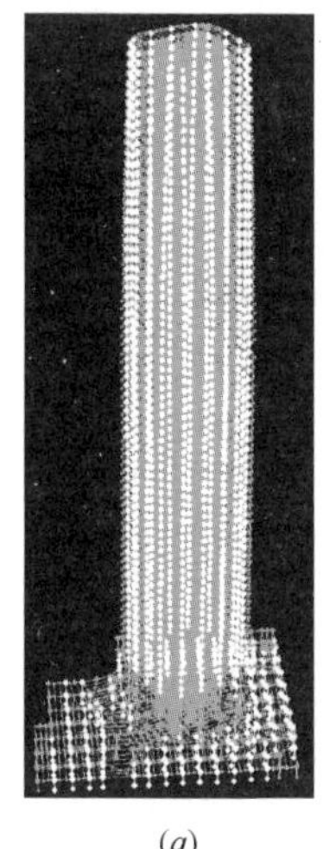
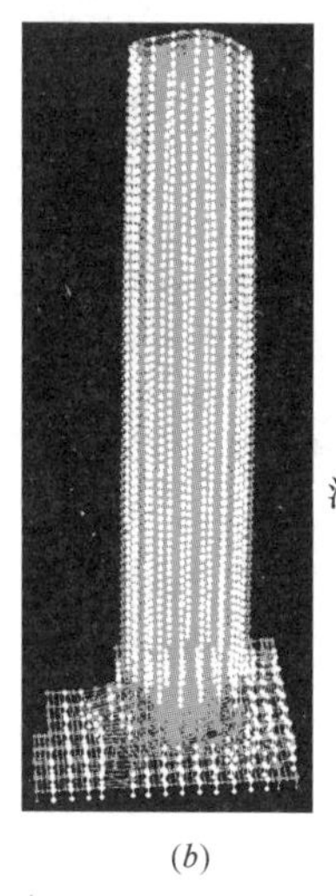
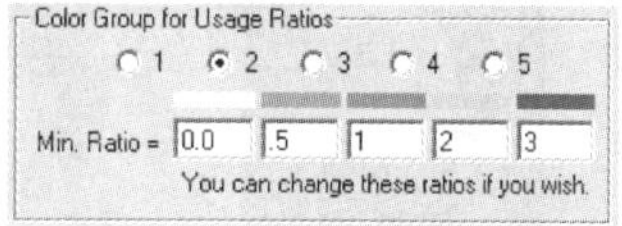

注：ratio=1时即表示弯曲转角达到屈服转角θ_y

(*a*) (*b*)

图 2.2.8-6 外框柱抗弯性能

(*a*) RGB波 *X* 主方向作用时；(*b*) RGB波 *Y* 主方向作用时

④ 外框柱抗剪性能（$\times 0.15f_{ck}$，名义剪应力）

从分析结果可知，仅顶部极个别外框柱进入塑性，但未达到 IO 水准，其余均无损坏。外框柱抗剪均保持弹性。

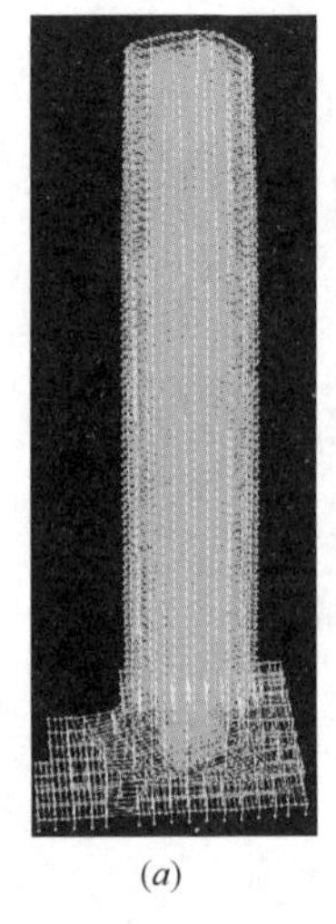
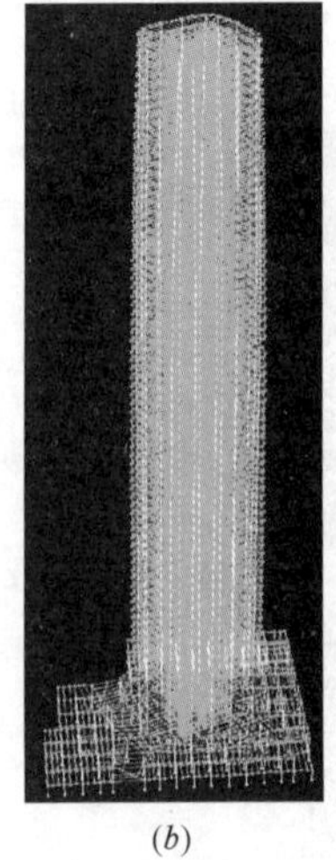
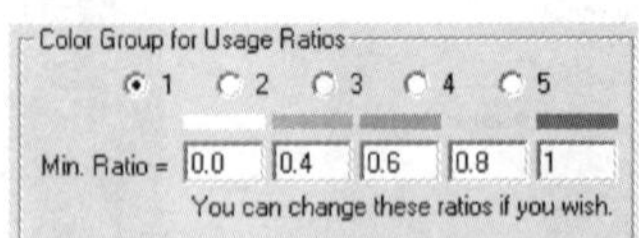

注：ratio=1时相当于外框柱剪压比达到限值

(*a*)　(*b*)

图 2.2.8-7　核心筒剪力墙抗剪性能

(*a*) RGB 波 *X* 主方向作用时；(*b*) RGB 波 *Y* 主方向作用时

⑤ 伸臂构件拉应变（$\times\varepsilon_y$）和压应变（$\times\varepsilon'_y$）

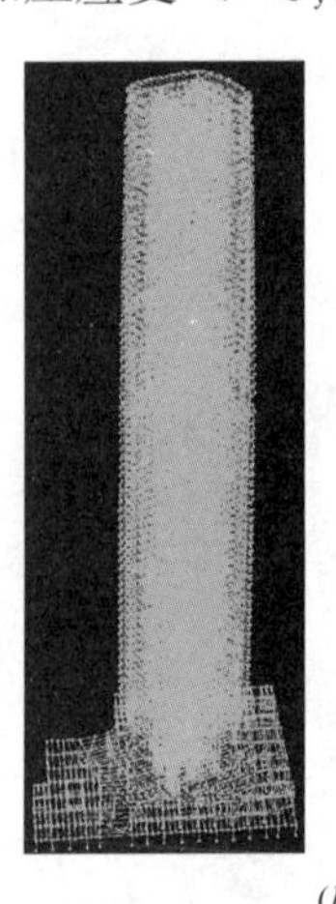
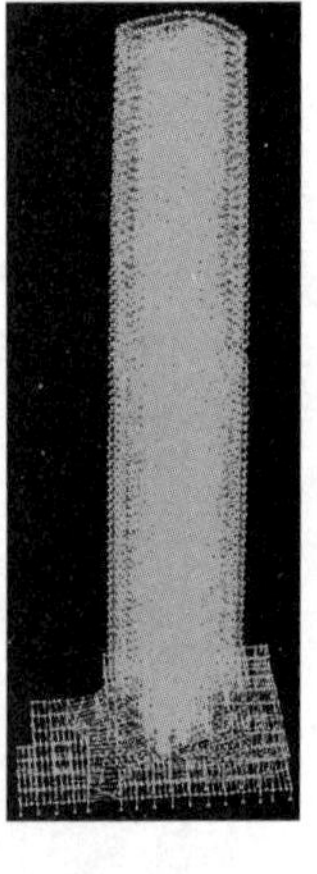

Color Group for Usage Ratios
1 2 3 4 5
Min. Ratio = 0.0 .5 1 2 3
You can change these ratios if you wish.

注：ration=1时即表示伸臂构件拉应变达到屈服应变$\varepsilon_y(\varepsilon'_y)$

(*a*)　(*b*)

图 2.2.8-8　伸臂构件拉压应变

(*a*) RGB 波 *X* 主方向作用时拉压应变；(*b*) RGB 波 *Y* 主方向作用时拉压应变

从伸臂构件的拉（压）应变可知，伸臂构件应变水平相对较低，均处于弹性状态，满足抗震性能设计目标要求。

综上所述，本结构主要是通过连梁作为第一道耗能防线，形成了良好的耗能机制。结构的整体刚度发生退化，由核心筒继续抵抗水平荷载作用，承担竖向荷载的功能，保证大震下结构不倒塌的概念设计要求，总体来说满足性能水准 4 的设计要求。

2.2.9　结构专项分析

1. 楼板应力分析

(1) 竖向荷载作用下斜柱转折处楼板应力分析

由于斜柱的原因，在斜柱转折处楼板面内存在一定程度的轴拉应力。43F、54F 楼层平面东西侧及 64F 一般区域均不超过 0.7MPa，43F 和 54F 楼层平面南北侧典型区域楼板轴拉应力约 1.2～1.5MPa，受伸臂桁架的影响，局部区域轴拉应力较大。

（2）小震（风）、中震作用下加强层楼板应力分析

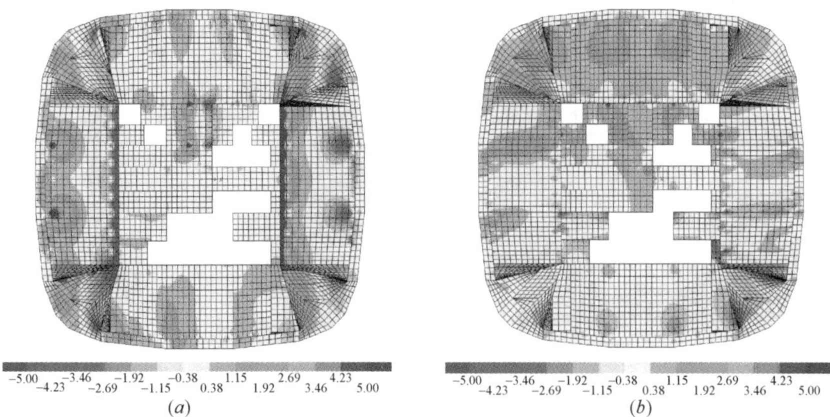

图 2.2.9-1 风荷载作用下 42F（加强层下层）楼板应力分布（MPa）

（a）风荷载 W_x 下 X 向正应力；（b）风荷载 W_y 下 Y 向正应力

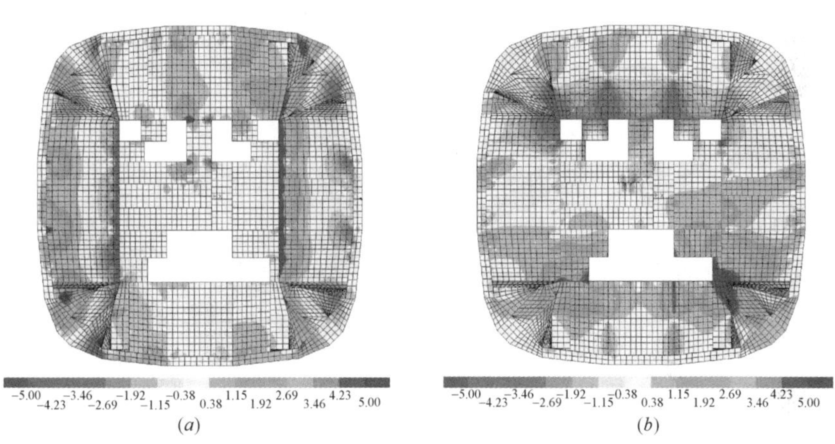

图 2.2.9-2 风荷载作用下 43F（加强层上层）楼板应力分布（MPa）

（a）风荷载 W_x 下 X 向正应力；（b）风荷载 W_y 下 Y 向正应力

由分析结果可知，加强层下层（42F 和 53F）楼板在小震（或风荷载）作用下大部分区域正应力值均小于 1.6MPa，小于混凝土抗拉强度标准值（2.01MPa）。剪力墙与楼板的交界处局部楼板正应力为 4.1MPa，在伸臂桁架下弦杆与墙、柱连接处局部楼板应力为 2.5MPa，施工图阶段需对相应区域配筋加强；楼板剪应力均小于 1.2MPa，小于混凝土抗剪强度设计值（2.5MPa）。

加强层上层（43F 和 54F）楼板在小震（或风荷载）作用下大部分区域正应力值均小于 1.8MPa，小于混凝土抗拉强度标准值（2.01MPa），剪力墙与楼板的交界处局部楼板正应力为 4.4MPa，在伸臂桁架下弦杆与墙、柱连接处局部楼板应力为 2.8MPa，施工图阶段需对相应区域配筋加强；大部分楼板剪应力均小于 1.2MPa，伸臂斜腹杆与上弦杆相交处局部小范围剪应力相对较大，为 1.8MPa，小于混凝土抗剪强度设计值（2.5MPa）。

中震弹性作用下计算的楼板剪应力小于混凝土抗剪强度设计值（2.5MPa），能够满足中震抗剪弹性的性能目标要求。

加强层上下楼板配筋计算　　　　**表 2.2.9-1**

<table>
<tr><th>楼层</th><th>楼层位置</th><th>作用</th><th>工况</th><th>轴力
(kN/m)</th><th>弯矩
(kN·m/m)</th><th>板厚
(mm)</th><th>全截面计算配筋面积
(mm^2/m)(实配钢筋)</th></tr>
<tr><td rowspan="4">42F
53F</td><td rowspan="4">加强层
下层</td><td rowspan="2">小震
(风)</td><td>1</td><td>360</td><td>50</td><td rowspan="2">200</td><td rowspan="2">1144(D14@100)</td></tr>
<tr><td>2</td><td>250</td><td>40</td></tr>
<tr><td rowspan="2">中震</td><td>3</td><td>200</td><td>32</td><td rowspan="2">200</td><td rowspan="2">832(D14@100)</td></tr>
<tr><td>4</td><td>310</td><td>32</td></tr>
<tr><td rowspan="4">43F
54F</td><td rowspan="4">加强层
上层</td><td rowspan="2">小震
(风)</td><td>1</td><td>950(南北侧)
650(东西侧)</td><td>40(南北侧)
40(东西侧)</td><td rowspan="2">200</td><td rowspan="2">1743(D16@100)南北侧
1368(D14@100)东西侧</td></tr>
<tr><td>2</td><td>780(南北侧)
520(东西侧)</td><td>35(南北侧)
36(东西侧)</td></tr>
<tr><td rowspan="2">中震</td><td>3</td><td>500(南北侧)
280(东西侧)</td><td>26(南北侧)
32(东西侧)</td><td rowspan="2">200</td><td rowspan="2">1243(D16@100)南北侧
899(D14@100)东西侧</td></tr>
<tr><td>4</td><td>650(南北侧)
330(东西侧)</td><td>31(南北侧)
35(东西侧)</td></tr>
</table>

注：工况 1：1.2DL＋0.98LL＋1.4W；工况 2：1.2DL＋0.6LL＋0.28W＋1.3E；工况 3：1.2DL＋0.6LL＋1.3EX；工况 4：1.2DL＋0.6LL＋1.3EY

从表 2.2.9-1 结果可知，采用小震（风）荷载作用下的楼板配筋结果可满足中震抗弯不屈服的性能目标。

（3）综上可知：加强层上下层的剪力墙边、外框柱边及伸臂桁架弦杆附近楼板正应力最大为 1.8MPa，小于混凝土抗拉强度标准值（2.01MPa），剪力墙与楼板的交界处局部应力集中，楼板正应力最大为 4.4MPa，伸臂桁架下弦杆与墙、柱连接处局部楼板应力最大为 2.5MPa，施工图阶段需对相应区域配筋加强；楼板剪应力均小于 1.2MPa，小于混凝土抗剪强度设计值（2.5MPa）。采用小震（风）荷载作用下计算的楼板配筋可满足中震抗剪弹性抗弯不屈服的性能目标。

2. 框架柱剪力与底部剪力百分比分析

《高规》第 9.1.11 条第 1 款“抗震设计时，筒体结构的楼层地震剪力标准值应符合下列规定：框架-核心筒结构中框架部分分配的楼层地震力标准值的最大值不宜小于结构底部总剪力的 10%。”

根据小震弹性分析结果可知，本工程楼层框架柱地震剪力与基底剪力的比值大部分为 5%～8%，X 向最低为 3.1%，Y 向最低为 1.9%，未能满足以上要求规范要求。框架部分承担的地震剪力相对较小，框架刚度相对偏弱，绝大部分楼层地震剪力由核心筒承担。楼层最小地震剪力系数经程序自动调整后均满足《高规》第 4.3.12 条的规定。按照广东省《高规》第 9.1.10 条，各层核心筒剪力墙应承担 100%的层地震剪力，框架部分应按结构底部总剪力的 15%和框架部分楼层地震剪力中最大值的 1.8 倍二者的较小值进行调整，墙体的抗震构造措施应按抗震等级提高一级后采用。

3. 结构整体稳定分析

《高层建筑混凝土结构技术规程》第 5.4.4 条第 1 款规定筒体结构刚重比不应小于 1.4，属规范强制性条文。采用 YJK 软件和 ETABS 软件对结构在多遇地震和风荷载作用下的刚重比按规范算法进行了计算，YJK 和 ETABS 两款软件计算的结构刚重比均大于 1.40，满足规范要求。

研究表明，当结构刚重比小于 1.4 时，重力荷载在水平作用位移的效应上引起的二阶效应有时比较严重，不利影响呈非线性增长。本工程中刚重比分析模型为嵌固端及以上的结构模型，重力荷载设计值按 1.2DL+1.4·0.5LL 考虑，即 1.2DL+0.7LL。以下通过多角度分析探讨本工程结构的刚重比计算及稳定性问题。

（1）根据结构荷载分布情况修正刚重比

考虑到该建筑结构荷载分布的特殊性，在验算结构整体稳定性时对顶部等效临界荷载 P_{cr}进行修正，通过计算按照《高规》方法求得的刚重比数值乘以 1.265。

（2）按照《高规》条文说明采用倒三角荷载分布模式等效算法计算刚重比

YJK 计算刚重比结果　　表 2.2.9-2

荷载工况	底部剪力 V (kN)	等效 q_{max} (kN/m)	$G_i=1.2D+0.7L$ (kN)	结构计算高度 H (m)	顶点位移 u (m)	$EJ_d=11qH^4/(120u)$ (kN·m²)	刚重比 $EJ_d/(H^2\times G_i)$	考虑质量分布的修正系数	修正后刚重比
EX(B2)	38148	221.7	4727044	351.6	0.251	1.24×10^{12}	2.119	1.265	2.68
EY(B2)	38853	225.8	4727044	351.6	0.251	1.26×10^{12}	2.153	1.265	2.72
WX(B2)	39708	230.8	4727044	351.6	0.456	7.09×10^{11}	1.213	1.265	1.54
WY(B2)	35923	208.8	4727044	351.6	0.438	6.67×10^{11}	1.142	1.265	1.45

ETABS 计算刚重比结果　　表 2.2.9-3

荷载工况	底部剪力 V (kN)	等效 q_{max} (kN/m)	$G_i=1.2D+0.7L$ (kN)	结构计算高度 H (m)	顶点位移 u (m)	$EJ_d=11qH^4/(120u)$ (kN·m²)	刚重比 $EJ_d/(H^2\times G_i)$	考虑质量分布的修正系数	修正后刚重比
EX(B2)	39869	231.7	4726976	351.6	0.254	1.28×10^{12}	2.187	1.265	2.77
EY(B2)	38600	224.4	4726976	351.6	0.256	1.23×10^{12}	2.101	1.265	2.66
WX(B2)	39708	230.8	4726976	351.6	0.452	7.15×10^{11}	1.224	1.265	1.55
WY(B2)	35923	208.8	4726976	351.6	0.434	6.74×10^{11}	1.153	1.265	1.46

（3）去地下室塔楼范围以外构件后的结构刚重比

由于计算刚重比时采用分析模型带入了相关较大范围的地下室结构，以致重力荷载设计值相对较大。本工程结构体型变化相对较小，楼层质量分布变化也不大，现取嵌固端以上部分结构，并去掉地下两层塔楼范围以外的结构作为分析模型，仍按照规范规定的倒三角形荷载分布模式等效算法，并考虑相应的质量分布修正系数，计算结果如表 2.2.9-4。

刚重比计算结果（采用地下部分不带塔楼投影范围外的结构分析模型）　表 2.2.9-4

荷载工况	YJK			ETABS		
	计算刚重比	考虑质量分布的修正系数	修正后刚重比	计算刚重比	考虑质量分布的修正系数	修正后刚重比
EX (B2)	1.727	1.08	1.87	1.812	1.08	1.96

续表

荷载工况	YJK			ETABS		
	计算刚重比	考虑质量分布的修正系数	修正后刚重比	计算刚重比	考虑质量分布的修正系数	修正后刚重比
EY（B2）	1.708	1.08	1.85	1.736	1.08	1.88
WX（B2）	1.387	1.08	1.5	1.424	1.08	1.54
WY（B2）	1.328	1.08	1.43	1.334	1.08	1.44

（4）按照实际风荷载模式计算刚重比

实际风荷载模式刚重比计算结果　　表 2.2.9-5

分析软件	YJK		ETABS	
风荷载	WX	WY	WX	WY
$EJ_d=\sum P_i h_i^2 H/6\times(3-\beta_i)/u$	6.74×10^{11}	6.93×10^{11}	6.80×10^{11}	6.99463×10^{11}
$\sum G_i$	4727044	4727044	4726976	4726976
刚重比 $EJ_d/(H^2\sum G_i)$	1.153	1.185	1.163	1.197
考虑质量分布的修正系数	1.265	1.265	1.265	1.265
考虑质量分布修正后刚重比	1.46	1.5	1.47	1.51

（5）整体结构弹性屈曲分析

采用 YJK 和 ETABS 软件分别对整体结构进行整体弹性屈曲分析，重力荷载按 1.0DL+0.5LL 考虑。由表 2.2.9-6 可知屈曲因子大于 10，结构稳定性满足要求。

整体结构弹性屈曲分析　　表 2.2.9-6

分析软件	屈曲因子(1.0DL+0.5LL)		屈曲因子(1.2DL+1.4*0.5LL)	
	X 向	Y 向	X 向	Y 向
YJK	16.3	16.1	13.3	13.1
ETABS	13.6	13.2	11.1	10.8

（6）采用《高规》第 5.4.4 条条文说明分析 P-Δ 效应

***X* 向风荷载作用下 *P*-*Δ* 效应影响分析（ETABS 结果）　　表 2.2.9-7**

结构响应	原始刚度		构件折减 50%刚度	
	不考虑 P-Δ	考虑 P-Δ	不考虑 P-Δ	考虑 P-Δ
结构顶点位移(m)	0.42	0.452	0.578	0.641
增长百分比(%)	7.62		10.90	
反算的整体屈曲因子	14.1		10.2	
底部倾覆弯矩(kN·m)	9096988	9696495	9097000	9971014
增长百分比(%)	6.59		9.61	
反算的整体屈曲因子	16.2		11.4	
KZ3 底柱轴力(kN)	13336	14319	17490	19324
增长百分比(%)	7.37		10.49	
反算的整体屈曲因子	14.6		10.5	

Y 向风荷载作用下 P-Δ 效应影响分析（ETABS 结果）　　表 2.2.9-8

结构响应	原始刚度		构件折减 50%刚度	
	不考虑 P-Δ	考虑 P-Δ	不考虑 P-Δ	考虑 P-Δ
结构顶点位移(m)	0.405	0.434	0.563	0.623
增长百分比(%)	7.16		10.66	
反算的整体屈曲因子	15		10.4	
底部倾覆弯矩(kN·m)	8787804	9389936	8787853	9690703
增长百分比(%)	6.85		10.27	
反算的整体屈曲因子	15.6		10.7	
KZ6 底柱轴力(kN)	15797	16906	18376	20209
增长百分比(%)	7.02		9.97	
反算的整体屈曲因子	15.2		11	

考虑到刚重比的计算时风荷载起控制作用，因此本项目采用风荷载模式来评估模型 P-Δ 效应的大小，按照《高层建筑混凝土结构技术规程》设计思想，分别采用构件不折减刚度模型和刚度折减 50%模型（对 X 向和 Y 向分别对比）进行分析，分析结果如表 2.2.9-8 所示。

通过以上多种方法分析，根据《高规》刚重比的设计公式推导可见，当整体模型在重力荷载设计值 1.2DL+1.4×0.5LL 下的屈曲因子大于 10 时能保证 P-Δ 效应小于 10%；当结构整体刚度退化到 50%时，屈曲因子大于 6 时，能保证 P-Δ 效应控制在 20%以内；本项目塔楼根据稳定理论反算的整体屈曲因子、整体弹性屈曲分析及考虑结构荷载分布进行修正后刚重比均大于规范要求，结构稳定性具有一定的刚度储备，可满足相关规范要求。

4. 穿层（通高）柱屈曲分析

本工程结构 1～4 层外框柱为四层通高，总高度为 19.5m；43～44 层局部外框柱两层通高，总高度为 9m。在各种工况下，穿层柱考虑稳定因素的极限承载力能否满足设定的性能目标，对结构整体受力非常重要，下面对以上穿层（通高）柱进行屈曲分析。

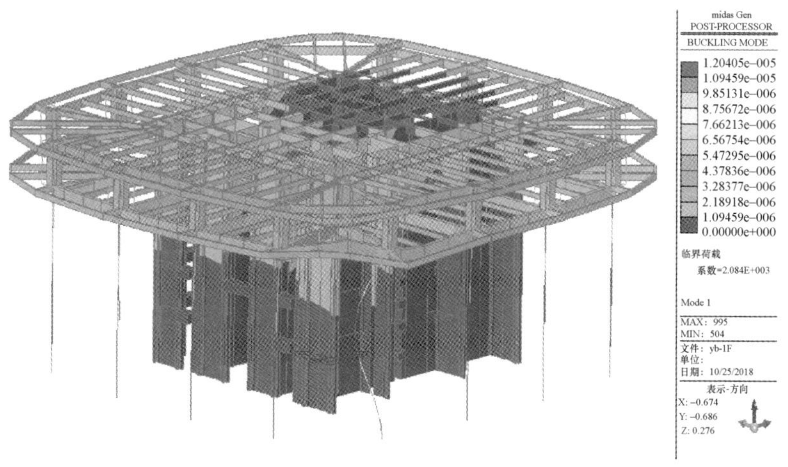

图 2.2.9-3　首层框架柱一阶屈曲模态

(λ_1=2084)

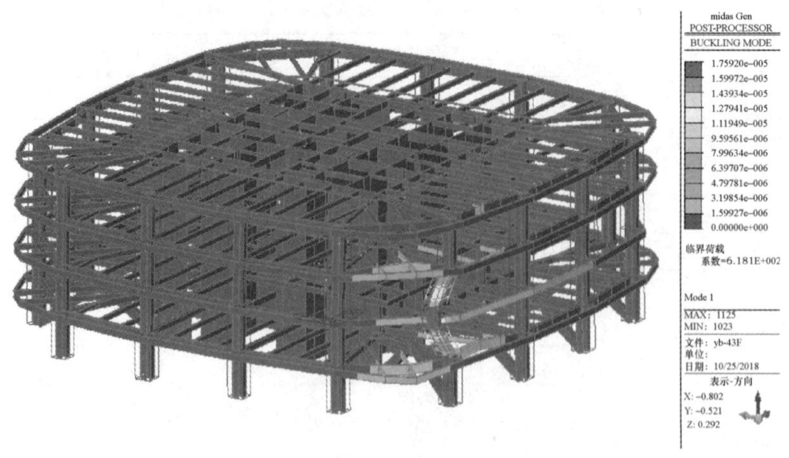

图 2.2.9-4 43F～44F 穿层柱一阶屈曲模态
(λ_1 =618.1)

穿层（通高）柱临界荷载和计算长度系数 **表 2.2.9-9**

楼层	柱截面	几何长度(m)	临界荷载 P_{cr}(kN)	计算长度 L_0(m)	计算长度系数 μ	按轴压比 0.7 反算轴力 N(kN)	P_{cr}/N
1～4 层	圆柱 D=2300	19.5	20840000	5.34	0.274	148935	140
42～43 层	方柱 1600×1600	9	6181000	6.13	0.681	112947	55

由表 2.2.9-9 可知，1～4 层及 42～43 层的穿层（通高）柱计算长度均小于 YJK 程序计算时所取的计算长度系数 1.25。屈曲荷载与根据轴压比限值 0.7 反算的轴力比值均较大，完全能够满足结构的受力要求，安全可靠。

5. 施工模拟和收缩徐变计算

采用 MIDAS/Gen 2013 对结构和施工阶段荷载分组，核心筒和外框架独立成组，加强层延迟安装的杆件单独分组。大体每三层为一组，个别特殊情况单独分组。

施工阶段荷载分为施工阶段恒荷载和施工阶段施工荷载。施工阶段恒荷载取 3.0kN/m^2（包括楼面板自重），结构自重系数取 1.0，自重分配在第一荷载组，以后每层自重由程序自动计算；施工荷载取 1.5kN/m^2，以楼面荷载类型加载；每层的施工恒载和施工荷载分配在相应的结构层。附加恒载和幕墙荷载及其他荷载不分组，在结构封顶后半年时一起加载。

（1）混凝土收缩徐变对底部框架柱轴力的影响

混凝土收缩徐变引起框架柱轴力增加，半年后（附加恒载和使用活载已施加）柱附加轴力约 2004kN；20 年后柱附加轴力约 9044kN，增长的内力主要来自后期柱混凝土部分的徐变。徐变对框架柱混凝土而言为拉力，对柱内型钢而言为压力，徐变协调了型钢和混凝土内力重分配，型钢轴力有所增加，混凝土轴力有所减小。由于型钢混凝土框架柱的压弯承载力都具有一定程度的安全储备，收缩徐变引起的柱轴力增加相对框架柱承载力而言相对较小，不起控制作用。

（2）施工阶段竖向构件累计变形

图 2.2.9-6、图 2.2.9-7 分别给出了主体结构完工半年后、5 年后及 20 年后框架柱和

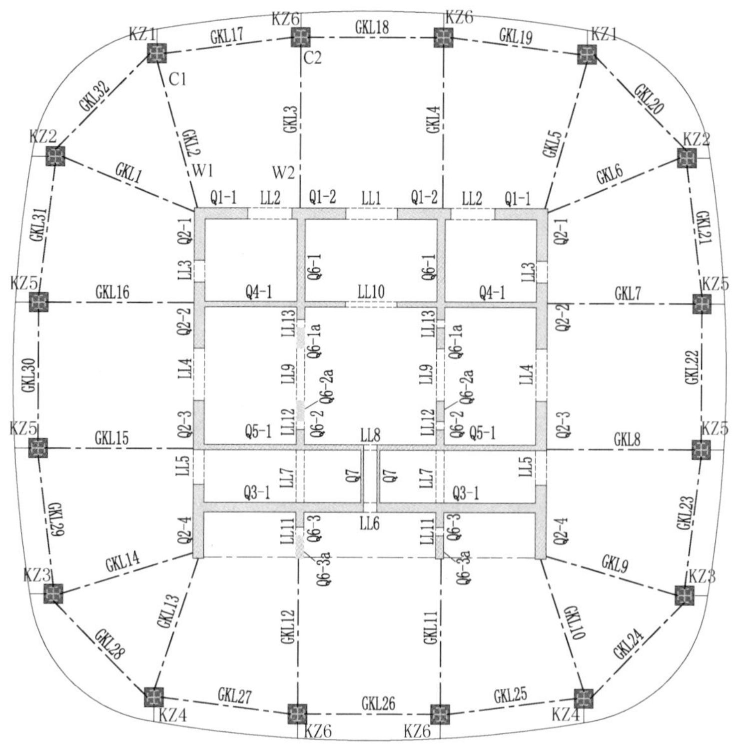

图 2.2.9-5 竖向构件平面示意图

核心筒竖向累积变形随楼层分布。可以看到，主体结构完工时，竖向最大累积变形发生在中上部，这是因为施工模拟分析考虑逐层找平。随着时间增长，由于混凝土收缩徐变，变形继续增大，上部楼层由于累积效应，变形增长较快，最大变形楼层位置向上推移。

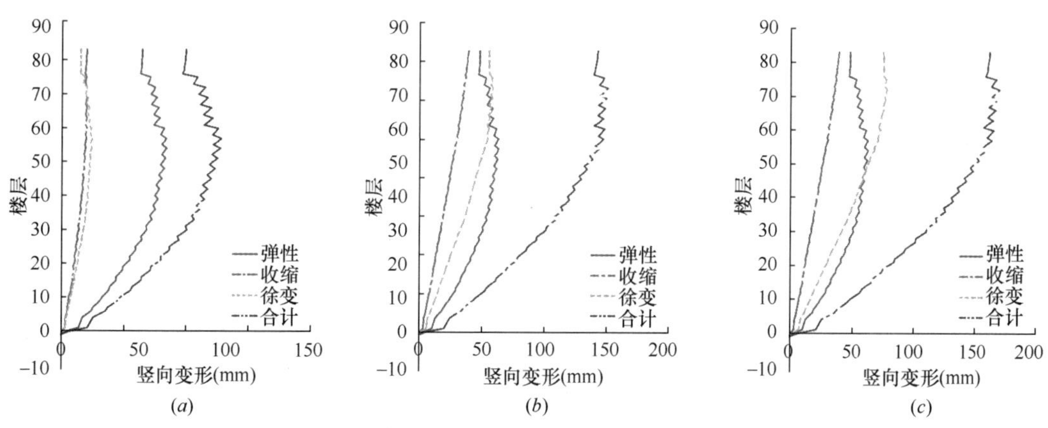

图 2.2.9-6 框架柱 C1 竖向变形随楼层变化

(*a*) 半年后；(*b*) 5 年后；(*c*) 20 年后

20 年后框架柱 C1 最大竖向变形约为 171mm；核心筒剪力墙 W1 最大竖向变形约为 175mm。随着楼层的升高，收缩徐变累积变形越大，在总变形中占比均大于 50%，所占比例较大，非荷载效用对超高层竖向变形影响较大。

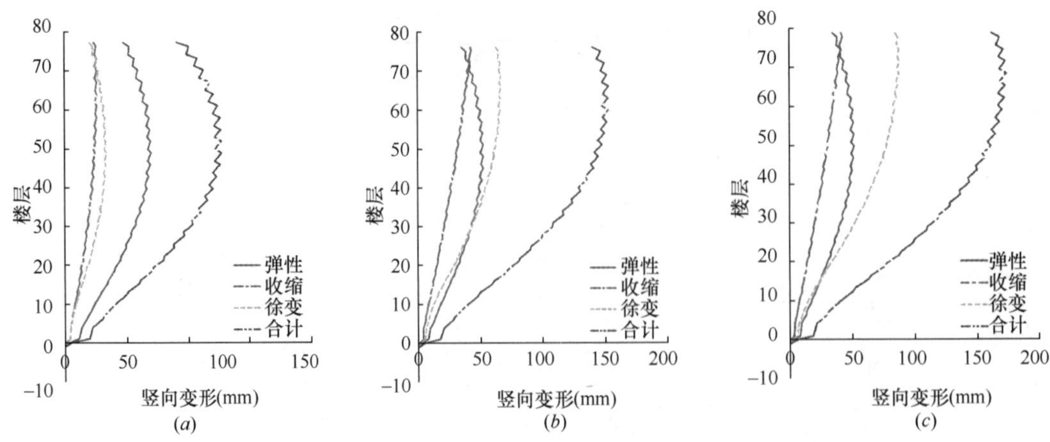

图 2.2.9-7 剪力墙 W1 竖向变形随楼层变化

(a) 半年后；(b) 5 年后；(c) 20 年后

(3) 框架柱和核心筒变形差

图 2.2.9-8 给出了框架柱 C1 和核心筒剪力墙 W1 的竖向变形差随楼层分布。可以看到，框架柱与核心筒剪力墙的竖向变形差在 16mm 以内。

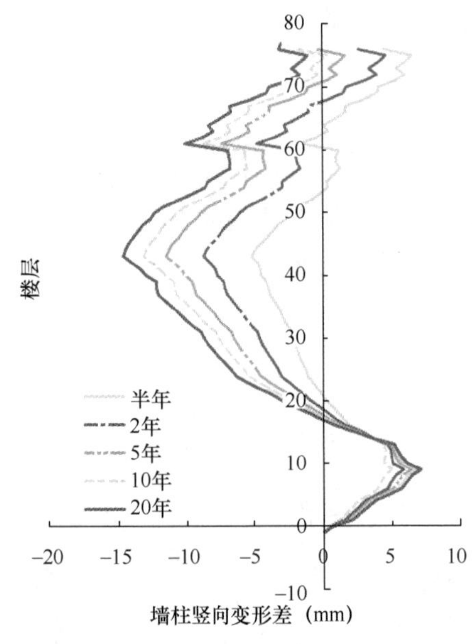

图 2.2.9-8 框架柱 C1 与核心筒剪力墙 W1 竖向变形差随楼层变化

(4) 核心筒最大侧移

由于核心筒的平面南侧在 49 层开始收进，重力下偏心受压，筒体沿竖向有不同程度侧移。20 年后最大侧移，X 向约为 9mm，Y 方向约为 33mm，该侧移能够满足使用要求。

(5) 伸臂构件在非荷载作用下的应力状况

从分析结果可以看出，伸臂构件在收缩和徐变作用下轴向应力比约为 0.14～0.18。结合前述分析结果考虑混凝土收缩和徐变作用后，42 层伸臂桁架南侧与墙连接的斜腹杆最大组合应力比为 0.95，施工图阶段对该段伸臂构件截面进行加大，确保构件具有足够的承载能力；其余伸臂构件最大组合应力比均不大于 0.85，仍具有足够的强度储备。

(6) 施工模拟和收缩徐变分析结论

① 收缩徐变对框架柱截面内力分配有一定影响，但相对较小；

② 主体结构完工时，由于逐层找平的原因，最大累积变形发生在中上部。随着时间增长，由于收缩徐变累积效应影响，最大变形楼层向上推移。

③ 墙柱竖向变形差较小，最大差值在 16mm 左右。

④ 对非荷载作用引起伸臂构件产生的初应力，施工采取后装方式。

6. 伸臂桁架及对应剪力墙不同性能目标下的承载力校核

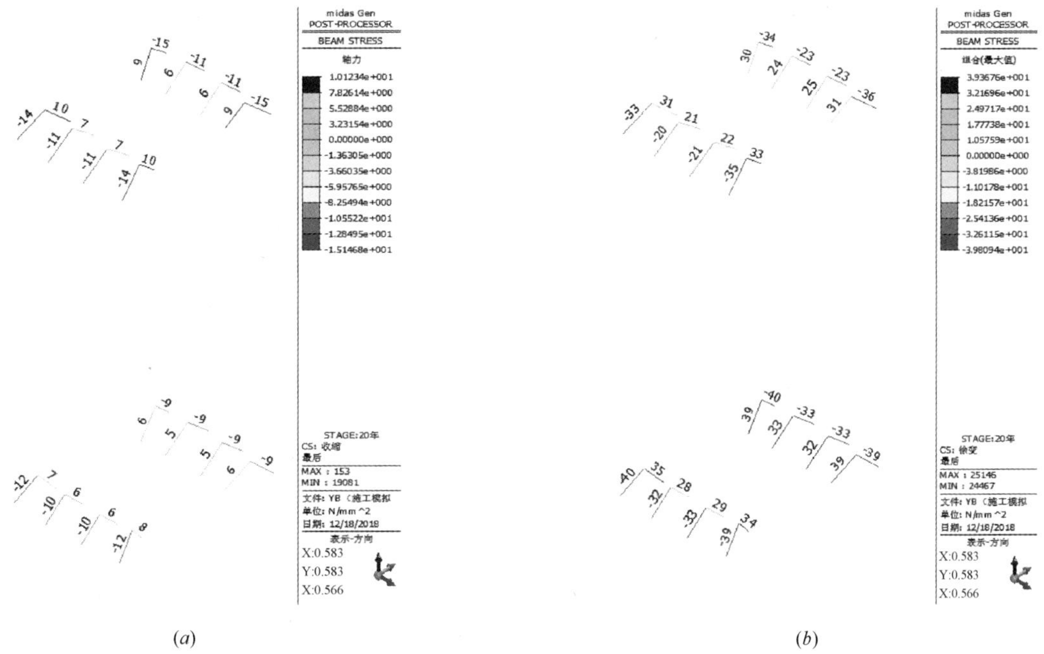

(*a*) (*b*)

图 2.2.9-9 伸臂构件 20 年后在收缩和徐变作用下的应力（MPa）

（*a*）收缩作用下；（*b*）徐变作用下

本小节通过 ETABS 软件对加强层伸臂桁架及相应剪力墙进行小震（风）弹性、中震弹性和大震不屈服作用下不同性能目标下的承载力校核，以便更清楚地了解伸臂构件及相应剪力墙在不同受力状态下的承载能力情况。以下验算伸臂构件的承载力时不考虑楼板的作用。

（1）加强层内与伸臂桁架对应的剪力墙抗剪承载力校核对比

加强层内与伸臂桁架对应的剪力墙在不同性能目标状态下的承载力校核　　表 2.2.9-10

楼层	墙肢	作用	轴力设计值 N（kN）	剪力设计值 V（kN）	各部分抗剪承载力(kN)				抗剪承载力 V_w	抗剪承载力能力比 V_w/V
					水平筋抗剪	端柱抗剪 V_a	斜撑抗剪 V_g	混凝土墙抗剪 V_c		
42F	Q2-1	小震弹性	−31059	7365	2852	8329	17786	5674	34641	4.7
		中震弹性	−12467	5700				3487	32453	5.69
		大震不屈	−8006	8832	3168	9318	19896	3764	36146	4.09
	Q2-4	小震弹性	−16506	12048	5367	8329	19371	6484	39552	3.28
		中震弹性	−15878	9114				5670	38737	4.25
		大震不屈	−9974	15067	5963	9318	21669	6484	43435	2.88
	Q6-1	小震弹性	−57673	26104	7465	7867	28012	12073	55417	2.12
		中震弹性	−60384	21064				12392	55736	2.65
		大震不屈	−28755	32544	8294	8800	31336	10770	59200	1.82
	Q6-3	小震弹性	−9057	6451	2562	7867	18848	2880	32156	4.98
		中震弹性	−7142	4900				2655	31931	6.52
		大震不屈	−3894	7542	2846	8800	21084	2993	35723	4.74

续表

楼层	墙肢	作用	轴力设计值 N（kN）	剪力设计值 V（kN）	各部分抗剪承载力(kN)				抗剪承载力 V_w	抗剪承载力能力比 V_w/V
					水平筋抗剪	端柱抗剪 V_a	斜撑抗剪 V_g	混凝土墙抗剪 V_c		
53F	Q2-1	小震弹性	−3244	5801	2852	8329	16702	2401	30284	5.22
		中震弹性	−2280	4699				2288	30171	6.42
		大震不屈	2727	7910	3168	9318	18683	2501	33670	4.26
	Q2-3	小震弹性	−7193	7880	3090	8329	12935	3035	27389	3.48
		中震弹性	−8790	5172				3223	27577	5.33
		大震不屈	−5794	7269	3433	9318	14469	3740	30960	4.26
	Q2-4	小震弹性	−13766	3159	1301	23716	0	2541	27558	8.72
		中震弹性	804	1319				827	25844	19.59
		大震不屈	6634	1926	1446	26529	0	507	28482	14.79
	Q6-1	小震弹性	−18992	21371	7465	7867	28012	7522	50866	2.38
		中震弹性	−17475	16613				7344	50688	3.05
		大震不屈	−13177	26872	8294	8800	31336	8937	57368	2.13
	Q6-2	小震弹性	−6468	6134	2318	7867	16702	2403	29288	4.77
		中震弹性	−4492	4023				2170	29056	7.22
		大震不屈	−2137	5125	2575	8800	18683	2545	32603	6.36

从表2.2.9-10可知，加强层内与伸臂桁架相对应的剪力墙能满足小震（风）弹性、中震弹性和大震不屈服作用下抗剪不屈服的性能目标要求。

（2）伸臂构件在小震（风）弹性、中震弹性和大震不屈服作用下的承载力校核对比由图2.2.9-10和图2.2.9-11可知：42F、53F加强层伸臂桁架组合应力比最大值分别为0.864和0.705，且应力比最大处出现在上弦杆，均有足够的富余量。因此，两道加强层的伸臂桁架构件均能满足小震（风）弹性、中震弹性和大震不屈服作用下的性能目标设计。

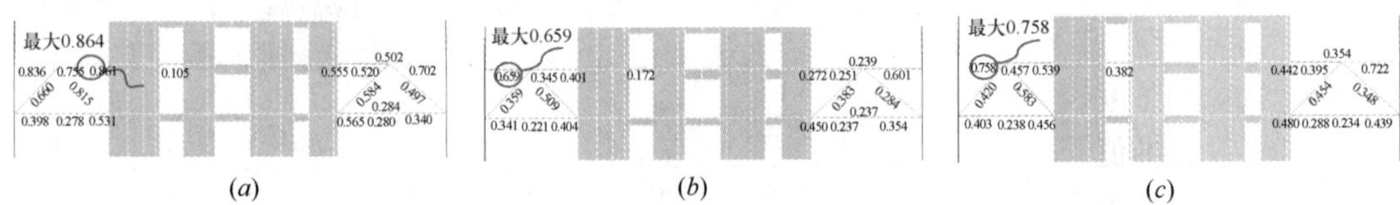

图2.2.9-10 42F伸臂桁架钢构件组合应力比

（a）小震（风）弹性作用下；（b）中震弹性作用下；（c）大震不屈服作用下

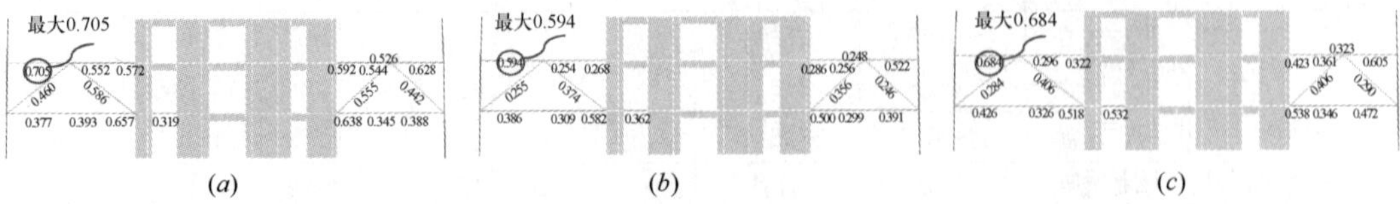

图2.2.9-11 53F伸臂桁架钢构件组合应力比

（a）小震（风）弹性作用下；（b）中震弹性作用下；（c）大震不屈服作用下

7. 伸臂桁架节点有限元分析

由于加强层伸臂桁架处受力复杂，为进一步了解其应力分布情况，利用通用有限元软件 ABAQUS 建立三维实体有限元模型，分析在罕遇地震作用下伸臂桁架的受力状态，考察与其相连的框架柱、上下弦杆、斜腹杆及剪力墙内钢筋、型钢和混凝土的应力分布状态。根据分析结果判断节点的薄弱部位，进而从构造上采取相应加强措施。

（1）有限元模型建立

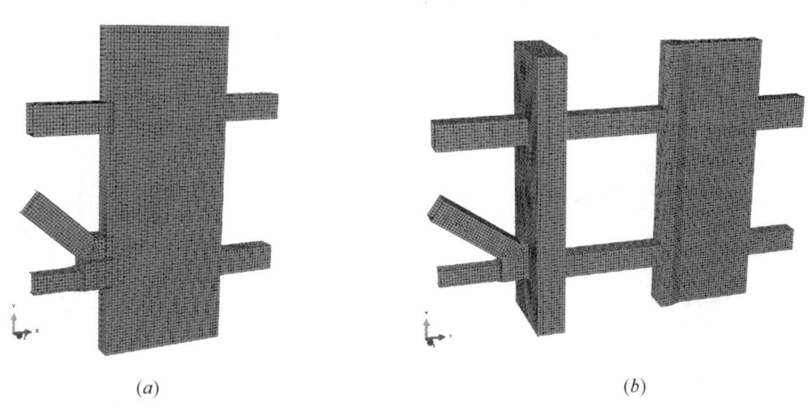

图 2.2.9-12 42F、53F 伸臂桁架典型节点有限元模型
（*a*）42F 与墙相连节点；（*b*）53F 与墙相连节点

墙节点包括混凝土墙、内置型钢暗柱、墙内斜撑、墙内钢筋、斜腹杆、上下弦杆及上下连梁。根据 YJK 的整体结构分析结果，对 42F、53F 主要伸臂进墙节点建模分析。墙节点取本层及上下层各 1/2 层高的剪力墙及相关构件。

伸臂桁架在结构中起着至关重要的作用，且在不同水平荷载作用下的性能目标不同，这里针对大震情况下分析钢构件、钢筋及混凝土的应力状态，从而判断伸臂构件及其连接构造能否实现拟定的性能目标。

（2）分析结果

① 42F 伸臂桁架墙节点分析结果

可见，大震最不利荷载工况下，钢构件的 Mises 应力值最大为 226MPa，小于钢材标准值 330MPa，最大应力主要集中在腹杆及下弦杆与柱的节点连接部位。剪力墙内钢筋 Mises 应力最大值为 387MPa，除应力集中区域外，钢筋 Mises 应力最大值为 258MPa，未达到其强度标准值。由混凝土的正应力云图可知，除底部边界及部分应力集中区域外，剪力墙最大压应力为 25.1MPa，小于混凝土抗压强度标准值 38.5MPa。剪力墙混凝土最大剪应力约 $8\text{MPa}<0.36f_{\text{ck}}=13.86\text{MPa}$。

② 53F 伸臂桁架墙节点分析结果

由混凝土的正应力云图可知，除底部边界及部分应力集中区域外，剪力墙最大压应力为 24.4MPa，小于混凝土抗压强度标准值 38.5MPa，剪力墙混凝土最大剪应力约 $4.86\text{MPa}<0.36f_{\text{ck}}=13.86\text{MPa}$。

综上可知：42F 和 53F 伸臂桁架墙节点的钢构件和剪力墙在大震作用下，除局部应力集中点范围外，Mises 应力值均小于相应许用应力强度值，满足大震抗弯抗剪均不屈服的设计要求。因此，本伸臂桁架的墙节点设计做法能够满足既定的抗震性能目标。

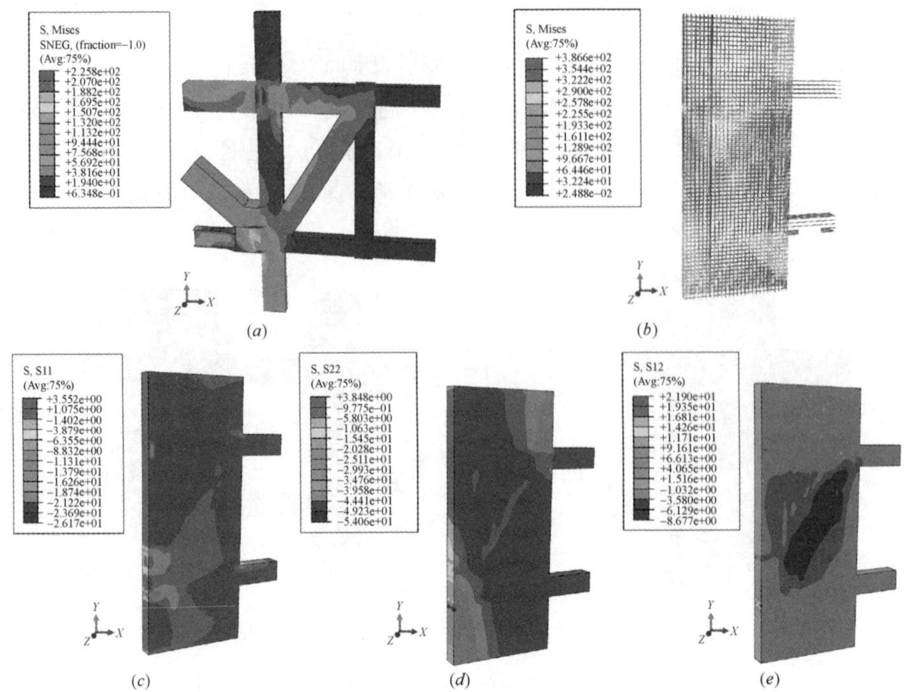

图 2.2.9-13　大震下 42F 伸臂桁架与剪力墙连接节点应力云图

(*a*) 钢构件 Mises 应力云图；(*b*) 墙内钢筋 Mises 正应力云图；

(*c*) 混凝土 S_{11} 正应力云图；(*d*) 混凝土 S_{22} 正应力云图；(*e*) 混凝土 S_{12} 剪应力云图

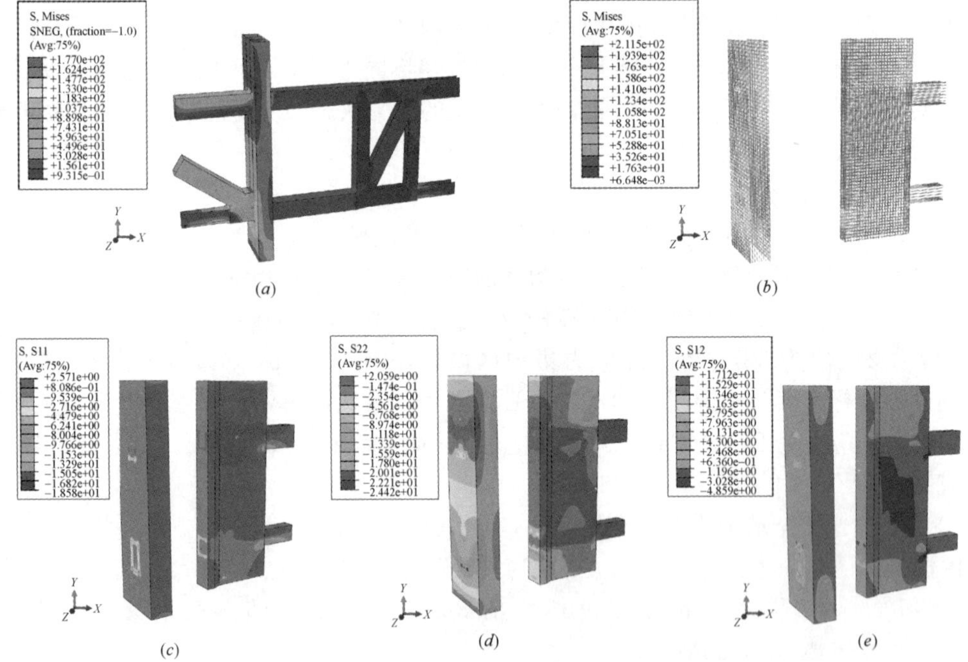

图 2.2.9-14　大震下 53F 伸臂桁架与剪力墙连接节点应力云图

(*a*) 钢构件 Mises 应力云图；(*b*) 墙内钢筋 Mises 正应力云图；

(*c*) 混凝土 S_{11} 正应力云图；(*d*) 混凝土 S_{22} 正应力云图；(*e*) 混凝土 S_{12} 剪应力云图

8. 与斜柱相连的框架梁抗弯承载力验算

本工程中因建筑立面的需要，从43层开始外框柱往上均为斜柱（单向内倾），使与其相连的钢框梁在竖向荷载下产生了一定的轴力，形成了拉（压）弯复合受力状态。表2.2.9-11为与平面左上角斜柱KZ2及左边斜柱KZ5相连的钢框梁进行小震（风）和中震作用下的设计承载力验算。

与外框斜柱相连的框架梁承载力验算　　表2.2.9-11

楼层	梁编号	框梁截面	恒载作用下轴力 N（kN）	小震(风)			中震		
				设计内力		设计应力比	设计内力		设计应力比
				N（kN）	M（kN·m）		N（kN）	M（kN·m）	
64F	GKL1	H600×400×20×36	47	74	834	0.3	64	699	0.23
	GKL16		76	116	205	0.12	102	171	0.1
	GKL32	H800×400×18×28	61	93	2097	0.57	85	1868	0.61
53F	GKL1	H600×400×60×60	3	1116	2162	0.46	708	1448	0.37
	GKL16	H600×400×20×36	44	92	728	0.3	67	525	0.19
	GKL32	H800×400×24×40	89	2109	2130	0.74	753	1820	0.48
43F	GKL1	H600×400×60×60	104	1027	1901	0.52	926	1610	0.39
	GKL16	H600×400×20×36	156	208	521	0.28	113	327	0.18
	GKL32	H900×400×18×28	234	2332	1839	0.79	1208	1085	0.4

验算结果表明，与斜柱相连的钢框梁在小震（风）荷载作用下处于拉（压）弯复合受力状态，均能满足承载能力设计要求。

9. 与斜柱相连的框架梁抗弯承载力验算

（1）42F墙肢Q2-4面外承载力复核

42层墙肢Q2-4与伸臂桁架连接时有约17°的夹角，由于伸臂桁架构件受力较大，因此对与其相连的墙肢Q2-4面外受力有一定的要求，需复核其相应的面外抗弯承载能力。

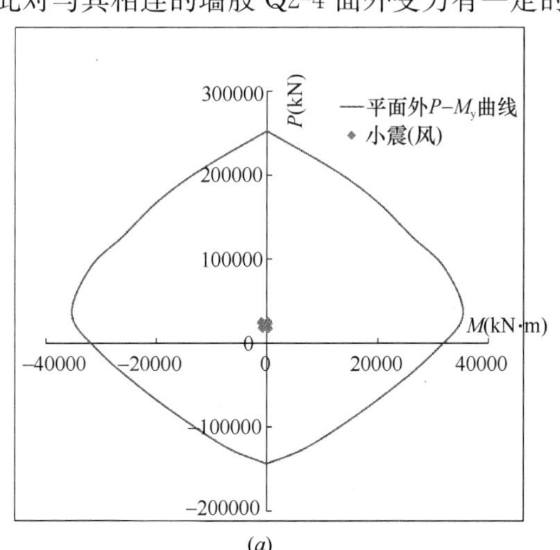

(a)

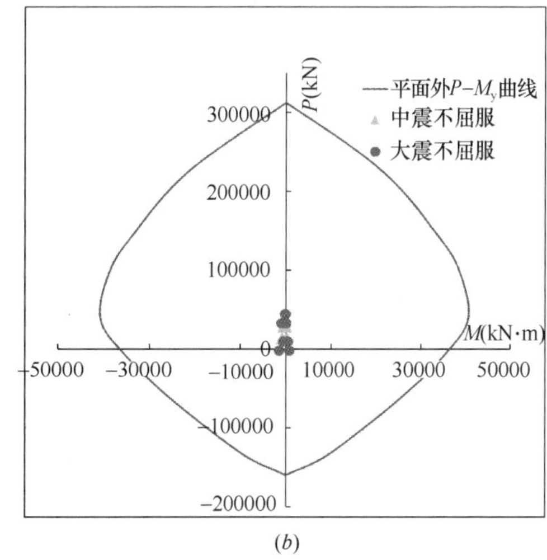

(b)

图2.2.9-15　42F墙肢Q2-4面外抗弯承载力验算

（a）Q2-4抗弯承载力验算；（b）Q2-4抗弯承载力验算

验算结果表明，墙肢 Q2-4 与伸臂桁架有交角相连时，其面外抗弯承载力满足受力要求。

（2）52F 墙肢 Q5-1（局部墙段）面外承载力复核

52 层 Q5-1 墙肢顶因支撑伸臂桁架斜腹杆和下弦杆的墙段，其另一侧仅与跨楼梯间的钢梁相连，墙段面外受力相对较大，通过加厚节点连接区段影响范围的墙厚并在墙内设置型钢来提高墙段的承载能力。提取 Q5-1 局部加强的墙段内力，复核其相应的面外抗弯承载能力。验算结果表明，墙肢 Q5-1 局部墙段在与伸臂桁架相连时，面外抗弯承载力满足受力要求。

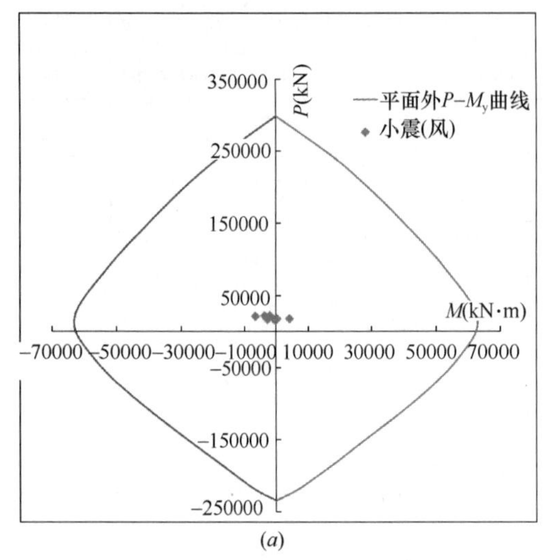

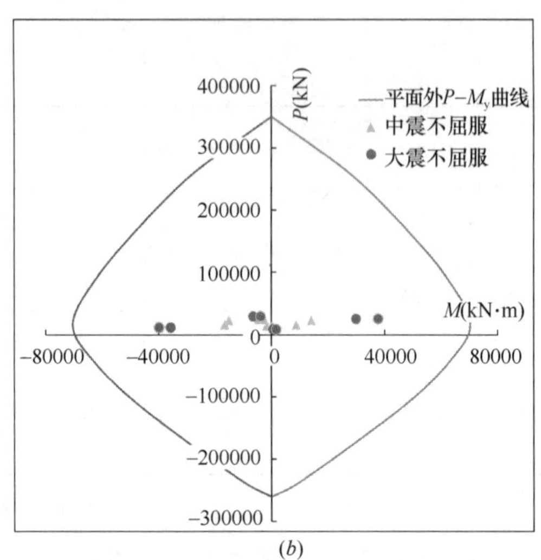

图 2.2.9-16　52F 墙肢 Q5-1 局部墙段面外抗弯承载力验算

（*a*）Q5-1 局部墙段抗弯承载力验算；（*b*）Q5-1 局部墙段抗弯承载力验算

10. 楼盖舒适度分析

本工程核心筒与外框柱间楼盖跨度较大，部分楼盖跨度达到 14.5m，需要对其进行舒适度分析。选取了 9F 和 50F 的结构构件建立舒适度分析模型，仅考虑竖向荷载。结构质量按 1.0 恒载＋0.5 活载换算，结构阻尼比按 0.03 考虑。模型边界条件为墙柱两端固支。

模态分析结果表明，9F 楼板一、二阶竖向自振频率分别为 3.25Hz 和 3.58Hz，50 层楼板一、二阶竖向自振频率分别为 3.73Hz 和 3.88Hz，均大于 3Hz，能满足规范要求。

行人荷载分析结果表明，各种工况下的最大峰值加速度均小于 0.05m/s^2，可满足我国规范对办公类楼盖舒适度的要求。另考虑到在标准层办公区建筑楼面采用网络地板，对楼板舒适度有一定程度的改善作用，故本工程楼盖舒适度能够满足要求。

11. 抗连续倒塌分析

对本工程首层两对角角柱采用施加侧向偶然作用，其中一角柱按照《高层建筑混凝土结构技术规程》JGJ 3—2010 第 3.12.6 条采用表面附加 80kN/m^2 侧向偶然作用设计值，另一角柱按照广东省标准《建筑结构荷载规范》DBJ 15—101—2014 第 9.3.2 条：考虑大型汽车撞击偶然荷载作用，作用高度取 1.5m 标高处，验算其在偶然荷载作用下的承载力，验算方法如下：

$$S_d \geqslant \beta S_d$$

构件截面承载力计算时，混凝土强度可取标准值；钢材强度，正截面承载力验算时可取标准值的 1.25 倍，受剪承载力验算时可取标准值。

（1）首层角柱抗连续倒塌分析

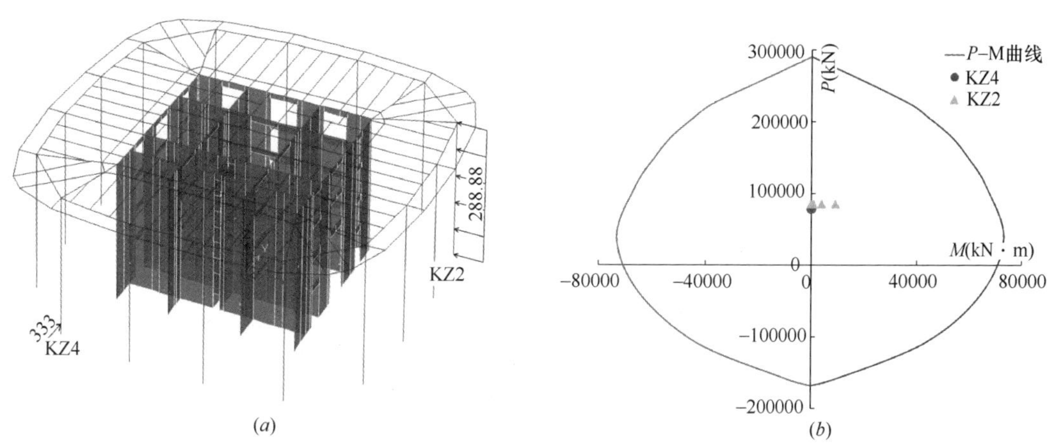

图 2.2.9-17　首层角柱抗连续倒塌分析

（a）偶然荷载施加示意图；（b）承载力校核

（2）42F 加强层伸臂桁架斜腹杆拆除分析

选取 42F 处斜撑进行拆除，如图 2.2.9-18 所示。拆除后，分析在静力荷载作用下钢构件应力。通过对所拆除斜撑附近的构件分析发现相关钢构件应力比均较小，最大不超过 0.5，冗余度较大，能满足设计要求。

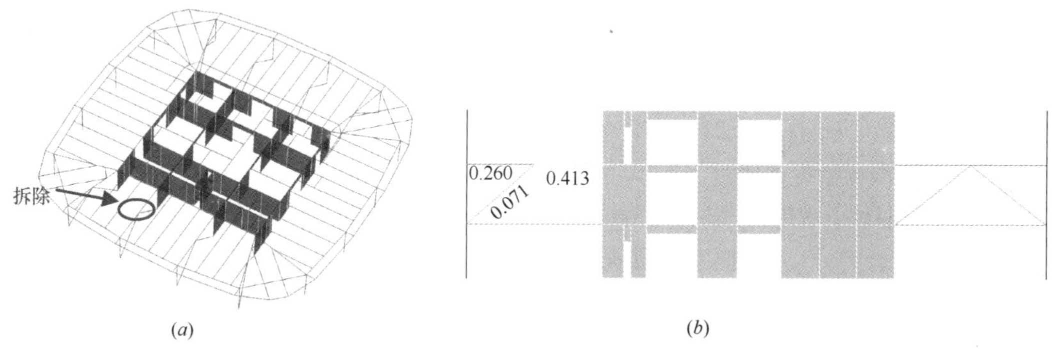

图 2.2.9-18　42F 伸臂桁架斜腹杆拆除分析

（a）斜腹杆拆除示意图；（b）相邻构件承载力校核

通过以上比较分析，本工程重要竖向构件抗连续倒塌的能力均满足规范要求，说明其有一定的抗连续倒塌的能力。

2.2.10　结构超限的抗震措施

在设计过程中，从结构体系及布置、计算分析、结构抗震概念设计和构造加强措施等几个方面，采取相应设计对策和构造加强措施，可以确保本工程安全、可靠、经济。

（1）将剪力墙底部加强部位的 B2～4F 剪力墙的墙身水平分布筋的最小配筋率分别提高到 0.6%；5～8 层的剪力墙墙身水平分布筋最小配筋率提高到 0.55%；加强层及其上

下层剪力墙水平分布筋最小配筋率为 0.6%。

（2）设置约束边缘构件上两层为过渡层，适当加强过渡层的剪力墙配筋。

（3）核心筒底部个别墙体存在受拉情况，墙体中设置型钢增强墙体抗拉承载力及其延性。

（4）与伸臂桁架相连的剪力墙内型钢设置，须同时满足等强设计原则。

（5）加强层整层楼板厚度取 200mm，设备层楼板厚度取 180mm，均采用双层双向配筋，以便更好地传递水平剪力。

（6）对部分剪力较大的连梁适当提高配箍率，局部跨高比小于 2.5 的连梁设置对角斜筋或型钢，以满足强剪弱弯的抗震概念设计要求。

（7）适当加大框架斜柱转折处标高的楼板配筋，提高楼板的抗拉承载力。

（8）对核心筒收进部位的局部墙体适当提高其配筋率。

2.2.11　结束语

本工程为高度超限高层建筑，且属于存在 5 项一般不规则超限的结构。综合以上计算分析结果，可以得到以下结论：

（1）在多遇地震作用和风荷载作用下，采用 YJK 和 ETABS 两种软件进行对比分析，分析的各项指标基本一致。结构构件处于弹性阶段，承载能力和变形能力均能满足现行规范要求。时程分析与反应谱分析之间具有一致性和规律性，符合工程经验和力学概念所作判断；能够满足既定的抗震性能目标。

（2）在设防烈度地震作用下，核心筒剪力墙、伸臂桁架均处于弹性状态，框架梁和框架柱也基本保持弹性，部分连梁出现受弯屈服，但受剪不屈服，可满足既定的抗震性能目标。

（3）在罕遇地震作用下，结构弹塑性层间位移角满足规范限值要求，结构主要抗侧力构件没有发生严重破坏，满足既定的抗震性能目标。

（4）本工程结构满足各水准下既定的抗震性能目标，是安全、可靠、合理的。

2.2.12　超限审查意见

2018 年 12 月 20 日，深圳市住房和建设局主持召开了本项目超限高层建筑抗震设防专项审查会。审查结论为通过。在下一阶段工作中补充和完善以下内容：

（1）补充以地下室顶板为嵌固端的计算，并与以 B2 层为嵌固端的计算结果进行包络设计；

（2）补充 320°～350°方向 C 类地面粗糙度的风工况计算；

（3）补充伸臂桁架层及上下层剪力墙的受力分析，并采取加强措施；

（4）明确伸臂桁架的合拢时间，确保伸臂桁架满足中震弹性的性能目标；

（5）完善伸臂桁架的节点设计。

设计单位：艾奕康设计与咨询（深圳）有限公司

主要设计人：李远辉、白杨、谭农超、王国安

2.3　卫星通信运营大厦

2.3.1　工程概况

本项目位于深圳市宝安前海中心区，宝安区委区政府西南侧，兴业路以东、宝兴路以

西、海秀路以北，正南方距离前海大铲湾直线距离约 850m，属滨海地区。总建筑面积为 10.74 万 m^2，其中地上规定建筑面积为 7.63 万 m^2。上部结构由一栋超高层办公塔楼与裙房组成，塔楼 47 层，屋面标高 213.60m，底部商业裙房 4 层，地下室 4 层，基坑开挖深度约 20.00m。

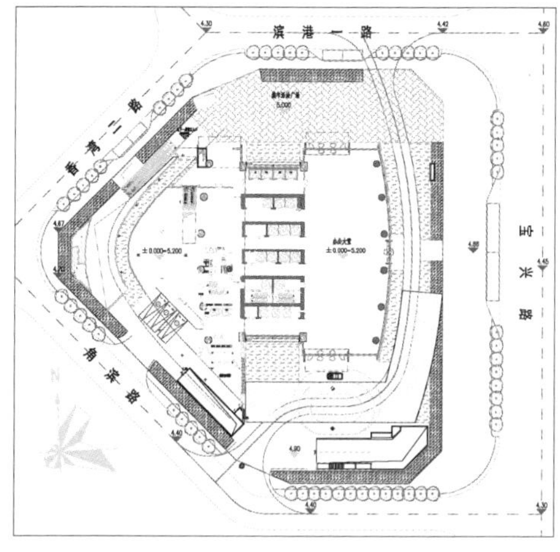

图 2.3.1-1 总平面图

(*a*) (*b*)

图 2.3.1-2 效果图

(*a*) 效果图一；(*b*) 效果图二

2.3.2 工程地质条件及基础选型

1. 场地土层分布及水文地质

根据钻探揭露，场地的地层从上往下依次为：人工填土、淤泥、黏土、砾砂、砂质黏性土、全风化混合花岗岩、强风化混合花岗岩、中风化混合花岗岩、微风化混合花岗岩。

勘察期间测得场地地下水稳定水位埋深 0.50～4.80m。抗浮设计水位取±0.000 地面以下 0.5m，且不高于周边路面标高。

2. 场地稳定性及地震效应评价

拟建场地土类型为中软土，建筑场地类别为Ⅱ类；本场地的地面脉动卓越周期为 0.383s；本场地冲（洪）积砾砂层（Q_3^{al+pl}），在 7 度地震作用下，可直接判定为不液化地层。本场地稳定性较好，区域构造活动性也很微弱，本工程所在的位置属区域稳定性较好地区，适宜修建拟建建筑物。

3. 基础设计方案

根据本工程建筑物规模及地质条件，本工程基础设计等级为甲级。根据上部建筑物的柱底内力，综合地质报告资料和甲方意见，并经过方案比较，塔楼部分基础采用旋挖灌注桩基础，以中风化或微风化混合花岗岩为持力层；裙房部分采用天然基础，以砾质黏性土为持力层；底板抗浮设置抗拔锚杆。塔楼桩基布置图见图 2.3.2-1。

桩基承载力及尺寸一览表 **表 2.3.2-1**

桩型号	桩身直径 d (mm)	桩端持力层	桩身混凝土强度等级	单桩竖向抗压承载力特征值 Ra(kN)	嵌岩深度最小值 (m)
ZH-1800，1800a	1800	微风化岩或中风化	C40	25000	0.5(7.0)

续表

桩型号	桩身直径 d (mm)	桩端持力层	桩身混凝土强度等级	单桩竖向抗压承载力特征值 Ra（kN）	嵌岩深度最小值 (m)
ZH-2400	2400	微风化岩	C40	46000	0.5
ZH-2600，2600a	2600	微风化岩或中风化	C40	54000	0.5（11.0）

注：① 桩型号中桩径后面加“a”者为持力层为中风化的桩，嵌岩深度按括号中数值取值；

② 当满足入岩深度后桩长不足最小桩长要求（6m或 $3d$ 的较大值）时，应加深入岩深度至满足最小桩长要求。

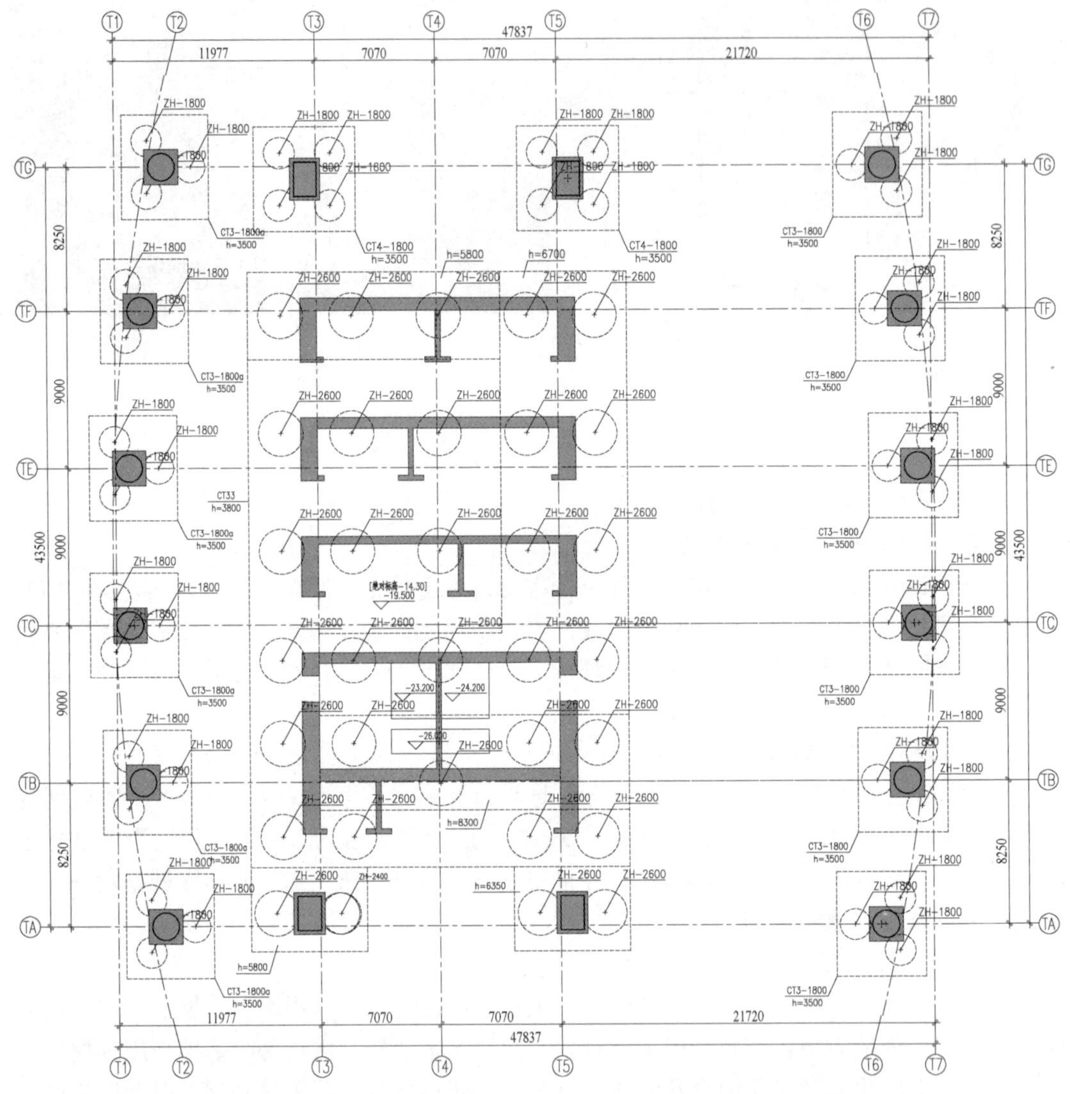

图 2.3.2-1　基础平面布置图

2.3.3　结构体系与特点

1. 主体结构体系简介

根据建筑设计理念及建筑特点，结合结构性能要求、经济合理以及施工方面等因素，经过多种结构方案的分析和比选，塔楼采用钢管混凝土柱＋钢框架＋立面斜撑＋环桁架＋

混凝土核心筒混合结构（表 2.3.3-1），构成多重抗侧结构体系抵抗风荷载和地震作用，并承担竖向荷载。

主体结构体系 **表 2.3.3-1**

结构体系	高度(m)	层数	地下室层数	嵌固端
钢管混凝土柱＋钢框架＋立面斜撑＋环桁架＋混凝土核心筒混合结构	213.6	48	4	1 层楼面

注：裙房抗震等级等同相连的塔楼；剪力墙底部加强部位及其上一层的墙肢设约束边缘构件；框架-核心筒结构筒体角部墙体全高设约束边缘构件；约束边缘构件以上设两层过渡层。

结构整体尺度指标 **表 2.3.3-2**

结构高度	塔楼高宽比				核心筒高宽比			
	X 向宽度	X 向高宽比	Y 向宽度	Y 向高宽比	X 向宽度	X 向高宽比	Y 向宽度	Y 向高宽比
213.6	47.81(1F)	4.47	44.05	4.91	15.94	13.40	32.8	6.51

从表 2.3.3-2 中可以看出，核心筒高宽比 13.40。塔楼整体 X 向高宽比随着右侧斜柱的变化而改变，由下部的 4.47 增大至上部的 5.33，塔楼 Y 向高宽比 4.91。

塔楼结构体系分解示意图如图 2.3.3-1 所示。

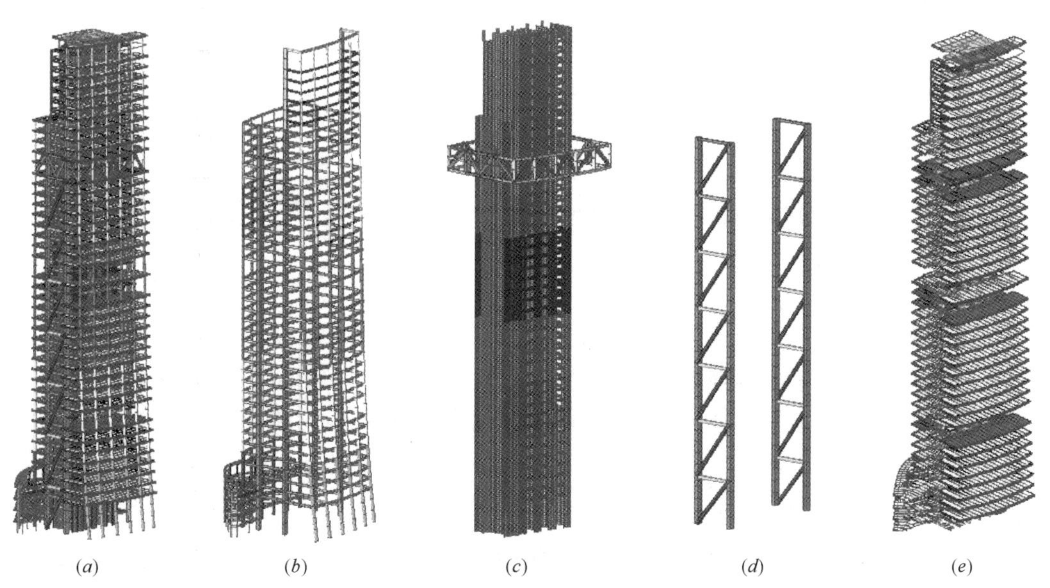

(*a*) (*b*) (*c*) (*d*) (*e*)

图 2.3.3-1 塔楼结构体系分解示意图

(*a*) 整体结构；(*b*) 外框架；(*c*) 核心筒＋环桁架；(*d*) 立面斜撑；(*e*) 钢梁组合楼盖

2. 结构体系对比分析

根据本工程结构体系构成，为了对不同抗侧力体系有更清晰的认识，针对立面桁架、环桁架以及伸臂桁架的抗侧效率进行了分析对比，对不同抗侧力构件的拆分和组合分类如表 2.3.3-3 所示。

结构方案分类　　　　**表 2.3.3-3**

方案编号	结构体系组成
1	钢管混凝土柱＋楼面钢梁＋混凝土核心筒
2	钢管混凝土柱＋楼面钢梁＋混凝土核心筒＋立面桁架
3	钢管混凝土柱＋楼面钢梁＋混凝土核心筒＋35～37 层环桁架
4	钢管混凝土柱＋楼面钢梁＋混凝土核心筒＋35～37 层伸臂桁架
5	钢管混凝土柱＋楼面钢梁＋混凝土核心筒＋立面桁架＋35～37 层环桁架
6	钢管混凝土柱＋楼面钢梁＋混凝土核心筒＋立面桁架＋35～37 层伸臂桁架
7	钢管混凝土柱＋楼面钢梁＋混凝土核心筒＋35～37 层环桁架＋35～37 层伸臂桁架
8	钢管混凝土柱＋楼面钢梁＋混凝土核心筒＋立面桁架＋35～37 层环桁架＋35～37 层伸臂桁架

3. 结构周期对比

不同结构方案的自振周期对比　　　　**表 2.3.3-4**

	周期(s)							
	方案 1	方案 2	方案 3	方案 4	方案 5	方案 6	方案 7	方案 8
T_1	6.2707	5.4635	5.2996	5.2392	4.7801	4.8505	4.9231	4.7151
T_2	4.8859	4.8896	4.7337	4.8465	4.4617	4.7710	4.7153	4.5189
T_3	2.8233	2.6152	2.7571	2.7846	2.5184	2.5871	2.7480	2.5298
T_4	1.4382	1.4400	1.3518	1.4298	1.3116	1.4317	1.3486	1.3502
T_5	1.3737	1.3078	1.2896	1.2869	1.2358	1.2321	1.2409	1.1939
T_6	0.9950	0.9294	0.9107	0.9665	0.8476	0.9053	0.9034	0.8460
η	0	－12.9%	－15.5%	－16.4%	－23.7%	－22.6%	－21.5%	－24.8%

从表 2.3.3-4 的计算结果可知，加强层构件的布置及组合形式对结构的第一周期影响较大，为了量化其影响，定义周期减小率 $\eta=\dfrac{T_{1(各方案)}-T_{1(方案1)}}{T_{1(方案1)}}$。计算结果表明，从设置单独加强层构件来看，立面桁架（方案 2）、环桁架（方案 3）以及伸臂桁架（方案 4）对结构第一周期的减小率分别为 12.9%、15.5%和 16.4%，在减小结构第一周期的影响因素中，伸臂桁架效率最高，环桁架次之但差距很小，立面桁架效率最低。从其组合效果来看，效率高低依次为方案 8、方案 5、方案 6 以及方案 7。方案 5 和方案 8 差距很小。

4. 层间位移角对比

不同结构方案的最大层间位移角对比　　　　**表 2.3.3-5**

荷载工况		方案 1	方案 2	方案 3	方案 4	方案 5	方案 6	方案 7	方案 8
风荷载	X 向	1/296	1/381	1/484	1/493	1/561	1/572	1/566	1/681
	β_x	0	－22.3%	－38.8%	－39.9%	－47.1%	－48.3%	－47.7%	－56.5%
	Y 向	1/892	1/896	1/941	1/913	1/948	1/916	1/955	1/962
	β_y	0	－0.45%	－5.21%	－2.31%	－5.91%	－2.62%	－6.59%	－7.28%
地震作用	X 向	1/549	1/685	1/832	1/846	1/951	1/968	1/962	1/1129
	β_x	0	－19.9%	－34.1%	－35.1%	－42.3%	－43.3%	－42.9%	－51.4%
	Y 向	1/900	1/904	1/938	1/913	1/948	1/918	1/946	1/956
	β_y	0	－0.44%	－4.05%	－1.42%	－5.06%	－1.96%	－4.86%	－5.86%

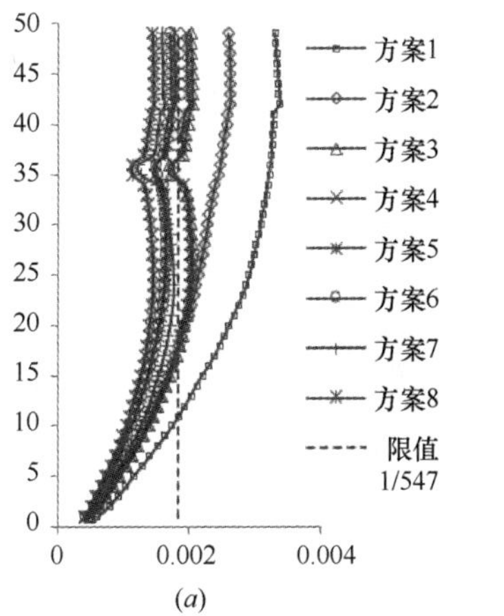

(*a*)

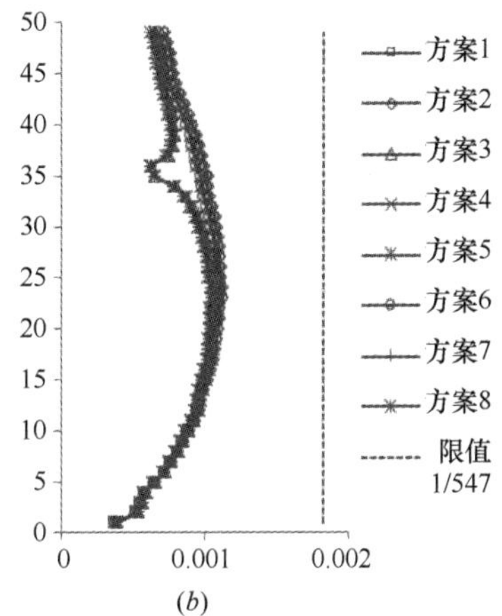

(*b*)

图 2.3.3-2 风荷载作用下不同结构方案的层间位移角曲线

(*a*) *X* 向风荷载作用下位移角；(*b*) *Y* 向风荷载作用下位移角

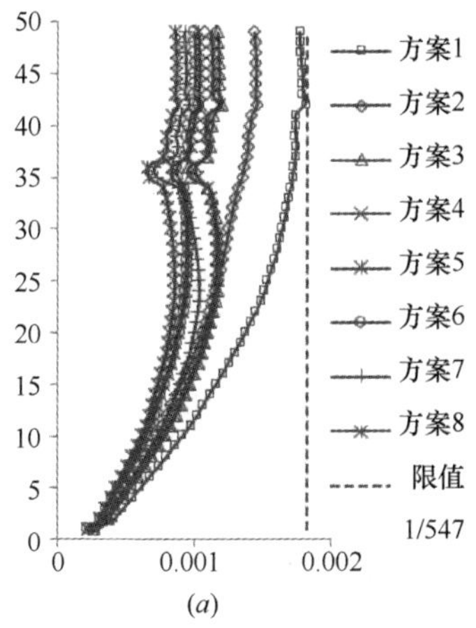

(*a*)

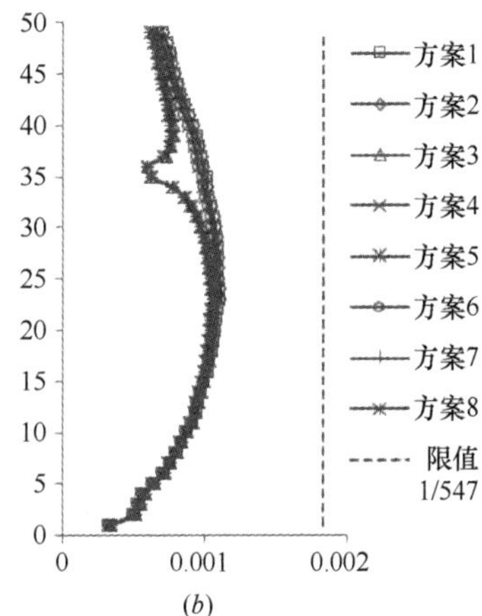

(*b*)

图 2.3.3-3 地震作用下不同结构方案的层间位移角曲线

(*a*) *X* 向地震作用下位移角；(*b*) *Y* 向地震作用下位移角

为了量化其影响，定义最大层间位移角减小率 $\beta=\left|\frac{\theta_{(各方案)}-\theta_{(方案1)}}{\theta_{(方案1)}}\right|$。如图 2.3.3-4 所示。从图中可以发现，*X* 向风荷载作用下，结构层间位移角较大，从设置单独抗侧力构件来看，立面桁架（方案 2）、环桁架（方案 3）以及伸臂桁架（方案 4）对最大层间位移角的减小率分别为 22.3%、38.8%和 39.9%，伸臂桁架效率最高，环桁架次之，立面桁架效率相对较低。从其组合效果来看。效率高低依次为方案 8、方案 6、方案 7 以及方案 5，但方案 5 与方案 6、方案 7 相差很小。

建筑方案在南北侧立面上需保留斜撑，结合以上对比分析，本工程结构方案选择方案 5，即钢管混凝土柱＋楼面钢梁（铰接）＋混凝土核心筒＋立面桁架＋35～37 层环桁架。

5. 结构特点

由于建筑功能和立面的原因，本项目存在两个与常规结构较为不同的特点。其一，上部结构为单侧斜柱的钢框架-核心筒结构体系，与常见的框架-核心筒结构体系主要差别在

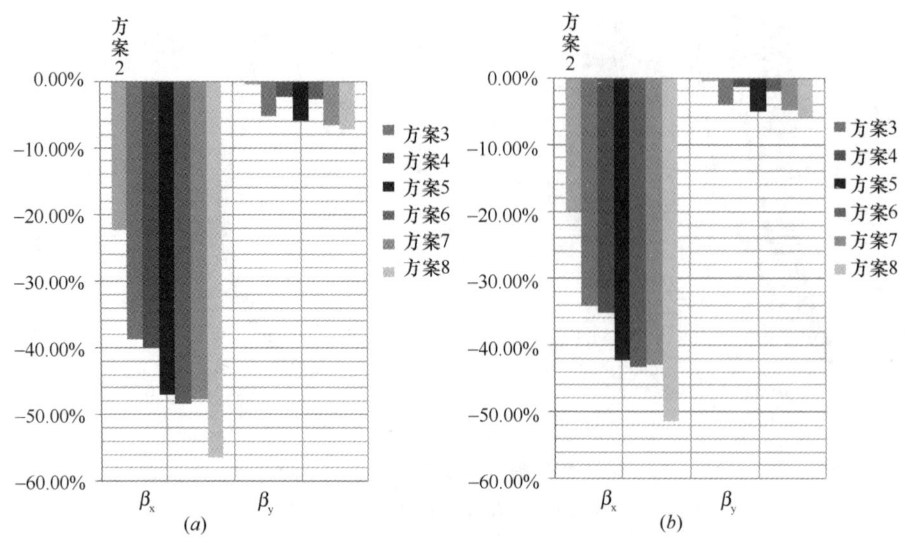

图 2.3.3-4　不同结构方案的最大位移角减小率曲线

(a) 风荷载作用下位移角减小率；(b) 地震作用下位移角减小率

于单侧斜柱在竖向荷载作用下斜柱的水平分力会使整体结构产生水平变形，水平变形是否会对整体结构的稳定性、外框柱与核心筒之间的剪力和倾覆弯矩产生不利影响，需要进一步研究。其二，本工程地下室在地下三层、地下二层，由于建筑立体车库的需要，有较大范围的楼板缺失，形成了局部最大中空高度 13.75m；为了实现地下室建筑中空的功能，结构利用坡道和下部水池等部位设置了一道环向的支撑结构，类似于基坑支护的内支撑结构。由楼层高度位置的横隔板和外墙及内侧竖向墙体组成的三段转折的箱型大梁支撑外墙的土（水）压力，箱型折梁互为支座。

主要结构平面布置

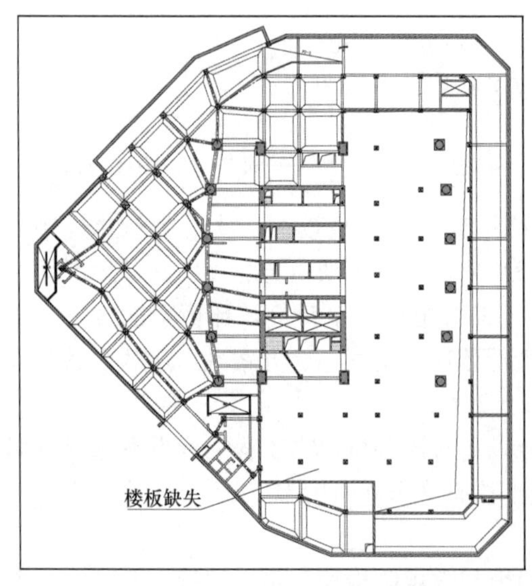

图 2.3.3-5　地下二层结构平面图

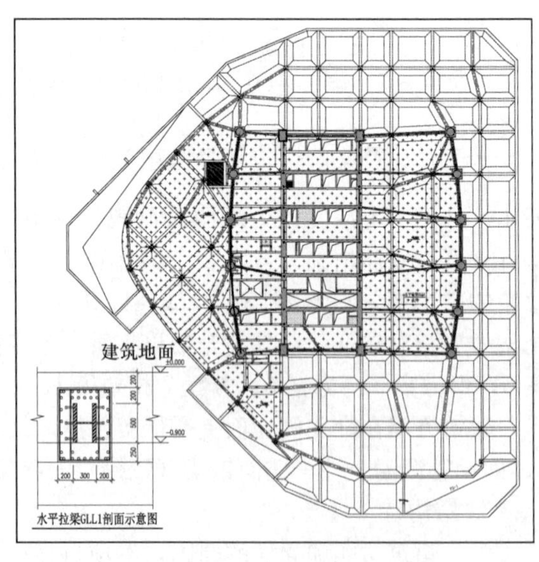

图 2.3.3-6　一层结构平面图

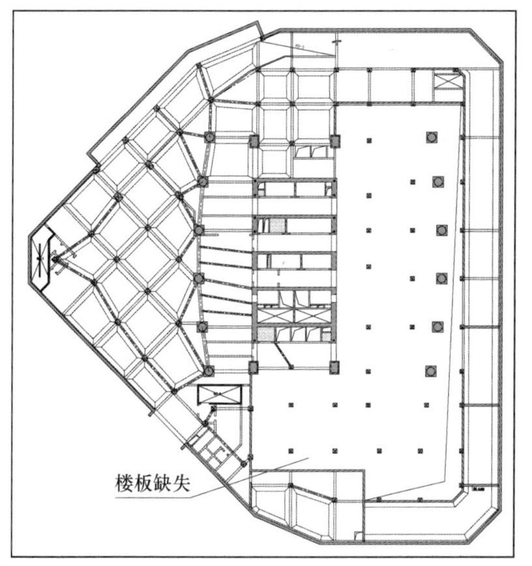

图 2.3.3-7 二层结构平面图

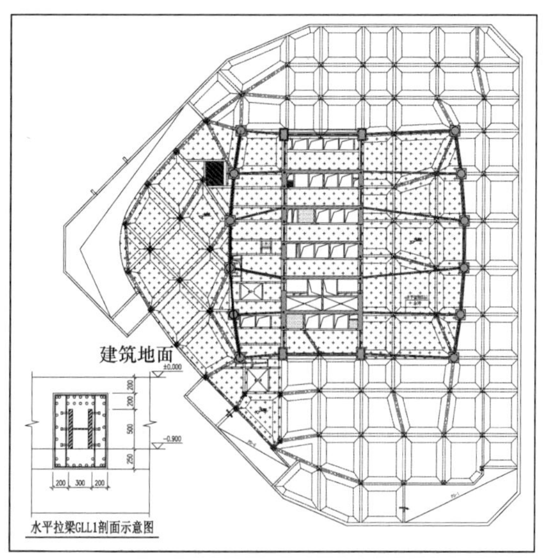

图 2.3.3-8 标准层结构平面图

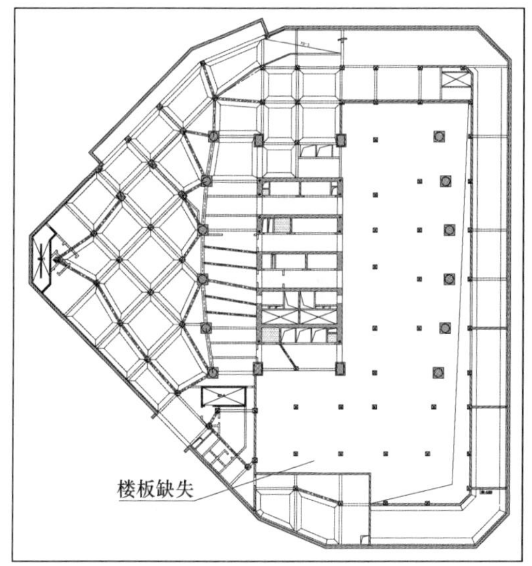

图 2.3.3-9 35 层结构平面图

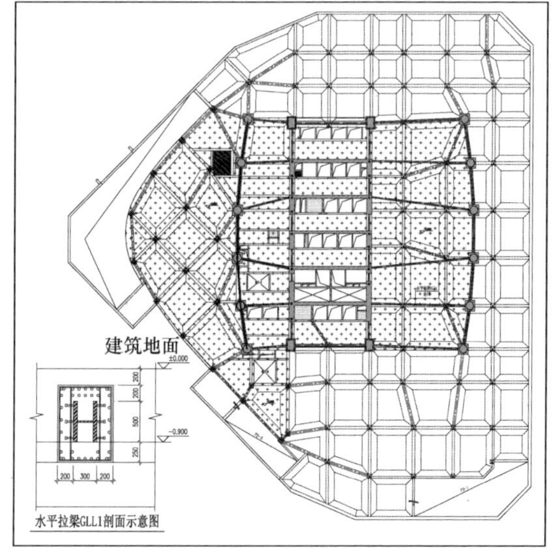

图 2.3.3-10 总部区（41～45 层）结构平面图

2.3.4 主要构件尺寸和材料等级

（1）外框柱，采用钢管混凝土柱，柱截面尺寸从一层 $D1600\times28$ 依次变化至 40 层以上 $D800\times16$；钢管材质采用 Q345B，钢管内混凝土强度 C60～C40。地下室部分钢管混凝土柱外包混凝土形成钢管混凝土叠合柱。

（2）核心筒，从基础向上延伸至塔楼顶层，贯穿建筑物全高，底部核心筒外轮廓尺寸 15.94m× 32.80m。核心筒外墙最大厚度为 1000mm，依次减薄为 900mm、800mm、700mm、650mm、500mm、450mm；核心筒内墙由 700mm 依次减薄至 450mm。混凝土强度等级为 C60～C35。

（3）立面斜撑，塔楼南北两侧结合建筑立面造型需求，设置立面斜撑，立面斜撑采用

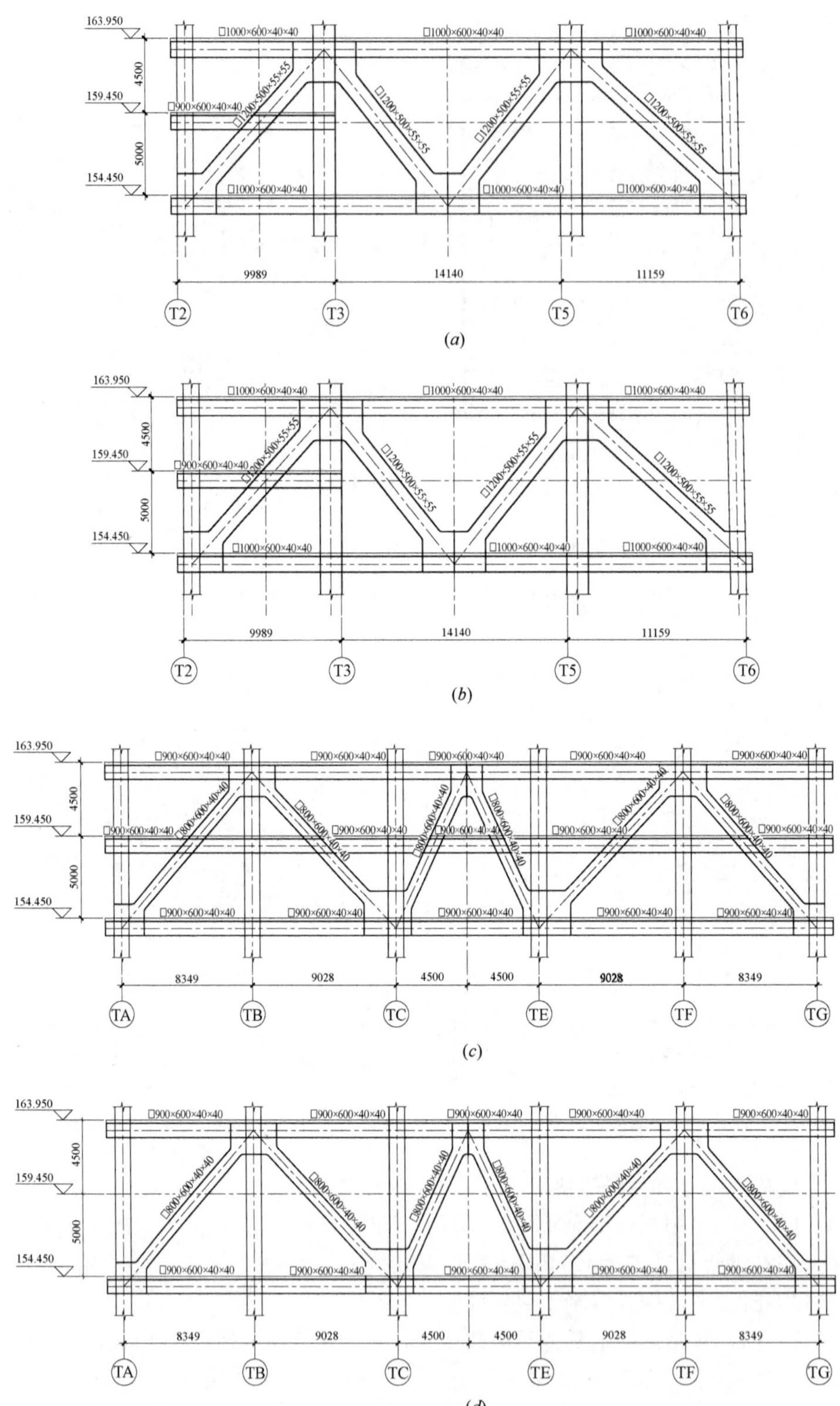

图 2.3.3-11　35～37 层环桁架立面示意图

(*a*) ZHJ1 立面图；(*b*) ZHJ2 立面图；(*c*) ZHJ3 立面图；(*d*) ZHJ4 立面图

钢支撑。支撑截面为□1200×700×40，钢材材质为Q345GJC。

(4) 环桁架，在建筑35层（设备层）～37层沿外框柱设置一道封闭的环桁架（图2.3.4-1），环桁架构件尺寸如表2.3.4-1所示。

环桁架构件尺寸 **表2.3.4-1**

桁架编号	上弦	腹杆	下弦	钢材强度等级
桁架1	□900×600×40×40	□800×600×40×40	□900×600×40×40	Q345GJC
桁架2	□900×600×40×40	□800×600×40×40	□900×600×40×40	Q345GJC
桁架3	□1000×600×40×40	□1200×600×55×55	□1000×600×40×40	Q345GJC
桁架4	□1000×600×40×40	□1200×600×55×55	□1000×600×40×40	Q345GJC

(5) 楼板体系，核心筒内采用普通钢筋混凝土楼板，核心筒外采用钢梁+压型钢板或钢筋桁架楼承板的组合楼盖。外框梁与外框柱刚接，楼面梁与核心筒和外框柱均采用铰接。斜框架柱一侧为了更好地传递斜柱引起的水平力，该侧楼面钢梁与钢柱采用刚接。标准层核心筒外板厚120mm，核心筒内板厚150mm，避难层板厚180mm。

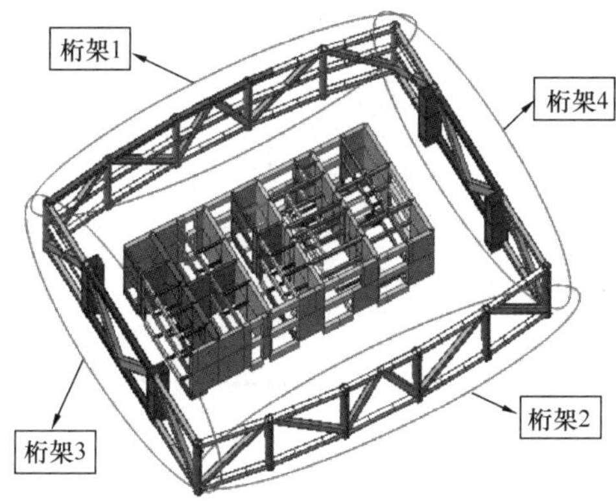

图2.3.4-1 环桁架及伸臂桁架示意图

2.3.5 超限项判断及抗震性能目标

1. 结构超限项汇总

根据结构平面布置和计算分析结果，对本工程结构超限的相关条款进行逐项检查，具体情况如下：

高度超限检查 **表2.3.5-1**

检查项目	超限项目	本工程高度
高度	型钢(钢管)混凝土-混凝土核心筒体系的混合结构限高190m	213.6m
超限判断		超限

一般规则性超限检查 **表2.3.5-2**

序号	不规则类型	简要涵义	本工程情况
1a	扭转不规则	考虑偶然偏心的扭转位移比大于1.2	1.32(Y向3F)

续表

序号	不规则类型	简要涵义	本工程情况
1b	偏心布置	偏心率大于 0.15，或相邻层质心相差大于相应边长 15%	有(4F 比 5F，1.54)
2a	凹凸不规则	平面凹凸尺寸大于相应边长的 30%等	无
2b	组合平面	细腰形或角部重叠形	无
3	楼板不连续	有效宽度小于 50%，开洞面积大于 30%，错层大于梁高	有(二层、三层局部中空)
4a	刚度突变	相邻层刚度变化大于 70%，或连续三层变化大于 80%	无
4b	尺寸突变	竖向收进位置高于结构高度 20%且收进大于 25%，或外挑大于 10%和 4m	有(总部区域收进)
5	构件间断	上下墙、柱、支撑不连续，含加强层，连体类	有(35 层设加强层)
6	承载力突变	相邻层受剪承载力变化大于 80%	有(4 层 0.65)
7	局部不规则	如局部穿层柱、斜柱、夹层、个别构件错层或转换，或个别楼层扭转位移比略大于 1.2 等	有(塔楼斜柱)
超限判断			六项不规则

根据上述超限类型逐条检查，本工程存在超限情况为：高度超限，同时存在扭转不规则、楼板不连续、高位收进、加强层、承载力突变、局部不规则，共计六项不规则项。

2. 抗震等级

各部位抗震等级　　**表 2.3.5-3**

栋号	结构体系	设防烈度	抗震等级	主体层数/主体高度	地下室层数	嵌固端位置
塔楼	钢管混凝土柱＋钢框架＋立面斜撑＋环桁架＋混凝土核心筒混合结构	7 度	钢管混凝土柱：一级；钢框架：三级、核心筒：特一级	47F/213.6m	4 层	1 层楼面
商业、裙房	钢框架	7 度	三级	4F	4 层	1 层楼面
地下室	框架体系的混凝土结构	地下室抗震等级：地下一层同上部结构，地下一层以下抗震等级为二级				

注：1. 本工程嵌固端位于一层楼面处，且地下室范围较小（塔楼周边二～四跨），故塔楼相关范围取整个地下室范围；地下室一层以下局部为跨层通高区域，且局部错层，因此抗震等级取二级后不再降低。

2. 剪力墙底部加强部位及其上两层的墙肢、加强层及其上下层以及墙体收进部位设约束边缘构件；核心筒筒体角部墙体全高设约束边缘构件；底部约束边缘构件层以上设两层过渡层。

3. 抗震性能目标

根据本工程的超限情况和结构受力特点，本工程结构抗震性能目标选取为《高层建筑混凝土结构技术规程》JGJ 3—2010 中的 C 级目标，即：多遇地震下满足性能水准 1 要求；设防烈度地震下满足性能水准 3 要求；预估的罕遇地震下满足性能水准 4 要求。

抗震设计要求及抗震性能目标细分表 **表 2.3.5-4**

<table>
<tr><th colspan="3">地震烈度</th><th>多遇地震</th><th>设防地震</th><th>罕遇地震</th></tr>
<tr><td colspan="3">规范抗震概念</td><td>小震不坏</td><td>中震可修</td><td>大震不倒</td></tr>
<tr><td colspan="3">本项目设定的抗震性能水准</td><td>第 1 水准</td><td>第 3 水准</td><td>第 4 水准</td></tr>
<tr><td colspan="3">宏观损坏程度</td><td>小震完好</td><td>轻度损坏</td><td>中度损坏</td></tr>
<tr><td colspan="3">允许层间位移角</td><td>1/546</td><td>—</td><td>1/100</td></tr>
<tr><td rowspan="6">关键构件</td><td rowspan="2">底部加强区、加强层及相邻上下层剪力墙、立面收进楼层及相邻上下层</td><td>压弯</td><td>小震弹性</td><td>中震不屈服</td><td>部分进入屈服阶段，控制塑性变形小于 IO</td></tr>
<tr><td>抗剪</td><td>小震弹性</td><td>中震弹性</td><td>大震不屈服</td></tr>
<tr><td rowspan="2">底部加强区对应高度的框架柱及穿层框架柱</td><td>压弯</td><td>小震弹性</td><td>中震不屈服</td><td>部分进入屈服阶段，控制塑性变形小于 IO</td></tr>
<tr><td>抗剪</td><td>小震弹性</td><td>中震弹性</td><td>大震不屈服</td></tr>
<tr><td colspan="2">立面斜撑，斜柱底部受拉钢梁</td><td>小震弹性</td><td>中震弹性</td><td>大震不屈服</td></tr>
<tr><td colspan="2">加强层环桁架及与框架斜柱相连的楼面梁</td><td>小震弹性</td><td>中震不屈服</td><td>部分进入屈服阶段，控制塑性变形小于 IO</td></tr>
<tr><td rowspan="2">耗能构件</td><td rowspan="2">连梁
框架梁</td><td>抗弯</td><td>小震弹性</td><td>允许部分进入屈服阶段</td><td>允许进入塑性</td></tr>
<tr><td>抗剪</td><td>小震弹性</td><td>中震不屈服</td><td>满足截面抗剪控制条件</td></tr>
<tr><td rowspan="3">普通竖向构件</td><td rowspan="2">非关键部位剪力墙</td><td>压弯</td><td>小震弹性</td><td>中震不屈服</td><td>部分进入屈服阶段，控制塑性变形小于 IO</td></tr>
<tr><td>抗剪</td><td>小震弹性</td><td>中震不屈服</td><td>满足截面抗剪控制条件</td></tr>
<tr><td>非关键部位框架柱</td><td>压弯
抗剪</td><td>小震弹性</td><td>中震不屈服</td><td>部分进入屈服阶段，控制塑性变形小于 IO</td></tr>
<tr><td colspan="3">楼板</td><td>小震弹性</td><td>抗剪弹性，拉弯不屈服</td><td>满足截面抗剪控制条件，抗拉不屈服</td></tr>
<tr><td colspan="3">节点</td><td>小震弹性</td><td>中震弹性</td><td>大震不屈服</td></tr>
<tr><td colspan="3">主要整体计算方法</td><td>弹性反应谱法
弹性时程分析</td><td>弹性反应谱法</td><td>等效弹性反应谱法
动力弹塑性分析法</td></tr>
<tr><td colspan="3">采用计算程序</td><td>YJK/MIDAS Gen</td><td>YJK/MIDAS Gen</td><td>YJK/PERFORM-3D</td></tr>
</table>

2.3.6 结构小震作用和风作用分析

1. 主要分析参数

小震和风作用分析主要采用设计软件 YJK 和 MIDAS Gen 软件进行计算，主要计算分析参数如下：

模型主要计算参数表 **表 2.3.6-1**

<table>
<tr><th colspan="2">参数类别</th><th>参数设定值</th></tr>
<tr><td rowspan="2">整体信息</td><td>嵌固端</td><td>1 层楼面</td></tr>
<tr><td>形成刚度和分层加载</td><td>施工模拟加载三，其中跃层柱楼层设为同一施工工序，立面斜撑同其顶部横梁楼层工序，环桁架楼层同 37 层工序</td></tr>
<tr><td rowspan="3">风荷载信息</td><td>基本风压（kN/m^2）</td><td>0.75（基本风压，指标计算），0.45（舒适度计算），承载力计算按 1.1 倍基本风压</td></tr>
<tr><td>体形系数</td><td>1.4</td></tr>
<tr><td>地面粗糙度</td><td>B类</td></tr>
</table>

续表

参数类别		参数设定值
地震信息	设防烈度	7 度（0.10g）
	设计地震分组	第一组
	场地类别	Ⅱ类，特征周期 0.35s
	阻尼比	钢管混凝土（0.05）；混凝土（0.05）；钢（0.02）；风荷载（0.03）
	周期折减系数	0.85
	抗震等级	见表 2.3.5-3
	振型数，振型组合方法	振型 45 个，CQC 法
	地震作用夹角（°）	0、90（并自动考虑最不利地震夹角）
	偶然偏心或双向地震	考虑

2. 小震及风荷载作用下弹性静力分析结果

计算结果指标汇总表　　　　表 2.3.6-2

计算软件		YJK1.8.3 版			MIDAS Gen 2017 版		
总质量（t）		140497.30			139716.81		
结构基本自振周期		周期(s)	平动系数	扭转系数	周期(s)	平动系数	扭转系数
	T_1	4.5231	1.00(0.99+0.01)	0.00	4.426	1.00(0.97+0.03)	0.00
	T_2	4.3313	1.00(0.01+0.99)	0.00	4.293	1.00(0.03+0.97)	0.00
	T_3	2.4655	0.02(0.00+0.02)	0.98	2.414	0.01(0.00+0.01)	0.99
扭转第一周期/平动第一周期		0.545			0.545		

方向		YJK X 向	YJK Y 向	MIDAS X 向	MIDAS Y 向
风荷载下位移	最大位移角 $\Delta u/h$(楼层)	1/595 (44F)	1/1163(24F)	1/607 (44F)	1/1090(23F)
地震作用下位	最大位移角 $\Delta u/h$(楼层)	1/1031(43F)	1/1116(24F)	1/1221(43F)	1/1389(25F)
	规定水平力下最大水平位移或层间位移与其平均值之比	1.18(2F)	1.32(2F)	—	—
结构底层地震作用剪重比		1.44%(1F)	1.36%(1F)	1.40%(4F)	1.40%(4F)
本层侧向刚度与上一层侧向刚度 90%、110%、150% 比值的最小值		0.89(1F)	0.94(34F)	—	—
与上层抗剪承载力的比值的最小值(层数)		0.69(3F)	0.65(3F)	—	—
结构整体稳定验算的刚重比		3.202	3.227	—	—
抗倾覆验算结果	风荷载	14.13	21.34	—	—
	地震作用	20.80	23.70	—	—
有效质量系数		93.03%	92.47%	93.57%	93.37%
规定水平力下框架柱剪力百分比		31.8%(1F)	30.7%(1F)	40.28% (1F)	26.45%(1F)
规定水平力下框架柱倾覆力矩比		23.6%(抗规) 52.0%(轴力)	17.0%(抗规) 24.9%(轴力)	50.75%(轴力)	23.07% (轴力)

注：表格中楼层号为结构计算楼层。

3. 小震弹性时程分析

本工程选取五条天然波和两条人工波进行弹性时程分析，根据时程分析的结果与反应谱分析结果对比，所选取 7 条地震波计算所得的结构底部剪力均不小于 CQC 法求得的底部剪力的 65%，结构底部剪力的平均值大于 CQC 法求得的底部剪力的 80%，所选地震波基本满足规范要求。CQC 法计算结果与弹性时程分析法计算的比值均在规范要求范围内。施工图设计采用 CQC 法计算时，需根据时程分析法计算结果进行楼层剪力调整。*X* 方向 31 层以上地震力放大系数 1.05；*Y* 方向 31 层以下地震力放大系数 1.06，31～35 层放大系数取 1.10，36 层及以上取放大系数 1.22。

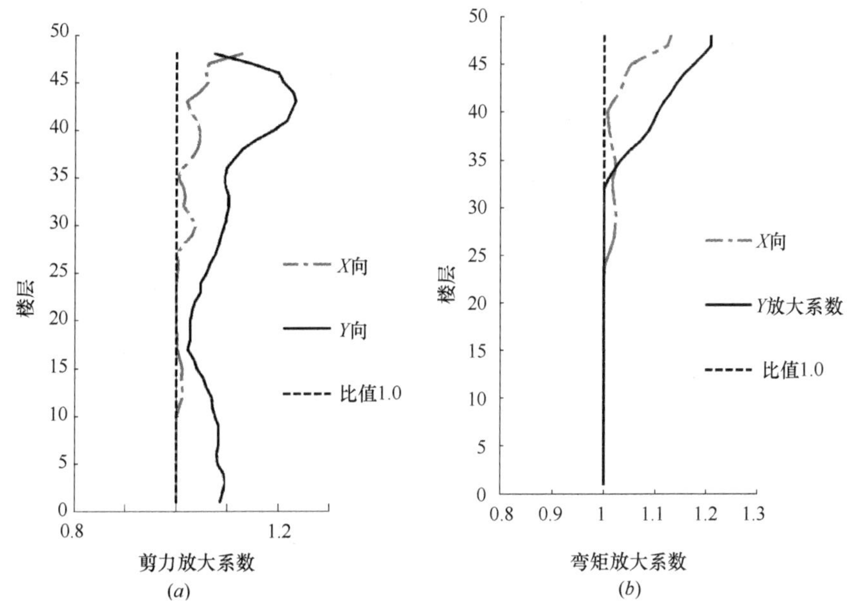

图 2.3.6-1 反应谱计算结果相对时程分析结果平均值的放大系数

(*a*) 楼层剪力放大系数；(*b*) 楼层弯矩放大系数

2.3.7 构件验算与复核

构件验算依据结构整体性能目标和构件性能目标的有关要求进行，主要验算项包括：非地震组合验算、多遇地震组合验算、中震弹性验算、中震不屈服验算、大震弹性验算、大震不屈服验算。根据验算结果与预先设定的性能目标进行对比，以判断验算的构件是否能满足相应的性能目标要求，为后续构件加强措施和施工设计提供指导依据。

构件验算主要计算参数表 **表 2.3.7-1**

参数项	非地震组合	多遇地震组合	中震弹性组合	中震不屈服组合	大震不屈服组合
周期折减系数	无	0.85	0.9	0.9	1.0
连梁刚度折减系数	1.0	0.7	0.5	0.5	0.3
中梁刚度放大系数	考虑	考虑	考虑	考虑	1.0
阻尼比	0.03	0.04	0.04	0.04	0.06
荷载分项系数	考虑	考虑	考虑	不考虑	不考虑
材料强度取值	设计值	设计值	设计值	标准值	标准值

续表

参数项	非地震组合	多遇地震组合	中震弹性组合	中震不屈服组合	大震不屈服组合
抗震调整系数 γ_{RE}	无	考虑	考虑	不考虑	不考虑
考虑风荷载组合	考虑	考虑	不考虑	不考虑	不考虑
楼层地震剪力调整	无	考虑	不考虑	不考虑	不考虑
构件设计内力调整	无	考虑	不考虑	不考虑	不考虑

根据不同性能目标，选取部分有代表性的构件进行验算。

1. 外框柱轴压比验算

塔楼外框柱为圆钢管混凝土柱（或斜柱）和矩形钢管混凝土柱，抗震等级为一级。选取图 2.3.7-1（*a*）中的外框柱 KZ1～KZ8 进行轴压比计算，如图 2.3.7-1（*b*）。

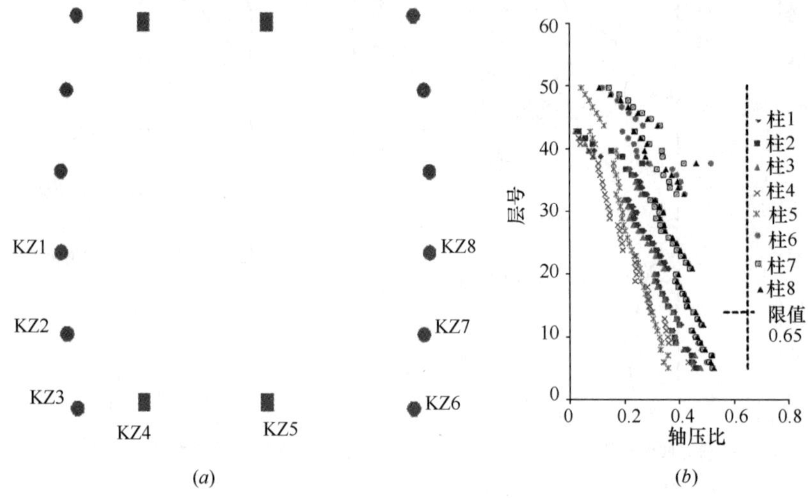

图 2.3.7-1　外框柱编号及轴压比验算

（*a*）外框柱编号；（*b*）柱轴压比

从图 2.3.7-1 可知外框柱 KZ1～KZ8 的轴压比最大值约为 0.54，外框柱轴向受力处于较低应力水平。主要原因是本工程中外框柱截面尺寸对结构整体位移角影响较大，适当加大柱截面对位移角控制有较为明显的作用。

2. 核心筒墙肢轴压比及剪压比验算

墙验算的主要计算公式及参数依据《混凝土结构设计规范》GB 50010—2010 及《高层建筑混凝土结构技术规程》JGJ 3—2010。在重力荷载代表值作用下，其最大轴压比 $N/(f_cA_c+f_aA_a)$ 或 N/f_cA_c 不宜大于 0.50。非地震作用组合下剪压比限值为 0.25，地震组合作用下剪压比小于 0.15/0.85=0.176。核心筒轴压比、剪压比验算的典型墙肢编号如图 2.3.7-2。

轴压比验算结果如图 2.3.7-3。根据核心筒墙肢轴压比验算，最大轴压比为 0.49，大部分墙肢小于 0.4，均满足规范要求。

剪压比验算结果如图 2.3.7-4。根据剪压比验算，核心筒最大剪压比为 0.14，大部分墙肢剪压比在 0.1 以下，均小于规范限值。

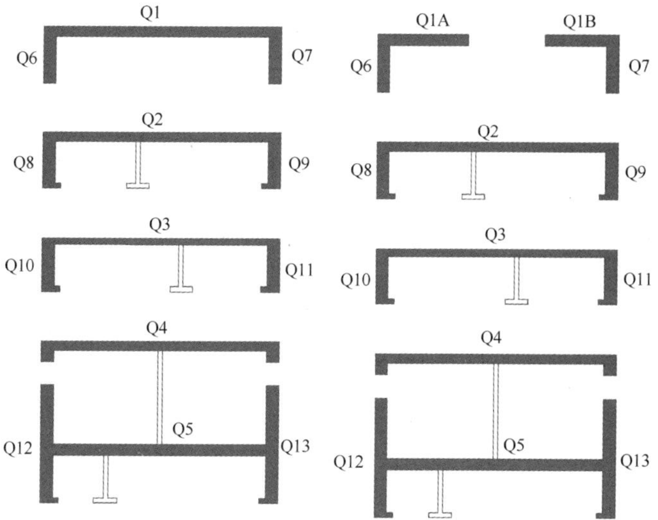

图 2.3.7-2　墙肢编号图

(*a*) 核心筒底部墙肢编号；(*b*) 核心筒上部墙肢编号

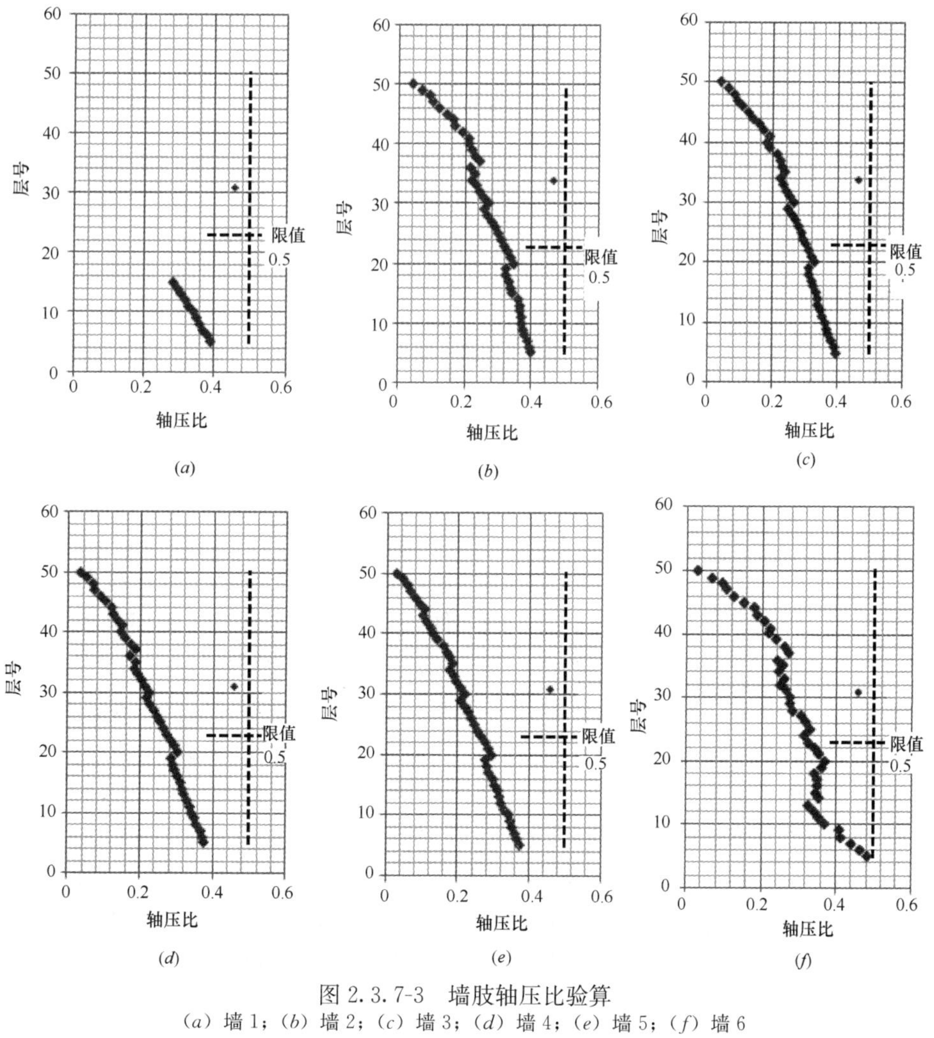

图 2.3.7-3　墙肢轴压比验算

(*a*) 墙 1；(*b*) 墙 2；(*c*) 墙 3；(*d*) 墙 4；(*e*) 墙 5；(*f*) 墙 6

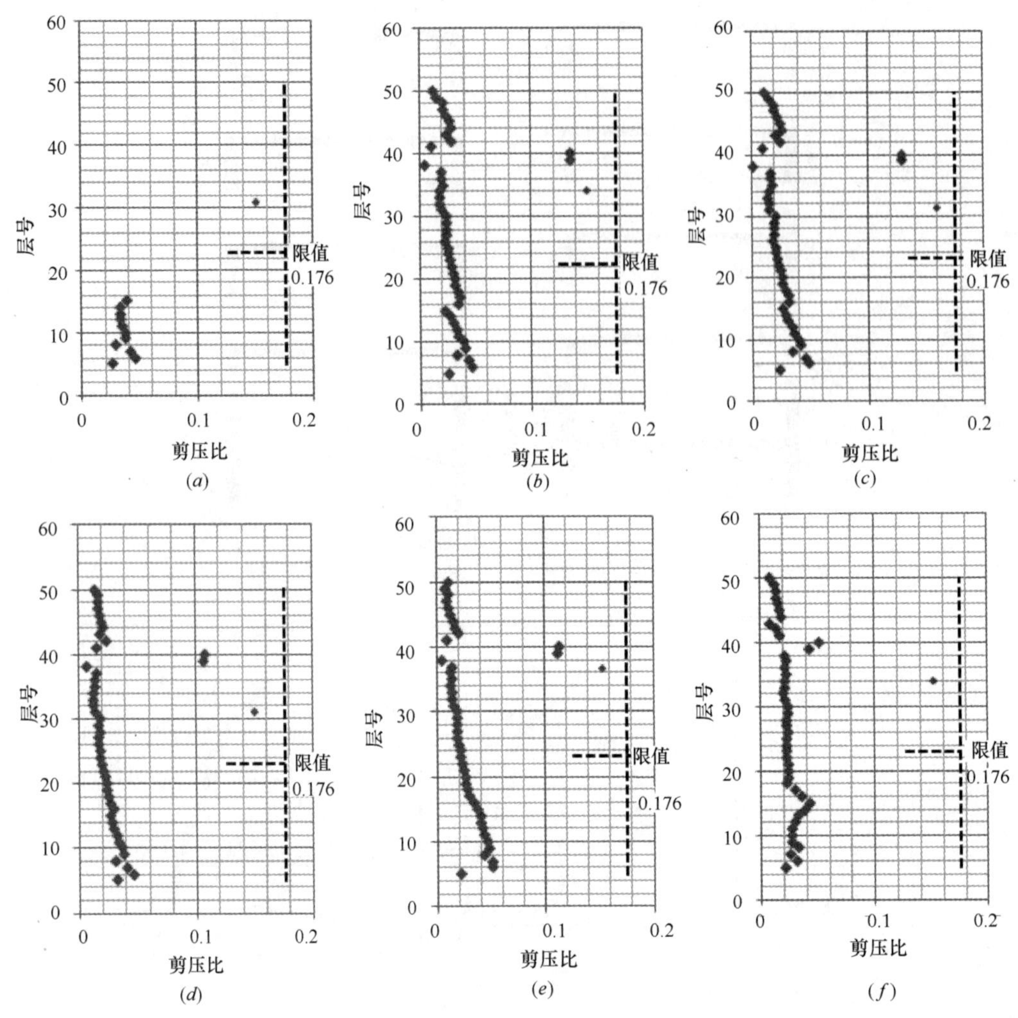

图 2.3.7-4　墙肢剪压比验算

(a) 墙 1；(b) 墙 2；(c) 墙 3；(d) 墙 4；(e) 墙 5；(f) 墙 6

3. 核心筒墙肢抗剪承载力验算

根据本结构的性能目标要求，通过指定的墙体水平分布筋配筋率复核抗剪承载力，判断设计配筋率能否满足中震弹性的要求。底部加强区、加强层及其上下层墙体水平配筋率按 0.50%，其他层墙体水平配筋率按 0.35%计算复核。墙肢编号见图 2.3.7-2。

由图 2.3.7-5 可知，核心筒抗剪承载力基本满足要求，个别墙肢需要提高配筋率后才能满足中震和大震的抗剪承载力要求。如 Q11，通过设定其抗剪承载力比例，反算其配筋率，部分楼层配筋率需要提高至 0.45～0.75。

4. 核心筒墙肢受拉后剪力转移的验算

为了分析在风荷载、中震和大震时出现拉应力后，部分受拉的墙肢剪力转移后对接受转移剪力的墙肢抗剪能力的影响，核心筒墙肢不同楼层拉应力和抗剪校核如图 2.3.7-6。

(1) 在小震作用下基本没有拉应力，风荷载作用下 Q7、Q9、Q11、Q13 在 10 层以下出现拉应力，除一层 Q7 首层墙肢拉应力约为 $1.1f_{tk}$外，其他均小于 $1.0f_{tk}$。

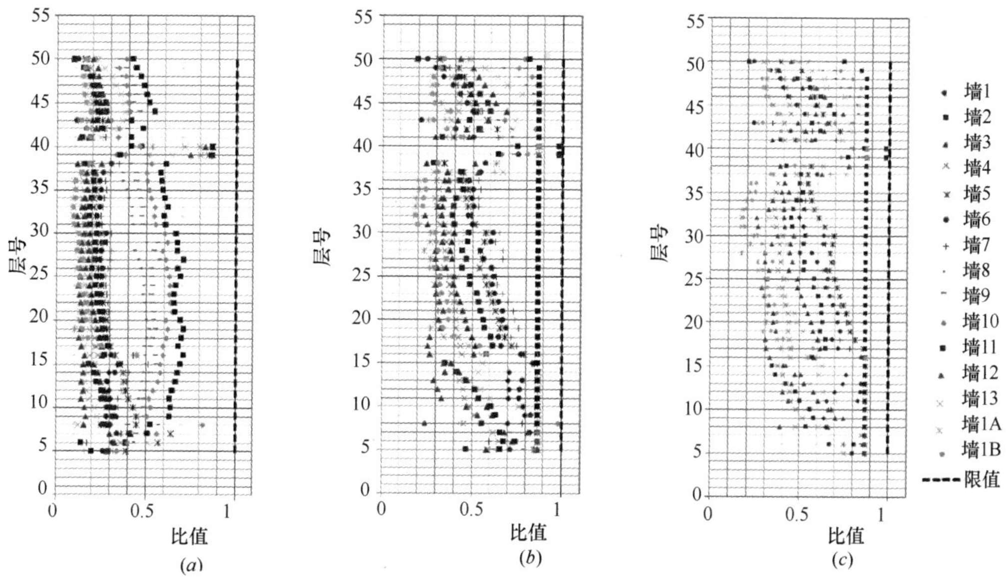

图 2.3.7-5 墙肢抗剪承载力校核

(a) 小震作用下抗剪承载力校核；(b) 中震作用下抗剪承载力校核；(c) 大震作用下抗剪承载力校核

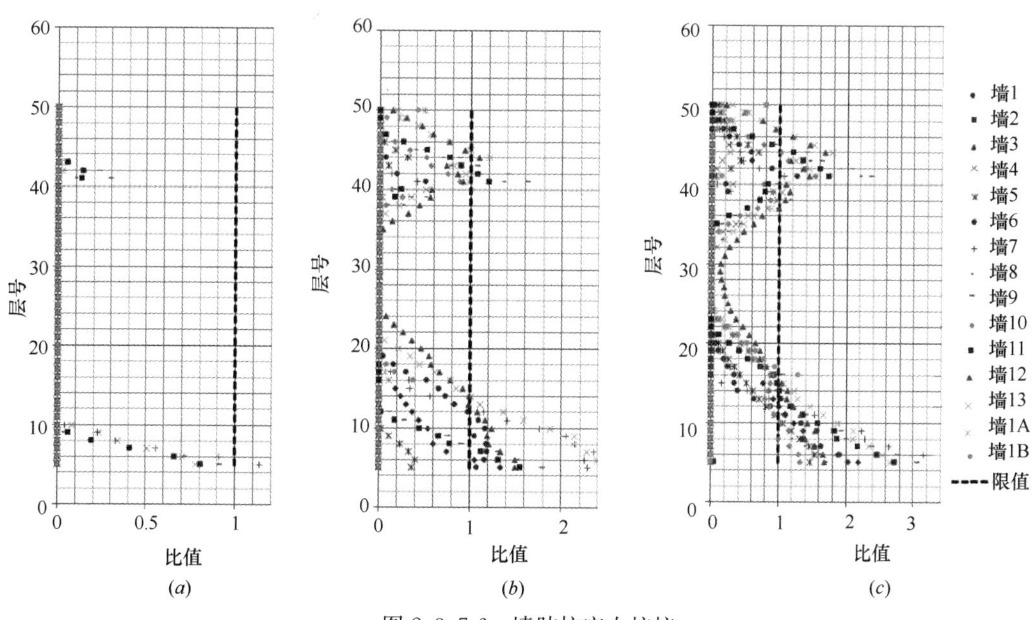

图 2.3.7-6 墙肢拉应力校核

(a) 小震作用下拉应力校核；(b) 中震作用下拉应力校核；(c) 大震作用下拉应力校核

(2) 在中震弹性组合下，底部加强区 Q6、Q7、Q9、Q11、Q12、Q13 出现拉应力大于 f_{tk}，其中 Q7 和 Q13 在计算层 9 层（建筑层 6 层）以下出现拉应力大于 $2.0f_{tk}$，上部加强层及相邻层出现拉应力大于 $1.0f_{tk}$，但未超过 $2.0f_{tk}$。

(3) 在大震不屈服组合下，底部加强区核心筒外围墙肢均出现拉应力大于 $1.0f_{tk}$的情况，其中 Q7、Q9、Q11、Q13 在 9 层以下出现墙肢拉应力大于 $2.0f_{tk}$的情况。

从上述分析可以看出，对应斜柱一侧墙肢受拉相对较大，其主要由于斜柱产生的水平推力和地震作用、风荷载水平力共同作用下的倾覆弯矩引起。为了验证局部墙肢受拉开裂后核心筒墙体整体抗剪能力，考虑在大震作用下受拉较大的墙肢（Q7、Q9、Q11、Q13）抗剪能力退化，剪力转移至与其相连的横墙（Q1～Q5），补充验算底部剪力和拉力最大的一层墙肢在大震作用下抗剪承载力，见表 2.3.7-2、表 2.3.7-3，表中剪力值包含右侧 Y 向墙肢的 X 向剪力。表 2.3.7-2、表 2.3.7-3 中的剪力值包含右侧 Y 向墙肢的 X 向剪力。

大震作用下首层剪力墙 Q1 抗剪承载力判别结果　　　　表 2.3.7-2

楼层编号		组合号	剪力	轴力	名义拉应力	剪压比	墙肢抗剪承载力	比值	结果判断
1			V_{max}（kN）	N（kN）	$N/h_w b_w$	$V/\beta_c f_{cr} b h_0$	V_q（kN）	V_q/V_{max}	
墙编号		1	10802.1	−86523.2	—	0.031	31665.9	2.9	ok
1		2	13645.7	−86587.0	—	0.039	31665.9	2.3	ok
墙长	墙厚	3	8171.8	−86454.9	—	0.023	31665.9	3.9	ok
h_w（mm）	b_w（mm）	4	−20527.2	−105870.8	—	−0.058	31665.9	1.5	ok
14740	700	5	−23370.8	−105807.0	—	−0.066	31665.9	1.4	ok
混凝土强度	钢筋级别	6	−17896.9	−105939.1	—	−0.051	31665.9	1.8	ok
C	ϕ	7	−12213.9	−260760.8	—	−0.035	31665.9	2.6	ok
60	3	8	−11957.9	−260612.7	—	−0.034	31665.9	2.6	ok
水平分布筋配筋率		9	−13124.4	−260909.0	—	−0.037	31665.9	2.4	ok
0.40%		10	2488.8	68366.9	6.6	0.007	16884.4	6.8	ok
校核类别		11	2232.8	68218.8	6.6	0.006	16899.2	7.6	ok
抗剪不屈服		12	3399.3	68515.1	6.6	0.010	16869.6	5	ok

大震作用下首层剪力墙 Q5 抗剪承载力判别结果　　　　表 2.3.7-3

楼层编号		组合号	剪力	轴力	名义拉应力	剪压比	墙肢抗剪承载力	比值	结果判断
1			V_{max}（kN）	N（kN）	$N/h_w b_w$	$V/\beta_c f_{cr} b h_0$	V_q（kN）	V_q/V_{max}	
墙编号		1	22596.0	−97587.9	—	0.064	31665.9	1.4	ok
5		2	19745.1	−97588.6	—	0.056	31665.9	1.6	ok
墙长	墙厚	3	25731.4	−97587.2	—	0.073	31665.9	1.2	ok
h_w（mm）	b_w（mm）	4	−26814.5	−82579.9	—	−0.076	31665.9	1.2	ok
14740	700	5	−23963.6	−82579.2	—	−0.068	31665.9	1.3	ok
混凝土强度	钢筋级别	6	−29949.9	−82580.6	—	−0.085	31665.9	1.1	ok
C	ϕ	7	−10385.4	47098.2	4.6	−0.029	19011.3	1.8	ok
60	3	8	−11144.8	47086.8	4.6	−0.032	19012.4	1.7	ok
水平分布筋配筋率		9	2103.6	47109.6	4.6	0.006	19010.1	9	ok
0.40%		10	6166.9	−227266.0	—	0.018	31665.9	5.1	ok
校核类别		11	6926.3	−227254.6	—	0.020	31665.9	4.6	ok
抗剪不屈服		12	−6322.1	−227277.4	—	−0.018	31665.9	5	ok

由以上校核可知，X 向墙肢附加 Y 向墙肢转移的剪力仍可满足大震抗剪不屈服抗剪要求。

5. 核心筒墙肢和外框柱正截面承载力验算

核心筒混凝土部分墙体由于截面和形状较为复杂，为了准确计算，采用 XTRACT 软件进行截面辅助设计。程序采用平截面假定，用纤维单元模型进行计算，算法如《混凝土结构设计规范》GB 50010—2010 附录 E 所述，设定截面形状和钢材、钢筋后，计算出任意截面的正截面承载力。得到组合截面 N-M 曲线后，通过将整体模型各组合工况下墙肢内力放入图中进行承载力验算。同一层圆钢管柱编号相同，组合墙编号如图 2.3.7-7 所示。

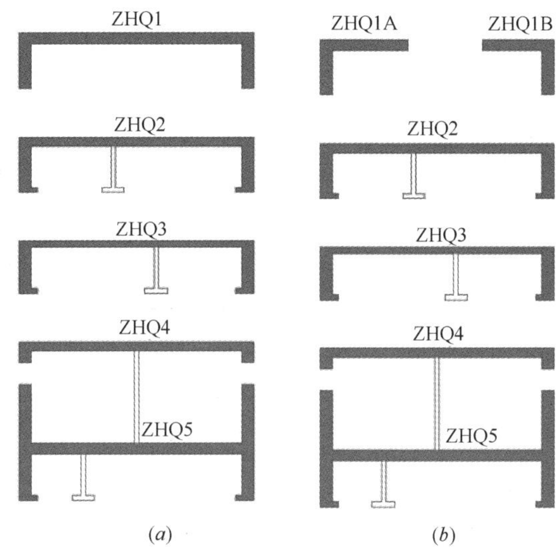

图 2.3.7-7　剪力墙组合墙肢编号

（a）核心筒底部组合墙肢编号示意图；（b）核心筒上部组合墙肢编号示意图

根据本项目确定的性能目标，对核心筒墙肢和外框柱进行的压（拉）弯验算，验算结果（表 2.3.7-4～表 2.3.7-7）表明均满足预先设定的性能目标要求。

1～4 层 ZHQ1 截面验算　　　　**表 2.3.7-4**

墙编号	混凝土强度等级	楼层范围	性能目标
ZHQ1	C60	1～4F	中震不屈服
P-M_x		P-M_y	
−3.5E+05 −2.5E+05 −1.5E+05 −5.0E+04 5.0E+04 1.5E+04 2.5E+05 2.0E+05 1.0E+05 0.0E+00 −1.0E+05 −2.0E+05 −3.0E+05 −4.0E+05 −5.0E+05 −6.0E+05 −7.0E+05 −8.0E+05 P–M_x　□ M_x–B　◇ M_x–T		−3.5E+06 −2.0E+06 −1.0E+06 0.0E+00 1.0E+06 2.0E+06 3.0E+06 2.0E+05 1.0E+05 0.0E+00 −1.0E+05 −2.0E+05 −3.0E+05 −4.0E+05 −5.0E+05 −6.0E+05 −7.0E+05 −8.0E+05 P–M_y　□ M_y–B　◇ M_y–T	

1～4 层 ZHQ5 截面验算　　表 2.3.7-5

墙编号	混凝土强度等级	楼层范围	性能目标
ZHQ5	C60	1～4F	中震不屈服
P-M_x		P-M_y	

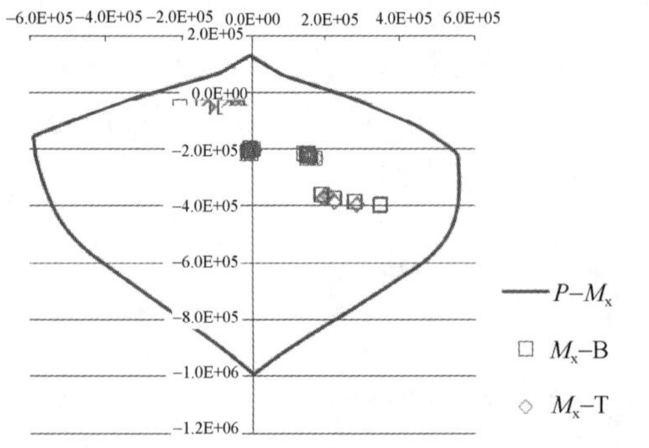

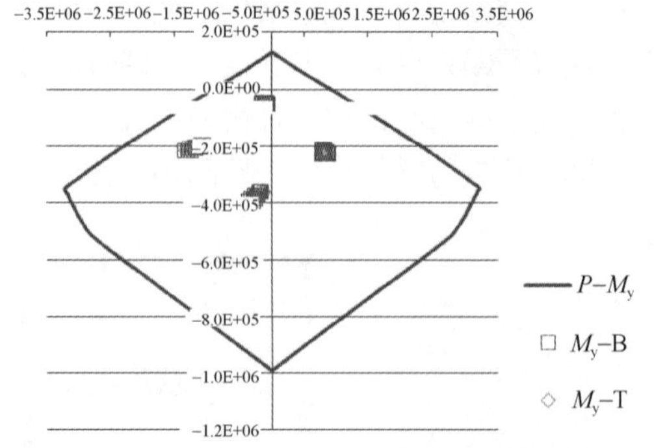

KZ1 截面验算　　表 2.3.7-6

墙编号	混凝土（型钢）强度等级	楼层范围	性能目标
KZ1	C60、Q345	1F	中震不屈服
P-M_x		P-M_y	

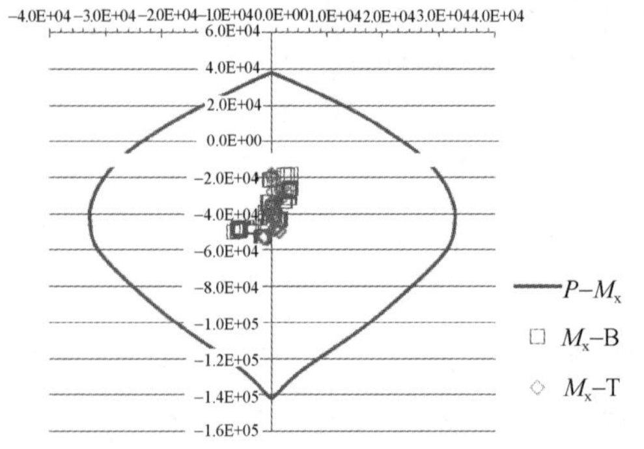

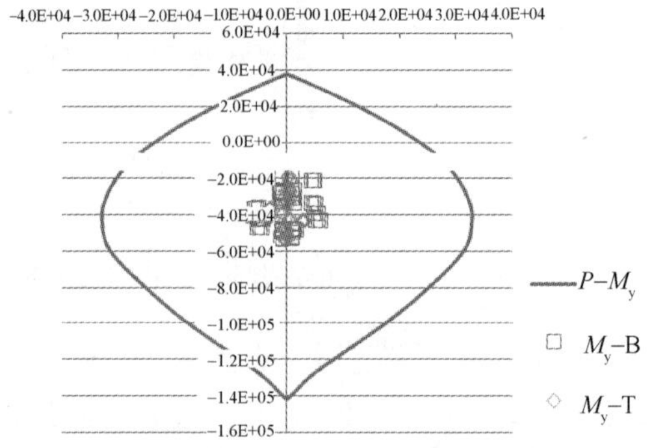

12 层 KZ1 截面验算　　表 2.3.7-7

墙编号	混凝土强度等级	楼层范围	性能目标
KZ1	C60、Q345	12F	中震不屈服
P-M_x		P-M_y	

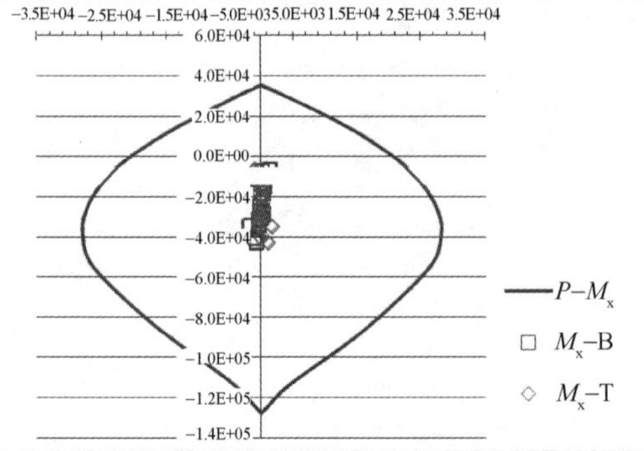

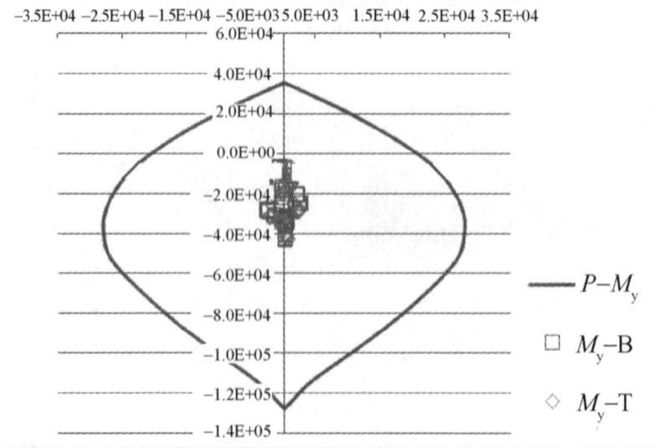

6. 立面支撑、钢桁架及外框钢梁构件验算

按本项目性能目标要求，验算立面支撑、钢桁架及外框钢梁承载力。采用 MIDAS Gen 软件进行验算，按中震作用下弹性设计、大震作用下不屈服设计，立面示意如图 2. 3. 7-8 所示，钢构件验算结果见图 2. 3. 7-9～图 2. 3. 7-11。

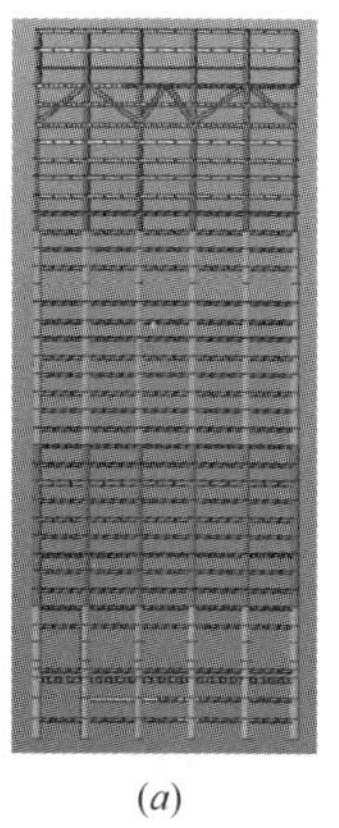
(*a*)

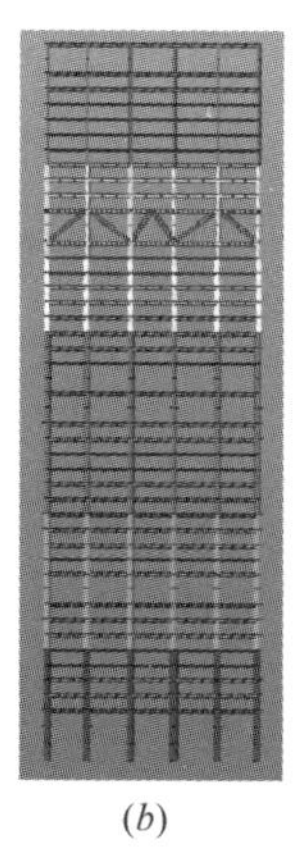
(*b*)

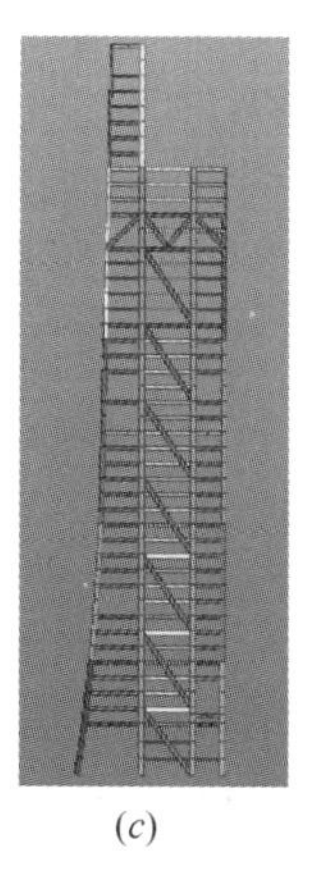
(*c*)

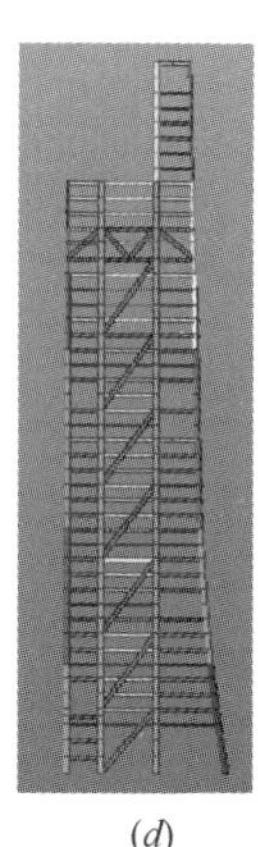
(*d*)

图 2. 3. 7-8　外框钢结构示意图

(*a*) 左侧边框；(*b*) 右侧边框；(*c*) 上侧边框；(*d*) 下侧边框

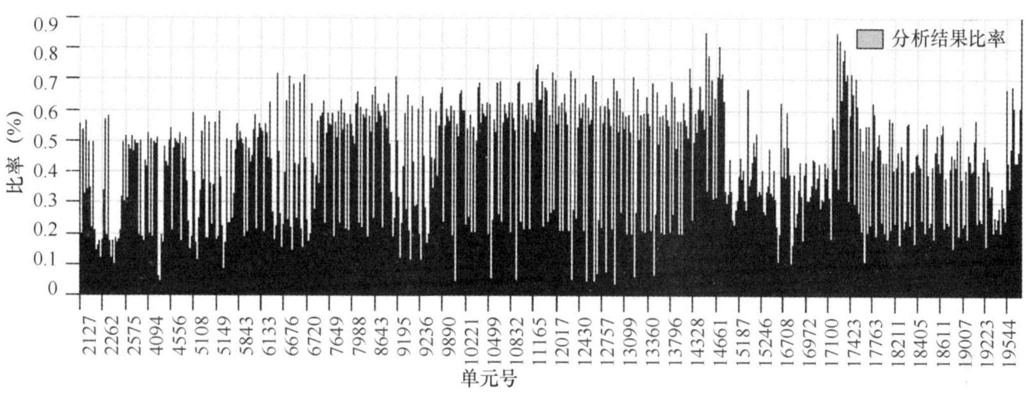

图 2. 3. 7-9　钢结构构件中震弹性验算

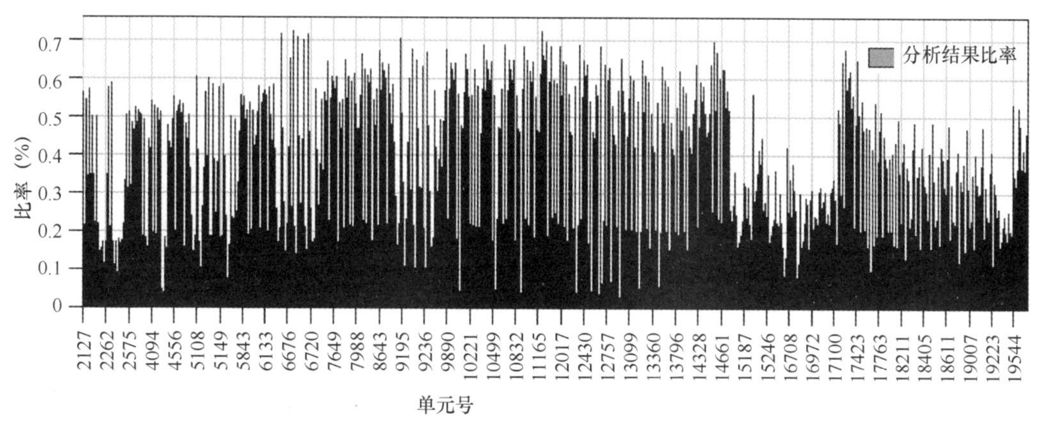

图 2. 3. 7-10　钢结构构件大震不屈服验算

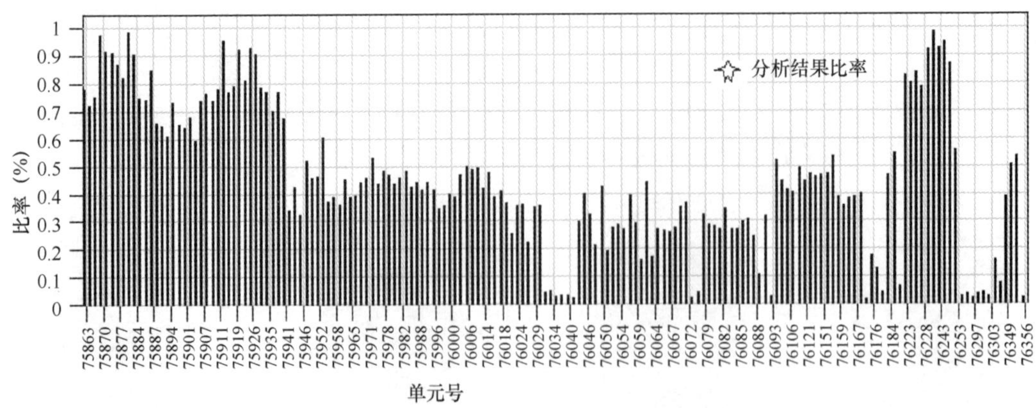

图 2.3.7-11 楼面钢支撑大震不屈服验算

根据验算应力比结果，钢桁架、立面斜撑及外框钢梁应力比均小于1，满足设定的性能目标要求。楼面支撑在不考虑楼板作用时，大震作用下能满足不屈服的设计要求。

7. 核心筒连梁剪压比复核

性能化抗震设计中，连梁为耗能构件，连梁的延性损伤降低结构的整体刚度，耗能和保护核心筒墙体。为了确保实现连梁延性破坏的预定性能目标，验算连梁截面抗剪控制条件。在中震弹性组合作用下，跨高比小于2.5，限值为0.15/0.85＝0.176，跨高比大于2.5时为0.2/0.85＝0.235。在大震不屈服作用组合下，跨高比小于2.5，限值为0.15，跨高比大于2.5为0.2。选取图2.3.7-12中的典型连梁LL1～LL4进行剪压比验算，其中LL1～LL3跨高比大于2.5，LL4跨高比小于2.5。

连梁LL1～LL4剪压比验算结果如图2.3.7-12所示，LL1～LL2均满足要求，其中LL3在17F～22F剪压比较大，LL4在37～38F剪压比较大，局部不满足。可以在上述楼层附加交叉钢筋暗撑，满足连梁承载力要求，加强连梁延性。

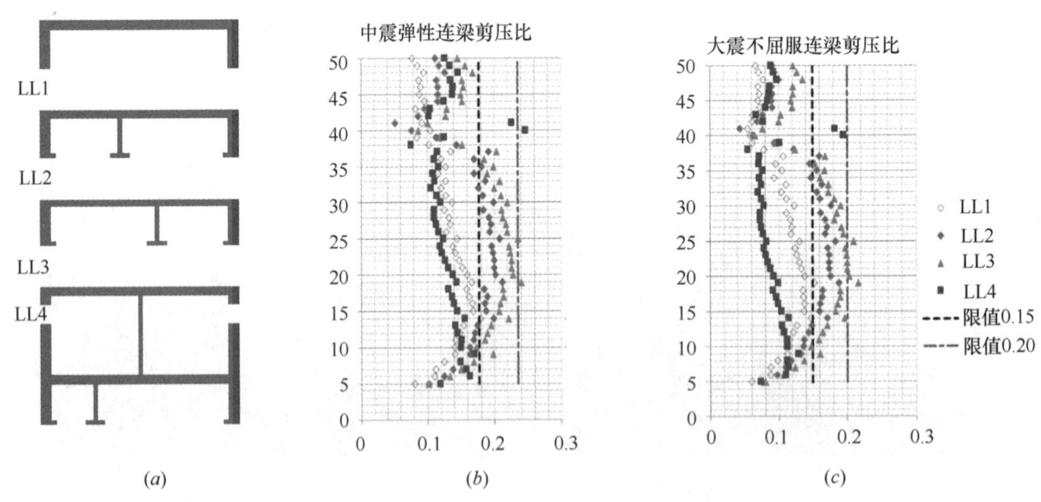

图 2.3.7-12 连梁编号及剪压比验算

(a) 连梁位置；(b) 中震弹性连梁剪压比；(c) 大震不屈服连梁剪压比

2.3.8 大震作用分析

1. 分析模型

本工程大震分析采用 Perform-3D 软件，Perform-3D 模型的动力特征、构件组成、质量分布等与 YJK 模型基本一致。

结构前六阶周期与总质量 **表 2.3.8-1**

振型号	1	2	3	4	5	6	质量（t）
Perform-3D	4.67	4.35	2.45	1.23	1.16	0.83	194710
YJK	4.45	4.26	2.39	1.22	1.14	0.81	203782

2. 整体计算结果

基底剪力（kN） **表 2.3.8-2**

地震波名	天然波 1	天然波 2	人工波	平均值	CQC
0°方向	98901	106120	106260	103760	20244
90°方向值	63362	63201	70920	65828	19112

地震波基底剪力与 CQC 基底剪力比值 **表 2.3.8-3**

地震波名	天然波 1	天然波 2	人工波	平均值
0°方向	4.89	5.24	5.25	5.13
90°方向	3.32	3.31	3.71	3.44

楼层剪力分布曲线如图 2.3.8-1。

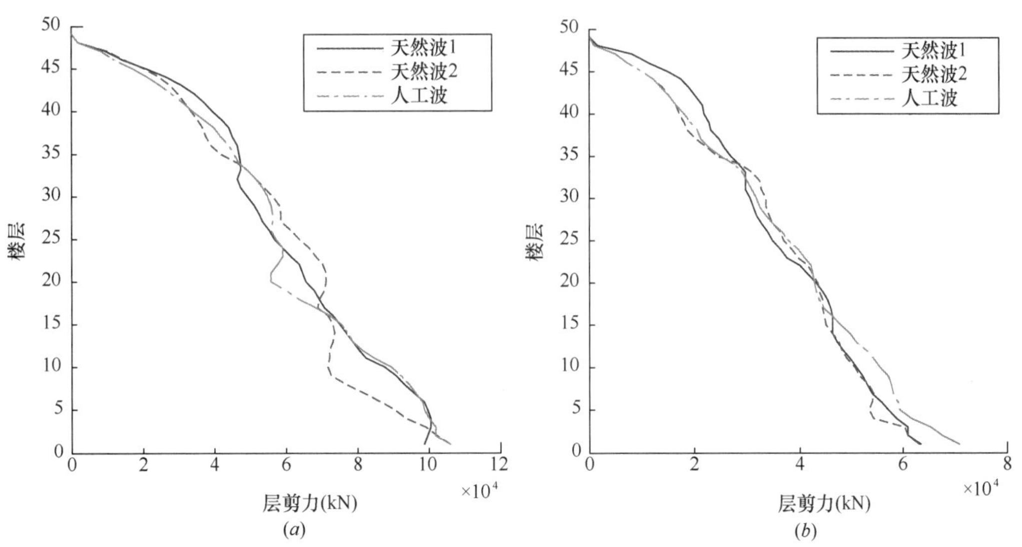

图 2.3.8-1 楼层剪力分布曲线

(*a*) 0 度方向；(*b*) 90 度方向

从以上图表对比可以看出，输入不同地震波计算结果有一定的离散性，基底剪力约为小震 CQC 法计算的基底剪力的 3.31～5.25 倍。

3. 层间位移角计算结果

为了更合理地判断其整体层间位移角的情况，楼层间位移检测点位于每层结构质心处。三条地震波作用下，结构在两个主方向的各层最大层间位移角如图 2.3.8-2 及表 2.3.8-4 所示。

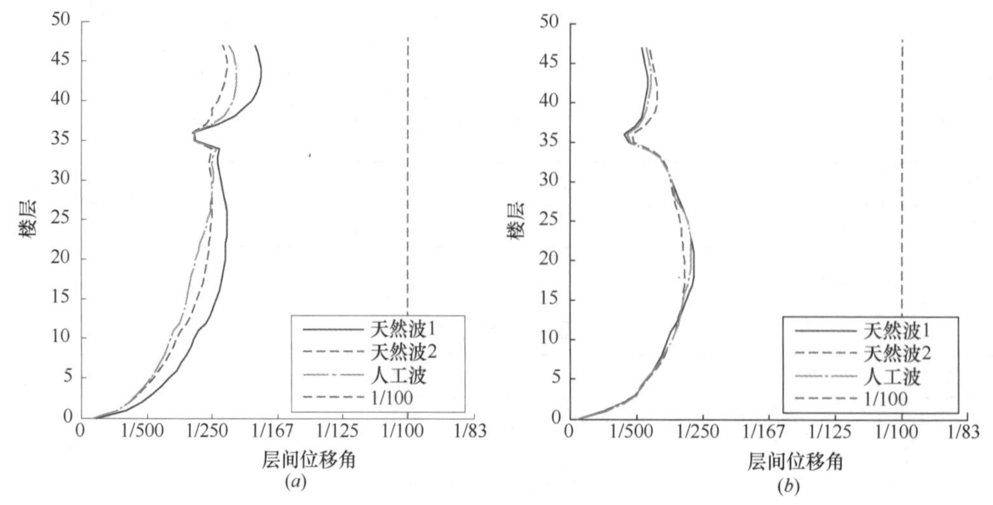

图 2.3.8-2　层间位移角曲线图
(a) 0 度方向；(b) 90 度方向

最大层间位移角　　表 2.3.8-4

地震波名	天然波 1	天然波 2	人工波
0°方向	1/182	1/224	1/210
90°方向	1/266	1/289	1/272

注：以上计算结果均满足规范位移限值 1/100 的要求，有一定富余。

4. 大震作用下结构构件性能评价

根据层间位移角的分析，选取动力响应较大的天然波 1 下的性能表现加以说明。

(a)

(b)

(c)

(d)

图 2.3.8-3　天然波连梁、框架梁抗弯 IO 和 LS 性能图
(a) 0 度方向 IO；(b) 0 度方向 LS；(c) 90 度方向 IO；(d) 90 度方向 LS

5. 弹塑性分析总结

通过对选取小震时程分析反应较大的两条天然波和一条人工波进行大震弹塑性时程全过程分析，各条波计算结果均满足规范要求。根据分析结果，得出以下结论：

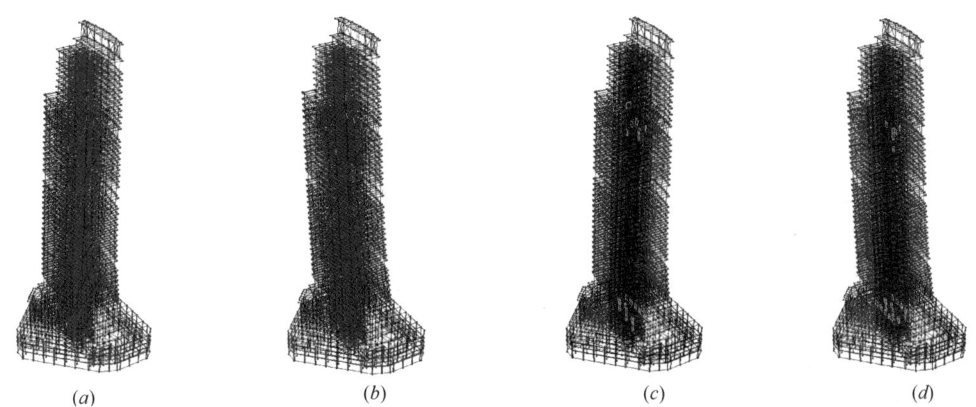

(*a*) (*b*) (*c*) (*d*)

图 2.3.8-4 天然波外框柱和剪力墙压（拉）抗弯性能（IO）图

（*a*）0 度方向外框柱；（*b*）90 度方向外框柱；（*c*）0 度方向剪力墙；（*d*）90 度方向剪力墙

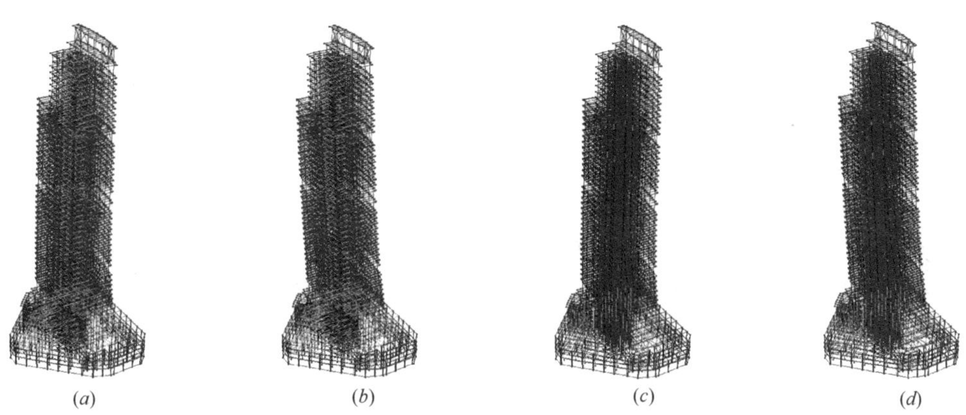

(*a*) (*b*) (*c*) (*d*)

图 2.3.8-5 天然波连梁、框架梁、框架柱抗剪性能图

（*a*）0 度方向连梁、框架梁；（*b*）90 度方向连梁、框架梁；（*c*）0 度方向框架柱；（*d*）90 度方向框架柱

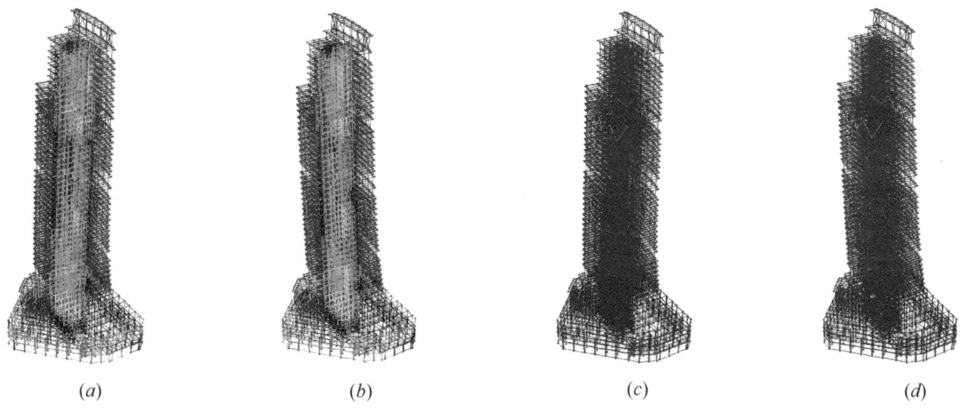

(*a*) (*b*) (*c*) (*d*)

图 2.3.8-6 天然波连梁、框架梁、框架柱抗剪性能图

（*a*）0 度方向剪力墙；（*b*）90 度方向剪力墙；（*c*）0 度方向环桁架斜撑；（*d*）90 度方向环桁架斜撑

(1) 各条波计算结构层间位移角小于规范限值 1/100；

(2) 从出铰情况和能量耗散比例上可以看出，主要为梁类构件的弯曲屈服；

(3) 大震下连梁较早发生弯曲屈服，屈服程度较深，个别连梁屈服超过 LS 界限，但未超过 CP 界限；

（4）框架梁抗剪基本未进入塑性，个别楼层框架梁出现程度较浅的损伤，处于 IO 状态以前；

（5）框架柱基本未进入塑性，在加强层附近局部出现程度较浅的损伤，处于 IO 状态以前。底部加强区范围和其他楼层的塔楼框架柱未出现弯曲塑性铰；

（6）剪力墙在底部加强区和加强层及相邻楼层存在一定弯曲损伤，其损伤程度较浅，处于 IO 状态以前，不会影响其承担竖向荷载和整体结构的抗倒塌能力；

（7）剪力墙抗剪未进入塑性，剪力较大的部位为底部加强区和加强层及相邻楼层，最大抗剪约为受剪截面控制条件的 0.7 倍，均可满足《高层建筑混凝土结构技术规程》JGJ 3—2010 中 3.11.3 第四条要求；

（8）底部加强区以上的剪力墙和一般框架柱大部分处于弹性工作状态；

（9）框架柱抗剪均未进入塑性；

（10）环桁架受拉、受压有轻微损伤，但均处于 IO 状态以前，立面斜撑均未屈服。

综合判断，本工程结构在罕遇地震作用下整体情况能够满足预期性能水准 4 的要求。

2.3.9　结构专题技术分析

1. 竖向荷载引起的水平位移分析

由于斜柱的存在，在竖向荷载作用下楼层位置斜柱的水平分力会产生侧向推力，为了考察侧向推力引起的位移所占的比例是否过大，针对竖向荷载下的位移和风荷载以及地震作用下的位移进行对比分析，如图 2.3.9-1 所示，各楼层位移统计点选取核心筒墙体中部。

恒载＋活载所产生的水平位移与风荷载以及地震作用工况的水平位移的比例随着楼层的增加，先增大后减小，如图 2.3.9-2 所示。在下部楼层，竖向荷载对结构水平位移有显著影响。在第 5 层达到最大值，分别达到 27.01%（与风荷载相比）以及 56.04%（与地震作用相比）。随着斜柱倾斜角度的减小，该比值迅速减小并趋于稳定。

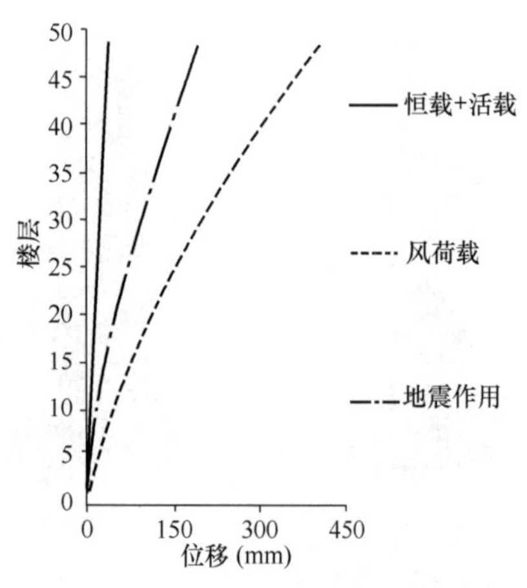

图 2.3.9-1　各工况下楼层位移曲线

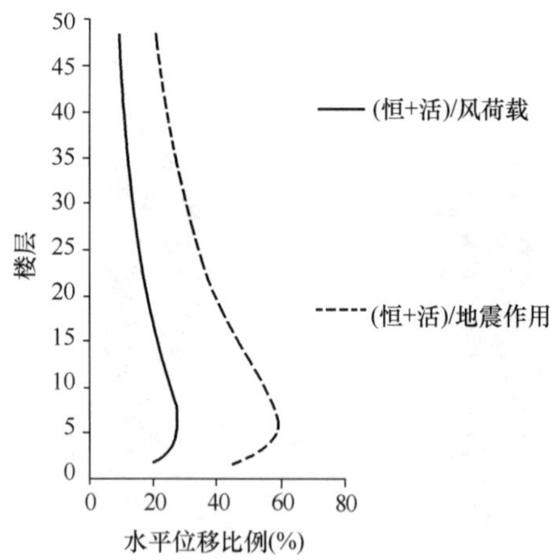

图 2.3.9-2　恒载＋活载引起的水平位移比例曲线

考虑叠加竖向荷载水平位移后的层间位移角均能满足规范要求，曲线如图 2.3.9-3 所示。

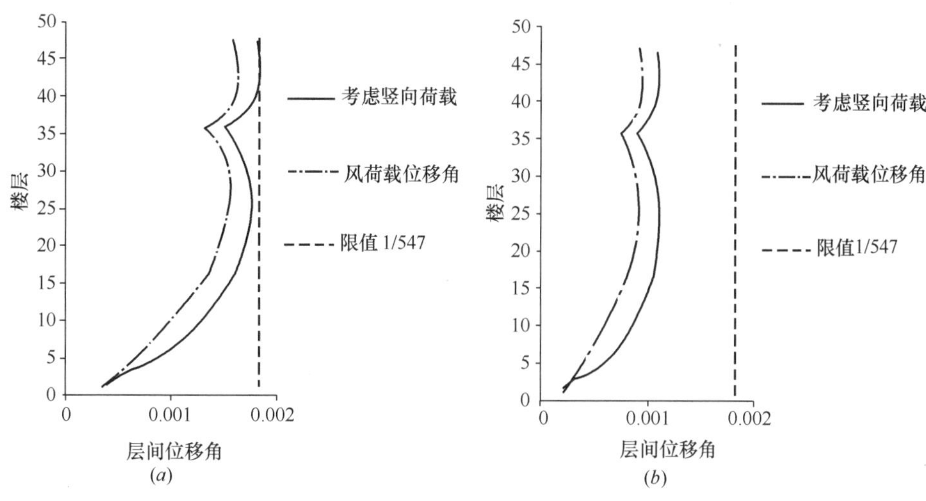

图 2.3.9-3 叠加竖向荷载水平位移后层间位移角对比

（a）X 向风荷载作用下位移角；（b）Y 向地震作用下位移角

2. 斜柱对结构整体稳定性影响分析

组成结构体系的各个构件在罕遇地震作用下产生损伤，将会发生刚度退化，在此情况下，斜柱水平推力是否会导致结构稳定性降低。本节通过对主要结构构件进行刚度折减，计算其整体屈曲因子，分析结构整体稳定性对结构构件刚度退化的敏感性。对核心筒墙体和连梁进行刚度折减，计算得到整体屈曲因子如图 2.3.9-4～图 2.3.9-6 所示。

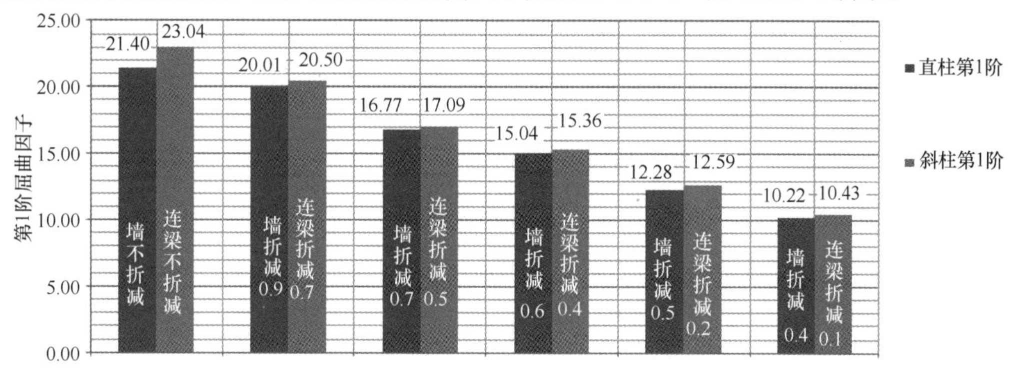

图 2.3.9-4 第 1 阶屈曲因子

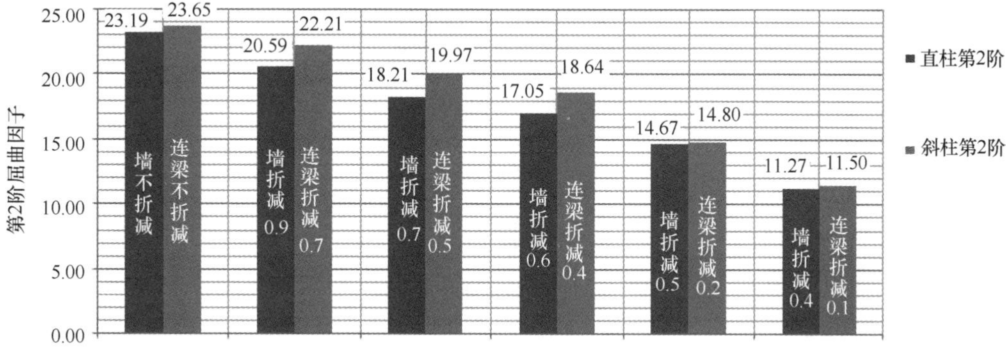

图 2.3.9-5 第 2 阶屈曲因子

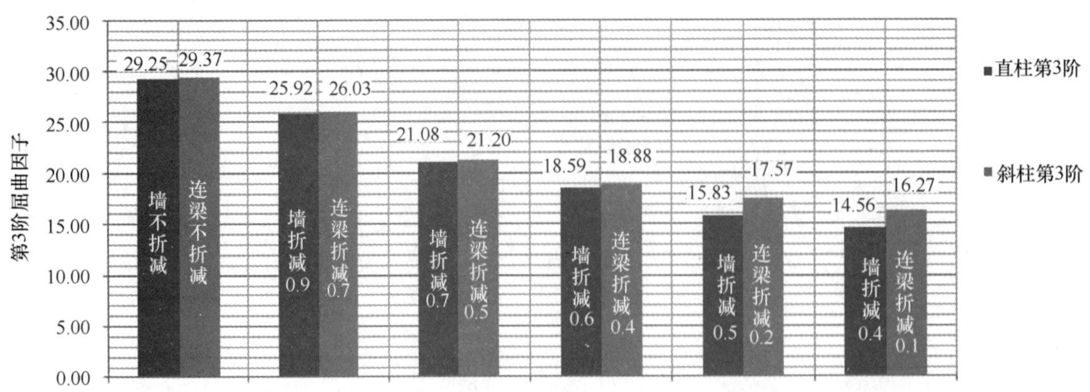

图 2.3.9-6 第 3 阶屈曲因子

从图中可以看出，在相同刚度损伤状况下，斜柱模型对应的前三阶屈曲因子均比直柱模型稍大，可见斜柱的存在对结构整体稳定没有不利影响。在构件刚度发生一定退化的情况下，结构稳定性下降，但仍然满足要求。在墙体刚度折减至 40%，连梁刚度折减至 10%的情况下，第 1 阶屈曲因子为 10.43，满足规范要求。

3. 构件稳定性及计算长度分析

计算分析采用 Midas Gen，屈曲计算荷载按 1.0 恒+1.0 活采用。选取典型构件进行验算，构件编号如图 2.3.9-7 所示。

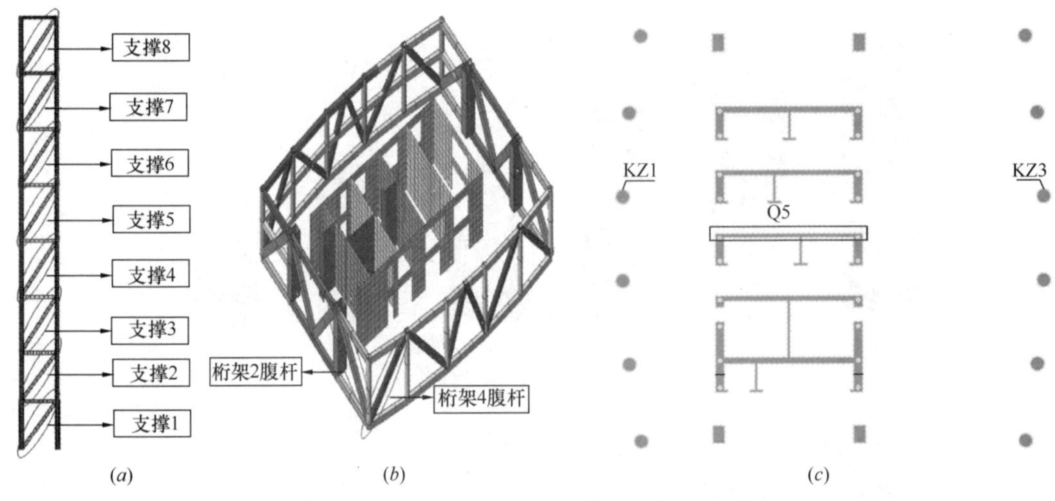

图 2.3.9-7 构件编号

(*a*) 斜撑构件编号；(*b*) 桁架构件编号；(*c*) 墙柱构件编号

根据计算结果，取跨层柱、立面斜撑以及桁架杆件的屈曲部位利用欧拉公式 $P_{cr}=\frac{\pi^2 EI_{min}}{(\mu L)^2}$进行计算长度系数反算，同一构件取最低阶屈曲模态分析，具体情况如表 2.3.9-1 所示。

构件计算长度系数计算表　　　　**表 2.3.9-1**

构件编号	截面尺寸（mm）			屈曲模态阶数	屈曲系数	D+L 轴力	屈曲临界荷载	杆件长度	计算长度系数
Num	B	H	t	n	λ_v		N_{cr}（kN）	L	μ
支撑 1	600	1200	40	11	28.36	3939	111710.04	24.8	0.50
支撑 2	600	1200	40	5	21.27	5347	113730.69	24.4	0.50
支撑 3	600	1200	40	3	18.13	5232	94856.16	26.9	0.50
支撑 4	600	1200	40	9	24.48	3906	95618.88	26.9	0.50
支撑 5	600	1200	40	13	31.95	3019	96457.05	26.9	0.50
支撑 6	600	1200	40	18	39.45	2470	97441.5	26.9	0.49
支撑 7	600	1200	40	29	55.71	1780	99163.8	26.9	0.49
支撑 8	600	1200	40	32	58.92	1691	99633.72	26.9	0.49
桁架 2 腹杆	600	1200	55	106	−105.2	−8094	851488.8	13.88	0.64
桁架 4 腹杆	600	800	40	26	49.66	5393	267816.38	12.71	0.67
KZ1	1600	—	28	133	117.5	29409	3455558	11	0.67
KZ3	1600	—	28	32	58.92	38513	2269186	15.1	0.60
Q3	450	5600	—	4	50.66	27874.1	1410429.46	—	—

各类杆件第一屈曲模态如图 2.3.9-8 所示。

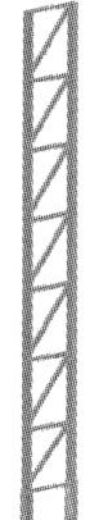
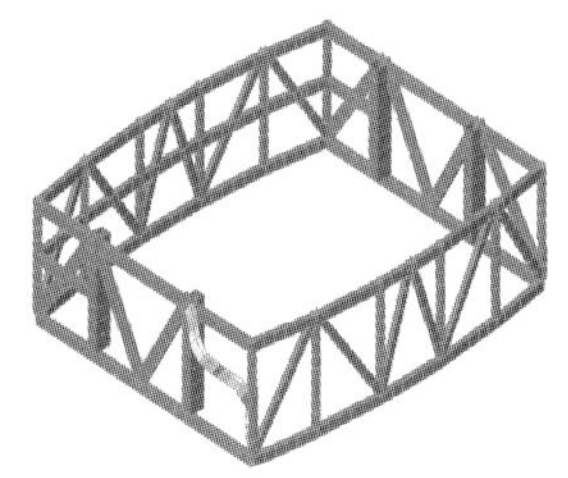

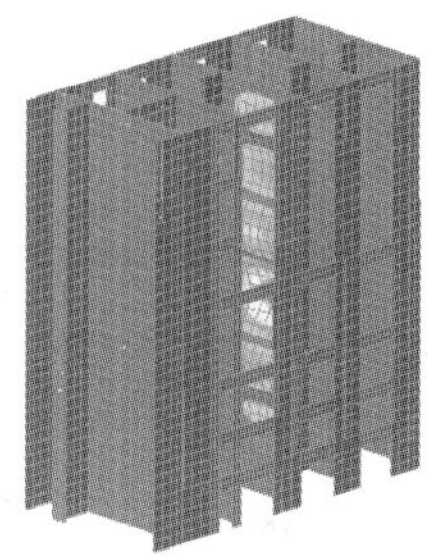

图 2.3.9-8　各类杆件第一屈曲模态

4. 斜柱一侧楼面梁轴力分量应力比分析

本工程外框柱单侧为斜柱，与斜柱相连一侧的楼面梁在外荷载作用下会产生一定的轴压力。为了考察轴压力对楼面梁的影响，不考虑楼板的有利作用，计算其轴力分量应力比例。

各楼层处 GKL1、GKL4 以及 GKL5 的轴力分量应力比例从上图中可以发现，除了 35 层的 GKL1 达到 36%（这主要是因为该杆为与桁架腹杆相连的下弦杆，承担较大的轴压力），其余各层楼面梁由于轴力所产生的应力占综合应力比例不超过 12%。因此，与斜柱相连的楼面钢梁在进行抗弯校核时，应预留适当富余，控制其抗弯应力比不大于 0.85。

5. 斜柱对剪力墙抗剪能力影响分析

在竖向荷载作用下单侧斜柱引起的水平分力会在与之平行的剪力墙产生剪力。为了考察水平分力的影响，选取 5 片横墙（Q1～Q5），计算由竖向荷载作用下剪力与风荷载和小震作用下所产生的剪力比值，剪力墙考察如图 2.3.9-11 所示。

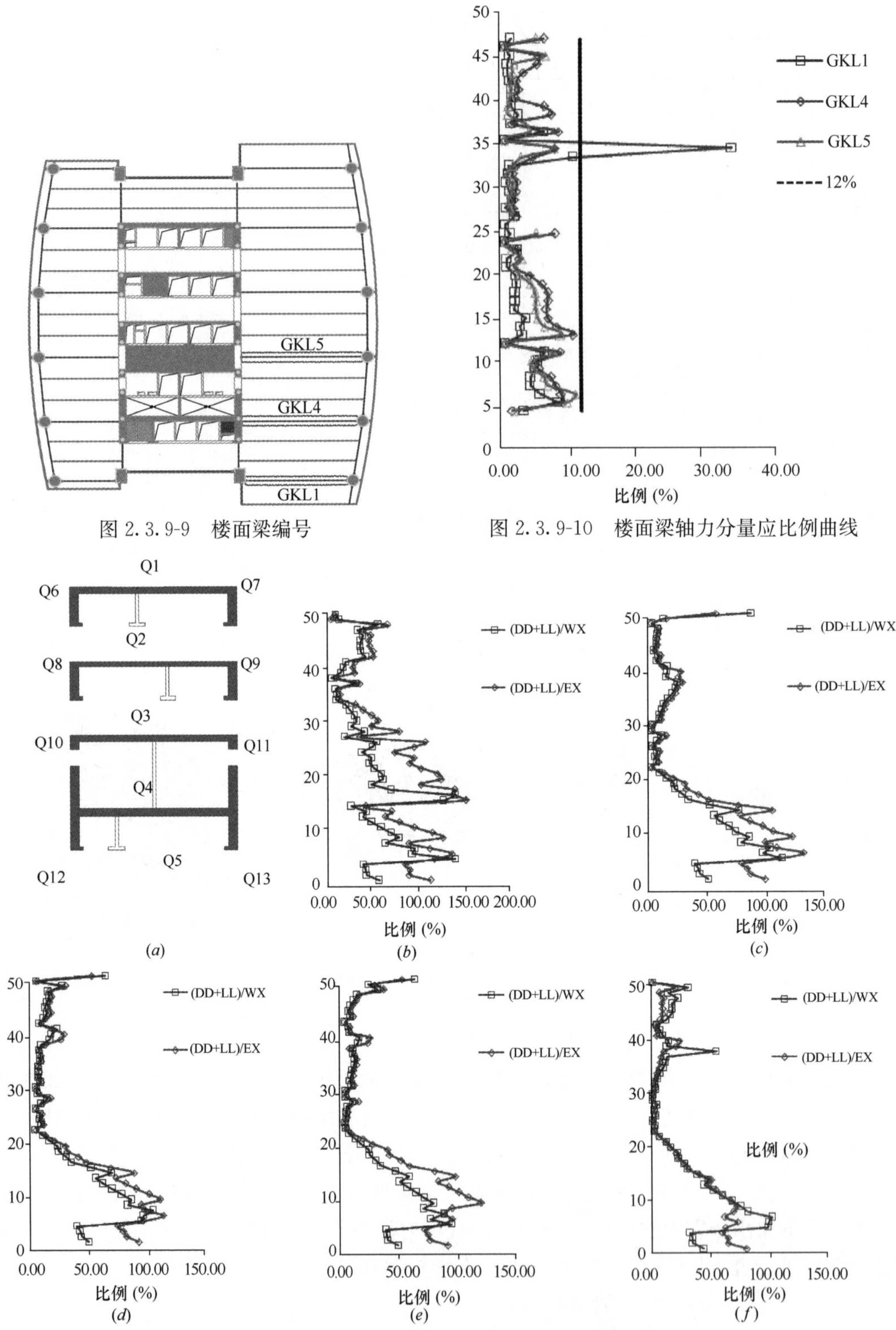

图 2.3.9-9 楼面梁编号

图 2.3.9-10 楼面梁轴力分量应比例曲线

图 2.3.9-11 竖向荷载引起的水平剪力比例

(*a*) 剪力墙编号；(*b*) Q1 恒载+活载引起的水平剪力比例曲线；(*c*) Q2 恒载+活载引起的水平剪力比例曲线；(*d*) Q3 恒载+活载引起的水平剪力比例曲线；(*e*) Q4 恒载+活载引起的水平剪力比例曲线；(*f*) Q5 恒载+活载引起的水平剪力比例曲线

从以上各图可以发现，选取的各片剪力墙水平剪力比例曲线规律类似。由于单侧斜柱的存在，在 18 层（斜率曲直交界处）以下，由竖向荷载产生的剪力与侧向荷载产生的剪力的比值较大（最大值达到 123%）。在 18 层以上该比值较小，大部分楼层在 10%以内，Q1 由于 13 层以上墙肢开洞，其洞口左右两侧只记录了洞口一侧剪力，规律与其他墙肢不同。

6. 斜柱根部传力分析

建筑东侧外框柱从首层开始向建筑内侧倾斜，在首层向内倾斜最大角度为 8.7°，依次渐变至二十层楼面 1.18°，二十层以上角度维持 1.18°不变，首层楼面以下维持直柱伸至基础顶面。根据斜柱底构件连接关系，斜柱水平分析平衡关系如图 2.3.9-12～图 2.3.9-14（图中仅示意轴力平衡关系，不包括剪力和弯矩）

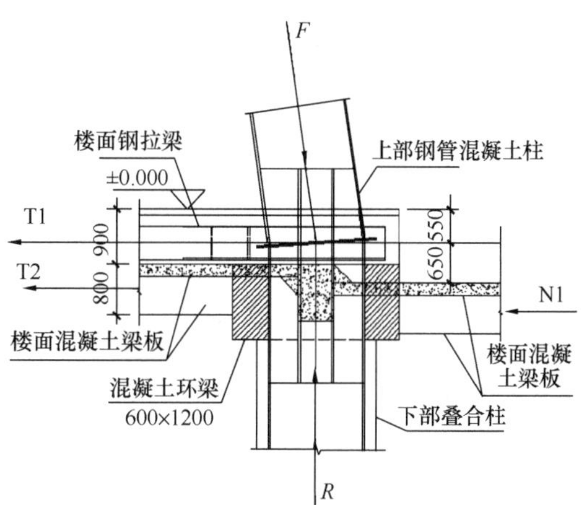

图 2.3.9-12 斜柱根轴力平衡示意图

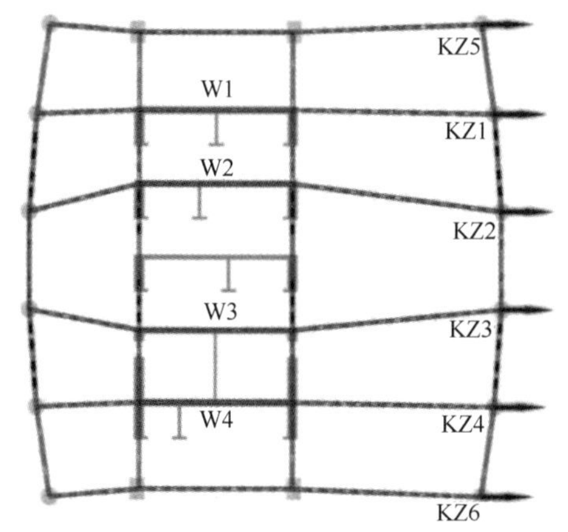

图 2.3.9-13 首层拉梁布置示意图

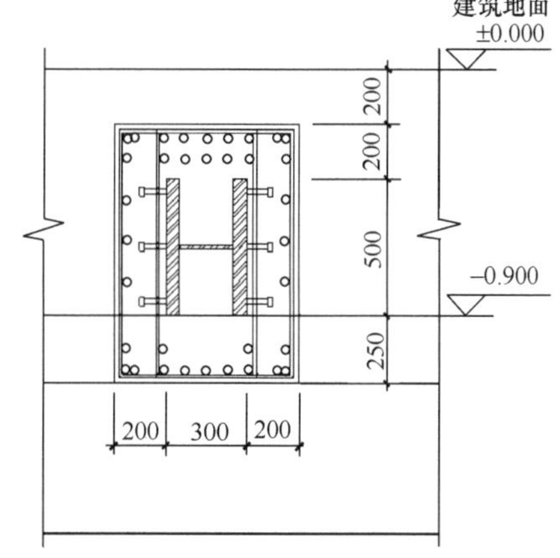

图 2.3.9-14 拉梁剖面示意图

为了保证在楼板刚度退化后，拉力可靠和有效的传递，并且考虑传力的直接，在楼面设置只承受拉力的水平拉梁承受斜柱水平力，水平拉梁直接拉至核心筒墙体，并穿过墙体拉至对侧外框柱。

(1) 拉梁和楼面梁板对水平力分配比例分析

为了考虑混凝土构件在受力开裂后刚度退化的影响和不同构件承受水平力的比例，将混凝土受力构件区分为受拉构件和受压构件，根据其纵筋配筋率不同分别对其刚度进行折减，其中受拉构件刚度退化系数取 0.2；受压构件刚度退化系数按 0.4 取值。

从表 2.3.9-2 中可以看出，考虑楼面梁板刚度退化后从单一构件受力分析，拉梁承担的轴力分量最大约为 36%，其次为下柱的剪力 26%和混凝土压梁的轴力 11%，楼板和其他构件平面外分力合计约为 20%。

构件水平力分配统计表　　**表 2.3.9-2**

各杆件内力	钢梁拉力	混凝土梁拉力	混凝土梁压力	下柱剪力	平面构件内轴力和剪力合计	楼板和平面外构件承受的分力
	2587.6	551.5	769.6	1895.6	5804.3	1433.52
比例（%）	35.75	7.62	10.63	26.19	80.19	19.81

（2）拉梁承担全部水平力时截面分析

为了确保在极端情况下斜柱根部的可靠性，拉梁考虑承受全部斜柱轴力直接分解的水平力；并且由于拉梁长度较大，为了控制整体变形不至于过大，拉梁截面控制按小震和风荷载组合下截面拉应力不超过 200MPa，大震受拉不屈服（σ<335MPa）进行控制。拉梁承载力如表 2.3.9-3 所示。

拉梁承载力　　**表 2.3.9-3**

柱截面编号	最不利组合工况	柱底轴力	水平分力	型钢截面				计算拉应力
		kN	kN	高	宽	腹板	翼缘	MPa
KZ1	竖向荷载和风组合	53721.0	8125.9	600	500	16	50	163
	竖向荷载和大震组合	51757.3	7828.9	600	500	16	50	157
KZ2	竖向荷载和风组合	54807.7	8290.3	600	500	16	50	166
	竖向荷载和大震组合	50752.0	7676.8	600	500	16	50	154
KZ3	竖向荷载和风组合	54020.6	8171.2	600	500	16	50	163
	竖向荷载和大震组合	49812.3	7534.6	600	500	16	50	151
KZ4	竖向荷载和风组合	53714.6	8124.9	600	500	16	50	162
	竖向荷载和大震组合	51478.8	7786.7	600	500	16	50	156
KZ5	竖向荷载和风组合	55004.8	8320.1	600	500	16	50	166
	竖向荷载和大震组合	59765.7	9040.2	600	500	16	50	181
KZ6	竖向荷载和风组合	53032.0	8021.7	600	500	16	50	160
	竖向荷载和大震组合	58126.5	8792.3	600	500	16	50	176

注：由以上计算可以看出，拉梁截面均由竖向荷载和风荷载组合控制。

（3）斜柱根部传力分析总结

根据上述分析对比，斜柱在一层楼面转折位置承受较大水平拉力，水平拉力的分担分别由楼面钢拉梁、混凝土拉梁、混凝土压梁和楼板共同抵抗。为了确保在结构各工作状态下的整体安全性，针对此问题，从设计角度采取三个措施：第一，斜柱节点位置在最极端情况下，钢拉梁按分担全部水平力进行设计；第二，在正常使用阶段，按各构件分担水平力的情况进行配筋设计，第三，从水平力分配概念出发，在对应楼板受压一侧应加强楼板和楼面梁刚度，且在地下室外墙回填时建议采用较高刚度和强度回填材料（如水泥石粉渣等），并做到夯实紧密。

7. 地下室结构补充分析

本工程地下室由于建筑局部采用地下立体车库，在地下一层楼面－6.30m 至地下四层－20.050m 之间形成了局部通高的地下空间，中空高度最大达到 13.75m，为了实现地下室建筑中空的功能，结构利用坡道和下部水池等部位设置了一道环向的支撑结构，类似于基坑支护的内支撑结构。结构各层模型如图 2.3.9-15～图 2.3.9-18。

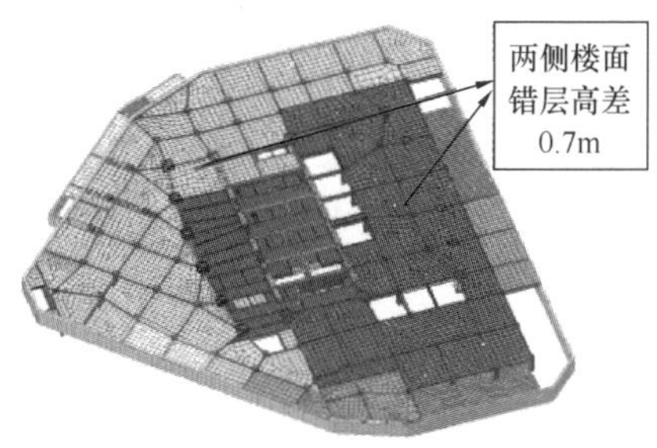

图 2.3.9-15　地下一层模型

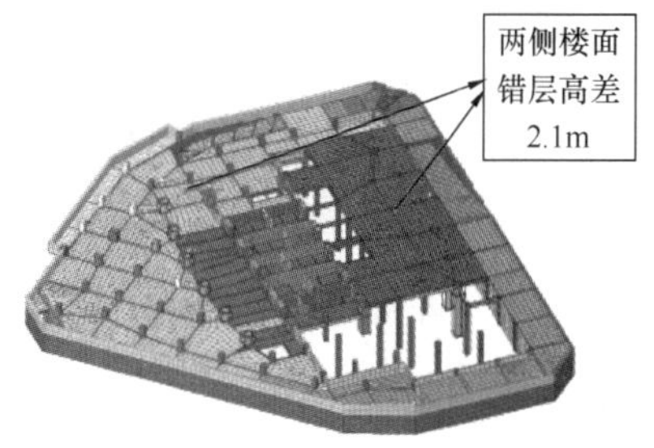

图 2.3.9-16　地下二层模型

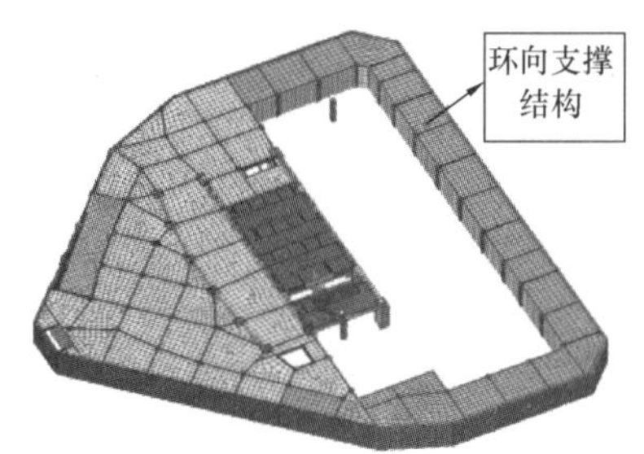

图 2.3.9-17　地下三层模型

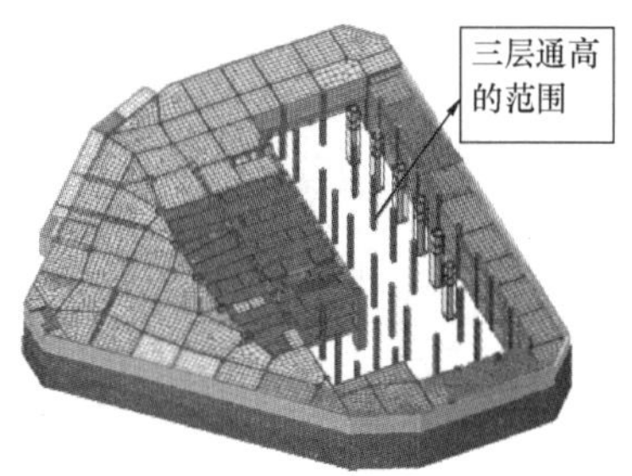

图 2.3.9-18　地下中空部分整体模型

（1）地下结构整体结构构成

立体车库一侧结构横向支撑类似于基坑支护的内支撑结构，如图 2.3.9-19～图 2.3.9-22 所示。由楼层高度位置的横隔板和外墙及内侧竖向墙体组成的三段转折的箱型大梁支撑外墙的水土压力，箱型折梁互为支座。横向梁跨度 88m，大梁截面高度为 7.5m，跨高比为 11.7，尚处于较为合理的跨高比范围。

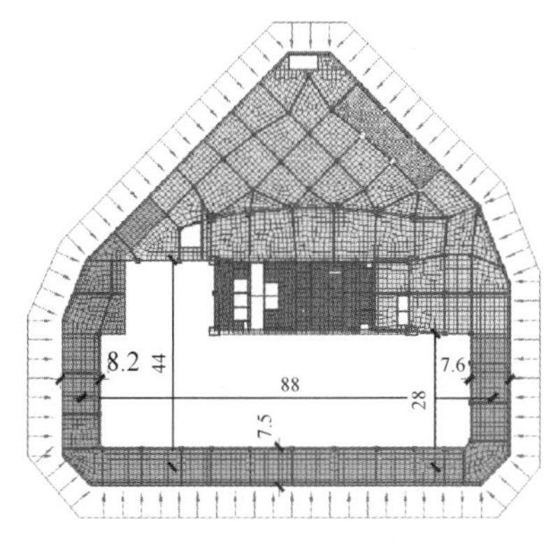

图 2.3.9-19　地下结构整体受力模型

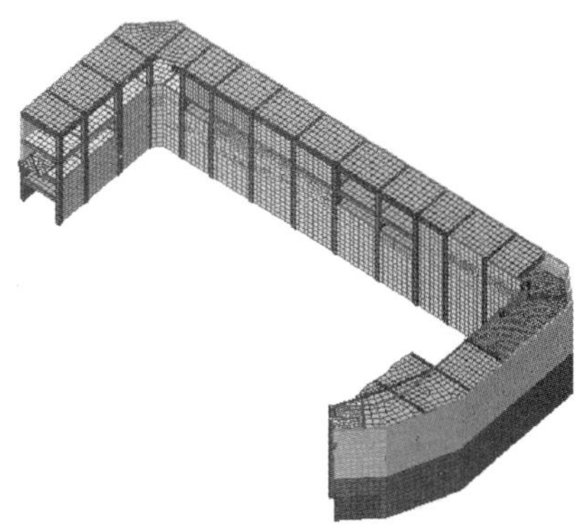

图 2.3.9-20　箱型大梁模型

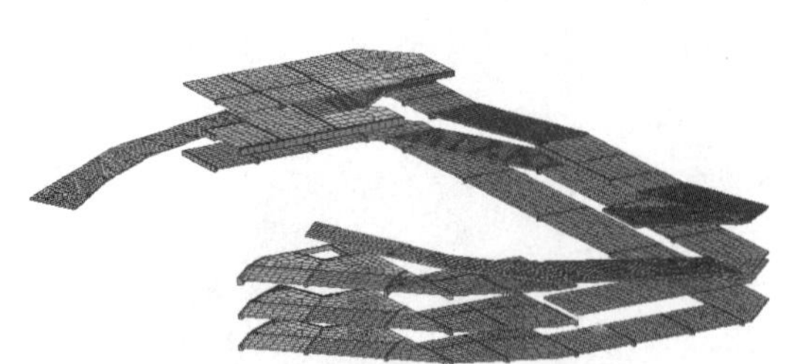

图 2.3.9-21 箱型大梁内部横隔板

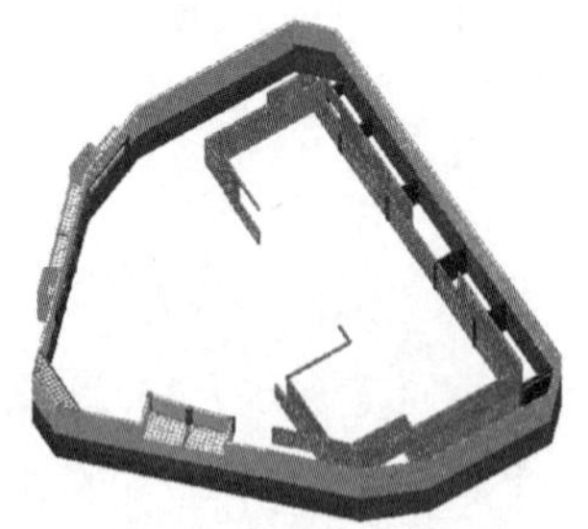

图 2.3.9-22 箱型大梁两侧墙体和中间隔墙

将各部分楼板标高按实际情况采用壳单元建模，外墙土体约束采用只压面弹簧。面弹簧刚度计算根据 M 法计算，详见表 2.3.9-4。$k=m\cdot z$，其中 z 为计算端面到地面的深度。地下土（水）压力计算根据不同深度分别计算，按面荷载施加在地下室外墙上，其中土压力系数取 0.5。

M 法面弹簧刚度表 **表 2.3.9-4**

计算深度	土压力	水压力	面弹簧刚度	计算深度	土压力	水压力	面弹簧刚度
	kN/m^2	kN/m^2	kN/m^3		kN/m^2	kN/m^2	kN/m^3
1	5	10	10000	10.6	53	106	106000
2	10	20	20000	11.6	58	116	116000
3	15	30	30000	12.55	62.75	125.5	125500
4	20	40	40000	13.65	68.25	136.5	136500
5	25	50	50000	14.6	73	146	146000
6.3	31.5	63	63000	15.55	77.75	155.5	155500
7	35	70	70000	16.55	82.75	165.5	165500
7.95	39.75	79.5	79500	17.55	87.75	175.5	175500
8.9	44.5	89	89000	18.55	92.75	185.5	185500
9.6	48	96	96000	19.55	97.75	195.5	195500

（2）土（水）压力作用下地下室墙板应力分析，如图 2.3.9-23～图 2.3.9-30 所示。

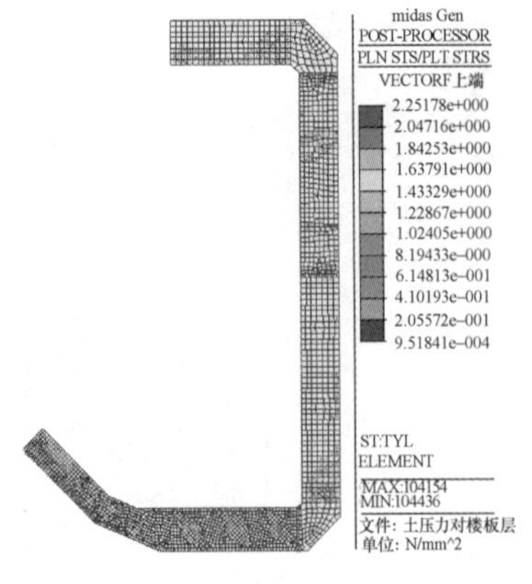

图 2.3.9-23 一层～－6.3 标高横隔板拉应力

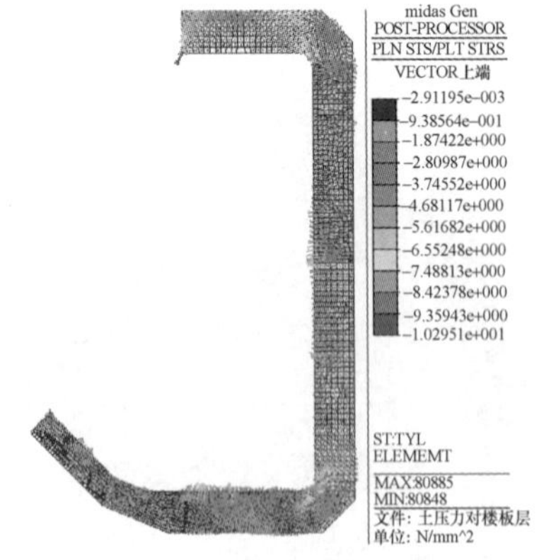

图 2.3.9-24 一层～－6.3 标高隔板横隔板压应力

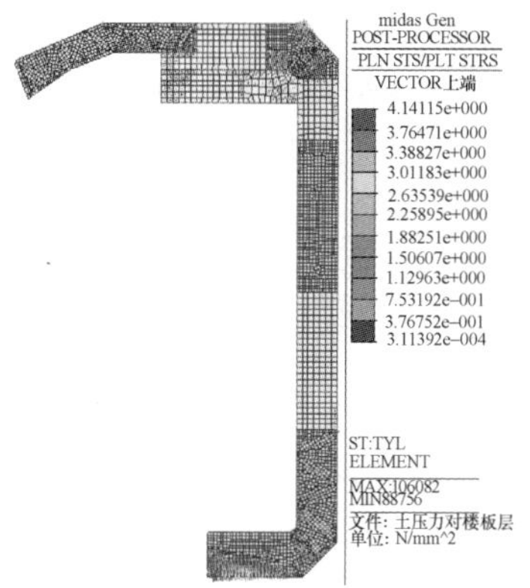

图 2.3.9-25　一层～−9.6 标高横隔板拉应力

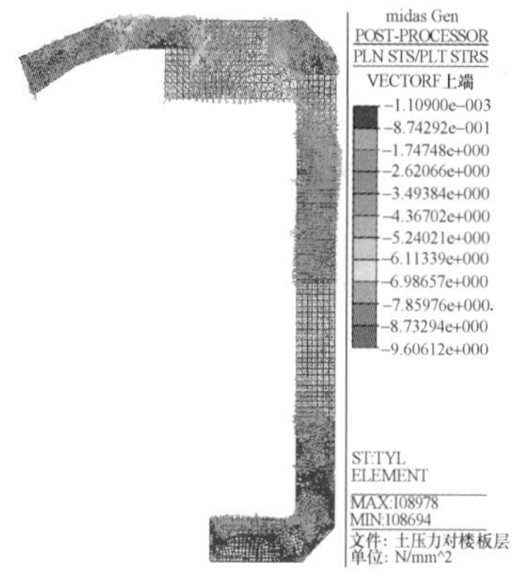

图 2.3.9-26　一层～−9.6 标高隔板横隔板压应力

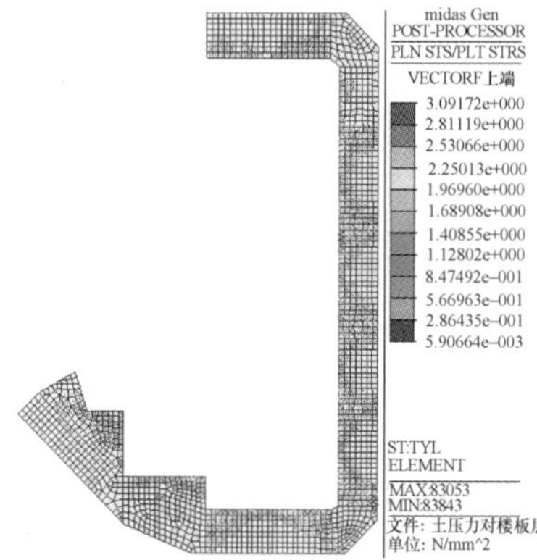

图 2.3.9-27　地下三层横隔板拉应力

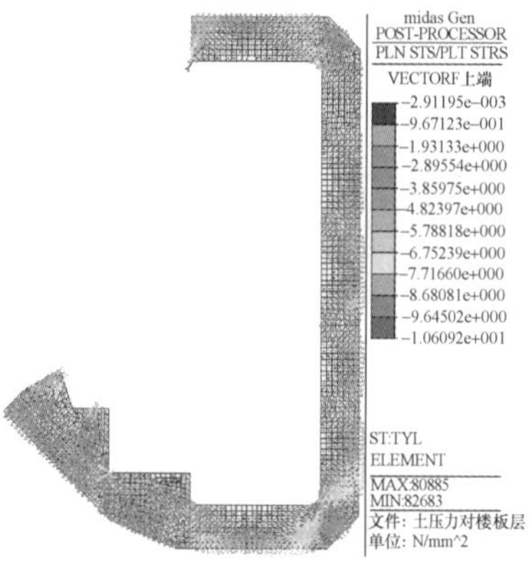

图 2.3.9-28　地下三层隔板横隔板压应力

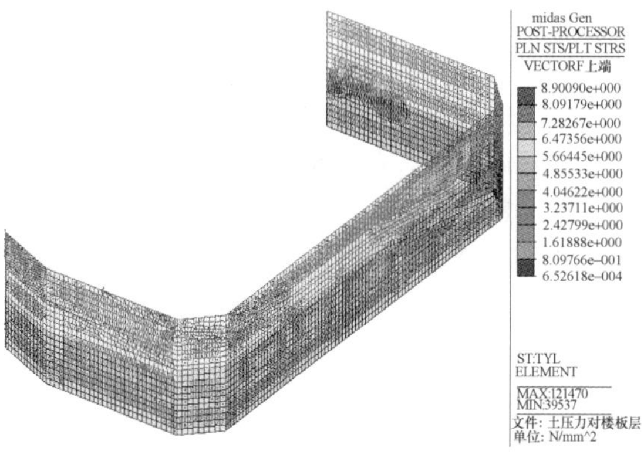

图 2.3.9-29　地下室外墙内侧拉应力

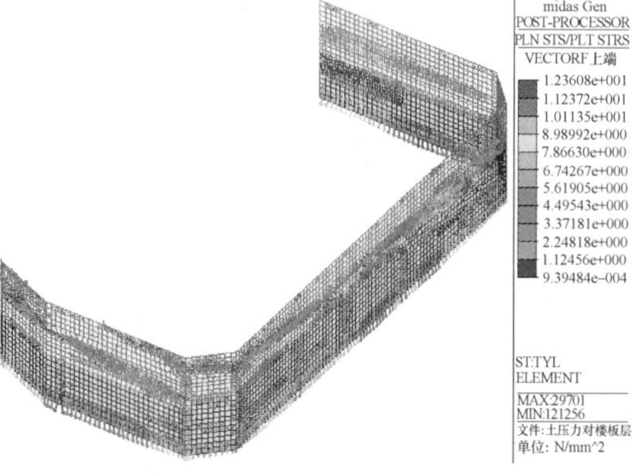

图 2.3.9-30　地下室外墙外侧拉应力

楼板和墙肢除个别位置应力集中外，整体拉应力均相对较小。

（3）配筋计算

墙肢和楼板的配筋按拉弯进行计算：内力取局部单元的平均值，对主方向和计算方向不同时按角度进行分解。其中，轴力引起的配筋应满足（双层双向配筋）：$A_{s1}=\frac{N}{2f_{yk}}$，竖向荷载下弯矩引起的配筋应满足（单侧配筋）：$A_{s2}=\frac{M}{\gamma_s f_{yk}h_0}$，单侧楼板实际配筋应满足 $A_s \geqslant A_{s1}+A_{s2}$。

配筋复核表　　　　**表 2.3.9-5**

计算部位	楼板内力		楼板尺寸		计算配筋			实配钢筋	配筋面积	备注
	拉力	弯矩	单位宽度	板厚	抗拉配筋	抗弯配筋	合计			
	kN	kN·m	mm	mm	mm^2	mm^2	mm^2	mm^2	mm^2	
外墙底部拉力最大处	1536.5	268	1000	750	2134	1182	3316	D20@75	4189	OK
外墙底部弯矩最大处	329	841	1000	750	457	3708	4165	D20@75	4189	OK
外墙中部	0	679	1000	750	0	2994	2994	D20@100	3142	OK
内墙底部	0	156	1000	350	0	1505	1505	D18@150	1696	OK
内墙中部	270	225	1000	350	375	2170	2545	D18@100	2545	NO
横隔板支座 1	590	80	1000	300	819	914	1734	D16@100	2011	OK
横隔板支座 2	286	102.9	1000	300	397	1176	1573	D16@100	2011	OK
横隔板跨中	410	98	1000	300	569	1120	1690	D16@100	2011	OK

从表 2.3.9-5 计算复核来看，配筋在合理范围内。

8. 关键节点分析

本工程立面斜撑和外框柱、环桁架和外框柱以及底部斜柱转折位置节点受力较为复杂，这些受力复杂的节点定为关键节点，其抗震性能目标为大震不屈服。立面斜撑和环桁架的钢材采用 Q345GJC，楼面钢梁采用 Q345，钢材弹性模量 $2.06\times10^5 N/mm^2$，泊松比为 0.3；混凝土根据不同部位分别为 C60 和 C40，钢板采用壳单元，混凝土部分采用实体单元。计算内力选取 YJK 模型计算的小震、风荷载、中震和大震作用下最不利组合内力。

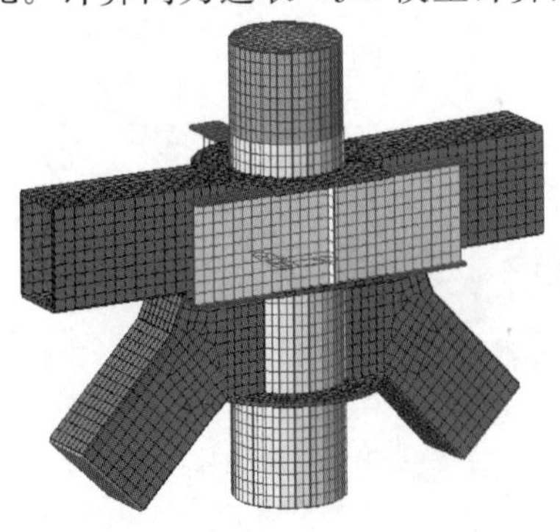

图 2.3.9-31　环桁架典型节点模型

（1）环桁架典型节点分析

从图 2.3.9-31～图 2.3.9-37 所示应力分析结果可以看出，混凝土整体应力均较小，角部局部应力集中，最大应力约为 24.1MPa。钢柱和钢梁和环板整体应力较低，均小于钢材屈服强度，钢支撑在转角位置局部应力集中，最大应力 364.9MPa，应力较大的区域仅为 1/3 个单元宽度约 25mm 的范围，其他范围均小于＜325MPa（Q345GJ 钢设计强度），整体满足大震不屈服的性能目标。

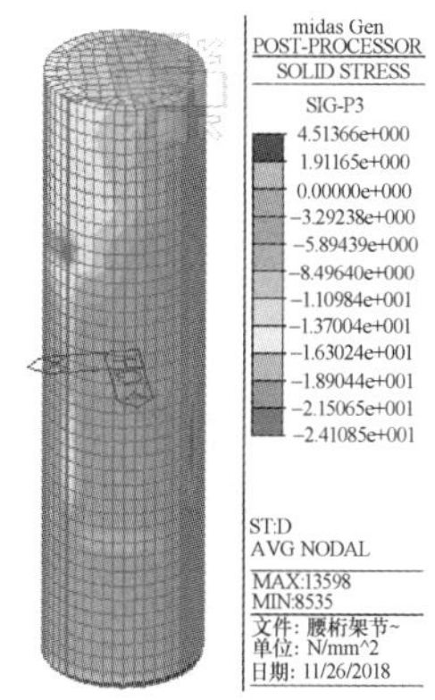

图 2.3.9-32 核心混凝土主压应力

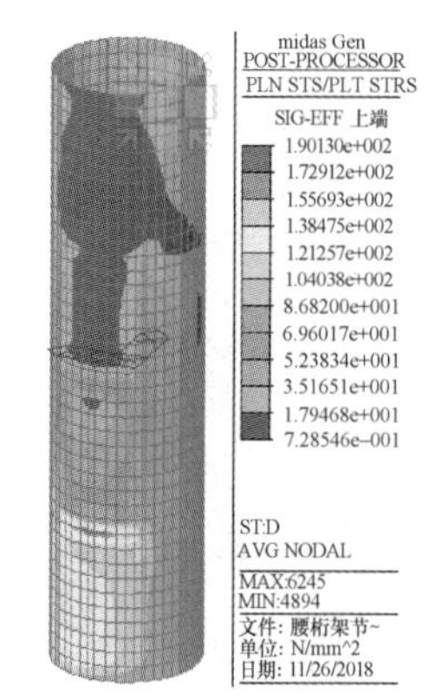

图 2.3.9-33 圆钢管应力

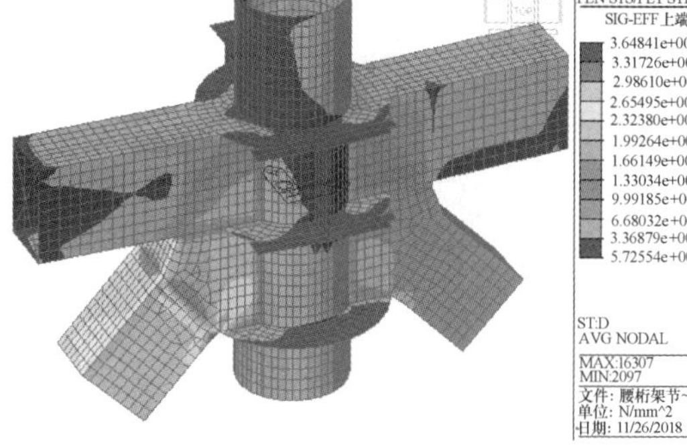

图 2.3.9-34 桁架节点整体应力云图

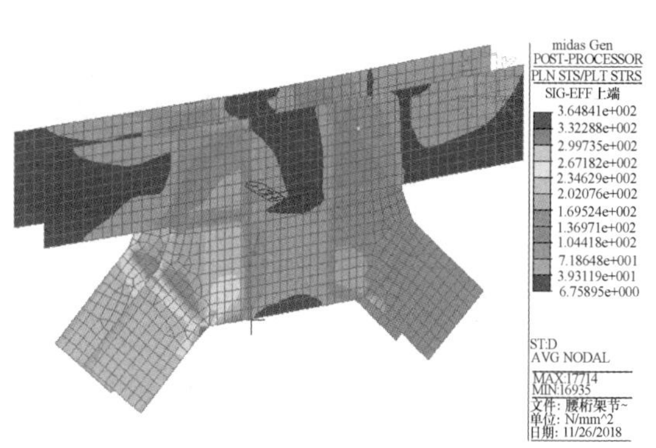

图 2.3.9-35 梁与支撑侧板应力云图

图 2.3.9-36 桁架面板和节点环板应力云图

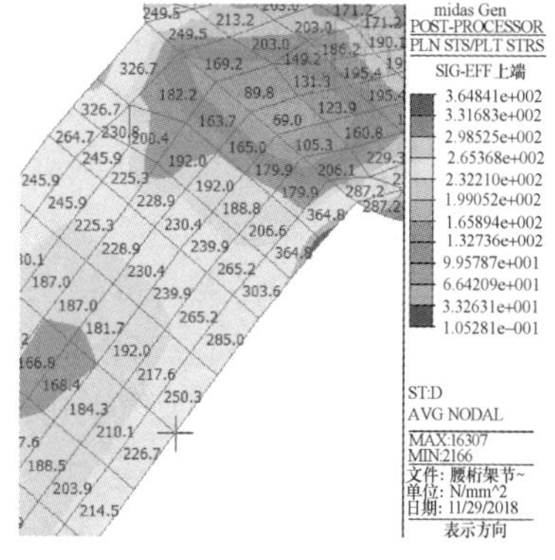

图 2.3.9-37 局部最大应力位置云图

（2）斜柱根部节点分析

从图 2.3.9-38～图 2.3.9-41 所示应力分析结果可以看出，核心区混凝土主压应力最大值为 20.76MPa，小于 C60 材料的标准值 38.5MPa；钢拉梁最大 Mises 应力约为 152.6MPa，核心区钢管内部加劲肋最大 Mises 应力约为 93.72MPa，整体应力较低，均小于钢材屈服强度，整体满足大震不屈服的性能目标。

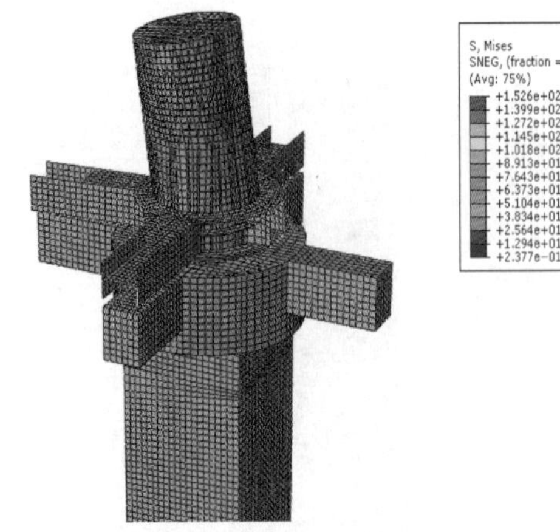

图 2.3.9-38　斜柱根部节点模型

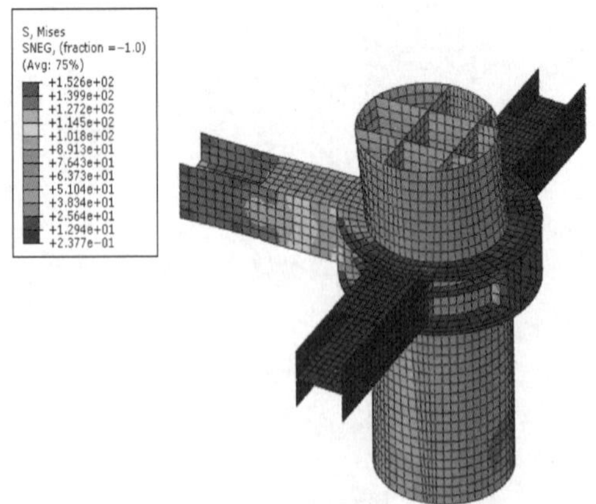

图 2.3.9-39　核心区钢管应力云图

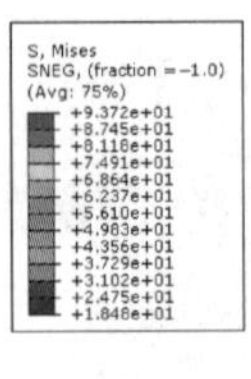

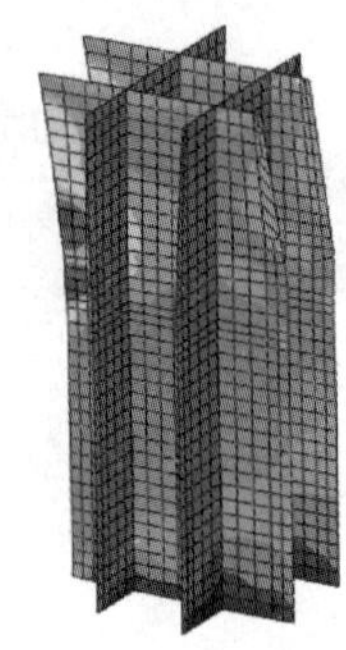

图 2.3.9-40　内部加劲肋应力云图

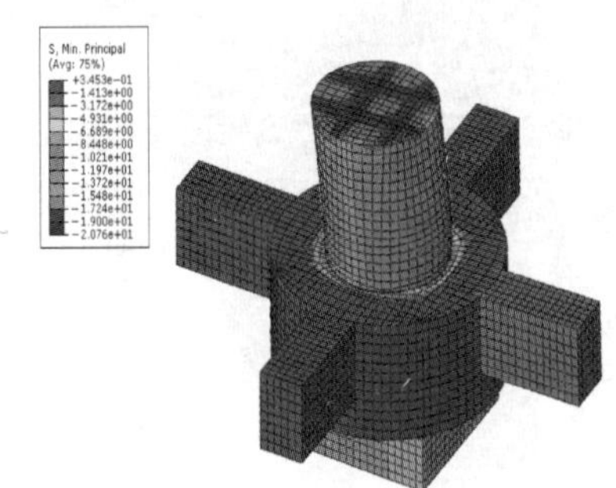

图 2.3.9-41　核心区混凝土应力云图

2.3.10　抗震加强措施

针对本工程超限情况，主要采取了如下抗震加强措施：

（1）大震作用下斜柱与核心筒之间的钢框梁按压弯构件进行计算复核；

（2）核心筒地下室部分墙肢，计算抗剪承载力时，叠加地下室墙不平衡水（土）压力产生的剪力；

（3）底部加强区剪力墙抗剪承载力配筋复核，墙肢整体竖向和水平配筋率按不小于0.5%控制，以提高墙肢水平抗剪承载力；12 层楼面以下核心筒外围墙肢角部埋设钢骨；

（4）8 层楼面以下为约束边缘构件区，8～11 层楼面设过渡区；环桁架楼层和立面收进楼层相邻上下各一层的范围内（34～42 层楼面）墙体设为约束边缘构件区；核心筒角部全高设置约束边缘构件，所有约束边缘构件均按特一级构造要求；

（5）环桁架底部和顶部对应的楼层（35 层、37 层）楼面设置钢支撑，支撑仅承受楼面水平荷载；板厚取 180mm，板配筋率不小于 0.45%；

（6）平面中跨高比不大于 1.5 的连梁，配置交叉斜撑。部分剪力较大的连梁应按实际最大抗剪承载力反算其抗弯承载力，并控制强剪弱弯；

（7）斜柱根部设置钢拉梁，拉梁贯通核心筒墙体，并承受全部斜柱水平分力，小震计算时控制拉应力不大于 200MPa，大震时控制拉应力不大于 335MPa；

（8）立面斜撑水平杆对应的楼层，楼板局部采用钢筋桁架楼层板，配筋双层双向，配筋率不小于 0.35%；

（9）横向墙肢全高不开洞的墙肢，在 1～7 层楼面、加强层区域 34～38 层墙肢内设置型钢支撑；

（10）横向长墙考虑收缩影响，在楼层中间高度设置水平配筋加强带，加强带宽 1000mm，加强带范围配筋率按墙肢水平配筋率的 1.5 倍控制。

2.3.11 超限审查意见

2018 年 12 月 14 日，深圳市住房和建设局主持召开了本项目超限高层建筑抗震设防专项审查会。审查结论为通过。在下一设计阶段应补充和完善以下内容：

（1）不考虑相关楼板刚度的作用，复核与斜柱相连的型钢混凝土梁中混凝土拉应力，并采取相应的加强措施；

（2）复核体型收进处楼盖的承载力，并采取合理加强措施；

（3）忽略相关楼板刚度的作用，复核竖向桁架的承载力；

（4）进一步分析地下室楼板缺失的不利影响，应采取相应的加强措施；

（5）完善方钢管混凝土柱的加劲肋设置。

设计单位：筑博设计股份有限公司

主要设计人：马镇炎、冯平、潘建云、欧晓忠、黄建强、石定海、易昌兴、王奕博、江会文

2.4 神州数码集团总部基地项目

2.4.1 工程概况

神州数码集团总部基地位于深圳市南山区深圳湾超级总部基地 T207-0052 地块，深湾二路与白石三道交汇处东北侧，项目下方有地铁 11 号线斜向穿过。该项目地块总建筑面积约为 25 万 m^2，其中地上约为 21 万 m^2、地下约为 4 万 m^2，地下部分设有两层地下室，地上部分由 3 栋、1 栋 A 座两栋超高层塔楼及商业裙房组成，塔楼分别设在项目平面对角线位置，和商业裙房设缝脱开。项目效果图及总平面图如图 2.4.1-1 所示。

(a)

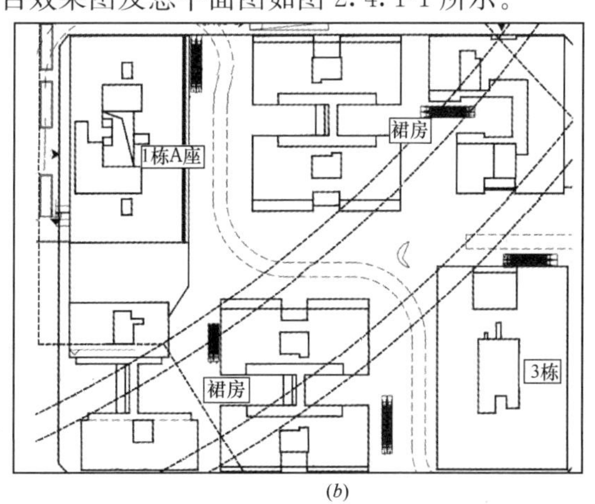

(b)

图 2.4.1-1 工程概况

(a) 项目效果图；(b) 项目总平面图

两栋超高层塔楼建筑功能不尽相同，其中 3 栋地上 43 层均为办公，标准层层高 4.5m，结构高度为 197.90m，屋顶幕墙顶标高为 204.55m；1 栋 A 座地上 48 层，24 层以下为办公场所，以上为公寓，办公标准层层高 4.4m，公寓标准层 3.6m，结构高度约为 198.15m，屋面幕墙顶标高为 204.80m。两栋塔楼建筑特征相似，具体详见表 2.4.1。

超高层塔楼建筑特征表　　　　**表 2.4.1**

结构单元	3 栋	1 栋 A 座
建筑面积	约 9 万 m^2	约 9.1 万 m^2
层数	43 层（地上）/2 层（地下）	48 层（地上）/2 层（地下）
结构总高度	197.900m	198.150m
外包尺寸	57m×37m	57.5m×32.7m
主要层高	6.5m/5.1m/4.5m	6.5m/5.1m/4.4m/3.6m
长宽比 A/B	1.5（塔楼投影范围）	1.8（塔楼投影范围）
高宽比 H/B	5.3	6.1
核心筒高宽比 H/B	16.5	16.5

2.4.2　地质情况及基础设计

1. 场地土层分布

根据区域地质资料以及现场调查，本场地原始地貌为滨海滩涂地地貌，后经填石（土）堆载处理形成现在的陆域，场地为完成地基处理 10 年以上。现状为场地平整的空地，较为平坦。根据钻探结果，场地内地层自上而下依次为：①填石（土）层（Q_4^{ml}）；②海相沉积层（Q^m）；③海陆交互相沉积层（Q^{mc}）；④花岗岩风化残积层（Q^{el}）；⑤燕山期花岗岩风化岩层（r_5^3）。场地土对混凝土结构具弱腐蚀性，对钢筋混凝土结构中钢筋具弱腐蚀性，对钢结构具微腐蚀性。

2. 地下水条件

勘察期间所有钻孔均见地下水，测得各孔地下水位平均埋深 4.91m，平均标高为 0.38m，预计年水位变幅约 2.0～3.0m，故本场地抗浮设防水位建议取室外地坪标高下 0.5m 考虑。场地内地下水对混凝土结构具有弱腐蚀性；对钢筋混凝土结构中的钢筋在长期浸水情况下具有微腐蚀性，干湿交替情况下具有弱腐蚀性。

3. 基础设计

根据场地地质状况，结合上部主体结构的具体受力特点，对塔楼及相关范围内基础按以下原则选型：超高层塔楼范围内主要为竖向承压控制，采用旋挖灌注摩擦端承桩，桩端持力层为微风化花岗岩层，桩编号为 ZH1、ZH4、ZH5，入岩深 0.5m，桩端持力层的天然湿度单轴抗压强度为 45MPa，桩长约为 35～60m。基础平面布置图如图 2.4.2 所示，单桩尺寸及承载力特征值详表 2.4.2。

桩尺寸及承载力特征值　　　　**表 2.4.2**

编号	单桩承载力特征值（kN）	桩身直径 d（mm）	混凝土等级
ZH1	22500	1500	C50
ZH4	62000	2500	C50
ZH5	71000	2500	C50

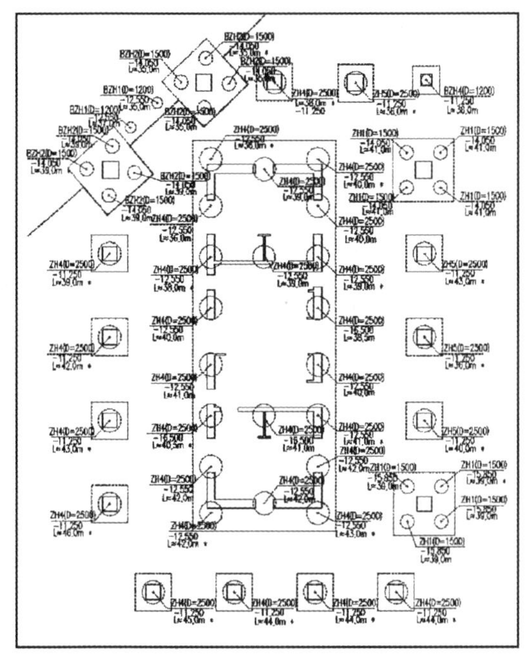

(*a*)

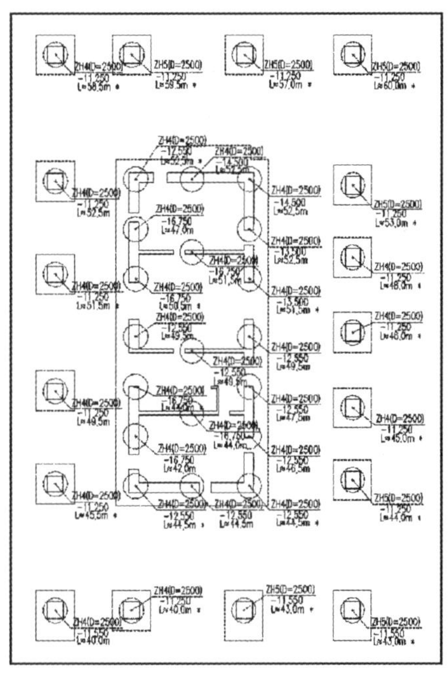

(*b*)

图 2.4.2-1 桩基布置平面图

(*a*) 3 栋；(*b*) 1 栋 A 座

2.4.3 结构体系与特点

本工程两栋超高层塔楼均采用框架核心筒结构体系，由表 2.4.1-1 可知两栋塔楼相似，均属于核心筒高宽比较大，达到 16.5，超过规范不宜大于 12 的限值，标准层平面长宽比 1.5～2.0，沿平面短向为结构刚度弱方向的结构。核心筒的外墙厚 400～900mm，内墙厚 350～400mm，对低区剪力墙及局部楼层考虑轴压比限值内置型钢。柱截面为 1800mm×1800mm、1600mm×1600mm～1000mm×1000mm，对低区部分柱子考虑轴压比限值内置型钢。在底部大堂的位置，具有局部三层通高及超过 15m 的跃层柱。上述均为 3 栋及 1 栋 A 座相同的地方；除此以外，针对 3 栋而言，受建筑功能限制，平面角部不设柱子，造成标准层北侧存在大跨度悬挑区域；塔楼的北侧在 33～37 层设置斜柱以满足建筑的凹进效果。

对于 1 栋 A 座，24 层以上为公寓，在平面中部建筑设有内天井，结构表现为楼层中部大开洞，再加上电梯井开洞以及建筑造型开洞，沿楼层短方向开洞面积达到 46%，接近规范中有效楼板宽度不宜小于楼面宽度 50%的限值。两栋超高层塔楼具体抗侧力构件布置及结构平面布置如图 2.4.3-1 所示。

2.4.4 超限项判定及抗震性能目标

1. 超限项判定

根据全国《超限高层建筑工程抗震设防专项审查技术要点》，本工程 3 栋及 1 栋 A 座超限项判定如下：

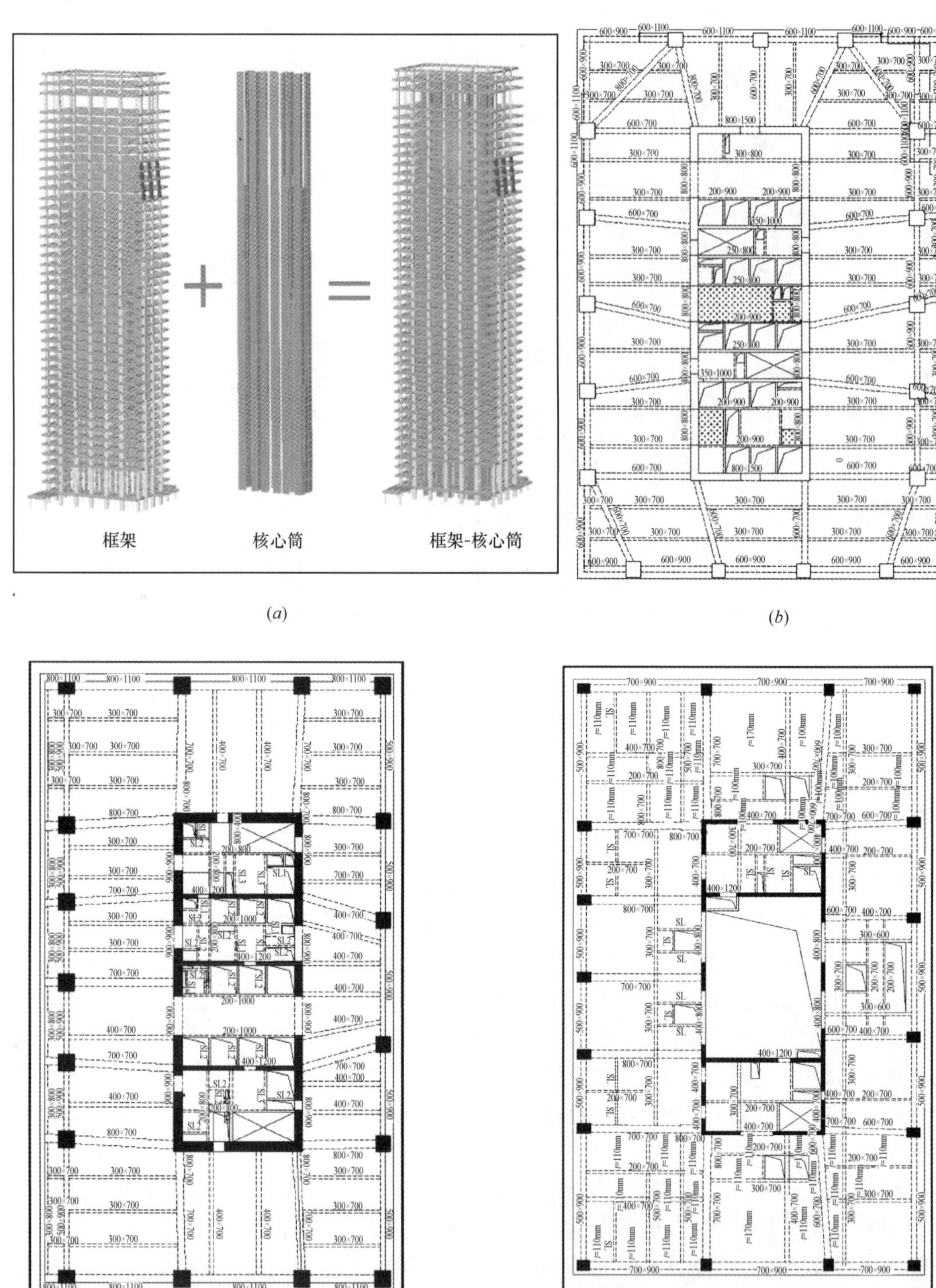

(*a*)　(*b*)

(*c*)　(*d*)

图 2.4.3-1　塔楼结构体系说明

(*a*) 结构抗侧力体系（3 栋）；(*b*) 3 栋办公标准层结构布置图；(*c*) 1 栋 A 座办公标准层结构布置图；(*d*) 1 栋 A 座公寓标准层结构布置图

(1) 结构体系符合现行规范的适用范围；

(2) 高度超过“超限审查要点表一”规定限值，属于超B级高度建筑；

(3) 存在“超限审查要点表二”中所列3项不规则项，分别为：扭转不规则（3栋1层Y向考虑偶然偏心扭转位移比层为1.22、1栋A座1层X向考虑偶然偏心扭转位移比层为1.26）；楼板不连续（3栋及1栋A座建筑3层开洞面积均超过36%）；局部不规则（3栋存在穿层柱及斜柱、1栋A座存在穿层柱）；

(4) 存在“超限审查要点表三、表四”中所列0项特别不规则项。

综上，本工程两栋塔楼均属于超B级高度的不规则超限高层建筑。

2. 抗震等级

根据广东省《高规》DBJ 15—92—2013表3.9.4，两栋塔楼抗震等级如表2.4.4-1所示。

3栋及1栋A座抗震等级表 **表2.4.4-1**

<table>
<tr><th colspan="2" rowspan="2">结构部位</th><th colspan="2">3栋</th><th colspan="2">1栋A座</th></tr>
<tr><th>核心筒</th><th>外框架</th><th>核心筒</th><th>外框架</th></tr>
<tr><td rowspan="2">地下室</td><td>地下二层相关范围</td><td>一级</td><td>二级</td><td>二级</td><td>二级</td></tr>
<tr><td>地下一层相关范围</td><td>特一级</td><td>一级</td><td>一级</td><td>一级</td></tr>
<tr><td rowspan="2">地上部分</td><td>底部加强区</td><td>特一级</td><td>一级</td><td>一级</td><td>一级</td></tr>
<tr><td>底部加强区以上</td><td>一级</td><td>一级</td><td>一级</td><td>一级</td></tr>
</table>

注：因建筑面积超过8万m^2，3栋办公建筑抗震设防分类为乙类，对底部加强区核心筒抗震等级提高一级，为特一级。

3. 抗震性能目标

根据结构特点设定结构抗震性能目标C级，相应3栋及1栋A座抗震性能目标见表2.4.4-2。

3栋及1栋A座抗震性能目标 **表2.4.4-2**

<table>
<tr><th colspan="3">设防烈度</th><th>多遇地震
（小震）</th><th>设防烈度地震
（中震）</th><th>罕遇地震
（大震）</th></tr>
<tr><td colspan="3">层间位移角限值</td><td>1/570</td><td>—</td><td>1/125</td></tr>
<tr><td rowspan="6">构件性能</td><td rowspan="2">关键构件</td><td>底部加强区
核心筒剪力墙</td><td>弹性</td><td>轻微损坏
重要性系数η：1.1；
承载力利用系数ξ：
0.74（压、剪）
0.87（弯、拉）</td><td>轻度损坏
受剪截面满足截面限制条件
重要性系数η：1.1；
剪压比ζ=0.15（混凝土墙）、ζ=0.20（型钢混凝土墙）</td></tr>
<tr><td>高区北侧斜柱及相连的楼面梁、大跨度悬挑梁及其支承构件（仅3栋）</td><td>弹性</td><td>轻微损坏
重要性系数η：1.1；
承载力利用系数ξ：
0.74（压、剪）
0.87（弯、拉）</td><td>轻度损坏
受剪截面满足截面限制条件
重要性系数η：1.1</td></tr>
<tr><td rowspan="2">普通竖向构件</td><td>非底部加强区
核心筒剪力墙</td><td>弹性</td><td>轻微损坏
重要性系数η：1.0；
承载力利用系数ξ：
0.74（压、剪）
0.87（弯、拉）</td><td rowspan="2">部分构件中度损坏
受剪截面满足截面限制条件
重要性系数η：1.1；
剪压比ζ=0.15（混凝土柱）、ζ=0.36（型钢混凝土柱）</td></tr>
<tr><td>框架柱</td><td>弹性</td><td>轻微损坏
重要性系数η：1.0；
承载力利用系数ξ：
0.74（压、剪）
0.87（弯、拉）</td></tr>
<tr><td rowspan="2">耗能构件</td><td>框架梁</td><td rowspan="2">弹性</td><td rowspan="2">轻度损坏、部分中度损坏
重要性系数η：
框梁：0.8
连梁：0.7
承载力利用系数ξ：
0.74（压、剪）
0.87（弯、拉）</td><td rowspan="2">中度损坏、部分比较严重损坏</td></tr>
<tr><td>连梁</td></tr>
</table>

考虑到两栋塔楼相似地方较多，限于篇幅，接下来的超限抗震分析均以3栋为例，1栋A座公寓标准层中部楼板大开洞对结构的不利影响将在专项分析中补充说明。

2.4.5　小震和风力作用分析

1. 主要分析参数

本工程分别采用YJK和ETABS两个软件进行计算比较，相互复核验证结构各部位在多遇地震作用下的性能目标，以确保分析结果的准确性，主要输入参数如下：

（1）结构重要性系数：1.0；

（2）周期折减系数：0.9；YIK和ETABS模型振型数均取27；各软件计算的振型参与质量均大于总质量的95%；

（3）连梁刚度折减系数：0.7（地震）、1.0（风）；

（4）嵌固端：塔楼考虑相关范围地下一层与首层的剪切刚度比>2，故选取地下室顶板作为上部结构嵌固端；

（5）抗震设防烈度：7度，基本地震加速度为0.1g，第一组；

（6）风荷载：采用基本风压（50年一遇）0.75kN/m^{2}计算结构水平位移；采用基本风压的1.1倍计算结构承载力；地面粗糙度为B类，体型系数取1.4；

（7）结构阻尼比取0.05；

（8）重力二阶效应：根据计算结果判断，需考虑重力二阶效应。

2. 整体分析结果

结构在两个软件分析下的整体结果汇总如表2.4.5-1所示。

整体分析结果汇总比　　　　**表2.4.5-1**

计算软件			YJK	ETABS
第一、二平动周期（s）			5.40（X向）、4.52（Y向）	5.38（X向）、4.87（Y向）
第一扭转周期（s）			4.12	4.31
第一扭转周期/第一平动周期（s）			0.76	0.80
基底剪力（kN）	地震	X	17285	18181
		Y	17872	18127
	风荷载	X	31868	31631
		Y	21892	21707
结构总质量（t）			160327	166603
调整前首层剪重比		X	1.08%	1.09%
		Y	1.12%	1.09%
首层地震下倾覆弯矩 kN·m		X	2081800	2256515
		Y	2287972	2426065
有效质量系数		X	96.65%	96.30%
		Y	97.00%	96.64%
最大层间位移角	地震	X	1/871（33F）	1/947（35F）
		Y	1/1093（28F）	1/1136（27F）
	风荷载	X	1/600（33F）	1/602（33F）
		Y	1/1411（23F）	1/1137（23F）

续表

计算软件		YJK	ETABS
考虑偶然偏心最大扭转位移比	X	1.19（1F）	1.16（1F）
	Y	1.22（1F），其余均小于 1.2	1.10（1F）
本层与上一层 90%（或 150%）侧移刚度的比值的最小值	X	1.14（25F）	1.15（27F）
	Y	1.13（33F）	1.13（33F）
楼层受剪承载力与上层的比值	X	0.85（42F）	—
	Y	0.83（42F）	—
刚重比 EJd/GH^2	X	1.945	1.760
	Y	2.845	2.350
首层最大轴压比	框架柱	0.64（考虑型钢）	—
	剪力墙	0.40（底部加强区且考虑型钢的轴压比限值为 0.4）	—

3. 软弱层及薄弱层判断

软弱层是指该楼层的侧向刚度小于上一层的 90%（该楼层为首层时不应小于上一层的 150%），属于按结构刚度判断，对应于超限项目中的侧向刚度不规则。薄弱层是指该楼层的受剪承载力小于相邻上一层的 75%（B 级高度），属于按结构强度判断，对应于超限项目中的楼层承载力突变。由图 2.4.5-1（a）可知楼层刚度比均大于 1，结构不存在软弱层，由图 2.4.5-1（b）可知，楼层受剪承载力之比均大于 0.75，结构不存在薄弱层。

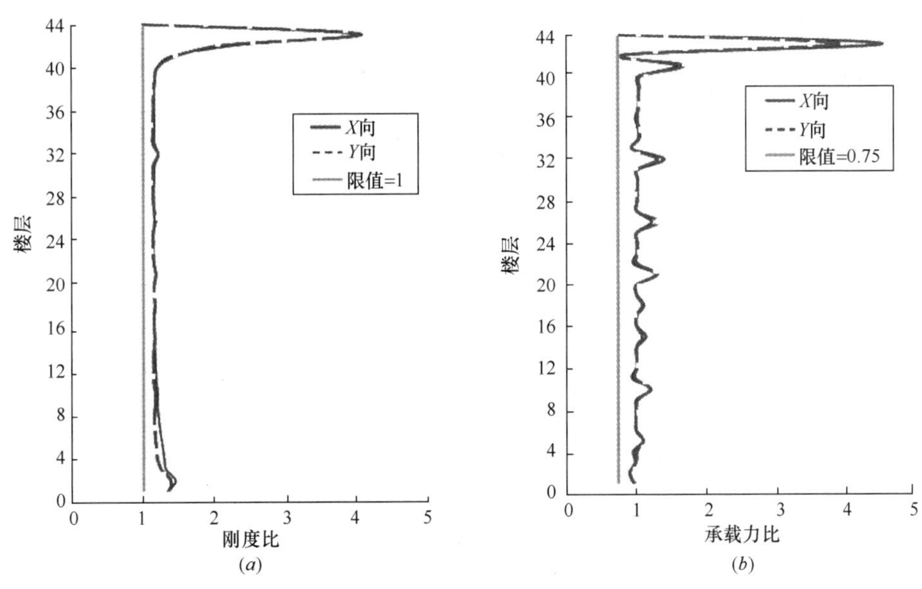

图 2.4.5-1 软弱层及薄弱层判断

（a）楼层刚度比曲线；（b）楼层受剪承载力比曲线

4. 层间位移角

楼层层间位移角曲线如图 2.4.5-2 所示，曲线表明：①塔楼屋面高度内位移角曲线较光滑；②楼层风荷载作用下 X 向位移角大于地震作用结果，地震作用下 Y 向位移角大于

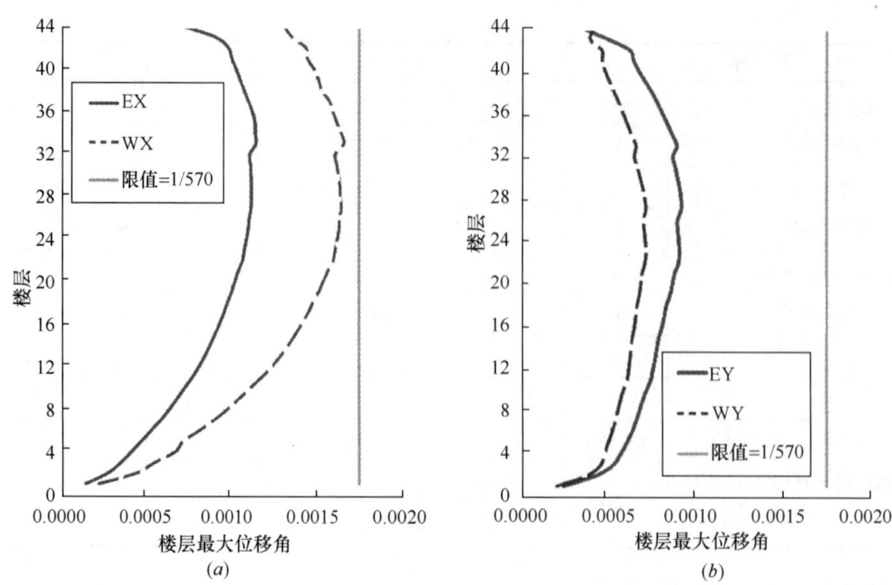

图 2.4.5-2　楼层层间位移角曲线

(*a*) *X* 向层间位移角曲线；(*b*) *Y* 向层间位移角曲线

风荷载作用下结果；③楼层层间位移角在地震作用及风荷载作用下均满足广东省《高规》DBJ 15—92—2013 第 3.7.3 条限值 1/570 的要求。

5. 楼层剪力及剪重比

楼层剪力曲线和楼层剪重比曲线分别如图 2.4.5-3 和图 2.4.5-4 所示。

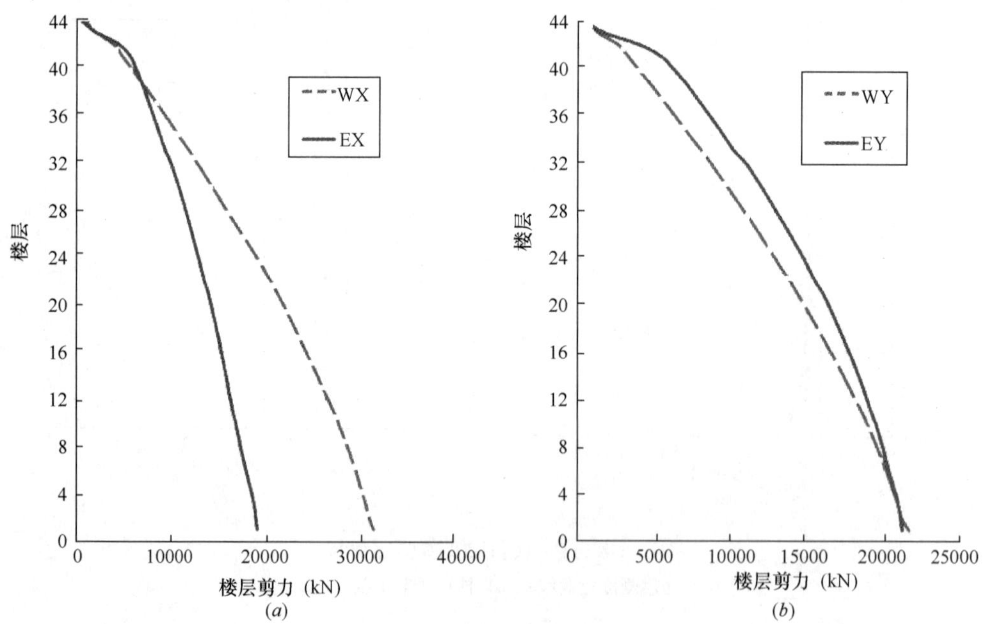

图 2.4.5-3　楼层剪力曲线

(*a*) *X* 向楼层剪力曲线；(*b*) *Y* 向楼层剪力曲线

楼层剪力曲线表明：塔楼 X 向的水平剪力主要由风荷载控制，Y 向风荷载与地震作用的水平剪力在低区楼层相当，中高区楼层主要由地震作用控制，这个结论和上一小节得出的第二点结论是吻合的。

楼层剪重比曲线表明：本项目剪重比基本满足《建筑抗震设计规范》第 5.2.5 条要求，对于低区楼层不满足的楼层（计算楼层底部楼层，X 向小于限值 1.20%，Y 向小于限值 1.33%），按其条文说明，调整结构总剪力和各楼层的水平地震剪力使之满足要求。

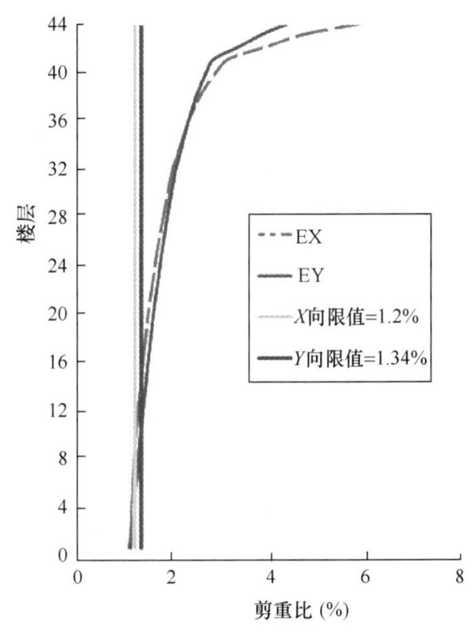

图 2.4.5-4 楼层剪重比曲线

6. 扭转位移比

在考虑偶然偏心影响的规定水平地震作用下的塔楼扭转位移比曲线如图 2.4.5-5 所示，曲线表明，在规定水平力法计算得出的最大扭转位移比为 1.22，位于模型首层 Y 向；其余楼层 X、Y 向能够满足广东省《高规》第 3.4.4 条不大于 1.2 的要求。

7. 框架承担比例

结构的框架承担剪力与基底剪力比曲线、规定水平力下框架承担的层倾覆弯矩比曲线分别如图 2.4.5-6（a）、（b）曲线所示，本工程结构体系属框架-核心筒结构，框架部分计算分配的楼层地震剪力可参照《超限高层建筑工程抗震设防专项审查技术要点》（2015 版）第十一条。

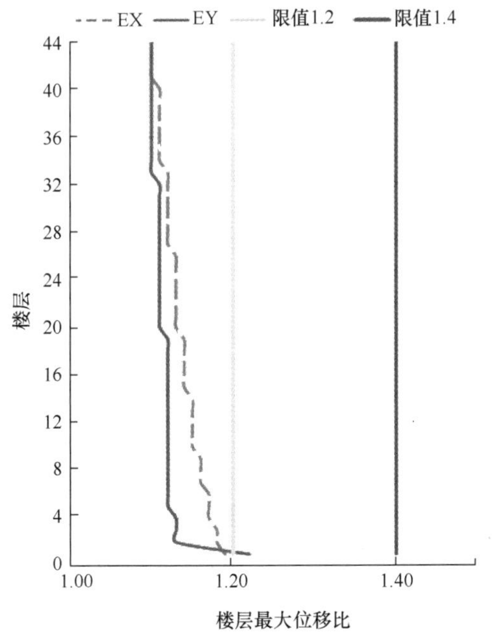

图 2.4.5-5 扭转位移比曲线

图 2.4.5-6（a）曲线表明：除底部个别楼层、屋面层及出屋面的构架层外，多数楼层均满足“不宜低于基底剪力的 8%且最大值大于 10%，最小值不宜小于 5%”的规定。对于不满足基底剪力 20% 的楼层，参照广东省《高规》第 9.1.10 条进行调整。

图 2.4.5-6（b）曲线表明：规定水平力作用下结构底层框架部分承受的地震倾覆力矩与结构的总倾覆力矩的比值分别为：X 向为 28.4%，Y 向为 25.3%，结构体系满足要求。

8. 轴压比

由表 2.4.5-2 可知，墙、柱轴压比均小于控制轴压比。

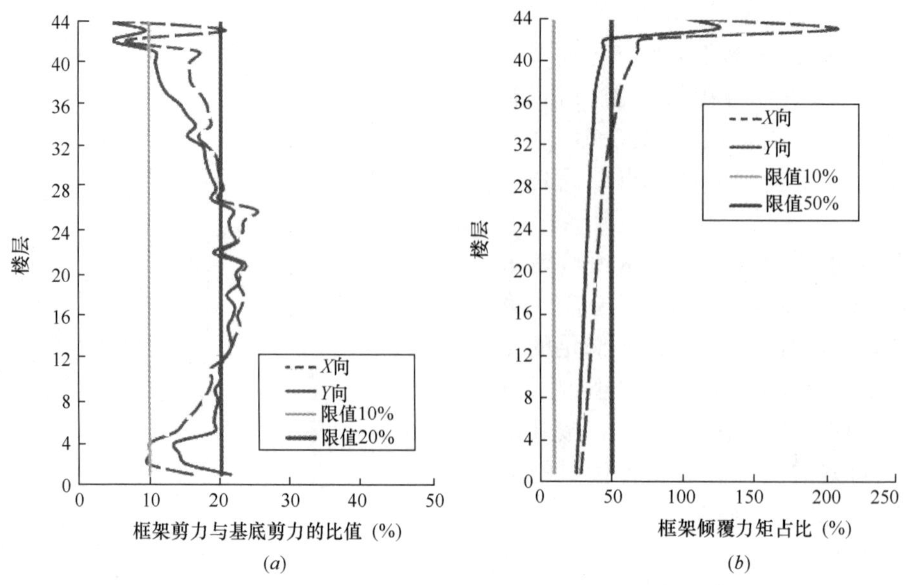

图 2.4.5-6　框架剪力和倾覆力矩承担比例

（a）框架承担剪力与基底剪力比曲线；（b）规定水平力下框架承担的层倾覆弯矩比曲线

首层墙柱轴压比汇总表　　表 2.4.5-2

构　　件	轴压比最大值	限值	判定
墙（考虑型钢）	0.40	0.4	满足要求
柱（考虑型钢）	0.64	0.70（短柱 0.65）	满足要求

9. 顶点舒适度验算

根据《建筑结构荷载规范》GB 50009 规定的 10 年一遇的风荷载标准值作用下，塔楼顶点最大加速度如表 2.4.5-3 所示。

塔楼顶点最大加速度（m/s^2）　　表 2.4.5-3

风　　向	X 向顺风	X 向横风	Y 向顺风	Y 向横风
最大加速度	0.073	0.082	0.050	0.123
规范限值	0.25			

由上表可知，结构满足规范关于风振舒适度的要求。

10. 弹性时程分析

（1）时程分析的 X 向、Y 向平均基底剪力分别为 CQC 基底剪力的 99%、90%，能满足“不小于振型分解反应谱法分析基底剪力的 80%，且不大于振型分解反应谱法分析基底剪力的 120%”的要求，各地震波的基底剪力能满足不小于振型分解反应谱法基底剪力的 65%，不大于振型分解反应谱法基底剪力的 135%的要求，所选地震波能满足规范要求；

（2）楼层弹性时程分析的层剪力平均值在中高区楼层大于反应谱分析的层剪力，设计时对相应楼层的 CQC 地震影响按照广东省《高规》第 4.3.5 条、《建筑抗震设计规范》第

5.1.2 条的要求进行适当放大。

2.4.6 中震作用下性能分析

1. 整体计算结果

中震计算时重要参数的选取如下：

(1) 不考虑风荷载组合；

(2) 周期折减系数取 1.0，不考虑构件地震力调整；

(3) 地震影响系数最大值取 0.23，考虑双向地震作用和偶然偏心作用；

(4) 连梁刚度折减系数取 0.5，中梁刚度放大系数取 1.0（不予放大）；

(5) 构件重要性系数 η：关键构件取 1.1；一般竖向构件取 1.0；水平耗能构件取 0.7/0.8；

(6) 承载力利用系数 ξ：0.74（压、剪）；0.87（弯、拉）；

(7) 材料强度取标准值；

(8) 其他参数与小震弹性计算相同。

中震作用下结构的整体计算结果如表 2.4.6-1 所示。

中震整体计算结果表 **表 2.4.6-1**

项目	X 向	Y 向
层间位移角	1/311（33F）	1/421（28F）
基底剪力 Q_0（kN）	42672	44451
剪重比 Q_0/W_t	2.662%	2.773%
基底剪力与小震规范谱的比值	2.47	2.49

2. 剪力墙、框架柱抗震性能验算

(1) 拉应力验算

中震作用下各地震工况与重力荷载代表值（1.0DL+0.5LL）组合后，底部剪力墙中部分出现拉应力，现根据全国《超限高层建筑工程抗震设防专项审查技术要点》（2015 年版）第十二条第 4 点对墙肢进行验算复核（表略），验算结果均小于 1 倍的混凝土抗拉强度标准值，满足要求。

(2) 拉弯、压弯轻微损坏验算

YJK 软件中震验算底部加强区核心筒、框架柱的拉弯、压弯轻微损坏配筋结果详见表 2.4.6-2 所示，计算结果表明：底部加强区的核心筒边缘构件配筋值多由计算配筋控制，施工图设计时需进行中震与小震工况下的包络设计，其余部位核心筒边缘构件及框架柱只需满足构造配筋率即可满足中震抗弯轻微损坏的性能目标要求。

塔楼竖向构件纵向配筋情况 **表 2.4.6-2**

层号	配筋结果	
	框架柱	核心筒剪力墙
1～4	基本为构造配筋	计算配筋
5～13	构造配筋	构造配筋
14～28	构造配筋	构造配筋
29 以上	构造配筋	顶层出现计算配筋，其余为构造配筋

为了更准确地计算剪力墙和框架柱拉弯、压弯承载力，现按照《混凝土结构设计规范》附录 E 的方法，采用 ETABS 中的截面设计器进行补充计算（图 2.4.6-1 仅列出首层部分构件），分析部分楼层墙柱的截面承载力（墙内型钢按满足轴压比、墙肢拉应力所需输入、约束边缘构件配筋率按特一级最小构造配筋率 1.4%或适当提高输入），得到墙肢的 *P-M* 曲线，并提取各组合工况内力（YJK 中震计算的弯矩不利、轴压不利、轴拉不利分别控制的组合）与之比较进行验算，结果表明该部分楼层补充验算的剪力墙、框架柱均能满足中震抗弯轻微损坏要求。

（3）抗剪轻微损坏验算

YJK 软件中震验算各层核心筒、框架柱的抗剪轻微损坏配筋结果（表略）表明：底部加强区墙肢按特一级构造水平配筋率能满足中震抗剪轻微损坏的要求，其余楼层多数墙肢只需满足构造水平配筋率则能满足中震抗剪轻微损坏的要求，局部墙肢需适当提高水平分布筋配筋率后才能满足中震抗剪轻微损坏的要求，框架柱只需满足构造配箍则可满足中震抗剪轻微损坏的要求。

参考《组合结构技术规范》9.1.6-2 公式与 9.1.8-2 公式、广东省《高规》3.11.3-1 公式，对首层核心筒外围剪力墙（考虑轴压比、墙肢受拉所需型钢）进行抗剪承载力补充验算，如表 2.4.6-3 所示（墙肢编号见图 2.4.6-1（*b*））。验算结果表明：底部加强区的核心筒剪力墙能满足中震抗剪轻微损坏的性能目标。

首层墙肢中震抗剪轻微损坏验算结果汇总表　　表 2.4.6-3

层号	墙肢	*N*（kN）	*V*（kN）	墙（mm）	墙厚（mm）	混凝土等级	配筋率（%）	抗剪承载力（kN）	结论
1F	W1	−12737	5506	5400	900	C60	0.4	9946	满足
	W2	−16025	6901	5400	900	C60	0.4	10089	满足
	W3	2722	2809	3800	900	C60	0.4	7195	满足
	W4	−5161	3516	4100	900	C60	0.4	7416	满足
	W5	−14326	3206	3450	900	C60	0.4	6971	满足
	W6	−36697	2440	3150	900	C60	0.4	6908	满足
	W7	−131	2663	3300	900	C60	0.4	6669	满足
	W8	4933	4052	3800	900	C60	0.4	7099	满足
	W9	−13478	7275	5400	900	C60	0.4	9979	满足
	W10	−8048	5649	5400	900	C60	0.4	9742	满足
	W11	5109	3746	3800	900	C60	0.4	7091	满足
	W12	−5039	2980	3700	900	C60	0.4	6891	满足
	W13	−48589	3362	3850	900	C60	0.4	8028	满足
	W14	−25634	2074	3150	900	C60	0.4	6908	满足
	W15	−3656	3743	4400	900	C60	0.4	7740	满足
	W16	1204	3684	3800	900	C60	0.4	7261	满足

注：轴力受拉为正，受压为负。

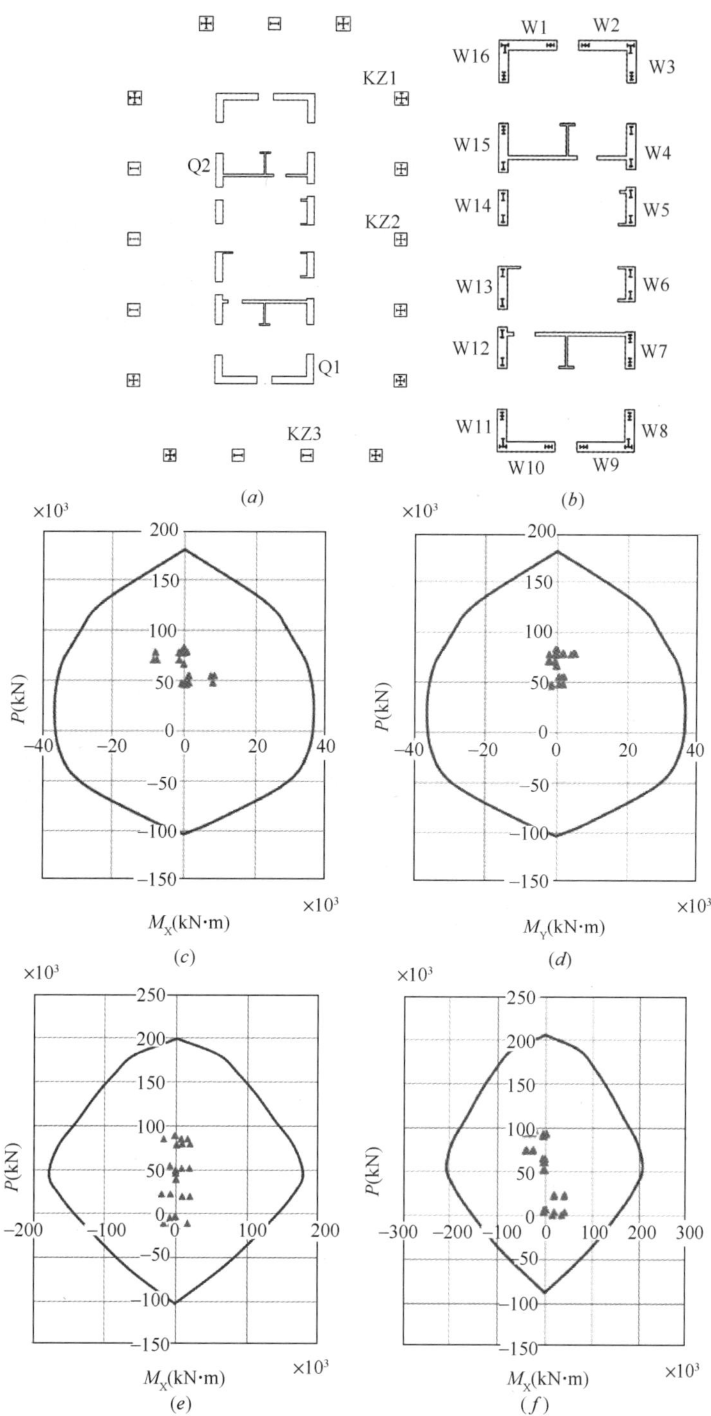

图 2.4.6-1 拉弯、压弯承载力补充验算（P-M 曲线）

（a）抗弯验算构件编号图；（b）抗剪验算墙肢编号图；（c）KZ1X 向 P-M 曲线；（d）KZ1Y 向 P-M 曲线；（e）Q1 P-M 曲线；（f）Q2 P-M 曲线

3. 框架梁、连梁中震验算结果

YJK 软件中震验算各层框架梁、连梁的配筋结果及连梁受剪承载力，表略。计算结果表明：框架梁、连梁均能满足抗剪截面限制要求，抗弯、抗剪均能满足轻度损坏、部分中度损坏的性能水准。

4. 楼板应力分析

本工程 3、4 层存在楼板不连续的情况，为保证地震作用下楼板能可靠地传递水平地震力，采用 YJK 软件进行了中震作用下的弹性楼板应力分析。楼板应力云图如图 2.4.6-2 所示。计算结果显示：在各工况下板内应力均较小，除抗侧力构件与楼板交接位置（特别是剪力墙筒角、墙端部）出现的应力集中（可在构造上通过适当加设放射筋或角筋进行加强）外，绝大部分区域的楼板拉应力均小于 C30 混凝土抗拉强度标准值（$f_{tk}=2.01$MPa），构造上适当加强配筋即可。

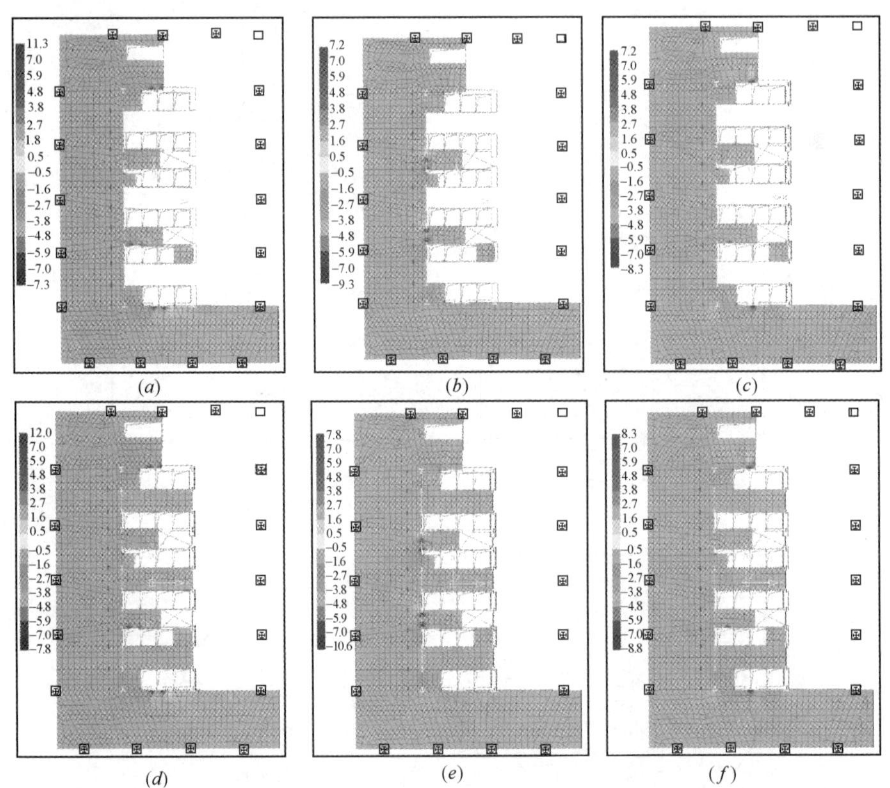

图 2.4.6-2　楼板应力云图

(*a*) σ_{xx} (3F)；(*b*) σ_{yy} (3F)；(*c*) τ_{xy} (3F)；(*d*) σ_{xx} (4F)；(*e*) σ_{yy} (4F)；(*f*) τ_{xy} (4F)

5. 大跨度悬挑梁性能验算

(1) 小、中、大震承载力复核

本工程二层西侧、标准层北侧均存在大跨度悬挑区域，如图 2.4.6-3 所示，现根据广东省《高规》第 4.3.2 条对大悬挑构件及其支承柱、支承梁计入竖向地震作用进行验算。为了减小悬挑构件自重，悬挑梁采用刀把型变截面做法，其尺寸详见表 2.4.6-4。小震和

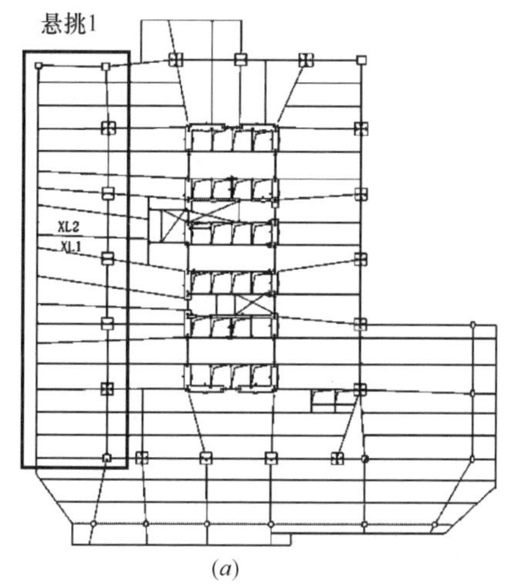

(a)

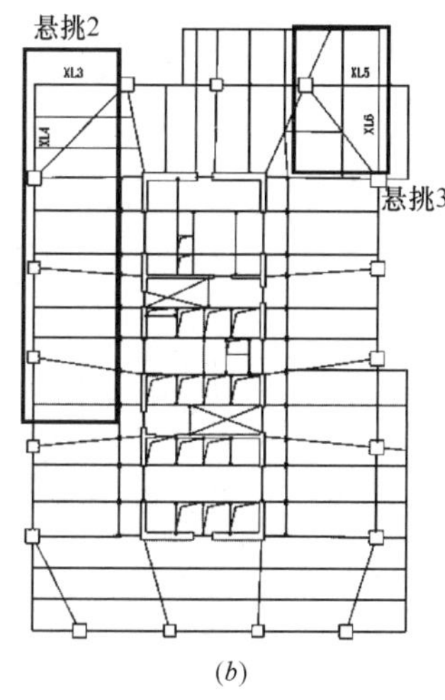

(b)

图 2.4.6-3 大悬挑梁平面示意图

(a) 二层结构平面；(b) 标准层（以 27 层为例）结构平面

悬挑梁截面尺寸及跨度 表 2.4.6-4

编号	截面尺寸	型钢截面	悬挑长度（mm）
XL1	600×1200（加型钢）/900	12×800×300×20	8650
XL2	500×1200（加型钢）/900	12×800×300×20	9150
XL3	600×1100（加型钢）/900	12×700×300×20	9050
XL4	600×1100（加型钢）/900	12×700×300×20	9200
XL5	600×1100（加型钢）	12×700×300×20	7200
XL6	600×1100（加型钢）	12×700×300×20	9100

中、大震的配筋对比如图 2.4.6-4 所示（仅列举悬挑 1 区及悬挑 3 区计算结果）。

计算结果显示：悬挑 1 区的悬挑梁主要为竖向荷载工况控制，由于梁内设置了型钢，配筋率均未超过 1.80%，型钢内沿至内跨梁的跨中；标准层悬挑 2 区的悬挑梁，根部配筋均为构造配筋；标准层悬挑 3 区的悬挑梁主要为小震控制。大悬挑梁的支承柱基本为构造配筋，悬挑 1 区的支承梁（截面尺寸为 600×1200）由于内跨梁已加高平衡悬挑弯矩使其配筋均较小。

由于悬挑梁为静定结构，为了提高其安全性，在施工图设计时，参考广东省《高规》第 4.3.17 条计算构件的竖向地震作用（构件承受的重力荷载代表值乘以竖向地震作用系数 0.08），并与软件取包络配筋设计。

（2）挠度、裂缝复核

现选取竖向荷载较大的楼层（避难层）进行大跨度悬挑梁挠度及裂缝的验算，由计算结果可知：大跨度悬挑梁的裂缝最大值为 0.18，小于《混规》第 3.4.5 条的限值 0.3；根据《混规》第 3.4.3 条悬挑梁的挠度限值为 70mm（悬挑跨度为 8850mm），由结果显示挠度为 88.9mm 超过规范限值，施工阶段可通过预先起拱解决。

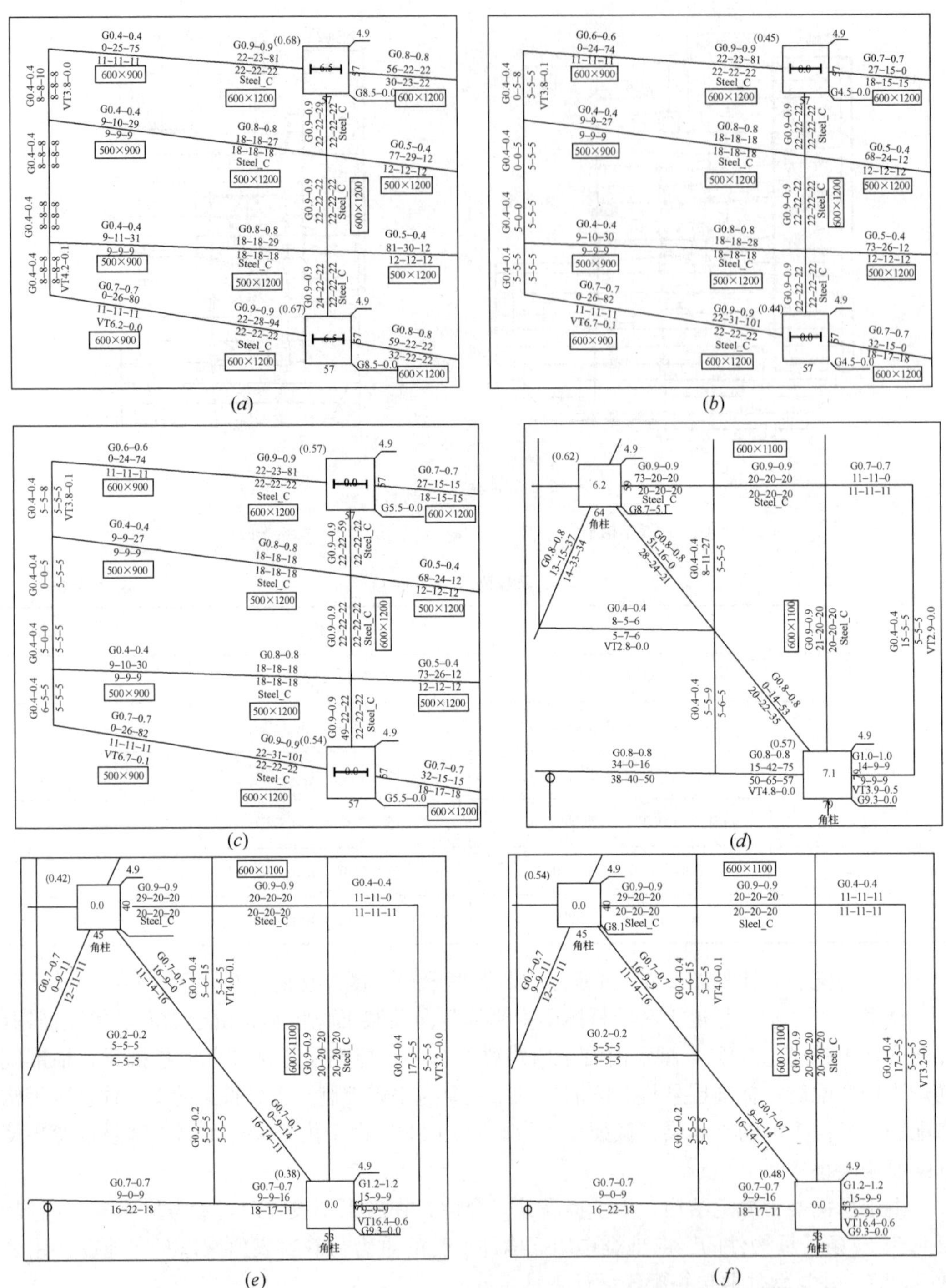

图 2.4.6-4　大悬挑构件及其支承柱、支承梁配筋对比

(a) 悬挑 1 区小震配筋；(b) 悬挑 1 区中震配筋；(c) 悬挑 1 区大震配筋；(d) 悬挑 3 区小震配筋；(e) 悬挑 3 区中震配筋；(f) 悬挑 3 区大震配筋

2.4.7　大震性能目标验算

本工程综合采用动力弹塑性方法和等效弹性方法进行大震性能目标验算，验算内容为：

（1）采用动力弹塑性分析软件 SAUSAGE 通过动力弹塑性方法验算结构的弹塑性变形，了解结构的薄弱楼层和薄弱部位以及结构构件的性能水平；

（2）采用 YJK 软件通过等效弹性方法验算关键构件的抗剪截面。

1. 整体计算结果

本工程采用两组天然波 GM1、GM5 和一组人工波 AM2 共三组地震波，采用 SAUSAGE 软件进行罕遇地震作用下的弹塑性时程分析，分析模型所有构件的配筋信息均基于 YJK 小震弹性计算得到的结果，核心筒底部加强区竖向及水平分布筋配筋率为 0.40%，其余楼层竖向及水平分布筋配筋率为 0.25%。SAUSAGE 模型与 YJK 模型质量和周期如表 2.4.7-1 所示，两个软件计算结果接近，说明 SAUSAGE 模型是可靠的。

SAUSAGE 模型与 YJK 模型计算结果对比 **表 2.4.7-1**

计算结果		周期（s）			质量（t）
		T_1	T_2	T_3	
模型	SAUSAGE	5.62（X 向平动）	4.27（Y 向平动）	3.89（扭转）	169320
	YJK	5.40（X 向平动）	4.52（Y 向平动）	4.12（扭转）	160196

表 2.4.7-2 是结构通过 SAUSAGE 软件在双向地震作用下的弹塑性分析整体结果，每项均给出各主方向的两向计算结果，图 2.4.7-1 展示了结构在各时程曲线计算下的楼层层位移角曲线。

弹塑性分析整体结果 **表 2.4.7-2**

地震波		GM1		GM5		AM2	
		X 主向	Y 主向	X 主向	Y 主向	X 主向	Y 主向
小震基地剪（kN）		17279（X），17868（Y）					
小震最大剪重比		1.08%（X），1.12%（Y）					
大震最大基底剪（kN）	X	77930	77977	76168	81286	76347	77443
	Y	73849	73708	77132	77380	72126	75593
剪重比	X	4.60%	4.61%	4.50%	4.80%	4.51%	4.57%
	Y	4.36%	4.35%	4.56%	4.57%	4.26%	4.46%
顶点最大位移（mm）	X	866	922	965	1151	1001	943
	Y	603	830	789	779	847	902
最大层间位移角	X	1/144	1/145	1/128	1/127	1/136	1/143
	Y	1/215	1/164	1/164	1/167	1/155	1/148

注：① 小震反应谱地震影响系数规范取 0.08，特征周期取 0.35s，大震特征周期按规范取值 0.40s；
② 天然波输入为一对同一次地震动中，方向相垂直的加速度时程。

对大震弹塑性计算整体指标的综合评价：

（1）在考虑重力二阶效应及大变形的条件下，塔楼在地震作用下的最大顶点位移为 1.15m，计算结果收敛，模型最终仍能保持直立，满足“大震不倒”的设防要求；

（2）在各组地震波作用下的最大弹塑性层间位移角 X 向为 1/127，Y 向为 1/148，均小于 C 类性能目标 1/125 的规范限值，且各层之间未出现突变；

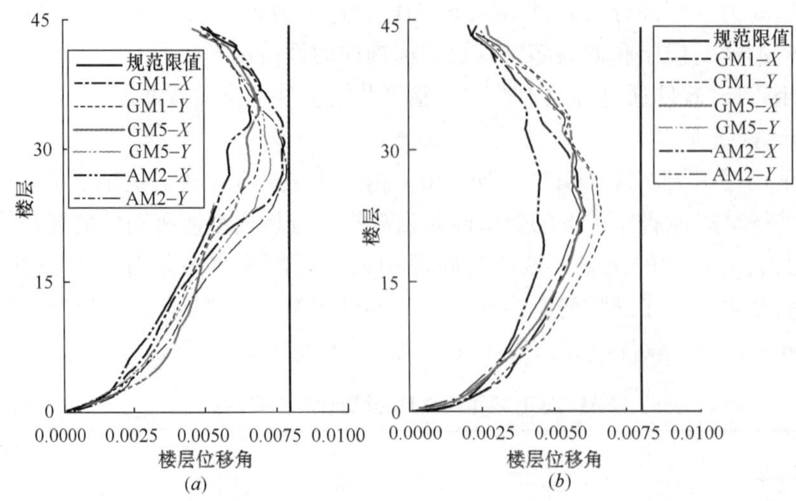

图 2.4.7-1　各波楼层层间位移角曲线

(a) X 主向各波楼层层间位移角曲线；(b) Y 主向各波楼层层间位移角曲线

(3) 大震作用下，对于各条地震波，结构 X 向的最大基底剪力是小震的 4.41～4.48 倍，Y 向的最大基底剪力是小震的 4.17～4.48 倍；

(4) 考虑到各组地震波的总体反应指标，并根据结构损伤情况进行比较，以 GM5 中 Y 主向地震输入反应相对较大，后文将主要列举该组地震波作用下的计算结果。

2. 核心筒墙肢、连梁损伤情况

根据图 2.4.7-2 的墙肢受压损伤情况图和核心筒墙肢受拉损伤情况图，可以对核心筒墙肢及连梁的损伤情况得出以下结论：

(1) 核心筒受拉刚度退化现象主要集中在核心筒底部加强区域及以上部分区域；

(2) W2、W4 墙肢在中间层及以下出现轻度～中度受压损伤，说明这部分墙体混凝土出现了小范围的剪压破坏的现象，这是由于墙肢长度太长（6～8m），吸收了较多的水平向地震力；避免此类破坏应适当提高此区域剪力墙分布筋配筋率、墙肢端部增设暗柱、楼层处增设暗梁，以形成暗框架，增强该段墙肢的延性，减少损伤；

(3) 核心筒边缘构件及柱内钢筋/型钢均未出现屈服，未出现损坏。

3. 外框架梁柱损伤情况

本工程外框由钢筋（钢骨）混凝土柱＋混凝土框架梁组成。框架柱、斜柱、框架梁的损伤情况如下：

(1) 柱混凝土只在结构底部出现轻微受压损坏，受拉损伤大多集中出现在结构底部及顶部楼层，柱内钢筋未出现塑性应变，综上，结构柱总体的损伤程度为大部分基本完好，局部轻微～轻度损伤。

(2) 大部分混凝土框架梁端部出现了轻度～中度受压损伤，这说明在大震作用下，大多数框梁端部都因受弯屈服出了塑性铰，起到耗能的作用，梁内钢筋塑性应变最大值约 0.0027，属于轻微损坏，大部分框架梁的端部出现塑性铰，强柱弱梁的设计意图基本得以实现。

4. 楼板损伤情况

本工程的楼板在结构 2～4 层存在大开洞，在结构 32～36 层存在斜柱，限于篇幅，下

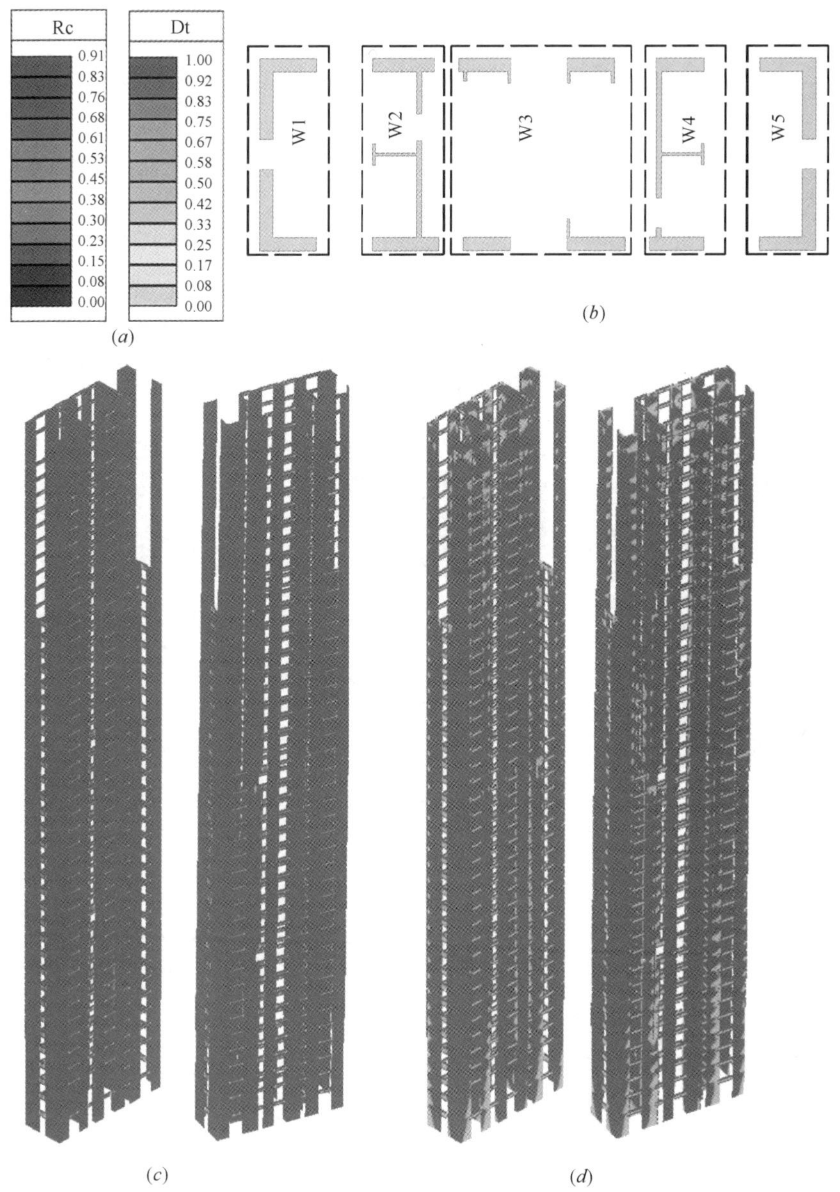

图 2.4.7-2 核心筒墙肢及连梁损伤情况

(a) 墙肢受压损伤、受拉损伤云图图例；(b) 核心筒墙肢编号；(c) 核心筒总体受压损伤情况图；(d) 核心筒总体受拉损伤情况图

面列出 2 层、4 层、32 层、34 层、35 层的楼板损伤情况，如图 2.4.7-3 所示。楼板的模拟采用分层壳单元，其中核心筒内板厚 150mm，核心筒外板厚 110mm。

可以得出以下结论：

(1) 结构 2～4 层在核心筒内外交界处少量较严重损伤，可采取局部加厚楼板，附加钢筋等措施；

(2) 32～36 层斜柱周边位置出现小范围受压损伤，可采取局部加厚楼板，附加钢筋等措施。

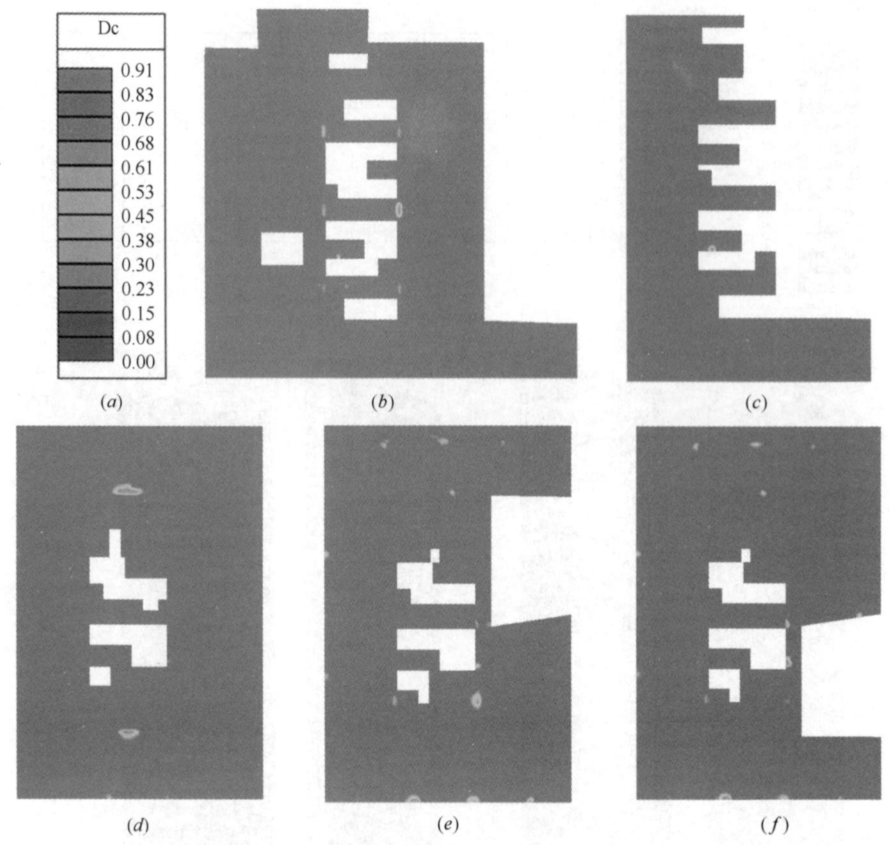

图 2.4.7-3　楼板受压损伤云图

(*a*) 受压损伤云图例；(*b*) 2 层楼板受压损伤云图；(*c*) 4 层楼板受压损伤云图；(*d*) 32 层楼板受压损伤云图；(*e*) 34 层楼板受压损伤云图；(*f*) 35 层楼板受压损伤云图

5. 大震等效弹性关键构件抗剪截面验算

本工程还采用 YJK 软件通过等效弹性计算方法对本结构底部加强区核心筒剪力墙（关键构件）及外框柱进行抗剪截面复核，大震等效弹性整体计算结果如表 2.4.7-3 所示，抗剪截面复核结果如图 2.4.7-4 所示，限于篇幅仅显示首层和 3 层复核结果，验算时参考《高规》JGJ 3—2010 中 7.2.7 条和《组合结构设计规范》JGJ 138—2016 中 6.2.13 条，验算结果表明：大震作用下，底部加强区核心筒剪力墙（关键构件）及外框柱能够满足抗剪截面要求。

大震整体计算结果　　表 2.4.7-3

项　目	*X* 向	*Y* 向
层间位移角	1/136（33 层）	1/143（22 层）
基底剪力 Q_0（kN）	95305	95758
剪重比 Q_0/W_t	5.95%	5.98%
大震基底剪力与小震基底剪力的比值	5.52	5.36

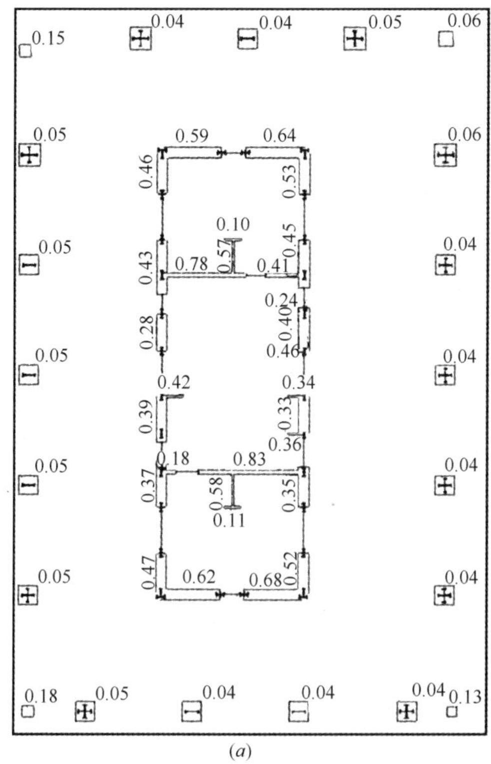

(a)

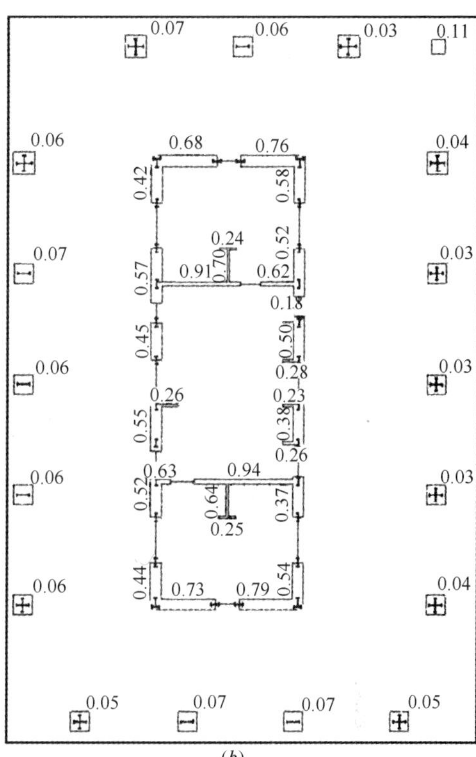

(b)

图 2.4.7-4　墙肢、框架柱大震抗剪截面验算结果

（a）首层；（b）3 层

注：① 不考虑 γ_{RE} 调整；

② 图中数值为构件剪力设计值与截面抗剪承载力的比值。

6. 大震性能目标验算总结

综上所述，本工程各部位主要构件在大震下损坏情况验算结果汇总见表 2.4.7-4，本工程在大震作用下的等效弹性分析，动力弹塑性分析性能目标计算复核结果汇总如表 2.4.7-5 所示。

罕遇地震作用下主要构件损坏情况汇总表　　　　表 2.4.7-4

构　件	轻微损坏	轻度损坏	中度损坏	比较严重损坏
核心筒	底部加强区	部分连梁 中上部部分墙肢端部	部分连梁	部分连梁
框架柱	结构底部局部柱	无	无	无
框架梁	绝大多数梁受拉开裂	部分梁	部分梁端出现塑性铰	无
楼板	局部楼板受拉开裂	局部楼板	无	无

罕遇地震作用下性能目标验算结果汇总表　　表 2.4.7-5

构件类型	构件位置	罕遇地震验算结果	结构整体表现	结论
关键构件	底部加强区核心筒剪力墙、高区北侧斜柱及相连的楼面梁、大跨度悬挑梁及其支承构件	轻度损坏；受剪截面满足截面限制条件。	位移角满足 1/125，满足“大震不倒”的设防要求	满足
普通竖向构件	非底部加强区剪力墙	部分构件中度损坏，抗剪截面满足要求。		满足
	框架柱			
耗能构件	框架梁	部分梁端出现塑性铰，进入中度损坏。		满足
	连梁	大部分梁端出现塑性铰，进入中度、较严重损坏。		

2.4.8　结构专项分析

1. 整体稳定性分析

本工程为超 B 级高度的高层建筑，地震工况下结构刚重比 EJ_d/GH^2 大于 1.4，能够通过广东省《高规》第 5.4.4 条的整体稳定验算，但 X 向刚重比 EJ_d/GH^2 小于 2.7；根据广东省《高规》5.4.2 条，本工程应考虑重力二阶效应对水平力作用下结构内力和位移的不利影响。为更详细评价本工程整体稳定性，根据广东省《高规》第 5.4.5 条建议，现采用 ETABS 对 3 栋塔楼进行稳定性分析，分析中楼板面内为无限刚，面外刚度不考虑，通过分析得到的在荷载组合（1.0DL＋1.0LL）作用下计算的前 3 阶整体屈曲模态如图 2.4.8-1 所示，通过特征值法得到的整体屈曲因子 λ 数值如表 2.4.8-1 所示。

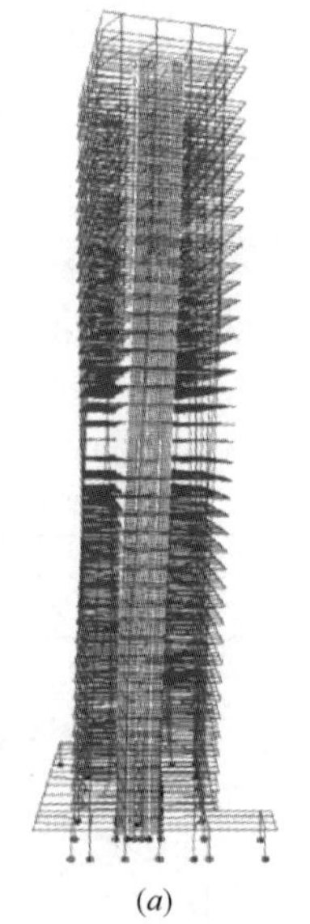

(*a*)

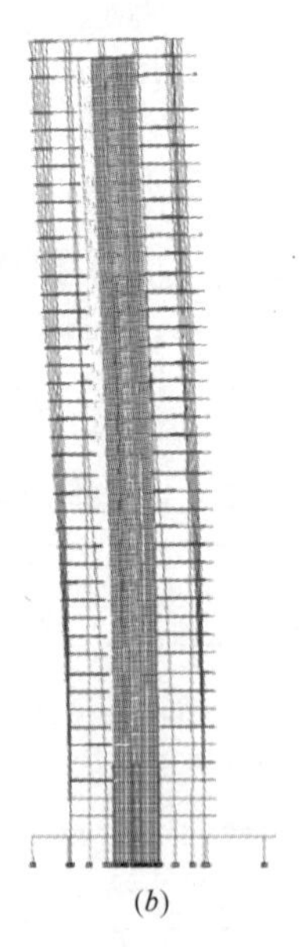

(*b*)

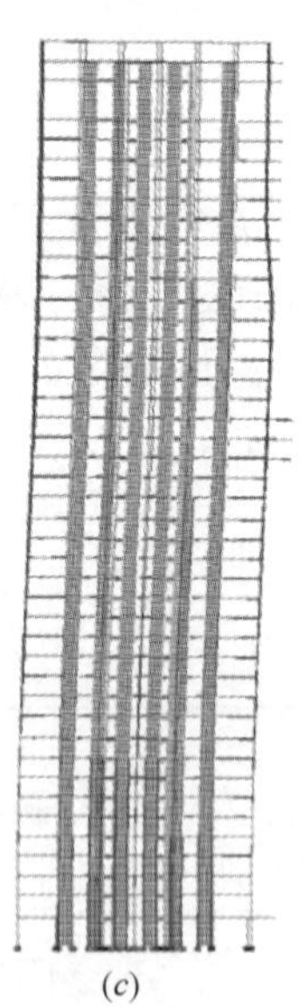

(*c*)

图 2.4.8-1　整体稳定前 3 阶屈曲模态图

(*a*) 第一阶；(*b*) 第二阶；(*c*) 第三阶

通过计算分析，本工程在（1.0DL+1.0LL）作用下第1阶整体屈曲模态表现为扭转失稳，$\lambda=15.55$，满足广东省《高规》5.4.5条规定：通过特征值法得到的整体屈曲因子 λ 不宜小于10。

整体稳定前三阶整体屈曲因子 λ 数值表　　表 2.4.8-1

阶数	第一阶	第二阶	第三阶
整体屈曲因子 λ	$\lambda=15.55$（扭转）	$\lambda=16.52$（X 向平动）	$\lambda=20.29$（Y 向平动）

2. 跃层柱计算长度分析

本工程在3～4层取消部分楼层梁及楼板，形成三层通高的跃层柱（柱长14.1m），竖向构件的稳定性受到削弱，故有必要对跨层外框柱的实际计算长度进行分析。现采用ETABS2015的屈曲分析功能，通过在结构整体模型中得到柱真实的约束条件，通过选取典型的两根跃层柱C1（1600×1600）、C2（1800×1800）进行屈曲分析得到其屈曲模态、屈曲荷载系数，而求得柱的屈曲临界荷载 $P_{cr}=\frac{\pi EI}{\mu L^2}$，并根据欧拉公式 $L_e=\mu L=\sqrt{\frac{\pi EI}{P_{cr}}}$ 反算出柱的计算长度，如图2.4.8-2及表2.4.8-2所示。

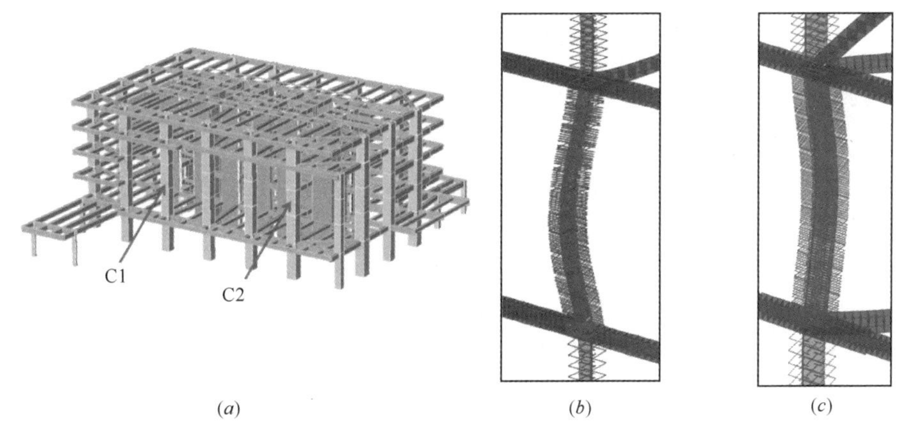

图 2.4.8-2　跃层柱屈曲分析示意图

（*a*）跃层柱编号示意；（*b*）柱C1一阶模态屈曲；（*c*）柱C2一阶模态屈曲

跃层柱屈曲分析计算结果汇总表　　表 2.4.8-2

分区编号	构件长度（m）	抗弯刚度（kN·m²）	屈曲临界荷载（kN）	计算长度（m）	计算长度系数
C1	14.1	21438000	2638155	9.0	0.638
C2	14.1	35463600	4240028	9.1	0.645

通过以上分析结果，可知跃层柱的计算长度系数均小于1.0，满足规范要求，考虑保守设计，柱的计算长度系数仍按《混规》第6.2.20条取值。

3. 通高部位刚度比及抗剪承载力验算

3栋办公楼2～4F的外框柱和核心筒中，部分外框柱三层通高（$H=14.1$m），核心筒一侧在3F无楼面梁连接，考虑3F的连接较弱，现将3F的梁板作为夹层（即合并3F、

4F建立模型，层高9.6m)，验算刚度比和抗剪承载力之比，结果如图2.4.8-3所示。

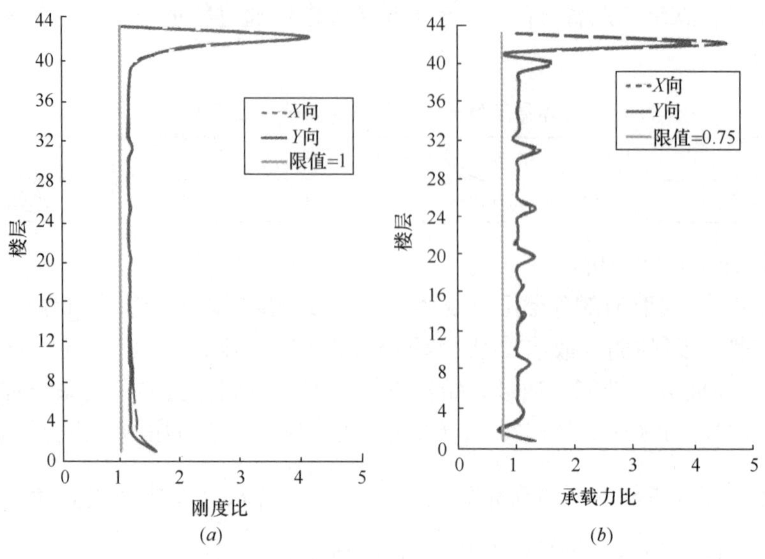

图2.4.8-3 通高部分分析结果曲线

(a) 楼层刚度比值曲线；(b) 楼层抗剪承载力比值曲线

从图2.4.8-3(a)曲线可知，按通高复核的部位，楼层刚度比均大于1(已除以0.9)，结构不存在软弱层。从图2.4.8-3(b)曲线可知，按通高复核的部位，抗剪承载力之比略微小于0.75，考虑3F楼面梁板的有利作用，在施工图设计时，需适当提高墙身水平分布筋配筋率和柱子纵向钢筋配筋率。

4. 斜柱及相连梁板受力分析

本工程平面北侧33层至37层楼面间设有斜柱，斜率为1∶10，为进一步了解斜柱及其相连构件的受力特点，现取北侧典型中间斜柱及其相连构件做受力分析，如图2.4.8-4所示，斜柱对结构的主要影响是柱子倾斜而引起的水平分力，该水平分力由梁、板共同承担。现将中间斜柱节点处(33层及37层)内力整理于表2.4.8-3。

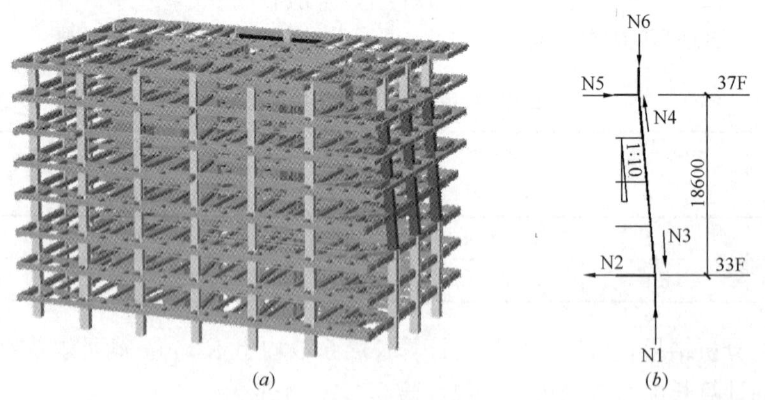

图2.4.8-4 斜柱受力分析

(a) 斜柱三维示意图；(b) 中间斜柱受力简图

节点处受力情况（小震）　　表 2.4.8-3

项　　目	小震组合（拉力为正压力为负，单位：kN）				
	D+L	D+L+W_x	D+L+W_y	D+L+E_x+W_x	D+L+E_y+W_y
N1	−12859	−12894	−13465	−12874	−13322
N2（框梁）	409	410	437	435	457
N3	−11751	−11780	−12304	−11854	−12264
N4	−8930	−8944	−9333	−9016	−9318
N5（框梁）	−281	−279	−297	−287	−301
N6	−8150	−8157	−8488	−8216	−8471

由表 2.4.8-3 可看出，由于斜柱轴力水平分量的影响，与斜柱根部相连的框梁受拉，小震组合下框梁的拉应力约为 1.08MPa，小于混凝土抗拉强度标准值 f_{tk}=2.01MPa。故在施工图设计时，与斜柱根部相连的框梁按拉弯构件进行小震、中震的包络设计，适当加强上下纵筋及腰筋，保证足够的拉通钢筋，所有纵向钢筋均采用机械连接，箍筋全长加密。

斜柱轴力的水平分力是由梁与楼板共同承担的，由上表可知斜柱根部产生的水平分量主要由重力工况控制，现进行在重力工况下，斜柱根部楼板的应力分析，由图 2.4.8-5 可见斜柱根部位置附近，楼板在重力工况下产生的主拉应力均小于混凝土抗拉强度标准值 f_{tk}=2.01MPa，满足正常使用状态下楼板不开裂的要求。为了保证楼板的可靠传力，在施工图设计时，采用双层双向 10@150 加强配筋。

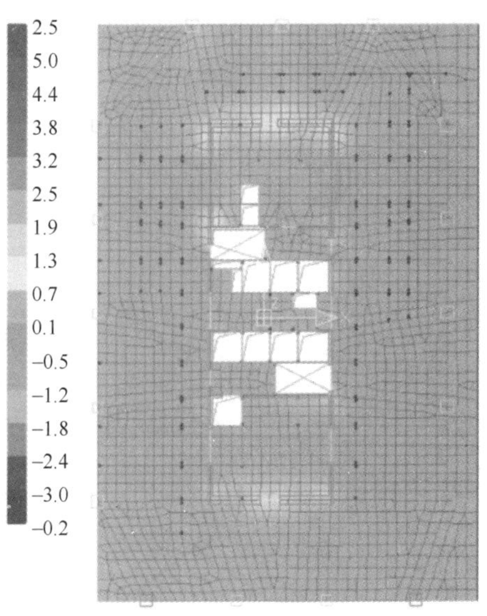

图 2.4.8-5　重力工况下 32 层楼板应力分布图

5. 结构抗连续倒塌性能分析

高层建筑结构应具有在偶然作用发生时适宜的抗连续倒塌能力，结构连续倒塌是指结构因突发事件或严重超载而造成局部结构破坏失效，继而引起与失效破坏构件相连的构件连续破坏。结构产生局部构件失效后，破坏范围可能沿水平方向和竖直方向发展，其中破坏沿竖直方向发展更为突出。当偶然因素导致局部结构破坏失效时，如果整体结构不能形成有效的多重荷载传递路径，破坏范围就可能沿水平和竖直方向蔓延，最终导致结构发生大范围的倒塌，甚至是整体倒塌。

可按《高层建筑混凝土结构技术规程》第 3.12 节要求来分析结构抗连续倒塌的能力。当拆除构件后，结构可以经过内力重分布形成新的荷载传递路径，若剩余结构构件超载力满足要求，说明此结构具有抗连续倒塌能力。若拆除构件后结构不能满足抗连续倒塌设计要求，即意味该构件为关键构件，需要验算在关键构件表面施加 80kN/m^2 侧向偶然作用设计值后的承载力，若满足构件承载力要求亦可说此结构具有抗连续倒塌能力。

（1）拆除构件法

选择底部边柱采用拆除构件法进行分析并验算其相邻柱承载力，如图 2.4.8-6 所示。

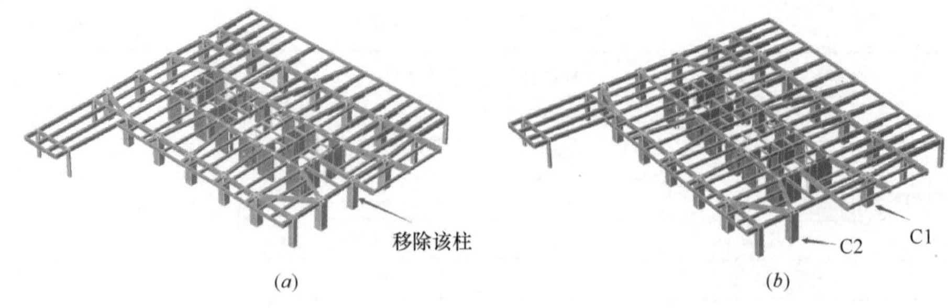

图 2.4.8-6　拆除构件法示意
(a) 边柱拆除示意图；(b) 相邻柱验算编号示意图

通过对相邻柱的承载力验算，如图 2.4.8-7，可知两柱均能满足防连续倒塌的设计要求。

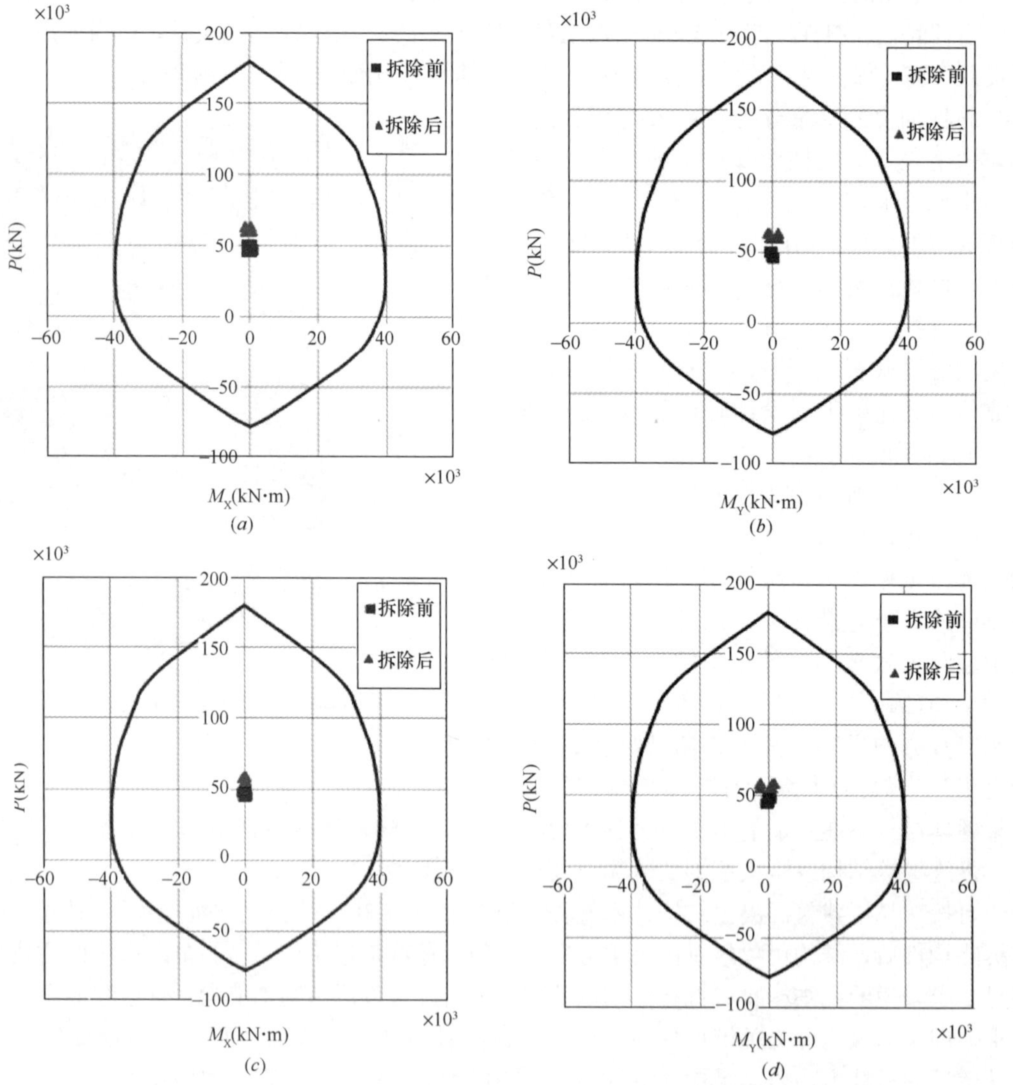

图 2.4.8-7　相邻柱构件承载力验算图
(a) C1 (X 向) P-M 曲线；(b) C1 (Y 向) P-M 曲线；(c) C2 (X 向) P-M 曲线；(d) C2 (Y 向) P-M 曲线

（2）偶然作用法

在边柱表面施加 80kN/m^2 侧向偶然作用设计值，其承载力验算结果如图 2.4.8-8，边柱内力在极限承载力之内，构件没有破坏，可满足抗连续倒塌的设计要求。

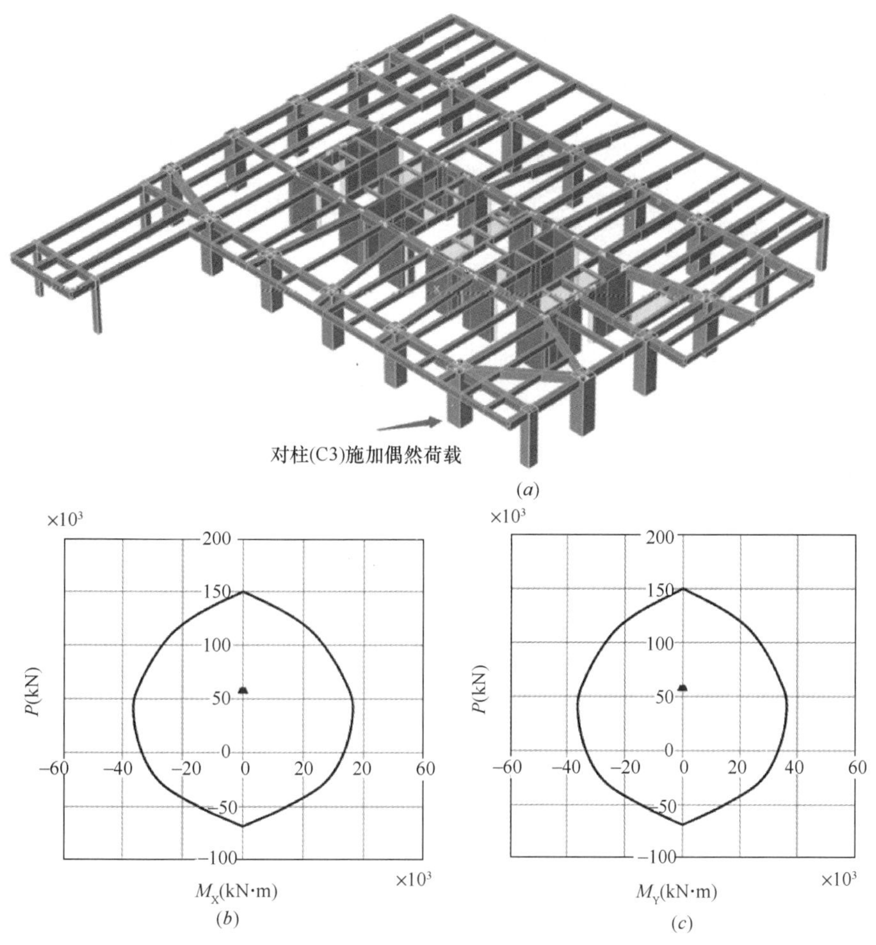

图 2.4.8-8 偶然荷载作用下承载力验算

（a）C3 位置示意图；（b）X 向 P-M 曲线；（c）Y 向 P-M 曲线

6. 大跨度悬挑梁出楼盖舒适度验算

人行走过程产生人体质量的运动，可以采用步行荷载进行时程分析模拟其过程，在有限元模型中考虑结构的质量、刚度与阻尼的影响，分析结构中控制点的振动加速度变化情况。本节将对 3 栋塔楼二层西侧及标准层北侧大悬挑处分别进行楼板振动分析，时程分析模型及其竖向自振模态如图 2.4.8-9 所示。

对上述时程分析模型输入连续步行（IABSE）函数（f_s＝1.9Hz），可得二层西侧及标准层北侧监控点竖向最大加速度分别为 0.049m/s^2 和 0.037m/s^2，如图 2.4.8-10 所示。

根据《高层建筑混凝土结构技术规程》第 3.7.7 条对楼板舒适度进行评估如下：

（1）由图 2.4.8-9 可知楼盖的竖向自振频率分别为 3.77Hz、8.12Hz，均大 3Hz，满

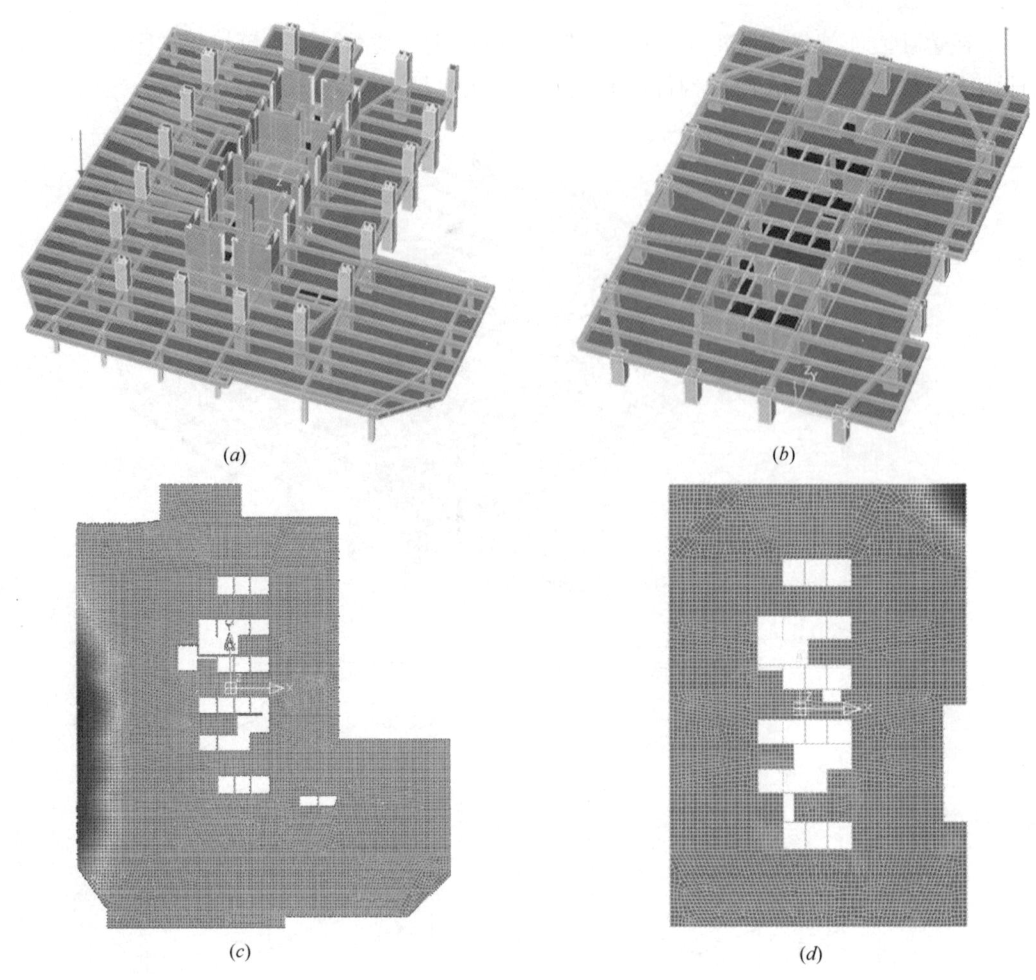

图 2.4.8-9 楼板振动分析

(a) 二层时程分析模型；(b) 标准层时程分析模型；(c) 二层西侧竖向自振模态（f=3.77Hz）；(d) 标准层北侧竖向自振模态（f=8.12Hz）

足规范要求；

(2) 由图 2.4.8-10 可知在连续步行荷载作用下，二层西侧最大竖向加速度为 0.049m/s^2，小于 0.15m/s^2，标准层北侧楼盖最大竖向加速度 0.037m/s^2，小于 0.05m/s^2，均满足规范对楼盖舒适度的要求。

7. 1 栋 A 座公寓部分中部大开洞分析

(1) 楼板分析

1 栋 A 座在 25 层以上（公寓部分）根据建筑需求在核心筒中间大开洞，如图 2.4.8-11，为了减轻中部大开洞对整体结构的在水平地震作用下力的传递的影响，对结构进行了以下处理：

① 保留南北两个核心筒之间的部分墙肢（墙肢厚度 400～600mm），维持核心筒的完整性；

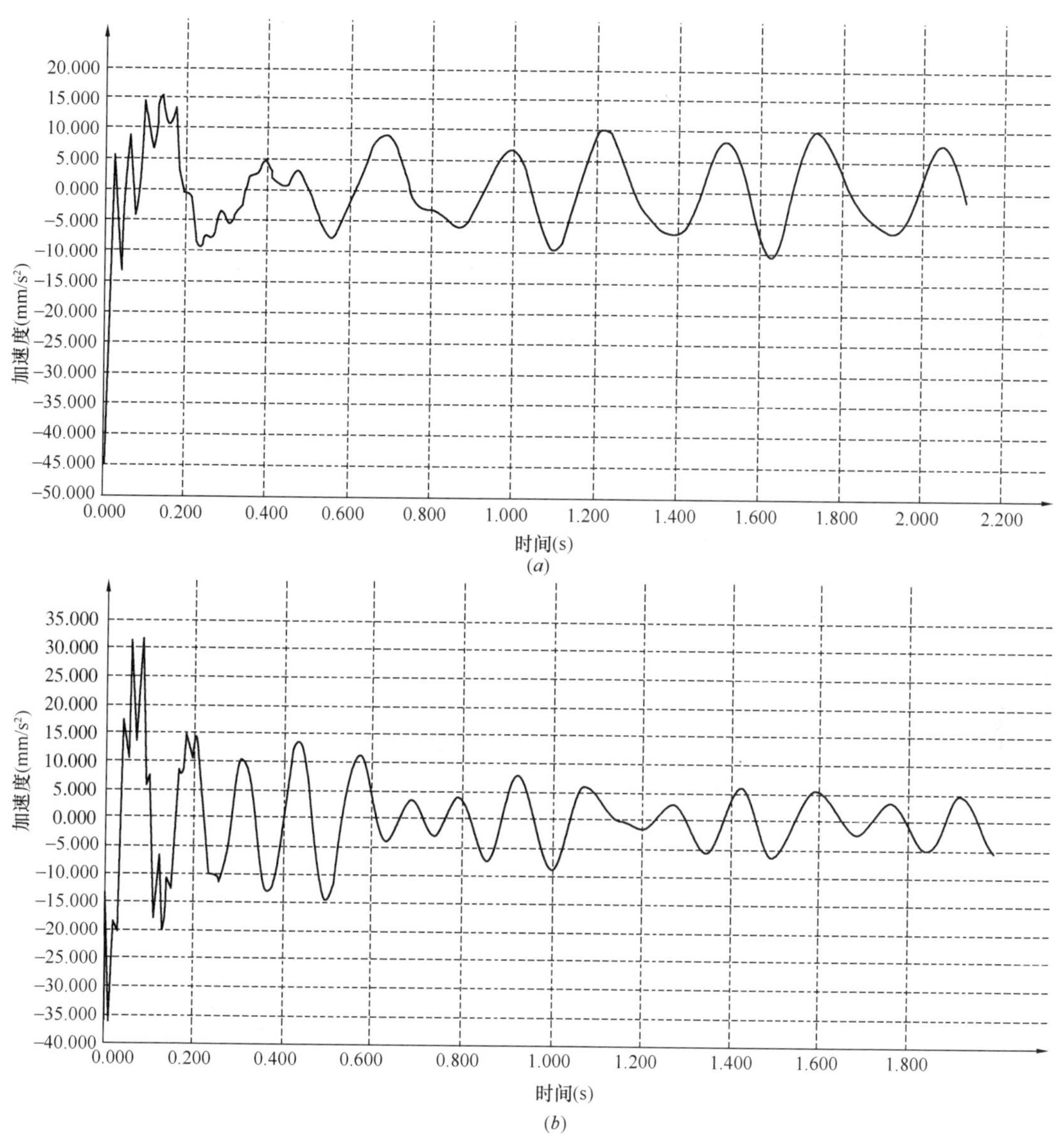

图 2.4.8-10　监控点竖向加速度时程图

（*a*）二层西侧监控点竖向加速度时程图；（*b*）标准层北侧监控点竖向加速度时程图

② 对楼层中部的板块进行了加厚处理，楼板厚度取为 150mm。

此外，通过对楼层进行楼板应力分析，以 25 层为例，如图 2.4.8-12 所示，计算结果显示：在各工况下板内应力均较小，除抗侧力构件与楼板交接位置（特别是剪力墙筒角、墙端部）出现的应力集中（可在构造上通过适当加设放射筋或角筋进行加强）外，绝大部分区域的楼板应力均小于 C30 混凝土抗拉强度标准值（f_{tk}=2.01MPa），构造上适当加强即可。

（2）一字剪力墙平面外承载力验算

考虑到楼层中部大开洞东侧的一字剪力墙面外有框架梁搭接，承受较大的面外荷载，且另一侧无楼板支撑，为了更准确地计算剪力墙拉弯、压弯承载力，现按照《混凝土结构

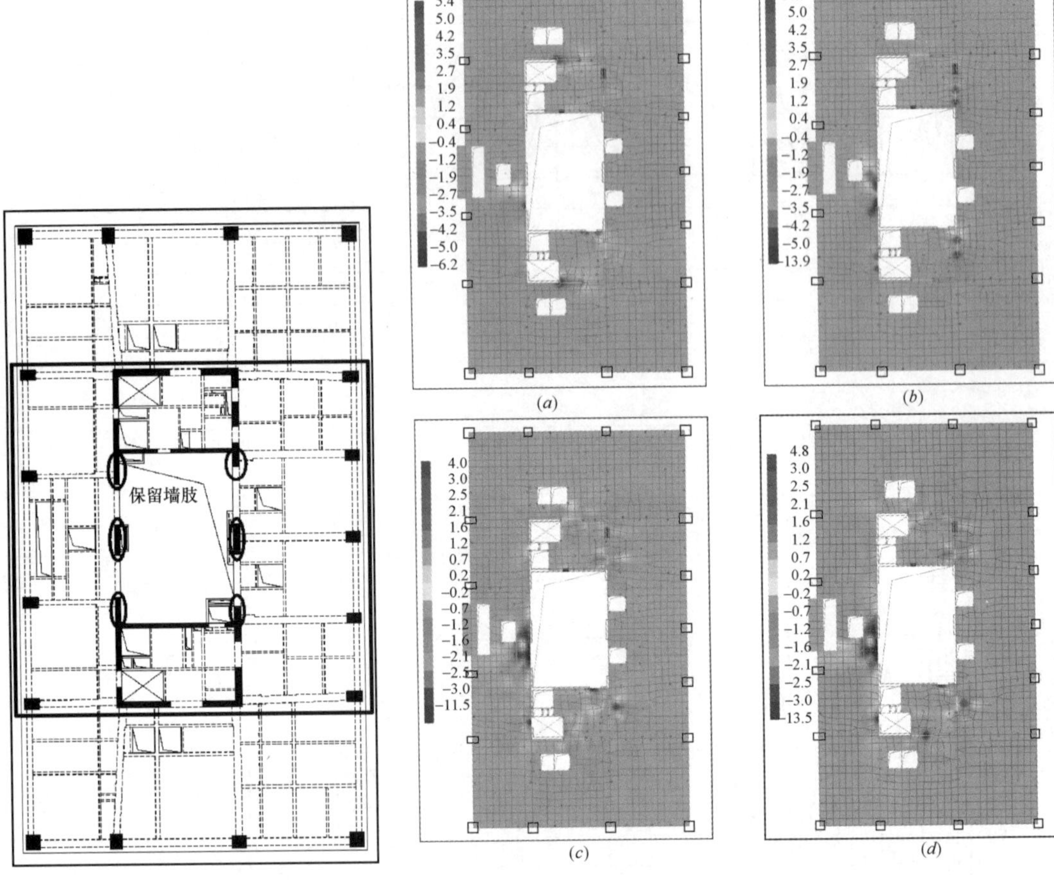

图 2.4.8-11 加强措施示意图

图 2.4.8-12 25 层地震作用下楼板应力云图

(*a*) σ_{xx}；(*b*) σ_{yy}；(*c*) τ_{xy}（*X* 向地震）；(*d*) τ_{xy}（*Y* 向地震）

设计规范》附录 E 的方法，采用 ETABS 中的截面设计器进行补充计算，如图 2.4.8-13 所示，分析 25 层（600mm 厚）和 34 层（400mm 厚）一字剪力墙的截面承载力（构造边缘构件配筋率按 0.8%或适当提高，墙竖向分布筋按最小构造配筋率 0.25%或适当提高输入），得到墙肢的 *P-M* 曲线，并提取各组合工况内力（中震计算与小震计算的各种工况组合）与之比较进行验算，验算结果表明补充验算的一字剪力墙承载力满足中震及小震工况下的承载力要求。

此外，对面外搭有框加梁的单肢剪力墙，施工图设计时按柱子建模进行包络设计，如图 2.4.8-14 所示。

2.4.9 针对超限采取的措施

本工程两栋塔楼高度为超 B 级超限高层建筑，存在“扭转不规则、楼板不连续、局部不规则”3 项不规则项。针对上述超限情况及设计中的关键技术问题，在设计中采取了如下计算、设计与构造措施：

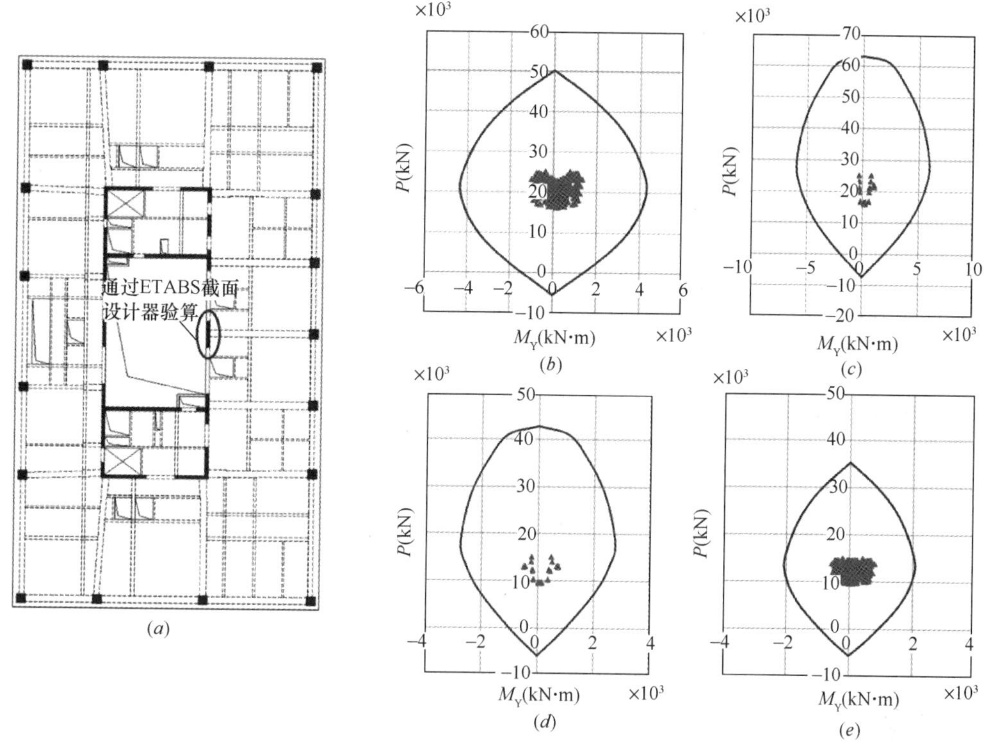

图 2.4.8-13 一字剪力墙面外承载力验算

(a) 承载力验算示意图；(b) 25 层小震；(c) 25 层中震；(d) 34 层小震；(e) 34 层中震

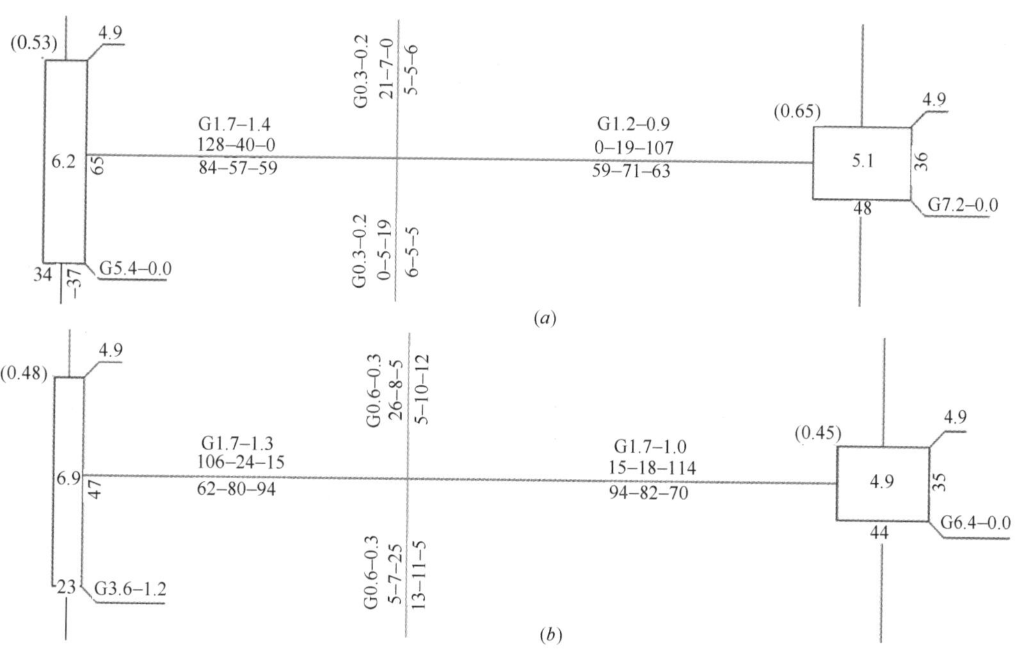

图 2.4.8-14 一字剪力墙按柱子包络设计示意图

(a) 25 层；(b) 34 层

1. 计算措施

（1）选用5组Ⅱ类场地的天然地震波和2组Ⅱ类场地人工波，对结构进行弹性时程分析，并将分析结果平均值与反应谱分析结果取包络进行小震分析；

（2）整体参数控制分别采用2个空间结构分析程序YJK、ETABS进行分析，分析时考虑扭转耦联、偶然偏心及双向地震作用的影响；

（3）按关键构件、普通竖向构件、耗能构件分类别进行中震验算（并辅以截面分析软件验算），了解各构件中震性能水准，并采取相应加强措施；

（4）采用SAUSAGE软件进行罕遇地震下的弹塑性动力时程分析，以确定结构能否满足第二阶段抗震设防水准要求，并对薄弱构件制定相应的加强措施；

（5）进行整体稳定性分析、跃层柱计算长度、通高楼层刚度比和抗剪承载力比、斜柱（仅3栋）、公寓部分中部大开洞（仅1栋A座）、抗连续倒塌性能的专项分析。

2. 设计与构造措施

（1）核心筒底部加强区内嵌型钢满足轴压比限值要求；

（2）框架柱采用型钢混凝土柱或沿柱全高采用井字复合箍等有利措施满足框柱轴压比限值要求；

（3）按照性能目标C验算结果：采取适当加厚底部加强区墙肢厚度、提高底部加强区墙肢水平、竖向配筋率加强措施提高该部位剪力墙的承载力与延性；

（4）跃层柱箍筋全高加密；

（5）根据中震楼板应力分析结果，采取适当加强1栋A座2～4层与3栋3、4层大开洞周边楼板的配筋，同时板厚增加至150mm，确保地震工况下水平剪力可靠传递；

（6）3栋大悬挑梁及其支承构件考虑竖向地震作用，并根据小震、中震的计算结果配筋进行包络设计，实配钢筋取计算值的1.2倍，配筋率大于2%的梁内置型钢；

（7）与斜柱根部相连的楼面梁，按拉弯构件进行小震、中震的包络设计，适当加强上、下纵筋及腰筋，保证足够的拉通钢筋，箍筋全长加密；与斜柱根部相连的楼面板，板厚加厚为150mm，采用双层双向10@150加强配筋；

（8）1栋A座公寓中部大开洞处，楼板板厚加厚至150mm，同时适当加强其配筋。

2.4.10　超限审查意见

2018年12月11日，深圳市住房和建设局主持召开了本项目超限高层建筑抗震设防专项审查会。审查结论为通过。在施工图阶段工作中补充和完善以下内容：

（1）大跨悬挑梁应符合挠度、裂缝、楼面舒适度及中大震的承载力；

（2）进一步复核支承框架梁的单肢剪力墙面外承载力，并采取相应的加强措施；

（3）补充型钢梁柱节点构造，建议优化框架柱及核心筒内型钢用量；

（4）复核公寓楼层核心筒中部大开洞的不利影响，并采取相应的加强措施。

设计单位：广东省建筑设计研究院深圳分院

主要设计人：邱海东、黄灿森、李伦、崔世龙、卫文

2.5 中泰瑧府

2.5.1 工程概况

本项目位于深圳市南山区，西北侧紧邻城市主干道南山大道，东北侧是登良路。地上为1栋超高层塔楼和1栋多层的商墅，如图2.5.1-1所示。超高层塔楼地上共38层，4层裙房，1层架空绿化，30层住宅；三层地下室。塔楼结构高度为129.30m，结构体系为部分框支剪力墙结构，属于超B级高度高层建筑。本项目建筑结构安全等级为二级，设计使用年限及耐久性均为50年，地基基础设计等级为甲级。抗震设防类别为丙类，抗震设防烈度为7度（0.10g），场地类别Ⅱ类，基本风压值0.75kN/m^2，地面粗糙度类别C类。

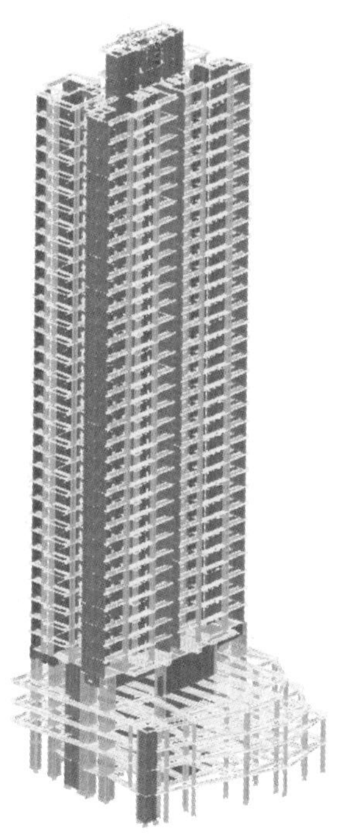

图2.5.1-1 建筑效果图及结构三维模型

2.5.2 地质情况与基础设计

拟建场地位于深圳南山区南山大道以东，登良路以南。拟建场地原始地貌属于海积阶地，地势开阔平坦，经人工改造后，现场地为社会停车场。实测场地27个孔的孔口地面高程，高程4.77～5.76m，最大高差为0.99m。场地岩土层按成因类型和岩土性质，自上而下分别为：杂填土、砾砂、砾质黏性土、场地下伏基岩为下白垩统花岗岩。

根据本场地初步勘察的波速测试报告资料，结合《建筑抗震设计规范》GB 50011—2010（2016年版）相关要求评定，素填土、杂填土为软弱土，砾砂、砾质黏性土、全风化花岗岩和强风化花岗岩均为中硬土，局部强风化花岗岩为坚硬土，场地覆盖层厚度40.0～48.0m，等效剪切波速值为288.2～298.1m/s，建筑场地类别为Ⅱ类。场地内未发现岩溶、滑坡、危岩和崩塌、泥石流、采空区、地面沉降、活动断裂等不良地质作用和地质灾害。该工程场地各岩土层性质较好，不存在液化砂土层及震陷软土，也未发现影响地基稳定性的不良地质构造及地质作用。该场地地基基本稳定。

根据地质条件、场地及周围地形地貌分析，地下水主要分为第四系孔隙水和基岩裂隙水。

孔隙水：主要赋存于第四系素填土、杂填土层及冲洪积砾砂层中，其次赋存在残积层和全风化岩层中，属潜水。其中素填土层、残积层和全风化岩层为弱透水性，杂填土、砾砂为强透水性。主要接受大气降水补给，排泄方式主要以蒸发及向低洼处渗流为主。

基岩裂隙水：主要赋存于强、中、微风化花岗岩节理、裂隙内，受节理、裂隙发育程度控制，属弱～中等透水层。主要接受基岩裂隙水的侧向渗流补给和上层潜水的越流补给，以渗流方式向低洼处排泄。

拟建场地勘察期间水位埋深 1.30～1.8m，标高 3.66～4.18m，平均标高为 3.96m。地下水位埋深随季节性有所变化，年变幅约 1～2m。

本工程塔楼及裙房均采用旋挖灌注桩；底板厚度均为 700。裙房部分底板抗浮采用抗拔桩，满足规范抗浮要求。裙楼旋挖灌注桩桩端持力层为⑪2-1 强风化花岗岩。塔楼旋挖灌注桩桩端持力层为⑪3 中风化花岗岩。塔楼内基础均采用直径 1600～2000mm 的大直径旋挖灌注桩；本工程塔楼桩基础图纸见图 2.5.2-1。

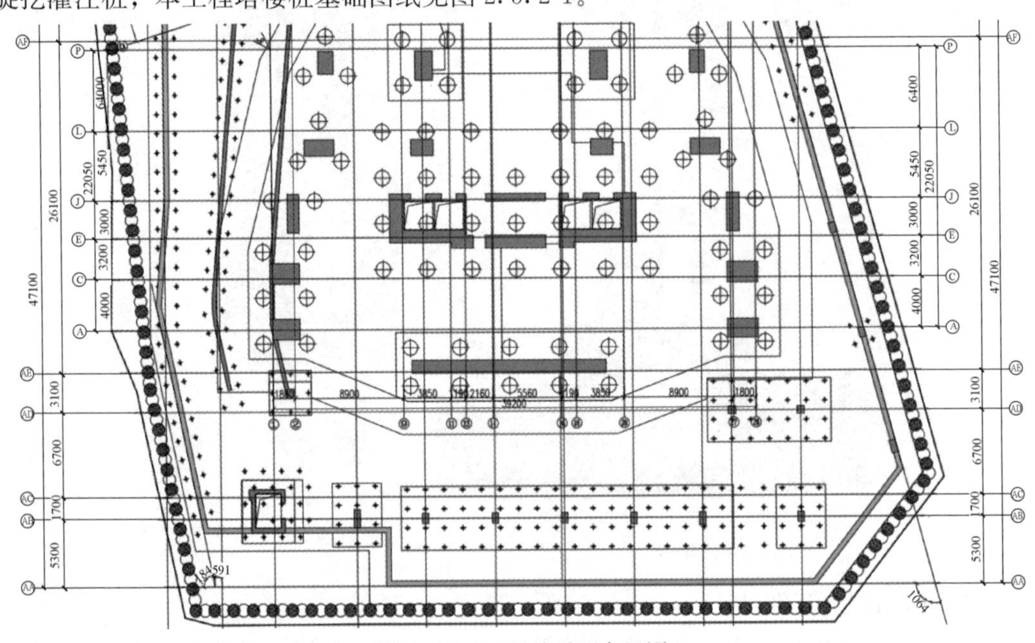

图 2.5.2-1　基础平面布置图

2.5.3　结构体系与特点

塔楼为部分框支剪力墙结构，转换层以上主要由剪力墙组成抗侧力体系，转换层设在地上 6 层，属于高位转换，如图 2.5.3-1 所示。剪力墙，外墙厚度为 300mm，剪力墙核心筒厚度为 300mm。

楼塔楼平面尺寸为 39.2m×21.7 m，如图 2.5.3-1、图 2.5.3-2 所示，高宽比约 5.9，结构标准层层高为 3.15m。计算所用模型为嵌固在地下室顶板面的主体结构，并附带塔楼周边裙房结构（计算指标时只取用地下室顶板以上部分）。结构竖向构件尺寸及混凝土等级如表 2.5.3-1 所示。本工程结构主要特点如下：

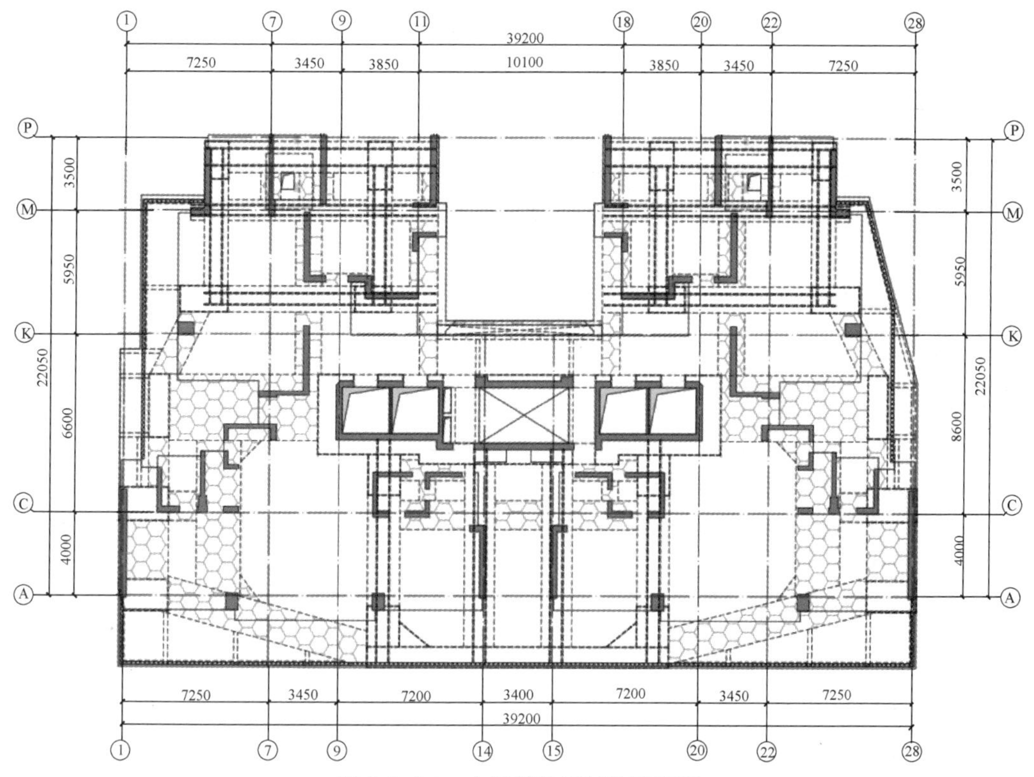

图 2.5.3-1　六层转换层结构平面图

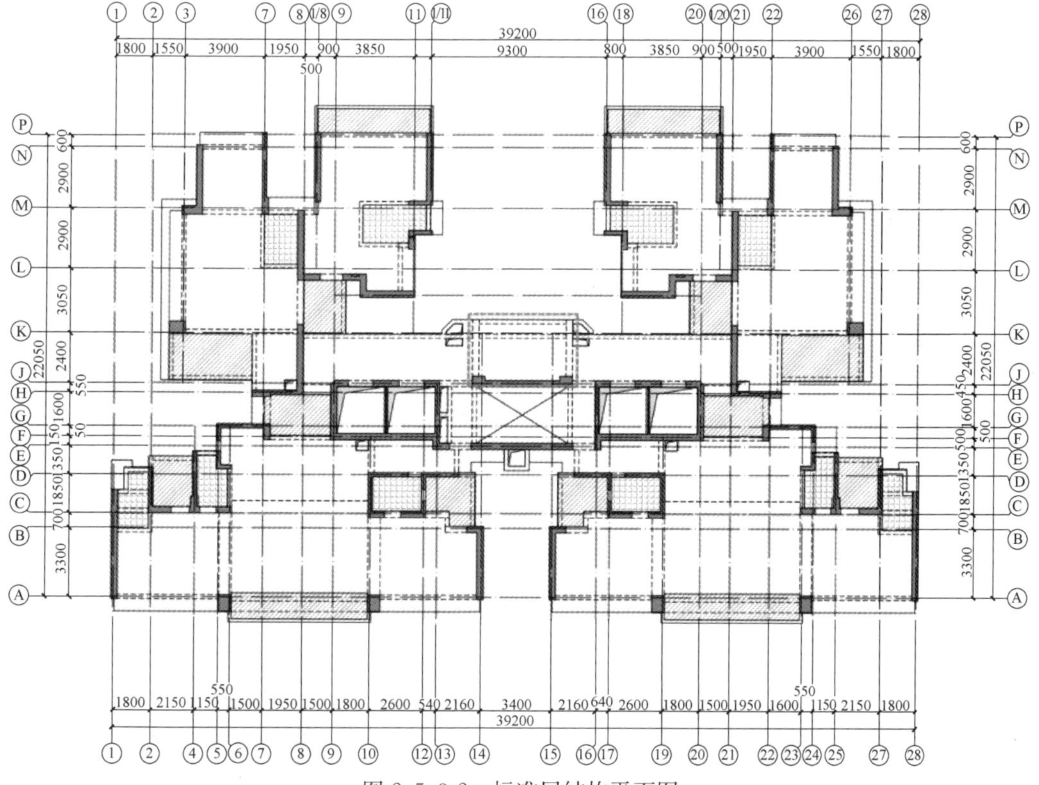

图 2.5.3-2　标准层结构平面图

结构竖向构件尺寸及混凝土等级　　表 2.5.3-1

楼　　层	剪力墙厚度	柱截面	混凝土等级	
			柱	墙
六层板面以下	600/1000/1200	2550×1500/1800×1100/2450×2050	C60	C60
六层板面～十层板面	400/300/250/200	600×800/400×800/400×1000	C60	C60
十层板面～十五层板面	300/250/200	600×800/400×800/400×1000	C55	C55
十五层板面～二十层板面	300/250/200	600×800/400×800/400×1000	C55	C55
二十层板面～二十五层板面	300/250/200	600×800/400×800/400×1000	C50	C50
二十五层板面～屋顶	300/250/200	600×800/400×800/400×1000	C45～C30	C45～C30

(1) 高位转换，转换层设在地上 6 层，楼层刚度和承载力发生突变；

(2) 存在无梁拉结的边框柱，如何采取可靠的构造加强措施。

(3) 楼板不连续并存在薄弱连接。

楼板体系的确定是与建筑的整体结构体系、平面功能布置、机电要求，尤其与层高、净高要求密切相关，结合本工程的特点，楼面体系采用钢筋混凝土现浇梁/板体系。混凝土楼板的厚度为：

(1) 地下室顶板塔楼范围内厚度 180mm；

(2) 转换层板厚 200mm，转换层上下两层除注明外板厚均为 150mm；

(3) 住宅楼板厚度 100mm，局部大板范围板厚 150～180mm；

(4) 核心筒内部楼板厚度 150mm；

(5) 屋面楼板厚度 120mm；

(6) 薄弱连接处楼板厚度 180mm。

2.5.4 超限项判定和抗震性能目标

1. 抗震等级

根据《高层建筑混凝土结构技术规程》JGJ 3—2010 的相关规定及本工程的特殊性，建筑抗震等级如表 2.5.4-1 所示。

本工程抗震等级　　表 2.5.4-1

结构类型			部分框支剪力墙结构
设防烈度			7 度
建筑结构抗震设防类别			丙类
安全等级			二级
抗震等级	地上塔楼	剪力墙	一级（转换层以下及上两层构造措施按特一级）
		连梁	一级
		框架	一级
		框支框架	特一级
	地下一层		特一级
	地下二层		一级
	地下三层		二级
剪力墙底部加强区			地下一层～八层板面
剪力墙设置约束边缘构件			地下一层～九层板面

2. 超限项的判定

根据《高层建筑混凝土结构技术规程》JGJ 3—2010（以下简称《高规》）本结构超限内容如下：

本工程结构高度 129.3m，超出规范 7 度区 B 级高度部分框支剪力墙结构 120m 的限值，属于超 B 级高度。另外结构还存在扭转不规则、楼板不连续及高位转换，应进行超限高层建筑抗震设防专项审查，但不属于严重不规则建筑。详见表 2.5.4-2。

一般超限项检查 **表 2.5.4-2**

序号	不规则类型	涵义	超限判断
1	扭转不规则	考虑偶然偏心的扭转位移比大于 1.2	超限
3	楼板不连续	有效宽度小于 50%，开洞面积大于 30%，错层大于梁高	超限
3	竖向构件不连续	上下墙、柱、支撑不连续	超限
4	高位转换	框支墙体的转换构件位置，7 度超过 5 层，8 度超过 3 层	本项目 7 度区 6 层转换，超限

3. 抗震性能目标

根据本工程的超限情况，选定本工程的抗震性能目标为《高层建筑混凝土结构技术规程》JGJ 3—2010 中 3.11.1 条所提的 C 级。

结构抗震性能水准根据《高规》3.11.2 条选择如下：多遇地震下满足性能水准 1 要求；设防地震下关键构件及普通竖向构件满足性能水准 3 要求；罕遇地震下至少满足性能水准 4 要求，各性能水准结构预期的震后性能状况见表 2.5.4-3。

本工程的性能目标 **表 2.5.4-3**

地震水准（重现周期）		多遇地震（T=50 年）	设防烈度地震（T=475 年）	罕遇地震（T=2475 年）
规范抗震概念		完好，无损坏	轻度损坏	中度损坏
层间位移角限值		1/650	—	1/100
关键构件	底部加强区剪力墙	规范设计要求 弹性	受剪弹性 受弯弹性	不屈服
	框支框架	规范设计要求 弹性	受剪弹性 受弯弹性	不屈服
普通构件	一般部位剪力墙	规范设计要求 弹性	受剪弹性 受弯不屈服	部分受弯屈服 受剪不屈服
	框架柱	规范设计要求 弹性	受剪弹性 受弯不屈服	部分受弯屈服 受剪不屈服
耗能构件	连梁	规范设计要求 弹性	受剪不屈服 部分受弯屈服	多数受弯屈服 控制受剪截面
	框架梁	规范设计要求 弹性	受剪不屈服 部分受弯屈服	部分受弯屈服 控制受剪截面
楼板		规范设计要求 弹性	不屈服	部分受弯屈服 控制受剪截面

2.5.5　结构小震作用及风作用分析

对 YJK 和 ETABS 模型，分别就周期、侧向刚度、小震反应谱和 50 年风荷载下的楼层剪力和倾覆弯矩进行对比，验算结果发现两者结果基本一致。对比见表 2.5.5-1。

YJK 和 ETABS 计算结果对比汇总表　　　　**表 2.5.5-1**

<table>
<tr><td colspan="2">计算程序</td><td>YJK-A</td><td>ETABS</td></tr>
<tr><td colspan="2">楼层自由度</td><td>刚性板假定</td><td>刚性板假定</td></tr>
<tr><td colspan="2">周期折减系数</td><td>0.9</td><td>0.9</td></tr>
<tr><td colspan="2">总重量（不含地下室）t</td><td>53254</td><td>53240</td></tr>
<tr><td colspan="2">地震力放大系数</td><td>程序自动调整</td><td>手动调整</td></tr>
<tr><td colspan="2">振型数</td><td>18</td><td>18</td></tr>
<tr><td colspan="2">第 1 周期（s）</td><td>3.5718（平动第一周期）</td><td>3.5003（平动第一周期）</td></tr>
<tr><td colspan="2">第 2 周期（s）</td><td>3.3738（扭转第一周期）</td><td>3.3974（扭转第一周期）</td></tr>
<tr><td colspan="2">第 3 周期（s）</td><td>2.2928（平动第二周期）</td><td>2.3063（平动第二周期）</td></tr>
<tr><td colspan="2">第 4 周期（s）</td><td>0.9638（平动第三周期）</td><td>0.9341（平动第三周期）</td></tr>
<tr><td colspan="2">以扭转为主的第一周期与平动第一周期之比</td><td>不比较</td><td>不比较</td></tr>
<tr><td rowspan="2">底层地震力（kN）</td><td>X 向</td><td>9611.61</td><td>9871.94</td></tr>
<tr><td>Y 向</td><td>9139.87</td><td>9540.44</td></tr>
<tr><td rowspan="2">地震力倾覆力矩（kN・m）</td><td>X 向</td><td>508724.56</td><td>504745.63</td></tr>
<tr><td>Y 向</td><td>465848.78</td><td>472636.03</td></tr>
<tr><td rowspan="2">底层风剪力（kN）</td><td>X 向</td><td>5819.10</td><td>5882.63</td></tr>
<tr><td>Y 向</td><td>9321.60</td><td>9571.82</td></tr>
<tr><td rowspan="2">风倾覆力矩（kN・m）</td><td>X 向</td><td>441974.20</td><td>4472636.03</td></tr>
<tr><td>Y 向</td><td>735406.10</td><td>757204.31</td></tr>
<tr><td rowspan="8">层间位移角（层号）</td><td>X 向风</td><td>1/2797（19）</td><td>1/2738（21）</td></tr>
<tr><td>X 向地震</td><td>1/2364（23）</td><td>1/2252（29）</td></tr>
<tr><td>X+5%向地震</td><td>1/2023（23）</td><td>1/1702（23）</td></tr>
<tr><td>X−5%向地震</td><td>1/2178（26）</td><td>1/1597（29）</td></tr>
<tr><td>Y 向风</td><td>1/780（19）</td><td>1/731（19）</td></tr>
<tr><td>Y 向地震</td><td>1/1120（21）</td><td>1/1132（21）</td></tr>
<tr><td>Y+5%向地震</td><td>1/932（21）</td><td>1/802（22）</td></tr>
<tr><td>Y−5%向地震</td><td>1/937（21）</td><td>1/800（22）</td></tr>
<tr><td colspan="2">X 向楼层最大弹性层间位移与平均值的比值</td><td>1.22（33），EX^-</td><td>1.20（2），EX^-</td></tr>
<tr><td colspan="2">Y 向楼层最大弹性层间位移与平均值的比值</td><td>1.20（24），EY^+</td><td>1.33（1），EY^+</td></tr>
<tr><td rowspan="3">整体稳定性验算</td><td>X 向刚重比</td><td colspan="2">6.49（≥2.7），满足要求</td></tr>
<tr><td>Y 向刚重比</td><td colspan="2">2.65（≥2.7），不满足要求</td></tr>
<tr><td>是否考虑重力二阶效应</td><td colspan="2">$\frac{EJ_d}{H^2\sum_{i=1}^{n}G_i}>2.7$，需要考虑重力二阶效应</td></tr>
</table>

续表

计算程序	YJK-A	ETABS
楼层侧向刚度比	X 向：满足规范要求	
	Y 向：满足规范要求	
最小楼层受剪承载力比（≥上层 75%）	X 向：满足规范要求	
	Y 向：满足规范要求	

根据抗震规范要求，弹性动力时程分析将采用 5 组天然波和 2 组人工合成的地震波数据。

（1）每条时程曲线计算所得结构基底剪力均大于振型分解反应谱法的 65%，七条时程曲线计算所得结构基底剪力的平均值大于振型分解反应谱法的 80%，地震波满足规范要求。

（2）塔楼在地震作用下的时程计算结果与反应谱结果接近，根据《抗规》的要求，采用七条地震波模拟时，应采用时程计算结果的平均值与反应谱计算结果的较大值。从主要计算结果中可以看出，振型分解反应谱法的层间剪力基本包络地震波对应的平均层间剪力曲线。

2.5.6 转换层专项分析

1. 剪力墙承载力验算

剪力墙抗震等级为一级，设防地震作用下性能目标为受剪弹性、受弯不屈服。表 2.5.6-1 给出转换层（6 层）以下的组合墙肢 PMM 正截面承载力验算结果汇总。

PMM 正截面承载力验算安全度 D/C **表 2.5.6-1**

Story	Hight	Elevation	P1	P2	P3	P4	P5	P6	P7	PR2	PR2	PR3
L05	6.10	23.35	0.35	0.13	0.36	0.07	0.09	0.28	0.38	0.28	0.15	0.36
L04	3.90	17.25	0.22	0.18	0.27	0.12	0.17	0.25	0.47	0.24	0.18	0.27
L03	3.45	13.35	0.12	0.18	0.26	0.14	0.16	0.25	0.46	0.17	0.18	0.26
L02	4.80	9.90	0.11	0.19	0.26	0.15	0.17	0.25	0.46	0.15	0.20	0.26
L01	5.10	5.10	0.32	0.21	0.30	0.18	0.18	0.27	0.40	0.28	0.23	0.30
B01	5.00	0.00	0.66	0.25	0.37	0.21	0.22	0.32	0.44	0.90	0.28	0.38
B02	3.90	−5.00	0.18	0.21	0.29	0.19	0.19	0.26	0.22	0.15	0.22	0.30
B03	3.90	−8.90	0.14	0.21	0.30	0.19	0.19	0.26	0.24	0.14	0.21	0.29
BASE	0.00	−12.80										

2. 框支柱承载力验算

通过风荷载组合、小震地震组合、和中震不屈服下的地震组合下轴压比的对比，可以得出，在小震地震组合作用下，根据《高规》6.4.2 条，特一级框支柱的轴压比限值为 0.60，柱子剪跨比小于 2，轴压比为 0.55，由表 2.5.6-2 可看出各楼层的柱轴压比均满足规范限值。

框支柱轴压比 表 2.5.6-2

Story	Hight	Elevation	C9	C7	C5	C46	C45	C44	C43	C3	C2	C1	C11	C10
L05	6.1	23.35	0.35	0.23	0.23	0.17	0.17	0.31	0.35	0.32	0.38	0.29	0.45	0.42
L04	3.9	17.25	0.37	0.24	0.24	0.16	0.16	0.50	0.36	0.33	0.38	0.30	0.46	0.42
L03	3.45	13.35	0.39	0.25	0.25	0.18	0.17	0.38	0.36	0.35	0.39	0.32	0.43	0.40
L02	4.8	9.90	0.42	0.26	0.26	0.20	0.20	0.41	0.38	0.36	0.41	0.33	0.45	0.42
L01	5.1	5.10	0.43	0.29	0.29	0.23	0.24	0.43	0.40	0.38	0.43	0.35	0.47	0.44
B01	5	0.00	0.45	0.29	0.29	0.23	0.25	0.48	0.40	0.38	0.43	0.36	0.50	0.48
B02	3.9	−5.00	0.47	0.30	0.30	0.23	0.27	0.50	0.41	0.39	0.44	0.37	0.51	0.50
B03	3.9	−8.90	0.50	0.31	0.32	0.23	0.20	0.54	0.42	0.40	0.46	0.38	0.54	0.54
BASE	0	−12.80												

图 2.5.6-1 给出框支柱的正截面 PMM 承载力验算结果，通过中震下的抗弯承载力的验算，可知框支柱均能够满足中震抗弯弹性的抗震性能目标。

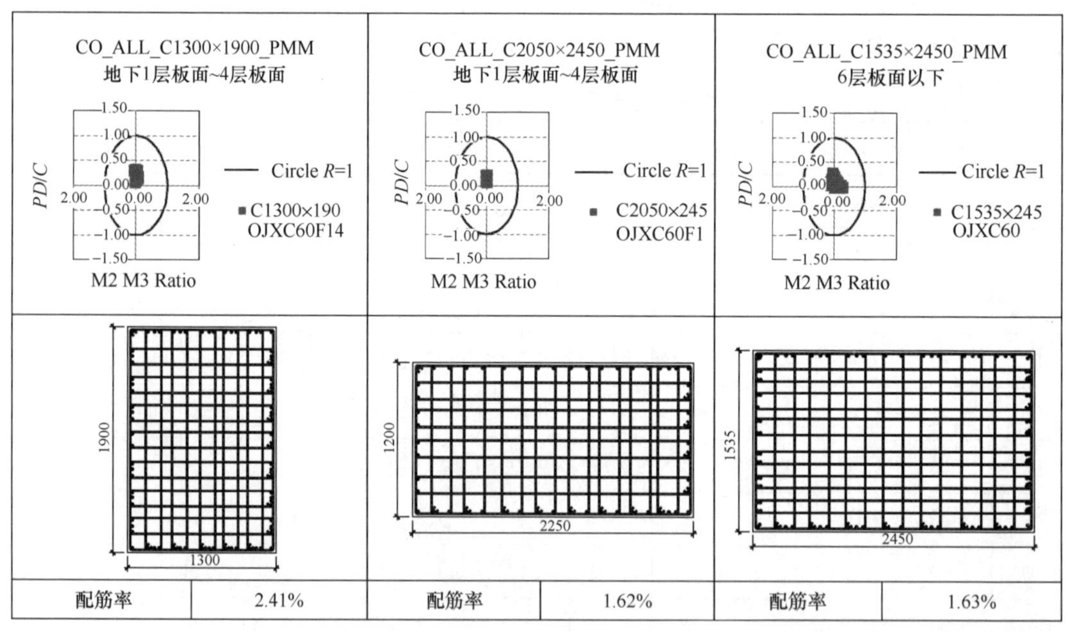

图 2.5.6-1 地下 6 层板面以下框架柱和框支柱 PMM 比值曲线

3. 转换梁承载力验算

转换梁采用根部加腋或增加型钢来解决局部抗剪问题，下图 2.5.6-2 为转换梁编号，转换梁抗震等级为特一级，设防地震作用下性能目标为受剪弹性、受弯弹性。

对各转换梁按适配箍筋和型钢进行抗剪验算，验算如表 2.5.6-3 所示，结果表明在设

表 2.5.6-3

转换梁抗剪承载力验算

编号	控制位置	截面信息			型钢截面			水平钢筋	剪力	材料强度	抗震调整系数	受剪截面验算	钢筋混凝土抗剪承载力	型钢抗剪承载力		总抗剪承载力	剪力富裕度
		B	H	L	t_w	h_w	n	钢筋面积	地震 V (kN)	混凝土强度等级	γ_{RE}	剪压比（地震）	地震 V_c (kN)	型钢承载力 V_s (kN)	型钢与混凝土比（地震）	抗震 $V_{总}$ (kN)	抗震 Q_v
XGKZL01	A1	800	2000	7600	30	1500	2	590	4618	C60	0.85	0.10	4673	13572	2.90	21465	4.65
	A2	800	2000	7600	30	1500	2	590	7888	C60	0.85	0.17	4673	13572	2.90	21465	2.72
	A3	800	2000	7600	30	1500	2	590	1736	C60	0.85	0.04	4673	13572	2.90	21465	12.36
XGKZL02	A1	1200	2000	8500	40	1500	2	590	6272	C60	0.85	0.09	5465	18096	3.31	27719	4.42
	A2	1200	2000	8500	40	1500	2	590	7106	C60	0.85	0.10	5465	18096	3.31	27719	3.90
	A3	1200	2000	8500	40	1500	2	590	14386	C60	0.85	0.20	5465	18096	3.31	27719	1.93
XGKZL03	A1	1500	2000	8200	40	1500	2	1110	6378	C60	0.85	0.07	8782	18096	2.06	31622	4.96
	A2	1500	2000	8200	40	1500	2	1110	4079	C60	0.85	0.05	8782	18096	2.06	31622	7.75
	A3	1500	2000	8200	40	1500	2	1110	16822	C60	0.85	0.19	8782	18096	2.06	31622	1.88
XGKZL04	A1	1500	2000	7500	40	1500	2	1180	12425	C60	0.85	0.14	9149	18096	1.98	32053	2.58
	A2	1500	2000	7500	40	1500	2	1180	9003	C60	0.85	0.10	9149	18096	1.98	32053	3.56
	A3	1500	2000	7500	40	1500	2	1180	3362	C60	0.85	0.04	9149	18096	1.98	32053	9.53
XGKZL05	A1	1400	2000	9500	40	1500	2	890	8759	C60	0.85	0.11	7432	18096	2.43	30033	3.43
	A2	1400	2000	9500	40	1500	2	890	8116	C60	0.85	0.10	7432	18096	2.43	30033	3.70
	A3	1400	2000	9500	40	1500	2	890	22338	C60	0.85	0.27	7432	18096	2.43	30033	1.34
XGKZL06	A1	1600	2000	7500	40	1500	2	1110	12466	C60	0.85	0.13	8980	18096	2.02	31854	2.56
	A2	1600	2000	7500	40	1500	2	1110	2547	C60	0.85	0.03	8980	18096	2.02	31854	12.51
	A3	1600	2000	7500	40	1500	2	1110	14559	C60	0.85	0.16	8980	18096	2.02	31854	2.19

续表

编号	控制位置	截面信息			型钢截面			水平钢筋	剪力	材料强度	抗震调整系数	受剪截面验算	钢筋混凝土抗剪承载力	型钢抗剪承载力		总抗剪承载力	剪力富裕度
		B	H	L	t_w	h_w	n	钢筋面积	地震 V (kN)	混凝土强度等级	γ_{RE}	剪压比（地震）	地震 V_c (kN)	型钢承载力 V_s(kN)	型钢与混凝土比（地震）	抗震 $V_{总}$ (kN)	抗震 Q_v
KZL02	A1	800	2000	1980	0	0	0	754	5928	C60	0.85	0.13	5532	0	0.00	6509	1.10
	A2	800	2000	1980	0	0	0	524	1275	C60	0.85	0.03	4328	0	0.00	5091	3.99
	A3	800	2000	1980	0	0	0	524	652	C60	0.85	0.01	4328	0	0.00	5091	7.81
KZL04	A1	1600	2000	1980	0	0	0	1540	12425	C60	0.85	0.13	11233	0	0.00	13215	1.06
	A2	1600	2000	1980	0	0	0	1540	3631	C60	0.85	0.04	11233	0	0.00	13215	3.64
	A3	1600	2000	1980	0	0	0	1540	3362	C60	0.85	0.04	11233	0	0.00	13215	3.93
KZL08	A1	2450	2000	1980	0	0	0	1800	4664	C60	0.85	0.03	14276	0	0.00	16796	3.60
	A2	2450	2000	1980	0	0	0	1800	9122	C60	0.85	0.06	14276	0	0.00	16796	1.84
	A3	2450	2000	1980	0	0	0	1800	11147	C60	0.85	0.08	14276	0	0.00	16796	1.51
KZL11	A1	1200	2000	1980	0	0	0	890	7274	C60	0.85	0.10	7036	0	0.00	8278	1.14
	A2	1200	2000	1980	0	0	0	890	3330	C60	0.85	0.05	7036	0	0.00	8278	2.49
	A3	1200	2000	1980	0	0	0	890	4824	C60	0.85	0.07	7036	0	0.00	8278	1.72
KZL12	A1	2200	2000	1980	0	0	0	1620	3289	C60	0.85	0.03	12839	0	0.00	15105	4.59
	A2	2200	2000	1980	0	0	0	1620	2415	C60	0.85	0.02	12839	0	0.00	15105	6.25
	A3	2200	2000	1980	0	0	0	1620	9264	C60	0.85	0.07	12839	0	0.00	15105	1.63
KZL14	A1	1200	2000	1980	0	0	0	1005	1892	C60	0.85	0.03	7639	0	0.00	8987	4.75
	A2	1200	2000	1980	0	0	0	1005	1582	C60	0.85	0.02	7639	0	0.00	8987	5.68
	A3	1200	2000	1980	0	0	0	1620	9375	C60	0.85	0.13	10860	0	0.00	12777	1.36

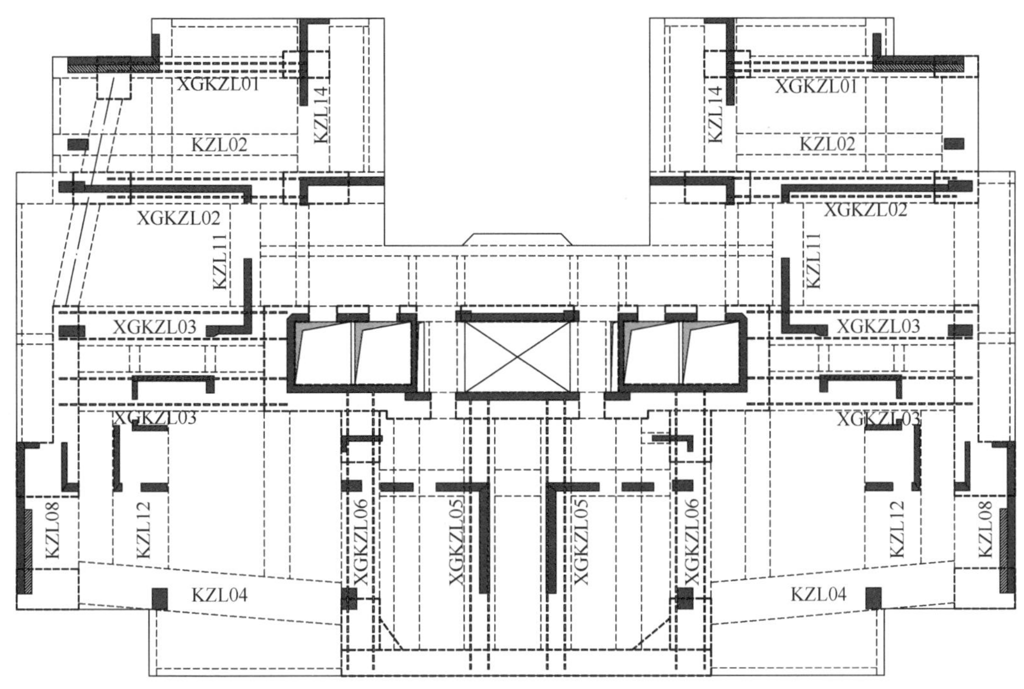

图 2.5.6-2 转换梁编号

防地震下，转换梁可达到受剪弹性的性能目标。图 2.5.6-3 给出转换梁的正截面 PMM 承载力验算，转换梁能够实现中震作用下受弯弹性的性能目标。

4. 应力分析

本节内容主要阐述结构转换层在竖向荷载（1.35DL＋0.98LL）作用下的受力情况。

图 2.5.6-4 为竖向荷载（1.35DL＋0.98LL）作用下转换层剪力墙及转换梁的壳应力图。可以看出，墙体压应力基本在 5～15MPa 范围，小于混凝土抗压强度设计值（C60），保持弹性水平；墙体拉应力基本在 1.0～2.0MPa 范围，小于混凝土抗拉强度设计值 2.04MPa（C60），保持弹性水平。转换梁最大压应力约 5MPa；最大拉应力出现在梁底跨中部位，约 5～6MPa，配置适量钢筋即可满足抗弯承载力要求。

转换层在小震、中震反应谱作用下的壳应力图，除个别部位应力集中处，墙体拉应力基本保持在 2.04MPa 以下，混凝土抗拉强度设计值 2.04MPa（C60），可以保持弹性水平；

根据以上分析表明，作为竖向荷载传力的关键一环，转换层设定性能目标与转换层墙体相同，为小震、中震弹性；本工程转换方案能够有效传递竖向荷载，且拉、压力水平都不高。

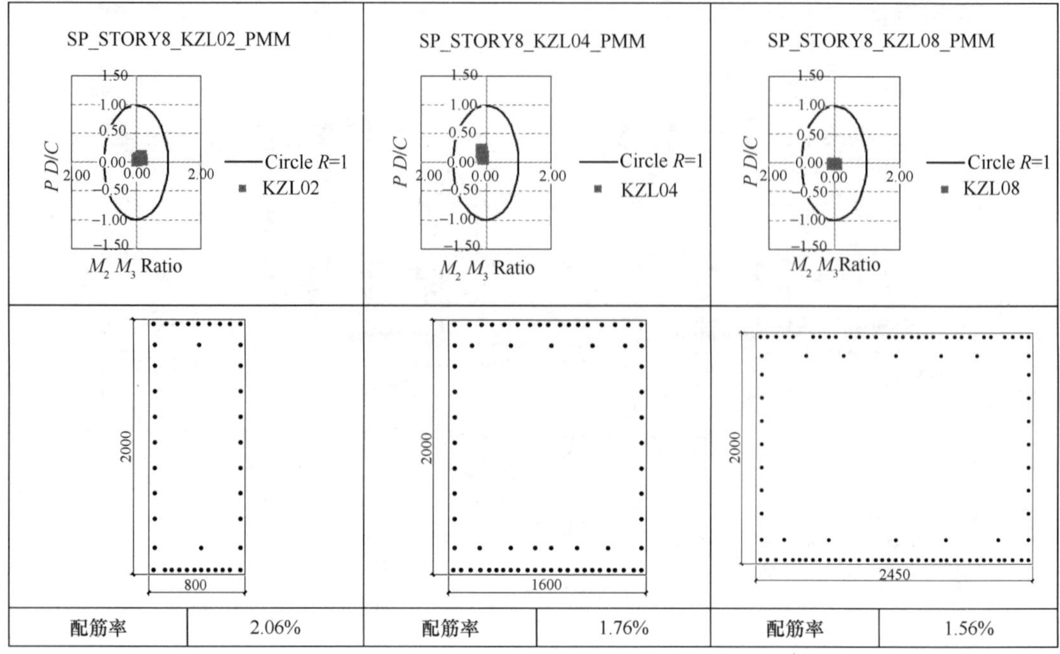

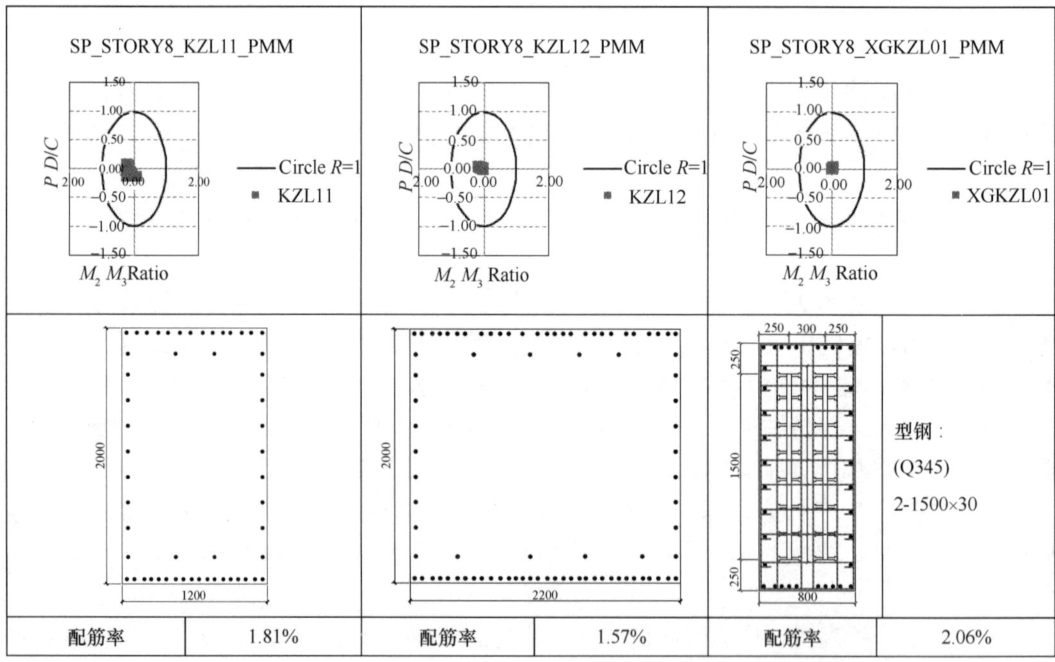

图 2.5.6-3　转换梁 PMM 比值曲线

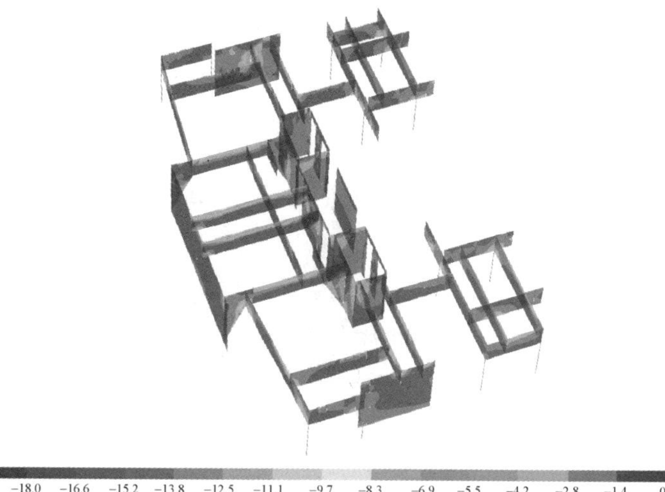

(*a*) 重力荷载下（1.35DL+0.98LL）转换层（6 层）整体壳单元 S11 压应力图；

注：重力荷载下转换层墙体 S11 压应力最大为 5.0MPa，小于混凝土抗压强度设计值（C60，f_c=27.5MPa）满足小震弹性要求。

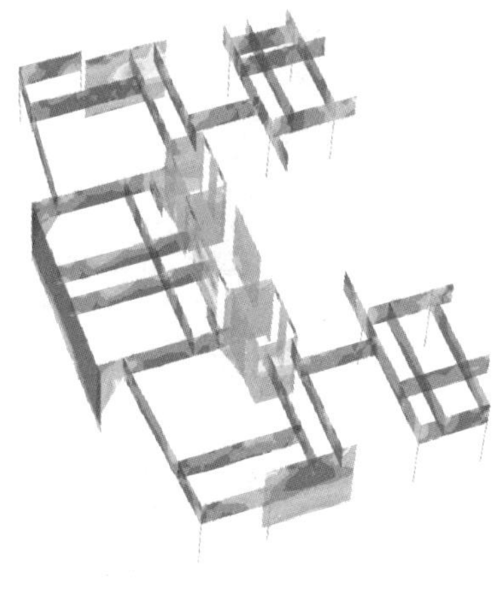

(*b*) 重力荷载下（1.35DL+0.98LL）转换层（6 层）整体壳单元 S22 压应力图；

注：重力荷载下转换层墙体 S22 压应力最大为 15.2MPa，小于混凝土抗压强度设计值（C60，f_c=27.5MPa）满足小震弹性要求。

图 2.5.6-4 重力荷载下（1.35DL+0.98LL）转换层整体壳单元应力图（一）

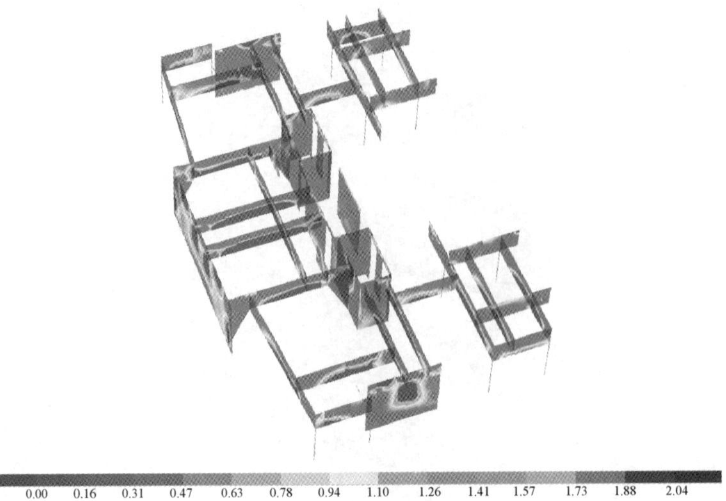

（c）重力荷载下（1.35DL+0.98LL）转换层整体壳单元 S11 拉应力图；

注：重力荷载下转换层墙体 S11 拉应力最大为 1.88MPa，小于混凝土抗拉强度设计值（C60，f_t=2.04MPa）满足小震弹性要求。

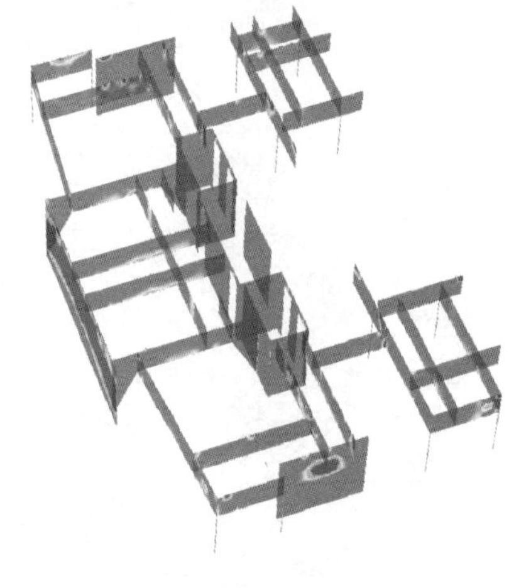

（d）重力荷载下（1.35DL+0.98LL）转换层整体壳单元 S22 拉应力图

注：重力荷载下转换层墙体 S11 拉应力最大为 1.88MPa，小于混凝土抗拉强度设计值（C60，f_t=2.04MPa）满足小震弹性要求。

图 2.5.6-4　重力荷载下（1.35DL+0.98LL）转换层整体壳单元应力图（二）

5. 节点简化计算

转换层加腋框支柱节点（图 2.5.6-5）处截面承载力验算采用 MATHCAD 进行简化计算。

抗弯验算

混凝土强度等级 C60 材料参数

$$f_c = 27.5\text{MPa}, \alpha_1 = 0.98 \quad \alpha_s = 60\text{mm}$$

$$f_t = 2.04\text{MPa} \quad \beta_1 = 0.78 \quad \xi_b = 0.531$$

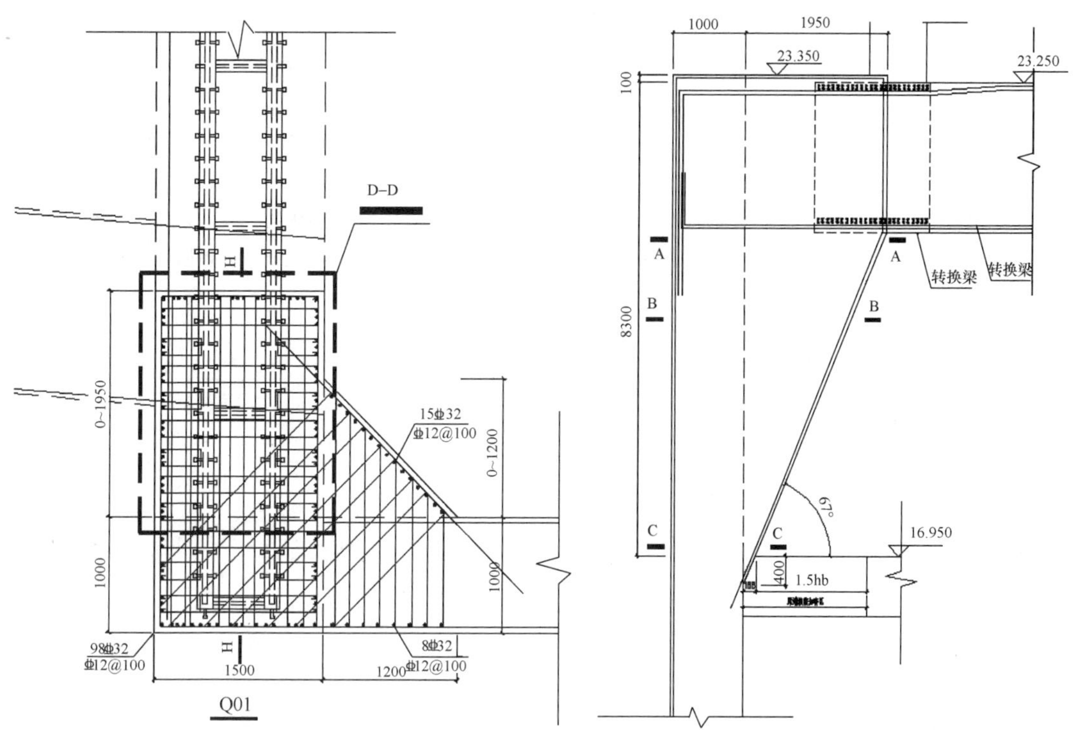

图 2.5.6-5 转换层框支柱加腋节点构造图

HRB400 钢筋强度参数 $f_y=360\text{MPa}$

根据上图验算 4 个不同截面的弯矩承载力。

A-A 截面

实配钢筋根数 $n=20$ 钢筋直径 $d=32\text{mm}$ 钢筋面积 $A_s=n\cdot\frac{\pi}{4}\cdot d^2=16084.95\text{mm}^2$

梁宽度 $b=1500\text{mm}$ 梁高度 $h=2950\text{mm}$ $h_0=h-\alpha_s=2890\text{mm}$

最大弯矩设计值 $M_{u\max}=\alpha_1\cdot f_c\cdot b\cdot h_0^2\cdot\xi_b\cdot(1-0.5\xi_b)=131683.7\text{kN}\cdot\text{m}$

求得 $x=\dfrac{A_s\cdot f_y}{\alpha_1\cdot f_c\cdot b}=143.24\text{mm}$

求得 $M_u=\alpha_1\cdot f_c\cdot b\cdot x\cdot\left(h_0-\dfrac{x}{2}\right)=16320.06\text{kN}\cdot\text{m}$

弯矩设计值 $M=6950\text{kN}\cdot\text{m}$ 承载力满足要求。

B-B 截面

实配钢筋根数 $n=20$ 钢筋直径 $d=32\text{mm}$ 钢筋面积 $A_s=n\cdot\frac{\pi}{4}\cdot d^2=16084.95\text{mm}^2$

梁宽度 $b=1500\text{mm}$ 梁高度 $h=2800\text{mm}$ $h_0=h-\alpha_s=2740\text{mm}$

最大弯矩设计值 $M_{u\max}=\alpha_1\cdot f_c\cdot b\cdot h_0^2\cdot\xi_b\cdot(1-0.5\xi_b)=118368.86\text{kN}\cdot\text{m}$

由规范（7.2.1-2）求得 $x=\dfrac{A_s\cdot f_y}{\alpha_1\cdot f_c\cdot b}=143.24\text{mm}$

由规范（7.2.1-1）求得 $M_u=\alpha_1\cdot f_c\cdot b\cdot x\cdot\left(h_0-\dfrac{x}{2}\right)=15451.47\text{kN}\cdot\text{m}$

弯矩设计值 M=5800kN·m 承载力满足要求。

C-C 截面

实配钢筋根数 $n=20$ 钢筋直径 $d=32\text{mm}$ 钢筋面积 $A_s=n\cdot\frac{\pi}{4}\cdot d^2=16084.95\text{mm}^2$

梁宽度 b=1500mm 梁高度 h=1100mm $h_0=h-\alpha_s$=1040mm

最大弯矩设计值 $M_{umax}=\alpha_1\cdot f_c\cdot b\cdot h_0^2\cdot\xi_b\cdot(1-0.5\xi_b)$=17053.09kN·m

由规范（7.2.1-2）求得 $x=\frac{A_s\cdot f_y}{\alpha_1\cdot f_c\cdot b}$=143.24mm

由规范（7.2.1-1）求得 $M_u=\alpha_1\cdot f_c\cdot b\cdot x\cdot\left(h_0-\frac{x}{2}\right)=5607.48\text{kN}\cdot\text{m}$

弯矩设计值 M=700kN·m 承载力满足要求。

D-D 截面

实配钢筋根数 n=41 钢筋直径 d=32mm 钢筋面积 $A_s=n\cdot\frac{\pi}{4}\cdot d^2=32974.16\text{mm}^2$

梁宽度 b=1950mm 梁高度 h=1500mm $h_0=h-\alpha_s$=1440mm

最大弯矩设计值 $M_{umax}=\alpha_1\cdot f_c\cdot b\cdot h_0^2\cdot\xi_b\cdot(1-0.5\xi_b)$=42501.54kN·m

由规范（7.2.1-2）求得 $x=\frac{A_s\cdot f_y}{\alpha_1\cdot f_c\cdot b}$=225.88mm

由规范（7.2.1-1）求得 $M_u=\alpha_1\cdot f_c\cdot b\cdot x\cdot\left(h_0-\frac{x}{2}\right)=15753.11\text{kN}\cdot\text{m}$

弯矩设计值 M=−6200kN·m 承载力满足要求。

根据表 2.5.6-4 所示的计算结果汇总，框支柱的抗弯及抗剪承载力均有较大的安全储备。

各截面计算结果汇总表 **表 2.5.6-4**

验算截面	宽度 b (mm)	高度 h (mm)	抗弯承载力 (kN·m)	设计弯矩 (kN·m)	安全系数	抗剪承载力 (kN)	设计剪力 (kN)	安全系数
A-A	1500	2950	16320	7890	2.1	34525	13108.1	2.6
B-B	1500	2800	15451	5800	2.7			
C-C	1500	1100	5607	700	8.0	9234	3833	2.4
D-D	1950	1500	15753	6200	2.5			
E-E	1500	2950	21054	8060	2.6	56574	7327	7.7
F-F	1500	1100	7128	4417	1.6	11367	7327	1.6

2.5.7 大震作用下的弹塑性动力时程分析

1. 整体计算

本工程采用大震通用有限元软件 ABAQUS，选择了一组人工波（ArtWave-RH2TG045，T_g（0.45））和两组天然波（Manjil _ Iran _ NO _ 1636，T_g（0.45）及 NenanaMountain _ Alaska _ NO _ 2089，TG（0.40）），共三组地震波来进行结构的罕遇地震弹塑性时程分析。本工程弹塑性时程分析均采用双向地震波输入，主次双方向地震波峰值

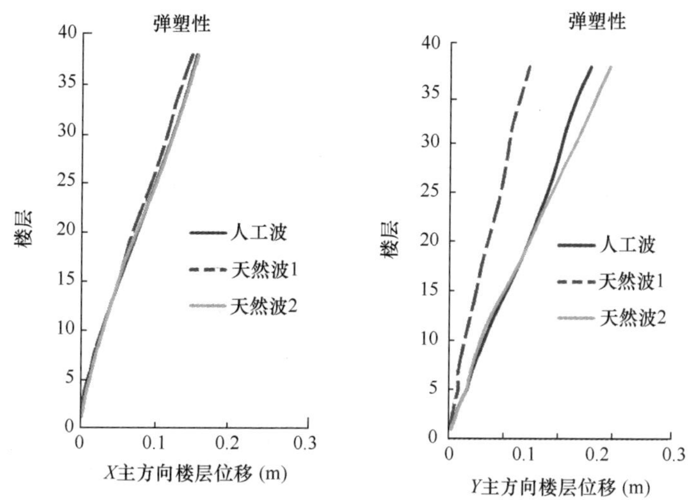

图 2.5.7-1　各组地震波主方向楼层位移曲线
(*a*) *X* 主方向楼层位移曲线；(*b*) *Y* 主方向楼层位移曲线

比为 1∶0.85，地震波持续时间 25s，主方向地震波峰值为 220gal。结果见表 2.5.7-1、表 2.5.7-2 和图 2.5.7-2。

各组地震波作用下结构最大基底剪力　　**表 2.5.7-1**

地震波	*X* 为主输入方向			*Y* 为主输入方向		
	V_x (kN)	剪重比	与小震反应谱基底剪力比值	V_y (kN)	剪重比	与小震反应谱基底剪力比值
人工波	55512	8.22%	5.62	50298	7.45%	5.50
天然波 1	58624	8.68%	5.94	38675	5.73%	4.23
天然波 2	60127	8.90%	6.09	50910	7.54%	5.57

各组地震波作用下结构最大顶点位移及最大层间位移角　　**表 2.5.7-2**

地震波	*X* 为主输入方向		*Y* 为主输入方向	
	最大顶点位移 (m)	最大层间位移角 (层号)	最大顶点位移 (m)	最大层间位移角 (层号)
人工波	0.16	1/579 (19)	0.26	1/313 (19)
天然波 1	0.15	1/583 (19)	0.14	1/460 (36)
天然波 2	0.16	1/564 (18)	0.29	1/295 (16)

对大震弹塑性计算整体指标的综合评价：

(1) 在考虑重力二阶效应及大变形的条件下，结构的最大层间位移角为 1/295（天然波 2*Y* 主方向作用下），满足《高规》1/120 的限值要求；

(2) 各条地震波在相同方向的层间位移角曲线趋势基本一致；

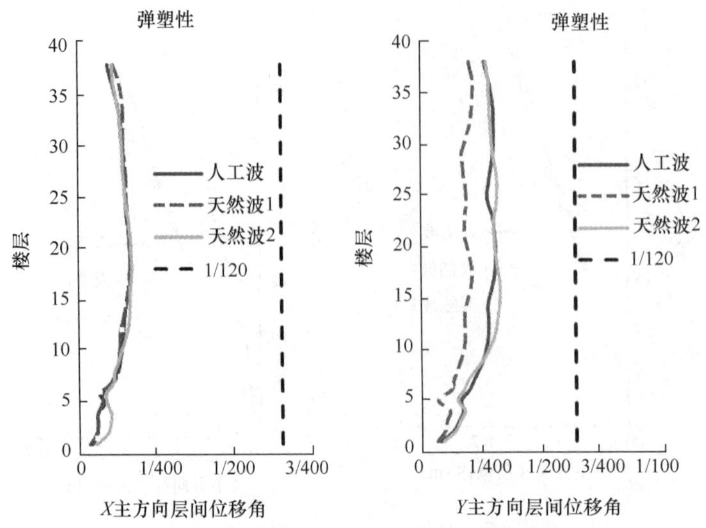

图 2.5.7-2　各组地震波主方向层间位移角曲线

(a) X 主方向层间位移角曲线；(b) Y 主方向层间位移角曲线

(3) 弹塑性层间位移和位移角曲线变化趋势与弹性曲线基本一致；

考虑到主体结构的地震反应基本以天然波 2Y 主方向作用下为最大，后文将主要列举这组地震波作用下的计算结果。

2. 剪力墙损伤

从图 2.5.7-3 剪力墙的整体损伤结果可以看出，在罕遇地震下，核心筒总体上保持完好，剪力墙的受压损伤主要集中在连梁上，起到了很好的耗能作用。

在大震作用下，主要有以下特点：

(1) 大部分连梁进入塑性，出现较明显损伤，有效保护了剪力墙；

(2) 连梁损伤小部分延伸至其端部墙体，但未大范围扩散；

(3) 转换层上一层部分剪力墙出现了较明显损伤；

(4) 其余大部分墙体未出现受压损伤。

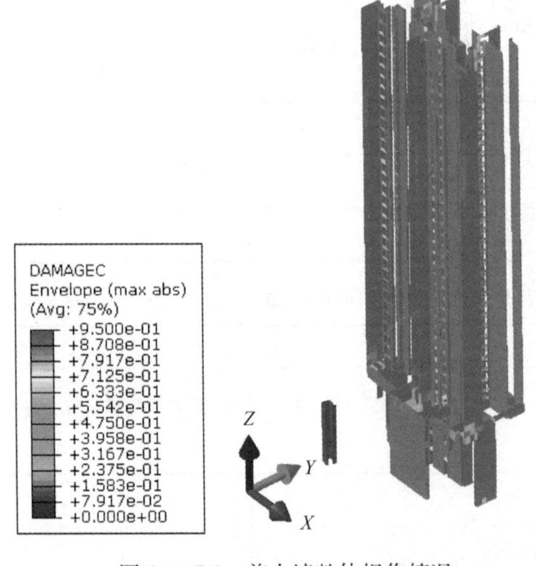

图 2.5.7-3　剪力墙整体损伤情况

总体上，结构的剪力墙大部分保持完好，部分剪力墙出现中度损伤，在整体上属于轻度损伤，在大震作用后，仍能发挥传递竖向荷载的作用，处于良好的工作状态，满足核心筒大震下部分屈服的抗震性能目标。

3. 框支框架损伤

图 2.5.7-4 为转换构件的损伤情况，转换层上层部分剪力墙有轻微损伤；转换梁根部有较大损伤，最大损伤值约为 0.6。图 2.5.7-5 为转换构件钢筋塑性应变，结果看出钢筋

有较小塑性应变。

设计时考虑根据转换构件损伤情况做适当的加强，下面按施工图实际配置型钢对转换构件进行验算。图 2.5.7-6 为转换构件受压损伤情况（配置型钢），转换梁损伤明显变小，最大损伤约为 0.03，转换柱最大损伤约为 0.02；图 2.5.7-7 为转换构件钢筋塑性应变情况（配置型钢），转换梁钢筋塑性应变约为 0.003，钢筋无塑性应变。因此框支框架属于轻微损伤，满足框支框架大震不屈服的性能目标。

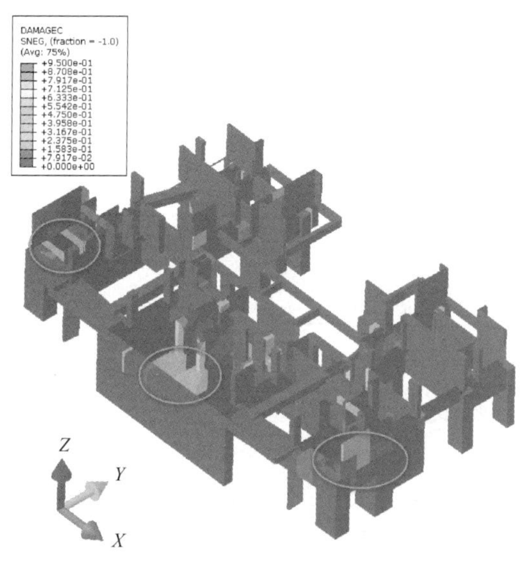

图 2.5.7-4　转换构件受压损伤情况

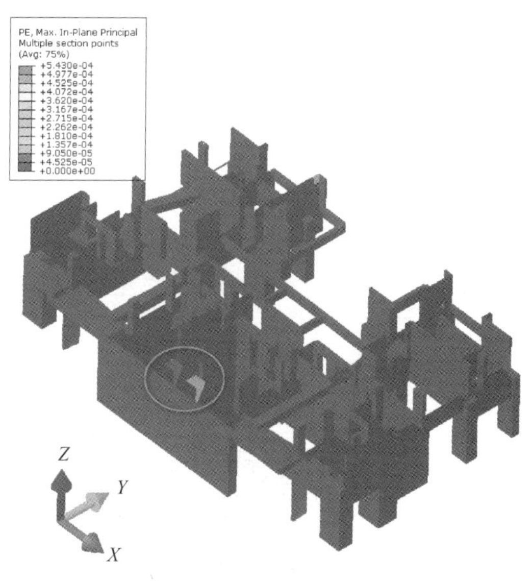

图 2.5.7-5　转换构件钢筋塑性应变情况

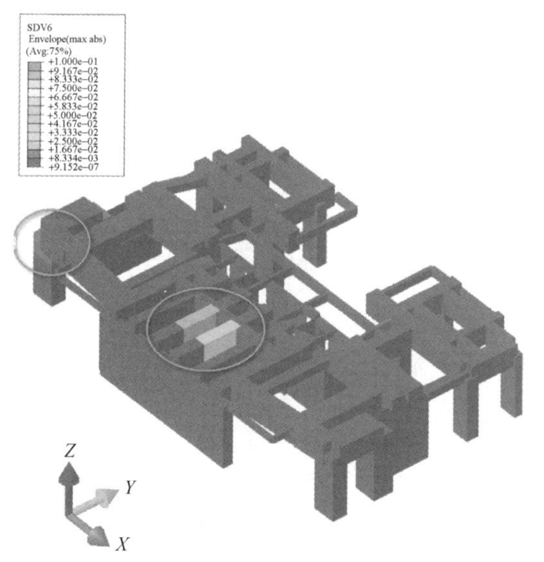

图 2.5.7-6　转换构件受压损伤情况（配置型钢）

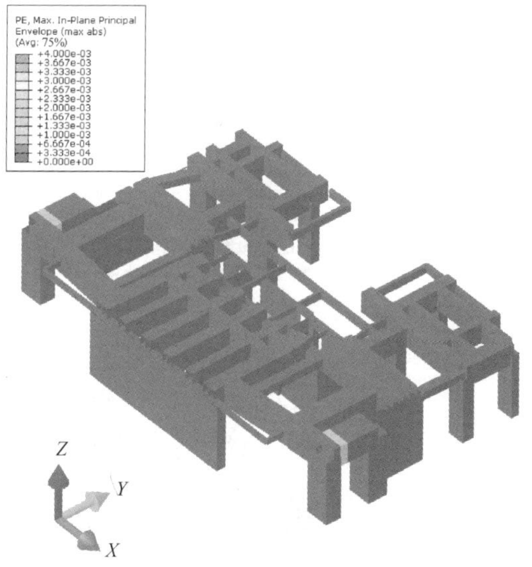

图 2.5.7-7　转换构件钢筋塑性应变情况（配置型钢）

4. 框架梁损伤

部分混凝土框架梁的损伤值大于 0.1，框架梁起到耗能作用，部分梁钢筋出现塑性应变，最大为 0.003，框架梁不会出现总体上属于中度损伤，满足大震框架梁作为耗能构件的性能目标。

5. 楼板损伤

在大震作用下，根据典型楼层楼板的受压损伤情况和楼板钢筋塑性应变，见图 2.5.7-8，可以看出大部分楼板受压损伤小于 0.2，未形成大面积刚度退化，钢筋均未进入塑性，属于轻度损伤。

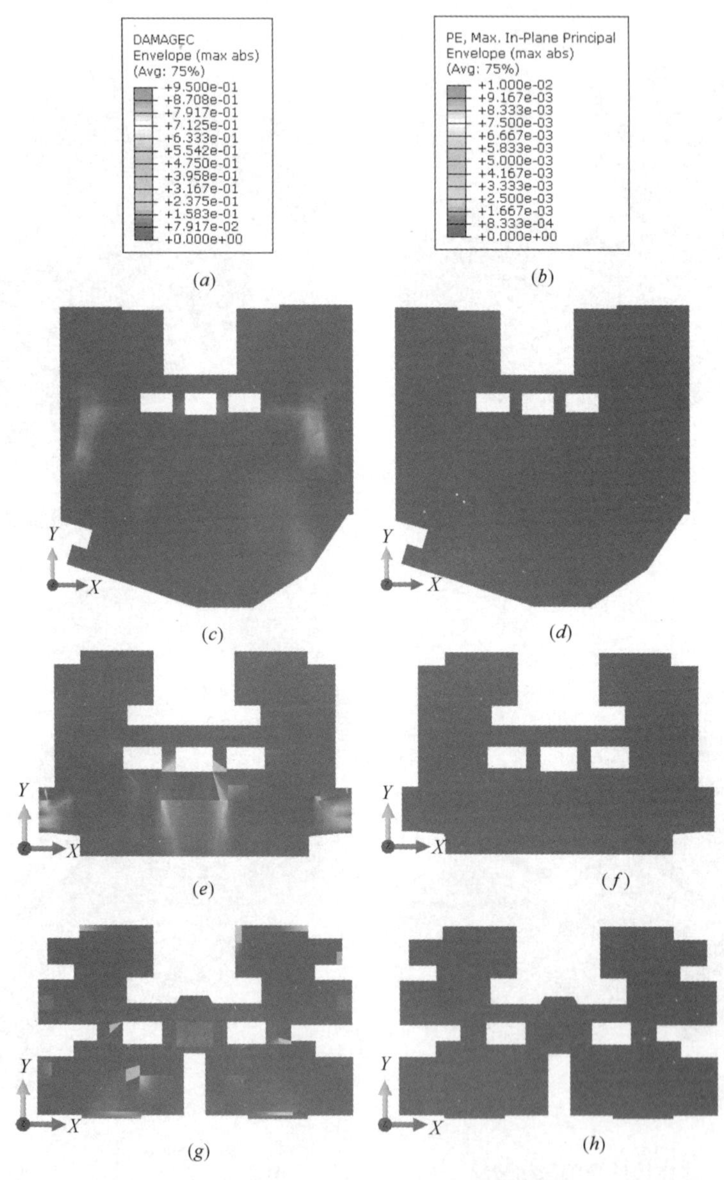

图 2.5.7-8　典型楼层楼板的损伤情况

(*a*) 受压损伤图例；(*b*) 钢筋应变图例；(*c*) 转换层下一层楼板受压损伤；(*d*) 转换层下一层楼板钢筋塑性应变；(*e*) 转换层楼板受压损伤；(*f*) 转换层楼板钢筋塑性应变；(*g*) 转换层上一层楼板受压损伤；(*h*) 转换层上一层楼板钢筋塑性应变

总体上看，楼板属于轻度损伤，在大震作用下仍能有效传递水平力。

6. 罕遇地震弹塑性时程分析结论

通过对结构进行罕遇地震作用下的弹塑性时程分析后，可以总结出以下结论：

（1）在考虑重力二阶效应及大变形的条件下，结构的最大层间位移角为1/295（天然波2Y主方向作用下），满足《高规》1/120的限值要求。

（2）各条地震波在相同方向的层间位移角曲线趋势基本一致，最大层间位移角主要出现在16～19层。

（3）从层间位移角曲线看，各条波作用下的曲线趋势基本一致。其中人工波作用下楼层位移角略大。

（4）结构核心筒剪力墙大部分保持完好，部分剪力墙出现中度损伤，在整体上属于轻度损伤，在大震作用后，仍能发挥传递竖向荷载的作用。

（5）框架柱的混凝土受压损伤集中在中部楼层，损伤值均在0.2以下。中下部楼层柱保持完好，基本未出现受压损伤。框架柱中的型钢及钢筋未出现塑性应变。满足框架柱部分屈服的性能目标。

（6）大部分混凝土框架梁损伤值在0～0.1范围，根据前文所述的评价标准，属于中度损伤，部分框架梁损伤大于0.2，属于比较严重损伤，起到了较好的耗能作用，满足框架梁作为耗能构件的性能目标。

（7）竖向构件边缘及核心筒内楼板出现一定的混凝土拉裂情况，但板钢筋均未进入塑性。楼板总体处于轻度～中度损伤，楼板钢筋基本保持弹性，在大震作用下仍能有效传递水平力。

（8）剪力墙设置多处连梁，连梁普遍出现明显受压损伤，发挥了较好的耗能作用。

（9）墙柱均满足广东省《高规》3.11.3条第四性能水准结构大震下竖向构件受剪截面剪压比不大于0.15的要求。

总体上看，罕遇地震作用下，结构整体及各构件的抗震性能满足大震性能目标，结构能够满足“大震不倒”的要求。

2.5.8 抗震加强措施

结构施工图相关计算及构造应满足部分框支剪力墙结构体系的规定，同时需要满足以下规定，采取对策和措施保证该工程安全、可靠、经济。

（1）剪力墙：剪力墙底部加强部位设置约束边缘构件，除按计算要求配筋外，尚应满足规范最小配筋率的要求；塔楼剪力墙抗震构造措施按特一级，除按计算要求配筋外，应满足规范要求并适当加强竖向及水平分布钢筋。

（2）框架柱及框支柱：按规范构造要求适当加强纵向钢筋和箍筋；加腋框支柱需配置型钢及钢筋。

（3）转换梁：适当配置钢筋及型钢，可满足中震抗弯不屈服的性能目标。

（4）连梁：个别受剪超筋的连梁，拟采用增加对角斜筋的措施增加连梁延性。

（5）楼板：竖向荷载作用下，楼层大板板厚取180mm，配筋需双层双向拉通，根据水平作用适当加大配筋；异形大板双向增设暗梁，折板转角处用暗梁底筋及箍筋抗剪抗冲切；楼板薄弱连接主要是在核心筒内区域相关区域，板厚采用150mm，配筋采取Φ10@150双层双向拉通。

2.5.9　超限审查意见

2018 年 1 月 23 日召开了本项目超限高层建筑抗震设防专项审查会。审查结论为通过。施工图设计阶段应补充和完善以下内容：

（1）复核支承框支梁的剪力墙平面外承载力，并采取加强措施。

（2）进一步分析核心筒外走廊悬挑梁的受力状况，采取适当的加强措施；

（3）复核标准层 Y 方向无梁拉结的边框架柱承载力，采取可靠的构造加强措施；

（4）根据中震抗剪安全度验算结果，加强 6 层至 8 层核心筒 X 向剪力墙的配筋。

设计单位：深圳华森建筑与工程设计顾问有限公司

主要设计人：张良平　曹伟良　王卫忠　杨文参　谢发　韩嘉杰

2.6　京基长源村旧改 03 地块

2.6.1　工程概况

京基长源村 03 地块项目总用地面积 19220.8m²，总建筑面积 190317.76m²。整个地块由 1 栋超高层办公楼、2 栋超高层住宅、1 栋幼儿园及 5 层地下室（包括两层半地下室）组成。地下室为车库、设备房及商业（半地下室局部为商业），并设有人防防护单元。项目总平面图见图 2.6.1-1，效果图见图 2.6.1-2。1 栋为 47 层办公楼，采用带伸臂桁架的框架-核心筒结构体系，标准层层高为 3.400m，房屋主要屋面高度为 177.850m，典型结构平面布置图见图 2.6.1-3；2 栋 A 座、2 栋 B 座为 54 层住宅，采用剪力墙结构体系，标准层层高为 3.000m，房屋主要屋面高度为 180.450m，分别见图 2.6.1-4 和图 2.6.1-5。1 栋幼儿园采用现浇钢筋混凝土框架结构。1 栋、2 栋 A 座 B 座塔楼均采用半地下二层楼面作为结构嵌固端，板厚均为 180mm。由于 2 栋 A 座与 B 座体型相似，因此后面内容主要介绍 2 栋 A 座。

图 2.6.1-1　项目总平面图

图 2.6.1-2　建筑效果图

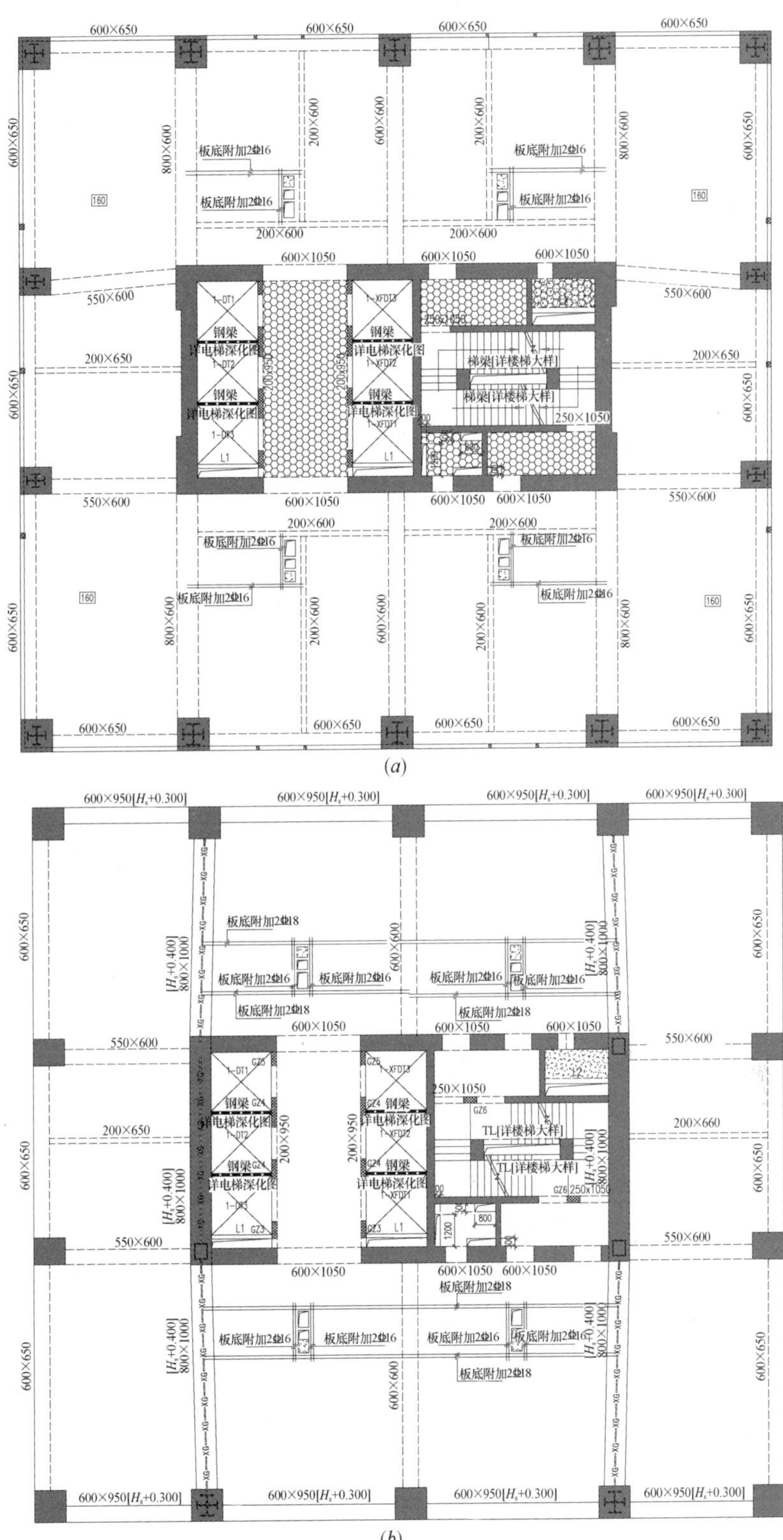

图 2.6.1-3 1 栋塔楼典型结构平面布置图

（*a*）标准层结构平面；（*b*）避难层结构平面

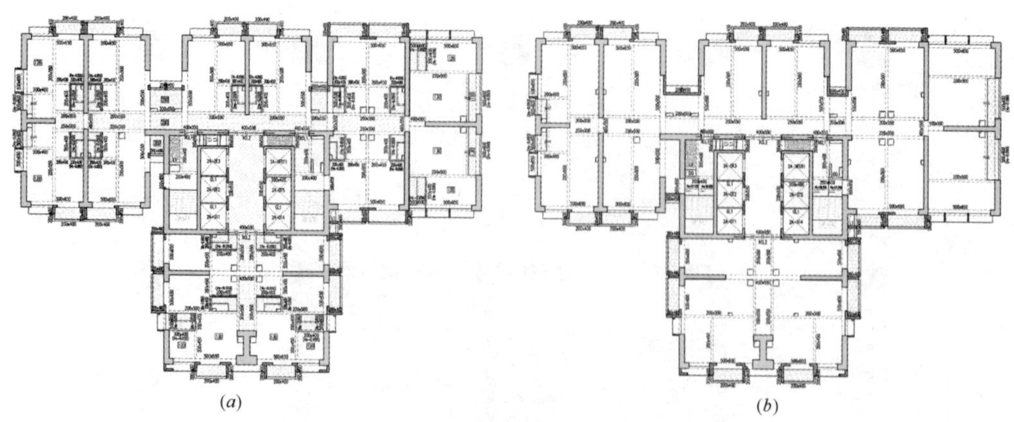

图 2.6.1-4　2 栋 A 座塔楼典型结构平面布置图

(*a*) 标准层结构平面；(*b*) 避难层结构平面

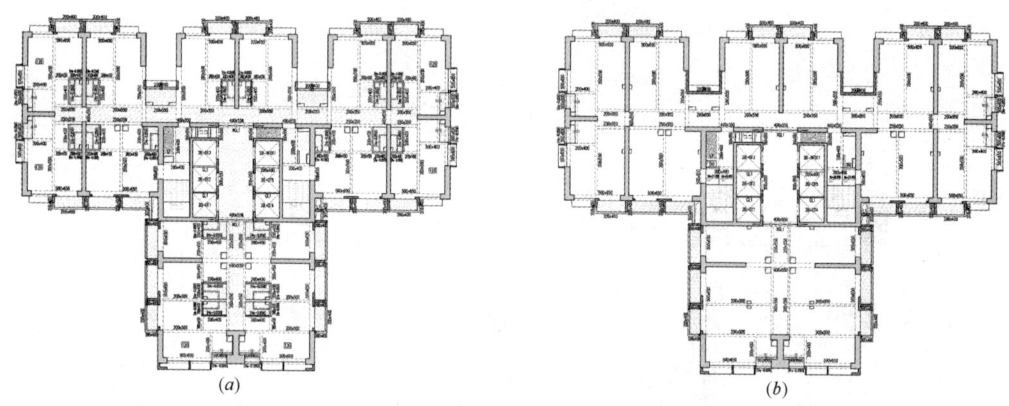

图 2.6.1-5　2 栋 B 座塔楼典型结构平面布置图

(*a*) 标准层结构平面；(*b*) 避难层结构平面

2.6.2　地质情况与基础设计

根据《南山区长源村更新项目拟建场地岩土工程勘察报告》，拟建场地为地震设防烈度 7 度区，设计地震基本加速度为 0.10g，设计地震分组为第一组。建筑场地类别为Ⅱ类，场地内无可液化土层。场地属抗震一般地段，抗震设防可按有关规定执行。

本场地工程地质条件属中等复杂，未发现滑坡、土洞、岩溶等不良工程地质现象，勘察深度内未发现影响场地稳定性的断裂构造，场地稳定，场地适宜拟建建筑。场地内岩土层自上而下可分为如下五层：人工填土层、第四系坡洪积层、残积层、侏罗系粉砂岩、加里东期花岗岩地层。场地的稳定性良好。

人工挖孔灌注桩基础力学参数建议值　　表 2.6.2-1

桩编号	桩径（mm）	桩长（m）	混凝土强度等级	桩端持力层	承载力特征值（kN）
WKZ12	1200	约 7～24	C45	微风化花岗岩	14000
WKZ14	1400	约 7～24	C45	微风化花岗岩	19000
WKZ16	1600	约 7～24	C45	微风化花岗岩	25000
WKZ18	1800	约 7～24	C45	微风化花岗岩	31500
WKZ20	2000	约 7～24	C45	微风化花岗岩	39000
WKZ22	2200	约 7～24	C45	微风化花岗岩	47000

本工程地基基础设计等级为甲级，采用人工挖孔灌注桩，持力层为微风化岩。塔楼部分采用结构自重抗浮；同时考虑控制裂缝确定底板的厚度及配筋。基础平面布置图如图2.6.2-1所示。

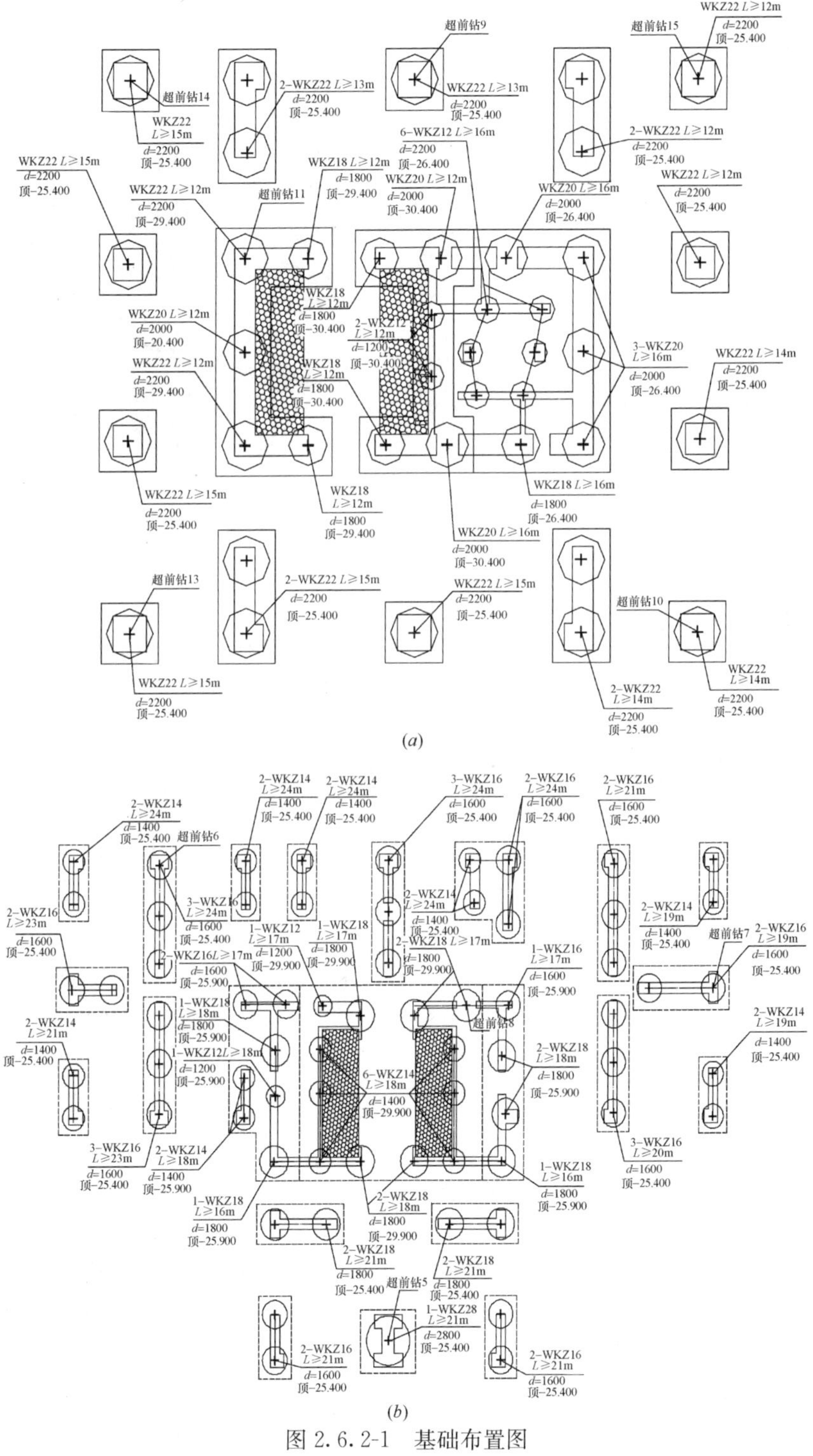

(*a*)

(*b*)

图2.6.2-1　基础布置图

(*a*) 1栋塔楼基础平面布置图；(*b*) 2栋A座塔楼基础平面布置图

2.6.3　结构体系与特点

本工程 1 栋办公塔楼采用带伸臂桁架的框架-剪力墙结构体系（图 2.6.3-1（*a*）），2 栋 A 座、B 座采用剪力墙结构体系（图 2.6.3-1（*b*））。

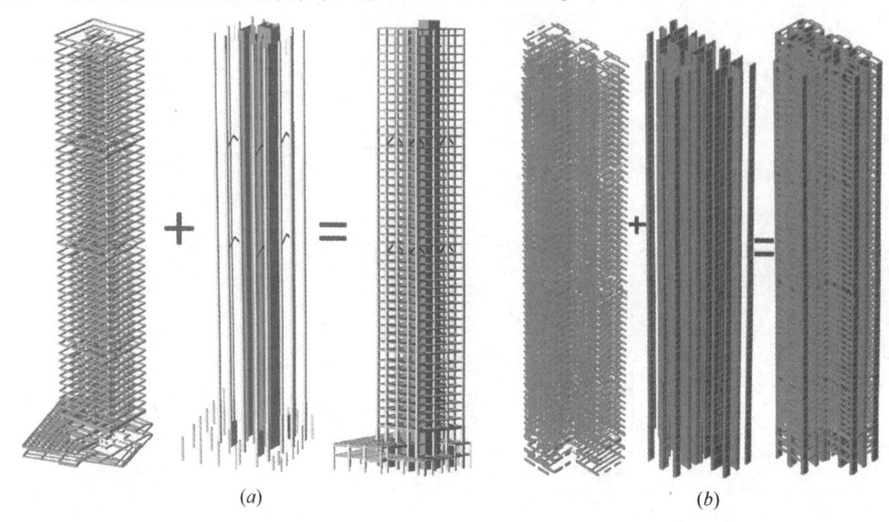

图 2.6.3-1　结构体系
（*a*）1 栋办公；（*b*）2 栋 A 座住宅

1. 1 栋办公楼

为了尽量增大建筑使用面积，同时满足结构刚度、轴压比限值以及受力要求等，15 层楼面以下塔楼外框柱均采用型钢混凝土柱，15 层～24 层楼面及 35 层～38 层楼面局部外框柱采用型钢混凝土，其他均为钢筋混凝土柱。底部角柱截面为 1400mm×1400mm（内置型钢 800mm×400mm×30mm×30mm），逐渐向上截面减至 1000mm×1000mm。

核心筒墙体外皮尺寸在东西方向为 16.30m，南北方向长约为 8.50m，平面布置呈矩形，核心筒短边高宽比为。核心筒外墙从底部 600mm 到顶部 400mm，内墙由 200～300mm 到顶部。

水平承重体系采用现浇梁板体系，楼板板厚取值：二层、九层、十二层、二十二层、二十四层、三十五层、三十八层板厚为 150mm，四角大板 160mm；其余标准层核心筒内 150mm，核心筒外楼板 120mm，四角大板 160mm；避难层板厚 250mm，避难层上层板厚 200mm。

由于在 *Y* 向的位移角不满足规范要求，为了提高结构的侧移刚度，本结构考虑设置加强层，在 *Y* 向设置伸臂桁架，经过加强层方案对比论证，最后确定在 23 层、36 层在 *Y* 向共设置 2 个伸臂桁架加强层。

因此，1 栋办公楼结构体系的主要特点为：

（1）主要受力体系属于带伸臂桁架的框架-核心筒结构体系；

（2）*Y* 向核心筒宽度较小，*Y* 向核心筒高宽比达到了 20.9，*Y* 向刚度较小；

（3）仅在避难层的 *Y* 向设置伸臂桁架，不影响建筑使用，但其提高抗侧刚度的效果很明显。

2. 2 栋 A 座住宅

结构平面为“品”字形，左右对称，中间电梯间剪力墙形成了较为完整的核心筒筒体，从筒体往外通过剪力墙或梁板体系与各肢相连，保证主体抗力与各肢传力协调。

为了实现较好的建筑品质效果，满足南北通透的采光需求，平面各肢的墙体布置均位于一个方向，另一个方向存在少墙的情况，因此需要进行一向少墙结构体系的专项分析论证。

而且平面外侧均为较短墙肢或墙垛，其与凸窗形成了“密柱深梁”体系，其是否能满足结构的外侧刚度需求，以及其在超罕遇地震下抗震性能也进行了专项探讨。

2 栋 A 座住宅的结构体系主要特点为：

（1）主要受力体系属于剪力墙结构体系；

（2）电梯间剪力墙形成了较为完整的核心筒，其抗侧贡献较大；

（3）外框架和与飘窗整体浇筑的深梁形成类似“深梁密柱”的框架体系；

（4）平面凹凸不规则，各肢存在一向少墙的情况。

2.6.4 超限项判定及抗震性能目标

1. 抗震等级

本工程抗震设防烈度为 7 度（0.10g）。1 栋办公塔楼抗震等级和抗震性能目标按 2.6.4-1 选取。

1 栋办公塔楼构件抗震性能目标 **表 2.6.4-1**

<table>
<tr><td colspan="2">地震烈度</td><td>多遇地震</td><td>设防地震</td><td>罕遇地震</td><td rowspan="4">抗震
等级</td></tr>
<tr><td colspan="2">性能水准</td><td>性能水准 1</td><td>性能水准 3</td><td>性能水准 4</td></tr>
<tr><td colspan="2">宏观损坏程度</td><td>完好</td><td>轻度损坏</td><td>中度损坏</td></tr>
<tr><td colspan="2">层间位移角限值</td><td>1/621</td><td>—</td><td>1/100</td></tr>
<tr><td rowspan="2">关键
构件</td><td>底部加强区剪力墙
加强层及相邻层剪力墙</td><td>弹性</td><td>受弯弹性
受剪弹性</td><td>不屈服</td><td>特一级</td></tr>
<tr><td>底部加强区外框柱
加强层及相邻层外框柱
加强层伸臂桁架</td><td>弹性</td><td>受弯弹性
受剪弹性</td><td>不屈服</td><td>特一级</td></tr>
<tr><td>普通竖
向构件</td><td>非底部加强区剪力墙、非加强层及相邻层剪力墙及外框柱</td><td>弹性</td><td>受弯不屈服
受剪弹性</td><td>部分受弯屈服
控制受剪截面</td><td>一级</td></tr>
<tr><td>耗能
构件</td><td>框架梁</td><td>弹性</td><td>个别受弯屈服
受剪不屈服</td><td>部分受弯屈服
控制受剪截面</td><td>一级</td></tr>
<tr><td colspan="2">连梁</td><td>弹性</td><td>部分受弯屈服
受剪不屈服</td><td>多数受弯屈服
控制塑性变形</td><td>一级</td></tr>
<tr><td colspan="2">普通楼板</td><td>弹性</td><td>受弯受剪不屈服</td><td>控制受剪截面</td><td>—</td></tr>
<tr><td colspan="2">加强层上下弦所在楼板</td><td>弹性</td><td>受弯受剪不屈服</td><td>多数受弯屈服
控制受剪截面</td><td>—</td></tr>
</table>

2 栋 A 座住宅塔楼构件抗震性能目标 **表 2.6.4-2**

<table>
<tr><td colspan="2">地震烈度</td><td>多遇地震</td><td>设防地震</td><td>罕遇地震</td><td rowspan="4">抗震等级</td></tr>
<tr><td colspan="2">性能水准</td><td>性能水准 1</td><td>性能水准 3</td><td>性能水准 4</td></tr>
<tr><td colspan="2">宏观损坏程度</td><td>完好</td><td>轻度损坏</td><td>中度损坏</td></tr>
<tr><td colspan="2">层间位移角限值</td><td>1/676</td><td>—</td><td>1/120</td></tr>
<tr><td>关键
构件</td><td>底部加强区剪力墙</td><td>弹性</td><td>受弯不屈服
受剪弹性</td><td>不屈服</td><td>一级</td></tr>
<tr><td>普通竖
向构件</td><td>非底部加强区剪力墙
及框架柱和扁柱</td><td>弹性</td><td>受弯不屈服
受剪弹性</td><td>部分受弯屈服
控制受剪截面</td><td>一级</td></tr>
</table>

续表

耗能构件	框架梁	弹性	部分受弯屈服 受剪不屈服	部分受弯屈服 控制塑性变形	一级
连梁		弹性	部分受弯屈服 受剪不屈服	多数受弯屈服 控制塑性变形	一级
普通楼板		弹性	受弯受剪不屈服	控制受剪截面	—

2. 超限项的判定

根据《超限高层建筑工程抗震设防专项审查技术要点》（建质〔2015〕67 号）超限高层建筑工程主要范围参照简表将本工程超限内容列出如表 2.6.4-3。

塔楼超限项次汇总　　**表 2.6.4-3**

塔楼编号	超限项次	不规则项次（除高度超限外）总计
1 栋办公	（1）高度超过 A 级高度 36.81%。 （2）考虑偶然偏心影响的扭转位移比为 1.25（HB2F），大于 1.2，小于 1.3，平面扭转不规则。 （3）竖向刚度突变，竖向不规则	2 项
2 栋 A 座住宅	（1）高度超过 B 级高度。（超 B 级高度 20.3%） （2）考虑偶然偏心影响的扭转位移比大于 1.2，小于 1.3，平面扭转不规则。 （3）平面凹凸不规则。 （4）楼板不连续	3 项

3. 抗震性能目标

根据结构受力特点设定结构抗震设防性能目标 C 级，相应塔楼构件抗震性能目标见表 2.6.4-1 和表 2.6.4-2。

2.6.5　小震和风荷载作用分析

1. 计算分析参数的选取

为了确保分析结果的准确性，本工程分别采用 YJK、ETABS 两个软件进行多遇地震下的静力计算分析，相互复核验证结构各部位在多遇地震作用下的性能目标。

主要输入参数如下：

（1）结构重要性系数取 1.0；

（2）周期折减系数 0.9，YJK 和 ETABS 模型振型数取 30，各软件计算的振型参与质量均大于总质量的 90%；

（3）连梁刚度折减系数 0.7；

（4）嵌固端：半地下二层满足作为嵌固端的刚度要求，因此结构的嵌固部位设在半地下二层楼面；

（5）抗震设防烈度为 7 度，基本地震加速度为 0.1g，第一组；

（6）风荷载：采用基本风压 50 年一遇 0.75kN/m^2 计算结构水平位移；采用基本风压的 1.1 倍计算结构承载力。地面粗糙度类别为 C 类。体型系数取 1.4。

（7）结构阻尼比取 0.05；

（8）根据规范规定，本工程考虑质量偶然偏心的影响。

（9）重力二阶效应：根据计算结果判断，需要考虑重力二阶效应。

2. 主要计算分析结果

（1）周期与振型

采用ETABS和YJK软件分别进行结构分析，确保分析结果可靠。计算结果表明两个软件的计算结果接近。结构重力荷载对比见表2.6.5-1和表2.6.5-2。周期和振型见表2.6.5-3和表2.6.5-4。1栋办公塔楼周期比为，2栋A座住宅塔楼周期比为，均满足规范周期比要求。

1栋办公塔楼重力荷载对比　　　　表2.6.5-1

计算软件	YJK	ETABS	YJK/ETABS
结构总恒载DL（kN）	731359	719635	101.65%
结构总活载LL（kN）	109249	105330	103.72%
总荷载DL+LL（kN）	840788	824965	101.92%
重力荷载代表值DL+0.5LL（kN）	785984	772300	101.80%
平均每平方米重量（kN/m^2）	18.81	18.48	101.80%

2栋A座住宅塔楼重力荷载对比　　　　表2.6.5-2

计算软件	YJK	ETABS	YJK/ETABS
结构总恒载DL（kN）	833844	833831	100%
结构总活载LL（kN）	109670	109668	99%
总荷载DL+LL（kN）	943514	845345	100%
重力荷载代表值DL+0.5LL（kN）	888679	888665	100%
平均每平方米重量（kN/m^2）	18.11	18.11	100%

1栋办公塔楼周期振型对比　　　　表2.6.5-3

计算软件		YJK X-Y-RZ	ETABS X-Y-RZ	ETABS/YJK	备注
结构自振周期（s）	T_1	4.62（Y） （0.00+1.00+0.00）	4.67（Y） （0.00+1.00+0.00）	101.82%	Y向平动
	T_2	3.96（K） （1.00+0.00+0.00）	3.90（X） （1.00+0.00+0.00）	98.48%	X向平动
	T_3	2.49（RZ） （0.00+0.00+1.00）	2.31（RZ） （0.00+0.00+1.00）	92.77%	扭转为主
振型有效质量参与系数	X	98.10%	99.97%	—	≥90%
	Y	97.07%	99.65%		—
周期比T_3/T_1		0.54	0.50	—	<85

2 栋 A 座住宅塔楼周期振型对比　　　　**表 2.6.5-4**

计算软件		YJK X-Y-RZ	ETABS X-Y-RZ	ETABS/YJK	备注
结构自振周期（s）	T_1	5.12（*X*） （0.98+0.00+0.02）	5.30（*X*） （0.98+0.02+0.02）	103.5%	*X* 向平动
	T_2	4.65（*Y*） （0.00+1.00+0.00）	4.73（*Y*） （0.00+1.00+0.00）	101.7%	*Y* 向平动
	T_3	3.56（*RZ*） （0.02+0.00+0.98）	3.68（*RZ*） （0.03+0.00+0.97）	103.4%	扭转为主
振型有效质量参与系数	*X*	98.91%	98.88%	—	≥90%
	Y	98.15%	98.05%		—
周期比 T3/T1		0.70	0.69	—	<0.85

1 栋办公塔楼层间位移角　　　　**表 2.6.5-5**

<table>
<tr><td colspan="2">水平荷载作用</td><td>计算软件</td><td colspan="4">YJK</td><td colspan="2">ETABS</td></tr>
<tr><td></td><td>调整</td><td>项目</td><td colspan="2">Dir X</td><td colspan="2">Dir Y</td><td>Dir _ X</td><td>Dir _ Y</td></tr>
<tr><td rowspan="4">地震作用</td><td rowspan="2">调整前</td><td>最大层间位移角</td><td colspan="2">1/1444</td><td colspan="2">1/1142</td><td>1/1600</td><td>1/1209</td></tr>
<tr><td>所在楼层</td><td colspan="2">30</td><td colspan="2">16</td><td>31</td><td>17</td></tr>
<tr><td rowspan="2">调整后</td><td>最大层间位移角</td><td colspan="2">1/1336</td><td colspan="2">1/1110</td><td>—</td><td>—</td></tr>
<tr><td>所在楼层</td><td colspan="2">30</td><td colspan="2">16</td><td>—</td><td>—</td></tr>
<tr><td rowspan="2">风荷载作用</td><td colspan="2">最大层间位移角</td><td>1/1265
（X 顺风向）</td><td>1/1364
（Y 横风向）</td><td>1/825
（Y 顺风向）</td><td>1/639
（X 横风向）</td><td>1/1365</td><td>1/874</td></tr>
<tr><td colspan="2">所在楼层</td><td>30</td><td>30</td><td>16</td><td>16</td><td>31</td><td>17</td></tr>
<tr><td colspan="5">规范限值</td><td colspan="4">均满足规范<1/621 要求</td></tr>
</table>

2 栋 A 座住宅塔楼层间位移角　　　　**表 2.6.5-6**

水平荷载作用	计算软件		YJK		ETABS	
	调整	项目	Dir *X*	Dir *Y*	Dir *X*	Dir *Y*
地震作用	调整前	最大层间位移角	1/879	1/1100	1/871	1/1067
		所在楼层	28F	37F	27F	36F
	调整后	最大层间位移角	1/854	1/1040	—	—
		所在楼层	28F	37F	—	—
风荷载作用	最大层间位移角		1/823	1/704	1/781	1/684
	所在楼层		27F	33F	27F	33F
规范限值			均满足《高层建筑混凝土结构技术规程》DBJ 15—92—2013 中 1/676 的限值要求			

（2）层间位移角

风和小震作用下结构的层间位移角见表 2.6.5-5 和表 2.6.5-6。1 栋办公塔楼在小震和风作用下层间位移角小于规范限值 1/621，2 栋 A 座住宅塔楼在小震和风作用下层间位移角小于规范限值 1/676。

（3）扭转位移比

1 栋办公塔楼仅半地下室楼层的最大水平位移与该楼层平均值之比大于 1.2，但不大于1.3，楼层最大层间位移与该楼层平均值之比均小于1.2。

2栋A座住宅塔楼结构 X 方向的最大水平位移和层间位移与该楼层平均值之比各楼层均小于1.2；Y 方向的最大水平位移和层间位移与该楼层平均值之比绝大多数楼层小于1.2，少数楼层大于1.2，但小于1.3，Y 方向最大值为1.24。

（4）基底剪力和弯矩

风荷载作用下剪力和弯矩见表2.6.5-7、表2.6.5-8，风荷载作用下 Y 向基底剪力大于地震作用下的基底剪力。

1栋办公塔楼基底剪力和基底弯矩　　　　表2.6.5-7

水平荷载作用	计算软件		YJK		ETABS	
	调整	项目	Dir _ X	Dir _ Y	Dir _ X	Dir _ Y
地震作用	调整前	基底总剪力（kN）	10743	9933	11059	9758
		基底总弯矩（kN·m）	977662	929919	1012387	969259
	调整后	基底总剪力（kN）	11613	10221	—	—
		基底总弯矩（kN·m）	1056852	996887	—	—
风荷载作用	基底总剪力（kN）		10831	11775	11174	12312
	基底总弯矩（kN·m）		1227624	1338330	1264004	1395245

2栋A座住宅塔楼基底剪力和基底弯矩　　　　表2.6.5-8

水平荷载作用	计算软件		YJK		ETABS	
	调整	项目	Dir _ X	Dir _ Y	Dir _ X	Dir _ Y
地震作用	调整前	基底总剪力（kN）	9762	10874	10303	11431
		基底总弯矩（kN·m）	1081152	1113947	1139719	1173467
	调整后	基底总剪力（kN）	10664	11499	—	—
		基底总弯矩（kN·m）	1180617	1178555	—	—
风荷载作用	基底总剪力（kN）		12872	16979	13631	17703
	基底总弯矩（kN·m）		1467394	1934395	1546310	2014544

（5）1栋办公塔楼倾覆弯矩占比及 $0.2V_0$ 调整

图2.6.5-1为每层框架柱所承担的地震倾覆力矩比，规范算得的框架倾覆弯矩占比均为20%～40%，按轴力法算得的为40%～140%，轴力法能较为准确地反应伸臂桁架对框架柱轴力的影响。

图2.6.5-2所示为框架 $0.2V_0$ 调整前剪力占比，由图中可以看出由于避难层层高的变化导致剪力占比略有变化。

（6）刚重比

1栋办公塔楼 X、Y 向刚重比分别为3.02，2.17，满足《高规》的整体稳定验算，Y 向需考虑重力二阶效应。2栋A座住宅塔楼 X、Y 向刚重比分别为2.18，2.40，满足《高规》的整体稳定验算，需考虑重力二阶效应。

（7）软弱层与薄弱层判断

图2.6.5-3和图2.6.5-4分别为1栋塔楼和2栋A座的层刚度比和层抗剪承载力之比，由于1栋办公带两道伸臂桁架，因此 Y 向在加强层刚度比不满足规范要求，其他均满足规范要求，塔楼不存在软弱层与薄弱层。将1栋办公伸臂桁架上下层定义为薄弱层。

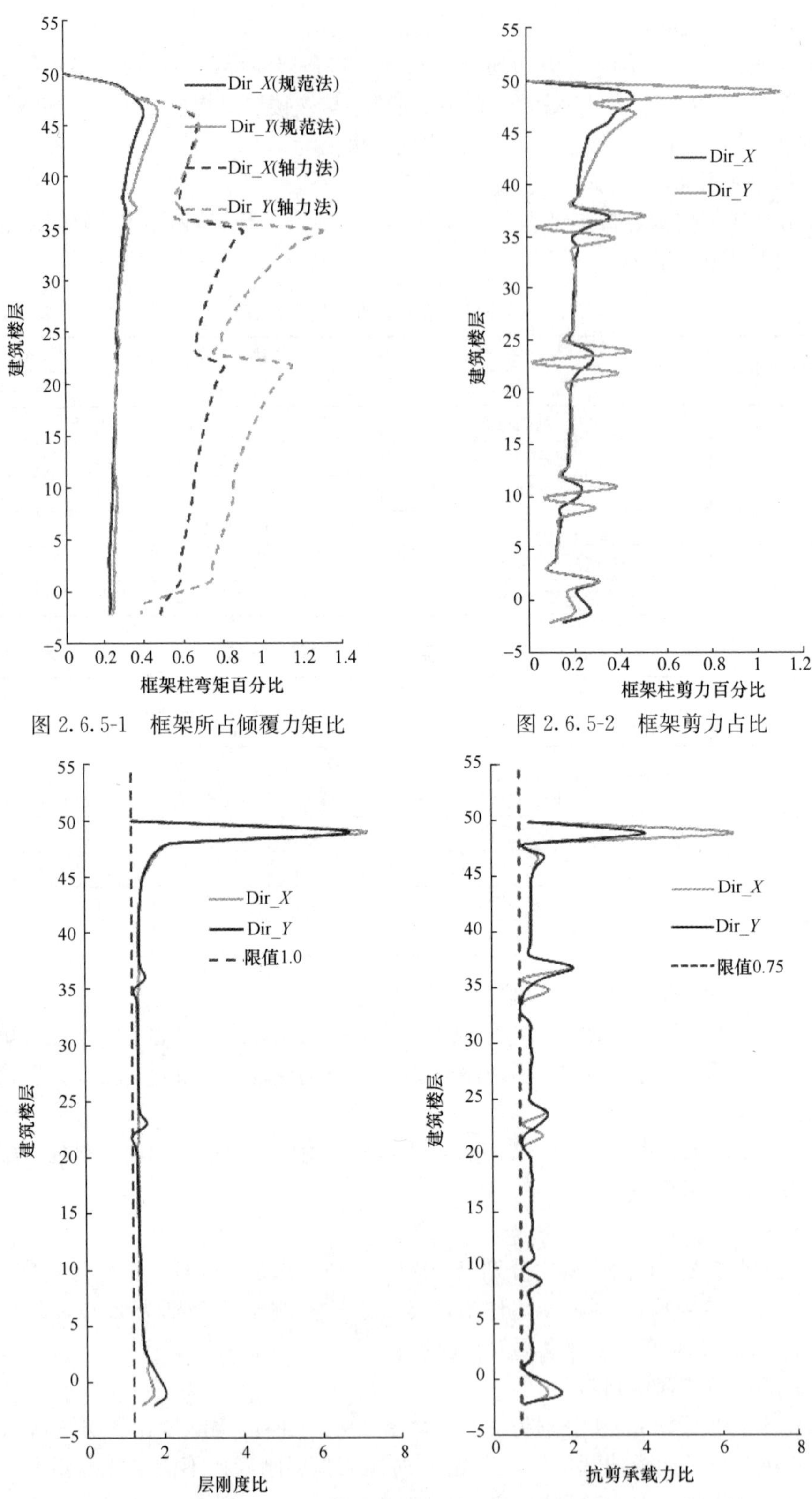

图 2.6.5-1　框架所占倾覆力矩比

图 2.6.5-2　框架剪力占比

图 2.6.5-3　1 栋办公层刚度比和抗剪承载力比

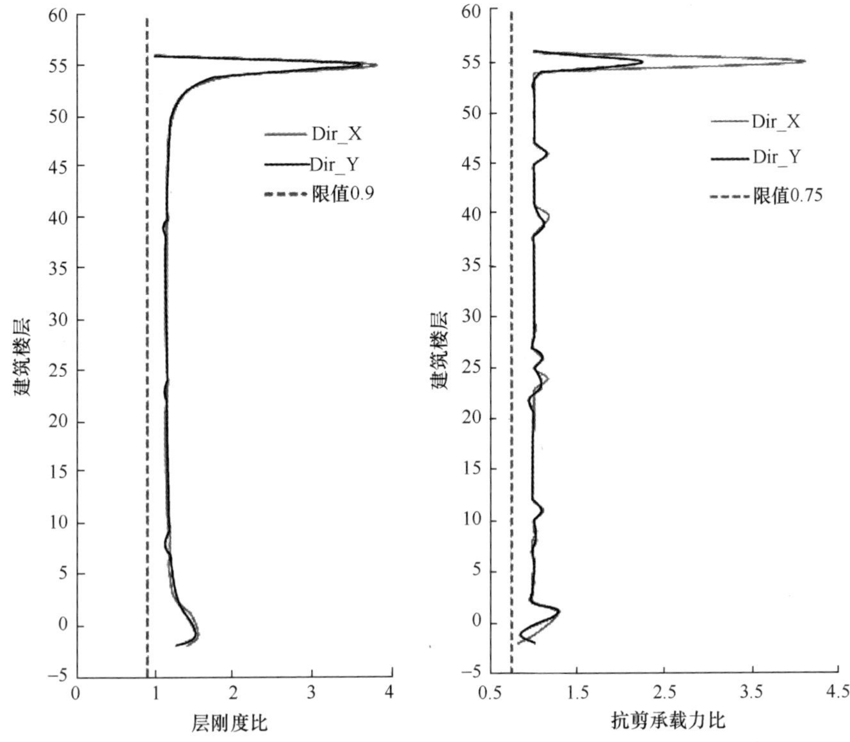

图 2.6.5-4　2 栋 A 座住宅层刚度比和抗剪承载力比

（8）轴压比

剪力墙和外框柱抗震等级均为特一级，墙肢轴压比按 0.5 控制，框架柱按 0.75 控制，墙肢轴压比见表 2.6.5-9。2 栋 A 座与之相似，不再赘述。

1 栋塔楼墙轴压比　　　　**表 2.6.5-9**

编号	1	2	3	4	5	6	7	8	9	10	11	12	13	14	15	16	17	18	19
HB2	0.34	0.34	0.34	0.29	0.3	0.34	0.36	0.3	0.34	0.33	0.3	0.19	0.2	0.06	0.2	0.19	0.29	0.34	0.34
HB1	0.33	0.33	0.33	0.29	0.29	0.33	0.35	0.3	0.34	0.34	0.3	0.18	0.19	0.19	0.18	0.3	0.36	0.35	
1	0.32	0.32	0.32	0.28	0.29	0.32	0.34	0.29	0.33	0.32	0.29	0.29	0.34	0.33					
2	0.46	0.46	0.45	0.42	0.47	0.46	0.42	0.44	0.38	0.4	0.46	0.41	0.41	0.43	0.43				
3	0.45	0.45	0.43	0.4	0.45	0.44	0.4	0.43	0.4	0.4	0.44	0.4	0.4	0.4	0.42				
4	0.44	0.44	0.43	0.39	0.44	0.43	0.39	0.42	0.4	0.4	0.43	0.39	0.39	0.41	0.39				
5	0.43	0.43	0.42	0.39	0.43	0.42	0.38	0.42	0.4	0.39	0.42	0.38	0.38	0.41	0.38				
6	0.42	0.42	0.41	0.38	0.42	0.42	0.37	0.41	0.39	0.38	0.41	0.37	0.37	0.4	0.37				
7	0.48	0.47	0.46	0.42	0.48	0.47	0.42	0.46	0.44	0.43	0.46	0.42	0.42	0.45	0.42				
8	0.47	0.46	0.45	0.42	0.47	0.46	0.41	0.45	0.43	0.42	0.45	0.41	0.41	0.44	0.4				
9	0.45	0.45	0.45	0.41	0.46	0.45	0.4	0.44	0.42	0.41	0.44	0.39	0.4	0.43	0.37				
10	0.44	0.44	0.44	0.4	0.44	0.44	0.44	0.42	0.4	0.43	0.39	0.44	0.4	0.42	0.49	0.5			
11	0.43	0.43	0.43	0.38	0.43	0.43	0.38	0.42	0.4	0.39	0.42	0.36	0.38	0.41	0.34				

续表

编号	1	2	3	4	5	6	7	8	9	10	11	12	13	14	15	16	17	18	19
12	0.42	0.42	0.41	0.37	0.42	0.42	0.37	0.41	0.39	0.38	0.41	0.36	0.37	0.4	0.35				
13	0.41	0.41	0.4	0.36	0.41	0.41	0.36	0.4	0.38	0.37	0.4	0.36	0.36	0.39	0.35				
14	0.4	0.39	0.39	0.35	0.4	0.4	0.35	0.39	0.37	0.36	0.39	0.35	0.35	0.38	0.35				
15	0.39	0.38	0.38	0.34	0.39	0.38	0.34	0.38	0.36	0.35	0.38	0.34	0.34	0.37	0.34				
16	0.38	0.37	0.37	0.33	0.38	0.37	0.33	0.37	0.35	0.34	0.37	0.33	0.33	0.36	0.33				
17	0.36	0.36	0.35	0.32	0.37	0.36	0.32	0.36	0.34	0.33	0.36	0.32	0.32	0.35	0.32				
18	0.35	0.35	0.34	0.32	0.36	0.35	0.31	0.34	0.33	0.32	0.35	0.31	0.31	0.34	0.31				
19	0.34	0.34	0.33	0.31	0.35	0.34	0.31	0.33	0.32	0.31	0.33	0.3	0.3	0.33	0.3				
20	0.33	0.33	0.32	0.3	0.33	0.33	0.3	0.32	0.31	0.3	0.32	0.29	0.29	0.31	0.29				
21	0.32	0.32	0.31	0.29	0.32	0.32	0.29	0.31	0.3	0.29	0.31	0.28	0.29	0.3	0.27				
22	0.27	0.27	0.3	0.24	0.27	0.3	0.24	0.3	0.28	0.27	0.3	0.24	0.26	0.29	0.25				
23	0.24	0.24	0.29	0.24	0.25	0.29	0.29	0.27	0.26	0.28	0.22	0.23	0.29	0.22	0.28	0.31	0.32		
24	0.24	0.23	0.27	0.22	0.24	0.28	0.21	0.27	0.26	0.24	0.27	0.23	0.21	0.26	0.21				
25	0.31	0.31	0.31	0.28	0.32	0.32	0.28	0.31	0.29	0.28	0.31	0.27	0.28	0.3	0.26				
26	0.3	0.3	0.29	0.27	0.3	0.3	0.27	0.3	0.28	0.27	0.3	0.26	0.27	0.29	0.26				
27	0.29	0.29	0.28	0.26	0.29	0.29	0.26	0.28	0.27	0.26	0.28	0.25	0.25	0.28	0.25				
28	0.27	0.27	0.27	0.25	0.28	0.28	0.25	0.27	0.26	0.25	0.27	0.24	0.24	0.26	0.24				
29	0.26	0.26	0.26	0.24	0.26	0.26	0.24	0.26	0.24	0.24	0.26	0.23	0.23	0.25	0.23				
30	0.3	0.3	0.29	0.27	0.3	0.3	0.27	0.3	0.28	0.27	0.3	0.26	0.27	0.29	0.26				
31	0.29	0.28	0.28	0.26	0.29	0.29	0.26	0.28	0.27	0.26	0.28	0.25	0.25	0.27	0.25				
32	0.27	0.27	0.26	0.24	0.27	0.27	0.24	0.26	0.25	0.24	0.26	0.24	0.24	0.26	0.23				
33	0.25	0.25	0.25	0.23	0.26	0.25	0.23	0.25	0.24	0.23	0.25	0.22	0.23	0.24	0.22				
34	0.17	0.16	0.16	0.15	0.17	0.17	0.15	0.16	0.15	0.15	0.16	0.14	0.15	0.16	0.14				
35	0.13	0.13	0.15	0.12	0.13	0.15	0.12	0.15	0.14	0.14	0.15	0.13	0.12	0.14	0.12				
36	0.19	0.19	0.27	0.19	0.2	0.27	0.26	0.25	0.23	0.26	0.16	0.18	0.26	0.16	0.25	0.27	0.28		
37	0.18	0.17	0.24	0.16	0.18	0.24	0.16	0.24	0.23	0.2	0.23	0.19	0.15	0.23	0.18				
38	0.29	0.29	0.28	0.25	0.29	0.29	0.25	0.27	0.23	0.24	0.26	0.23	0.25	0.24	0.23				
39	0.26	0.26	0.26	0.22	0.26	0.26	0.22	0.25	0.22	0.22	0.24	0.21	0.22	0.22	0.21				
40	0.24	0.24	0.23	0.2	0.24	0.23	0.2	0.23	0.2	0.2	0.21	0.2	0.2	0.2	0.19				
41	0.21	0.21	0.21	0.18	0.21	0.21	0.18	0.2	0.19	0.18	0.19	0.18	0.18	0.18	0.17				
42	0.19	0.19	0.19	0.16	0.19	0.19	0.16	0.18	0.16	0.16	0.17	0.16	0.16	0.16	0.15				
43	0.16	0.16	0.16	0.14	0.16	0.17	0.14	0.16	0.14	0.14	0.14	0.14	0.14	0.14	0.13				
44	0.14	0.14	0.14	0.12	0.14	0.14	0.12	0.14	0.12	0.12	0.12	0.12	0.12	0.12	0.12				
45	0.11	0.11	0.12	0.1	0.11	0.12	0.1	0.12	0.1	0.1	0.1	0.1	0.1	0.1	0.1				
46	0.09	0.08	0.1	0.08	0.09	0.1	0.08	0.1	0.08	0.08	0.08	0.08	0.08	0.08	0.08				
47	0.06	0.06	0.07	0.06	0.06	0.07	0.06	0.07	0.07	0.06	0.06	0.06	0.06	0.06	0.07				
48	0.04	0.04	0.05	0.04	0.04	0.04	0.03	0.05	0.05	0.04	0.04	0.04	0.04						
49	0.02	0.02	0.03	0.02	0.03	0.03	0.04	0.04	0.03										
50	0.01	0.01	0.01	0.01	0.01	0.01													

（9）弹性时程分析

对于1栋办公塔楼，选择5组天然波和2组人工波进行多遇地震下的弹性时程分析。分析时按嵌固层作为结构底部进行地震剪力的分析比较。2栋A座与之相似，不再赘述。

地震时程工况下的基底剪力及位移角　　　表2.6.5-10

工况	Dir X			Dir Y		
	层间位移角	基底剪力（kN）	时程与反应谱基底剪力比值	层间位移角	基底剪力（kN）	时程与反应谱基底剪力比值
TR1	1/1587	8762	0.816	1/1556	7503	0.755
TR2	1/1712	12585	1.171	1/1323	12516	1.260
TR3	1/2588	9064	0.844	1/1984	9409	0.947
TR4	1/2459	8306	0.773	1/1779	8749	0.881
TR5	1/1345	9822	0.914	1/1386	7355	0.741
RG1	1/1528	10247	0.954	1/1132	10706	1.078
RG2	1/1460	10163	0.946	1/1266	10191	1.026
平均值	—	9850	0.917	—	9490	0.955
反应谱	1/1336	10743	—	1/1110	9933	—

如表2.6.5-10所示；对比7组地震波楼层剪力平均值与规范反应谱计算楼层剪力可知，规范反应谱计算结果均略大。

2.6.6 中震作用下构件的验算

根据《高层建筑混凝土结构技术规程》JGJ 3—2010第3.11节的相关规定，本工程的中震性能水准为3，结构各类构件抗震性能目标应满足表2.6.6-1预定性能目标。1栋办公中震弹性和中震不屈服计算参数见表2.6.6-1，中震屈服判断所采用的配筋为小震计算配筋和构造配筋取包络（表2.6.6-2），若有不满足中震性能目标，则调整设计使其满足。2栋A座与之相似，不再赘述。

中震弹性和中震不屈服计算模型主要输入参数　　　表2.6.6-1

参数	中震弹性设计	中震不屈服设计
水平地震影响系数最大值α_{max}	0.23	0.23
地震组合内力调整系数	1.0	1.0
作用分项系数	同小震弹性分析	1.0
材料分项系数	同小震弹性分析	1.0
抗震承载力调整系数	同小震弹性分析	1.0
地震作用调整系数	不计入	不计入
材料强度	采用设计值	采用标准值
连梁刚度折减系数	0.5	0.5
周期折减系数	1.0	1.0
是否计入风荷载效应	不计入	不计入
其他未示参数	与小震弹性分析同	与小震弹性分析同

屈服判断采用构造配筋 **表 2.6.6-2**

构件		钢筋直径或配筋率							
剪力墙	楼层	边缘构件				墙身分布筋			
	配筋位置	HB2F～6F 7F～9F 9F～11F 22F～24F 35F～37F		12F～21F 25F～34F 38F～top		HB2F～6F 9F～11F 22F～24F 35F～37F		7F～8F 12F～21F 25F～34F 38F～top	
	配筋率	1.6%		0.9%		0.4%		0.25%	
连梁	连梁宽度（mm）	950	600	600	400	600	400	600	400
	箍筋直径	12	10	10	10	10	10	10	10
	肢数	6	4	4	4	4	4	4	4
	间距	100	100	100	100	100	100	100	
	箍筋面积配箍率	0.56%	0.52%	0.52%	0.78%	0.52%	0.78%	0.52%	

中震采用 ETABS 进行计算，并提取构件内力进行组合验算，主要验算墙肢和框架柱的正截面受弯承载力和斜截面抗剪承载力、墙肢名义拉应力以及连梁抗剪承载力。

墙肢正截面受弯主要通过验算相应中震组合的内力是否超过 PM 屈服面。斜截面承载力则根据规范公式验算了墙肢的剪力是否小于抗剪承载力，小于则满足中震抗剪弹性。同时还复核了墙肢剪压比，即抗剪是否满足抗剪最小截面。

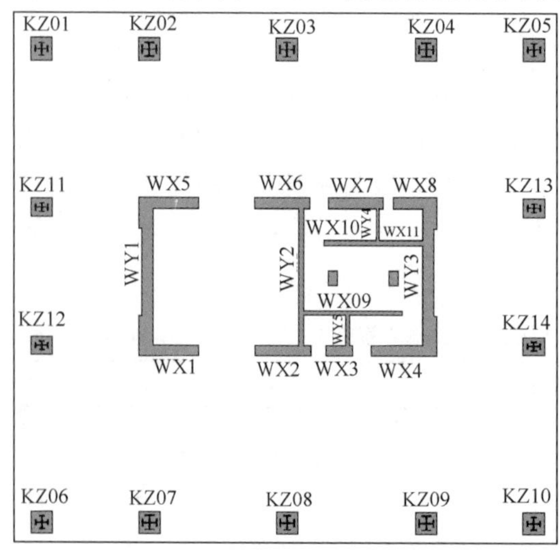

图 2.6.6-1 剪力墙编号

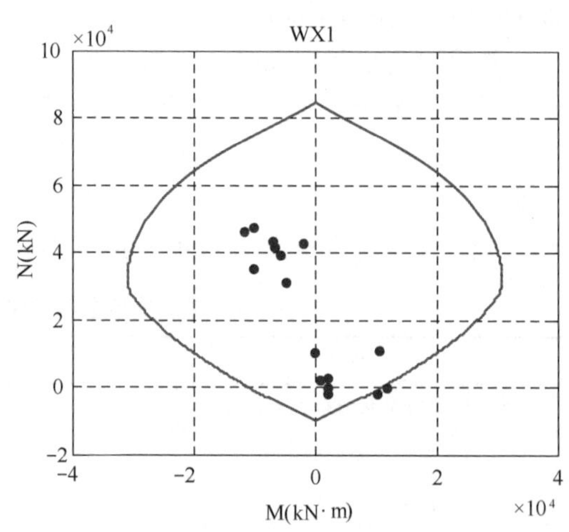

图 2.6.6-2 剪力墙正截面承载力验算

墙肢抗剪中震弹性验算（<1.0） **表 2.6.6-3**

STORY	WX1	WX2	WX7	WX5	WX6	WX3	WX4	WX9	WX10	WX11	WY1	WY2	WY3	WY4	WY5	WX8
50			0.3					0.3				0.3	0.3			
49	0.3	0.3	0.3	0.3	0.3			0.3			0.3	0.3	0.3			
48	0.3	0.3	0.3	0.3	0.3	0.3	0.3	0.3	0.3	0.3	0.3	0.3	0.3	0.3	0.3	
47	0.3	0.3	0.3	0.3	0.3	0.3	0.3	0.3	0.3	0.3	0.3	0.3	0.3	0.3	0.3	0.3

续表

STORY	WX1	WX2	WX7	WX5	WX6	WX3	WX4	WX9	WX10	WX11	WY1	WY2	WY3	WY4	WY5	WX8
46	0.3	0.3	0.3	0.3	0.3	0.3	0.3	0.3	0.3	0.3	0.3	0.3	0.3	0.3	0.3	0.3
45	0.3	0.3	0.3	0.3	0.3	0.3	0.3	0.3	0.3	0.3	0.3	0.3	0.3	0.3	0.3	0.3
44	0.3	0.3	0.3	0.3	0.3	0.3	0.3	0.3	0.3	0.3	0.3	0.3	0.3	0.3	0.3	0.3
43	0.3	0.3	0.3	0.3	0.3	0.3	0.3	0.3	0.3	0.3	0.3	0.3	0.3	0.3	0.3	0.3
42	0.3	0.3	0.3	0.3	0.3	0.3	0.3	0.3	0.3	0.3	0.3	0.3	0.3	0.3	0.3	0.3
41	0.3	0.3	0.3	0.3	0.3	0.3	0.3	0.3	0.3	0.3	0.3	0.3	0.3	0.3	0.3	0.3
40	0.3	0.3	0.3	0.3	0.3	0.3	0.3	0.3	0.3	0.3	0.3	0.3	0.3	0.3	0.3	0.3
39	0.3	0.3	0.3	0.3	0.3	0.3	0.3	0.3	0.3	0.3	0.3	0.3	0.3	0.3	0.3	0.3
38	0.3	0.3	0.3	0.3	0.3	0.3	0.3	0.3	0.3	0.3	0.3	0.3	0.3	0.3	0.3	0.3
37	0.3	0.3	0.3	0.3	0.3	0.3	0.3	0.3	0.3	0.3	0.3	0.3	0.3	0.3	0.3	0.3
36	0.38	0.3	0.3	0.39	0.3	0.3	0.3	0.3	0.3	0.3	0.39	0.58	0.39	0.39	0.38	0.3
35	0.39	0.3	0.3	0.37	0.3	0.3	0.3	0.3	0.3	0.3	0.3	0.3	0.3	0.3	0.3	0.3
34	0.3	0.3	0.3	0.3	0.3	0.3	0.3	0.3	0.3	0.3	0.3	0.3	0.3	0.3	0.3	0.3
33	0.3	0.3	0.3	0.3	0.3	0.3	0.3	0.3	0.3	0.3	0.3	0.3	0.3	0.3	0.3	0.3
32	0.3	0.3	0.3	0.3	0.3	0.3	0.3	0.3	0.3	0.3	0.3	0.3	0.3	0.3	0.3	0.3
31	0.3	0.3	0.3	0.3	0.3	0.3	0.3	0.3	0.3	0.3	0.3	0.3	0.3	0.3	0.3	0.3
30	0.3	0.3	0.3	0.3	0.3	0.3	0.3	0.3	0.3	0.3	0.3	0.3	0.3	0.3	0.3	0.3
29	0.3	0.3	0.3	0.3	0.3	0.3	0.3	0.3	0.3	0.3	0.3	0.3	0.3	0.3	0.3	0.3
28	0.3	0.3	0.3	0.3	0.3	0.3	0.3	0.3	0.3	0.3	0.3	0.3	0.3	0.3	0.3	0.3
27	0.3	0.3	0.3	0.3	0.3	0.3	0.3	0.3	0.3	0.3	0.3	0.3	0.3	0.3	0.3	0.3
26	0.3	0.3	0.3	0.3	0.3	0.3	0.3	0.3	0.3	0.3	0.3	0.3	0.3	0.3	0.3	0.3
25	0.3	0.3	0.3	0.3	0.3	0.3	0.3	0.3	0.3	0.3	0.3	0.3	0.3	0.3	0.3	0.3
24	0.3	0.3	0.3	0.3	0.3	0.3	0.3	0.3	0.3	0.3	0.3	0.3	0.3	0.3	0.3	0.3
23	0.39	0.3	0.3	0.36	0.3	0.3	0.3	0.3	0.3	0.3	0.41	0.69	0.4	0.38	0.36	0.3
22	0.38	0.3	0.3	0.39	0.3	0.3	0.3	0.3	0.3	0.3	0.3	0.3	0.3	0.3	0.3	0.3
21	0.3	0.3	0.3	0.3	0.3	0.3	0.3	0.3	0.3	0.3	0.3	0.3	0.3	0.3	0.3	0.3
20	0.3	0.3	0.3	0.3	0.3	0.3	0.3	0.3	0.3	0.3	0.3	0.3	0.3	0.3	0.3	0.3
19	0.3	0.3	0.3	0.3	0.3	0.3	0.3	0.3	0.3	0.3	0.3	0.3	0.3	0.3	0.3	0.3
18	0.3	0.3	0.3	0.3	0.3	0.3	0.3	0.3	0.3	0.3	0.3	0.3	0.3	0.3	0.3	0.3
17	0.3	0.3	0.3	0.3	0.3	0.3	0.3	0.3	0.3	0.3	0.3	0.3	0.3	0.3	0.3	0.3
16	0.3	0.3	0.3	0.3	0.3	0.3	0.3	0.3	0.3	0.3	0.3	0.3	0.3	0.3	0.3	0.3
15	0.3	0.3	0.3	0.3	0.3	0.3	0.3	0.3	0.3	0.3	0.3	0.3	0.3	0.3	0.3	0.3
14	0.3	0.3	0.3	0.3	0.3	0.3	0.3	0.3	0.3	0.3	0.3	0.3	0.3	0.3	0.3	0.3
13	0.3	0.3	0.3	0.3	0.3	0.3	0.3	0.3	0.3	0.3	0.3	0.3	0.3	0.3	0.3	0.3
12	0.3	0.3	0.3	0.3	0.3	0.3	0.3	0.3	0.3	0.3	0.3	0.3	0.3	0.3	0.3	0.3
11	0.3	0.3	0.3	0.3	0.3	0.3	0.3	0.3	0.3	0.3	0.3	0.3	0.3	0.3	0.3	0.3
10	0.3	0.3	0.3	0.3	0.3	0.3	0.3	0.3	0.3	0.3	0.3	0.3	0.3	0.3	0.3	0.3
9	0.3	0.3	0.3	0.31	0.31	0.3	0.3	0.3	0.3	0.3	0.3	0.3	0.3	0.3	0.3	0.3
8	0.3	0.3	0.3	0.32	0.32	0.3	0.3	0.3	0.3	0.3	0.3	0.32	0.3	0.3	0.3	0.3

续表

STORY	WX1	WX2	WX7	WX5	WX6	WX3	WX4	WX9	WX10	WX11	WY1	WY2	WY3	WY4	WY5	WX8
7	0.32	0.33	0.3	0.32	0.33	0.3	0.3	0.3	0.3	0.3	0.3	0.35	0.3	0.3	0.3	0.3
6	0.33	0.34	0.32	0.33	0.33	0.3	0.3	0.3	0.3	0.3	0.3	0.34	0.3	0.3	0.3	0.3
5	0.34	0.36	0.37	0.33	0.36	0.34	0.35	0.3	0.3	0.3	0.3	0.35	0.3	0.3	0.3	0.3
4	0.35	0.39	0.41	0.35	0.36	0.38	0.36	0.3	0.3	0.3	0.3	0.35	0.3	0.3	0.3	0.3
3	0.35	0.41	0.42	0.36	0.38	0.41	0.38	0.3	0.3	0.3	0.3	0.36	0.31	0.3	0.3	0.3
2	0.39	0.3	0.3	0.38	0.39	0.32	0.36	0.3	0.3	0.3	0.3	0.3	0.3	0.3	0.3	0.3
1	0.3	0.3	0.3	0.3	0.3	0.3	0.3	0.3	0.3	0.3	0.3	0.3	0.3	0.33	0.34	0.3
HB1	0.3	0.3	0.3	0.3	0.3	0.3	0.3	0.31	0.3	0.3	0.3	0.3	0.3	0.3	0.3	0.41
HB2	0.36	0.3	0.3	0.31	0.3	0.42	0.36	0.3	0.3	0.3	0.3	0.3	0.3	0.3	0.3	0.42

墙肢抗拉验算（<1.0）　　　　**表 2.6.6-4**

STORY	WX1	WX2	WX7	WX5	WX6	WX3	WX4	WX9	WX10	WX11	WY1	WY2	WY3	WY4	WY5	WX8
50			-0.2					-0.21				-0.13	-0.12			
49	0.11	0.03	-0.37	-0.04	-0.09			-0.47			-0.2	-0.44	-0.31			
48	0.03	-0.19	-0.39	-0.21	-0.44	-0.16	0.02	-0.48	-0.2	-0.3	-0.42	-0.58	-0.39	-0.3	-0.39	
47	-0.2	-0.53	-0.33	-0.18	-0.48	-0.38	-0.18	-0.57	-0.37	-0.5	-0.59	-0.73	-0.57	-0.48	-0.51	-0.09
46	-0.35	-0.56	-0.48	-0.42	-0.72	-0.45	-0.27	-0.71	-0.55	-0.62	-0.76	-0.92	-0.71	-0.5	-0.64	-0.34
45	-0.43	-0.58	-0.5	-0.54	-0.65	-0.5	-0.29	-0.87	-0.74	-0.76	-0.9	-1.15	-0.8	-0.58	-0.75	-0.33
44	-0.5	-0.59	-0.51	-0.58	-0.63	-0.52	-0.29	-1	-0.93	-0.87	-1.02	-1.38	-0.88	-0.65	-0.84	-0.32
43	-0.51	-0.6	-0.52	-0.56	-0.62	-0.54	-0.29	-1.13	-1.09	-0.96	-1.12	-1.61	-0.93	-0.71	-0.92	-0.28
42	-0.48	-0.61	-0.53	-0.51	-0.6	-0.56	-0.27	-1.25	-1.24	-1.03	-1.21	-1.84	-0.96	-0.76	-0.99	-0.24
41	-0.43	-0.63	-0.54	-0.43	-0.59	-0.57	-0.25	-1.37	-1.39	-1.09	-1.29	-2.06	-0.98	-0.82	-1.06	-0.19
40	-0.36	-0.66	-0.57	-0.32	-0.59	-0.59	-0.22	-1.48	-1.53	-1.14	-1.36	-2.28	-0.99	-0.89	-1.12	-0.13
39	-0.28	-0.72	-0.62	-0.19	-0.64	-0.62	-0.19	-1.58	-1.67	-1.17	-1.41	-2.46	-0.98	-0.96	-1.22	-0.06
38	-0.23	-0.9	-0.67	-0.08	-0.8	-0.7	-0.2	-1.67	-1.78	-1.14	-1.42	-2.57	-0.94	-1.02	-1.3	0.04
37	-0.1	-0.85	-0.61	0	-0.8	-0.67	-0.11	-1.92	-1.9	-1.44	-1.05	-2.57	-0.72	-1.14	-1.51	0.16
36	-0.76	-1.35	-1.1	-0.64	-1.29	-1.25	-0.65	-2.12	-1.99	-1.64	-1.24	-2.76	-1.03	-1.54	-1.84	-0.54
35	-0.48	-1.47	-1.34	-0.46	-1.36	-1.42	-0.77	-2.21	-2.03	-1.92	-2.01	-2.89	-1.84	-1.74	-2.11	-0.56
34	-1.01	-1.67	-1.57	-0.93	-1.54	-1.64	-1.18	-2.55	-2.43	-2.21	-2.33	-3.14	-2.12	-1.99	-2.36	-1.07
33	-1.56	-1.95	-1.87	-1.45	-1.82	-1.94	-1.67	-2.8	-2.68	-2.42	-2.47	-3.39	-2.22	-2.24	-2.61	-1.52
32	-2.04	-2.26	-2.19	-1.9	-2.13	-2.25	-2.08	-3.01	-2.89	-2.59	-2.6	-3.63	-2.34	-2.49	-2.89	-1.88
31	-2.43	-2.56	-2.49	-2.25	-2.43	-2.54	-2.4	-3.22	-3.09	-2.74	-2.72	-3.87	-2.44	-2.72	-3.16	-2.15
30	-2.68	-2.81	-2.74	-2.44	-2.68	-2.78	-2.63	-3.41	-3.27	-2.88	-2.83	-4.1	-2.54	-2.89	-3.38	-2.32
29	-2.79	-2.99	-2.9	-2.54	-2.84	-2.94	-2.74	-3.58	-3.42	-2.99	-2.93	-4.34	-2.63	-3.02	-3.56	-2.42
28	-2.78	-3.09	-2.97	-2.55	-2.91	-3.03	-2.77	-3.73	-3.54	-3.09	-3.02	-4.56	-2.72	-3.11	-3.68	-2.46
27	-2.65	-3.15	-2.97	-2.43	-2.93	-3.05	-2.68	-3.87	-3.65	-3.17	-3.09	-4.78	-2.8	-3.17	-3.76	-2.43
26	-2.41	-3.18	-2.92	-2.18	-2.94	-3.03	-2.5	-4.01	-3.79	-2.23	-3.15	-4.99	-2.86	-3.21	-3.84	-2.28
25	-2.07	-3.24	-2.82	-1.83	-3.01	-3	-2.19	-4.17	-3.95	-3.3	-3.21	-5.21	-2.92	-3.26	-3.97	-1.98
24	-1.56	-3.4	-2.74	-1.32	-3.2	-2.99	-1.75	-4.34	-4.05	-3.49	-3.1	-5.47	-2.85	-3.28	-4.24	-1.33
23	-2.72	-3.98	-3.55	-2.42	-3.8	-3.76	-2.63	-4.63	-4.31	-3.56	-2.83	-5.78	-2.68	-4.09	-4.61	-2.55
22	-1.82	-3.78	-3.32	-2.26	-3.95	-3.52	-2.23	-4.8	-4.44	-4.3	-4.49	-5.97	-4.02	-3.92	-4.76	-1.9

续表

STORY	WX1	WX2	WX7	WX5	WX6	WX3	WX4	WX9	WX10	WX11	WY1	WY2	WY3	WY4	WY5	WX8
21	−2.73	−4.05	−3.65	−2.7	−3.81	−3.84	−2.84	−5.1	−4.78	−4.48	−4.9	−6.21	−4.37	−4.26	−4.97	−2.84
20	−3.53	−4.38	−4.07	−3.47	−4.13	−4.21	−3.68	−5.3	−5.01	−4.64	−4.91	−6.45	−4.33	−4.46	−5.21	−3.54
19	−4.16	−4.79	−4.51	−4.07	−4.54	−4.58	−4.21	−5.5	−5.18	−4.75	−4.92	−6.69	−4.32	−4.7	−5.54	−3.95
18	−4.54	−5.17	−4.89	−4.39	−4.94	−4.95	−4.48	−5.69	−5.35	−4.83	−4.92	−6.93	−4.31	−4.88	−5.84	−4.14
17	−4.71	−5.47	−5.19	−4.54	−5.25	−5.24	−4.63	−5.85	−5.48	−4.87	−4.89	−7.16	−4.29	−5.01	−6.08	−4.24
16	−4.77	−5.65	−5.34	−4.58	−5.44	−5.4	−4.67	−5.99	−5.59	−4.89	−4.86	−7.38	−4.27	−5.08	−6.22	−4.24
15	−4.72	−5.69	−5.36	−4.53	−5.48	−5.43	−4.63	−6.1	−5.67	−4.89	−4.8	−7.6	−4.23	−5.09	−6.3	−4.17
14	−4.61	−5.63	−5.26	−4.41	−5.41	−5.35	−4.51	−6.18	−5.71	−4.86	−4.73	−7.82	−4.18	−5.05	−6.28	−4.04
13	−4.42	−5.5	−5.07	−4.23	−5.28	−5.19	−4.33	−6.24	−5.75	−4.81	−4.65	−8.05	−4.12	−4.97	−6.22	−3.86
12	−4.17	−5.31	−4.78	−3.99	−5.11	−4.97	−4.08	−6.31	−5.81	−4.77	−4.56	−8.28	−4.06	−4.85	−6.11	−3.61
11	−3.85	−5.12	−4.4	−3.67	−4.97	−4.76	−3.74	−6.4	−5.86	−4.89	−4.5	−8.56	−4.04	−4.66	−6.04	−3.27
10	−3.98	−5.01	−4.45	−3.83	−4.89	−4.62	−3.86	−6.35	−5.88	−4.85	−4.55	−8.82	−4.1	−5.2	−5.98	−3.62
9	−4.02	−4.76	−4.01	−3.89	−4.63	−4.46	−3.84	−6.23	−5.99	−4.75	−4.34	−9	−3.92	−4.55	−5.69	−3.59
8	−3.64	−4.52	−3.98	−3.46	−4.34	−4.19	−3.39	−6.18	−5.85	−4.56	−4.21	−9.2	−3.76	−4.6	−5.63	−3.03
7	−3.24	−4.19	−3.71	−3.04	−4	−3.84	−2.9	−6.18	−5.8	−4.4	−4.05	−9.41	−3.59	−4.44	−5.35	−2.48
6	−2.79	−3.82	−3.33	−2.56	−3.62	−3.44	−2.38	−6.11	−5.72	−4.21	−3.88	−9.61	−3.4	−4.22	−5.08	−1.96
5	−2.27	−3.41	−2.91	−1.99	−3.19	−3.02	−1.82	−6.01	−5.63	−4	−3.68	−9.78	−3.19	−3.97	−4.77	−1.41
4	−1.7	−2.99	−2.46	−1.36	−2.74	−2.58	−1.21	−5.87	−5.55	−3.76	−3.47	−9.87	−2.95	−3.72	−4.45	−0.8
3	−1.05	−2.59	−2	−0.65	−2.3	−2.14	−0.56	−5.74	−5.54	−3.53	−3.22	−9.85	−2.64	−3.32	−4.12	−0.07
2	−0.45	−2.36	−1.8	0.02	−2.04	−1.9	0.01	−5.54	−5.18	−3.39	−2.97	−9.52	−2.4	−2.97	−3.98	0.72
1	−0.29	−1.62	−0.71	0.02	−1.31	−1.29	0.07	−4.6	−3.88	−2.53	−2.41	−7.6	−1.93	−2.28	−2.98	−0.17
HB1	0.19	−1.46	−0.41	0.48	−1.1	−1.21	0.68	−4.31	−3.94	−2.26	−2.18	−7.48	−1.2	−2.05	−2.93	0.73
HB2	0.72	−1.18	0.12	1.08	−0.54	−0.68	1.29	−3.85	−4.08	−2.02	−1.81	−7.55	−0.27	−1.99	−2.46	1.91

2.6.7 大震作用下的弹塑性动力时程分析

本结构在大震作用下的弹塑性动力时程分析采用软件PKPM-SAUSAGE。梁、柱均为纤维截面，剪力墙为壳单元。弹塑性分析模型包含了全部的抗侧力构件，其弹性性质、荷载、质量与弹性模型一致。经弹塑性分析知，大震下结构层间位移角小于1/203。

墙受压无明显损伤，主要损伤集中于连梁，剪力墙钢筋塑性应变约为屈服应变的0.58，远未屈服。剪力墙满足IO性能水平。框架柱受压未出现明显损伤。

2.6.8 结构专项分析

1. 1栋办公塔楼伸臂敏感性分析

由于在Y向的未移交不满足规范要求，为了提高结构的侧移刚度，本结构考虑设置加强层，在Y向设置伸臂桁架。加强层的设置对比效果如表2.6.8-1（YJK计算结果）。

伸臂桁架敏感性分析位移角结果　　表2.6.8-1

加强层设置部位	Y向周期	Y向位移角
不设置加强层	5.14	1/350
36层设置加强层	4.97	1/438
36、23层设置加强层	4.62	1/639

注：位移角限值为1/621。

经过对比，结合小震作用下（包括风控组合）位移角、周期的相关数据及“柔性加强层”的概念，本结构最后确定在 23 层、36 层 Y 向共设置 2 个伸臂桁架加强层，加强层伸臂桁架布置详见图 2.6.8-1。

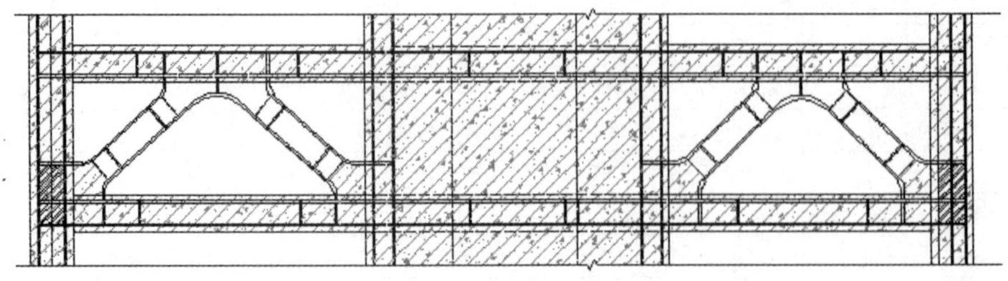

图 2.6.8-1　加强层伸臂桁架布置图

2. 1 栋办公加强层典型节点有限元分析

为研究加强层型钢节点在不同地震水准下能否达到预期的性能水准目标，需对其进行承载力验算及应力分析，本节选取第 23 层典型节点 1、2、3 作为研究对象，如图 2.6.8-2 所示。节点 1 梁两端固接；节点 2 选取下层框架柱底固接、框架梁仅轴向平动约束，节点 3 下层墙体底部采用固接、上层墙体顶部仅释放 Z 向位移约束；其余构件端部均自由，作为边界约束条件进行分析。墙、柱混凝土强度等级 C60，框架梁混凝土强度等级 C35，型钢牌号 Q345，梁柱受力纵筋 HRB500。典型节点 1～3 的 ABAQUS 模型见图 2.6.8-3 应力结果见表 2.6.8-2。

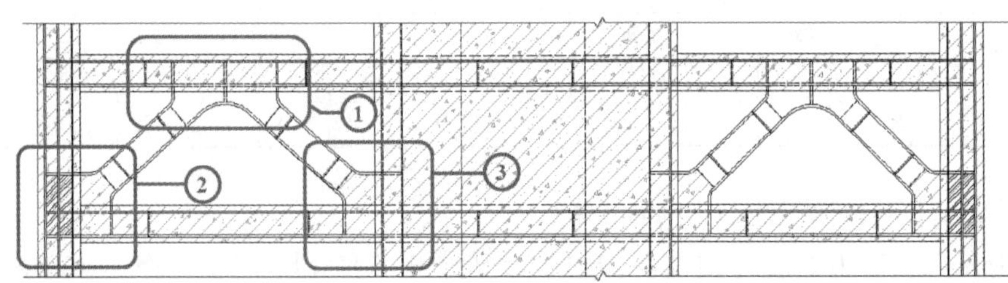

图 2.6.8-2　23F 伸臂桁架立面图

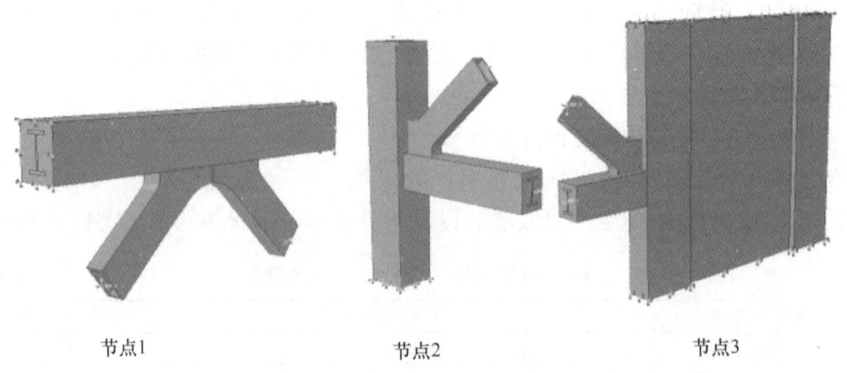

图 2.6.8-3　典型节点 ABAQUS 模型

节点应力结果 表 2.6.8-2

节点	工况	混凝土最大压应力（MPa）	混凝土最大拉应力（MPa）	混凝土最大剪应力（MPa）	型钢最大 Mises 应力（MPa）	钢筋最大 Mises 应力（MPa）
节点 1	小震	15.75	1.52	0.72	121.90	112.70
	中震	20.76	1.42	0.84	159.90	149.80
	大震	33.03	1.56	1.31	269.70	247.20
节点 2	小震	36.45	1.23	1.86	188.50	281.90
	中震	40.38	1.23	2.37	228.40	318.70
	大震	52.93	1.02	3.44	297.80	422.20
节点 3	小震	24.91	1.08	2.05	194.40	186.50
	中震	35.72	1.10	2.75	239.10	217.40
	大震	46.80	1.12	4.42	325.30	268.60

1 栋塔楼加强层伸臂桁架型钢混凝土节点满足小震、中震弹性，大震不屈服的性能水准目标，设计符合受力要求。

3. 框架梁相交处剪力墙平面外承载力验算及应力分析

如图 2.6.8-4～2.6.8-6 所示，在跨度较大框架梁与剪力墙平面外相交的楼层，与核心筒平面外相交处的框架梁梁端弯矩较大，因此在小震下最不利荷载工况下有必要针对核心筒平面外承载力进行验算及相应平面外应力分析。本节对核心筒剪力墙平面外弯矩较大的 23 层进行平面外承载力验算，并采用 ABAQUS 软件对剪力墙平面外受力进行应力分析。模型考虑剪力墙上部荷载，选取楼层梁上下两层墙体，下层墙体底部采用固接，上层墙体顶部仅释放 Z 向位移约束。墙 W1 厚 600mm，混凝土强度等级 C60，墙身分布筋配筋率取 0.40%；墙 W2 厚 400mm，混凝土强度等级 C30，墙身分布筋配筋率取 0.28%，二者均考虑墙体端部暗柱的影响。

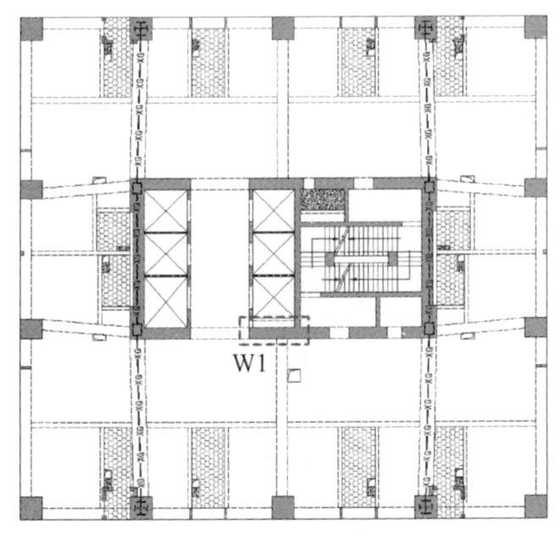

图 2.6.8-4 24F 结构平面布置示意图

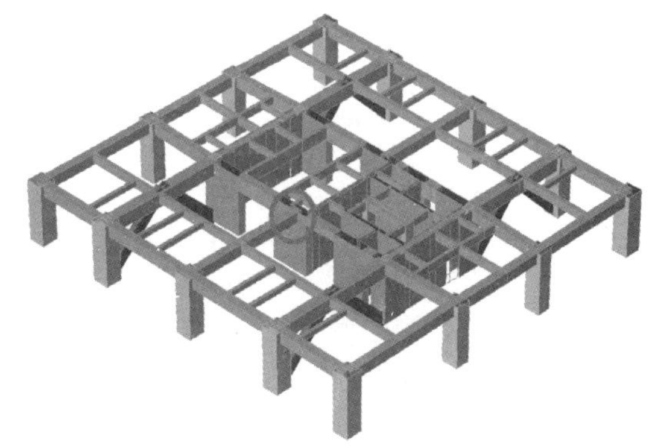

图 2.6.8-5 23F 结构立面示意图

对局部区域单向剪力墙部位，结构按框架-剪力墙结构进行复核验算，对框架柱和框架梁进行包络设计；对图 2.6.8-5 所示的框架边梁和外圈剪力墙采用纵筋拉通的方式进行加强，保证结构的整体受力性能。

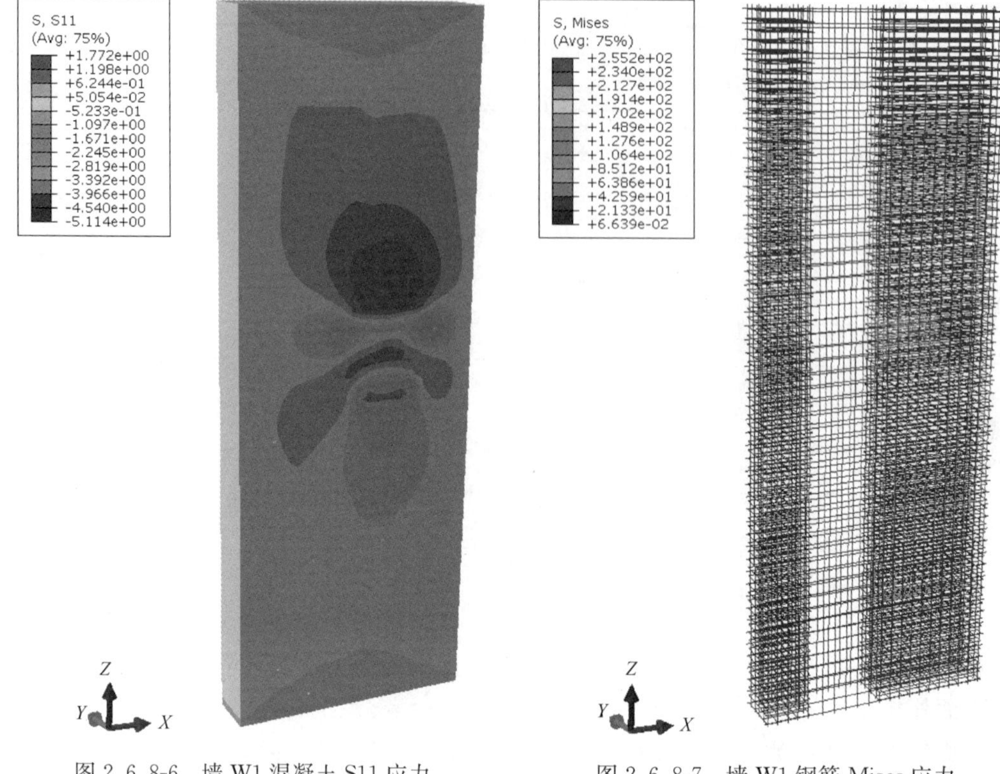

图 2.6.8-6　墙 W1 混凝土 S11 应力　　　图 2.6.8-7　墙 W1 钢筋 Mises 应力

W1 混凝土最大拉应力 1.77MPa 小于 2.04MPa（f_t），混凝土最大压应力 12.97MPa 小于 27.5MPa（f_c），混凝土最大剪应力 2.56MPa 小于 4.13MPa（$0.15f_c$）。通过设置合理的配筋率，钢筋最大应力均小于钢筋屈服强度。结果表明在小震下最不利荷载工况下，该节点满足设计要求，受力安全。

4. 考虑非荷载作用的施工模拟分析—竖向构件竖向变形分析

假定施工步骤如下（图 2.6.8-8、图 2.6.8-9）：

图 2.6.8-8　施工加载步示意图

（1）底部两层整体施工，进度为 12d；

（2）标准层 6d 一层，核心筒先于外框架施工 6 层，即施工 $n+1$ 层外框架时，同时施工 $n+7$ 层核心筒；

（3）核心筒内楼盖假定与核心筒同步施工，核心筒外楼盖按第（2）条施工；

（4）幕墙施工和室内装修施工完成，塔楼投入使用，即产生活荷载；

（5）模拟至施工完成后 20 年。

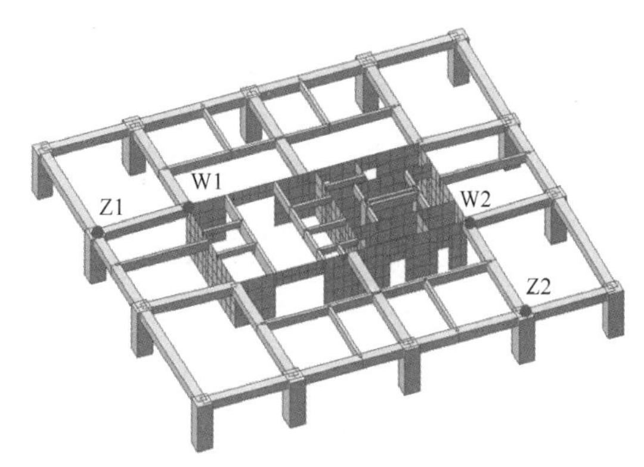

图 2.6.8-9 施工加载步示意图

由图 2.6.8-10 可以看到，主体结构完工时，核心筒竖向最大变形发生在中部，这是因为施工模拟分析考虑逐层找平。随着时间增长，由于混凝土收缩徐变，变形继续增大，上部楼层由于累积效应，变形增长较快，最大变形楼层位置向上推移；外框柱竖向变形整体分布规律与核心筒类似。

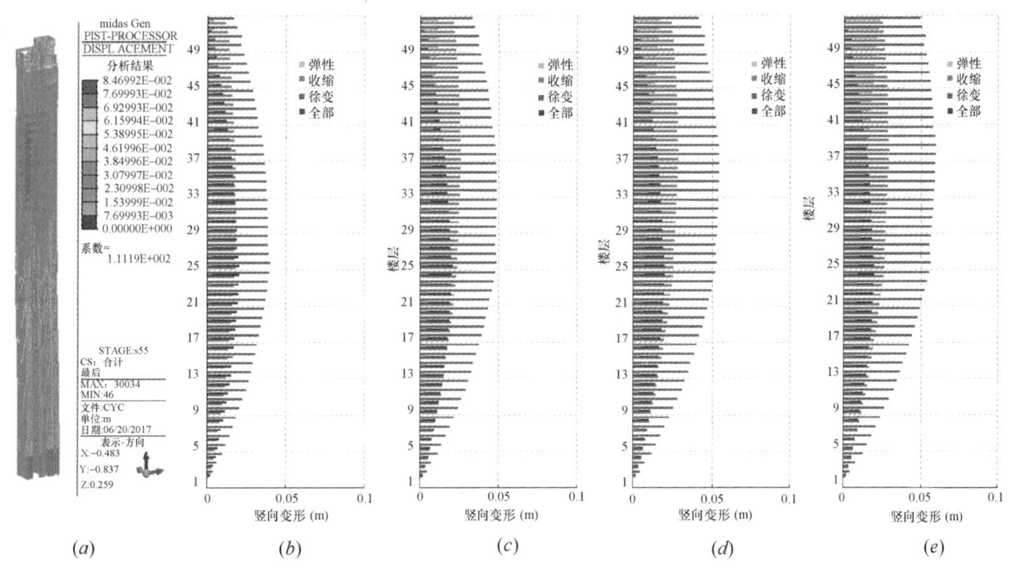

图 2.6.8-10 W1 施工阶段变形分析

（*a*）主体结构施工完成 20 年核心筒竖向变形；（*b*）主体结构完工时；（*c*）主体结构施工完成 1 年后；（*d*）主体结构施工完成 10 年；（*e*）主体结构施工完成 20 年

5. 2 栋 B 座一向少墙分析

结构设计中部布置核心筒，周边剪力墙 *X* 方向少墙，结构平面图见图 2.6.8-11、图 2.6.8-12。以 2 栋 B 座为例进行少墙分析，如图 2.6.8-13 所示。*X* 方向地震作用下，3 层典型梁柱框架结构框架柱及扁柱楼板框架结构扁柱校核结果，如图 2.6.8-14 所示。扁柱面外承载力验算结果举例见图 2.6.8-15。此外还对扁柱和端柱进行了抗剪和抗拉验算，均满足要求。

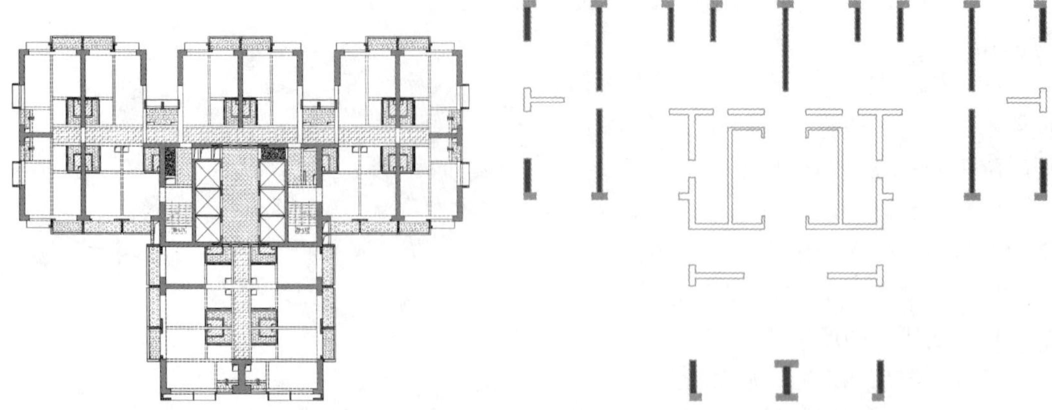

图 2.6.8-11　2 栋 B 座标准层平面图

图 2.6.8-12　2 栋 B 座少墙方向各部分划分

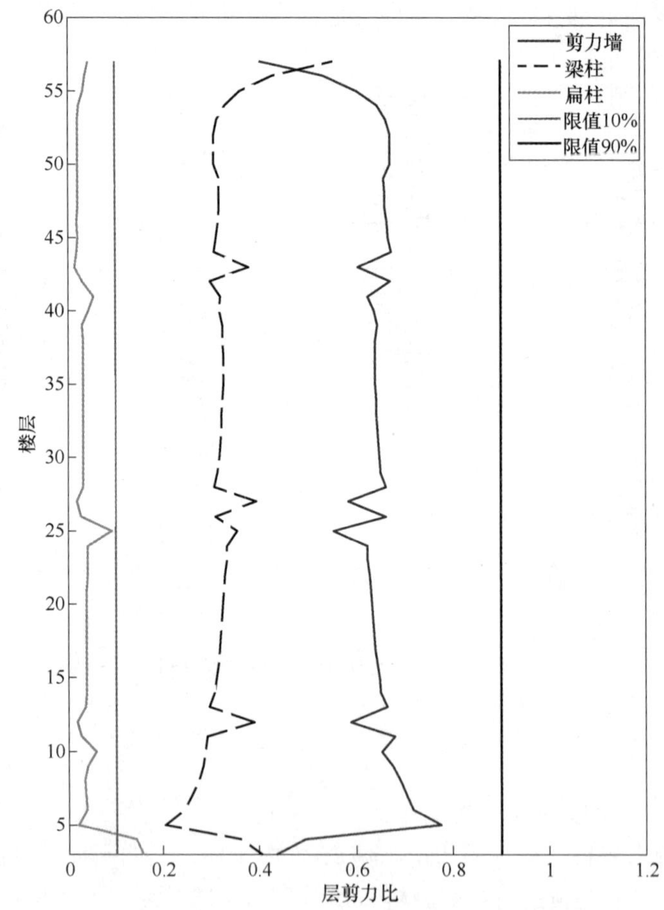

图 2.6.8-13　2 栋 B 座少墙方向各部分剪力占比

结构 X 方向不属于剪力墙结构，属于一向少墙剪力墙结构，即结构在 X 方向单向地震作用下表现出框架-剪力墙的抗震性能，剪力墙先于周边框架柱破坏，内力向框架柱转移，在 Y 方向单向地震作用下表现出剪力墙的抗震性能，周边小墙肢作为剪力墙的边缘构件会提前破坏。结构在 7 度双向罕遇地震下，剪力墙及周边小墙肢基本处于弹性工作状态，不便于分析周边小墙肢是否存在框架柱的性能，因此，本节分析将地震作用放大到 9 度，考虑 X 方向单向地震作用及 X 方向正负 10 度、20 度、30 度、45 度及双向地震作用（100%X+85%Y）下，对剪力墙和周边小墙肢的破坏情况进行分析，论证结构在不同地震方向作用下，结构体系表现出框架剪力墙或剪力墙的抗震性能如图 2.6.8-15 所示。底部外侧“深梁密柱”体系中深梁混凝土受压损伤较大。

根据结构周边一向少墙分析，得到以下结论：

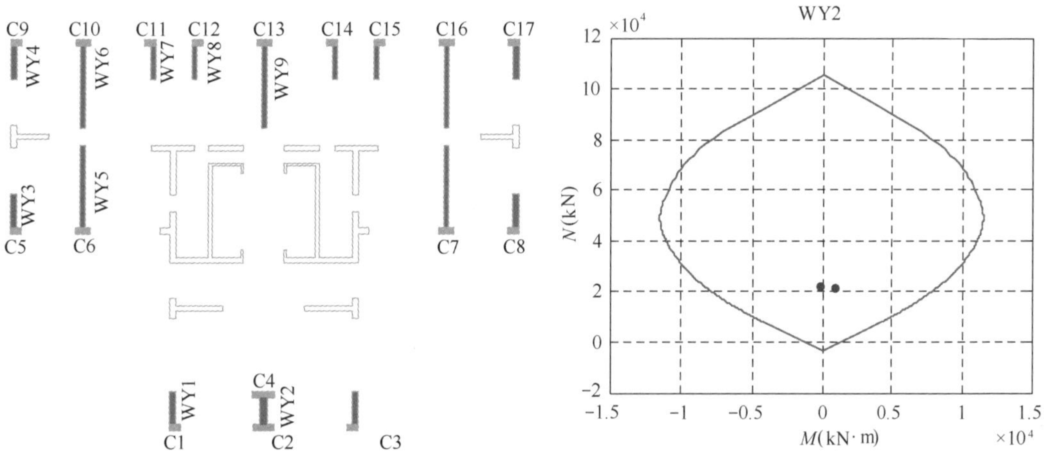

图 2.6.8-14　2 栋 B 座少墙方向扁柱和框架柱编号　　图 2.6.8-15　2 栋 B 座扁柱面外承载力验算

（1）梁柱框架层剪力比及倾覆力矩比为 20%～40%；剪力墙层剪力比和倾覆力矩比一般为 60%～80%，不足 90%；扁柱-楼板框架层剪力比不足 10%；结构中部布置核心筒，周边少墙，可以认为结构为核心筒-周边一向少墙剪力墙结构。X 方向小墙肢按框架柱和剪力墙边缘构件构造包络设计。

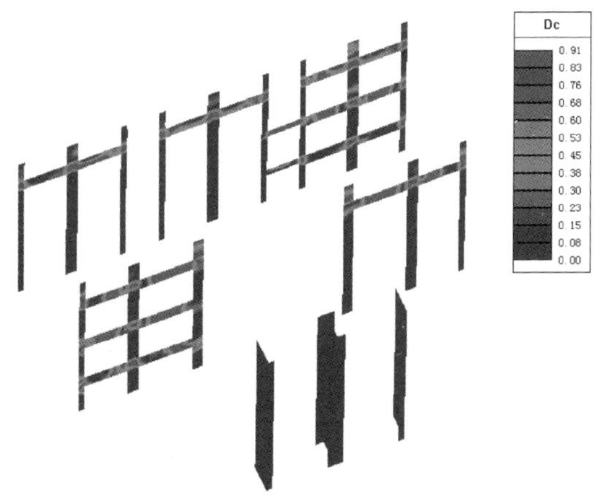

图 2.6.8-16　“深梁密柱”混凝土受压损伤

（2）根据设防烈度地震作用分析，底部加强区梁柱正截面可满足弹性的性能要求，其他梁柱可满足不屈服性能要求，扁柱满足不屈服性能要求；梁柱剪压比普遍较低，剪压比满足限值要求，得到的体积配箍率均为小震设计最小构造要求；梁柱基本处于受压状态，仅顶部局部受拉，拉应力小于混凝土抗拉强度标准值。

（3）根据 9 度罕遇地震分析，结构在 X 方向单向地震作用下，X 方向剪力墙受压损伤先于 X 方向小墙肢（框架柱），随着与 X 方向的地震作用角度 0°～±45°，小墙肢损伤有所增大。结构在与 X 方向有一定角度的单向地震作用下，一般可以体现出框架-剪力墙的抗震性能，结构体系属于一向少墙剪力墙结构。

2.6.9　抗震综合措施

针对工程的薄弱部位，采取了比《高规》和《抗规》更加严格和有效的措施，见表 2.6.9-1。经过抗震性能设计可满足预定 C 级性能目标。

本工程采取的抗震措施　　表 2.6.9-1

塔楼	加强措施
1 栋办公	（1）底部加强区、加强层及相邻层的剪力墙和外框柱抗震等级提高至特一级，墙身竖向分布钢筋配筋率提高到 0.4%，墙肢水平钢筋配筋及连梁配箍设计不低于中震分析结果，并与小震取包络。 （2）设置约束边缘构件上两层为过渡层，施工图阶段适当加强过渡层的配筋。 （3）下部楼层框架柱设置型钢，减小柱截面，增加延性，满足承载力及稳定性要求。 （4）按照规范、计算和构造要求，适当提高连梁的配箍率及腰筋的配筋率，使连梁能够合理地耗散地震能量。 （5）对楼板应力较大部位的楼板适当加厚，并采用双层双向配筋。 （6）对加强层下弦杆所在楼板厚度加厚到 250mm，上弦杆所在楼板厚度加厚到 200mm，并采用双层双向配筋。 （7）加强层及相邻层与伸臂桁架连接的核心筒四角按照特一级构造要求设置含有型钢的约束边缘构件，提高加强层及相邻层剪力墙的抗震性能
2 栋 A 座、B 座	（1）根据中震分析结果，底部加强区墙身竖向分布钢筋配筋率提高到 0.4%。墙肢水平钢筋配筋及连梁配箍设计不低于中震分析结果，并与小震取包络。 （2）设置约束边缘构件上两层为过渡层，施工图阶段适当加强过渡层的配筋。 （3）按照规范、计算和构造要求，适当提高连梁的配箍率及腰筋的配筋率，增设抗剪钢板或交叉斜筋，使连梁能够合理的耗散地震能量。 （4）对楼板应力较大部位的楼板适当加厚，并采用双层双向配筋。 （5）结构 X 方向布置的小墙肢（一向少墙）按框架柱和剪力墙边缘构件构造包络设计

2.6.10　超限审查意见

2018 年 5 月 10 日，深圳市住房和建设局主持召开了本项目超限高层建筑抗震设防专项审查会。审查结论为通过。在下一阶段工作中补充以下内容：

（1）1 栋可适当降低伸臂桁架的性能目标，优化加强层杆件及连接节点设计；

（2）1 栋、2 栋 A 座、2 栋 B 座底部加强区剪力墙可按普通竖向构件确定性能目标；

（3）2 栋 A 座楼板弱连接处楼盖要满足中震弹性的抗震性能目标；

（4）坡地建筑要考虑侧向土压力的影响。

设计单位：深圳市华阳国际工程设计股份有限公司

主要设计人：张琳、陆秋风、王飞超、程军亮、朱泽华、张怀安、蒋海涛

2.7　乐普大厦

2.7.1　工程概况

项目基地位于留仙洞总部基地片区二单元 02-15、02-16 地块，距留仙洞地铁站 500m 范围内。东临仙鼓路，西临同发南路，南临城市绿廊及兴科路。

项目总用地面积 16384.44m^2（西地块 7596.89m^2，东地块 8787.55m^2）。计容面积 138660m^2，建筑限高 150m。项目包括两栋超高层研发塔楼及底层商业和地下车库。其中两栋超高层塔楼分别为 1 栋 A 座和 1 栋 B 座；共 5 层地下室，4 层为全埋地下室（B1F～B4F）；1 层为半地下室（M 层），原因在于本项目场地为南高北低的坡地，M 层南侧埋入地下，北侧则露出地面。塔楼嵌固端取为半地下室底板。A 座建筑高度为 148.9m（结构计算高度取嵌固端以上，为 153.75m），塔楼层数为 32 层，B 座建筑高度为 148.3m（结构计算高度 153.15m），塔楼层数为 33 层。塔楼的主要结构信息见表 2.7.1-1，建筑总平面如图 2.7.1-1。

各塔楼主要结构信息 **表 2.7.1-1**

塔楼编号	塔楼结构体系	塔楼地上层数	塔楼地下层数	塔楼结构计算高度（m）	高宽比	是否超限
1 栋 A 座	框架-核心筒	32	5	153.75	3.9	是
1 栋 B 座	框架-核心筒	33	5	153.15	3.9	是

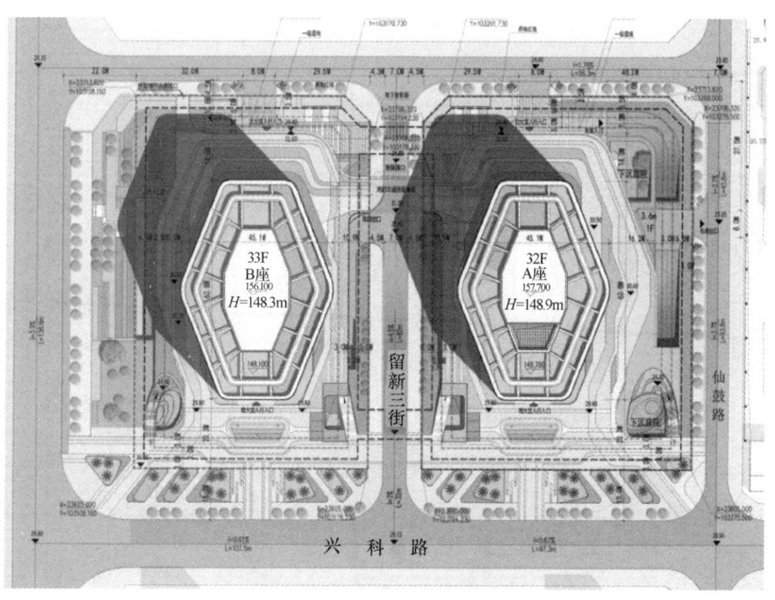

图 2.7.1-1　地块建筑总平面图

本项目建筑结构安全等级为二级，设计使用年限及耐久性均为 50 年，1 栋 A 座、B 座的抗震设防类别为均标准设防类（丙类），基础设计等级为甲级。

2.7.2 地质情况与基础设计

根据勘探揭露，场地内分布的地层主要有第四系人工填土层、第四系冲洪积层、第四系坡洪积、第四系残积层，下伏基岩为燕山四期花岗岩和加里东期花岗片麻岩。场地内除场地东侧、西侧及南侧存在的人工边坡外，场地内未见有岩溶、采空区等其他影响场地稳定性的地质灾害，该边坡现状稳定，基坑开挖可能会引发崩塌、滑坡等地质灾害。场地内没有发现埋藏的河道、沟滨、墓穴、防空洞等其他对工程不利的埋藏物，因此，在对场地边坡进行支护后场地稳定性可得到保证，该场地作为拟建建筑物的建筑场地是适宜的。

根据地勘资料，本工程基底所在岩层主要为微风化花岗岩⑤3，微风化花岗片麻岩⑥4，局部为强风化花岗岩、中风化花岗岩、全风化花岗片麻，强风化花岗片麻岩，中风化花岗片麻岩，局部存在孤石。

本工程塔楼采用天然地基筏板基础，其中塔楼核心筒与外围框架柱下筏板局部加厚。筏板底以微风化花岗岩或微风化花岗片麻岩及以下岩层为持力层。当基底所揭示为软弱土层时，则进行超挖并用素混凝土回填。

纯地下室柱底内力较小，采用天然地基独立基础。持力层为强风化花岗岩或强风化花岗片麻岩及以下岩土层，不足处超挖回填。纯地下室的底板有抗浮问题，底板厚约1.0m，由于底板以下基本为中风化及以下岩层，适合布置岩石抗拔锚杆用于抗浮，其以中风化岩层及以下岩层为锚固层。地下室独立基础边长约3m，厚2.0m，独立基础兼做抗浮底板的柱帽。基础平面图如图2.7.2-1。

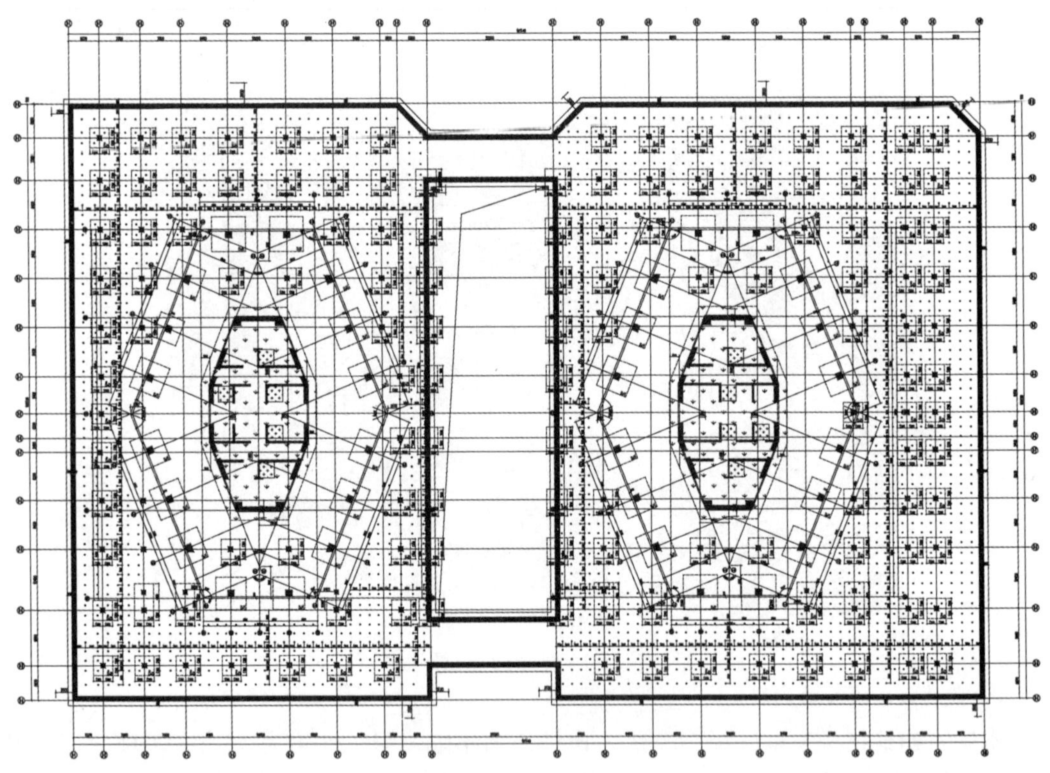

图2.7.2-1 地块基础平面图

2.7.3 结构方案的选择

A、B座塔楼均采用框架-核心筒结构，属双重抗侧力体系。柱和剪力墙混凝土在结构底部采用C60，沿楼层往上逐步减小至C35。梁板下部楼层采用C35混凝土，其余采用C30混凝土。纵筋采用HRB400，箍筋采用HRB400。结构平面图及三维模型如图2.7.3-1及图2.7.3-2所示。

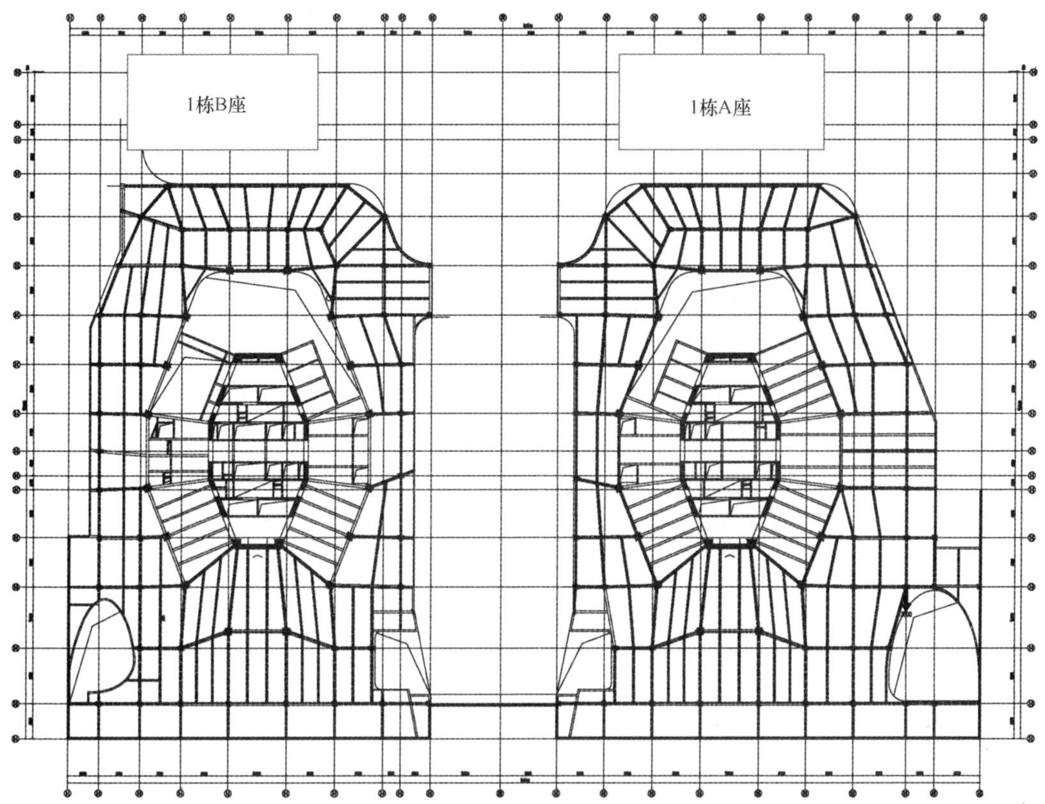

图 2.7.3-1 一层结构平面布置图

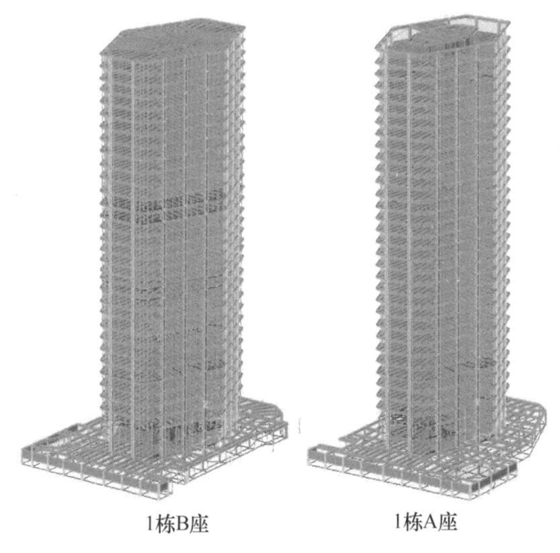

图 2.7.3-2 三维模型图

2.7.4 超限项判定及抗震性能目标

1. 抗震等级

本工程抗震设防标准详见表 2.7.4-1。

抗震设防标准　　表 2.7.4-1

抗震设防烈度	7 度	抗震设防类别	丙类
设计地震分组	第一组	设计基本地震加速度	0.10g
场地类别	Ⅱ		

2. 超限项的判定

根据建质〔2015〕67 号《超限高层建筑工程抗震设防专项审查技术要点》、粤建市函〔2016〕20 号《广东省超限高层建筑工程抗震设防专项审查实施细则》及全国超限高层建筑工程抗震设防审查专家委员会办公室《关于加强超限高层建筑工程抗震设防审查技术把关的建议》，对本项目的结构不规则性进行检查。通过逐条检查，1 栋 A 座、B 座塔楼均为具有扭转不规则、楼板不连续、局部不规则的 B 级高度超限结构。

3. 抗震性能目标

两栋主塔楼平面规则，核心筒高宽比约为 8.7。采取性能化设计方法确保结构的抗震性能。两栋塔楼结构抗震性能目标取 C 级，构件的抗震性能目标见表 2.7.4-2。

抗震性能目标　　表 2.7.4-2

地震烈度 （50 年超越概率）		多遇地震 （63%）	设防地震 （10%）	罕遇地震 （2%）
性能水准		1	3	4
宏观损坏程度		完好	轻度损坏	中度损坏
允许层间位移角		1/650		1/100
关键构件	底部加强区剪力墙	弹性	抗剪弹性 抗弯不屈服	弯曲不屈服 抗剪不屈服
	底部加强区框架柱	弹性	抗剪弹性 抗弯不屈服	弯曲不屈服 抗剪不屈服
	穿层柱	弹性	抗剪弹性 抗弯不屈服	弯曲不屈服 抗剪不屈服
普通竖向构件 （一般）	非加强区剪力墙	弹性	抗剪弹性 抗弯不屈服	部分弯曲屈服 满足截面抗剪
	非加强区框架柱	弹性	抗剪弹性 抗弯不屈服	部分弯曲屈服 满足截面抗剪
耗能构件	连梁	弹性	部分弯曲屈服 抗剪不屈服	普遍弯曲屈服 满足截面抗剪
	框架梁	弹性	部分弯曲屈服 抗剪不屈服	较多弯曲屈服 满足截面抗剪
架空层及半地下室大开洞处楼板		弹性	抗弯不屈服， 抗剪弹性	抗弯不屈服， 满足截面抗剪
主要整体计算方法		反应谱	反应谱	动力弹塑性分析
程序		YJK&ETABS	YJK	PERFORM 3D

注：表中性能水准“1、3、4”对应的是《高规》3.11 条表 3.11.2 中的结构抗震性能水准。“抗剪弹性”、“抗弯不屈服”分别对应《高规》3.11.3 条中式（3.11.3-1）和式（3.11.3-2）。

2.7.5 多遇地震作用下结构性能

因两栋塔楼类似，现以1栋A座为例进行分析。在多遇地震作用下，结构应满足弹性设计的要求。本项目地震作用分析方法主要采用反应谱法，并采用时程分析法进行复核。主要设计计算软件采用YJK，同时按照规范要求采用ETABS对YJK的主要计算结果进行复核，主要内容介绍如下。

1. 计算分析参数的选取

计算参数 **表2.7.5-1**

项目		参数
结构类型		框架-核心筒结构
风荷载及地震作用工况		考虑（自动考虑最不利地震输入角）
是否模拟施工加载顺序		是，采用模拟加载3方式
基本风压（kN/m^2）		0.75
地面粗糙度		C类
风荷载体型系数		1.4
地震烈度		7度（0.10g）
场地土类别		Ⅱ类
设计地震分组		一组
多遇地震影响系数最大值		0.08
周期折减系数		0.90
计算振型数量		16
地震作用分析方法		CQC
结构阻尼比		0.05
钢筋混凝土梁刚度增大系数		按2010《混凝土规范》取值
连梁刚度折减系数		0.70
塔楼层数		32层（大屋面层数）
地下室层数		4层全埋地下室+1层半地下室
抗震等级	剪力墙	一级
	框架	一级

注：以下结果图表中的层数均为计算模型中的层数，对比图表仅统计至地上一层（计算模型第5层）。

2. 反应谱分析

（1）质量、周期和振型

质量对比 **表2.7.5-2**

项目	ETABS计算结果	YJK计算结果	YJK/ETABS
总质量（t）	245600（106050）	249676（108945）	101.66%（102.72%）

注：括号内为不包括地下室总质量

周期对比　　　　表 2.7.5-3

计算软件		YJK	ETABS	备注
结构自振周期 T（s）	T_1	4.04	4.01	X 向平动第一周期
	T_2	3.22	3.35	Y 向平动第一周期
	T_3	3.02	2.99	扭转第一周期
	T_4	1.06	1.03	扭转第二周期
	T_5	1.01	1.01	X 向平动第二周期
	T_6	0.96	0.99	Y 向平动第二周期
振型质量参与系数	X 向	90.97%	96.72%	满足规范要求
	Y 向	91.12%	97.19%	
周期比	T_t/T_1	0.75	0.75	

两种软件计算得到的前三阶振型图如图 2.7.5-1 和图 2.7.5-2 所示。

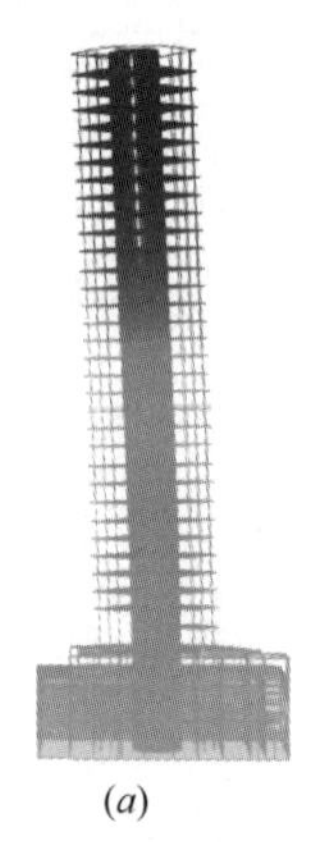
(a)

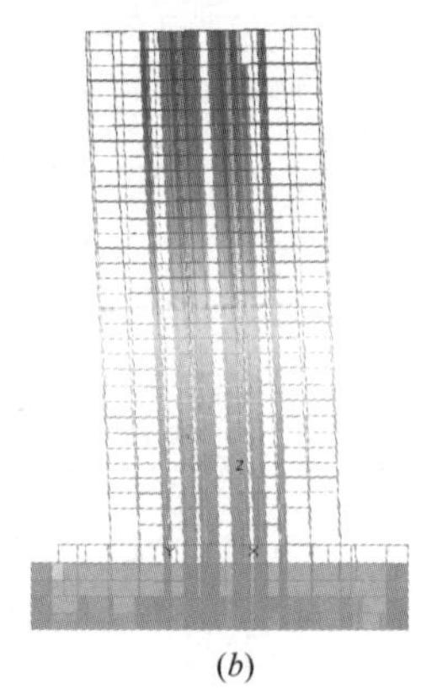
(b)

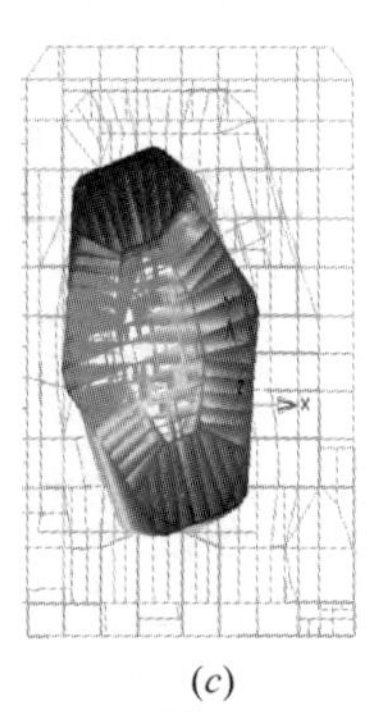
(c)

图 2.7.5-1　振型图一（YJK 计算结果）
(a) 第一阶振型；(b) 第二阶振型；(c) 第三阶振型

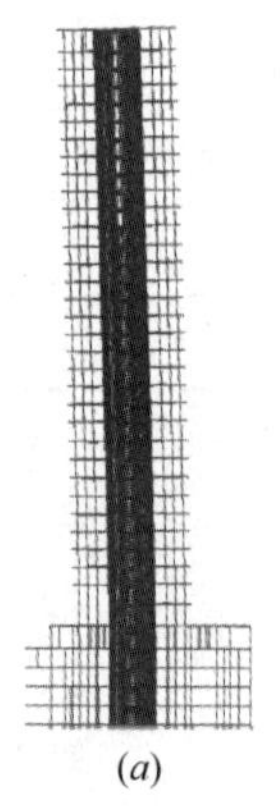
(a)

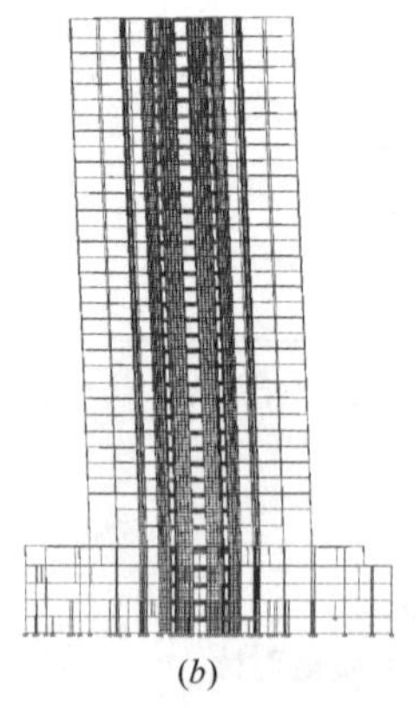
(b)

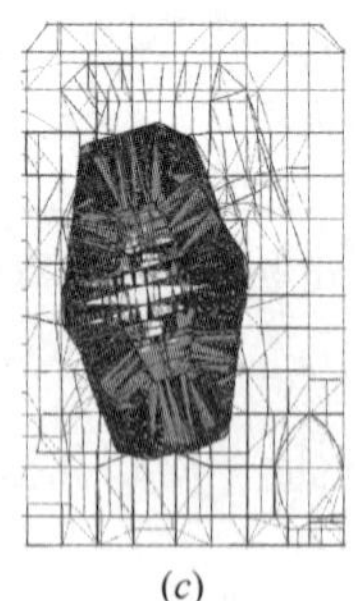
(c)

图 2.7.5-2　振型图二（ETABS 计算结果）
(a) 第一阶振型；(b) 第二阶振型；(c) 第三阶振型

以上结果显示，两个计算模型的质量、前六阶周期及振动特性非常接近，表明两种软件计算结果可信。

（2）地震作用和风荷载

地震作用和风荷载下的楼层剪力等主要计算结果如表 2.7.5-4 所示，详细结果如图 2.7.5-3～图 2.7.5-5 所示。

主要计算结果　　　　**表 2.7.5-4**

计算软件		YJK		ETABS	
方向		X	Y	X	Y
地震作用	基底总剪力（kN）	13476	14265	14136	14641
	基底剪重比（%）	1.24	1.31	1.36	1.41
	基底剪重比规范限值（%）	1.47	1.60	1.47	1.60
	基底总倾覆力矩（kN·m）	1260037	1366889	1231000	1311000
风荷载（规范 50 年）	基底总剪力（kN）	19814	13993	20270	14230
	基底总倾覆力矩（kN·m）	1921630	1353916	1963000	1373000

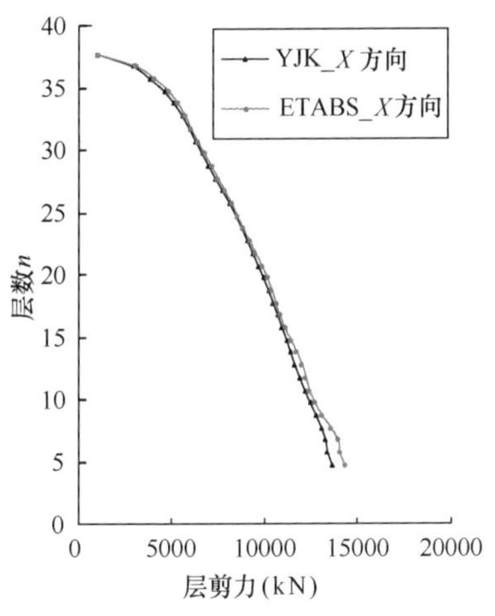

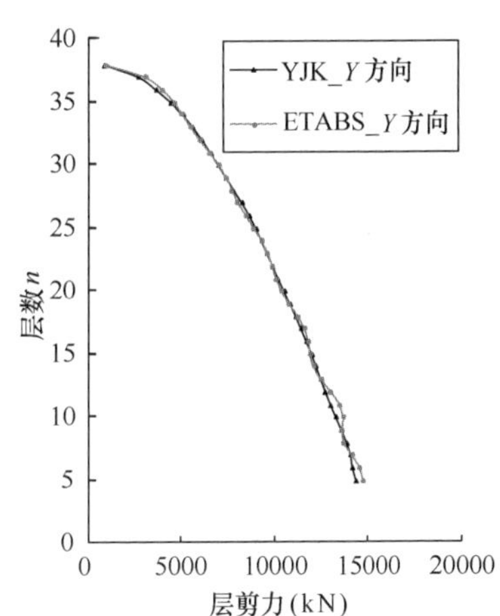

图 2.7.5-3　地震作用下楼层剪力分布图

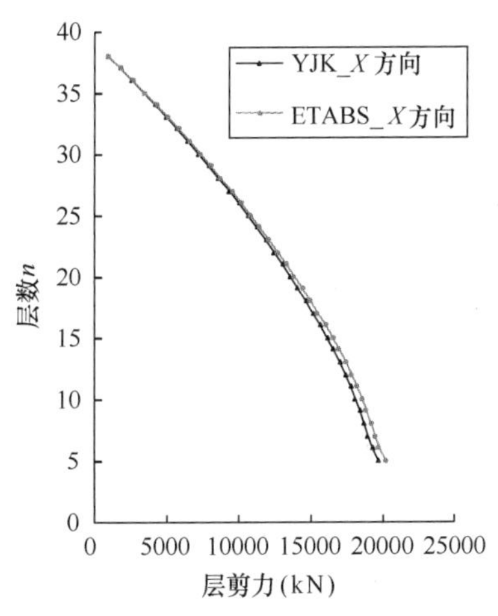

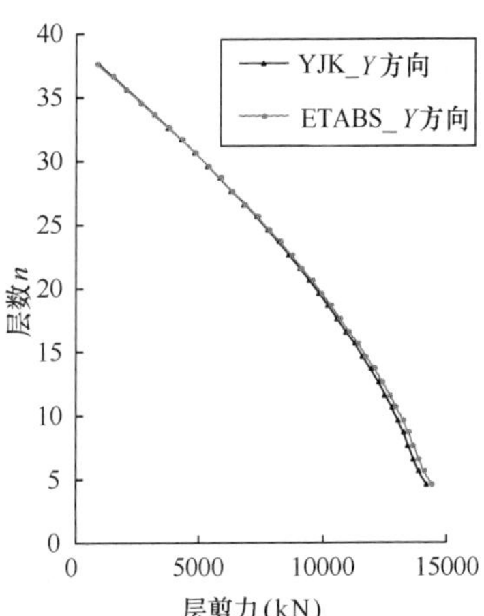

图 2.7.5-4　风荷载下楼层剪力分布图

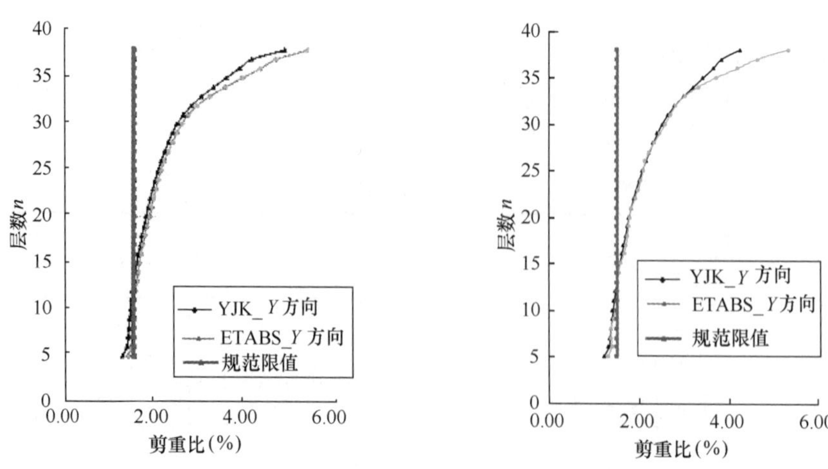

图 2.7.5-5　地震作用下楼层剪重比分布图

以上结果显示，两种软件计算得到的侧向力较为一致。此外，由图 2.7.5-5 可知，结构 X、Y 向剪重比在底部不满足规范要求，设计时应对各楼层地震剪力进行调整。

（3）位移角与位移比

在地震作用及风荷载下楼层最大层间位移角如表 2.7.5-5 所示；在考虑偶然偏心影响的地震作用下，楼层最大位移比如表 2.7.5-6 所示。详细结果如图 2.7.5-6～图 2.7.5-8 所示。

位移角　　**表 2.7.5-5**

计算软件		YJK		ETABS	
方向		X	Y	X	Y
地震作用	最大层间位移角	1/1022	1/1530	1/1083	1/1489
	所在楼层	28F	25F	28F	25F
	规范限值	1/650			
风荷载（规范 50 年）	最大层间位移角	1/919	1/2105	1/937	1/1961
	所在楼层	24F	24F	25F	25F
	规范限值	1/650			

位移比　　**表 2.7.5-6**

计算软件		YJK		ETABS	
方向		X	Y	X	Y
地震作用（规范反应谱）	最大位移比	1.29	1.27	1.27	1.20
	所在楼层	5F	5F	5F	5F
	规范限值	1.4			

由表 2.7.5-5 可知小震与风荷载作用下结构楼层最大位移角满足规范要求。表 2.7.5-6 可知结构楼层位移比满足要求。

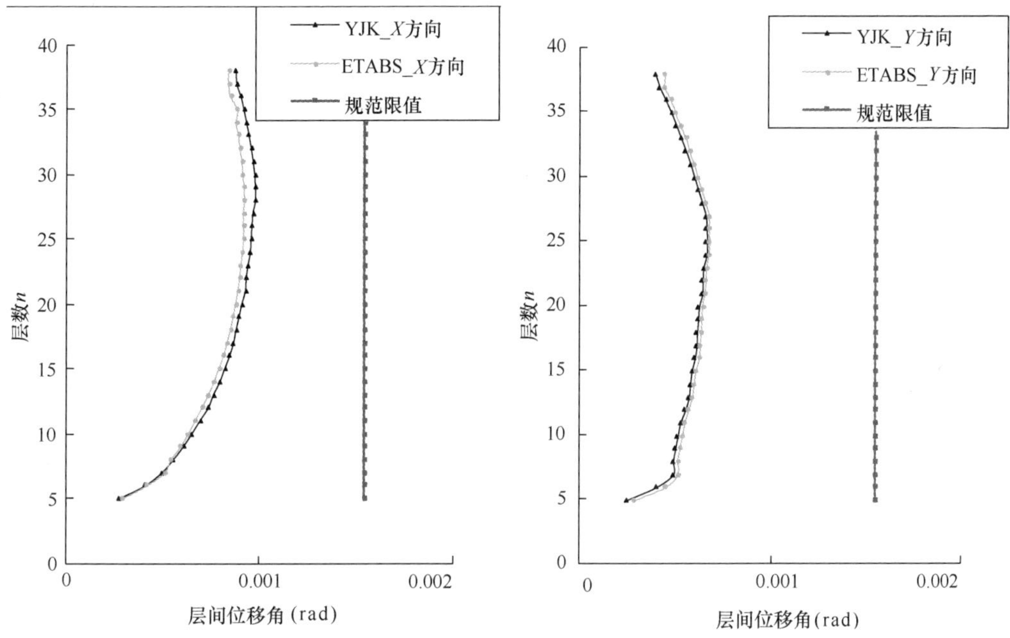

图 2.7.5-6 地震作用下楼层最大层间位移角分布图

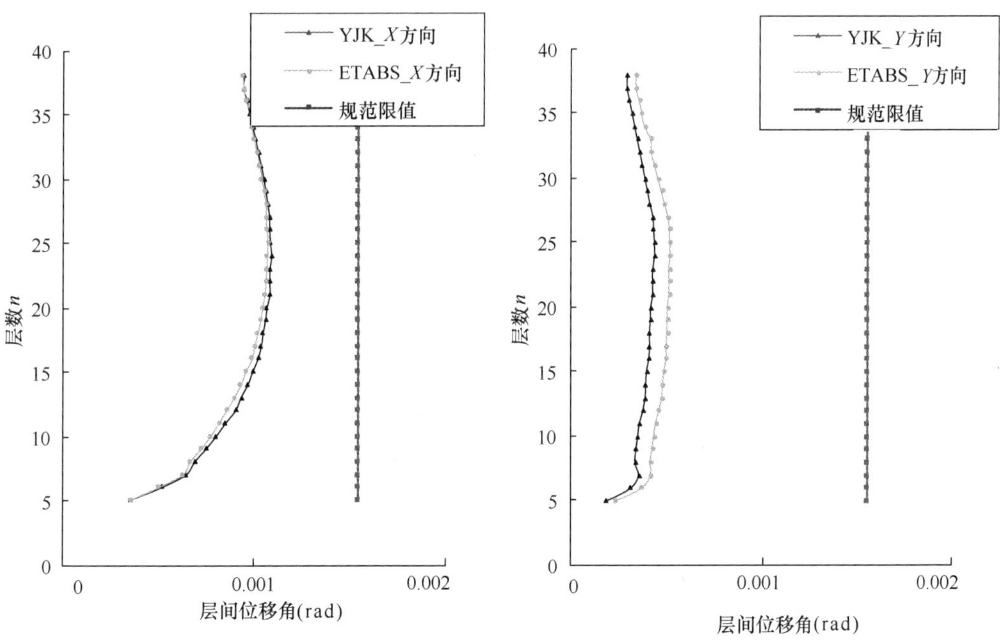

图 2.7.5-7 风荷载作用下楼层最大层间位移角分布图

(4) 楼层侧向刚度与抗剪承载力比

楼层侧向刚度比如图 2.7.5-9 所示，图中数值为本层塔侧移刚度与上一层相应塔侧移刚度 90%或者 150%的比值（150%指嵌固层），若比值大于 1 即表示该层侧向刚度比满足要求。由图可知，各层侧向刚度比均能满足要求，说明结构侧向刚度分布较为均匀。

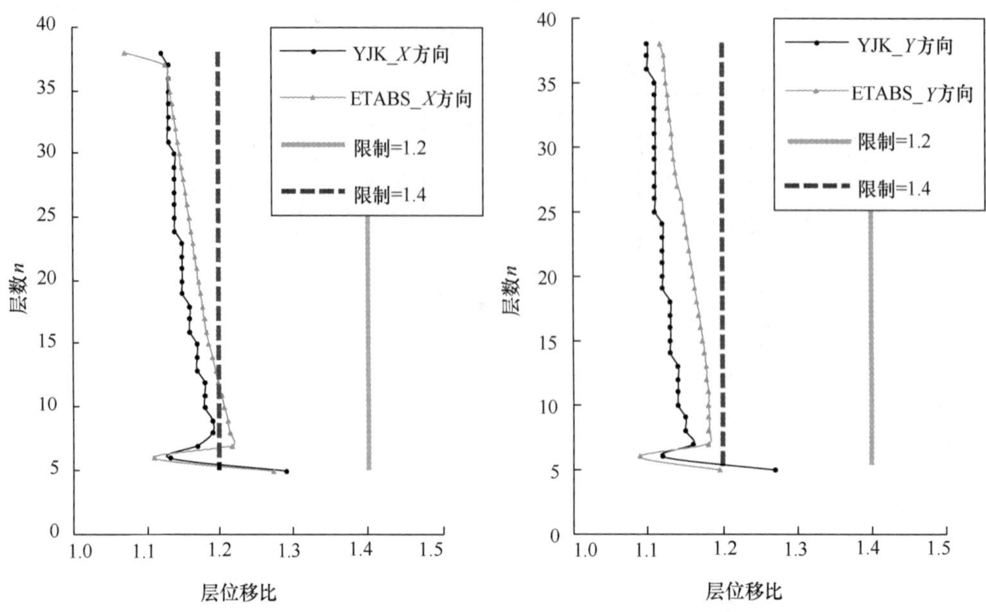

图 2.7.5-8　地震作用下楼层最大位移比分布图

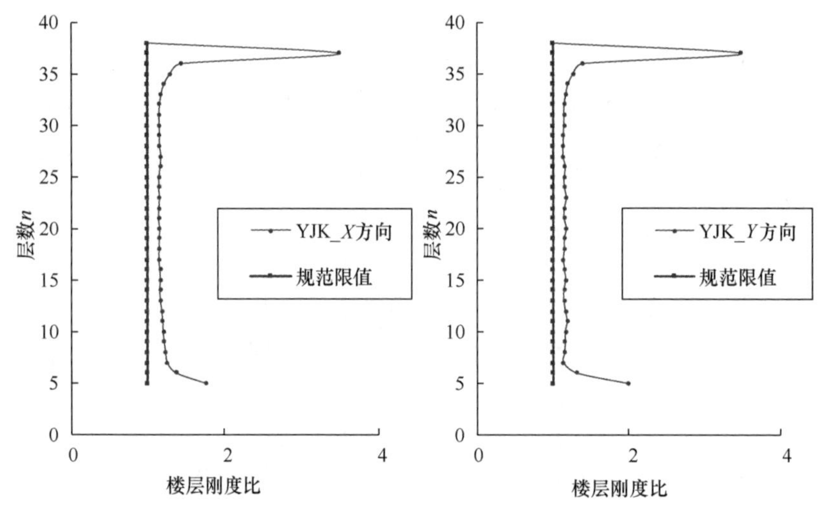

图 2.7.5-9　楼层刚度比分布图

楼层抗剪承载力比如图 2.7.5-10 所示，结构各层同上一楼层受剪承载力比值均大于 0.75，满足规范要求。

（5）楼层侧向刚度与抗剪承载力比

根据广东省《高层建筑混凝土结构技术规程》第 9.1.10 条，对塔楼框架部分承担楼层地震剪力进行复核，如图 2.7.5-11 所示。

图示结果表明，X、Y 向地震作用下，结构中上部位楼层中有部分楼层存在框架按侧向刚度分配的地震剪力标准值小于 $20\%V_0$ 的情况（V_0 为结构底部总地震剪力），根据广

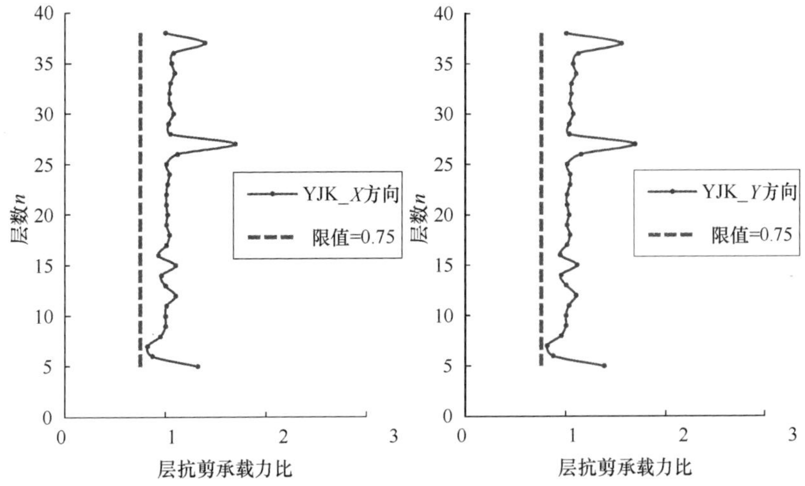

图 2.7.5-10 楼层抗剪承载力比值曲线

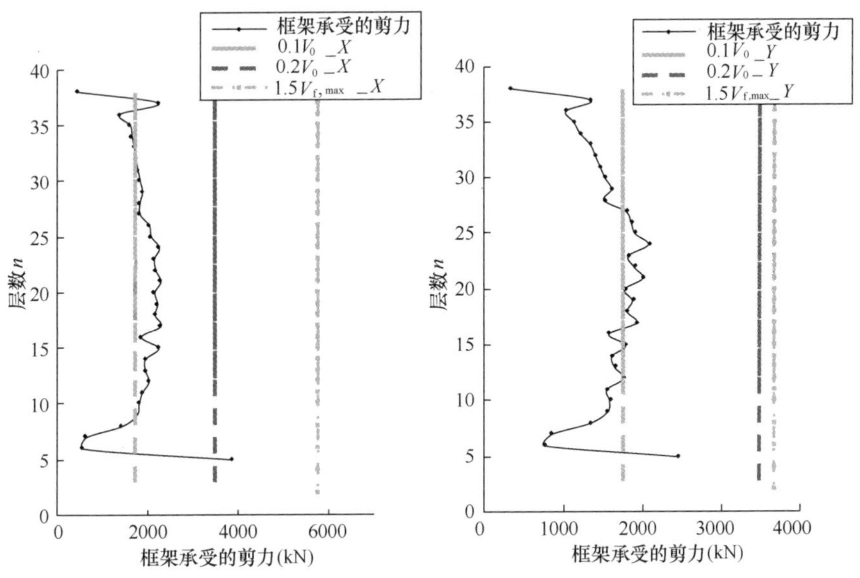

图 2.7.5-11 楼层框架承担剪力曲线

东省《高规》，应将此部分楼层的框架剪力进行调整。框架楼层剪力需按 $0.2V_0$ 和 1.5 倍 $V_{f,max}$（$V_{f,max}$为未调整的框架部分楼层地震剪力标准值的最大值）中的较小值——$0.2V_0$ 进行调整。经调整的各楼层框架剪力放大调整系数如图 2.7.5-12 所示。

对塔楼底部框架部分承担的倾覆力矩比值进行复核，如表 2.7.5-7 所示。

框架部分承担的倾覆力矩比 **表 2.7.5-7**

项目	楼层	X 向	Y 向
框架部分承担倾覆力矩比值	首层	17%	13.8%

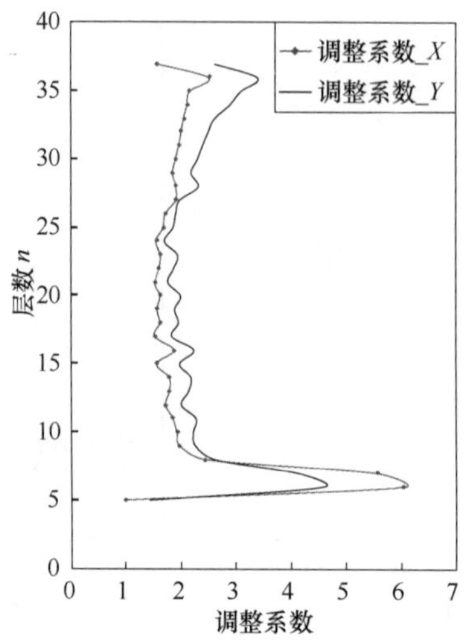

图 2.7.5-12　各楼层框架剪力放大系数

（6）楼层侧向刚度与抗剪承载力比

X 向刚重比 $EJ_d/GH^2=2.78$，Y 向刚重比 $EJ_d/GH^2=4.44$

该结构刚重比大于 1.4，能够通过《高规》5.4 条的整体稳定验算，大于 2.7，满足《高规》5.4.1，可以不考虑重力二阶效应。

楼层侧向刚度与抗剪承载力比

楼层侧向刚度与抗剪承载力比　　　　**表 2.7.5-8**

	层数	X 向	Y 向
侧向刚度（kN/m）	M 层	9.5792E+007	9.2998E+007
	地下一层	9.1679E+008	6.9636E+008
地下一层/M 层		9.57	7.49

表中刚度比结果表明，地下室顶板满足广东省《高层建筑混凝土结构技术规程》第 5.3.7 条作为上部结构嵌端的要求。

（7）竖向构件最大轴压比

竖向构件最大轴压比　　　　**表 2.7.5-9**

项目	轴压比最大值	规范限值	判定
底部加强区剪力墙	0.42	0.50	满足
非底部加强区剪力墙	0.38	0.50	满足
钢管混凝土组合柱	0.64	0.75	满足
混凝土框柱	0.51	0.75	满足

从表中结果可看出，剪力墙、钢管混凝土组合柱、框架柱轴压比满足广东省《高层建

筑混凝土结构技术规程》《建筑抗震设计规范》限值要求。

(8) 结构风振舒适度分析

按照广东省《高层建筑混凝土结构技术规程》中第 3.7.6 条的规定，按现行国家标准《建筑结构荷载规范》GB 50009 规定的 10 年一遇的风荷载标准值作用下，结构顶点的顺风向和横风向加速度不应超过住宅公寓 0.15m/s^2、办公旅馆 0.25m/s^2 的限值。表 2.7.5-10 列出结构顶加速度峰值计算结果，结果表明结构能满足人体的舒适度要求。

结构顶部加速度峰值 **表 2.7.5-10**

类别	X 向		Y 向	
结构顶部加速度峰值(m/s^2)	横风	顺风	横风	顺风
	0.010	0.075	0.011	0.053
舒适度判别	办公、旅馆☑			

(9) 弹性时程分析

按照现行规范要求，本项目采用 ETABS 进行结构的弹性时程补充计算，具体结果如下。加速度时程反应谱曲线和规范反应谱的对比如图 2.7.5-14 所示。

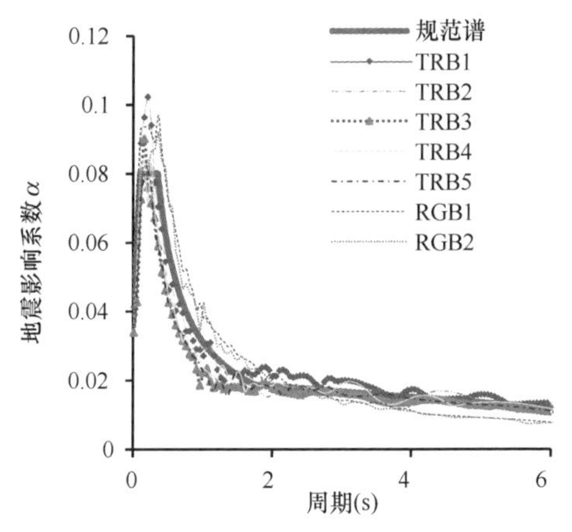

图 2.7.5-13 七条波谱曲线与规范反应谱对比图

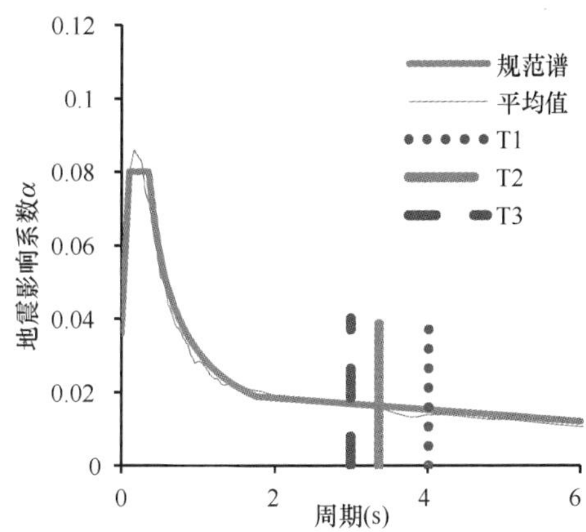

图 2.7.5-14 平均谱曲线与规范反应谱对比图

将时程波的有效峰值按《建筑抗震设计规范》GB 50011—2010 第 5.1 条要求进行调整，即取时程波有效峰值为 35cm/s^2，同时按 1∶0.85 的比例输入双向地震波，得到的时程基底最大剪力与反应谱分析得到的基底剪力对比，结果如表 2.7.5-12 所示。

由图 2.7.5-13 和图 2.7.5-14 可知，在结构前三周期点上（T_1=4.01s，T_2=3.35s，T_3=2.99s），地震波的平均地震影响系数与反应谱相差均小于 20%。从表 2.7.5-12 可以看出，各条波分别作用下的基底剪力值同规范反应谱的基底剪力值的比值均处于 65%和 135%之间，且平均值大于规范反应谱的 80%和小于反应谱的 120%。以上结果表明，时程计算采用的地震波满足规范要求。

基底剪力比较（单位：kN）　　表 2.7.5-12

项目		X 方向			Y 方向		
		基底剪力	时程基底剪力/反应谱基底剪力	时程基底平均剪力/反应谱基底剪力	基底剪力	时程基底剪力/反应谱基底剪力	时程基底平均剪力/反应谱基底剪力
反应谱		14136			14641		
天然波	T1X	14120	97%	98%	17270	111%	105%
	T2X	13400	92%		15360	99%	
	T3X	11680	80%		13250	85%	
	T4X	14640	101%		15040	96%	
	T5X	15250	105%		17970	115%	
人工波	R1X	16080	111%		18550	119%	
	R2X	15070	104%		17300	111%	

时程计算与反应谱计算得到的层剪力与位移角对比如图 2.7.5-15 和图 2.7.5-16 所示。图中显示在各地震波作用下，结构的层剪力和位移角沿楼层未出现明显突变，表明结构竖向不存在明显薄弱层。此外也可看出，顶部楼层（X 向第 34 层以上、Y 向第 33 层以上）、低区楼层（X 向第 19 层以下局部楼层）时程分析计算得到的楼层剪力平均值略大于反应谱计算值，其余部分楼层的时程分析楼层剪力平均值则均小于反应谱计算值，故小震设计取规范反应谱计算值与时程分析计算平均值的包络结果。将两种计算方法获得的楼层剪力（其中时程法取平均值）进行对比，获得包络设计所需的楼层剪力放大系数。

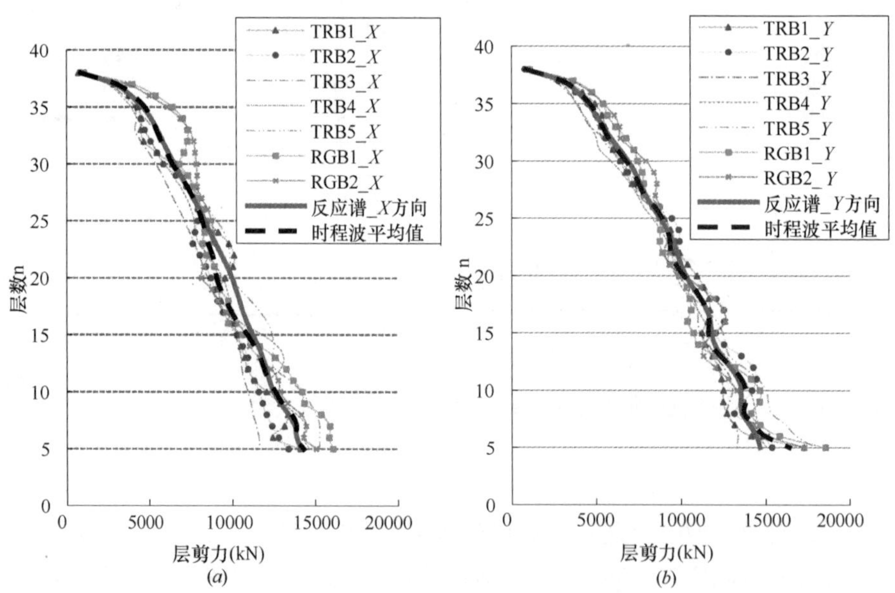

图 2.7.5-15　地震作用下楼层剪力分布图

(*a*) X 方向；(*b*) Y 方向

(10) 楼板应力补充分析

选取了塔楼底部楼板开洞较多楼层第 5 层和第 6 层、第 7 层、典型标准层第 20 层的楼板为分析对象进行了楼板应力分析，检验其是否满足拟定性能目标。运用 ETABS 软件进行应力分析，楼板采用膜单元模拟。主要计算结果如图 2.7.5-17～图 2.7.5-20 所示。

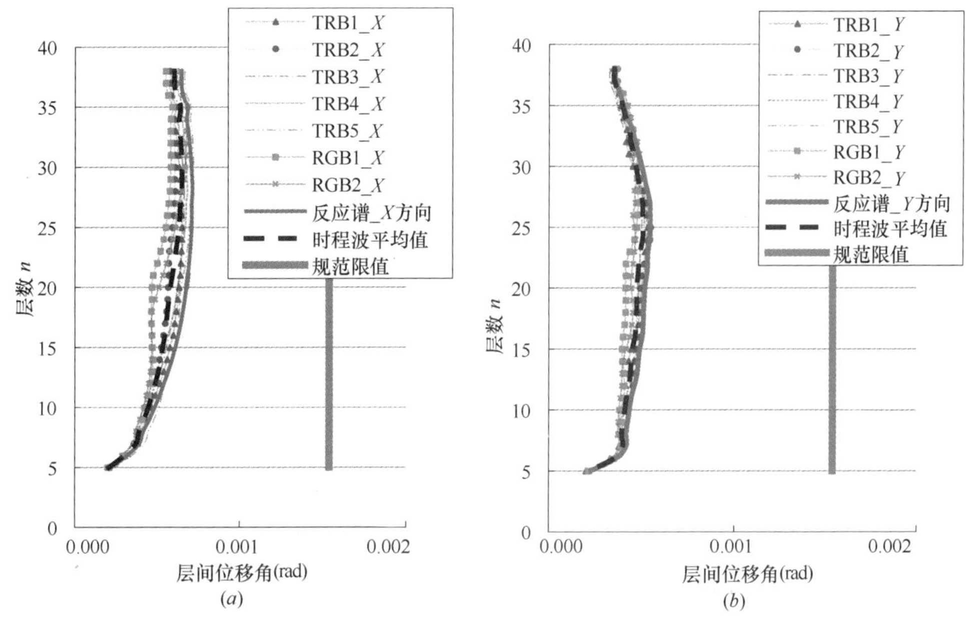

图 2.7.5-16　地震作用下楼层最大层间位移角分布图

(a) X 方向；(b) Y 方向

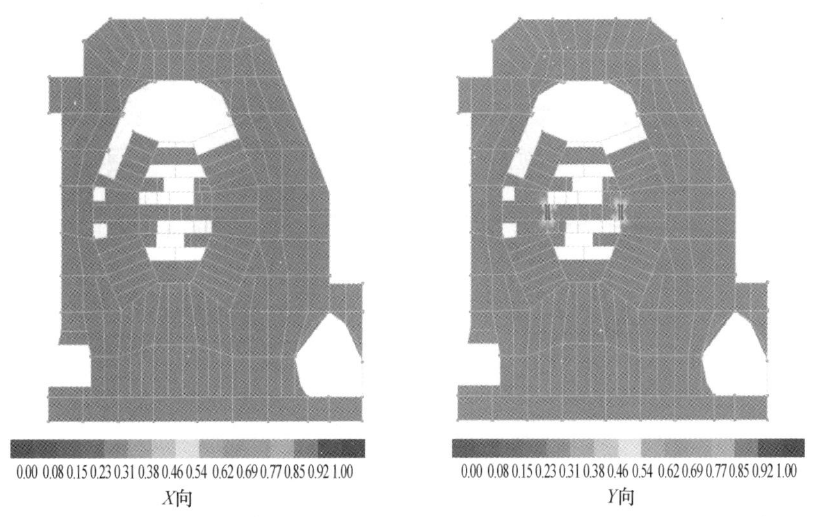

图 2.7.5-17　5 层楼板在 X、Y 地震荷载作用下 S11 应力图（单位：MPa）

通过以上楼板计算结果可知，局部楼板应力集中处最大值为 1MPa，因此满足拟定的弹性性能目标。

在小震结果的基础上，分析楼板在中震弹性时所需的配筋量。中震应力 S 中震 $=\beta$S 小震。其中，β 为中震放大系数，采用中震与小震的地震影响系数最大值比值：$\beta=0.23/0.08=2.875$。由上述应力集中情况，中震作用下楼板应力将超过混凝土抗拉强度标准值。因此需增配附加钢筋，以满足中震性能目标。双层配筋时，中震作用下每层需增加的配筋率公式为：

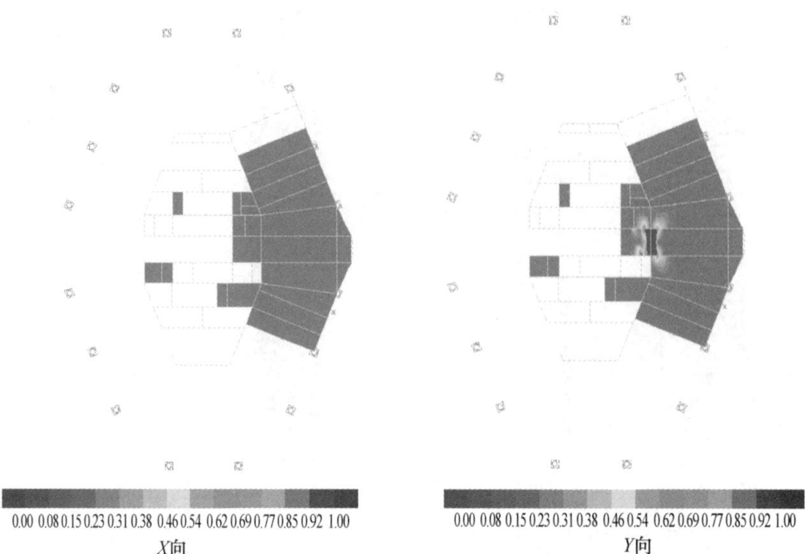

图 2.7.5-18　6 层楼板在 X、Y 地震荷载作用下 S11 应力图（单位：MPa）

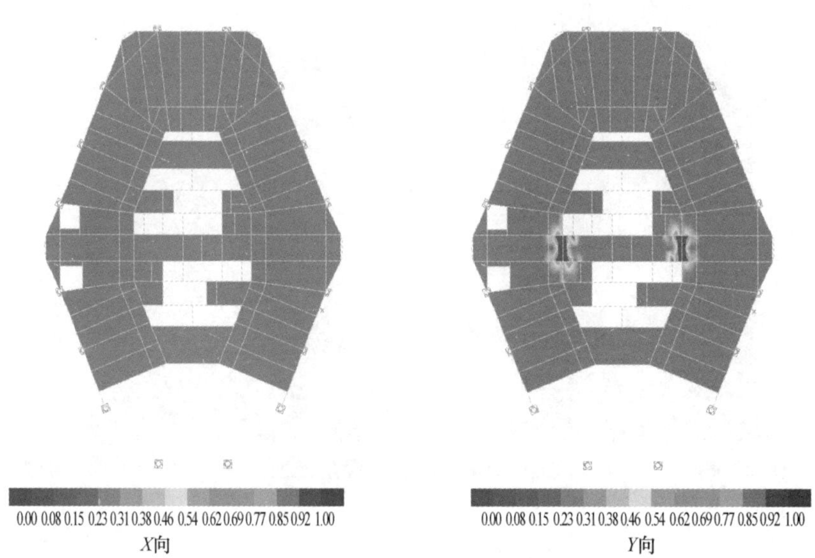

图 2.7.5-19　7 层楼板在 X、Y 地震荷载作用下 S11 应力图（单位：MPa）

$$\rho = 2.875 \times \sigma / (2 \times f_{yk})$$

上述公式中：σ——应力值；

f_{yk}——钢筋抗拉强度标准值；

增配楼板附加钢筋计算结果如表 2.7.5-12 所示，中震作用下应力集中楼板最大应力值为 2.875MPa，对超过 f_{tk}（楼板混凝土强度为 C30 和 C35）的楼板应力集中部位进行配筋加强。通过适当提高楼板配筋率能满足楼板的性能目标。

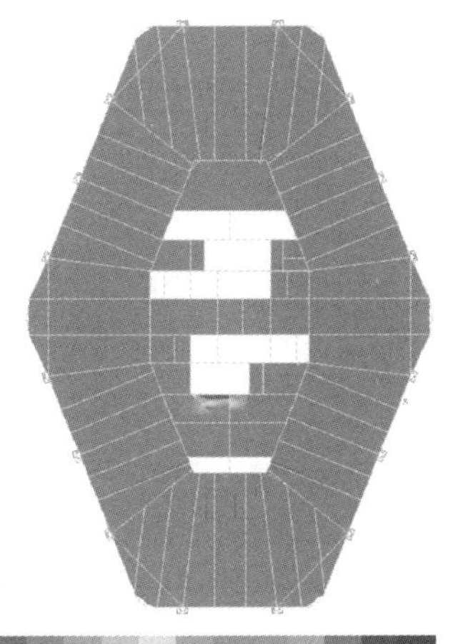

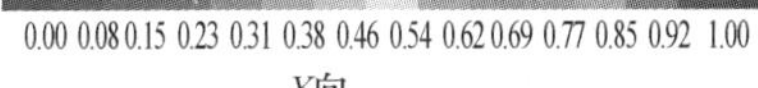

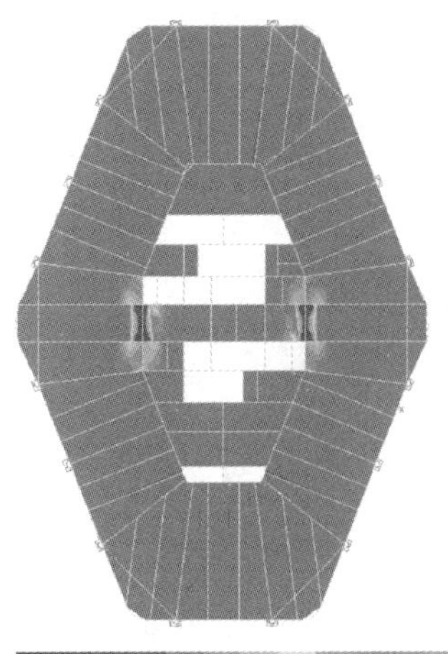

图 2.7.5-20　20 层楼板在 X、Y 地震荷载作用下 S11 应力图（单位：MPa）

楼板附加钢筋计算结果　　　　**表 2.7.5-12**

小震作用下楼板应力 σ（MPa）	中震作用下楼板应力 σ＝小震×2.875（MPa）	中震作用下附加配筋率（%）
0.7	2.01	0.25
0.8	2.30	0.29
0.9	2.59	0.32
1.00	2.875	0.36

2.7.6 中震作用下构件的验算

结构在设防地震作用下竖向构件的内力计算、设计拟采用等效弹性方法，应用 YJK 软件进行设计、计算。取连梁刚度折减系数为 0.5、周期不折减、阻尼比为 5%，同时不考虑与抗震等级有关的调整系数，不考虑风荷载的参与设计组合。竖向构件截面满足抗剪弹性（$\gamma_G S_{GE}+\gamma_{Eh}S^*_{Ehk}+\gamma_{Ev}S^*_{Evk}\leqslant R_d/\gamma_{RE}$），抗弯满足不屈服（$S_{GE}+S^*_{Fhk}+0.4S^*_{Fvk}\leqslant R_k$）。

1. 结构主要指标

中震作用下结构主要技术结果如表 2.7.6-1 所示，楼层最大层间位移角分布如图 2.7.6-1 所示。由图 2.7.6-1 可知，设防地震作用下，楼层最大层间位移角沿竖向分布较为均匀，其中 X 向最大位移角为 1/453，Y 向最大位移角为 1/602，结构整体属轻微破坏，经一般修理仍可继续使用。

结构主要指标　　　　**表 2.7.6-1**

方向	项目	指标
X 向地震	最大层间位移角（楼层）	1/453（28）
	基底剪重比（同小震比值）	3.474%（2.81）
	首层楼层剪力（kN）	37842.97
	基底倾覆力矩（kN·m）	3600829.66
Y 向地震	最大层间位移角（楼层）	1/602（25）
	基底剪重比（同小震比值）	3.648%（2.79）
	首层楼层剪力（kN）	39742.32
	基底倾覆力矩（kN·m）	3859479.10

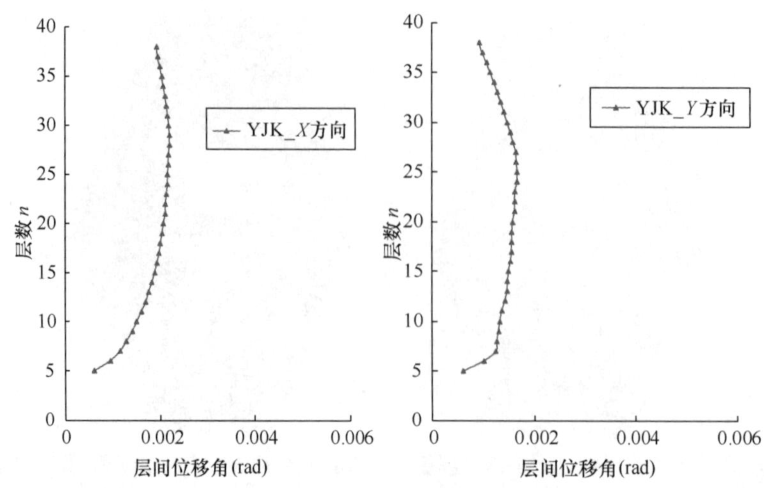

图 2.7.6-1　结构楼层层间位移角曲线

2. 竖向构件验算结果

YJK 软件的性能设计计算功能，能同时对同一性能水准下关键构件、普通竖向构件及耗能构件进行性能设计，针对重要性不同的构件，软件设计时区分了正截面设计、斜截面设计时的荷载组合。

根据前述抗震性能目标，对结构进行设防地震弹性及不屈服验算，竖向构件均满足抗剪弹性和抗弯不屈服的性能要求。

3. 中震下剪力墙受拉性能复核

中震作用下塔楼地上一层至二层（即计算层第五、六层）部分墙肢受拉，受拉墙肢的位置主要分布在核芯筒角部，对受拉最显著的首层（五层）统计了受拉墙肢在中震作用下的最大平均受拉应力。选取首层竖向构件进行名义拉应力分析，所有受拉的墙肢名义拉应力均处于 0～1 倍 C60 的 f_{tk}，墙体抗拉满足要求，根据《超限高层建筑工程抗震设防专项审查技术要点》，受拉墙肢配筋构造提高至特一级。综上，墙肢正截面能够满足中震不屈服的性能目标。

4. 框架柱截面中震不屈服性能复核

经复核，所有截面框架柱均满足中震不屈服性能目标。

2.7.7　大震作用下的弹塑性动力时程分析

采用结构分析软件 PERFORM 3D 进行大震弹塑性时程分析，版本号为 ver7.0，PERFORM 3D 分析软件简介，其单元建模、材料定义及非线性定义详见附录一。非线性计算模型中的构件配筋基于小中震性能化设计配筋结果。

为了确保 Perform3D 非线性结构分析模型正确性，弹塑性分析计算模型的动力特性应与 YJK 弹性分析模型保持一致。因此对两个程序计算的质量和周期进行了对比，结果显示 Perform3D 弹性模型与 YJK 弹性分析模型的质量和动力特性基本一致。

结构在大震下的抗震性能评估将通过对结构整体性能和构件性能两个方面进行考察：整体性能的评估参量包括从弹塑性层间位移角、层间剪力等方面；构件的评估包括研究各种构件的塑性发展过程及塑性发展的区域及内力分布状况，以判断结构的抗震性能，如图 2.7.7-1、图 2.7.7-2 所示。

经弹塑性分析知，大震下结构的最大层间位移角均满足规范关于框架-核芯筒结构弹塑性层间位移角限值，1/100 的规范要求。*X* 主方向地震作用下最大层间位移角为 1/216，为天然波 2 计算结果；*Y* 方向作用下最大层间位移角为 1/439，为人工波计算结果。

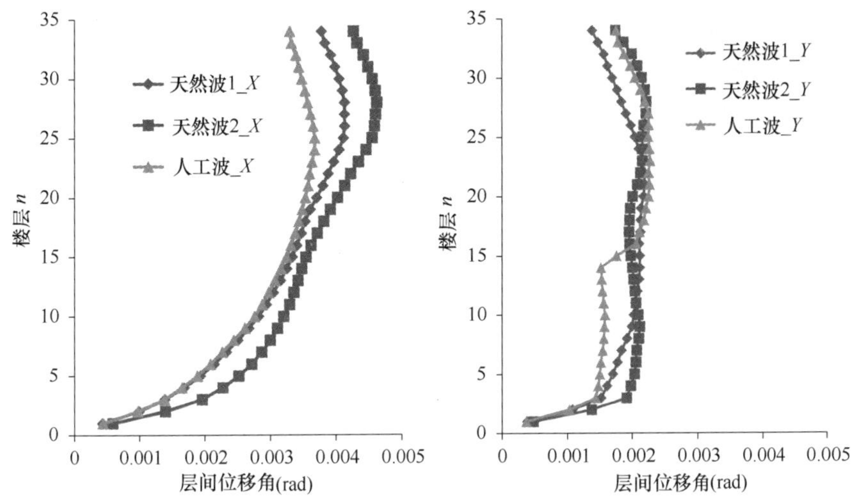

图 2.7.7-1　结构层间位移角曲线

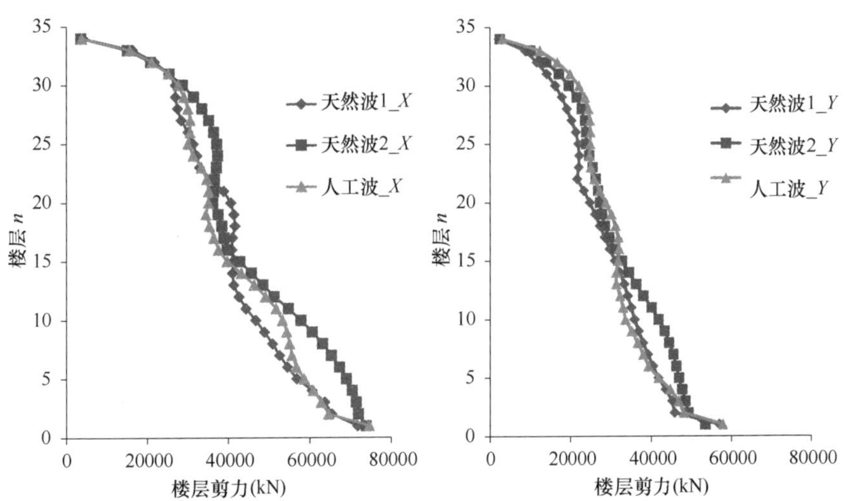

图 2.7.7-2　结构层间剪力曲线

因本塔楼 X 向比 Y 向结构位移角大，所以以 X 向计算结果为例，针对 X 主方向输入地震作用下竖向构件（剪力墙、柱）和水平构件（框架梁、连梁）进行了抗震性能评估，详见图 2.7.7-3～图 2.7.7-15，由图可知：剪力墙满足抗弯不屈服，底部加强部位的剪力墙满足抗剪不屈服要求，底部加强区以上部位剪力墙都满足抗剪截面条件要求，因此剪力墙满足拟定的性能水准。大部分框架柱未发生弯曲屈服，同时满足抗剪截面要求；大量框架梁和连梁进入屈服状态，框架梁和连梁均满足抗剪截面要求。结构塑性耗能主要由框架梁和连梁提供，结构耗能机理合理。综上所述，罕遇地震作用下各项指标均满足的抗震性能目标要求。

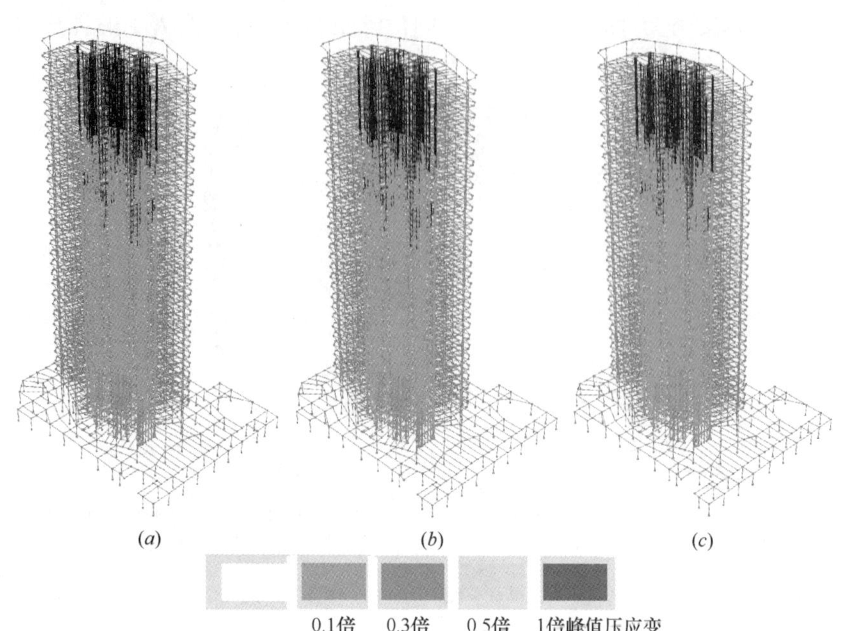

图 2.7.7-3 剪力墙混凝土最大压应变与混凝土峰值应变之比

（a）天然波 1X 向；（b）天然波 2X 向；（c）人工波 X 向

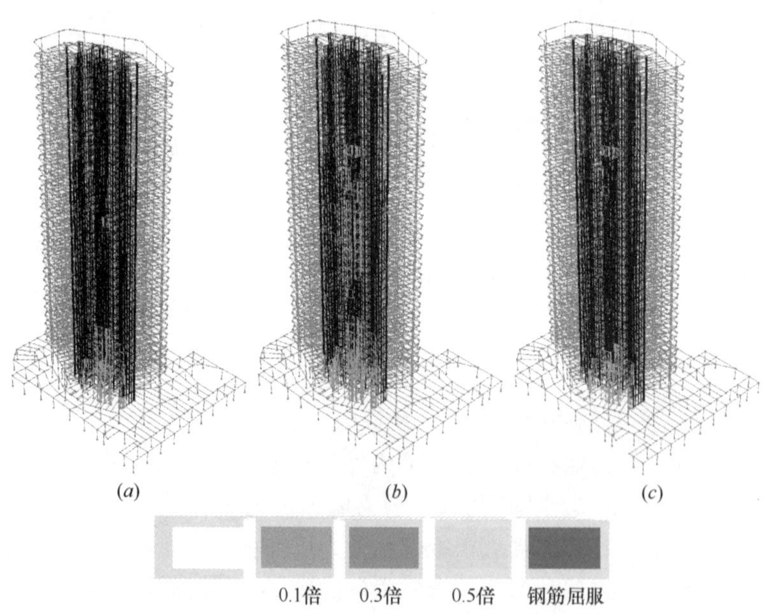

图 2.7.7-4 剪力墙端部构件纵向钢筋最大拉应变与钢筋屈服应变之比

（a）天然波 1X 向；（b）天然波 2X 向；（c）人工波 X 向

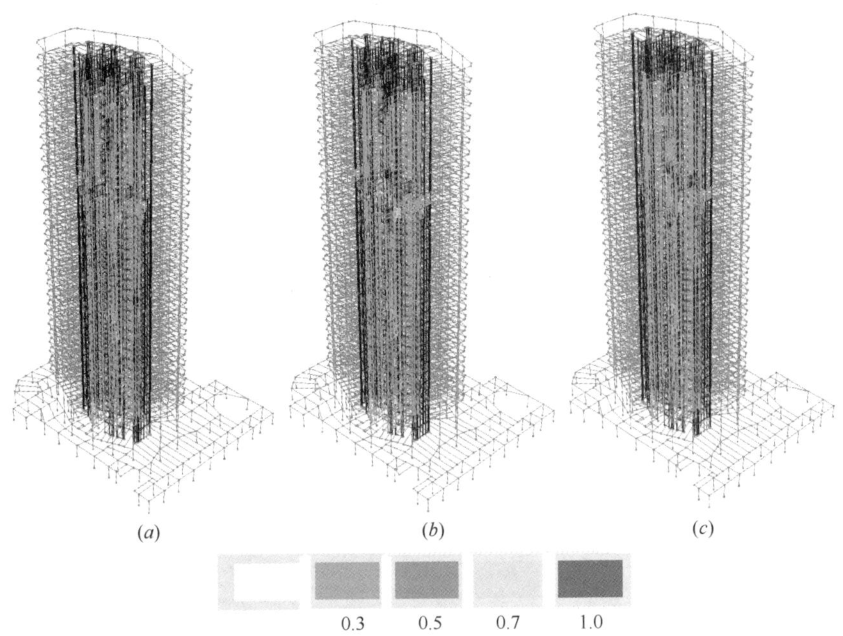

图 2.7.7-5 剪力墙抗剪截面验算

(*a*) 天然波 1*X* 向；(*b*) 天然波 2*X* 向；(*c*) 人工波 *X* 向

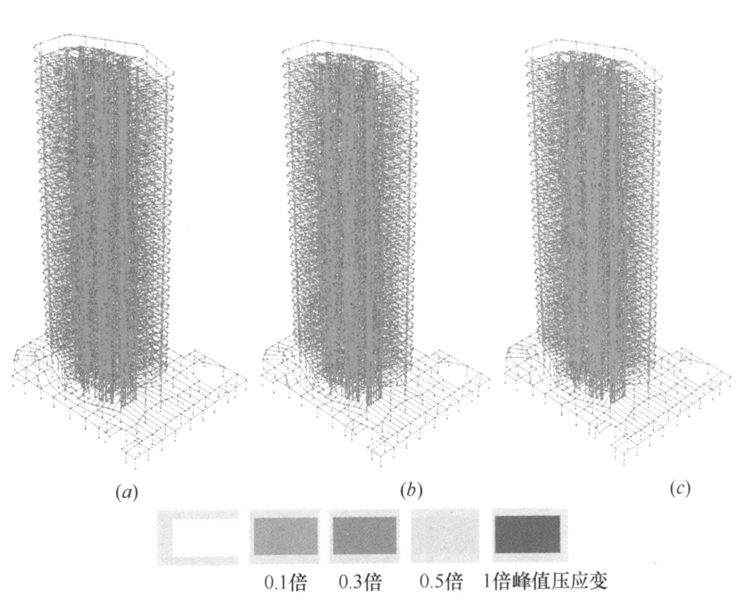

图 2.7.7-6 框架柱混凝土最大压应变与混凝土峰值应变之比

(*a*) 天然波 1*X* 向；(*b*) 天然波 2*X* 向；(*c*) 人工波 *X* 向

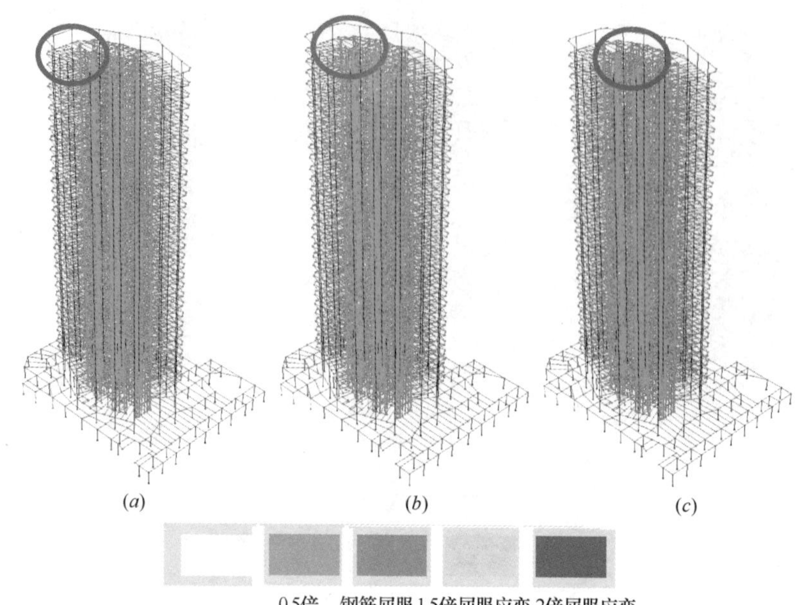

图 2.7.7-7　框架柱纵向钢筋屈服分布情况

(a) 天然波 1X 向；(b) 天然波 2X 向；(c) 人工波 X 向

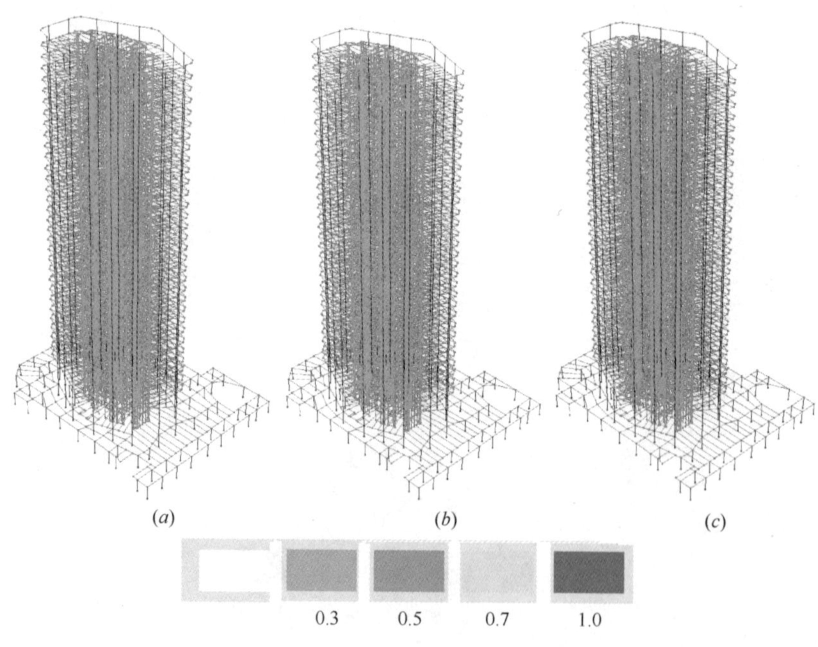

图 2.7.7-8　框架柱抗剪截面验算

(a) 天然波 1X 向；(b) 天然波 2X 向；(c) 人工波 X 向

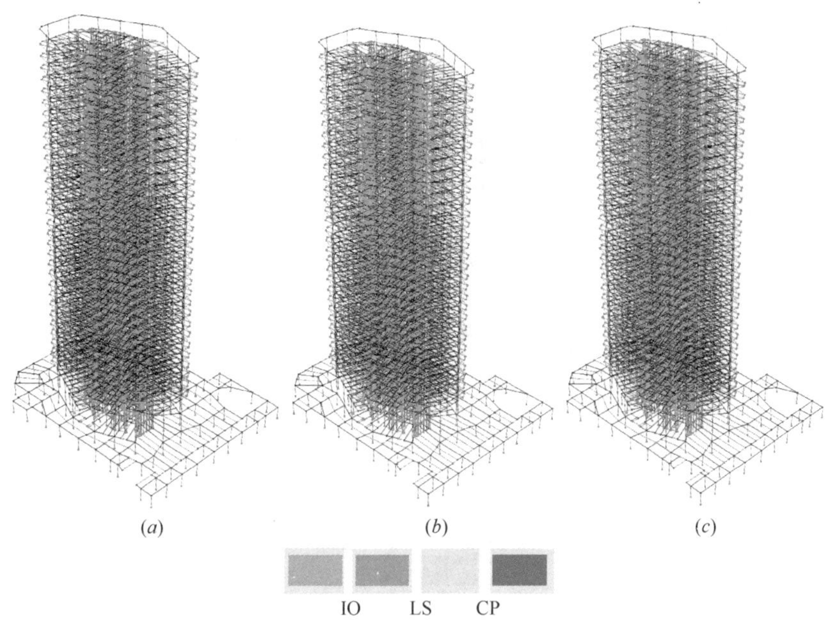

图 2.7.7-9 框架梁塑性转角分布情况

（*a*）天然波 1*X* 向；（*b*）天然波 2*X* 向；（*c*）人工波 *X* 向

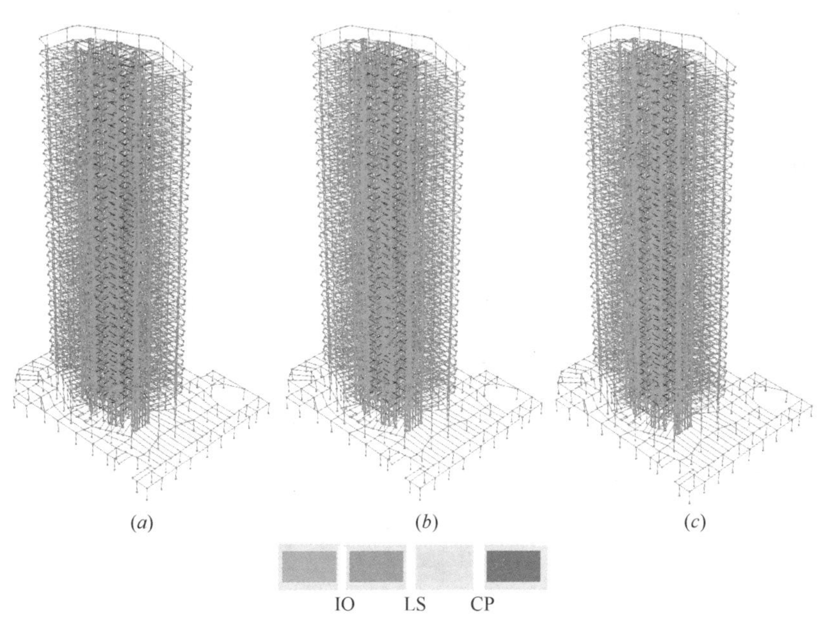

图 2.7.7-10 连梁塑性转角分布情况

（*a*）天然波 1*X* 向；（*b*）天然波 2*X* 向；（*c*）人工波 *X* 向

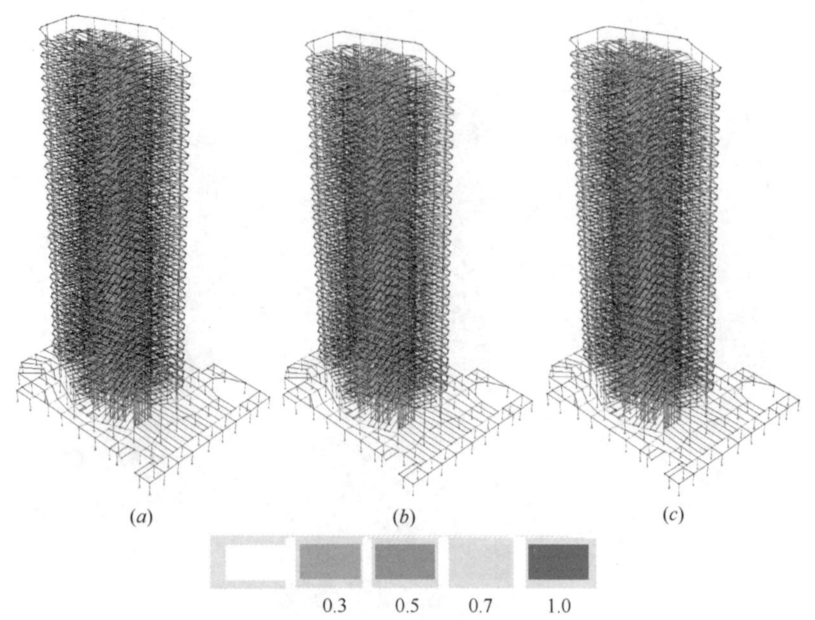

图 2.7.7-11　框架梁抗剪截面验算

(a) 天然波 1X 向；(b) 天然波 2X 向；(c) 人工波 X 向

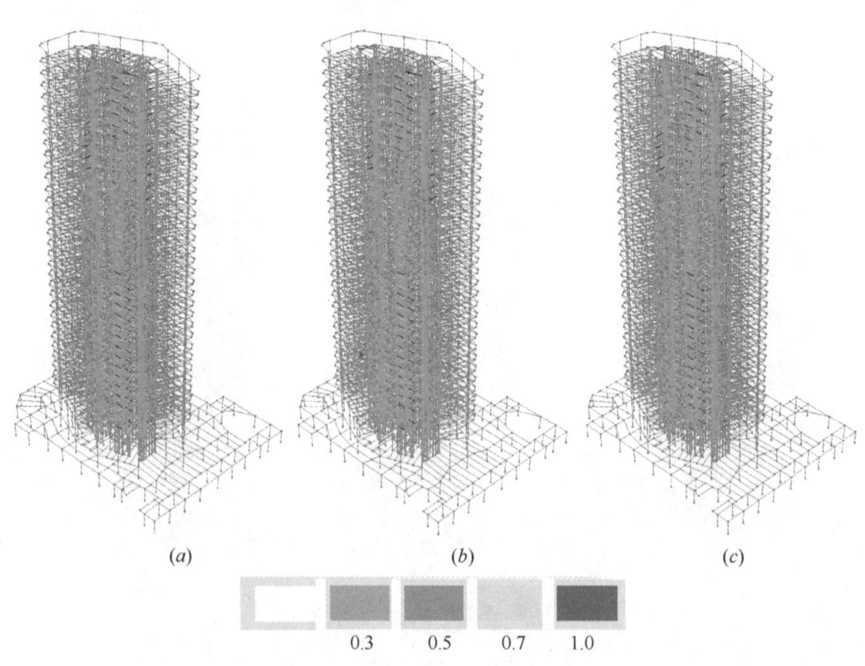

图 2.7.7-12　连梁抗剪截面验算

(a) 天然波 1X 向；(b) 天然波 2X 向；(c) 人工波 X 向

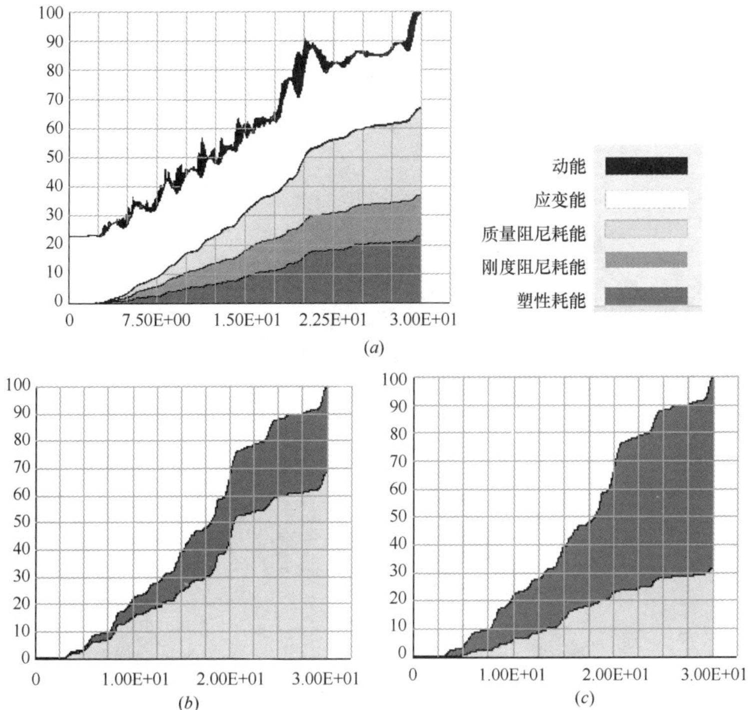

图 2.7.7-13 天然波 1X 向能量图

(*a*) 结构能量平衡图；(*b*) 框架梁占总塑性耗能图；(*c*) 连梁占总塑性耗能图

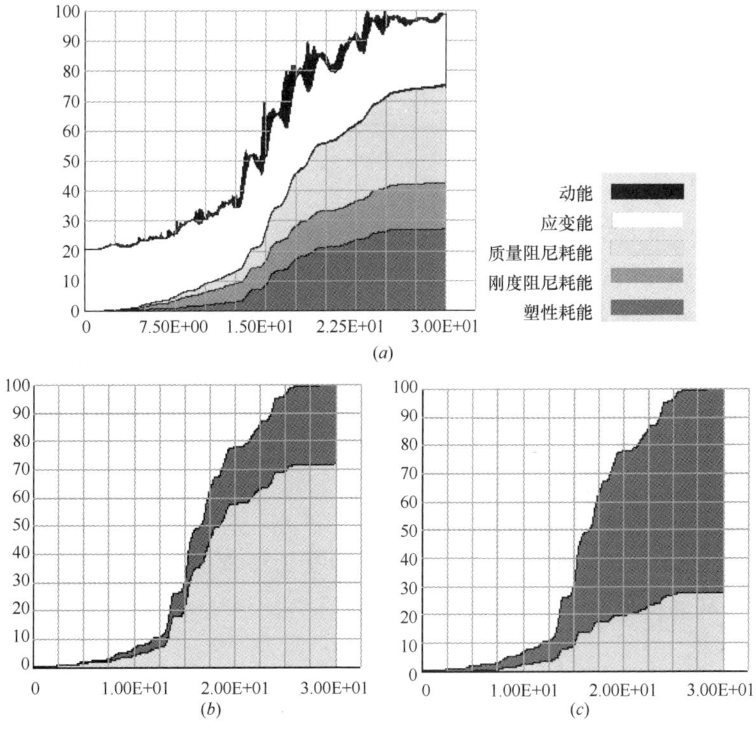

图 2.7.7-14 天然波 X 向能量图

(*a*) 结构能量平衡图；(*b*) 框架梁占总塑性耗能图；(*c*) 连梁占总塑性耗能图

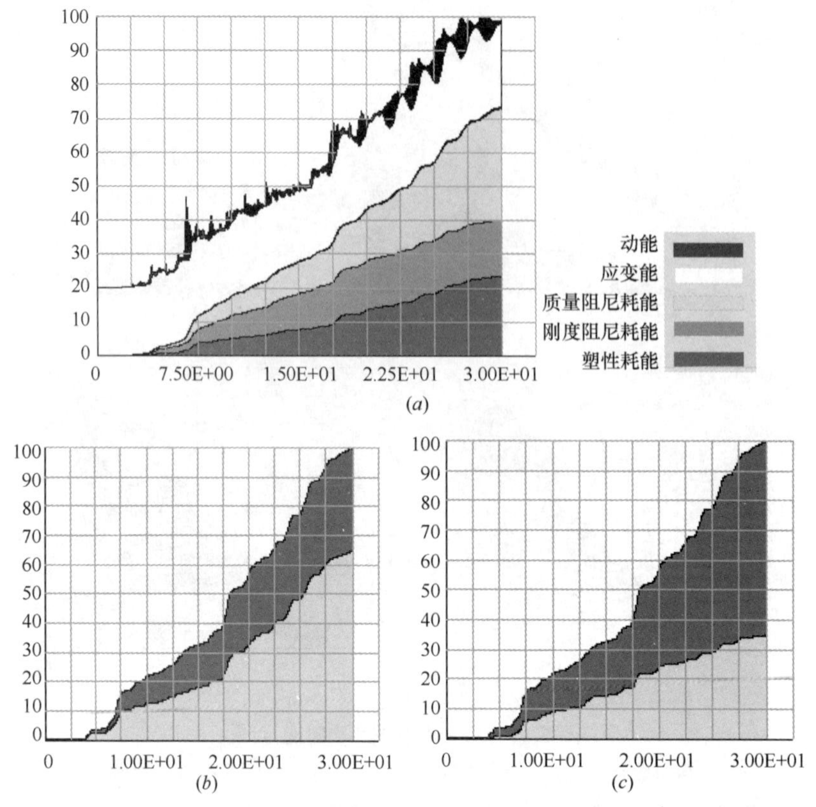

图 2.7.7-15　人工波 X 向能量图

(*a*) 结构能量平衡图；(*b*) 框架梁占总塑性耗能图；(*c*) 连梁占总塑性耗能图

2.7.8　穿层柱屈曲分析

1. 穿层柱位置及截面

本项目两座塔楼底部穿层柱承担竖向荷载较大，是传递上部荷载的关键构件，故对其进行屈曲分析，确保穿层柱强度破坏之前不会发生屈曲稳定破坏。两座塔楼底部架空层结构平面布置一致，穿层柱截面也一致，以楼层数较多、自重较大的 B 座底部穿层柱作为分析对象。由于各穿层柱截面类型一致，选取穿层层数为 3 层的 2 根柱进行屈曲分析。穿层柱所在平面位置如图 2.7.8-1 所示，穿层柱截面 1100mm×1100mm，钢管直径 800mm，钢管厚度 25mm，最大穿层数 3 层，最大穿层高度 15m，所在位置 6～8 层。

2. 穿层柱模型建立及分析

采用 ETABS 建立结构三维模型，如图 2.7.8-2 所示，穿层柱单元划分尺寸长度约为 0.5m，混凝土和型钢等级分别为 C60、Q345。在整体计算模型中，沿穿层柱轴向施加单位荷载，再进行屈曲模态分析，从而得到欧拉临界力，并同轴压比限值的轴压力对比，确定两者的倍数关系。

整体模型的屈曲分析具有较为直观的屈曲模态，可以直接看到结构整体的屈曲变形，通过判断各阶屈曲模态对应的变形来判断具体结构构件是否发生屈曲，从而得到其对应的屈曲临界力 P_{cr}。

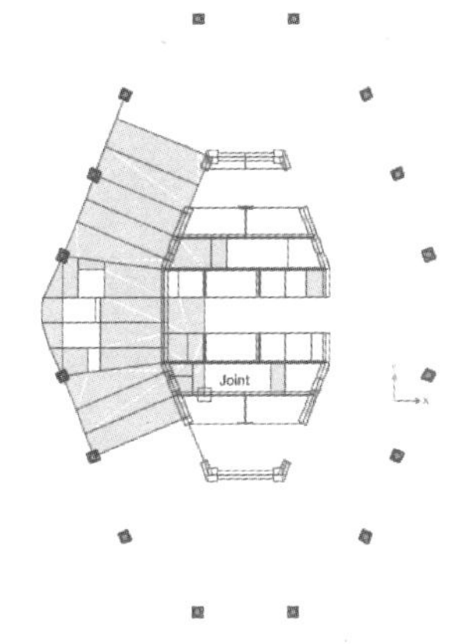

图 2.7.8-1 穿层柱平面示意图

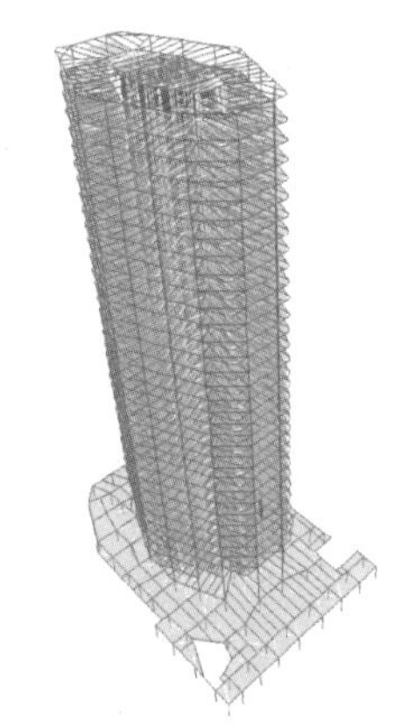

图 2.7.8-2 三维模型

由于构件施工过程中可能存在误差，构件在水平荷载作用下承受偏心弯矩，故整体模型的初始状态取为大震弹性作用下的变形。施加穿层柱的初始轴力 F_0（本项目穿层柱为1000kN），由构件的屈服模态得到对应于初始轴力的特征值（w_0），则该构件的临界承载力 P_{cr} 即为，($F_0 \times E_0 + E_1$)，F_1 为水平荷载作用时柱承受的轴力。图 2.7.8-3 为穿层柱施加屈曲激励荷载，即初始轴力 F_0。

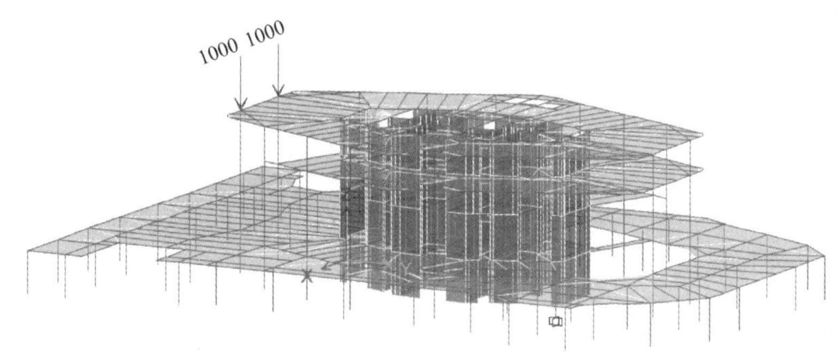

图 2.7.8-3 ETASBS 模型中荷载施加示意（穿层柱顶部施加初始轴力 F_0 = 1000kN）

3. 穿层柱屈曲模态

图 2.7.8-4 为 KZ1 第 1 阶的屈曲模态。特征值为 716。则根据计算得柱的临界承载力为 7.27×10^5 kN，临界承载力和轴向受压承载力的比值为 15.72。

4. 结论

屈曲分析结果表明，穿层柱临界荷载是其计算的极限受压承载力 15.72 倍，穿层柱由强度控制，稳定性满足要求。施工图阶段根据临界荷载确定柱的计算长度，进行柱的构件设计。

2.7.9 结构超限分析结论及加强措施

1. 结论

根据相关规范及条文，对该超限结构在多遇地震作用下采用反应谱和弹性时程分析方法进行分析与设计，分析结果表明结构满足小震弹性的性能目标；在设防地震作用下，分

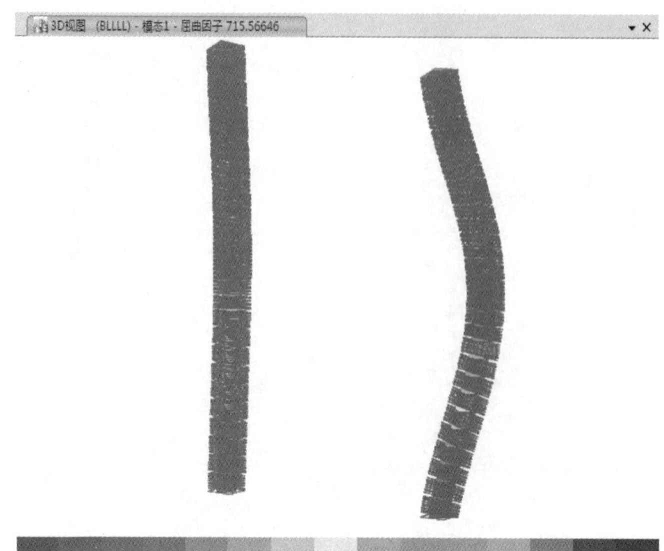

图 2.7.8-4　KZ1 第一阶屈曲模态（特征值为 716）

析表明通过控制构件的配筋及应力比来可实现构件的中震性能目标；对结构进行了罕遇地震作用下的动力弹塑性时程反应分析，分析结果表明结构能实现拟定的大震性能目标。

2. 结构超限的抗震综合措施

针对本工程超限情况，采取了以下措施：

(1) 两栋塔楼结构的抗震设防分类为丙类，结构底部加强部位取 M 层至第三层楼面。剪力墙抗震等级为一级，框架为一级。

(2) 综合两栋塔楼结构特点，结构采用性能化设计思路，设定抗震性能目标为 C 级，关键构件为底部加强部位的竖向构件，一般竖向构件为底部加强部位以上竖向构件；设定了不同构件在不同地震水平下的抗震性能水准。

(3) 通过开展小震、中震和大震三个地震水平下的结构分析，分别验证结构及构件的性能目标。小震下采用两个不同力学模型的空间分析软件 ETABS、YJK 进行弹性内力分析。根据结构弹性时程补充分析结果和反应谱分析结果的对比，对时程分析结果与规范反应谱分析结果进行包络设计。

(4) 塔楼薄弱楼板通过局部提高配筋率，能满足拟定的性能目标。

(5) 关键构件及普通竖向构件采取小震与中震配筋结果包络设计。

(6) 复核竖向构件在中震下的受拉情况，塔楼受拉剪力墙受拉应力均未超过混凝土抗拉强度标准值 f_{tk}，满足中震抗剪弹性的性能目标，此外对受拉墙肢采用特一级构造予以加强。

(7) 部分框架梁支撑于剪力墙平面外，设计时对剪力墙进行平面外的承载力验算。

2.7.10　超限审查意见

2018 年 12 月 14 日，深圳市住房和建设局主持召开了本项目超限高层建筑抗震设防专项审查会。审查结论为通过。在下一阶段工作中补充以下内容：

(1) 复核塔楼筒体收进楼层的受力并采取相应的加强措施；

（2）补充斜向抗侧力构件方向在水平力作用下的受力分析；

（3）进一步论证采用钢管混凝土组合柱的必要性，如采用，应补充完善钢管混凝土柱与钢筋混凝土梁的连接构造。

设计单位：香港华艺设计顾问深圳有限公司

主要设计人：魏延超、夏曦尧、张浩、梁莉军、曾文兵、黄国煊、吴浩、高祥、傅伟东、陈勤、韦念君、禹愿雄

2.8 光明文化艺术中心

2.8.1 工程概况

光明文化艺术中心位于深圳市光明新区观光路东北侧，东南侧为汇新路，东北侧为公园路。项目地块呈方形，地势东高西低，靠近观光路侧地势较低，地势高差为 11～12m 左右。总建筑面积约 13 万 m²，地下室 2 层，地上 7 层。图 2.8.1-1 为该项目总平面图。图 2.8.1-2 为项目效果图。

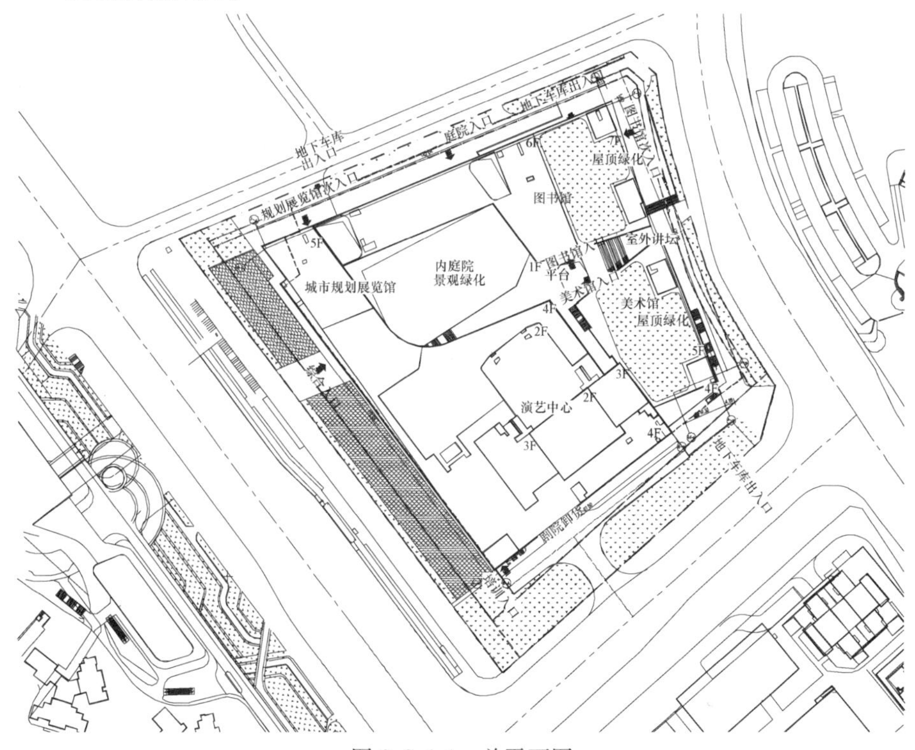

图 2.8.1-1 总平面图

建筑为一个贯通的整体，地上建筑主体由北侧图书馆、东侧美术馆、南侧演艺中心、西侧城市展厅 4 部分功能组成，如图 2.8.1-3 所示。图书馆与美术馆处于东侧地势较高的位置，局部 2 层和局部 3 层平接室外自然地面，一层平接消防车道。城市展厅与图书馆通过一个 3 层高连廊一（跨度约 55m、宽度约 20m、高度 15.6m）连通、与演艺中心通过一个 2 层通高的连廊二（跨度约 50m、宽度约 22m、高度 9m）连通。图书馆、美术馆、演艺中心 3 部分建筑功能在二层为同一标高、3 层及以上各功能分区相互错层。整体不设置结构缝。

图 2.8.1-2　建筑效果图

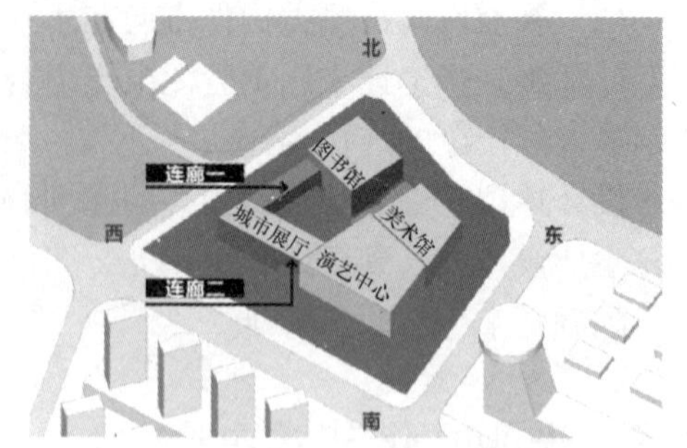

图 2.8.1-3　建筑分区示意图

本工程存在较多错层交界面、楼板开洞较多且有两座大跨度连廊连接建筑功能区，属楼板不连续、复杂连接超限高层建筑。在结构方案设计中，利用电梯间、楼梯间和剧场四周等设立剪力墙，结构体系为钢筋混凝土框架-剪力墙结构体系。

2.8.2　地质情况与基础设计

根据区域地质资料及本次勘察结果，场地内未发现全新活动断层通过，场地范围内边坡目前处于基本稳定～稳定状态，项目施工后均将会被挖除；场地内饱和砂土在7度地震烈度作用下不会发生液化，场地内泥炭质黏土②$_1$可不考虑软土震陷影响，场地不存在影响场地稳定性的不良地质作用和地质灾害，场地稳定，作为光明新区文化艺术中心项目拟建场地是适宜的。

本地区抗震设防烈度为7度，设计地震分组属第一组，设计基本地震加速度值为0.10g。拟建建筑场地类别为Ⅱ类，设计特征周期为0.35s。拟建场地对建筑抗震属一般地段。

拟建光明新区文化艺术中心为高层建筑，结合拟建建筑物工程特性，根据勘察结果，采用桩基础，以中风化混合花岗岩⑦及以下地层作为持力层，桩型采用旋挖成孔灌注桩，抗浮措施采用底板＋抗浮锚杆。

桩基础设计参数建议值　　**表 2.8.2-1**

		状态	灌注桩桩侧阻力特征值 q_{sa}（kPa）	桩端端阻力特征值 q_{pa}（kPa）钻（冲）孔/旋挖灌注桩 桩入土（岩）深度（m）		岩石饱和单轴抗压强度（MPa）	抗拔摩阻力折减系数
				$L<15$	$15\leqslant L\leqslant30$		
Q^{ml}	素填土①	松散～稍密	\	/	/	/	0.30
Q^{al+pl}	泥炭质黏土②$_1$	流塑	\	/	/	/	0.25
	粉质黏土②$_2$	可塑	20	/	/	/	0.50
	粉砂②$_3$	稍密	20	/	/	/	0.50
Q^{dl}	粉质黏土③	可塑～硬塑	30	/	/	/	0.55
Q^{el}	粉质黏土④	可塑～硬塑	35	/	/	/	0.60
O_{1n}	全风化混合花岗岩⑤	40≤N≤70	60	/	/	/	0.65
	强风化混合花岗岩⑥	N＞70	90	1000	1300	/	0.70
	中风化混合花岗岩⑦	/	/	/		17	0.80
	微风化混合花岗岩⑧	/	/	/		50	0.90

2.8.3 结构体系与工程难点

光明文化艺术中心由四个建筑功能部分与两座连廊所组成，如图 2.8.3-1 所示。因建筑功能选型及空间使用要求，造成结构存在楼板不连续、超长、错层、大跨度等抗震不利因素。因此，在四个建筑功能部分中结合楼梯、电梯等位置布置上下贯通的剪力墙，城市展览厅与图书馆、演艺中心通过四榀钢结构桁架（两座连廊）将四个功能分区连为一体，使整个建筑形成局部采用桁架结构的框架-剪力墙结构体系，整体不设置结构缝。

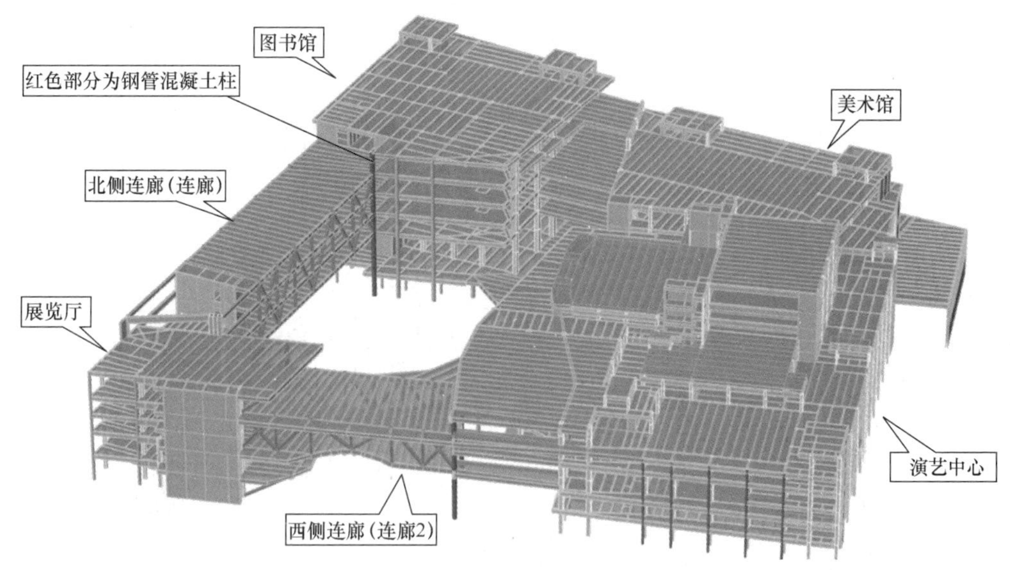

图 2.8.3-1 结构整体模型示意图

整体结构中，在楼梯、电梯以及建筑功能交界面等部位布置剪力墙，尽量减少因变形差异和承载力差异造成构件受力复杂。各楼层主要采用钢筋混凝土普通楼盖，对局部大跨度部位采用钢梁-钢筋桁架混凝土组合楼盖以减轻结构自重。对错层部位通过配置型钢或增大截面以有效提高构件抗剪承载力。钢桁架采用强连接，对支撑钢桁架的剪力墙端柱配置钢骨，或采用钢管混凝土柱，以提高整体承载力。对于建筑功能结合部位，有差异较大时，在结合部位设置剪力墙，以有效减少两者变形而造成的复杂受力情况。

本项目结构设计要点包括：

1. 功能区间错层分析

本工程分为四个功能区，如图 2.8.3-2 所示，不同建筑功能区使用高度要求差异较大，如图 2.8.3-3 所示，导致错层部位较多，在同一标高无法形成连续一致的抗侧力平面，常规设计中采用的刚度楼板假定并不适用于本项目实际情况。本项目采用全楼弹性膜模型计算，各层错位处在标高相差较小的场合，对交接处梁标高进行了归并处理；其余情况按实际标高建模，不同高差处交接位置由大梁搭接或采用双梁布置。针对本项目中存在的大量高差各异的错层墙柱构件，进行了小震时程分析、小震弹性、中震弹性等工况下的内力包络专项设置。

2. 大跨度空中连廊连接分析

如图 2.8.3-4 所示，北侧连廊跨度约 55m，宽度约 20m，连接图书馆与城市规划展

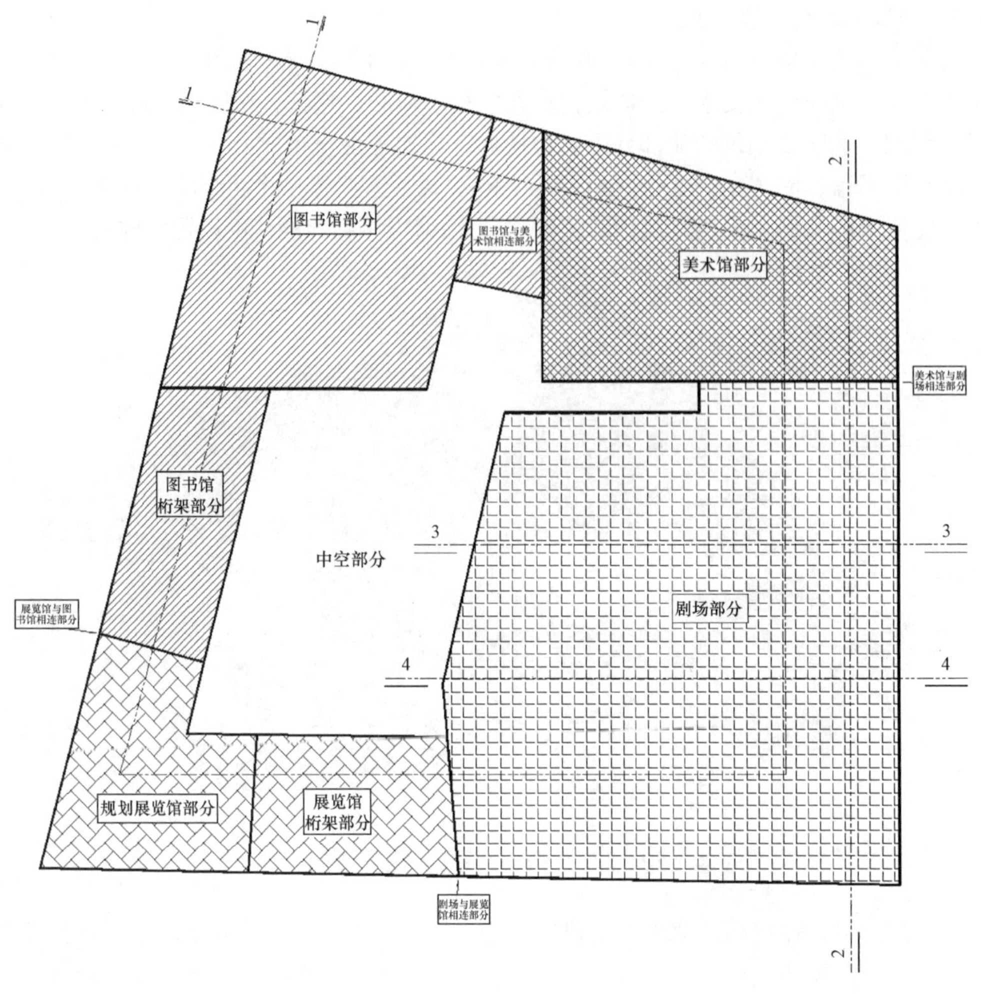

图 2.8.3-2 结构典型平面示意图

厅，图书馆的方向由两钢管混凝土柱支撑，而靠近展览厅的方向，由一块长方形核心筒作为支撑，但由于建筑造型的需要限制此处结构采用由 1m 宽的剪力墙伸出牛腿作为桁架的支撑点，仅作竖向支撑作用。牛腿宽同剪力墙 1m，长 4m，外侧高度 5m，侧高度 12m。在整体计算模型中，此处大牛腿由两斜撑模拟，在与桁架搭接的地方用连杆模型，连杆只约束竖向位移，其余 5 个位移均不约束。

西侧连廊跨度约 50m，宽度约 22m，呈西北-东南走向，西北侧连接展览厅，东南侧连接剧场；该连廊存在几处设计难点：①局部悬挑约 3.6m，并且因造型需要局部平面有月牙型区域；②演艺中心一侧无楼板连接；③楼面为室外花园，需考虑覆土荷载；④连廊下方为“光明之眼”造型空间，因此连廊下弦中间部分的弦杆为避让建筑造型而形成缺口，做成上拱形式，底部区域向内缩进做封边梁，并与上拱的弦杆增加次梁拉结。

对此，本项目采取的措施主要有：①对连廊桁架部分，严格控制桁架构件应力比；②严控桁架节点区域设计，优化节点受力性能，进一步降低应力集中；③加强与连廊桁架上下弦相连的楼层板厚度为 200mm。

3. 结构超长问题分析

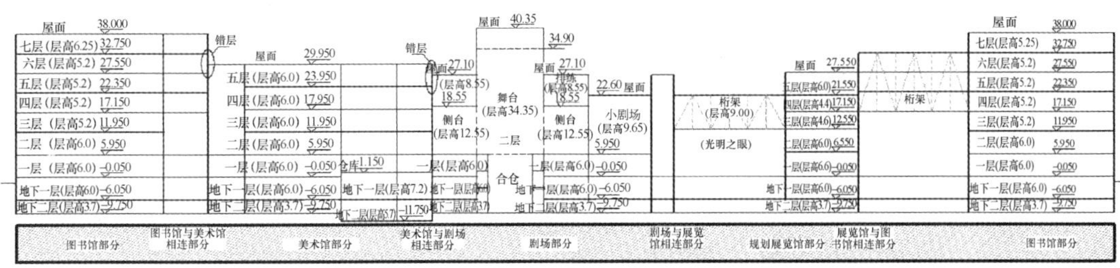

(*a*)

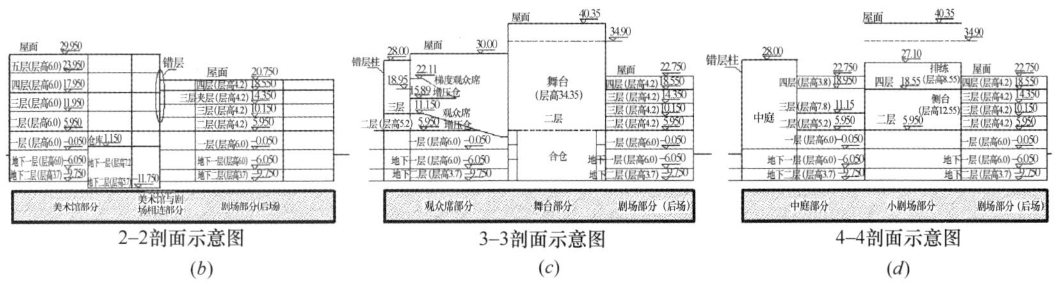

2–2剖面示意图

(*b*)

3–3剖面示意图

(*c*)

4–4剖面示意图

(*d*)

图 2.8.3-3 各剖面标高示意图

(*a*) 1-1；(*b*) 2-2；(*c*) 3-3；(*d*) 4-4

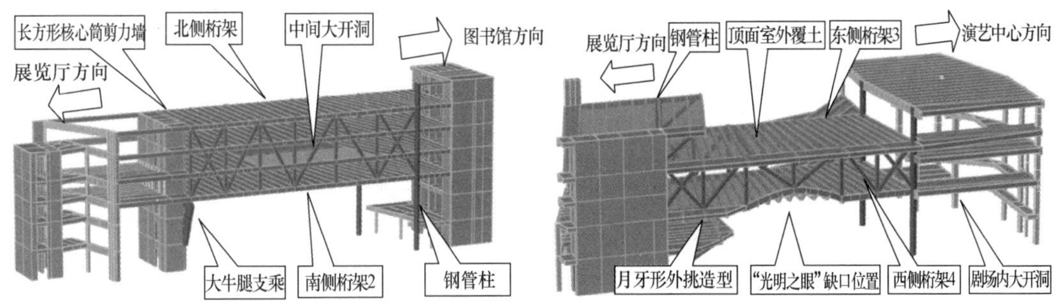

图 2.8.3-4 结构布置示意图（左为北侧连廊，右为西侧连廊）

本项目东南-西北向长度 170 余 m、西南-东北向长度 160 余 m，整体不设缝，属于超长结构。对此，本项目采取的措施有：①进行楼板结构进行地震作用下的应力分析、温度应力分析，根据计算结果适当提高各层结构板的钢筋的最小配筋率，钢筋采用双层双向布置；结构收腰薄弱区域，结构构件配筋适当加强；②合理设置后浇带，以部分抵消混凝土收缩和温度应力对结构的不利影响等。

4. 跃层柱分析

剧场大厅外侧以及连廊桁架支撑柱，西侧连廊桁架的斜杆都为长受压构件。对此，本项目采取的措施有：控制跃层柱长细比，控制截面以减少轴压比/应力比，并通常采用结构整理模型进行屈曲分析，判断跃层柱的稳定性能。

5. 楼板不连续分析

本项目在各个建筑功能区，均有楼板开洞情况，对此采取专项楼板应力分析，对楼板薄弱区域通过增大板厚及配筋来保证地震力的传递。

2.8.4　超限项判断及抗震性能目标

1. 超限项的判定

根据全国《超限高层建筑工程抗震设防专项审查技术要点》中超限内容的定义，本项目超限情况如表 2.8.4-1、表 2.8.4-2 所示。

结构超限项检查表一　　表 2.8.4-1

序号	不规则类型	简要涵义	本工程情况	是否不规则
1	扭转不规则	考虑偶然偏心的扭转位移比大于 1.2	本项目楼板开洞较多，各功能区域层高不同，采用弹性膜模型计算，无法按规范刚性板统计	
2a	凹凸不规则	平面凹凸尺寸大于相应边长 30%等	无	否
2b	组合平面	细腰形或角部重叠形	无	否
3	楼板不连续	有效宽度小于 50%，开洞面积大于 30%，错层大于梁高	多处有开洞	是
4a	侧向刚度不规则	该层侧向刚度小于上层侧向刚度的 80%	各功能区域层高不同，无法按规范要求统计	
4b	尺寸突变	竖向构件收进位置高于结构高度 20%且收进大于 25%，或外挑大于 10%和 4 米。	无	否
5	竖向构件不连续	上下墙、柱、支撑不连续	无	否
6	承载力突变	相邻层受剪承载力变化大于 75%	各功能区域层高不同，无法按规范要求统计	
结论：楼板不连续共 1 项不规则				

结构超限项检查表二　　表 2.8.4-2

序号	不规则类型	简要涵义	本工程情况	是否不规则
1	高位转换	框支墙体的转换构件位置：7 度超过 5 层，8 度超过 3 层	无	否
2	厚板转换	7～9 度设防的厚板转换结构	无	否
3	复杂连接	各部分层数、刚度、布置不同的错层，连体两端塔楼高度、体型或沿大底盘某个主轴方向的振动周期显著不同的结构	各功能区域层高不同，错层连接	是
4	多重复杂	结构同时具有转换层、加强层、错层、连体和多塔等复杂类型的 3 种	无	否
结论：复杂连接				

本项目属楼板不连续、复杂连接超限高层建筑。

2. 抗震性能目标

本工程的抗震性能目标为C级，各部位抗震性能水准见表2.8.4-3。

抗震性能目标与水准 **表2.8.4-3**

地震水准	多遇地震	设防烈度地震	罕遇地震
性能水准	性能1	性能3	性能4
性能目标	C级		

预期震后性能目标 **表2.8.4-4**

地震水准		常遇地震	偶遇地震	罕遇地震
关键构件	桁架弦杆	应力比<0.7	应力比<0.8	不屈服
	桁架腹杆	应力比<0.8	不屈服	不屈服
	与连体桁架相连框架柱/剪力墙	弹性	弹性	不屈服
	剧场悬挑台仓相连框架柱、剪力墙	弹性	抗剪弹性 抗弯不屈服	满足抗剪截面控制条件 部分抗弯屈服
普通竖向构件	普通剪力墙	弹性	抗剪弹性 抗弯不屈服	满足抗剪截面控制条件 部分抗弯屈服
	框架柱	弹性	抗剪弹性 抗弯不屈服	满足抗剪截面控制条件 部分抗弯屈服
耗能构件	连梁	弹性	抗剪不屈服 部分抗弯屈服	部分屈服
	普通框架梁	弹性	抗剪不屈服 部分抗弯屈服	受剪部分屈服 大部分抗弯屈服
连体桁架上下弦楼板		弹性	不屈服	满足抗剪截面控制条件 部分抗弯屈服
弱连接区域楼板		弹性	不屈服	不屈服
普通楼板		弹性	不屈服	部分屈服
最大层间位移角		1/800	/	1/100

2.8.5 设计条件

为了确保抗震性能目标的实现，本项目采用YJK/Midas Gen/Abaqus软件进行弹性分析、中、大震和部分专项分析，并相互复核验证结构各部分在地震作用下的性能目标。主要设计参数如下：①建筑结构安全等级为二级；②建筑高度类别为A级高度；③地基基础设计等级为甲级；④建筑耐火等级为一级；⑤抗震设防类别为乙类；⑥抗震设防烈度为7度0.1g；⑦场地类别为Ⅱ类；⑧钢筋混凝土阻尼比取0.05，钢材阻尼比取0.02，型钢混凝土取 0.04；⑨周期折减系数 0.85。

主要构件抗震等级如表 2.8.5-1 所示。

主要构件抗震等级　　**表 2.8.5-1**

范围	构件	楼层部位	抗震等级
除连廊桁架外区域	剪力墙	地下一层～顶	一级
		地下二层	二级
	框架梁、柱	地下一层～顶	二级
		地下二层	三级
	钢框梁、钢斜撑	全楼	二级
连廊桁架区域	钢桁架	全楼	二级

2.8.6　小震及风力作用分析

1. 计算参数

(1) 结构重要性系数：1.0；

(2) 周期折减系数 0.85，保证振型参与质量大于总质量的 90%；

(3) 连梁刚度折减系数 0.7，考虑梁端刚域作用；

(4) 由于本工程存在多处错层连接，以及多处楼板大开洞，在统一标高无法形成连续一致的抗侧力平面，按刚度楼板假定并不适用于本项目实际情况。本工程模型按全楼弹性模型计算；

(5) 各层错位标高差<400mm 和交接处梁高时归并处理，其余情况按实际标高建模，交接位置由大梁搭接或做双梁布置；

(6) 上部结构的嵌固部位设在地下室顶板处；

(7) 分别考虑 0、90 度两个主轴方向水平地震作用（并考虑偶然偏心的影响）、平扭耦联的扭转效应和双向水平地震作用的扭转效应，考虑竖向地震作用；增加 75°方向水平地震作用及最不利方向地震作用；

(8) 混凝土结构阻尼比取 0.05，钢结构为 0.02，型钢混凝土阻尼比取 0.04。

2. 主要振型周期

主振型对比分析　　**表 2.8.6-1**

周期（s）	YJK 结果	Midas Gen 结果	Gen 结果与 YJK 结果之比	振型描述
T_1	0.781	0.763	0.98	X
T_2	0.686	0.680	0.99	Y
T_3	0.617	0.628	1.02	X
T_4	0.570	0.598	1.05	Y
T_5	0.535	0.470	0.88	T
T_6	0.375	0.389	1.04	Z

3. 主要技术指标

主要计算结果 **表 2.8.6-2**

计算程序		YJK	Midas Gen
周期折减系数		0.85	0.85
总重量/t		151223	149462
地震力放大系数		1	1
振型数		30	30
底层地震力（kN）	X 向	47043kN（Q_{OX}/G_e>1.60%），不需要调整	45583kN（Q_{OX}/G_e>1.6%），不需要调整
	Y 向	50491kN（Q_{OY}/G>1.60%），不需要调整	49365kN（Q_{OX}/G_e>1.6%），不需要调整
地震力倾覆力矩/kN·m	X 向	1201387	238587（统计方法不同）
	Y 向	1266020	234956（统计方法不同）
振型质量参与系数		X 向：98.0%	X 向：96.2%
		Y 向：98.7%	Y 向：96.9%
		Z 向：89.8%	Z 向：65.2%
嵌固端验算		根据 YJK 带地下室模型 X 向刚度比=2.02 Y 向刚度比=2.237	
稳定性验算	X 向刚重比	12.7>1.4	12.75>1.4
	Y 向刚重比	16.0>1.4	18.1>1.4
重力荷载代表值作用下墙肢轴压比		<0.5	

4. 位移角统计方法

本建筑由于各部分标高错开布置，在统一标高无法形成连续一致的抗侧力平面，无法按常规楼层概念统计位移角；为考察建筑物在风与地震作用下的响应，对 4 个区域选取特殊点进行位移角统计，如图 2.8.6-1 所示，位移角最大值见表 2.8.6-3。

以图书馆区域的地震作用情况为例，统计 4 个代表点各楼层位移角取平均值，X 向地震下图书馆区域位移角最大值发生在 32.8m 标高处的楼层，Y 向作用最大位移角发生在屋面层。

各分区最大位移角对比表 **表 2.8.6-3**

	YJK				GEN			
	图书馆	美术馆	展览厅	演艺中心	图书馆	美术馆	展览厅	演艺中心
X 地震	1/2691	1/3443	1/9999	1/3855	1/2760	1/3188	1/8510	1/4192
标高/m	32.8	30.0	12.6	25.0	32.8	30.0	12.6	25.0
Y 地震	1/5086	1/2974	1/5702	1/2655	1/4930	1/2510	1/5540	1/2703
标高/m	38.0	30.0	12.6	28.0	38.0	30.0	12.6	22.6
X 风	1/9999	1/9999	1/9999	1/9999	1/9999	1/9999	1/9999	1/9999
Y 风	1/9999	1/9999	1/9999	1/9999	1/9999	1/9999	1/9999	1/9999

5. 对 $0.2V_0$ 调整方法的处理措施

对框架剪力墙结构，一般剪力墙刚度很大，作为主要抗侧构件吸收大量地震力，根据

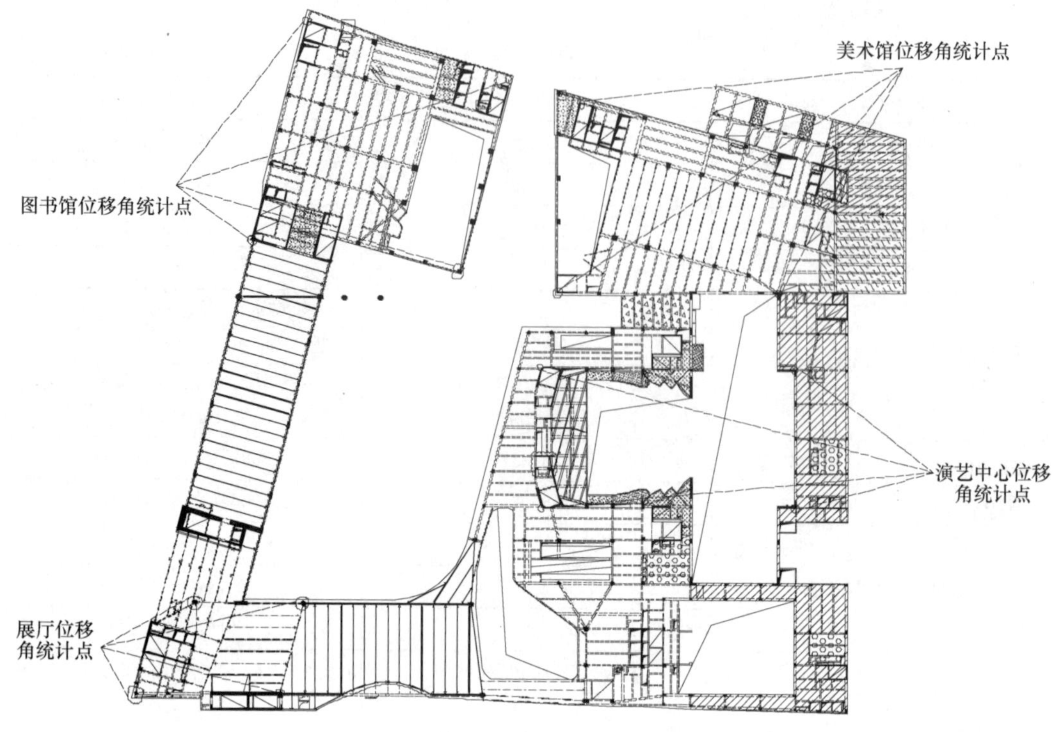

图 2.8.6-1　位移角统计点示意图

多道防线的设计概念，按《抗规》6.2.13 节要求每层框架部分需承担的结构底部总剪力值的 20%以上。但本工程错层较多，无法形成常规意义的楼层概念，难以准确严格按规范条文所建议的剪力调整方法进行设计。

为此本工程采取另一种方法，在多遇地震计算补充了剪力墙刚度折减的模型，剪力墙刚度折减模型中对所有墙肢按 0.4 系数进行折减，对框架梁、柱构件进行剪力墙刚度折减与不折减的包络设计。

6. 竖向构件轴压比

根据计算结果：对比小震弹性考虑墙刚度折减模型与不考虑墙刚度折减的模型，大部分柱的轴压比计算结果相差不大，约 0.02，少部分柱的轴压比在折减模型下会增大 0.05 左右，但均少于 0.7。统计得剪力墙、钢筋混凝土柱和型钢柱均能满足规范的轴压比要求，且留有一定余量。

7. 关键构件内力对比复核

在小震分析中，本项目同时采用 YJK 软件与 Midas Gen 软件计算并互相校核，为此，在相同计算参数情况下，对两软件各工况下的内力进行对比。由表 2.8.6-4 可知，在各工况下的内力分布基本一致，内力误差绝大部分都在 10%以内，其余未统计构件也得到规律一致的结果，因此说明采用 YJK 和 GEN 两个软件进行内力复核结果是合理可信的。本节仅举例其中一个构件在各工况下内力结果做演示，其他部位经核实规律一致。

8. 弹性时程分析

本节略。

关键构件内力对比　　表 2.8.6-4

墙柱编号	高度编号	工况	GEN 内力					YJK 内力				
			V_X (KN)	V_Y (KN)	N (KN)	M_X (KNm)	M_Y (KNm)	V_X (KN)	V_Y (KN)	N (KN)	M_X (KNm)	M_Y (KNm)
KZ01	0～6	EX	40.0	14.9	−266.3	−139.7	404.4	41.3	15.1	−281.0	−136.2	425.7
		EY	18.4	34.3	−579.0	−265.5	203.0	21.2	34.8	−615.4	−287.8	226.0
		WX	−1.6	0.3	−5.1	−12.5	43.2	9.4	2.4	−15.5	−12.4	45.6
		WY	−0.1	3.0	−32.9	−61.8	−20.2	−5.7	16.1	−37.7	−63.5	−19.8
		DL	26.6	27.4	−18448	−51.0	314.8	28.2	23.8	−18599.0	−48.5	320.1
		LL	7.4	−53.6	−4856.8	−131.2	328.7	15.7	−51.9	−4569.6	120.5	347.2
	6～12	EX	35.3	12.7	−266.3	−59.9	198.5	36.8	13.1	−280.4	−59.8	200.7
		EY	17.0	26.0	−578.8	−105.7	97.7	19.5	29.2	−615.1	−111.8	105.1
		WX	−0.9	0.3	−5.1	−0.9	43.5	9.4	0.8	−15.0	2.8	49.8
		WY	−0.1	1.3	−32.9	−31.8	−0.3	0.8	8.9	−186.2	−30.2	1.8
		DL	−26.6	57.4	−18232	−61.4	44.8	−25.6	58.2	−18436.8	−66.1	42.5
		LL	7.4	23.6	−6856.8	−19.6	15.5	−6.9	24.4	−6989.2	−21.3	14.6
	12～17.2	EX	31.1	10.6	−266.2	32.5	−52.5	31.7	10.5	−279.7	32.5	−48.5
		EY	14.8	24.2	−578.4	65.8	−23.7	16.7	24.6	−614.7	70.3	−21.1
		WX	−0.9	0.3	−5.1	0.7	−1.6	7.7	0.8	−15.0	7.3	−6.5
		WY	−0.1	1.3	−162.9	24.2	−0.7	0.8	6.6	−186.2	22.9	−3.2
		DL	−26.6	57.4	−18016	283.3	204.5	−25.6	58.2	−18220.8	282.9	196.0
		LL	7.4	23.6	−6856.8	121.9	59.6	−6.9	24.4	−6989.2	124.8	56.2

2.8.7 中震作用下结构承载力复核

1. 计算参数

偶遇地震作用下的地震计算参数按规范取值，地震影响系数最大值 $\alpha_{max}=0.23$，公寓场地特征周期 $T_g=0.35s$，钢筋混凝土结构阻尼比取 0.05，钢结构阻尼比取 0.02，连梁刚度折减系数取 0.70。

2. 构件承载力验算

(1) 关键构件抗弯承载力验算

关键部位框架柱和剪力墙抗弯承载力以 N-M 曲线图表示，所有构件均能满足性能设计要求，图 2.8.7-1、图 2.8.7-2 为典型 N-M 曲线统计结果。

(2) 框架柱抗剪承载力验算

关键构件框架柱满足中震抗剪弹性的性能目标；经计算分析，普通竖向构件满足中震抗剪弹性性能目标，表 2.8.7-1 显示部分典型统计结果。

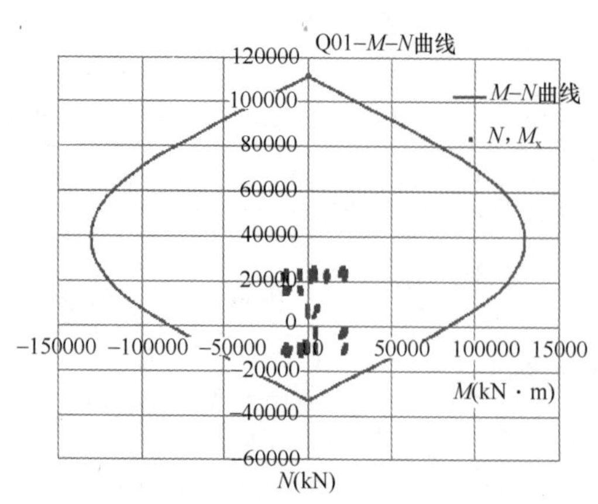

图 2.8.7-1　1 层剪力墙 Q1M-N 相关曲线

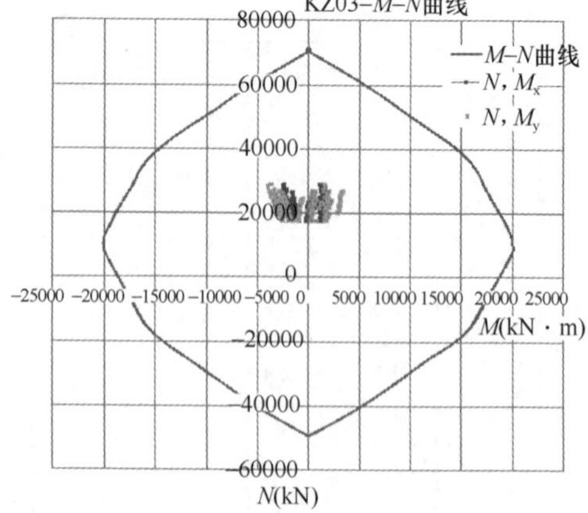

图 2.8.7-2　1 层钢管混凝土柱 KZ03M-N 相关曲线

关键构件框架柱抗剪验算　　**表 2.8.7-1**

柱编号	构件标高 (m)	截面宽度 (mm)	截面高度 (mm)	中震组合剪力 V_x (kN)	中震组合剪力 V_y (kN)	X 向抗剪承载力 $[V_X]$ (kN)	Y 向抗剪承载力 $[V_Y]$ (kN)	$[V_X]/V_X$	$[V_Y]/V_Y$	验算结果
KZ03	0-6.6	1200	1120	1063.2	605.1	3697.8	3703.4	3.48	6.12	满足
	6.6-12.6	1200	1120	1671.0	838.0	5064.4	5069.9	3.03	6.05	满足
	12.6-17.2	1200	1120	684.8	139.1	3276.0	3281.6	4.78	23.5	满足
GKZ01	0-6.6	600	1450	169.3	389.3	3764.0	3704.8	22.2	9.52	满足
	6.6-12.6	600	1450	578.6	151.1	3948.3	3889.1	6.82	25.7	满足
	12.6-17.2	600	1450	774.7	554.4	2160.9	2101.7	2.79	3.79	满足

（3）主要墙肢承载力验算

剪力墙验算结论：Q1 墙肢受水平剪力比较大，为满足剪力墙中震下抗剪弹性的性能目标，标高 6～17.2m 的 Q1 墙肢的水平分布筋配筋率取 0.88%可满足抗剪要求；其余剪力墙墙肢水平分布筋配筋率为 0.38%～0.51%，施工图设计时按计算结果配置钢筋即可满足中震抗剪弹性的性能目标。表 2.8.7-2 为典型统计结果。

剪力墙抗剪验算　　**表 2.8.7-2**

墙编号	构件标高 (m)	墙厚 (mm)	墙长 (mm)	水平分布筋配筋率	中震组合剪力值 V（kN）	抗剪承载力 [V]（kN）	[V] /V	验算结果
Q4	0-6.6	700	16850	0.59%	18205.52	34808.30	1.91	满足
	6.6-12.6	700	16850	0.59%	20791.64	34808.30	1.67	满足
	12.6-17.2	700	16850	0.59%	14056.69	34808.30	2.48	满足
Q1	0-6	700	4600	0.88%	8354.71	12662.66	1.52	满足
	6-12	700	4600	1.00%	9497.83	15587.75	1.64	满足
	12-17.2	700	4600	1.00%	10001.61	15587.75	1.56	满足
	17.2-22.4	700	4600	0.44%	3249.17	7885.00	2.43	满足

（4）偏拉验算

由首层墙肢拉应力验算结果可知，在偶遇地震作用下，考虑恒活及地震作用，不考虑风荷载组合，绝大部分出现拉力墙肢的拉应力均小于 f_{tk}，少数墙肢拉应力大于 $1.0f_{tk}$（$f_{tk}=2.51$MPa）但小于 $2.0f_{tk}$（$2.0f_{tk}=5.02$MPa）；极少数剪力墙拉应力大于 $2.0f_{tk}$，在施工图设计时按计算配置受拉钢筋以抵抗墙肢拉应力。下表显示部分典型统计结果。

2.8.8 大震作用下动力弹塑性分析

采用大型通用有限元软件 Abaqus 进行罕遇地震下的结构动力弹塑性时程分析，验证结构所采用的技术措施的有效性。

1. 计算参数

（1）计算模型

计算模型按照实际结构建立，总单元数约为 14 万。为了保证足够的计算精度，对于钢桁架、与连体桁架相连框架柱（剪力墙）等重要构件，网格相应加密，对于楼板等非重要构件，网格相对略粗，但最大单元尺寸不超过 2.0m。

建模时考虑了剪力墙和楼板的实际配筋。作用在结构上的荷载采用质量等效的方法，将各个楼层的总质量换算为相应楼层楼板的质量，保证了质量总量和分布的准确。

（2）本构关系

混凝土：在本工程计算中，混凝土采用塑性损伤破坏模型。计算中混凝土材料的弹塑性计算参数选取以《混凝土结构设计规范》附录 C 的受拉、受压应力一应变关系为依据，加上损伤系数等参数得到完整的混凝土拉压滞回曲线。

钢材和钢筋：采用双线性本构模型，其滞回关系满足等向强化关系，采用 Mises 屈服判别准则，即循环过程中材料刚度无退化，其滞回关系曲线如图所示。其中强化段模量取初始模量的 0.01 倍，即 $E'=0.01E$。

（3）计算单元

剪力墙、连梁及楼板采用壳单元，其内部钢筋采用杆单元以钢筋层的形式弥散于各构件中，型钢混凝土梁、钢管混凝土叠合柱、钢筋混凝土梁采用复合材料梁单元。

（4）计算假定

由于结构中存在有长细比较大的柱，故计算分析中考虑材料非线性和几何非线性，以查看这些柱是否会出现屈曲。同时，为了简化计算，在分析中采用了如下的计算假定：

① 在保证构造措施的情况下，不考虑钢筋（管）的滑移，钢筋（管）与混凝土之间完好粘结，变形协调；

② 循环荷载作用下，受拉开裂的混凝土反向受压后，其抗压强度完全恢复；压碎的混凝土反向受拉，其抗拉强度完全丧失。

③ 本计算根据《建筑抗震设计规范（2016 年版）》GB 50011—2010 中 5.1.5 条规定及 8.2.2 条的建议，在罕遇地震作用下，ABAQUS 的计算阻尼比取为 0.05；在计算过程中，程序可以根据单元应变速率和材料损伤情况对阻尼的影响，自动调整各个单元的阻尼比。

（5）地震波的选取

本文按规范相关规定及相关选波原则，选取了罕遇地震作用下的一条人工波及两条天然波，加速度峰值均取为 220gal。由于结构连廊桁架出现竖向阵型，故综合考虑对结构施加三向地震作用。综合分析，确定对结构施加 $X:Y:Z=1.00:0.85:0.65$ 的三向地震作用。

2. 计算结果

(1) 整体计算结果

结构在各组地震波作用下的最大层间位移角和最大基底剪力　　表 2.8.8-1

地震工况		层间位移角		基底剪力 (kN)
		数值	所在楼层	
人工波	X 向	1/218	8	163281
	Y 向	1/255	6	137004
天然波 1	X 向	1/188	8	155393
	Y 向	1/190	2	131216
天然波 2	X 向	1/253	2	158655
	Y 向	1/225	2	134399

最大层间位移角发生在结构中部，最大值满足规范 1/100 的要求。

(2) 剪力墙损伤情况

如图 2.8.8-1 所示，在三条地震波作用下，结构的响应、损伤情况等基本类似，天然波 1 作用下，结构构件损伤程度相对其他两条波略大，故下文只针对天然波 1 作用下结构响应的情况进行介绍和分析。

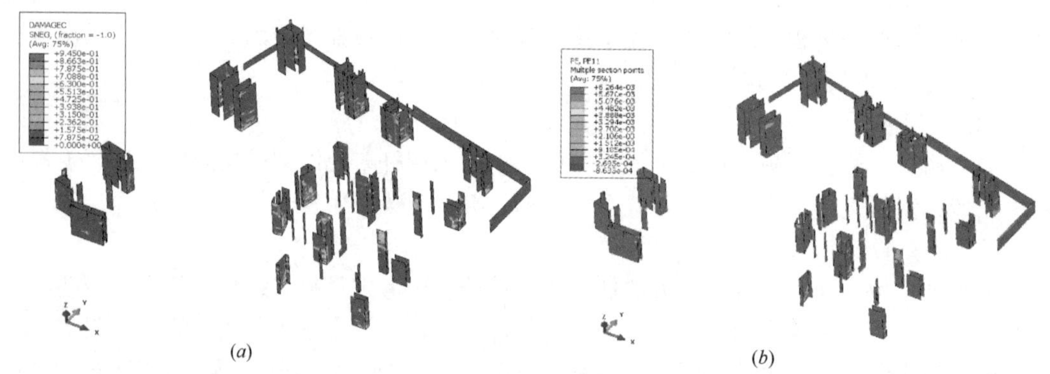

图 2.8.8-1　剪力墙损伤图

(*a*) 混凝土压损伤；(*b*) 钢骨（筋）塑性应变

剪力墙在地震响应 8.90s 开始出现损伤；至地震结束时，大部分剪力墙受压损伤程度较轻，墙体损伤因子基本小于 0.55；部分墙体局部出现了相对明显的受压损伤，主要集中在演艺中心突出的舞台天面附近，局部大于 0.55，未出现墙体大范围压碎情况。墙内钢筋基本保持弹性，极个别部位出现轻微的塑性应变，结构无明显破坏情况。

(3) 框架柱损伤情况

如图 2.8.8-2 所示，整个地震过程中，混凝土框架柱的混凝土仅在结构错层的局部出现轻微的拉损伤，混凝土未出现受压损伤。整个地震过程中柱内钢骨（筋）出现最大塑性应变图，其应变基本在 0.2%以内，保持弹性。

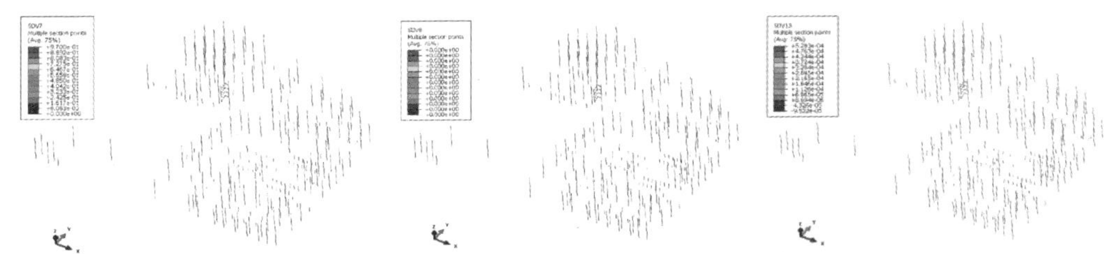

图 2.8.8-2 柱损伤图（左为混凝土拉损伤，中为混凝土压损伤，右为柱钢骨（筋）塑性应变）

(4) 框架梁损伤情况

如图 2.8.8-3 所示，对框架梁，部分梁端、跨中出现塑性铰，梁钢筋最大应力达到了屈服强度 400MPa，但大部分框架梁内纵筋基本保持弹性，部分主要框架梁支座钢筋有塑性变形区，但最大塑性应变小于 3.8E-4；主框梁混凝土拉损伤因子基本小于 0.66，部分梁混凝土拉损伤因子最大为 0.97；框梁混凝土基本未受压损伤，极个别混凝土有轻微受压损伤。

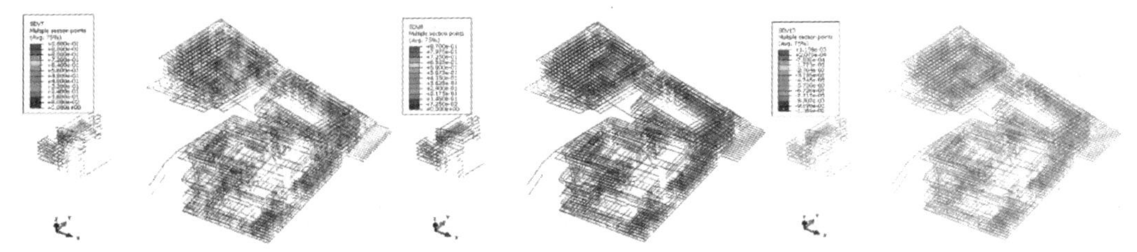

图 2.8.8-3 框架梁损伤（左为混凝土拉损伤，中为混凝土压损伤，右为最大钢筋塑性应变）

(5) 楼板损伤情况

如图 2.8.8-4 所示，楼板受压损伤相对较轻，混凝土压损伤因子基本小于 0.4，仅在北侧连廊的西侧筒体与城市展厅之间大跨度屋面板、东南角的坡道处局部出现了相对明显的受压损伤。从楼板钢筋的塑性应变可以看出，除屋面个别位置楼板钢筋出现屈服外，其他部位楼板钢筋均保持弹性。因此，大部分楼板在整个地震作用过程中，保持良好工作状态。

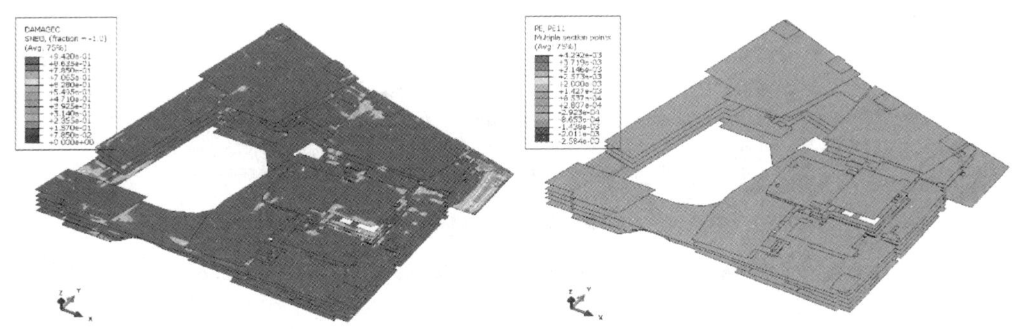

图 2.8.8-4 楼板损伤（左为混凝土受压损伤，右为钢筋最大塑性应变）

(6) 连廊桁架损伤情况

从图 2.8.8-5 可以看出，桁架连廊各主要构件均保持弹性，桁架杆件最大应力约为

230MPa。因此，在大震作用下，连廊桁架是安全的，且能够满足既定的性能目标要求。

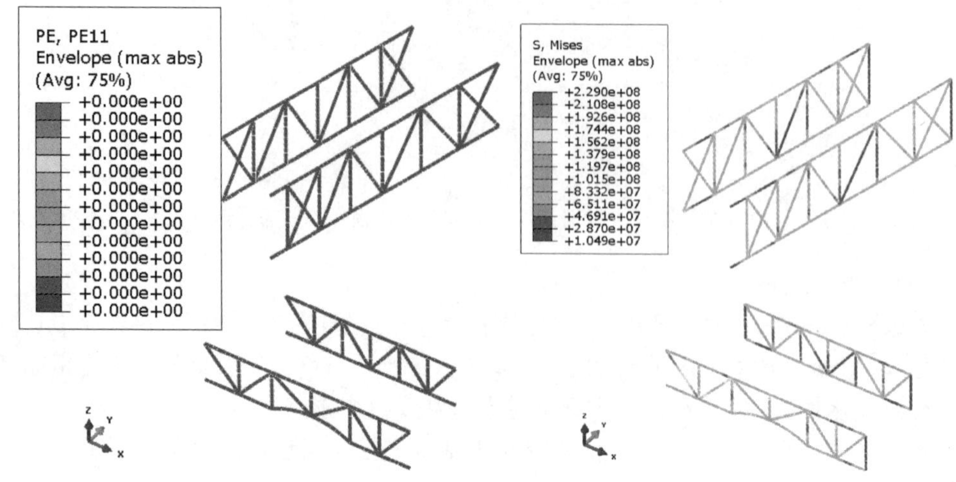

图 2.8.8-5　桁架主要构件最大塑性应变（左）桁架主要构件最大应力（右）

2.8.9　专项分析

1. 连廊桁架内力分析

由于两座连廊跨度与宽度都比较大，荷载较重，弦杆与斜杆均需采用箱型截面，考虑到实际施工情况，各桁架杆件连接部位按固接处理。横向工字梁除悬挑部分外均按铰接处理。两座连廊在整栋建筑完成后再吊升安装，因此计算模型中施工顺序设为最后施工步。连廊桁架作为关键构件，设计性能目标为中震与小震都为弹性状态。在中震计算时，不考虑连廊楼板的作用。

在小震与中震分析中，本项目同时采用 YJK 软件与 MIDAS Gen 软件计算并互相校核，为此，在相同计算参数情况下，对两软件各工况下的内力进行对比。根据统计结果显示，除了两软件的个别单元方向相反的情况，在恒载、活载、三方向地震作用、两方向风作用的内力分布一致，内力误差绝大部分都在 10%以内。在其余未显示区域也得到规律一致的结果，因此说明采用 YJK 和 MIDAS 两软件进行内力的复核是合理可信的。

（1）小震作用下桁架应力比

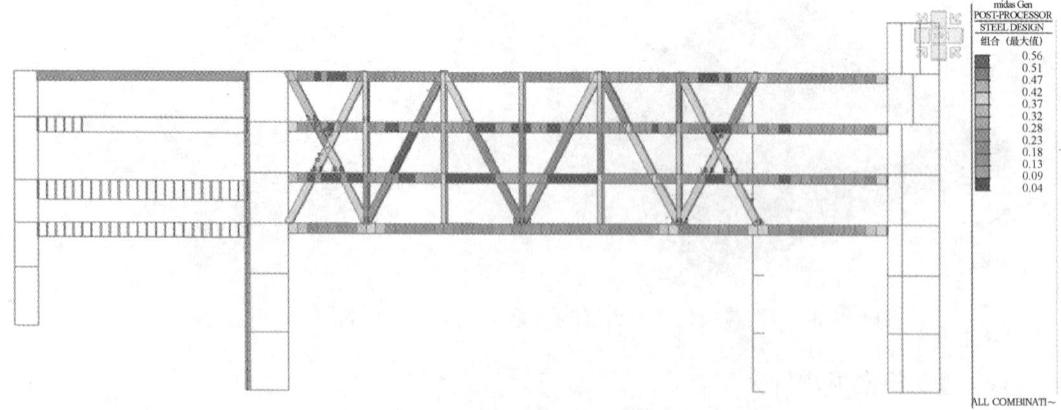

图 2.8.9-1　HJ-1-应力比-小震荷载组合最大值

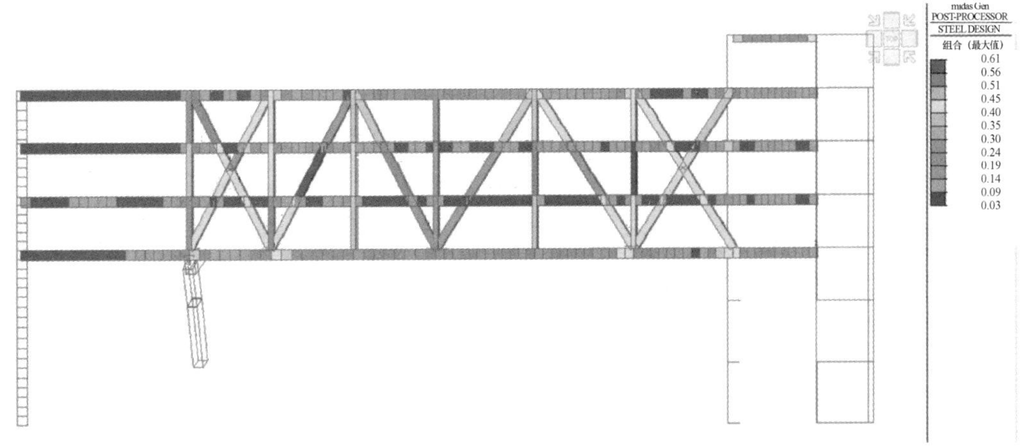

图 2.8.9-2 HJ-2-应力比-小震荷载组合最大值

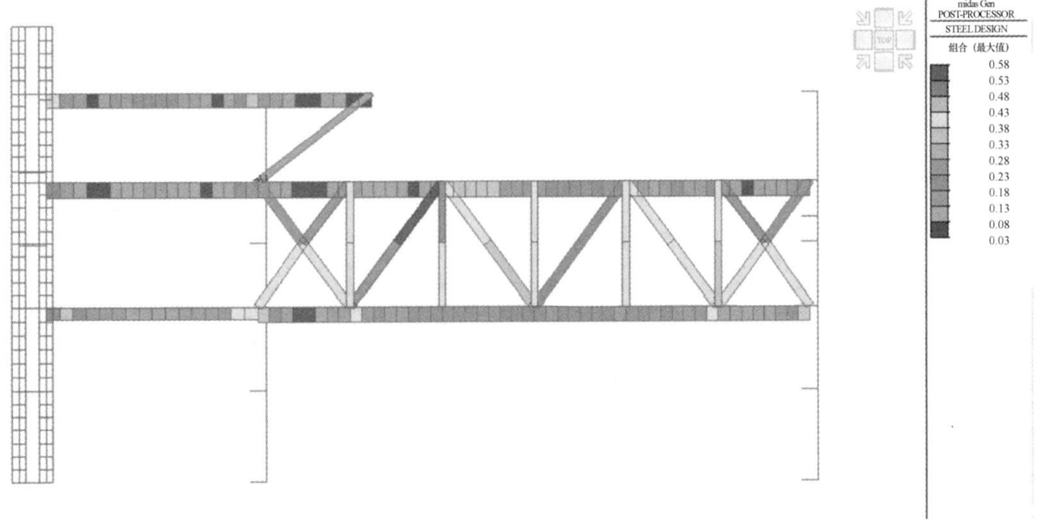

图 2.8.9-3 HJ-3-应力比-小震荷载组合最大值

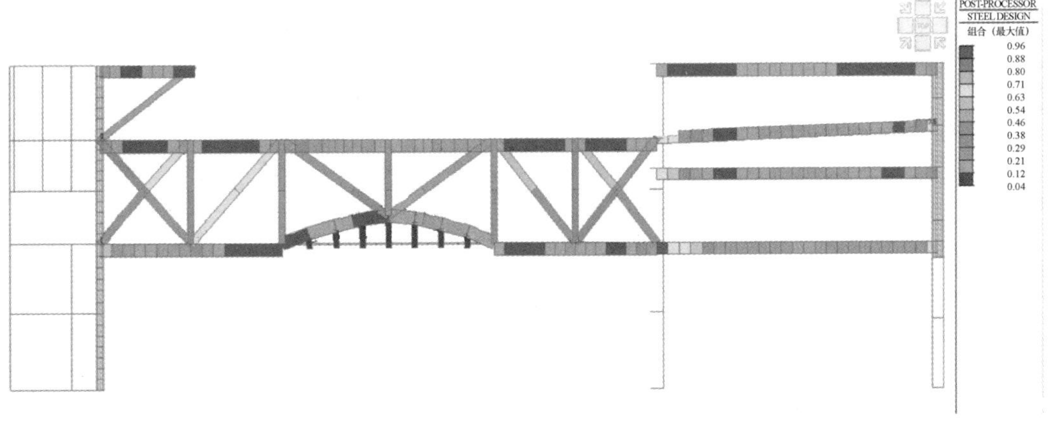

图 2.8.9-4 HJ-4-应力比-小震荷载组合最大值

（2）中震作用下桁架应力比

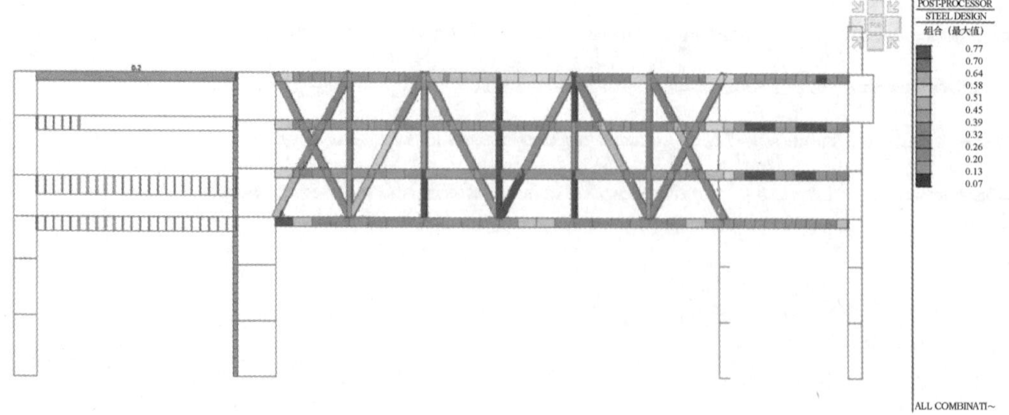

图 2.8.9-5　HJ-1-应力比-中震荷载组合最大值

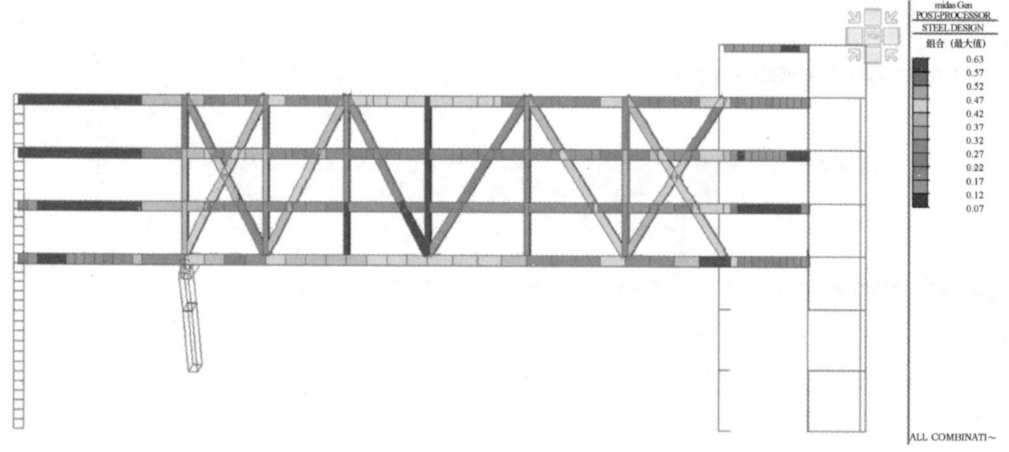

图 2.8.9-6　HJ-2-应力比-中震荷载组合最大值

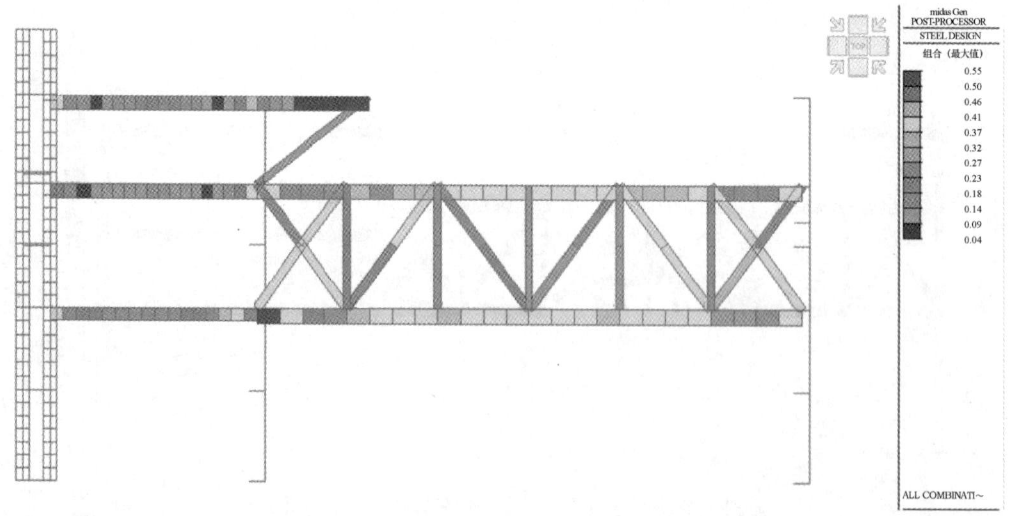

图 2.8.9-7　HJ-3-应力比-中震荷载组合最大值

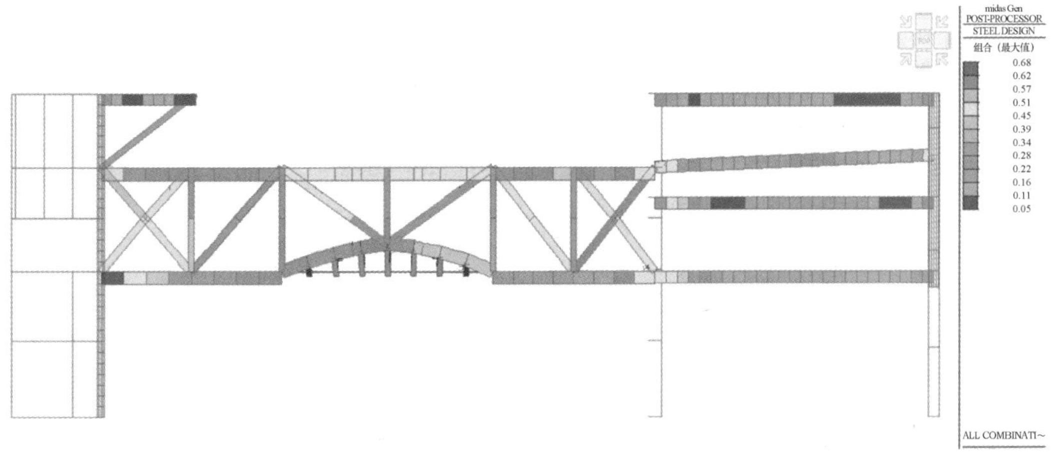

图 2.8.9-8　HJ-4-应力比-中震荷载组合最大值

（3）小震作用下桁架时程分析

小震时程分析各桁架代表杆件受力统计　　**表 2.8.9-1**

	时程分析下内力影响（取 3 条波响应下最大值）	小震谱分析			对比情况
		小震谱分析作用下内力	重力荷载下轴力（内力控制工况）	最大应力比	
HJ1-1	峰值变化最大约为 700kN	X、Y 地震工况下内力约为 800kN	约 8500kN	0.56	CQC 可以包络
HJ1-2	峰值变化最大约为 800kN	Y 地震工况下内力约为 600kN	约 2600kN	0.46	相差约 200kN，但对比重力荷载下轴力占比很小，约 8%，应力比足够富余
HJ2-1	峰值变化最大约为 1100kN	Y 地震工况下内力约为 700kN	约 9000kN	0.61	相差约 400kN，但对比重力荷载下轴力占比很小，约 5%，应力比足够富余
HJ2-2	峰值变化最大约为 500kN	Y 地震工况下内力约为 450kN	约 1300kN	0.44	两者接近
HJ3-1	峰值变化最大约为 500kN	X 地震工况下内力为 210kN	约 8500kN	0.58	相差约 300kN，但对比重力荷载下轴力占比很小，约 4%，应力比足够富余
HJ3-2	峰值变化最大约为 400kN	X 地震工况下内力约为 350kN	约 500kN	0.41	两者接近
HJ4-1	峰值变化最大约为 1200kN	X 地震工况下内力约为 800kN	约 7500kN	0.48	相差约 400kN，但对比重力荷载下轴力占比很小，约 5%，应力比足够富余
HJ4-2	峰值变化最大约为 800kN	X 地震工况下内力约为 350kN	约 11000kN	0.69	相差约 450kN，但对比重力荷载下轴力占比很小，约 4%，应力比足够富余

根据小震时程分析的内力结果表明，在桁架个别杆件会在时程响应上超出 CQC 响应的情况，但占比都很小，不大于重力荷载作用下杆件轴力的 10%，并且 4 个桁架的构件的最大应力比都在 0.77 以下，有足够的承载力富余抵抗时程响应下超出的内力。

（4）桁架挠度竖向变形

桁架在竖向荷载作用下（1.0D+1.0L）的竖向变形为 30～45mm，最大挠度值为 1/1113，均小于《钢结构设计规范》GB 50017—2003 中要求的挠度限值 1/400，满足规范设计要求。

2. 错层结构分析

根据性能目标要求，错层柱需满足中震抗剪弹性要求。根据中震弹性模型对结构错层框架柱进行抗剪验算，表 2.8.9-2、表 2.8.9-3 选取部分典型结果罗列，其余错层部位柱子抗剪承载力均满足性能设计要求。

错层柱中震弹性抗剪承载力验算　　　　表 2.8.9-2

柱编号	截面宽度（mm）	截面高度（mm）	中震组合剪力值 V_x（kN）	中震组合剪力值 V_y（kN）	X 向抗剪承载力 $[V_X]$（kN）	Y 向抗剪承载力 $[V_Y]$（kN）	$[V_X]/V_X$	$[V_Y]/V_Y$	验算结果
7-KZ72	600	1200	630.36	595.72	1899.01	1857.22	3.01	3.12	满足
19-KZ117	600	600	64.34	147.98	868.80	868.80	13.50	5.87	满足
20-KZ59	600	600	178.99	910.81	1217.58	1928.08	6.80	2.12	满足
21-KZ18	600	900	73.45	98.53	1481.27	1460.37	20.17	14.8	满足
15-KZ28	800	800	1928.12	457.61	3542.23	2146.99	1.84	4.69	满足
22-KZ84	700	1300	697	228.48	2551.60	2509.81	3.66	10.9	满足
16-KZ30	1000	1000	1044.42	748.68	2490.01	2490.01	2.38	3.33	满足
23-KZ13	700	1300	304.65	492.49	2394.86	2353.07	7.86	4.78	满足
17-KZ23	800	800	1845.47	540.72	3413.66	3413.66	1.85	6.31	满足
25-KZ60	600	600	551.52	538.87	962.38	962.38	1.74	1.79	满足

采用小震时程分析模型对错层柱作补充验算，选取 4 个代表位置的构件作复核演示，其余错层柱规律一致。

错层柱小震时程分析抗剪承载力验算　　　　表 2.8.9-3

错层位置	错层柱编号	受力方向	小震组合（墙折减）包络剪力	中震组合包络剪力	天然波1X	天然波1Y	天然波2X	天然波2Y	人工波1X	人工波1Y
图书馆与美术馆交接位置	15-KZ-31	V_X	209.3	186.68	183.3	180.1	173.5	179.3	172.3	177.9
	15-KZ-30		541.4	504.9	388.4	375.2	371.2	373.5	350.0	375.7
	15-KZ-31	V_Y	122.8	152.8	128.0	131.8	125.3	128.9	123.6	132.8
	15-KZ-30		625.0	726.9	418.2	411.6	428.5	405.6	437.6	403.0
演艺中心与美术馆交接位置	7-KZ-72	V_X	405.2	630.4	270.2	269.7	288.8	291.5	258.3	259.3
	7-KZ-73		117.2	147.9	58.4	55.3	60.2	59.5	40.0	54.4
	7-KZ-72	V_Y	600.5	595.7	482.7	490.9	472.5	497.8	488.6	492.0
	7-KZ-73		561.0	496.4	312.4	300.0	301.8	308.7	306.9	314.1
演艺中心内部	19-KZ-136	V_X	275.7	433.4	222.9	201.9	231.2	199.8	222.3	215.4
	19-KZ-137		69.2	72.8	57.1	53.3	57.8	52.6	53.6	51.3
	19-KZ-136	V_Y	953.0	965.5	547.7	534.7	524.6	520.2	531.5	510.1
	19-KZ-137		214.2	188.2	197.2	197.9	201.3	186.5	192.9	193.4

表中阴影部分为根据中小震谱分析计算结果的包络剪力值，实际构件设计时按此包络值配筋。根据3条地震波6个工况作用的内力结果，所有瞬时最大剪力均小于包络设计值。

3. 楼板应力分析

(1) 中震楼板应力

采用 Midas Gen 建立全楼壳单元模型，对整栋楼的楼板进行偶遇地震（单工况）作用下的楼板应力分析得到其有效应力，以不同楼面的标高给出楼板应力云图（图 2.8.9-9～图 2.8.9-12）。

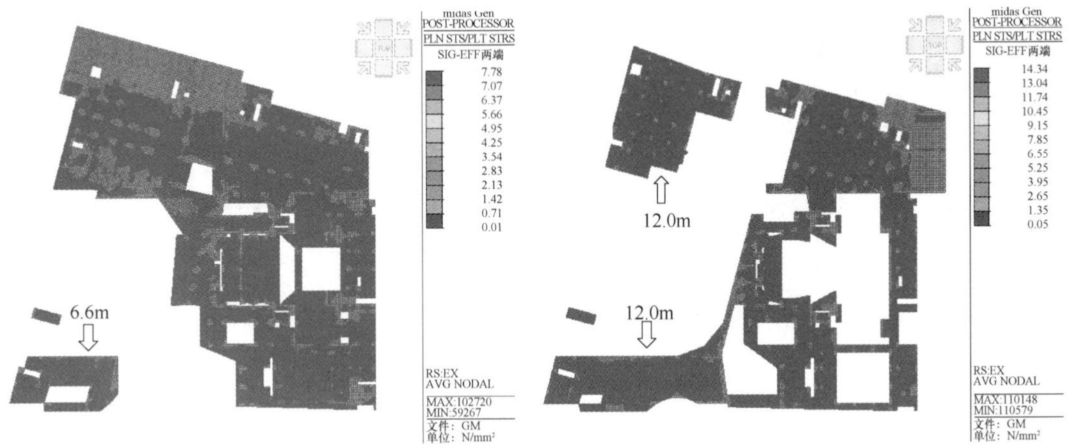

图 2.8.9-9 EX 工况下有效应力（6.0m/6.6m）

图 2.8.9-10 EY 工况下有效应力（11.2m/12m/12.6m）

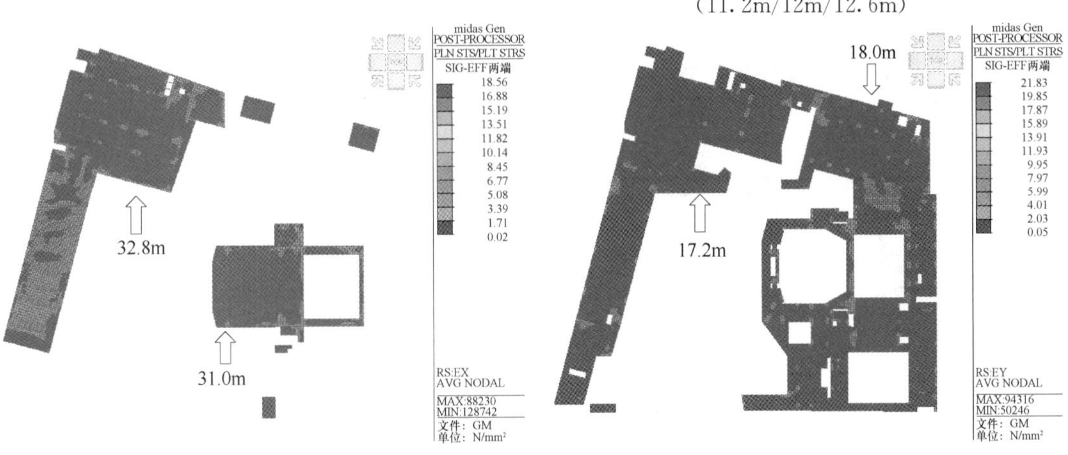

图 2.8.9-11 EX 工况下有效应力（31.0m/32.8m）

图 2.8.9-12 EY 工况下有效应力（17.2m/18m/19m）

设防地震作用下，大部分范围楼板应力均小于 C30 混凝土抗拉强度标准值 2.01MPa，仅局部梁柱交接处、核心筒角部区域楼板应力集中，在施工图设计中构造配置阴、阳角部钢筋予以加强。北侧及东北侧在 6.0m 及 12.0m 和 18.0m 标高处部分楼板加厚至 150mm，在应力集中区域楼板采用双层双向拉通配置钢筋且单层单向配筋率不小于 0.25%。

(2) 楼板温度应力分析

考虑深圳地区升降温 15℃，采用升降温 15℃分析楼板在温度作用下的应力影响，得到其有效应力，如图 2.9.9-13～图 2.8.9-16 所示。

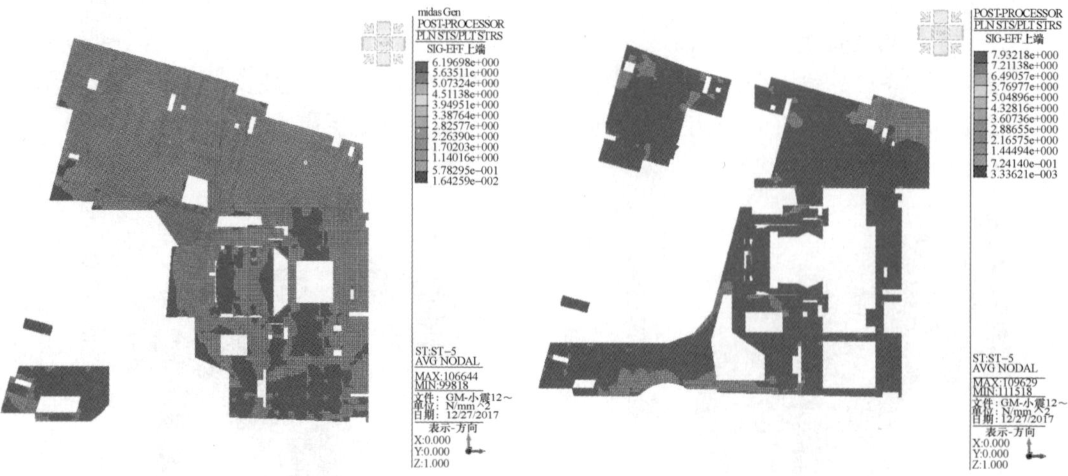

图 2.8.9-13 降温 15℃有效应力（6.0m/6.6m）

图 2.8.9-14 降温 15℃有效应力（11.2m/12m/12.6m）

图 2.8.9-15 降温 15℃有效应力（21.6m/22.4m/22.6m/24m）

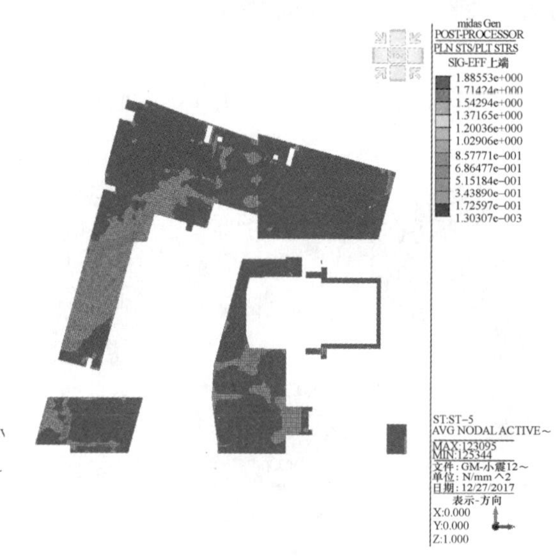

图 2.8.9-16 降温 15℃有效应力（27.6m/28.0m/30.0m）

根据分析结果，升降温过程中，绝大部分混凝土应力在 1MPa 以内，小于 C30 混凝土抗拉强度标准值 2.01MPa。对于局部洞口边角个别集中部位应力为 1.0MPa 到 1.5MPa，在施工图设计时，将采用适当加强洞口边角处楼板配筋措施来解决。

4. 楼盖舒适度分析

对于各层楼板进行模态分析，由表 2.8.9-4 可知大部分楼面竖向自振频率能满足限值要求，其中演艺中心屋面及个别连廊楼面频率少于规定要求。

楼板自振频率 **表 2.8.9-4**

位置	演艺中心屋面					
模态	1	2	3	4	5	6
周期	0.4211	0.3853	0.326	0.2951	0.2832	0.2767
频率	2.375	2.595	3.067	3.389	3.531	3.614
位置	北连廊					
模态	1	2	3	4	5	6
周期	0.3695	0.3179	0.2591	0.2582	0.2537	0.2477
频率	2.706	3.146	3.860	3.873	3.942	4.037
位置	西连廊					
模态	1	2	3	4	5	6
周期	0.3941	0.3523	0.3344	0.3056	0.3047	0.2951
频率	2.537	2.838	2.990	3.272	3.282	3.389

对于楼板竖向振动频率小于 3Hz 的地方计算其楼板的竖向振动加速度。采用连续行走荷载，行人行走竖向荷载模型采用 IABSE 建立模型，单人体重取 0.85kN，人群行走时采用多点输入，考虑行人荷载的随机性，荷载随机性只考虑不同输入点激励荷载的初相位和频率的随机性，频率范围为 1.6～2.5Hz。

由图 2.8.9-17 可知，演艺中心屋面加速度最大值分别约为 0.053m/s^2、0.127m/s^2，北连廊加速度最大值约为 0.079m/s^2，西连廊加速度最大值约为 0.048m/s^2，均小于限制 0.15m/s^2，满足加速度限值要求。

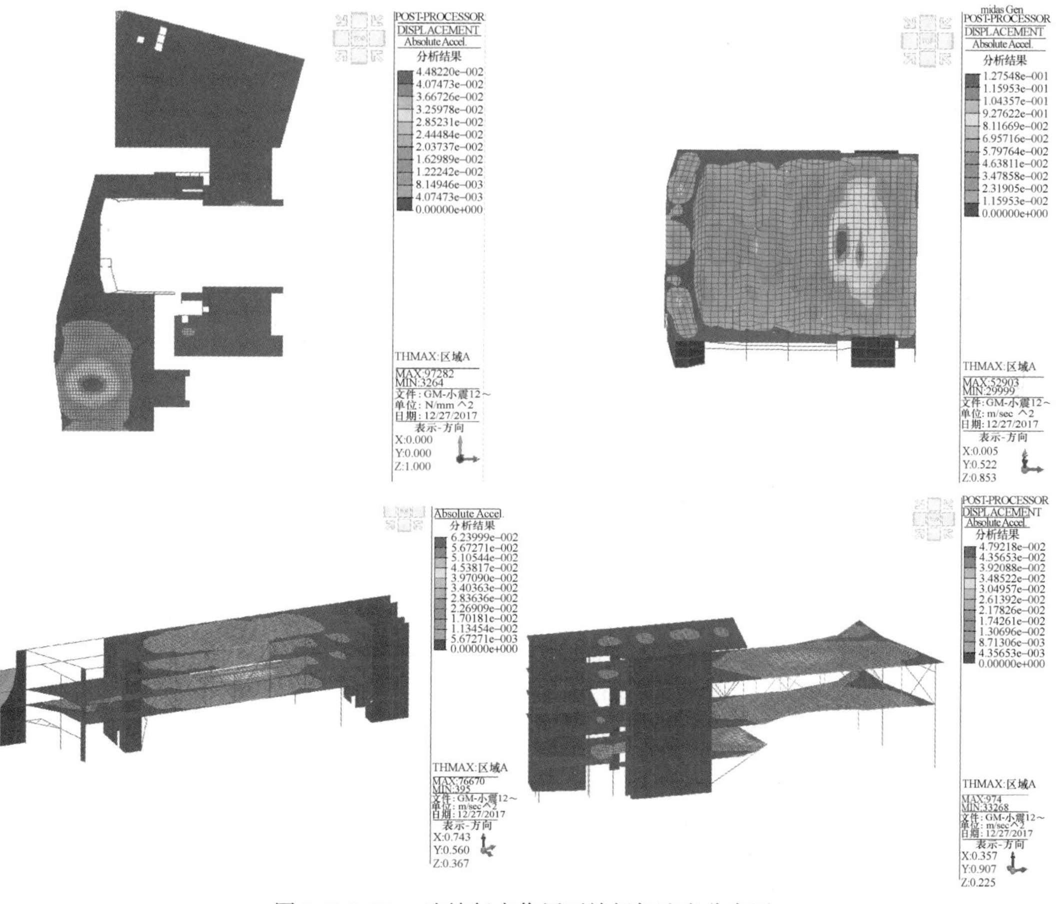

图 2.8.9-17 连续行走作用下楼板加速度分布图

5. 跃层柱屈曲分析

本工程包含如下跃层柱：YCZ01～YCZ02 为北连廊支撑柱，YCZ01 最大长度 17.2m，YCZ02 最大长度 11.2m；YCZ03～YCZ10 为演艺中心边柱，YCZ11 为美术馆外侧跃层柱，最大长度 16.8m；YCZ12～YCZ13 为西连廊支撑柱，最大长度为 12.6m。其中西连廊的斜杆也为受压长构件，也需考虑其屈曲问题。经过全模型屈曲模态分析（荷载采用 1D+0.5L），发现仅西连廊部分斜杆含屈曲因子。

因此可仅对 XC01 作稳定性验算即可。利用欧拉公式 $P_{cr}=\frac{\pi^2 ZT}{(\mu L)^2}$ 可以在确定构件的临界承载力 P_{cr}的基础上，反推出构件的等效计算长度 $L_c=\mu L=\sqrt{\frac{\pi^2 ZL}{P_{cr}}}$。反算出计算长度系数 μ 与 YJK 默认计算长度对比可判断是否满足稳定性要求见表 2.8.9-5。

跃层柱 XC01 计算长度系数　　表 2.8.9-5

编号	层高 L（m）	柱抗弯刚度 EI（kN·m²）	竖向荷载（D+0.5L）	屈曲因子	屈曲临界荷载 Pa	$\mu L=\sqrt{\frac{\pi^2 EI}{P_{cr}}}$	μ	判断
XC01	12.05	1121154	12172.35	15.596	189840	7.635	0.634	<1.25 满足

6. 节点有限元分析

桁架节点采用有限元软件 ABAQUS 进行分析，研究对象包括：桁架弦杆与混凝土边缘构件连接（节点 A）、连体与钢管混凝土柱连接（节点 B）、桁架弦杆与斜撑及立柱连接（节点 C）、光明之眼处弯曲弦杆与斜撑及立柱连接（节点 D），共四个连接节点，位置如图 2.8.9-18、图 2.8.9-19 所示。

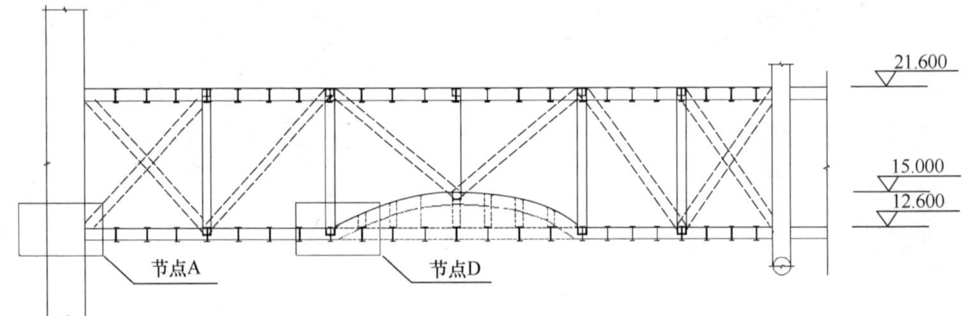

图 2.8.9-18　节点 A、节点 D 位置示意图

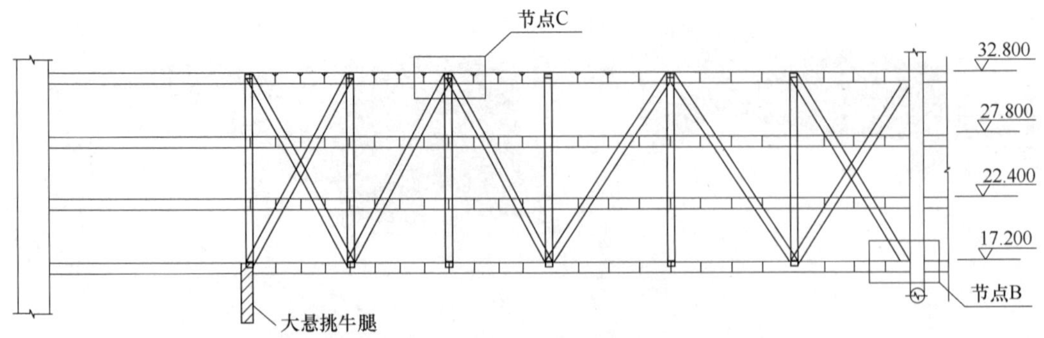

图 2.8.9-19　节点 B、节点 C 位置示意图

按照实际尺寸建立三维有限元分析模型，取最不利情况下的荷载比值对节点区杆件施加荷载加以分析。结果如图 2. 8. 9-20～图 2. 8. 9-23 所示，节点区应力小于钢材屈服强度，并具有较大的安全储备，满足强节点、弱构件的设计要求。

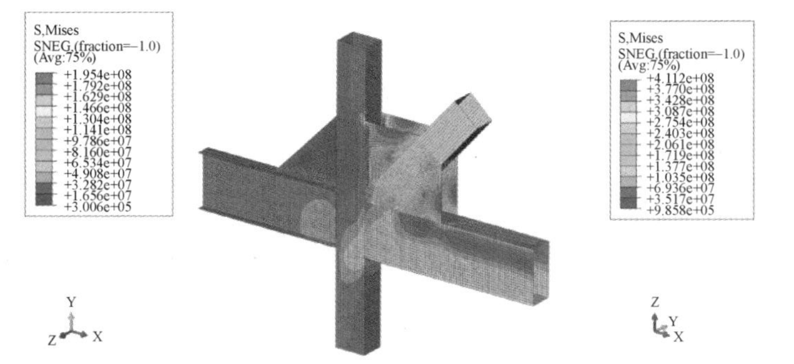

图 2. 8. 9-20　节点 A 应力云图

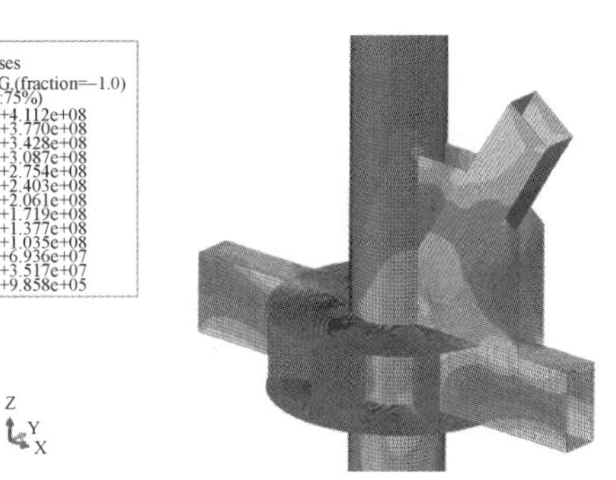

图 2. 8. 9-21　节点 B 应力云图

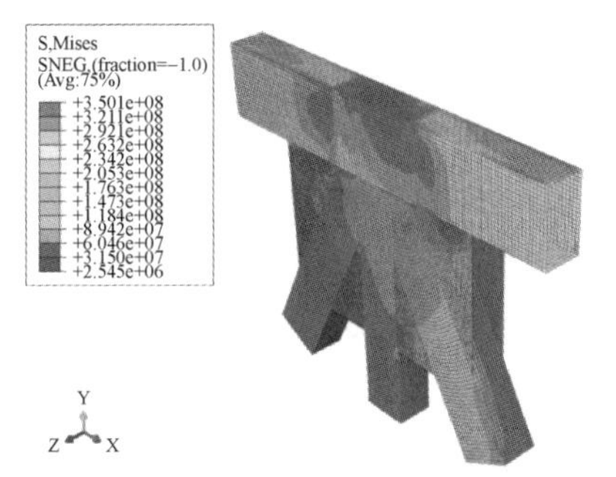

图 2. 8. 9-22　节点 C 应力云图

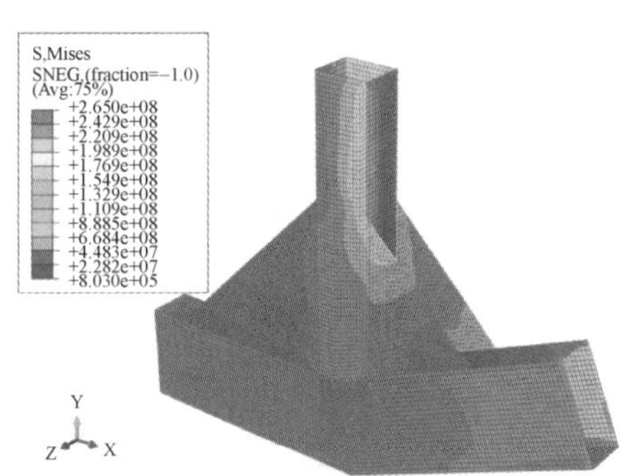

图 2. 8. 9-23　节点 D 应力云图

2.8.10　超限设计加强措施

1. 一般部位加强措施：

（1）对剪力墙和连梁的配筋，根据小震模型和中震模型结果包络值设计；

（2）对框架梁柱配筋，根据小震模型、小震墙刚度折减模型和中震模型的结果包络值设计；

（3）中震组合下极少数剪力墙出现拉应力大于 $2.0f_{tk}$，在施工图设计时按计算配置受拉钢筋以抵抗墙肢拉应力；

（4）加强较大洞口周边楼板以及薄弱连接部位楼板的楼板板厚及配筋率；根据楼板应力分析计算结果，对楼板应力较大区域加强配筋；

2. 连廊桁架及相连部位加强措施：

（1）对连廊桁架部分，严格控制桁架构件应力比；

（2）加强桁架节点区域设计，进一步降低应力集中，优化节点受力性能；

（3）加强与连廊桁架上下弦相连的楼层板厚度；

（4）根据包络计算结果，提高桁架附近的剪力墙水平及竖向分布钢筋最小配筋率；

（5）根据桁架楼板舒适度分析，满足要求，在结构封顶后实测竖向振动频率，如不满足将由专业公司采用增加 TMD 阻尼器措施来解决舒适度问题。

3. 错层部位加强措施：

（1）根据包络计算结果，适当提高演艺中心区域的剪力墙构件配筋率。

（2）对错层部位的柱均按短柱设计，适当提高构件配筋率和控制最小配箍率，进一步提高其抗剪性能。

2.8.11　超限审查意见

（1）应考虑斜楼盖对相关的竖向构件的影响，并采取相应的加强措施；

（2）进一步分析大跨桁架楼盖、弱连接楼盖的受力，并根据分析结果对相邻的竖向构件及楼盖采取相应的措施；

（3）补充支承大跨桁架的牛腿内力分析，并采取相应的加强措施；

（4）完善节点设计。

设计单位：奥意建筑工程设计有限公司

主要设计人：钟波峰、梁明盛、苏云斯、吴宇明、陈志强、王传甲

2.9　宝安中心区演艺中心

2.9.1　工程概况

宝安中心区演艺中心（下简称“演艺中心”）是宝安中心区滨海文化公园的重要组成部分，演艺中心用地位于深圳宝安区文化核心区域，地处宝安中心区的中央绿轴，东临宝华路，西靠宝兴路，北以海秀路为界，南面向海滨开放。图 2.9.1-1 和图 2.9.1-2 为该项目总平面图和建筑效果图。

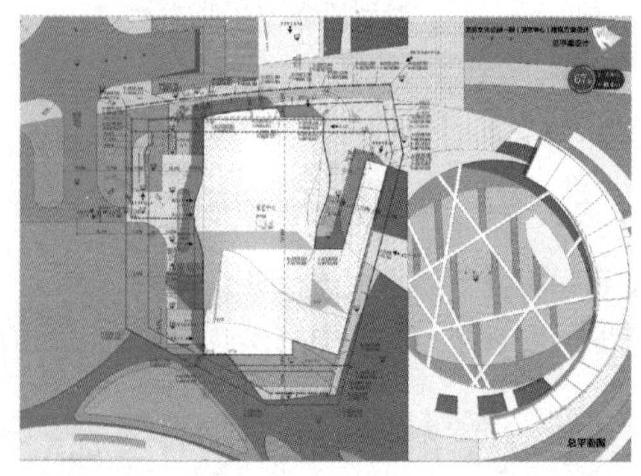

图 2.9.1-1　项目总平面

图 2.9.1-2　建筑效果图

本工程地上 6 层，总建筑面积约 2 万 m^2，总体平面为长方形，北侧观众厅、前厅等屋盖高度为 21.9m，南侧舞台区局部升高为 47.35m。地上结构长度（南北向）、宽度约为 128m 和 94m，主要建筑功能为剧场及相关配套用房，主要包括一个 1500 座剧场（包括品字形舞台和观众厅）和一个 600 座多功能厅，结构屋面总高度约 47.35m（排练厅顶部），造型幕墙顶部标高为 51.35m，建筑层高为 5～10m 不等，观众厅、主舞台及多功能厅等功能区跨层通高。地下一层，主要为车库、设备用房及剧场台仓用房，局部为核 5、6 及常 5、6 人防功能区。

本工程周边幕墙主要采用镂空金属幕墙，南侧、东侧部分位置采用玻璃幕墙＋镂空金

属双层幕墙，屋盖顶部构架为架空镂空金属幕墙。

2.9.2 地质情况与基础设计

拟建场地地势较为平坦，西侧及南侧靠海。原始地貌类型主要为海滩，经人工填筑平整，路面修筑，总体地势较为平整、开阔，现场地为海滨公园。本场地不存在全新世以来活动断裂，未发现危岩和崩塌、泥石流、采空区及地面沉降等不良地质作用和地质灾害，也不存在古河道、暗浜、防空洞等不利埋藏物。场地总体稳定，基本适宜本工程的建设。

根据勘察报告，场地内自上而下揭露的土层为人工填土层（Q_4^{ml}）、第四系全新统海积层（Q_4^{m}）、第四系晚更新统冲洪积层（Q_3^{al+pl}）、残积层（Q^{el}）、下伏基岩为蓟县系-青白口系花岗岩（Jx-QbY）。

根据地质勘察报告及结构荷载情况，本工程设计基础形式分为两种：地下室部分（除台仓）采用500mm直径预应力管桩基础，有抗浮要求时兼作抗拔桩。以强风化岩作为持力层，预估桩长约25m；台仓部分采用钻孔灌注桩，桩径800mm，以中风化岩为持力层，预估桩长约20m。桩基础设计等级为甲级，预应力管桩预估抗压承载力特征值2000kN，抗拔承载力特征值400kN；灌注桩预估抗压承载力特征值5000kN，抗拔承载力特征值1450kN。最终桩承载力特征值根据试验确定。

地下室底板拟考虑采用平板式防水板形式，地下室底板的厚度为400mm，台仓底板厚度为800mm。

场地北侧海澜路路面高程约为4.5m，南侧为大海。根据勘察报告建议，地下室抗浮水位高程建议取为4.5m，相当于建筑标高−1.65m。经过核算，本工程抗浮措施主要为结构压重（覆土、自重）和利用桩基础（管桩、灌注桩）抗拔。

2.9.3 结构体系与特点

从建筑资料分析，本工程根据功能可以分成如图2.9.3-1所示几个部分。图2.9.3-2给出了南北向及东西向的剖面空间。从建筑造型看，建筑立面造型存在一定的倾斜，要求这些部位采用斜柱、墙等设计手法，同时由于建筑功能的要求，存在较多的通高空间，在结构上天然造成了一些非结构设计因素的不规则项。

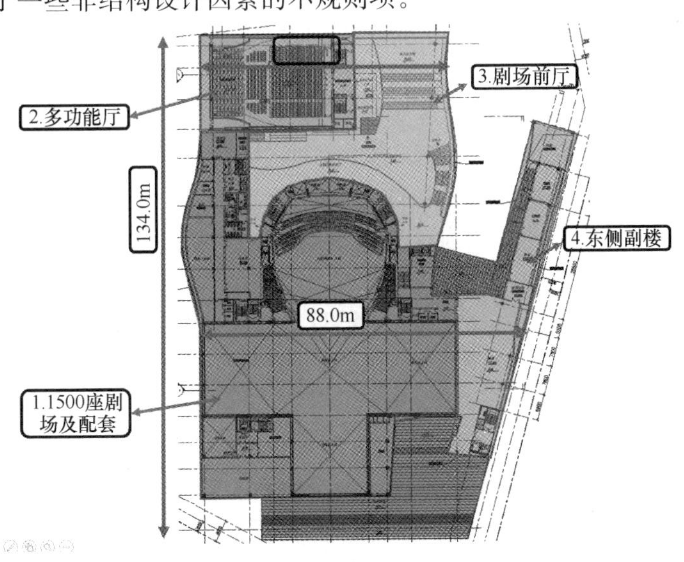

图2.9.3-1　功能分布组成示意图

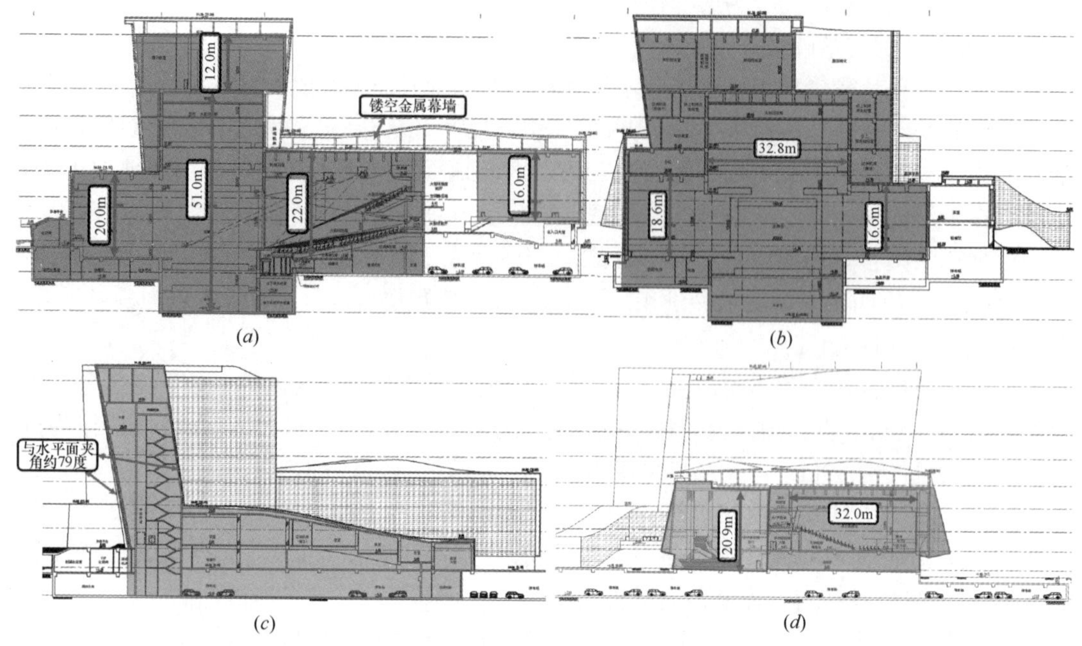

(*a*)　(*b*)　(*c*)　(*d*)

图 2.9.3-2　建筑剖面组成示意图

(*a*) 垂直中心南北向剖面组成；(*b*) 平行舞台中心线东西向剖面组成；(*c*) 东侧副楼南北向剖面组成；(*d*) 前厅及多功能厅东西向剖面组成

结合建筑体型、建筑剧场功能等导致结构的不规则特点，考虑结构高度、地震烈度、经济性等因素，主体结构竖向承重和抗侧力结构体系采用框架-剪力墙结构。

在主要竖向构件的布置上，将竖向承载和抗侧力体系结合起来考虑，尽可能均匀布置，实现构件的竖向承载和抗侧要求相协调，尽量避免构件在地震作用下竖向混凝土构件出现受拉情况，力争避免薄弱连接部位水平构件在地震作用下产生较大的协调内力，使得水平构件受力复杂化。结合舞台、观众厅、多功能厅及前厅等大空间形成大开洞及这些大空间周边存在较多错层的特点，利用其周边围护墙体、电梯等布置剪力墙，形成第一道主抗侧力体系，结合竖向承重及经济性等因素围绕剪力墙扩展布置框架柱，除大空间要求部位外，柱网尺寸控制在 8～13m，从而形成框架-剪力墙竖向承重及主抗侧力体系。其中框架柱、剪力墙主要为普通钢筋混凝土，部分框架柱根据计算需要采用钢骨混凝土柱。图 2.9.3-3 给出了整个主体结构的竖向构件布置图和结构三维示意图。

楼盖结构的选型主要结合结构跨度、荷载特点、场地的气候环境、经济性等综合确定。

本工程地下室顶板楼盖，柱网跨度约为 8.4～12m，室内区域结合建筑功能荷载等采用普通主、次梁承重结构，室外覆土区域结合分布特点、荷载特点采用主梁＋加腋大板承重结构形式。

地上部分对于一般 8～14m 跨度的楼盖结构，采用普通钢筋混凝土主次梁承重体系。对于跨度在 20m 以上楼盖结构，主要包括两个侧舞台顶部及以上楼盖、主舞台台塔楼盖及其上部屋盖、1500 座观众厅屋盖、东侧副楼架空楼盖、600 座多功能厅屋盖（楼盖）以及前厅通高屋盖等位置，通过结合声学、荷载作用形式及特点、施工成本等具体对比分

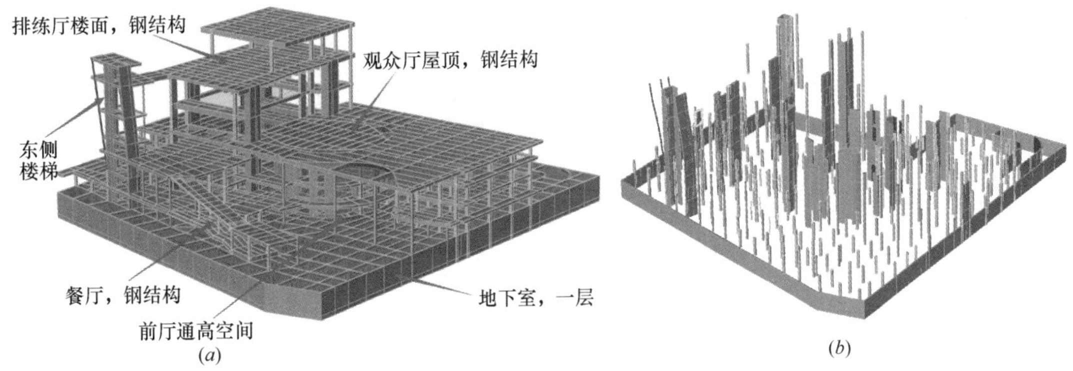

图 2.9.3-3 结构体系三维模型示意图

(*a*) 结构三维模型示意图；(*b*) 结构三维模型示意图（仅竖向构件）

析，综合确定采用承重形式。

综合比较，其中侧舞台、后舞台顶部楼盖，最大跨度约 18～24.6m，采用普通钢筋混凝土梁，梁高为 1.2～1.6m；多功能厅、前厅屋盖跨度为 20.0～25m，结合前厅屋盖的整体布置情况，采用普通钢筋混凝土主次梁（主梁根据计算内置钢骨）结构。

1500 座观众厅屋盖由于台口跨度较大，不宜将荷载传递给台口梁，考虑到下部有大量的二层钢结构吊挂、下部为倾斜池座及大跨悬挑楼座，混凝土结构往往存在大量埋件准确埋设、高织模等施工难点，且相对于钢结构会大大增加结构自重，增加地震作用力等不利因素。结合以往工程经验，观众厅采用平行舞台单向布置 H 型钢梁＋钢筋桁架楼承板的结构形式，钢梁与两端采用铰接连接形式。

主舞台塔台楼盖是舞台设备（吊杆、灯光、栅顶、马道、防火幕等）吊挂的主承重屋盖，吊挂荷载大（舞台荷载具有一定的动力效应），离地高度大。从建筑功能看，本工程台塔顶部为排练厅，一般由于隔音需要，声学要求采用浮筑地面，大大增加结构荷载作用。考虑到施工方面的难度、吊挂埋件等灵活性和减轻结构自重，本工程台塔楼盖采用 H 型钢梁＋钢筋桁架楼承板的结构形式。

1500 座剧场 11.95m 标高楼座采用钢骨混凝土变截面梁悬挑结构承重，最大悬挑约 9.8m，悬挑根部至端部的截面约为 1500～750mm，悬挑梁根部延伸至观众厅后墙锚固。

根据建筑方案，在东边副楼区域存在架空跨度约为 28～34m 的倾斜架空连接体，一端与 2.5m 标高相连，另一端同 6m 标高楼面相连，架空体块的高度约为 8～10m。建筑的使用功能主要为商业茶室。从建筑方案造型扭曲、结构受力、施工方便等角度，确定中间连廊采用钢结构受力方案，两端支承与两侧混凝土结构上。具体结构形式上，采用下部楼盖采用 H 型折梁＋钢筋桁架楼承板，通过下部梁上立柱支承上部楼盖的受力方式。下部 H 型折梁两端与混凝土主体结构采用铰接连接。

由于建筑效果要求，北侧立面二层局部外挑，同时，由于屋盖支承的需要，在二层多功能厅 5.0m 标高设置悬挑转换立柱支承 25.0m 大跨屋盖结构。

东侧副楼在 14.0m 标高开始整体倾斜，结构设计时根据建筑造型布置适当的斜墙和斜撑。

2.9.4　超限项判定及抗震性能目标

1. 抗震等级

本地区抗震设防烈度：7 度；设计基本地震加速度值：0.10g（第一组）；场地土类别：Ⅱ类。本工程为重点设防类，抗震等级等抗震措施按 8 度要求采用。表 2.9.4-1～2.9.4-2 给出了本工程各部位构件的抗震等级，同时，对于部分转换柱、大跨屋盖支承柱的抗震等级予以提高一级，地下一层相关范围的抗震等级同相应的主体结构。

框架-剪力墙结构抗震等级表　　表 2.9.4-1

构件	框架柱	框架梁	剪力墙
抗震等级	二级	二级	一级

地下室混凝土结构抗震等级表　　表 2.9.4-2

构件	框架柱		框架梁		剪力墙
	主体相关范围	纯地下室	主体相关范围	纯地下室	
地下一层	二	三	二	三	一

2. 超限项的判定

结合宝安演艺中心目前平面和造型及计算结果，结合《超限高层建筑工程抗震设防专项审查技术要点》附件 1 中表 1～表 4，初步判定结构不规则项如表 2.9.4-3～表 2.9.4-5 所示，从不规则性表可以得出，本工程为存在扭转不规则、凹凸不规则、楼板不连续、尺寸突变、复杂连接等多项不规则项的高层建筑，属于抗震设防超限设计结构。

结构超限情况列表　　表 2.9.4-3

分类		类型	程度与注释（规范限值）
结构体系		框架-剪力墙	主要为普通钢筋混凝土，部分楼面及屋盖梁采用钢结构。
高度超限		否	屋盖结构高度约为 47.35m
1a	扭转不规则	X 向：不规则	最大位移比为 1.43（五层）
		Y 向：规则	最大位移比为 1.14（七层）
1b	偏心布置	否	
2a	凹凸不规则	是	主楼与副楼凹凸尺寸大于相应边长 30％
2b	组合平面	否	
3	楼板不连续	是	2 层～4 层主舞台及观众厅、通高中庭等区域楼板有效宽度小于 50％，开洞面积大于＞30％，错层大于梁高，具体详见各层平面示意图
4a	刚度突变	否	
4b	尺寸突变	是	竖向构件收进位置高于结构高度 20％且收进大于 25％；多塔
5	构件间断	否	个别构件
6	承载力突变	否	下层抗剪承载力均大于相邻上层的 80％
7	局部不规则	否	
特殊类型高层建筑		否	不属于《审查技术要点》中表 5 定义类别
超限大跨空间结构		否	不属于《审查技术要点》中表 5 定义类别
超限情况总结		本工程为存在扭转不规则、凹凸不规则、楼板不连续、尺寸突变等四项不规则项的高层建筑	

具有下列2项不规则的高层建筑工程判别　　　表2.9.4-4

序号	不规则类型	描述与判别	是否超限
1	扭转偏大	裙房以上的较多楼层考虑偶然偏心的扭转位移比大于1.4	否
2	抗扭刚度弱	扭转周期比大于0.9，超过A级高度的结构扭转周期比大于0.85	否
3	层刚度偏小	本层侧向刚度小于相邻上层的50%	否
4	塔楼偏置	单塔或多塔与大底盘的质心偏心距大于底盘相应边长20%	是

具有下列1项不规则的高层建筑工程判别　　　表2.9.4-5

序号	不规则类型	描述与判别	是否超限
1	高位转换	框支墙体的转换构件位置：7度超过5层，8度超过3层	否
2	厚板转换	7～9度设防的厚板转换结构	否
3	复杂连接	各部分层数、刚度、布置不同的错层，连体两端塔楼高度、体型或沿大底盘某个主轴方向的振动周期显著不同的结构	是
4	多重复杂	结构同时具有转换层、加强层、错层、连体和多塔等复杂类型的3种	否

3. 抗震性能目标

根据结构受力特点设定结构抗震设防性能目标C级，相应构件抗震性能目标如表2.9.4-6所示。

结构抗震性能设计目标及震后性能状态　　　表2.9.4-6

地震水准		多遇地震	设防烈度地震	罕遇地震
抗震性能目标		性能1	性能3	性能4
层间位移角		1/650	1/325	1/125
关键构件	支承悬挑楼座的周边框架柱和剪力墙	无损伤（弹性）	轻微损伤（抗弯不屈服、抗剪弹性）	轻度损伤（剪压比≤0.15
	主舞台塔台支承结构梁及其支承剪力墙和柱	无损伤（弹性）	轻微损伤（抗弯不屈服、抗剪弹性）	轻度损伤（剪压比≤0.15）
	多功能厅首层悬挑转换柱和转换梁	无损伤（弹性）	轻微损伤（抗弯不屈服、抗剪弹性）	轻度损伤（剪压比≤0.15）
	台塔与东侧副楼连接楼板	无损伤（弹性）	轻微损伤（抗弯不屈服、抗剪弹性）	轻度损伤（剪压比≤0.10）
	东侧副楼电梯处剪力墙	无损伤（弹性）	轻微损伤（抗弯不屈服、抗剪弹性）	轻度损伤（剪压比≤0.15）
	大空间的多功能厅、舞台周边错层柱、短柱	无损伤（弹性）	轻微损伤（抗弯不屈服、抗剪弹性）	轻度损伤（剪压比≤0.15）
耗能构件	连梁、普通楼层梁、屋盖普通钢梁、非悬臂梁	无损伤（弹性）	轻度损伤、部分中度（抗剪不屈服）	中度损坏、部分较严重（剪压比≤0.15）
普通竖向构件	除关键构件外的墙柱	无损伤（弹性）	轻微损伤（抗弯不屈服、抗剪弹性）	部分中度损坏（剪压比≤0.15）

2.9.5　小震和风力作用分析

1. 计算分析参数的选取

为了确保分析结果的准确性，本工程分别采用 YJK、ETABS 两个软件进行多遇地震下的计算分析。考虑到本工程顶板高差、开洞较多，在结构整体计算分析和设计上考虑以地下室底板（基础顶面）为结构嵌固端。

主要输入参数如表 2.9.5-1 所示：

YJK、ETABS 分析模型计算参数　　表 2.9.5-1

结构材料信息	主体钢筋混凝土结构，部分楼屋盖钢结构	剪力墙抗震等级	一级
混凝土重度（kN/m^3）	25.5	框架的抗震等级	二级（部分一级）
钢材重度（kN/m^3）	84.6	活荷重力荷载代表值组合系数	0.5
水平力的夹角（度）	0	周期折减系数	0.9
地下室层数	1	结构的阻尼比（%）	4.5
竖向荷载计算信息	按模拟施工3加荷计算	是否考虑偶然偏心	是
风荷载计算信息	一般计算方式	是否考虑双向地震扭转效应	是
地震力计算信息	计算X，Y两个方向的地震力	考虑活荷不利布置的层数	考虑
“规定水平力”计算方法	楼层剪力差方法（规范方法）	柱、墙活荷载是否折减	不折减
结构类别	框架-剪力墙结构	传到基础的活荷载是否折减	不折减
转换层所在层号	无	考虑结构使用年限的活荷载调整系数	1
嵌固层所在层号	底板	中梁刚度增大系数	按2010《抗规》方法
是否对全楼强制采用刚性楼板假定	详表注释	连梁刚度折减系数（地震）	0.5
修正后的基本风压（kN/m^2）	0.75	地面粗糙程度	A类
各段体形系数	1.4	结构重要性系数	1.1
振型组合方法（CQC耦联；SRSS非耦联）	CQC	恒载分项系数	1.2
计算振型数	详见各模型计算结果表格	活载分项系数	1.4
地震烈度	地震动参数按7度（0.1g）取值	风荷载分项系数	1.4
场地类别	Ⅱ	水平地震力分项系数	1.3
设计地震分组	第一组	特殊荷载分项系数	0
特征周期	0.35	活荷载的组合值系数	0.7
多遇地震影响系数最大值	0.08	风荷载的组合值系数	0.6

注：在考量结构位移比、侧移、周期、刚度比、剪重比等总体宏观指标时，采用强制刚性楼板假定；考虑构件承载力计算时，采用非强制刚性楼板假定，薄弱部位楼板采用弹性膜。

2. 主要计算分析结果

表 2.9.5-2、图 2.9.5-1～图 2.9.5-7 给出采用 YJK、ETABS 不同力学内核软件计算得到反应谱法多遇地震下和风、竖向荷载工况下的主要分析结果。本工程嵌固端取在地下

一层底板，首层为地下室顶板。结构整体指标统计均按首层以上的地上部分统计。

上部结构整体计算主要结果　　表 2.9.5-2

计算软件		YJK	ETABS
计算振型数		30	30
第1、2平动周期		1.167s（Y）	1.091s（Y）
		0.881s（X）	0.849s（X）
第1扭转周期		0.828s	0.789s
第1扭转/第1平动周期（规范限值0.85）		0.71	0.72
有效质量系数（规范限值90%）	X	99.92%	100%
	Y	99.92%	100%
地震下基底剪力（kN）	X	19235.09	19391
	Y	16639.69	17650
风载下基底剪力（kN）	X	8119.8	8482
	Y	7681.2	7945
结构总重量（t）		113295	112536
剪重比（规范限值 $0.2\alpha_{max}=1.6\%$）	X	3.018%	3.142%
	Y	2.611%	2.860%
地震下倾覆弯矩（kN·m）	X	432431.8	426115
	Y	320104.3	326369
风载下倾覆弯矩（kN·m）50年重现期	X	199563.7	214394
	Y	200984.7	211790
50年风载最大层间位移角（层号）[限值1/650]	X	1/4173（屋面）	1/4005（屋面）
	Y	1/2024（屋面）	1/2122（屋面）
地震作用下最大层间位移角（层号）[限值1/650]	X	1/1828（屋面）	1/2018（屋面）
	Y	1/1020（屋面）	1/1134（屋面）
考虑偶然偏心最大扭转位移比（层号）	X	1.43（5层）	1.32（5层）
	Y	1.14（7层）	1.11（7层）
构件最大轴压比		0.80	0.80
X，Y方向本层塔侧移刚度与上一层相应塔侧移刚度90%、110%或者150%比值 110%指当本层层高大于相邻上层层高1.5倍时，150%指嵌固层	X	1.179（六层）	1.29（四层）
	Y	1.272（四层）	1.34（四层）
本层抗剪承载力和相邻上层的比值（规范限值0.80）	X	0.81（六层）	—
	Y	0.89（六层）	—

续表

计算软件		YJK	ETABS
嵌固端规定水平力框架柱及短肢墙地震倾覆力矩比	X	17.4%	15.4%
	Y	27.4%	21.5%
嵌固端框架柱地震剪力比	X	26.1%	23.85%
	Y	31.5%	27.78%
刚重比 EJ_d/GH^2	X	13.373	11.1
	Y	7.967	6.56

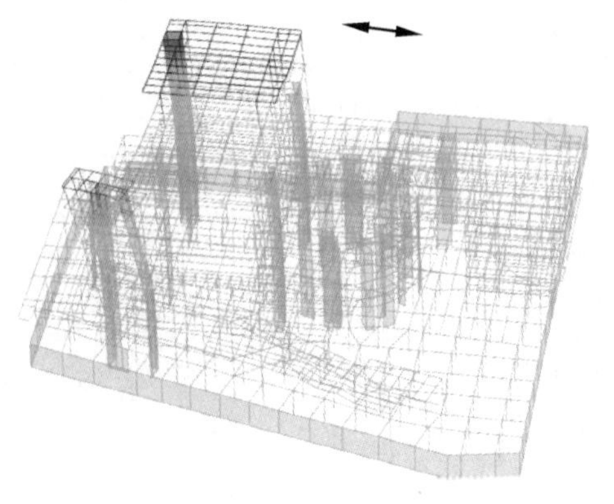
(T_1=1.1917s，平动0.00+1.00)

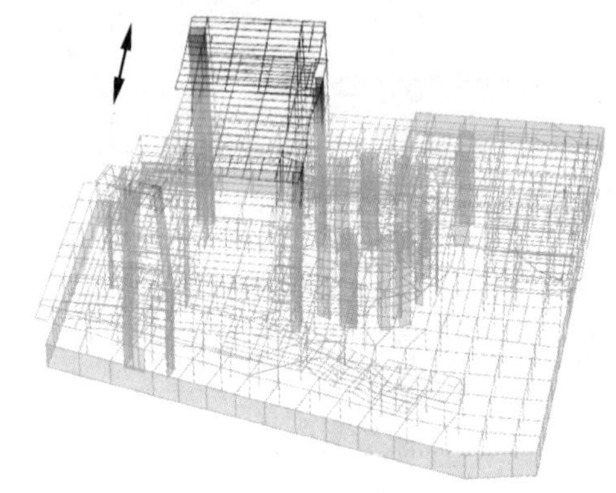
(T_2=0.8839s，平动0.95+0.01)

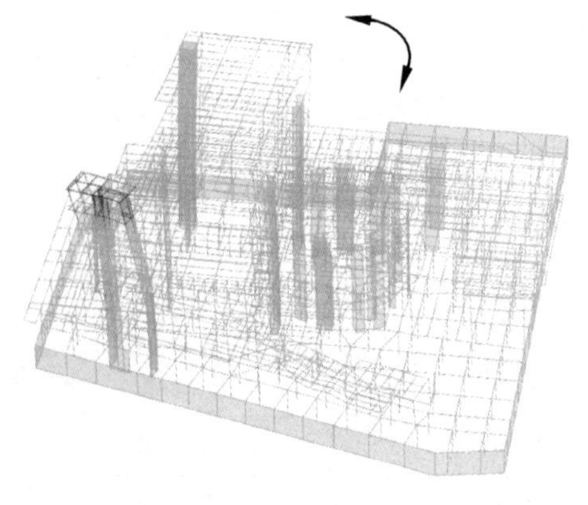
(T_3=0.8366s，扭转0.63)

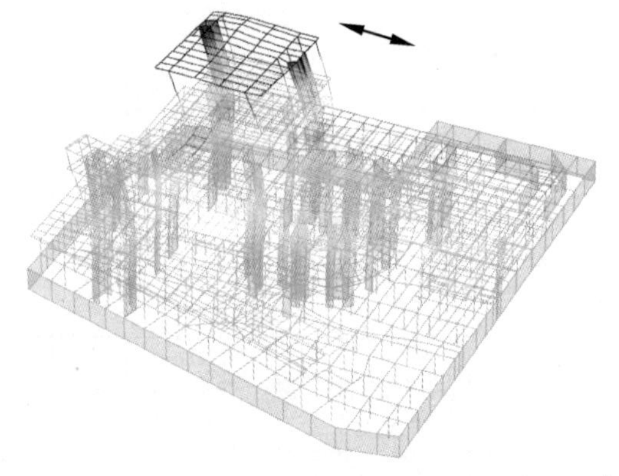
(T_4=0.5402s，平动0.03+0.93)

图 2.9.5-1　YJK 计算模型的主要周期振型图

根据计算结果，结合规范规定的要求及结构抗震概念设计理论，可以得出以下结论：

(1) 结构的第一扭转周期与第一平动周期之比均小于 0.9，满足《高规》3.4.5 条要求，说明结构整体的扭转刚度较大，竖向构件布置较为均匀合理。

(2) 结构振型参与质量系数均大于 90%，所取的计算振型数满足规范要求；

(3) 按规范限值 $0.2\alpha_{max}$ 作为剪重比限值，结构 X、Y 向剪重比均大于规范要求；

(4) 在地震作用下，层间位移角均<1/650，满足规范要求；

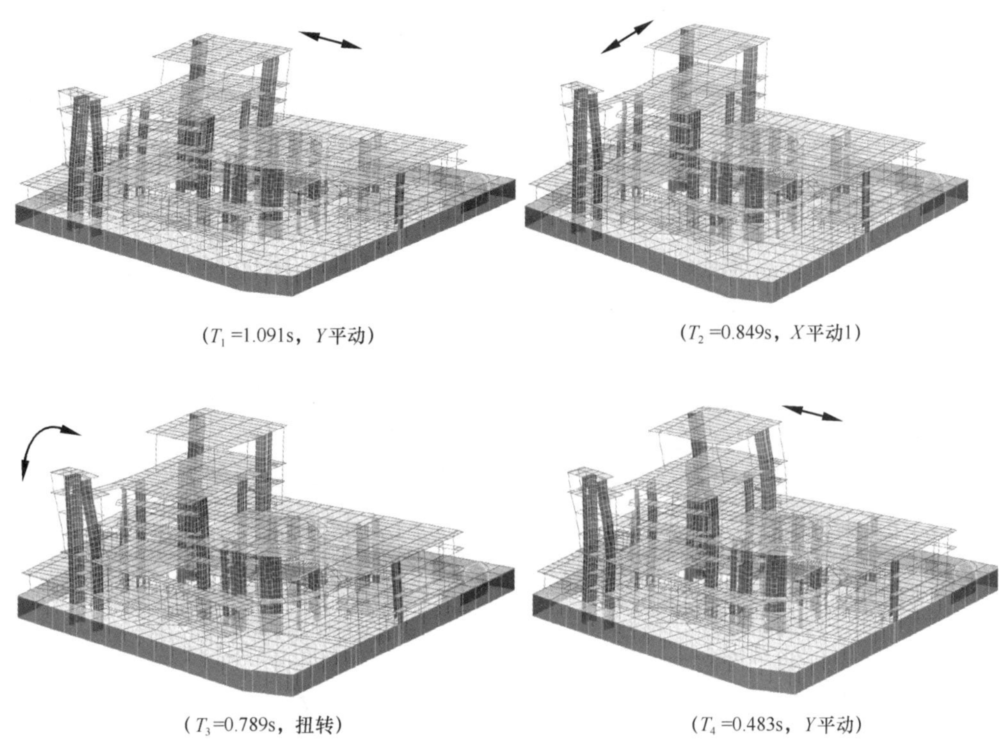

图 2.9.5-2　ETABS 计算模型的主要周期振型图

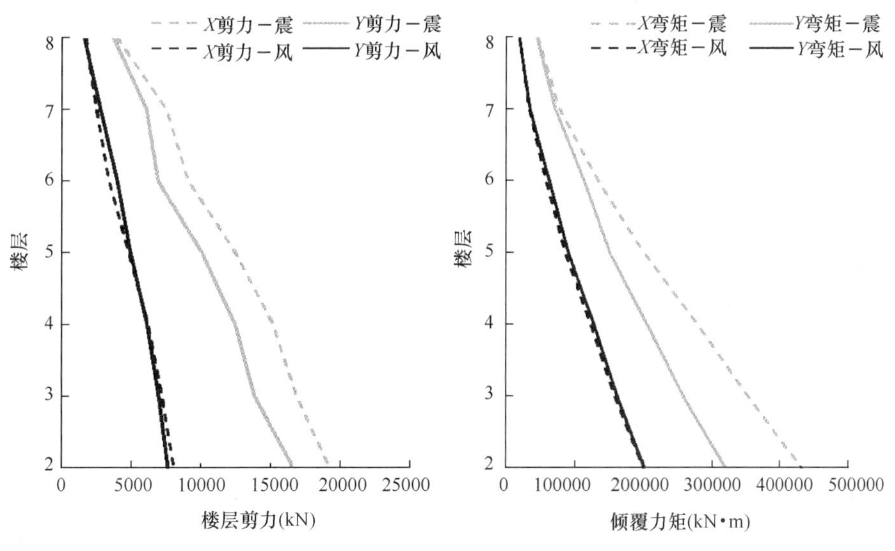

图 2.9.5-3　楼层剪力和倾覆力矩曲线

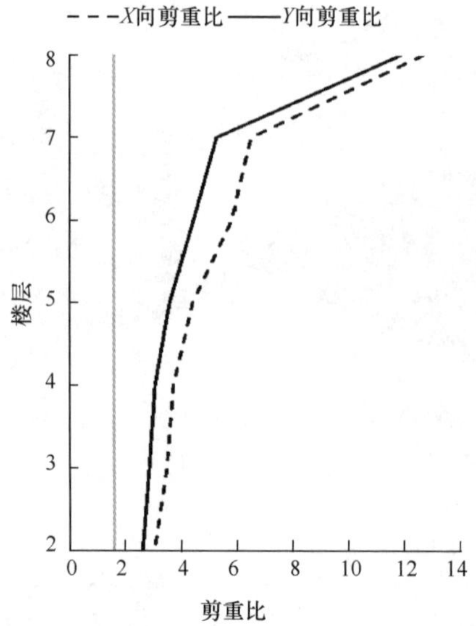

图 2.9.5-4　楼层剪重比曲线（最小剪重比限值为 1.6）

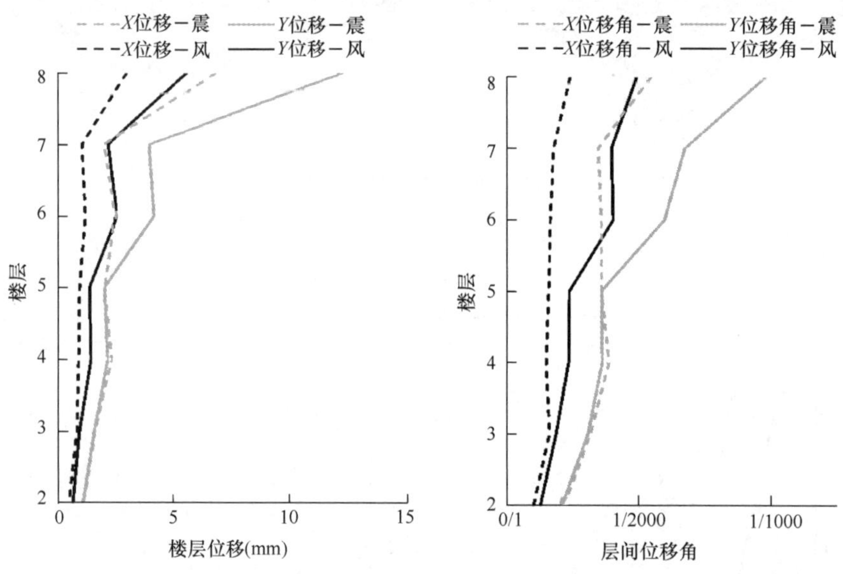

图 2.9.5-5　楼层位移和层间位移角曲线

(5) 在考虑偶然偏心影响的地震作用下，YJK 计算的最大扭转位移比为 1.43，ETABS 计算的最大扭转位移比为 1.32。施工图设计将对局部扭转效应明显的竖向构件的抗剪承载力予以适当加强；

(6) 墙柱等竖向构件的轴压比满足规范要求；

(7) 楼层侧向刚度与相邻上层侧向刚度的比值均大于规范要求，结构沿竖向的刚度不存在突变，不存在软弱层；

(8) 楼层抗剪承载力的比值均大于规范要求，结构沿竖向的承载力不存在突变，不存在薄弱层；

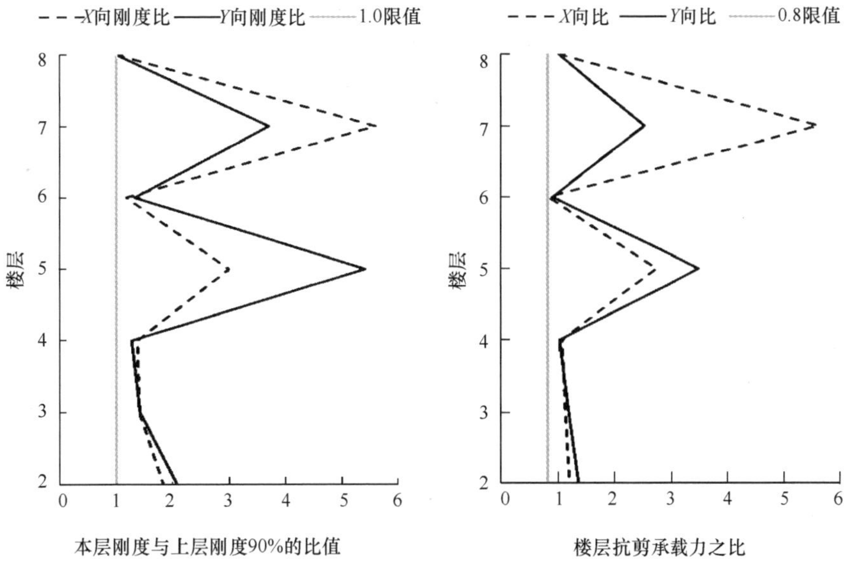

图 2.9.5-6　楼层刚度比和抗剪承载力之比

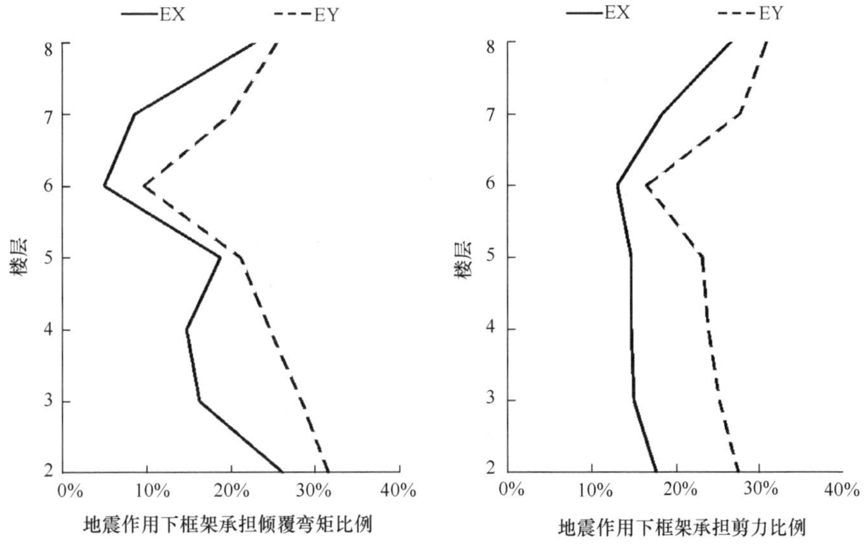

图 2.9.5-7　地震作用下框架承担弯矩和剪力比例曲线

(9) 计算结果显示，结构底层框架部分承受的地震倾覆力矩与结构总地震倾覆力矩的比值，满足《高规》对于“框架—剪力墙”结构的要求；

(10) 结构 X、Y 方向的刚重比满足整体稳定性要求，根据《高规》5.4.1 条，可以不考虑 $P\text{-}\Delta$ 效应对水平力作用下结构内力和位移的不利影响。

(11) 两个软件的分析结果接近，偏差在合理的范围内，说明结构分析结果真实可靠。

3. 弹性时程分析

选择 2 组天然波和 1 组人工波进行多遇地震下的弹性时程分析。地震波拟合的反应谱见图 2.9.5-8。

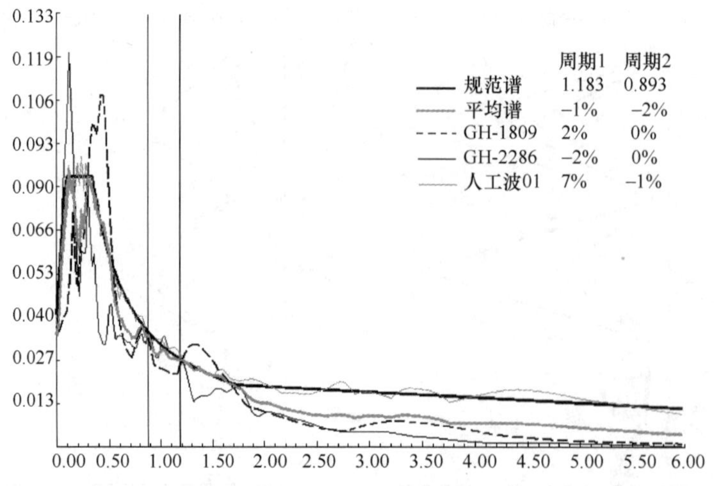

图 2.9.5-8　地震波拟合的反应谱

运用选取的地震波进行弹性时程分析所得的基底剪力，与振型分解反应谱法计算所得的基底剪力进行对比，如图 2.9.5-9～图 2.9.5-12 所示。由结果可知：弹性时程分析时，各条波计算所得的结构底部剪力均大于按振型分解反应谱法计算结果的 65%，三条波计算所得的结构底部剪力平均值大于按振型分解反应谱法计算结果的 80%。以上分析结果表明，选取的三条地震波符合规范的要求。

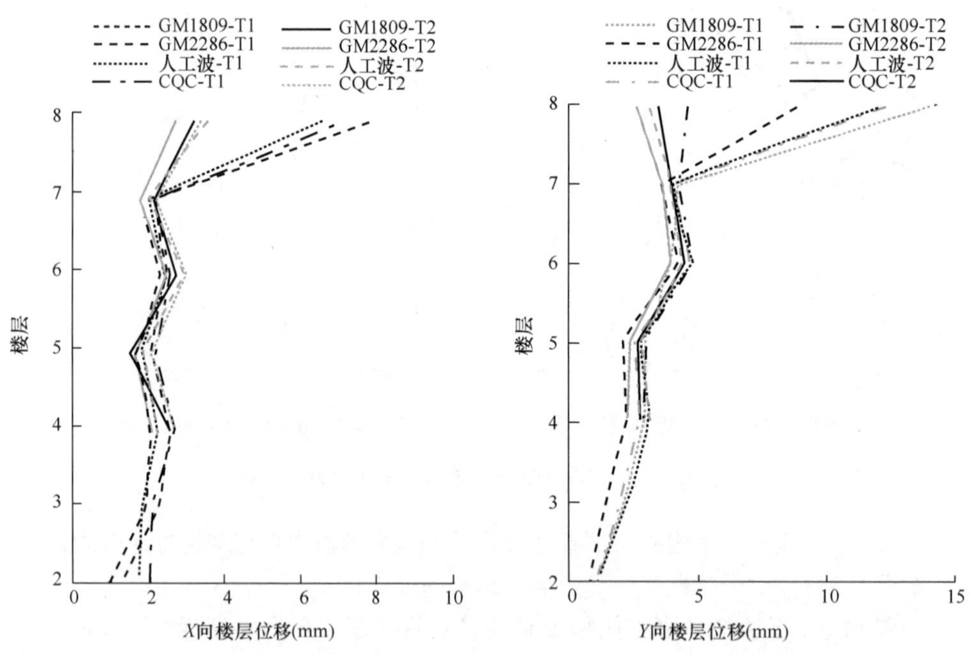

图 2.9.5-9　地震输入时程波与规范反应谱最大楼层位移曲线对比图

由结构弹性时程法和反应谱法层位移、位移角、层剪力、层弯矩的对比曲线可以得到以下结论：

（1）时程波位移和位移角曲线与反应谱法结果趋势一致，X 向层位移（位移角）基

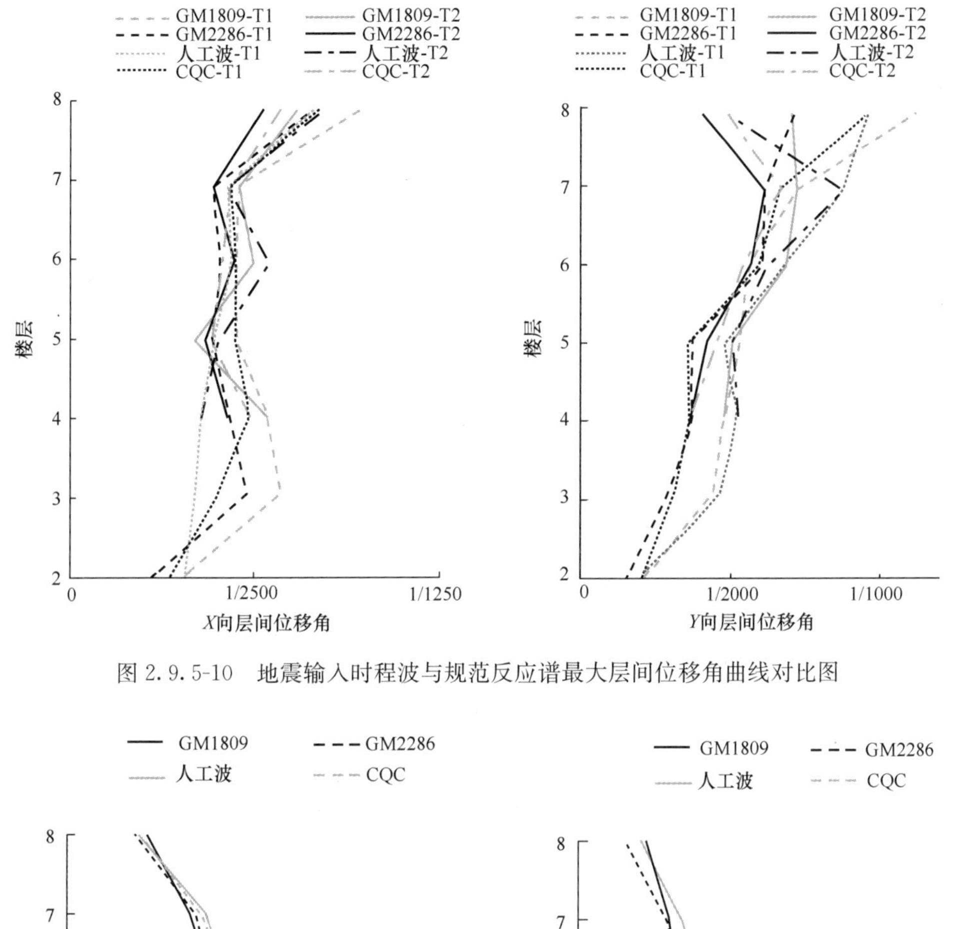

图 2.9.5-10 地震输入时程波与规范反应谱最大层间位移角曲线对比图

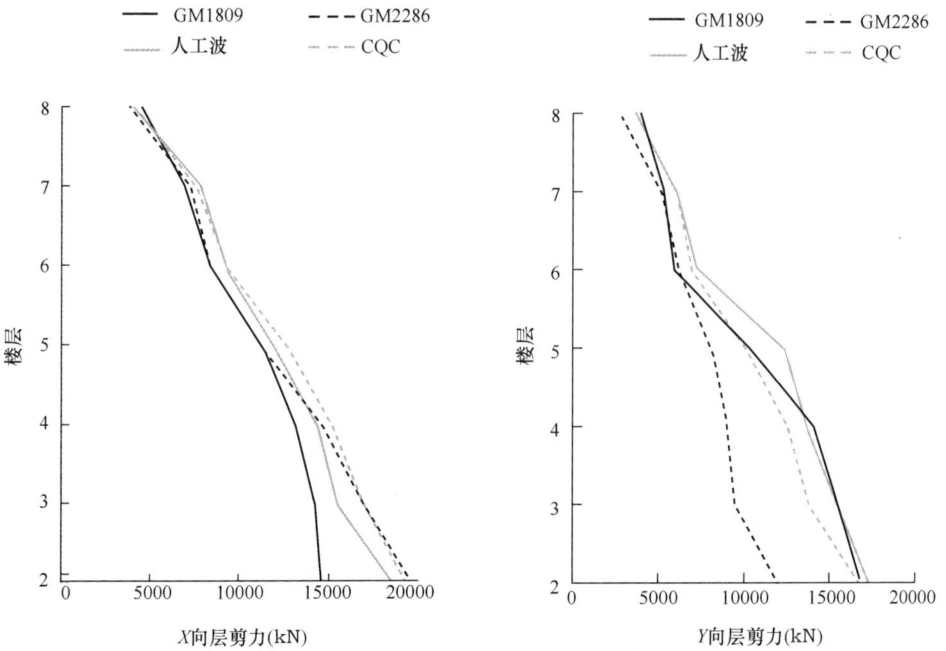

图 2.9.5-11 地震输入时程波与规范反应谱最大楼层剪力曲线对比图

本上小于反应谱曲线，X 和 Y 向位移（位移角）在主体结构顶部楼层（8 层）明显大于反应谱结果。时程波位移曲线无突变，符合一般框架剪力墙结构位移曲线的特点。

（2）由层剪力和弯矩曲线可知，X 向各条地震波的地上楼层时程反应剪力和弯矩与反应谱法趋势基本一致。

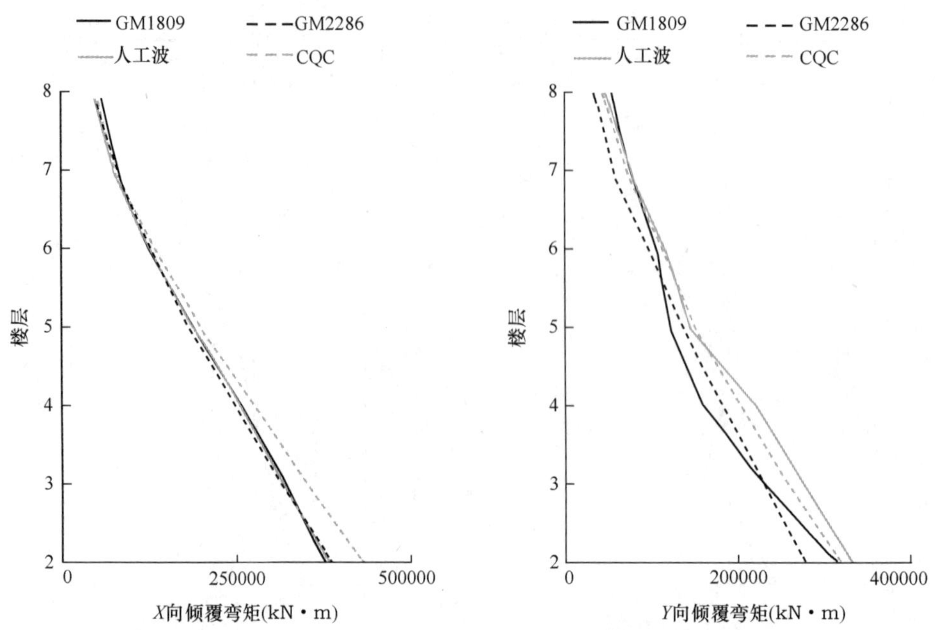

图 2.9.5-12　地震输入时程波与规范反应谱最大楼层弯矩曲线对比图

（3）分析反映出高阶振形对顶部楼层的影响，设计中将对反应谱剪力进行放大以复核施工图设计，根据计算结果，放大系数约为 1.0～1.23。

2.9.6　中震作用下构件的验算

采用广东省《高规》中的等效弹性方法，利用 YJK 对主体结构在设防烈度下的抗震性能目标进行了验算。

计算中主要计算参数取值如下：材料强度取标准值，不考虑承载力抗震调整系数，考虑双向地震作用，周期不进行折减，阻尼比为 0.055，连梁刚度折减系数为 0.4，地震最大影响系数为 0.23。

表 2.9.6-1 给出了中震拟弹性法计算的基底反力等宏观指标，从表可以看出：由于连梁刚度的退化及阻尼比的增大，基底剪力及倾覆弯矩均不是线性增大，层间位移角符合预期设定的性能目标，说明宏观上本结构能够实现性能 3 的设计目标。

设防烈度下，等效弹性法主要计算结果表　　表 2.9.6-1

地震作用方向		X	Y
中震作用下最大层间位移角		1/661（8F）	1/398（8F）
基底剪力	Q_0（kN）	49494.21	41966.60
底层剪重比		7.776%	6.594%
基底弯矩	M_0（kN·m）	1069889.56	781829.14

由于本工程的建筑功能特点，楼板开洞大且多。首层至屋面层的各层楼板中，除屋面层为连续整块楼板外，多功能厅与剧场仅有部分楼板连接；七层台塔与东侧副楼也仅有局部楼板连接，因此设防地震烈度下针对这两处的关键连接楼板进行抗震性能目标验算。

图 2.9.6-1 给出了中震（双向）作用下，二层楼板的拉应力分布图。由图可知，大部

分楼板的拉应力为 0～1.3MPa；部分应力集中外最大拉应力为 1.3MPa，均小于混凝土抗拉强度 f_{tk}=2.01MPa（C30）。图 2.9.6-2 给出了中震（双向）作用下，二层楼板的剪应力分布图。由图可知，大部分楼板的剪应力为－1～1MPa，最大剪应力为 1MPa＜0.7f_{tk}=1.41MPa。

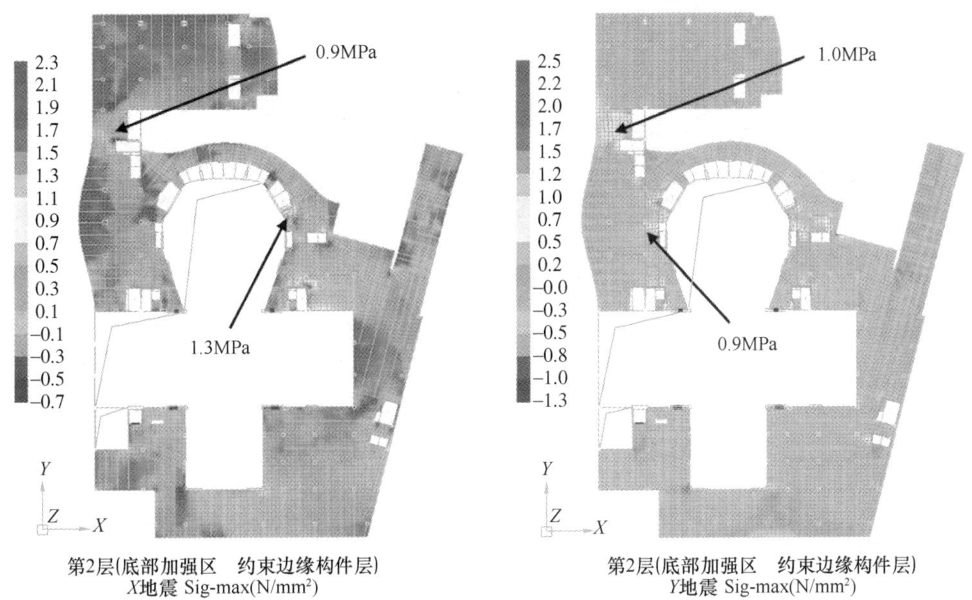

图 2.9.6-1 二层楼板拉应力分布图

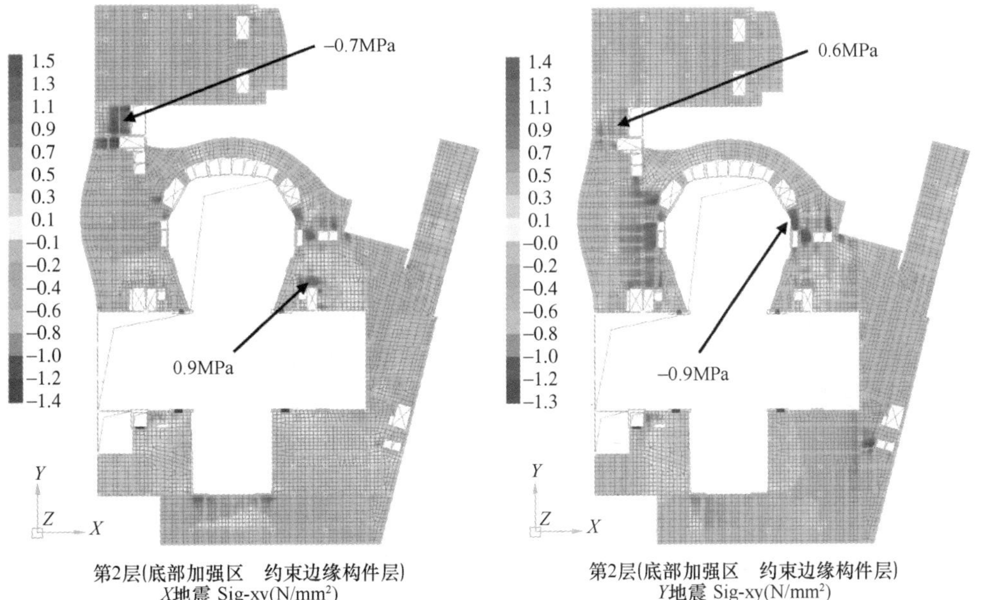

图 2.9.6-2 二层楼板剪应力分布图

图 2.9.6-3 给出了中震（双向）作用下，七层楼板的拉应力分布图。重点关注台塔顶与东侧副楼连接楼板的 1-1 和 2-2 剖面。1-1 和 2-2 剖面的最大平均拉应力为 2.23MPa，大于混凝土抗拉强度标准值 $f_{tk}=2.01\text{MPa}$（C30）。拟另加楼板钢筋抵抗拉应力，钢筋面积为 $2.23\times250\times1000/400=1394\text{mm}^2/\text{m}$，实际另加双层 $d14@200$。

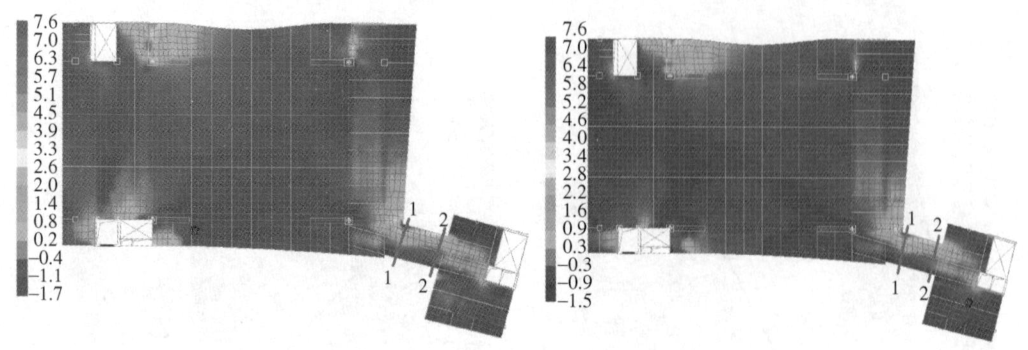

图 2.9.6-3　七层楼板拉应力分布图

图 2.9.6-4 给出了中震（双向）作用下，七层楼板的剪应力分布图。1-1 和 2-2 剖面的最大平均剪应力为 $1.13\text{MPa}<0.7f_{tk}=1.41\text{MPa}$，满足抗剪要求。

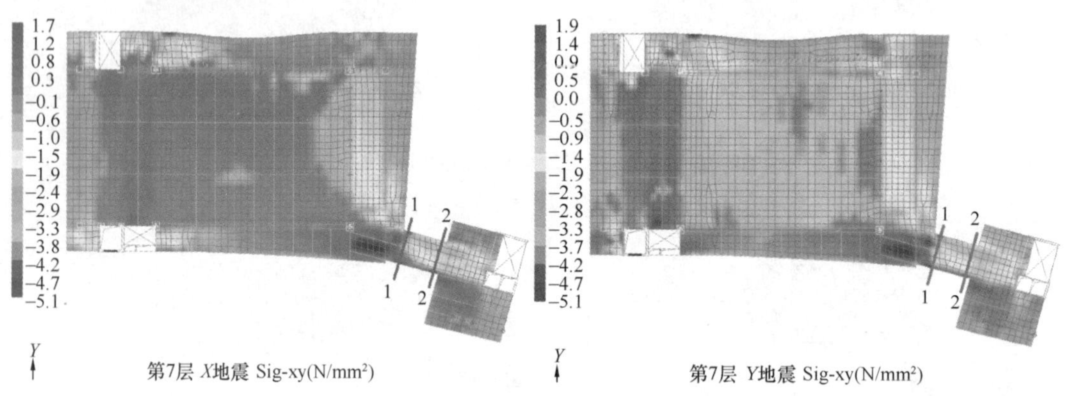

图 2.9.6-4　七层楼板剪应力分布图

针对本工程结构的特殊性，根据抗震性能化设计要求并结合本工程实际情况，墙柱在中震下的性能目标为抗弯不屈服、抗剪弹性。

计算结果表面，5 层以下的墙抗剪基本上由小震控制，5 层以上台塔部分剪力墙抗剪由中震控制，柱抗剪全楼基本由小震控制；全楼墙抗弯基本由中震控制，5 层以下的柱抗弯部分由小震控制，部分由中震控制，5 层以上台塔部分柱抗弯基本为中震控制。在采取了合适的构造措施后，框架梁及连梁可满足中震性能目标。剪力墙均满足剪压比要求，除墙 1 在五层及以上部分的名义拉应力大于混凝土抗拉强度标准值外，其他墙均小于抗拉强度标准值。通过在墙 1 中设置型钢，并提高墙身竖向配筋率至 2%，可满足拉应力要求。

施工图阶段，按小震弹性、中震抗剪弹性或抗弯不屈服包络设计配筋，确保选定的抗震性能目标。

2.9.7　大震作用下的弹塑性动力时程分析

本工程采用 YJK 弹塑性时程分析软件（YJK-EP）进行分析计算。

按抗震规范要求，选取了两条天然波和一条人工场地波进行罕遇地震动力弹塑性时程分析。分析中均采用双向地震输入，并且轮换水平主方向进行分析。地震波峰值加速度比例取水平主向：水平次向：竖向＝1：0.85：0。地震波峰值加速度调整为220gal。

考虑到弹塑性分析理论复杂，并应考虑结构的实际配筋，为了获得稳定可靠的结果，弹塑性分析模型可做适当简化处理，但不能与实际情况偏差太大。为了保证 YJK 线弹性分析与设计模型（后文简称 YJK-A）、YJK 弹塑性计算模型（后文简称 YJK-EP）的一致性（即规范要求的弹性设计模型与弹塑性时程分析模型不能有太大差异），需对比两个模型的总体计算指标。

前三阶周期及总质量（不含地下室）对比结果如表 2.9.7-1，前三阶周期和总质量指标相差幅度均在 8%以内。罕遇地震下结构最大基底剪力与相应多遇地震基底剪力的比值约 3～5。

弹性设计模型与弹塑性时程分析模型主要总体计算指标对比表　　表 2.9.7-1

对比指标		YJK-A	YJK-EP	相差
周期（s）	1	1.1492	1.1151	−2.97%
	2	0.8784	0.8261	−5.95%
	3	0.8265	0.7999	−3.21%
总质量（t）		63639.4	64767.5	+1.7%
最大基底剪力（kN）	*X*	18999	80391/77486/75219	4.23/4.01/3.96（倍）
	Y	16466	65453/46307/65388	3.97/2.81/4.03（倍）

注：表中最大基底剪力中 YJK-EP 的值按“天然波 1/天然波 2/人工波”格式给出各条波的计算结果。

如图 2.9.7-1～图 2.9.7-3 所示，从层间位移角计算结果可以看出，在不同地震波作

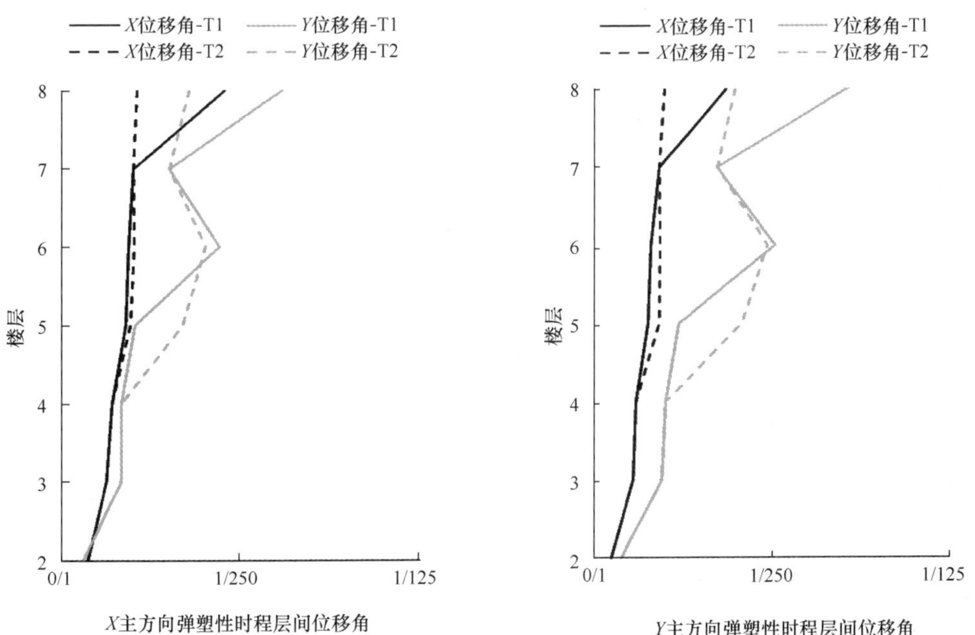

图 2.9.7-1　GM-1809 地震波作用下的层间位移角曲线

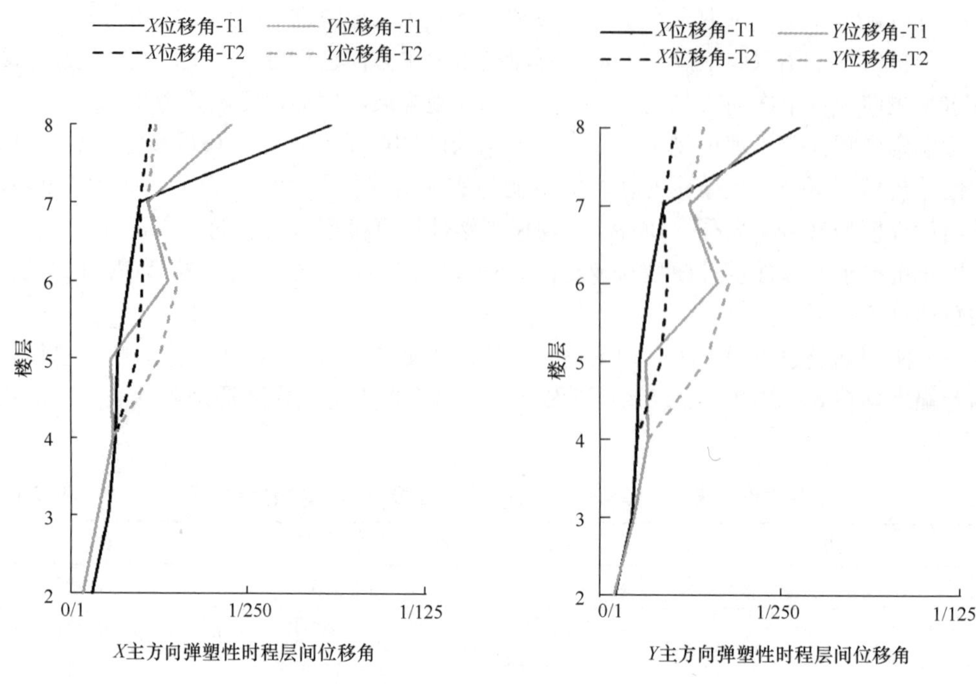

图 2.9.7-2　GM-2286 地震波作用下的层间位移角曲线

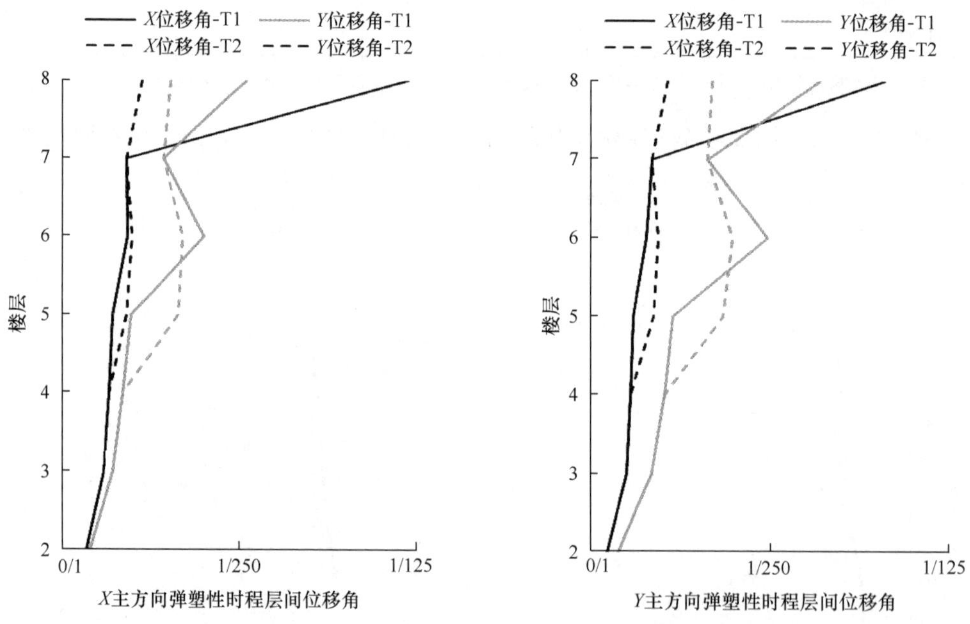

图 2.9.7-3　人工波作用下的层间位移角曲线

用下，结构各楼层最大层间位移角沿高度变化的形态基本一致，且罕遇地震下层间位移角曲线与反应谱法（多遇）计算得到的层间位移角曲线分布形态基本一致，这表明结构在罕遇地震下，没有出现明显的塑性变形集中区和薄弱区。

同时从层间位移角沿结构高度分布情况来看，在顶层位移角明显增大，鞭梢效应较为明显。从三条地震波的计算结果可知，人工波 X 向层间位移角最大值为 1/128，Y 向层间位移角最大值为 1/195，小于预设的性能目标限值 1/125，满足要求。

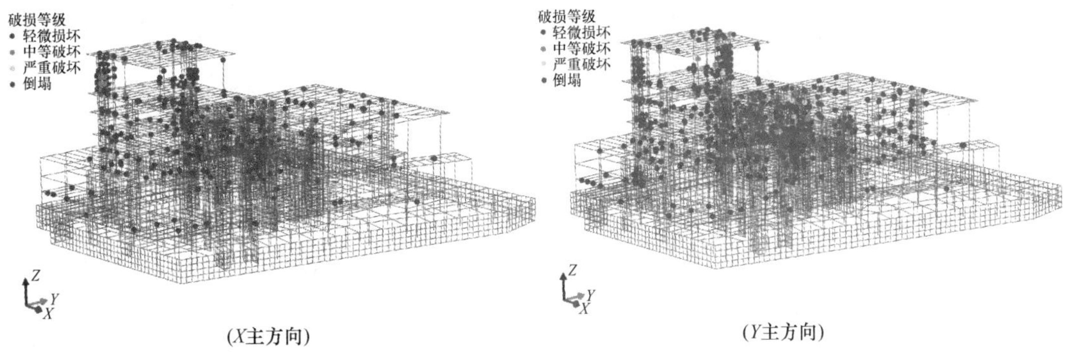

(X主方向)　　(Y主方向)

图 2.9.7-4　GM-1809 地震波作用下破损等级

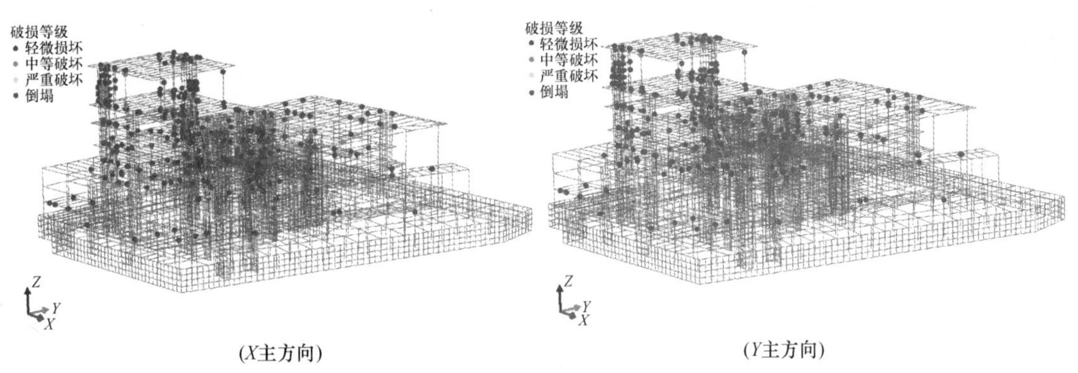

(X主方向)　　(Y主方向)

图 2.9.7-5　GM-2286 地震波作用下破损等级

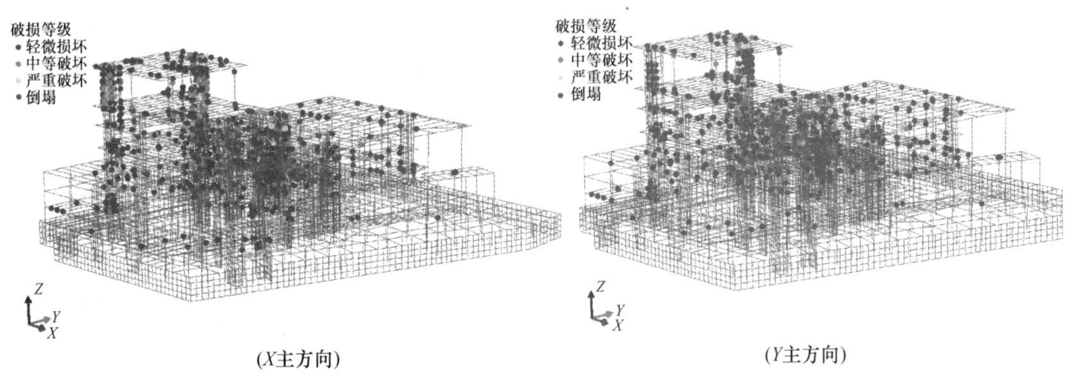

(X主方向)　　(Y主方向)

图 2.9.7-6　人工波作用下破损等级

由损伤分布情况可知，三条地震波作用下结构损伤分布情况大致相同：框架梁、连梁等耗能构件轻度损坏，部分中度破坏；普通竖向构件发生部分中度破坏，且主要集中在顶层电梯筒剪力墙处。通过增加该处剪力墙的竖向配筋率（图 2.9.7-7 中框中的墙竖向配筋率为 1.5%～2%），可满足罕遇地震下该剪力墙发生中度破坏的性能水平，施工图阶段通过提高暗柱配筋率来满足罕遇地震下中度破坏性能要求；关键竖向构件基本完好或轻微损坏。

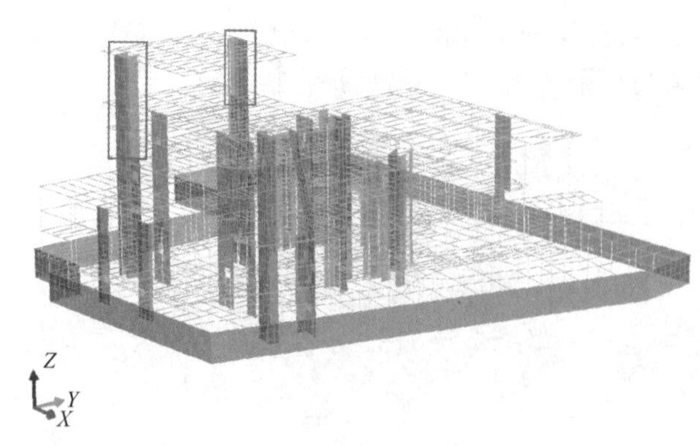

图 2.9.7-7　提高剪力墙竖向配筋率部位

由以上分析，结构整体上满足罕遇地震下性能水准 4 的要求。

针对本工程结构的特殊性，根据抗震性能化设计要求并结合本工程实际情况，墙柱在罕遇地震下限制墙体剪压比不大于 0.15，保证抗剪不屈服，同时通过弹塑性分析控制墙柱正截面损伤。对于墙柱剪压比性能目标，主要通过《高规》建议的等效弹性法对其进行分析验算。

计算分析中，采用 YJK 软件进行大震性能化计算，各参数取值如下：水平地震作用分析系数为 1.0，重力荷载分项系数为 1.0，材料强度取标准值，不考虑承载力抗震调整系数，考虑双向地震作用及偶然偏心影响，不考虑地震组合内力调整系数，取为 1.0，周期不进行折减。阻尼比为 0.065，连梁刚度折减系数 0.4，特征周期为 0.40s，地震最大影响系数 0.50。读取墙柱内力，按现行规范要求的内力组合验算截面剪压比。

从验算结果来看，除 4 层墙 3、墙 4 和 7 层墙 1 外，其他竖向构件剪压比均小于 0.15，满足预设的性能目标。在墙 3、墙 4 和 7 层墙 1 暗柱中布置型钢，可满足剪压比小于 0.15 的性能要求。7 层关键楼板全断面上的最大剪力为 1977kN，剪压比为 0.074＜0.10，满足预设的性能目标。

2.9.8　结构专项分析

1. 楼板温度应力分析

本工程地上部分结构南北长度约 130m，且开洞较多。在计算模型中考虑升温 15°和降温 25°（包含考虑混凝土收缩当量），采用弹性分析方法计算了年温差下的温度应力，考虑混凝土的塑性应力松弛效应，楼盖计算弹性应力按 0.3 的松弛系数折减。

图 2.9.8-1 给出了二层楼板在降温工况下的主拉应力云图，图中应力为考虑了 0.3 应力松弛系数后的结果。在温度作用下二层楼板大部分区域的主拉应力为 0.20～1MPa，薄弱楼板连接、楼板开洞的角部出现应力集中，最大主拉应力约为 1.6MPa，均小于楼板混凝土抗拉强度标准值（C30 的 f_{tk} 为 2.01MPa）。施工图中将结合竖向承载对这些部位进行加强处理。

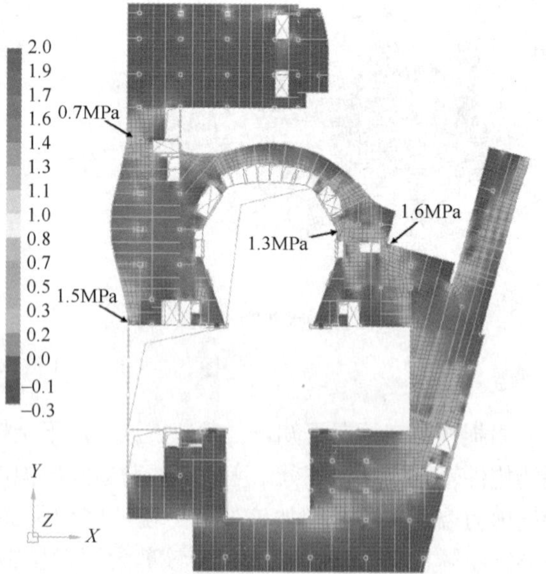

图 2.9.8-1　二层楼板在降温工况下的主拉应力云图

图 2.9.8-2 给出了五层屋盖在降温工况下的主拉应力云图，图中应力为考虑了 0.3 应力松弛系数后的结果。在温

度作用下五层楼板大部分区域的主拉应力为－0.1～1MPa，最大主拉应力约为1.1MPa，均小于楼板混凝土抗拉强度标准值（C30 的 f_{tk} 为 2.01MPa）。施工图中将结合竖向承载对这些部位进行加强处理。

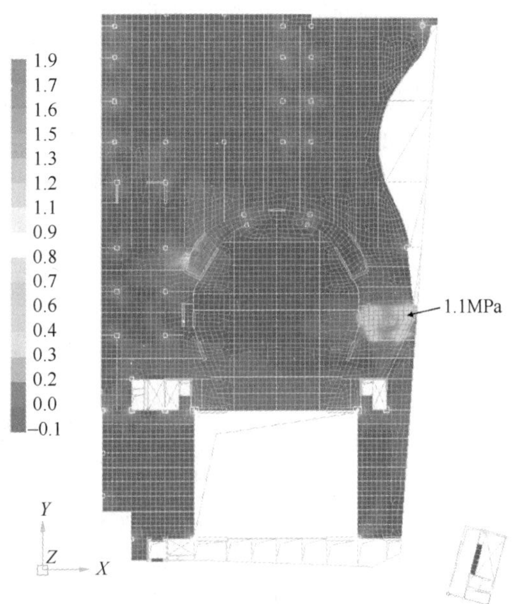

图 2.9.8-2 五层楼板在降温工况下的主拉应力云图

2. 楼盖结构变形和舒适度验算

（1）大跨度楼盖变形和裂缝验算

根据项目的实际情况，对本项目的观众厅屋盖、主舞台台塔、多功能厅屋盖、前厅屋盖等结构跨度大于 22m 的五个区域的楼盖结构进行变形验算及混凝土结构裂缝验算，其中混凝土梁按实配钢筋计算挠度和裂缝。

① 观众厅屋盖钢梁最大跨度约为 32.3m，钢梁高度 2.2m。钢梁跨中竖向变形约 100mm，挠度值为 100/32300＝1/323，考虑施工起拱后满足变形要求。

② 排练厅楼盖钢梁跨度为 24.8m，钢梁高度为 2m。排练厅楼盖的钢梁跨中竖向变形约 56mm，挠度值为 56/24800＝1/443，满足变形要求。

③ 多功能厅屋盖跨度约 24.6m，混凝土梁高 1.5m。多功能厅屋盖的梁跨中竖向变形约 96mm，考虑 0.3%L＝74mm 的施工起拱，挠度值为（96－74）/24600＝1/1118，满足变形要求。多功能厅的梁裂缝宽度均小于 0.3mm。

④ 前厅框架梁跨度约 22m，为型钢混凝土梁，梁高 1.4m。前厅屋盖的梁跨中竖向变形约 42mm，挠度值为 42/22000＝1/523，满足变形要求。次梁挠度考虑施工起拱，均能满足要求。多功能厅的梁裂缝宽度均小于 0.3mm。

（2）悬挑楼座变形与舒适度验算

① 悬挑楼座悬挑梁最大悬挑长度约 9.8m，悬挑梁为变截面型钢混凝土梁，梁根部高度为 1.5m，梁端部高度为 0.8m。根据悬挑梁的实配钢筋计算扰度和裂缝。悬挑梁端部竖向变形约 32mm，挠度值为 32/9800/2＝1/612，满足变形要求。楼座的梁最大裂缝宽度为 0.29mm，小于 0.3mm，满足裂缝要求。

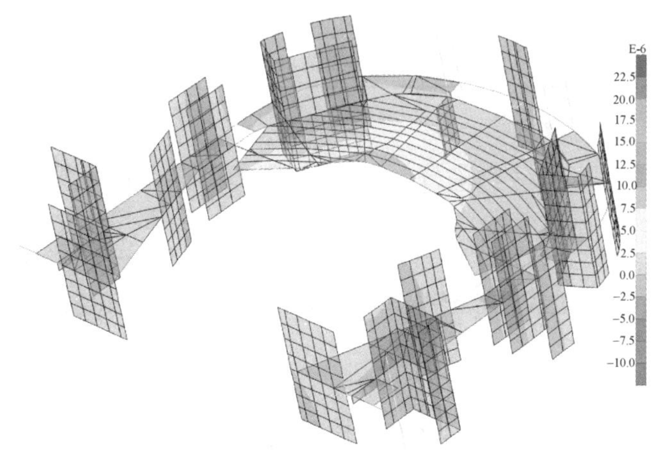

图 2.9.8-3 悬挑楼座第一阶竖向振型

② 由 SAP2000 对本工程结构进行模态分析，得到悬挑楼座的第一阶竖向自振频率为 3.793Hz，其振型如图 2.9.8-3

所示。通过线性插值可知楼座的加速度限值为 0.052m/s²。

分析采用整体结构计算模型，分别在悬挑楼座楼面及悬挑端施加人步行激励荷载，分析中主要考虑最不利的原地踏步情况，动力时程分析中阻尼比取 0.02，持时 20s。

主要分析以下动力时程工况：

工况 1　悬挑楼座楼面上大量人群慢走、正常行走，步行激励荷载按面荷载施加于楼面上，f_s 分别取 1.5Hz、2.0Hz；

工况 2　在楼座悬挑端部人群正常行走、快速行走，步行激励荷载施加如图 2.9.8-4 所示，f_s 分别取 2.0Hz、2.5Hz；

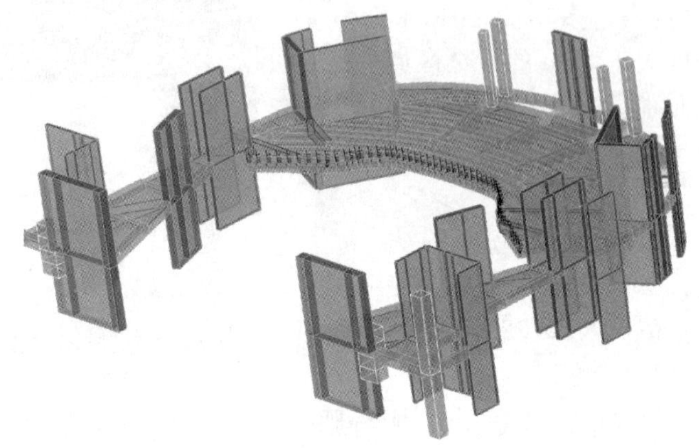

图 2.9.8-4　楼座悬挑端部步行荷载施加情况

表 2.9.8-1 给出了各个分析工况悬挑楼座最大竖向加速度汇总。由分析结果可知，在慢走、正常行走和快速行走时，结构最大竖向加速度为 0.051m/s²，小于规范限值 0.052m/s²，满足规范要求。施工图中将结合竖向承载对这些部位进行加强处理。

各工况分析得到的最大竖向加速度 m/s²　　　　**表 2.9.8-1**

工况编号	步行荷载施加位置	人步行激励频率		
		1.5Hz	2.0Hz	2.5Hz
工况 1	悬挑楼座楼面	0.029	0.023	
工况 2	楼座悬挑端部		0.051	0.011

3. 东侧塔楼大跨梁的变形和舒适度验算

东侧塔楼悬臂梁最大悬挑长度约 33.6m，钢梁为 1.2m 高实腹 H 型钢。恒荷载及活荷载下钢梁竖向变形约 47.8mm，挠度值为 47.8/33600=1/703，满足变形要求。

采用 SAP2000 对本工程结构进行模态分析，得到悬挑楼座的第一阶竖向自振频率为 2.533Hz，其振型如图 2.9.8-5 所示。通过线性插值可知对应商场及室内连廊峰值加速度限值为 0.21m/s²。

主要分析以下动力时程工况：

工况 1　大量人群慢走，步行激励荷载按面荷载施加于楼面上，f_s 取 1.5Hz；

工况 2　人群正常行走，步行激励荷载按点荷载施加，f_s 取 2.0Hz；

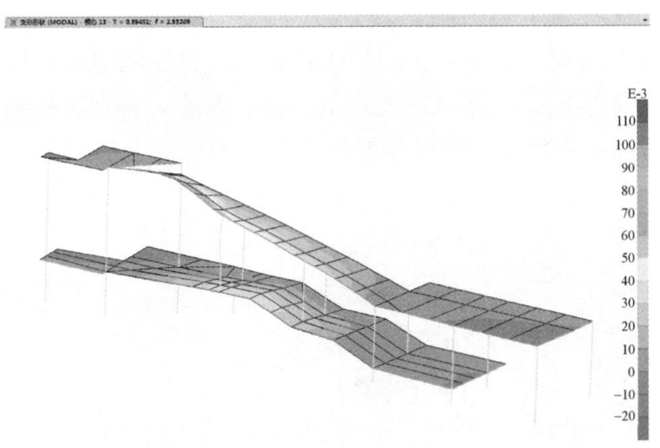

图 2.9.8-5 东侧塔楼大跨梁的第一阶竖向振型

工况 3 人群快速行走，步行激励荷载按点荷载施加，f_s 取 2.533Hz；

由分析结果可知，在慢走、正常行走和快速行走时，结构最大竖向加速度分别为 0.203m/s^2、0.068m/s^2、0.119m/s^2，均小于规范限值 0.21m/s^2，满足规范要求。

4. 斜柱对楼面梁的影响分析

图 2.9.8-6 给出了东侧副楼处恒荷载和活荷载下斜撑和连接斜柱的梁的轴力设计值。由计算结果可以看出，斜撑轴力为压力，7 层底斜柱最大轴力为 1879kN；在 7 层 35.0m 标高楼面梁轴力为拉力，最大轴拉力为 255kN，7 层以下与斜柱相连的梁轴力压力，最大轴压力为 145kN。在施工图阶段对这些楼面梁配置足够的腰筋，以抵抗斜柱引起的水平构件轴力作用。

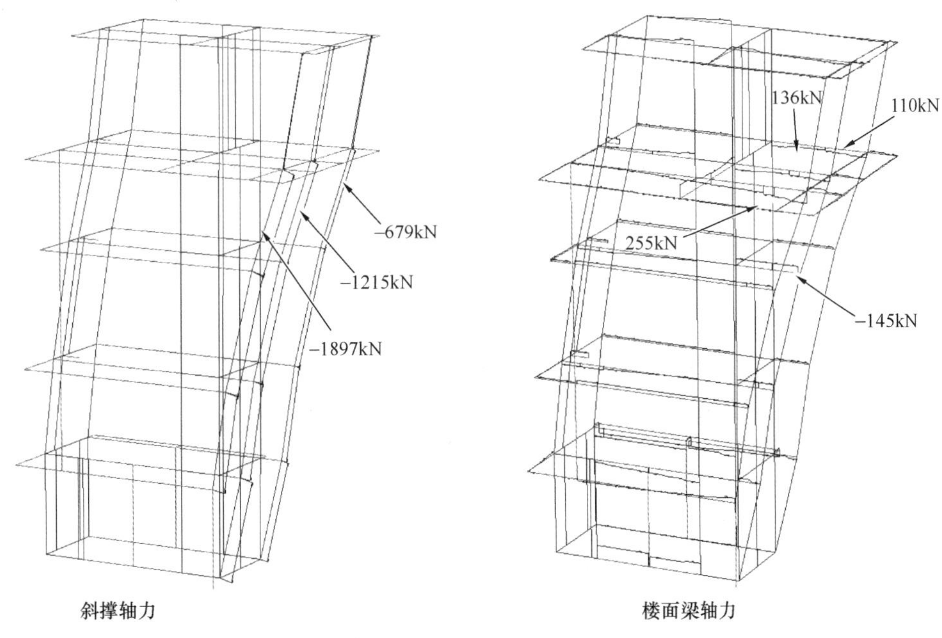

图 2.9.8-6 东侧副楼斜柱和相连楼面梁在（1.2D+1.4L）工况下的轴力设计值

5. 前厅屋盖支承柱的稳定性和抗倒塌分析

前厅屋盖支承柱从首层一直到屋盖间均无梁连接，且在屋盖层柱顶位置只有单方向梁连接，梁柱节点周边无楼板，柱通高高度为 18.4m。因此，需对这些支承柱的实际计算长度进行分析。图 2.9.8-7 给出了计算模型中屋盖支撑的位置。

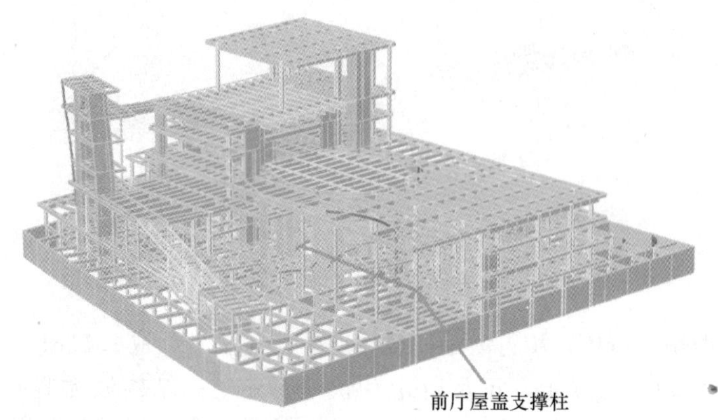

图 2.9.8-7　前厅屋盖支承柱位置

本书采用 YJK 软件的屈曲分析功能，在柱顶施加轴向力，运行屈曲分析后得到各柱的屈曲模态并求得屈曲临界荷载，其后按欧拉公式反算出柱的计算长度。图 2.9.8-8 给出了屈曲分析得到的屈曲因子结果，表 2.9.8-2 给出了前厅屋盖支承柱计算长度的计算过程。根据分析结果，计算长度系数小于 1.25，前厅屋盖支承柱不会发生屈曲失稳，施工图设计时按规范规定的计算长度进行计算和设计。

前厅屋盖支承柱屈曲分析计算过程及结果　　　表 2.9.8-2

截面	柱高（m）	EI（kN・m^2）	屈曲临界力 P_{cr}（kN）	柱计算长度	柱计算长度系数
D1000	18.4	1.60×E+06	105153	12.2	0.66

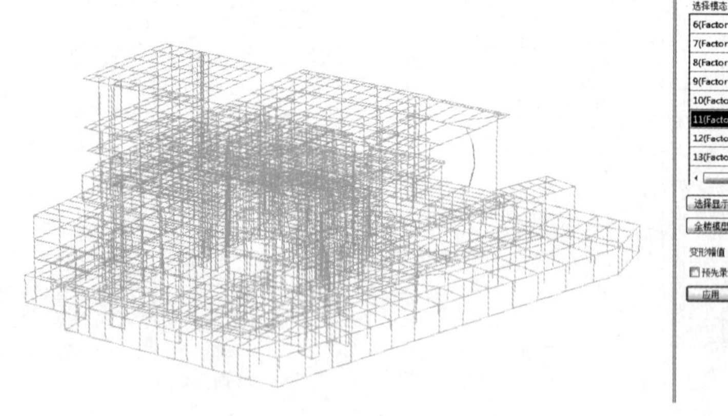

图 2.9.8-8　前厅屋盖支承柱屈曲因子

结合《高规》3.12 节，针对本工程的特殊部位，采用附加侧向偶然作用的方法进行前厅屋盖支承柱的抗倒塌设计。根据《高规》3.12.6 条，在支承柱表面附加 $80kN/m^2$ 的侧向偶然作用设计值，圆柱直径为 1m，按投影面积附加 80kN/m 的偶然荷载，如图 2.9.8-9 所示。按《高规》3.12.6 条复核构件承载力。支承柱在偶然荷载作用下的变形图如图 2.9.8-10 所示，屋盖型钢梁在偶然荷载和重力荷载组合效应的面外弯矩设计值如图 2.9.8-11 所示。施工图阶段将考虑抗倒塌分析进行构件配筋的包络设计，并按梁面外弯矩计算梁侧腰筋进行包络设计，并根据侧向剪力，复核梁侧向抗剪承载力。

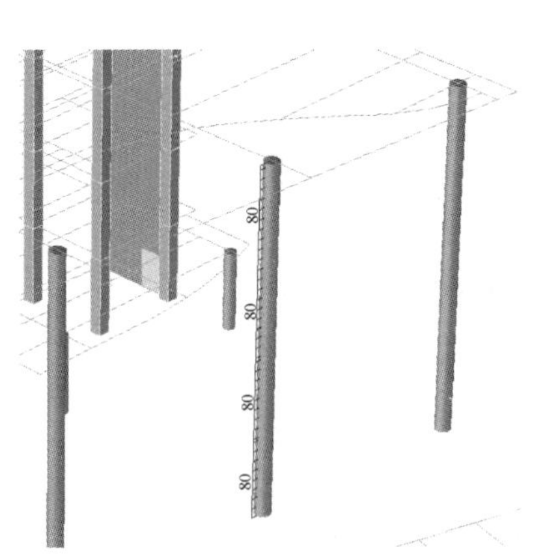

图 2.9.8-9　前厅屋盖支承柱侧向偶然荷载作用

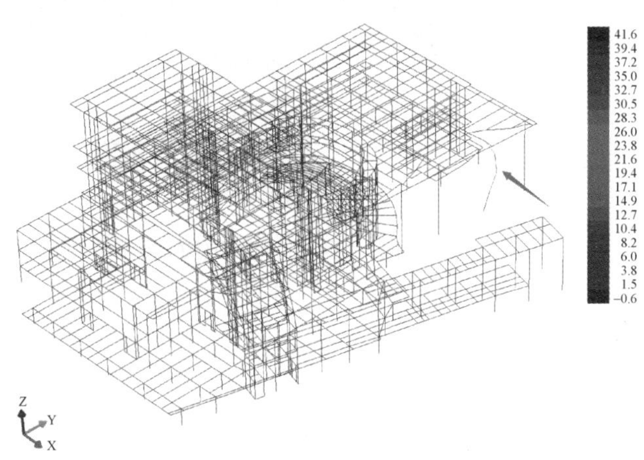

图 2.9.8-10　前厅屋盖支承柱侧向偶然荷载作用下的变形图

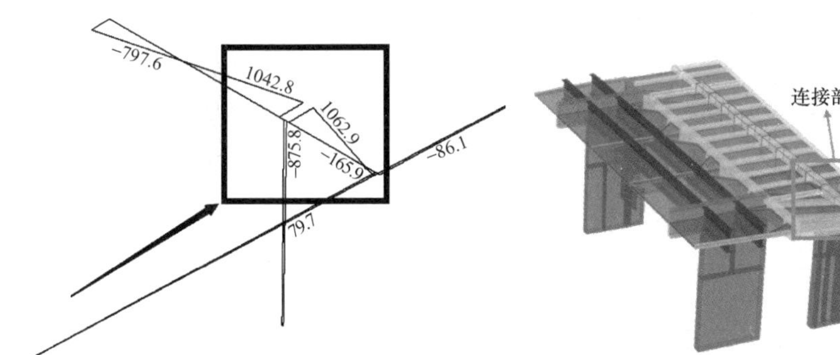

图 2.9.8-11　前厅屋盖梁在抗倒塌设计时的面外弯矩设计值（kN·m）

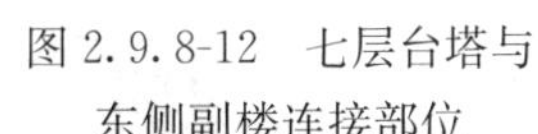
图 2.9.8-12　七层台塔与东侧副楼连接部位

6. 七层台塔与东侧副楼的连接体分析

（1）七层台塔与东侧副楼连接梁板分析（设防烈度下）

选取结构地震响应较大的 GM1809 地震波，对七层台塔与东侧副楼的连接部分进行时程分析，并与反应谱分析结果进行包络设计，确保此连接薄弱部位能够满足选定的中震抗震性能目标。分析中地震动按双向输入，峰值加速度调整为 $100cm/s^2$，两个输入方向峰值加速度比值为 1∶0.85，Y 为主输入方向。

图 2.9.8-13 给出了分析连接部位构件两端的相对变形差的具体位置。图 2.9.8-14、

图 2.9.8-15 分别给出了两个方向相对变形差的时程曲线。由图可知，连接部位两端在两个方向上的相对变形差为 1.5～3.8mm，这表明在中震作用下，该连接部位的梁与楼板对主楼台塔和东侧副楼之间的相对变形起到一定的协调作用。

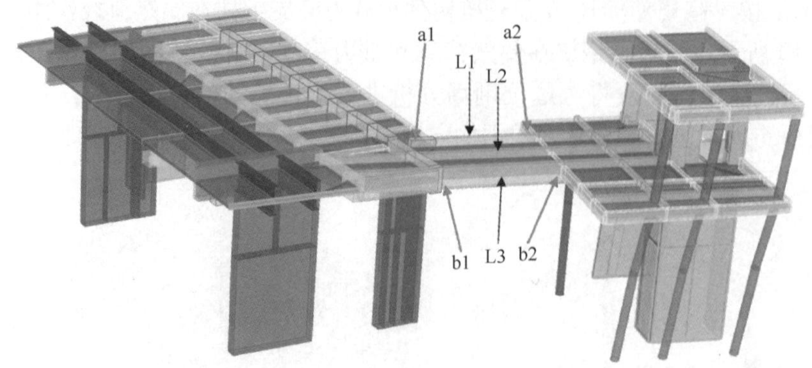

图 2.9.8-13　连接结构分析相对变形位置及相应框架梁编号

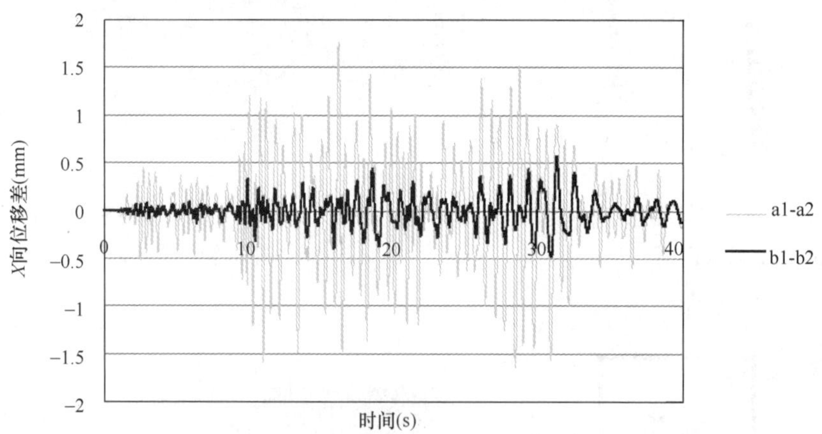

图 2.9.8-14　连接结构两端在 X 向上的相对变形差时程曲线

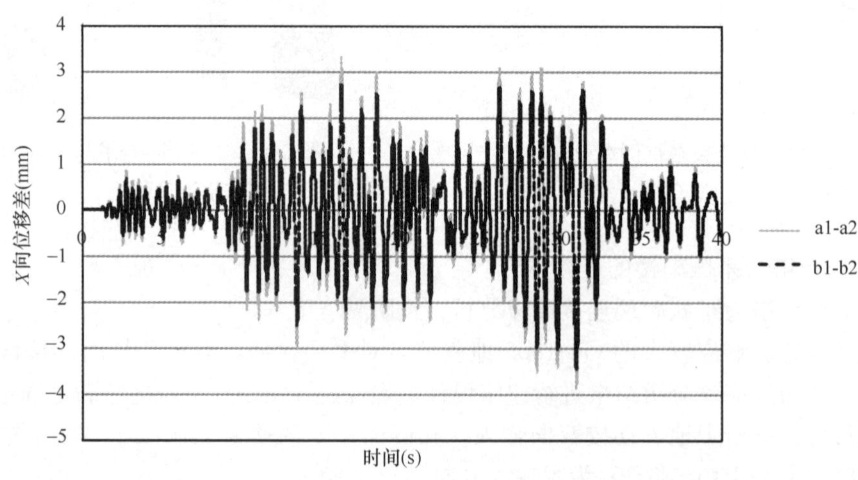

图 2.9.8-15　连接结构两端在 Y 向上的相对变形差时程曲线

图 2.9.8-16、图 2.9.8-17 给出了连接部位处楼板（板厚为 250mm）的轴力与剪力时程曲线。由图可知，该连接部位楼板的最大轴向拉力为 497kN，最大轴向压力为 573kN，此时对应的楼板拉、压应力分别为 0.375MPa 和 0.432MPa，均小于楼板混凝土（C30）的抗拉和抗压强度设计值。由图可知，连接楼板的最大剪力为 1044kN，此时对应楼板剪应力为 0.78MPa<0.7f_{tk}=1.41MPa。

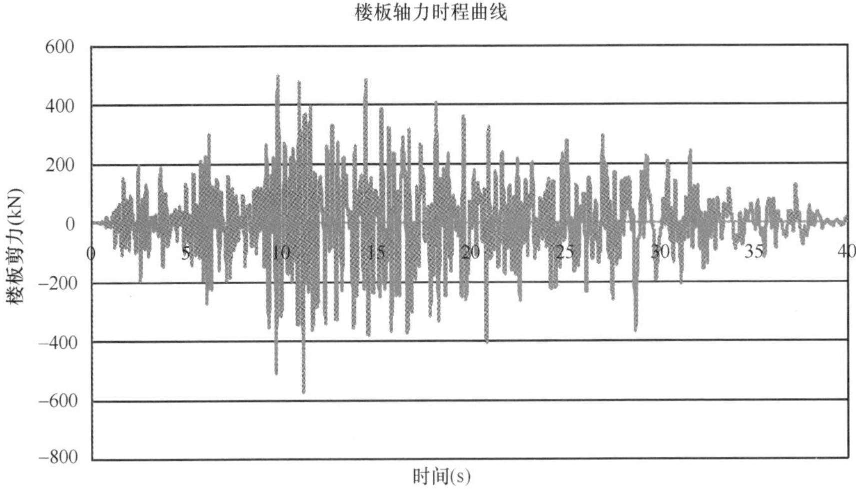

图 2.9.8-16 连接处楼板的轴力时程曲线

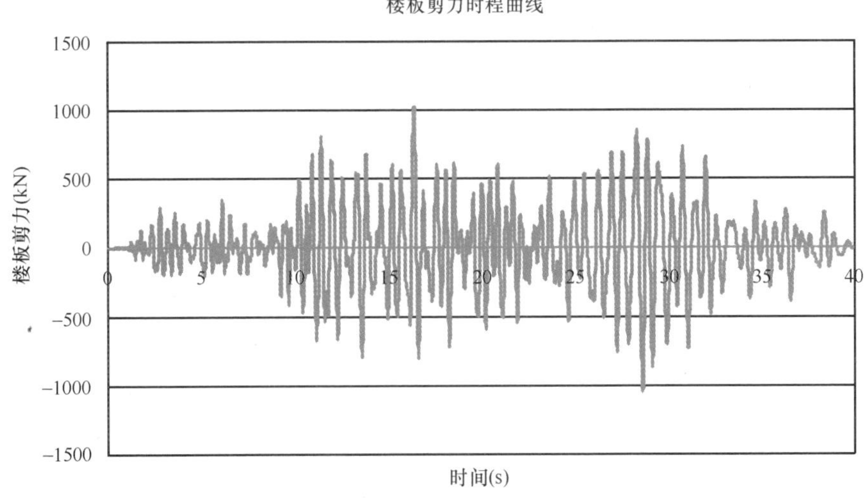

图 2.9.8-17 连接处楼板的剪力时程曲线

图 2.9.8-18 给出了连接部位处框架梁的轴力时程曲线。由图可知，L1 和 L3 承受较大的轴向拉压力，最大的轴拉力分别为 1346kN 和 1608kN，对应拉应力分别为 2.99MPa 和 3.57MPa，大于混凝土抗拉强度设计值，在这些梁内设置型钢，并合理配筋，提高梁的承载能力。

（2）台塔与东侧副楼连接失效后的分塔验算

考虑七层台塔与东侧副楼连接部位失效（即删除模型中连接部位的梁板构件）后，台

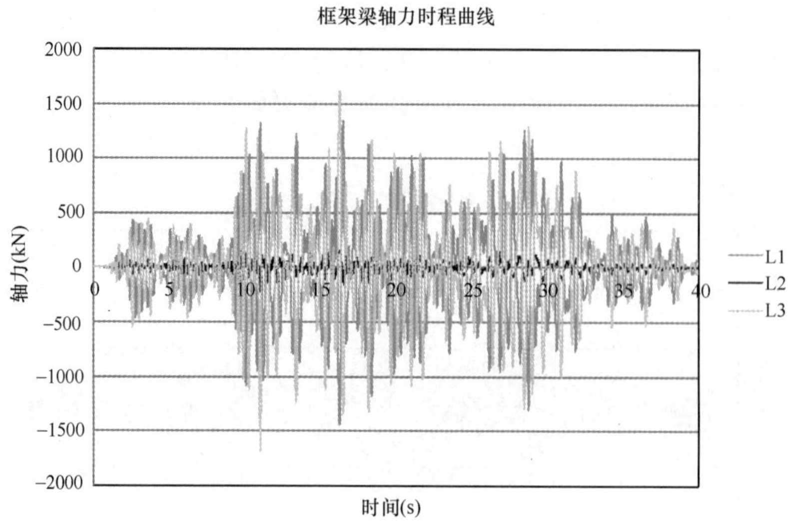

图 2.9.8-18 连接处框架梁的轴力时程曲线

塔和东侧副楼由 4 层楼板起按独立塔楼计算，分析独立塔楼各自的动力特性。

独立分塔模型的前四阶振型如图 2.9.8-19 所示。由振型图可以看出，独立塔楼模型与七层有连接楼板模型的动力特性已有明显区别。

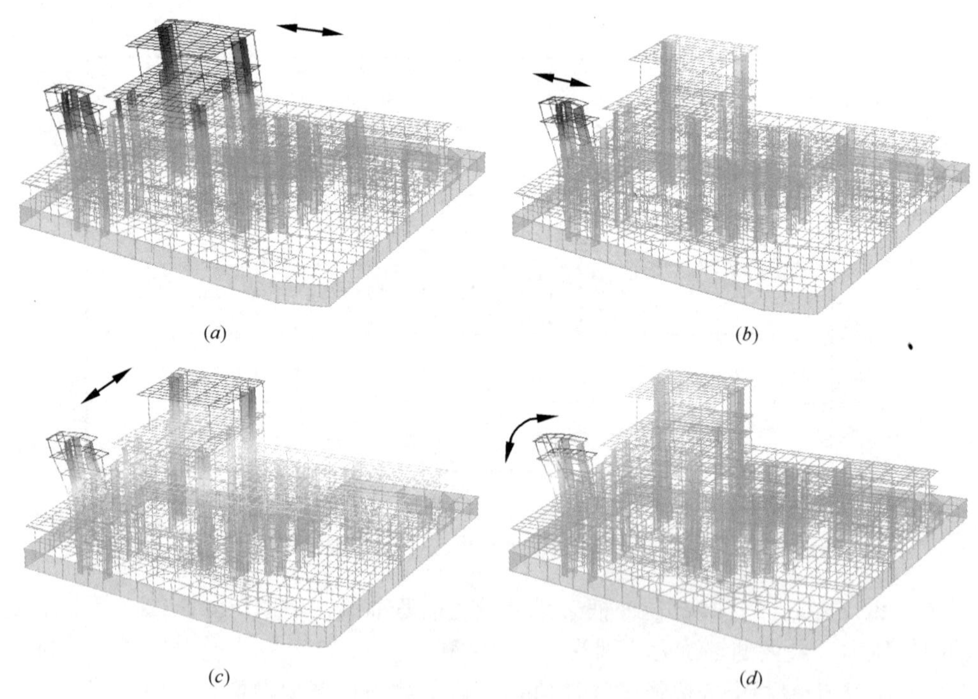

图 2.9.8-19 独立分塔模型的周期振型图

(*a*) T_1=1.171s（两塔楼同时 *Y* 向平动）；(*b*) T_2=0.963s（东侧副楼 *Y* 向平动）

(*c*) T_3=0.890s（两塔楼同时 *X* 向平动）；(*d*) T_4=0.752s（东侧副楼扭转）

① 根据计算结果，两个塔楼的最大层间位移角为：X 向地震作用下，塔 1 为 1/1827，塔 2 为 1/1271；Y 向地震作用下，塔 1 为 1/1090，塔 2 为 1/1648。层间位移角均满足规范要求。

② 经计算，各塔楼构件均能满足承载力要求，施工图阶段将按独立分塔模型和 7 层有连接楼板模型包络设计。

2.9.9 针对超限情况的技术措施

本建筑为存在楼层楼板不连续、凹凸不规则、扭转不规则、尺寸突变及复杂连接等不规则的高层建筑。结合具体的计算分析结果和本工程的不规则性，主要采取了以下的技术加强措施：

（1）针对建筑存在楼板大开洞、错层的特点，主体结构采用框架-剪力墙结构体系，在建筑功能允许情况下在大开洞、错层等周边位置尽量设置剪力墙，避免形成较多刚度突变的错层短柱而成为抗震的薄弱环节；

（2）针对本项目楼盖扭转位移比较大的特点，设计中将适当加强边柱、角柱的抗剪承载力，箍筋要求全长加密；同时加强周边混凝土框架梁的截面刚度和抗扭腰筋设置；

（3）针对薄弱连接部位楼盖、楼座悬挑支承柱、悬挑转换梁柱等关键构件，对其进行抗震性能化设计，根据需要在部分关键混凝土构件中设置钢骨，提高作为重要受力构件的承载能力；根据性能化设计目标，对关键剪力墙的墙身配筋率予以一定的提高，确保其具有较好的延性和足够的安全储备；

（4）结合弹性时程的补充验算，施工图中将采用反应谱法和弹性时程的包络值进行设计；

（5）结合规范要求及本工程特点，对通高前厅的部分构件进行了抗连续倒塌验算，在施工图中将根据验算结果对部分构件进行加强处理，确保结构具有抵御偶然作用的抗连续倒塌能力；

（6）结合中震拟弹性法、大震拟弹性法、动力弹塑性的分析验算结果表明，结构能够实现选定的性能目标，整体结构满足大震性能 4 的抗震性能要求。

2.9.10 超限审查意见

2018 年 1 月 23 日，深圳市住房和建设局在设计大厦五楼第四会议室主持召开了本项目超限高层建筑抗震设防专项审查会。审查结论为通过。在施工图阶段工作中补充以下内容：

（1）应按弹性楼板建模进行小震与大震作用下的结构分析；

（2）补充悬挑楼座及悬挑转换梁的竖向地震分析，性能目标应符合大震不屈服的要求；

（3）主舞台顶结构较薄弱，对竖向构件进行加强；

（4）补充斜柱斜墙对结构的不利影响分析。

（5）补充完善钢结构与混凝土结构节点的构造做法。

设计单位：北京市建筑设计研究院有限公司

主要设计人：边建烽、袁昆、黄贺堃、吴明威、何铭基

2.10　简上体育综合体

2.10.1　工程概况

简上体育综合体项目位于深圳市龙华区民治街道简上路与新区大道交汇处，总建筑面积约 65153m^2，建筑高度 54m，地上 5 层，地下 2 层。地下 1 层和 1 层为多功能馆和游泳馆，2 层为体育配套功能用房，3 层是跆拳道馆、击剑馆、体育舞蹈馆、乒乓球馆，4、5 层分别为羽毛球馆、网球馆。项目效果如图 2.10.1-1 所示。

图 2.10.1-1　项目效果图

2.10.2　地质情况与基础设计

（1）地形地貌

拟建场地原始地貌主要为残丘坡地，局部地段为丘间谷地，现场地为空地。场地尚未整平，各钻孔孔口标高为 72.39～81.57m，最大高差达 9.18m。

（2）地层岩性特性

钻孔揭露深度和控制范围内，岩土层分为人工填土层、第四系冲洪积层、残积层及燕山期基岩层。现自上而下按层序分述如下：

① 人工填土层（Q^{ml}）：素填土。

② 第四系冲洪积层（Q^{al+pl}）：2-1 粉质黏土、2-2 粉质黏土。

③ 第四系残积层（Q^{el}）：砾质黏性土。

④ 燕山期基岩层（γ_5^2）：4-1 全风化花岗岩、4-2 强风化花岗岩、4-3 中风化花岗岩、4-4 微风化花岗岩。

（3）基础设计

本工程上部结构高度 53m，主要由 6 个落地的核芯筒体传递大跨结构楼面荷载，根据现有计算其恒、活荷载标准值约 10000～20000t，地下室实际开挖后主要外露土层为砾质黏性土，承载力为 220kPa，不足以抵抗上部结构荷载。因此考虑采用桩基础。

在桩基选择上，综合上部结构荷载、造价、环境保护各方因素，拟采用预应力管桩基础

(PHC500AB125 型)，以全、强风化岩层为持力层，单桩承载力特征值 2300kN，桩长 10～20m。

对于纯地下室部分存在抗浮问题，采用管桩基础抗拔，抗拔承载力特征值 450kN，桩长 13m。

2.10.3　结构体系与特点

（1）重力荷载传力体系

本项目 2 层及以下为钢筋混凝土结构，由普通混凝土梁板柱及剪力墙传递竖向荷载至基础，3 层及以上竖向构件为 6 个剪力墙核心筒，楼盖采用双向正交正方网架和钢筋桁架楼承板，4 层及 5 层悬挑部分采用钢桁架伸臂＋外围腰桁架将竖向荷载传至核心筒，结构剖面如图 2.10.3-1 所示；本项目的桁架杆件均采用方钢管。

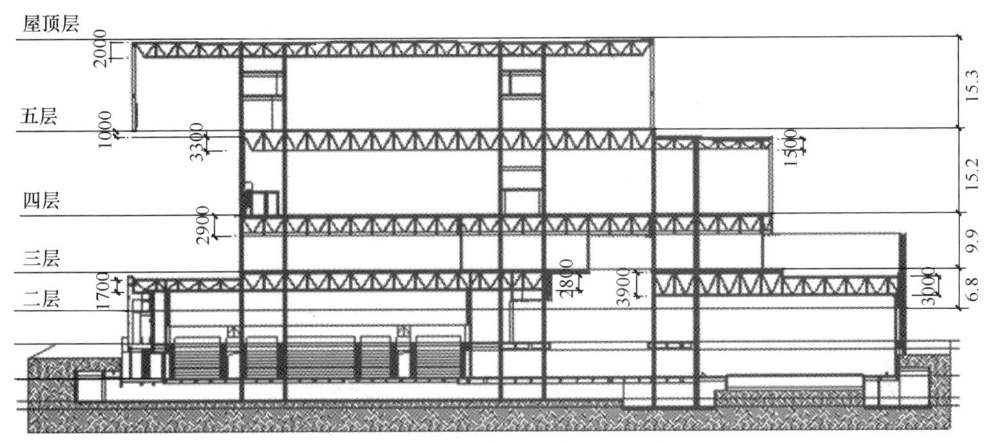

图 2.10.3-1　建筑剖面图

（2）主体核心筒间楼盖及屋盖

主体核心筒间楼盖三、四、五层均采用双向正交正方桁架＋钢筋桁架楼承板，屋盖采用双向正交正方桁架和轻质屋面板，跨度均为 39m×46.8m。三、四、五层及屋顶层桁架高分别为 2.8m、2.9m、3.3m 及 2.0m，网格间距为 3.9m，桁架形式均采用对接斜腹杆且无中腹杆，屋盖在周边及中部上下弦设置横向支撑以保证屋盖的整体性，如图 2.10.3-2、图 2.10.3-4 所示。

（3）悬挑部分

四层最大悬挑长度为 13.65m，桁架高度为 2900mm；五层相应位置桁架高度为 1500mm，同时此处为室外屋面，此桁架单独悬挑不能满足要求，因此通过设置腰桁架以及斜拉杆的形式，使两层桁架共同工作，如图 2.10.3-5 所示：

五层最大悬挑长度为 19.5m，建筑对此处梁高限制为 1m，同时此处建筑功能为网球场，荷载较大，单纯的悬挑不能满足要求；与五层对应位置处，屋顶层桁架高度为 2m，因此，初步的做法是采用屋顶层桁架下挂五层楼板的形式，结构布置如图 2.10.3-6 所示。

计算结果表明，此方案结构变形远远大于规范限值，不能满足规范要求；因此，基于此方案，在核心筒位置增加整层高伸臂，同时在原来仅有竖杆的基础上增加斜撑，使其成为腰桁架，腰桁架支撑于伸臂桁架，结构布置如图 2.10.3-7 所示。

此方案采用伸臂桁架和腰桁架以及楼层悬挑桁架共同工作，进而形成空间整体刚度，

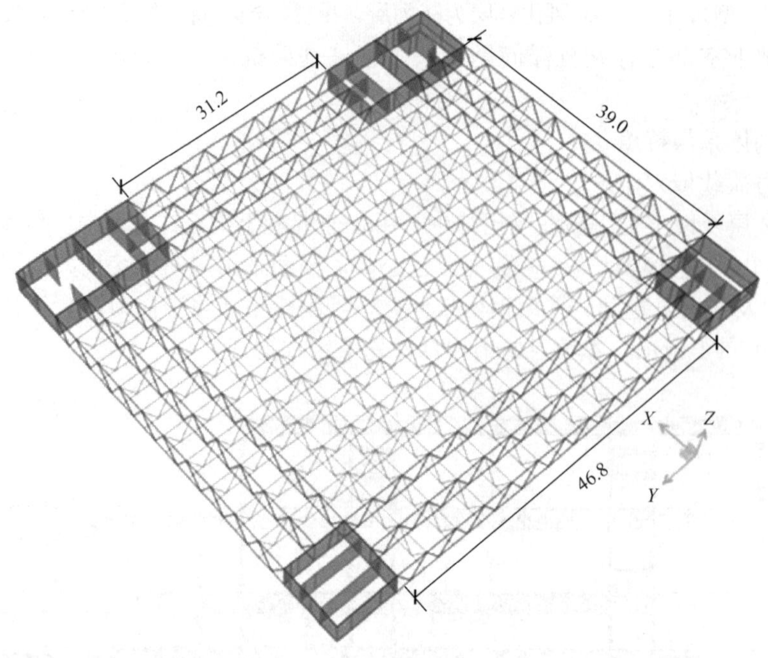

图 2.10.3-2　桁架布置示意图（单位：m）

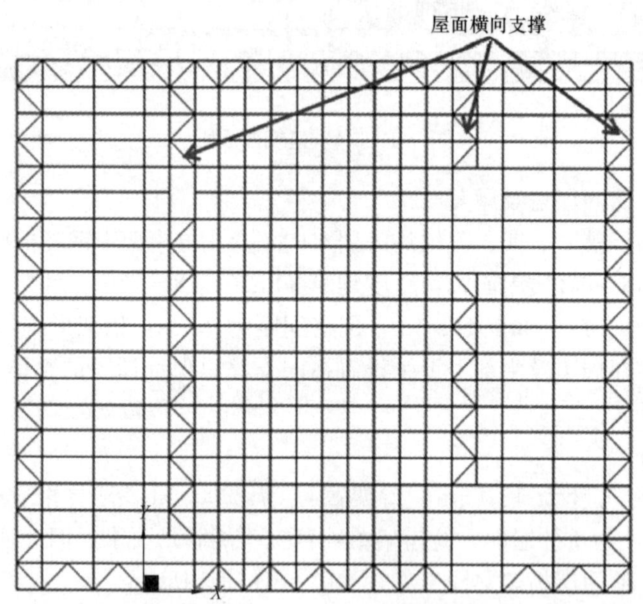

图 2.10.3-3　屋面桁架布置（屋面周圈及中间布置横向支撑）

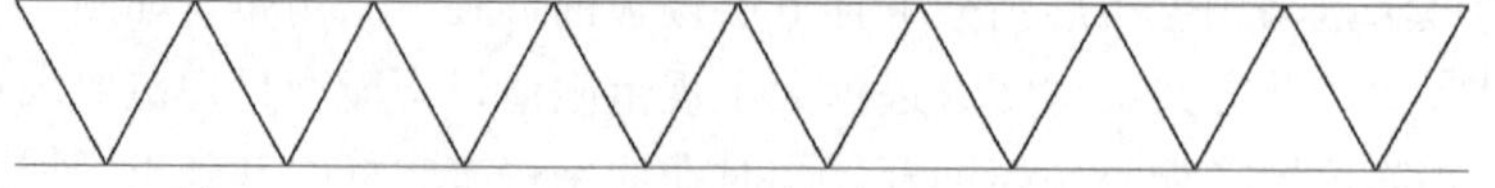

图 2.10.3-4　桁架形式

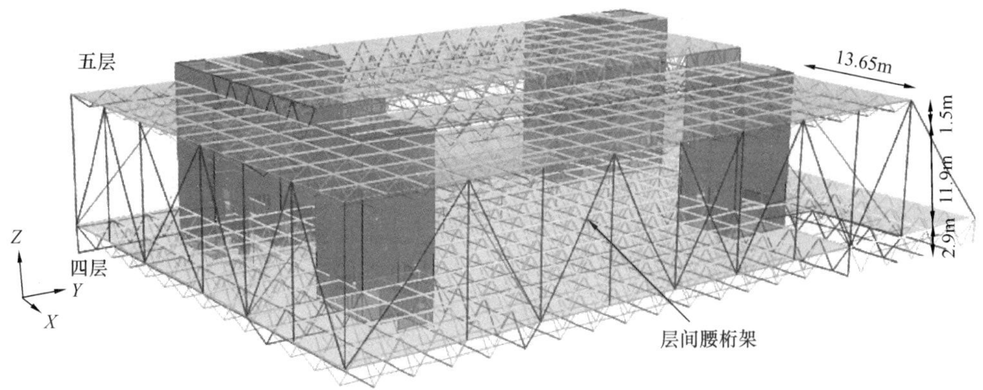

图 2.10.3-5 四层悬挑位置腰桁架及拉杆布置图

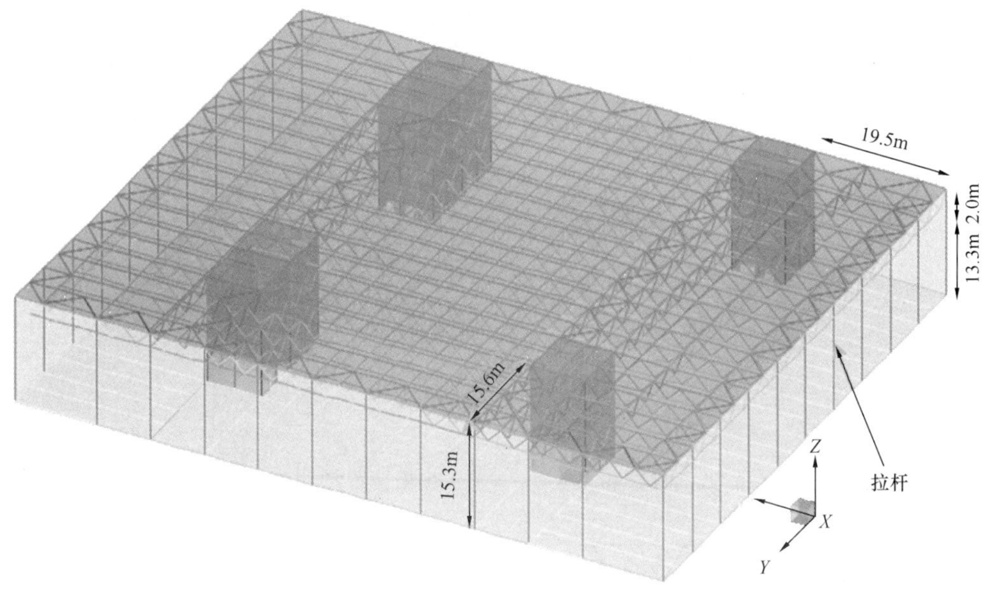

图 2.10.3-6 五层悬挑位置悬挑桁架和拉杆布置图

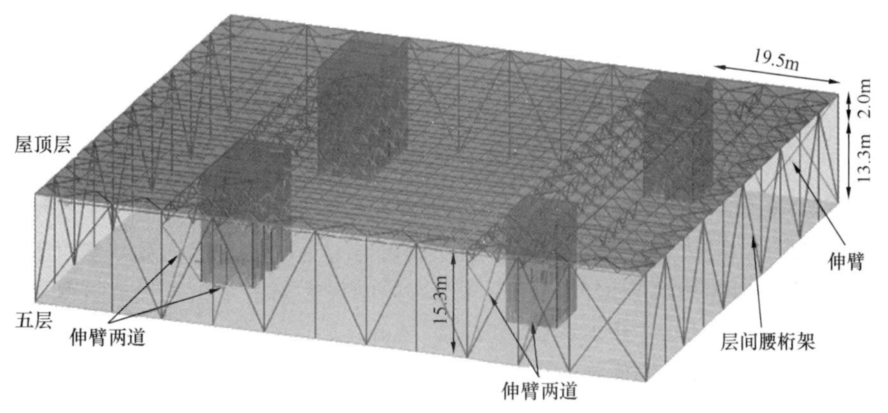

图 2.10.3-7 五层悬挑位置腰桁架及伸臂布置图

结构的变形基本上控制规范允许的范围。

（4）室外篮球场

三层东侧为室外篮球场，篮球场下层为游泳馆不能设置结构柱，故此处同样为大跨楼盖，跨度为 37.05m×78.6m，采用短边单向桁架和钢筋桁架楼承板，如图 2.10.3-8、图 2.10.3-9 所示，单向桁架两端支撑于框架柱、核心筒及主桁架上，框架柱采用钢管混凝土柱，长边设置两道正交桁架以提高楼盖的整体性；同时，此楼盖的恒活荷载均较大，框架柱间主桁架受力大，故在柱顶设置了柱帽；此位置桁架高度为 3.9m 和 3.0m，如图 2.10.3-8、图 2.10.3-9 所示。

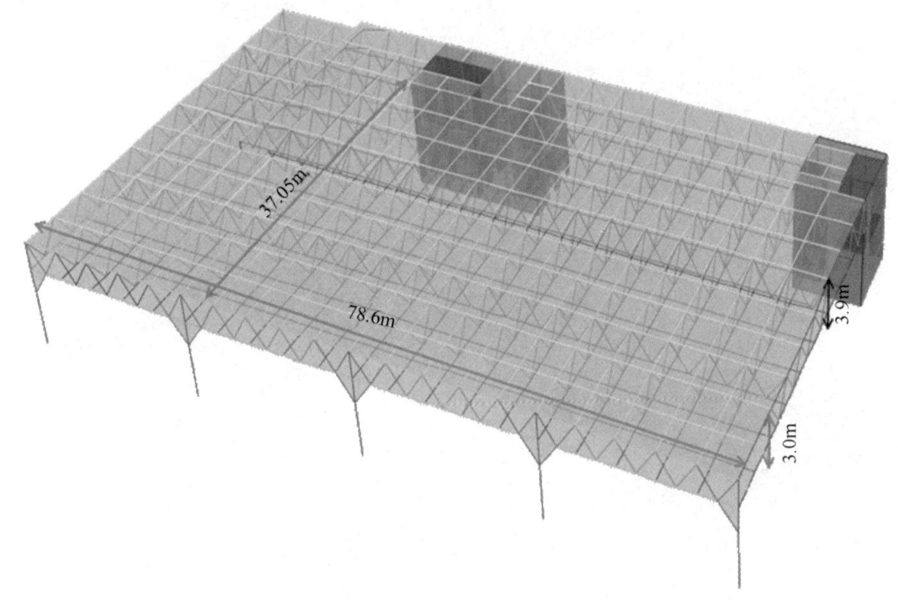

图 2.10.3-8　室外篮球场桁架布置

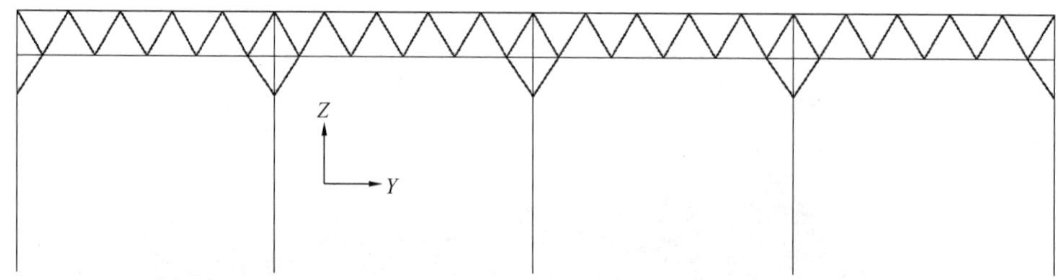

图 2.10.3-9　室外篮球场位置处框架柱间主桁架布置

（5）抗侧体系

本项目的使用功能为体育馆，由于各运动场馆对大空间的要求，在二层以上未设置框架柱，由六个核心筒作为抗侧构件，在相邻核心筒间设置三道主桁架形成抗侧体系，核心筒的尺寸为 7.8m×7.8m（4 个）及 7.8m×15.6m（2 个），核心筒外墙均为 600mm 厚，内墙 250mm 厚，同时各层楼板作为刚性隔板传递相应侧向荷载。结构的抗侧体系构成如图 2.10.3-10、图 2.10.3-12 所示。

杆件截面汇总（未注明者采用 Q345B 钢材）：

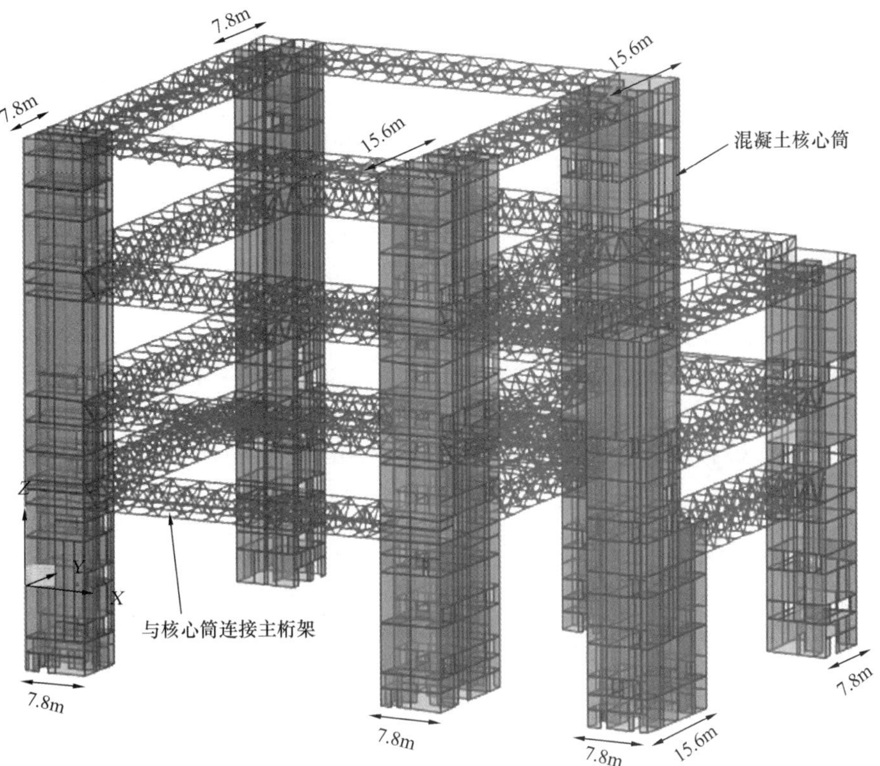

图 2.10.3-10 结构抗侧体系构成

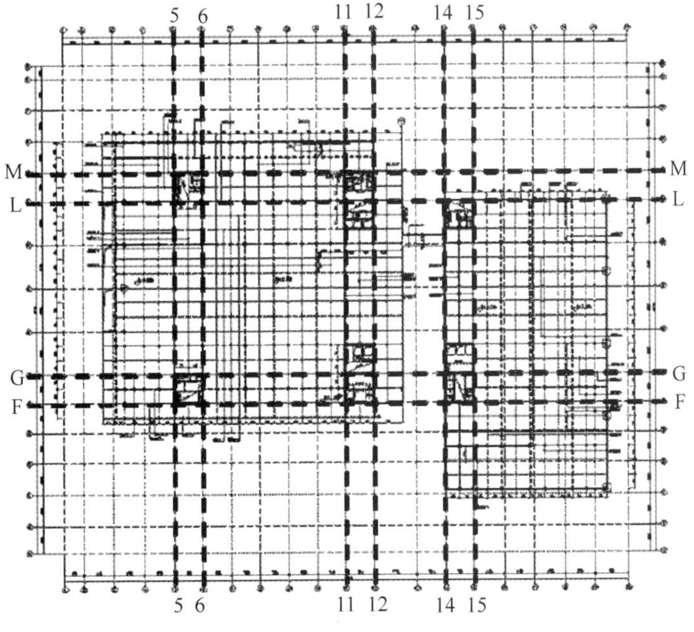

图 2.10.3-11 典型结构平面图

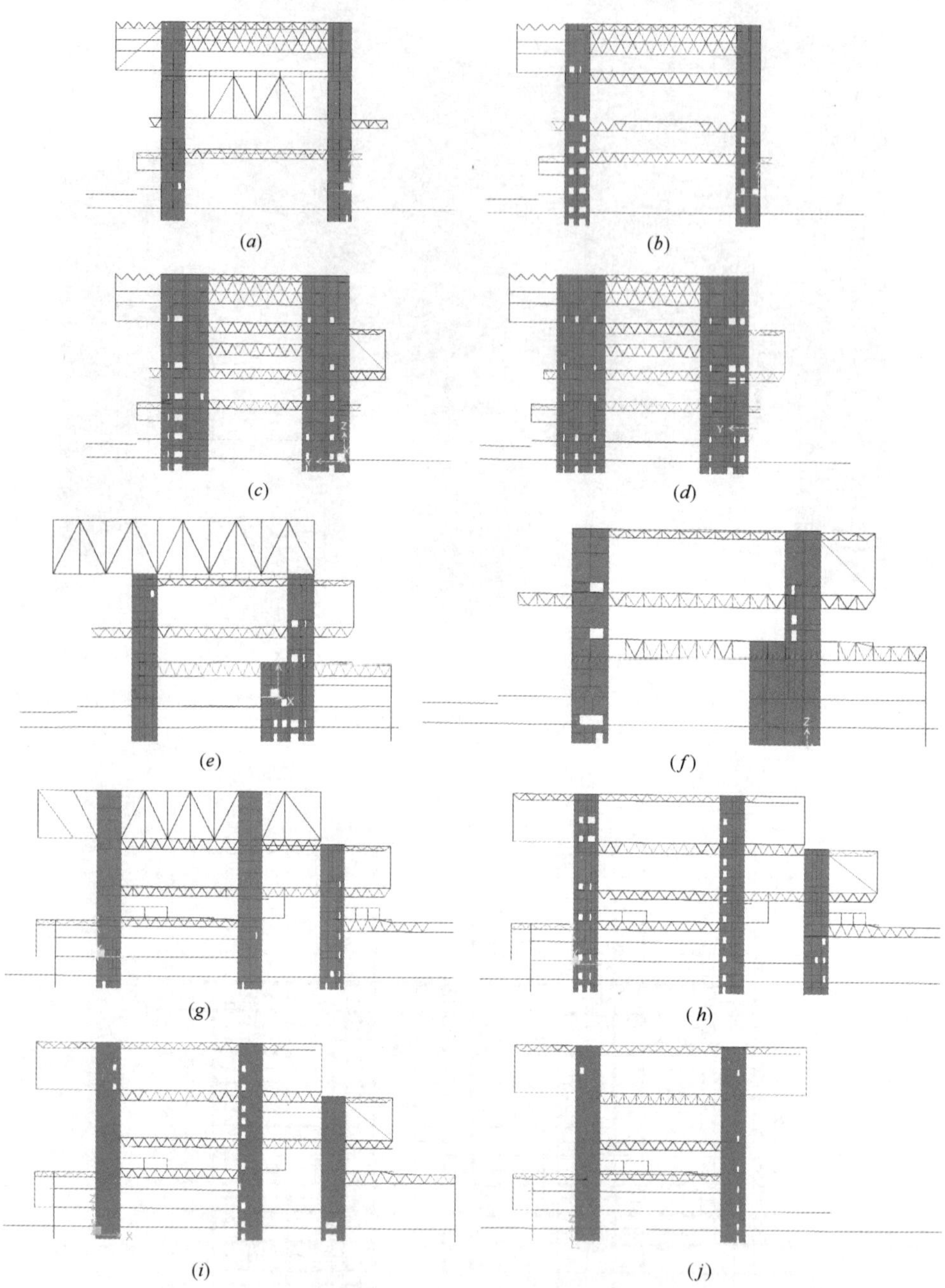

图 2.10.3-12 各轴结构布置图

(a) 5 轴结构布置；(b) 6 轴结构布置；(c) 11 轴结构布置；
(d) 12 轴结构布置；(e) 14 轴结构布置；(f) 15 轴结构布置；
(g) F 轴结构布置；(h) G 轴结构布置；(i) L 轴结构布置；
(j) M 轴结构布置

杆件截面表 **表 2.10.3-1**

构件类别	构件名称	规　　格
核心筒间主桁架	上、下弦杆	□350×550×34（Q420GJ）、□350×400×34（Q420GJ）、□350×14、□350×30（Q420GJ）、□350×20
	腹杆	□350×30（Q420GJ）、□350×26（Q420GJ）、□250×20、□250×16、□250×12
楼盖桁架	上、下弦杆	□500×16、□350×14、□250×12、□250×10、□250×8
	腹杆	□300×10、□250×12、□200×8、□150×6、□150×10
室外篮球场桁架	上、下弦杆	□350×30、□350×26、□350×20、□300×14、□300×10
	腹杆	□250×20、□250×12、□250×10、□200×8
钢管混凝土柱间桁架	上、下弦杆	□500×16
	腹杆	□300×22、□300×14、□300×10
伸臂桁架、腰桁架	上、下弦杆	□1000×500×25×25、□1000×500×35×35、□800×500×25×25
	腹杆	□500×34（Q420GJ）、□500×30、□500×20、□500×16
钢管混凝土柱		□800×800×25
楼面钢梁		工 1000×300×20×30、工 800×250×20×20、工 500×200×10×16

2.10.4 超限项判定及抗震性能目标

1. 超限项的判定

根据住房城乡建设部〔2015〕67 号《超限高层建筑工程抗震设防专项审查技术要点》相关条款，同时结合本工程情况。本工程有扭转不规则、楼板不连续、尺寸突变以及局部穿层柱共 4 项一般超限项，和 1 项大跨空间结构超限项，本工程属于超限高层建筑。

2. 抗震性能目标

按照高规的要求，本工程整体结构抗震性能目标拟达 C 级。由于本结构中剪力墙为支撑上部结构唯一的竖向构件，因此提高剪力墙在设防烈度地震下的性能等级，抗震设防性能目标进行细化如表 2.10.4-1。

抗震性能目标细化 **表 2.10.4-1**

地震烈度水准	多遇地震	设防烈度地震	罕遇地震	关键构件判别
最大位移角	1/1000		1/120	
混凝土剪力墙	弹性	正截面承载力弹性 受剪承载力弹性	正截面、抗剪均不屈服	关键构件
钢管混凝土柱	弹性	正截面承载力不屈服 受剪承载力弹性	正截面、抗剪均不屈服	关键构件
上部楼、屋盖与剪力墙连接的桁架端部构件、节点	弹性	正截面承载力弹性 （应力比小于 0.9）	正截面不屈服 （应力比小于 1.0）	关键构件
上部楼、屋盖与剪力墙连接的伸臂桁架、腰桁架、拉杆	弹性	正截面承载力弹性 （应力比小于 0.9）	正截面不屈服 （应力比小于 1.0）	关键构件
下部混凝土柱、钢柱	弹性	正截面承载力不屈服 受剪承载力弹性	少量进入塑性	普通竖向构件
混凝土框梁	弹性	少量进入塑性	部分进入塑性	耗能构件

2.10.5　小震和风力作用分析

1. 计算分析参数的选取

主要输入参数如下：

（1）下部结构承台面为固定端，结构嵌固端为基础顶，模型为地下二层加地上五层，共七层；

（2）楼屋盖杆件采用 Frame 单元，桁架弦杆连续，腹杆与弦杆连接采用刚接计算。初步设计阶段计算杆件应力比时利用虚面来施加钢结构楼屋面静荷载。计算结构指标、频率时混凝土楼板及剪力墙采用 shell 单元，除位移比、刚度比计算按照刚性隔板外，其余按弹性楼板计算；

（3）阻尼比采用 0.03；

（4）抗震设防烈度为 7 度，基本地震加速度为 0.1g，第一组。

2. 主要计算分析结果

（1）周期与振型

模型共计算了 30 个振型，此处仅截取前 6 个振型和第 30 个振型，如表 2.10.5-1 所示，计算模型在两个方向的质量参与系数均大于 90%；前三阶结构振型如图 2.10.5-1 所示，结构第一扭转周期与第一平动周期比值为 0.67，满足规范要求。

结构周期模态计算结果　　　　**表 2.10.5-1**

阶数	周期（s）	质量参与系数							
		U_x	U_y	U_z	SumU_X	SumU_Y	SumU_Z	R_z	SumR_Z
1	0.925	0.440	0.021	0.000	0.440	0.021	0.000	0.147	0.147
2	0.816	0.087	0.225	0.000	0.526	0.247	0.000	0.019	0.166
3	0.618	0.004	0.179	0.002	0.531	0.426	0.002	0.261	0.426
4	0.599	0.024	0.003	0.019	0.555	0.429	0.021	0.008	0.435
5	0.565	0.000	0.007	0.003	0.555	0.436	0.024	0.006	0.441
6	0.552	0.001	0.129	0.001	0.556	0.565	0.025	0.091	0.532
30	0.055	0.036	0.003	0.000	0.986	0.984	0.163	0.002	0.856

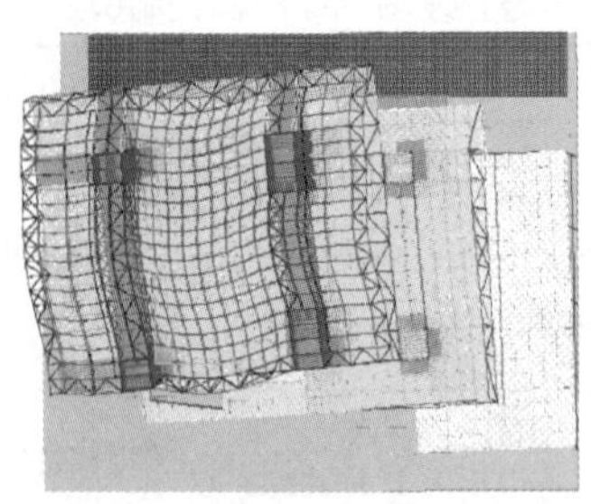

T_1=0.925s（X向平动）

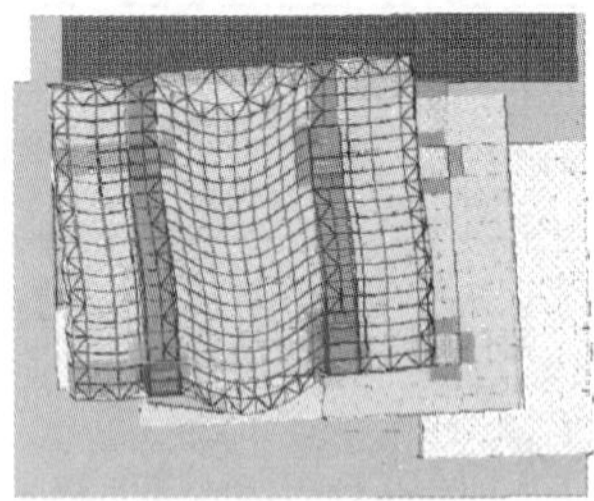

T_2=816s（Y向平动）

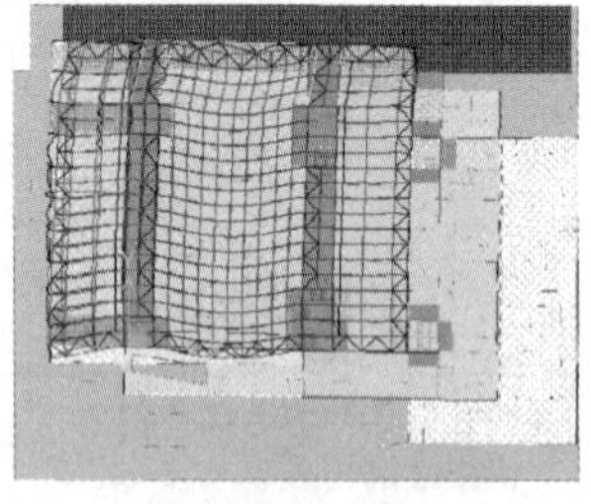

T_3=0.618s（绕Z轴转动）

图 2.10.5-1　结构振型图

（2）层间位移角

由于模型中未考虑地下室外墙以及地下室周边土体的约束作用，统计风荷载和地震作用下的位移角时均从地下二层开始，楼层的层间位移角及位移比统计结果如图 2.10.5-2 所示。

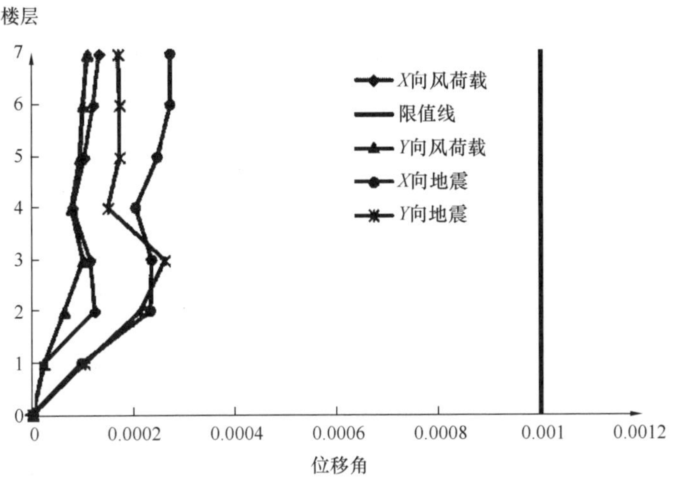

图 2.10.5-2　最大层间位移角简图

由上图可知，结构在各工况下楼层的最大层间位移角为 1/3660（X 向地震作用下），远小于规范限值 1/1000，结构具有足够的抗侧刚度。

（3）扭转位移比

楼层偏心地震（规定水平力）工况下的位移比　　表 2.10.5-2

层号	X 向地震		Y 向地震	
	位移比	层间比	位移比	层间比
7	1.15	1.07	1.29	1.14
6	1.20	1.20	1.38	1.31
5	1.21	1.30	1.42	1.44
4	1.26	1.23	1.56	1.52

由于本工程底部两层为地下室，3 层仅为局部夹层，4 层为运动场馆位置，因此统计位移比时从 4 层开始。由表 2.10.5-2 可知，X 向最大位移比为 1.26，最大层间位移比为 1.3，大于规范限值 1.2，但小于 1.5；Y 向最大位移比为 1.56，最大层间位移比为 1.52，大于规范限值 1.5。由《高规》3.4.5 条注 2，当楼层的最大层间位移角不大于本规程 3.7.3 条规定的限值（1/1000）的 40%时，该楼层的最大层间位移比限值可放松到 1.6，由表 2.10.5-2 可知结构在 Y 向地震下 4 层位移比达到 1.56，主要因为在 4 层（地上第三层）以下结构在东侧仅有一榀框架，此榀框架仅一层高，其变形相对中间核心筒较柔，故在偏心地震下扭转较大，但本结构的最大层间位移角为 1/3660，仅为规范限值的 0.27 倍，满足规范要求。

（4）剪重比

楼层的剪重比如图 2.10.5-3 所示：

由上图可知，楼层的最小剪重比为 2.7%，满足规范限值 1.6%要求。

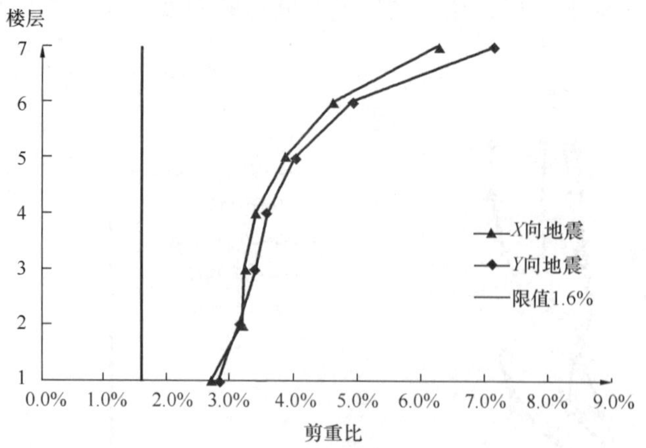

图 2.10.5-3 地震工况楼层剪重比简图

（5）基底剪力和倾覆力矩

本部分内容略。

（6）刚重比

结构在规定水平力作用下的刚重比 X 向为 14.6，Y 向为 21.7，满足规范限值 1.4 的要求，且大于 2.7，结构整体稳定，且可不考虑重力二阶效应。

（7）软弱层与薄弱层判断

依据《高层建筑混凝土结构技术规程》3.5.2 条第 2 款，采用下式计算楼层的侧向刚度比，见表 2.10.5-3。

$$\gamma=V_i \cdot \Delta i+1 \cdot h_i \ (V_i+1 \cdot \Delta i \cdot h_i+1)$$

楼层刚度比计算结果 **表 2.10.5-3**

层号	X 向	Y 向
7	1.00	1.00
6	2.83	1.56
5	1.27	1.33
4	1.61	1.34
3	1.06	0.97
2	1.50	1.34
1	1.95	1.86

以上刚度比数值为本层侧移刚度与本层层高的乘积与上一层侧移刚度与上层层高的乘积的比值，楼层侧向刚度比均大于 0.9，底部嵌固层最小刚度比为 1.86>1.5，满足规范要求；此外，结构在 6 层侧向刚度突然变大，是由于 6 层以上核心筒筒体由 6 个核心筒变为 4 个，结构的抗侧刚度相对变弱。

（8）弹性时程分析

采用两组实际地震波和一组人工模拟的加速度时程曲线（TH003、TH3、RH3），本节主要对节点的时程分析结果进行相应说明，具体选定节点位置见图 2.10.5-5。

钢结构屋盖跨中大跨部位节点（节点 8185）以及大悬挑端部节点（9521）水平位移

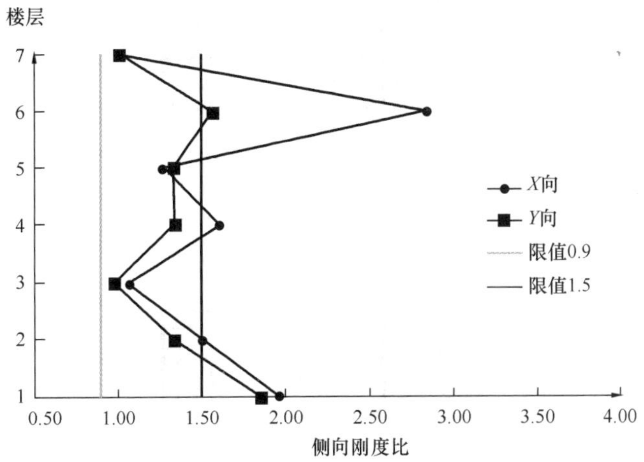

图 2.10.5-4 楼层刚度比简图

及加速度时程响应的计算结果可知：

1）钢结构屋盖大悬挑端部节点（9521号节点）水平位移为 X 向 14.46mm、Y 向 9.47mm，竖向位移最大值为 8.373mm（挠跨比为 1/2329），水平加速度最大值为 X 向 89.71cm/s^2、Y 向 63.78cm/s^2，竖向加速度最大值为 72.15cm/s^2；

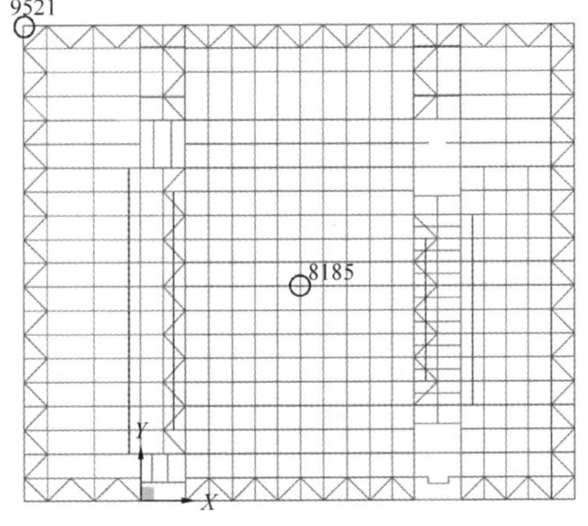

图 2.10.5-5 位移及加速度观察点选取示意图

2）钢结构屋盖大跨跨中节点（8185号节点）水平位移为 X 向 14.18mm、Y 向 36.18mm，竖向位移最大值为 1.229mm（挠跨比为 1/31733），水平加速度最大值为 X 向 187.2cm/s^2、Y 向 391cm/s^2，竖向加速度最大值为 39.83cm/s^2；

3）悬挑端节点加速度峰值相对于输入地震波峰值 35cm/s^2 放大了约 2.6 倍，大跨跨中节点加速度峰值相对于输入地震波峰值 35cm/s^2 放大了约 11.17 倍；

4）上部钢结构的加速度响应峰值较地表放大，这主要是由于上部钢结构屋盖支承在下部混凝土核心筒之上，地震作用由地表传至结构顶面时，地震波存在放大效应，从而进一步论证了结构整体总装的必要性。

2.10.6 中震作用下构件的验算

1. 剪力墙正截面验算（中震弹性）

剪力墙是核心筒的组元，核心筒屈服承载力的计算存在困难，目前均化解为组成核心筒的各片剪力墙的承载力计算，这里采用 Xtract，计算各片剪力墙的承载力。计算钢筋混凝土剪力墙时采用 N-M 包络线验算。由于篇幅所限，在此仅给出每层中受力较大墙体的正截面弹性验算结果，墙体及端柱配筋按照构造要求配筋。1 层墙编号如图 2.10.6-1 所示。

剪力墙正截面验算结果如图 2.10.6-2（各包络曲线图中 N 为正表示受压，负表示受拉）。结果表明，剪力墙的受弯承载力均满足中震弹性要求。

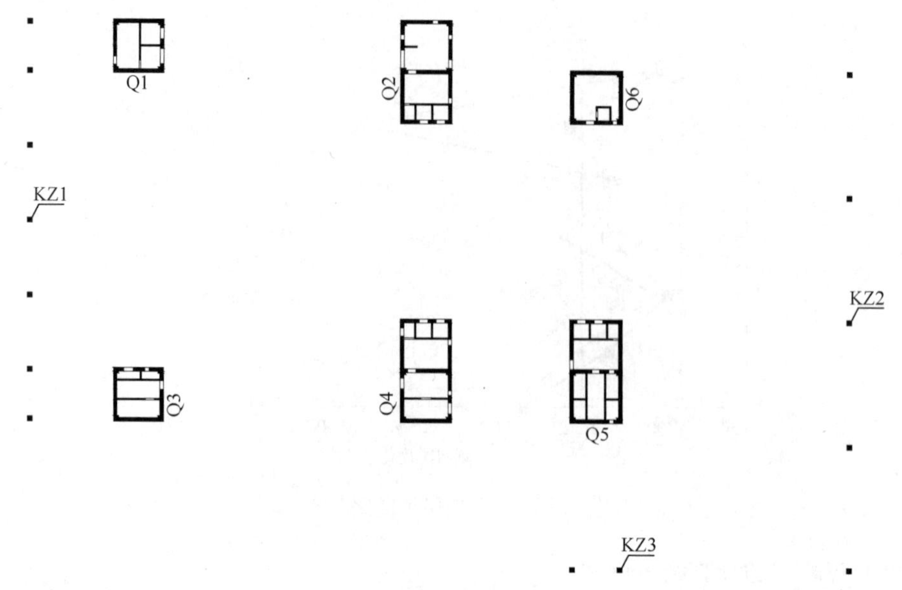

图 2.10.6-1　1 层墙编号

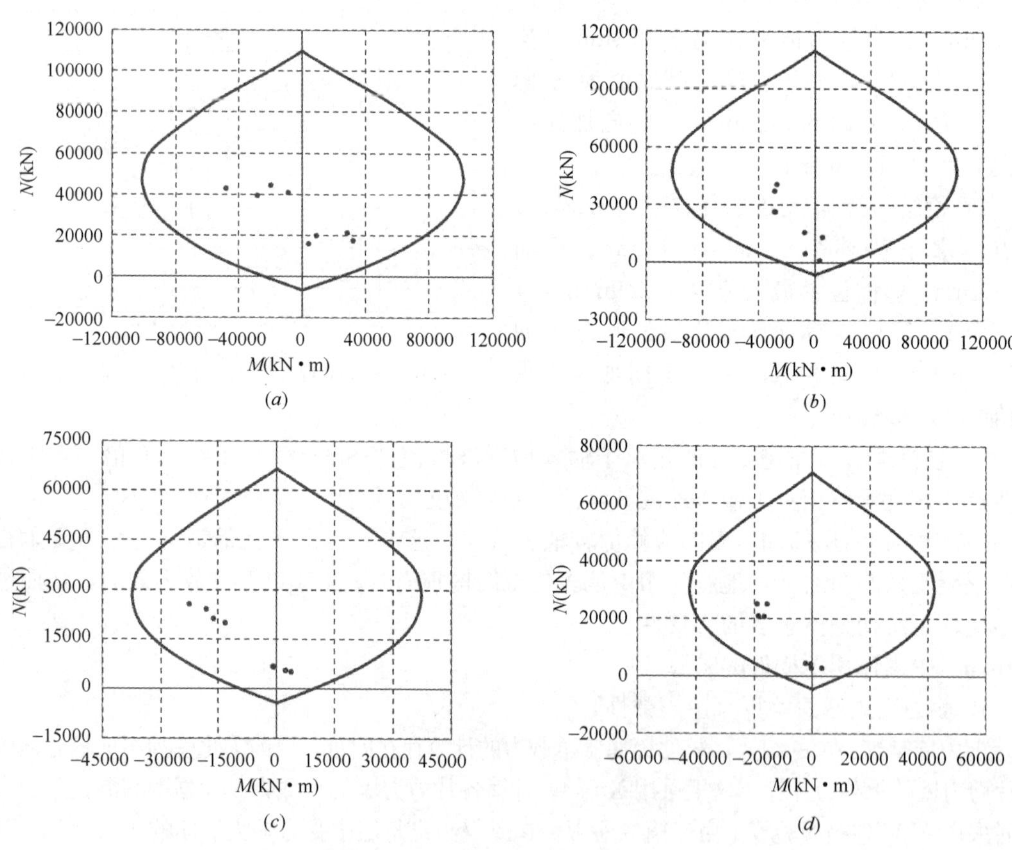

图 2.10.6-2　剪力墙正截面验算（一）

(*a*) Q1 第 1 层；(*b*) Q2 第 1 层；(*c*) Q3 第 1 层；(*d*) Q4 第 1 层

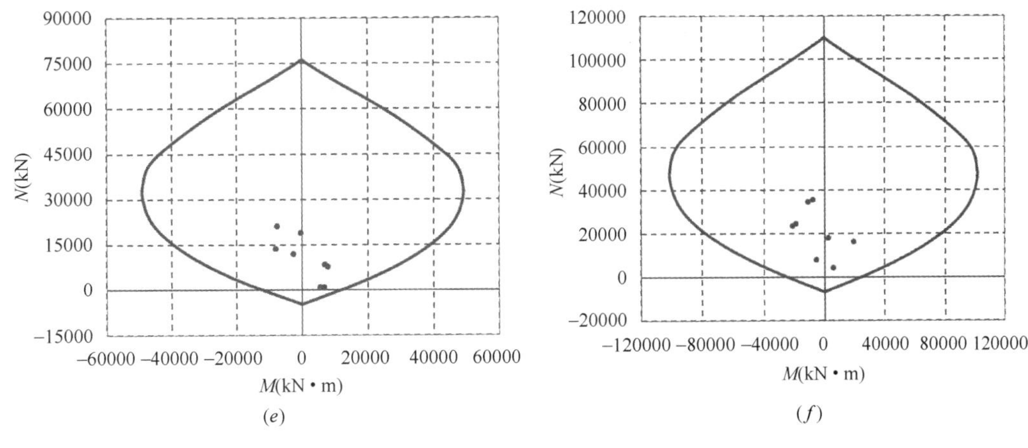

图 2.10.6-2 剪力墙正截面验算（二）

(e) Q5 第 1 层；(f) Q6 第 1 层

2. 剪力墙截面受剪验算

中震作用下，结构底部核心筒剪力墙所承受的地震剪力最大，同时剪力墙所受的重力荷载也最大；结构顶部核心筒剪力墙所承受的地震剪力较小，同时剪力墙所受的重力荷载也较小，篇幅所限，在此仅给出结构底部及顶部的剪力墙抗剪承载力验算结果，以此代表剪力墙在中震作用下的抗剪能力，计算结果如表 2.10.6-1 所示：

L1 底部加强区剪力墙抗剪截面验算　　表 2.10.6-1

墙编号	构件尺寸			f_c 设计值 (N/mm²)	β_c	α_s	剪力 (kN)	剪压比	限值	判断
	层高 (mm)	截面高度 (mm)	截面宽度 (mm)							
Q1	6000	7800	600	19.1	1	30	5164.07	0.058	0.15	OK
Q2	6000	7800	600	19.1	1	30	5250.72	0.059	0.15	OK
Q3	6000	4700	600	19.1	1	30	5031.00	0.094	0.15	OK
Q4	6000	5000	600	19.1	1	30	4261.20	0.075	0.15	OK
Q5	6000	5400	600	19.1	1	30	6246.87	0.102	0.15	OK
Q6	6000	7800	600	19.1	1	30	4802.49	0.054	0.15	OK

通过核心筒墙肢抗剪截面验算以及 B2、L5 层抗剪承载力验算结果可知，核心筒墙肢底部加强楼层及一般楼层墙肢抗剪截面以及抗剪承载力均满足要求，能够达到相应的性能目标。

3. 剪力墙截面受拉验算

由于结构上部有大悬挑，核心筒剪力墙在大悬挑结构作用下墙肢可能会出现拉力，因此，检查剪力墙墙肢的拉应力水平非常重要。对中震正截面验算时所选墙体进行拉应力水平检查，计算结果如表 2.10.6-2。

剪力墙抗拉承载力验算 **表 2.10.6-2**

层号	墙编号	构件尺寸			墙肢拉力(kN)	墙肢拉应力(N/mm^2)	限值(f_{tk})	判断
		层高(mm)	截面高度(mm)	截面宽度(mm)				
L4	Q1	15200	7800	600	188.30	0.04	2.39	OK
	Q2	15200	7800	600	—	—	2.39	OK
	Q3	15200	4700	600	4644.40	1.65	2.39	OK
	Q4	15200	5000	600	—	—	2.39	OK
	Q5	15200	7800	600	—	—	2.39	OK
	Q6	15200	3700	600	—	—	2.39	OK
L5	Q1	15300	5200	600	1863.40	0.60	2.39	OK
	Q2	15300	7800	600	1508.33	0.32	2.39	OK
	Q3	15300	7800	600	6761.25	1.44	2.39	OK
	Q4	15300	5000	600	—	—	2.39	OK

由表 2.10.6-2 计算可知，墙体的最大拉应力均小于混凝土的抗拉强度标准值，满足规范要求；同时，由于上部桁架需要，核心筒剪力墙体中已埋入钢骨，因此，剪力墙体的受拉能够满足要求。

4. 钢管混凝土柱中震验算

钢管混凝土柱在模型中按照钢结构进行设计，在中震弹性的设计工况下，最大应力比如图 2.10.6-3 所示。由图可知，钢管混凝土柱能够满足中震作用下正截面不屈服、抗剪弹性要求。

图 2.10.6-3　最大应力比

5. 主桁架端部杆件以及伸臂与腰桁架杆件中震验算

中震弹性设计工况下，对混凝土剪力墙相连接主桁架端部杆件以及伸臂与腰桁架杆件应力进行复核，由于篇幅所限，此处仅给出受力较大构件，三层桁架以及五层伸臂与腰桁架，应力比计算结果，见图 2.10.6-4、图 2.10.6-5。图 2.10.6-6 给出中震弹性设计时杆件的组合应力分布结果。

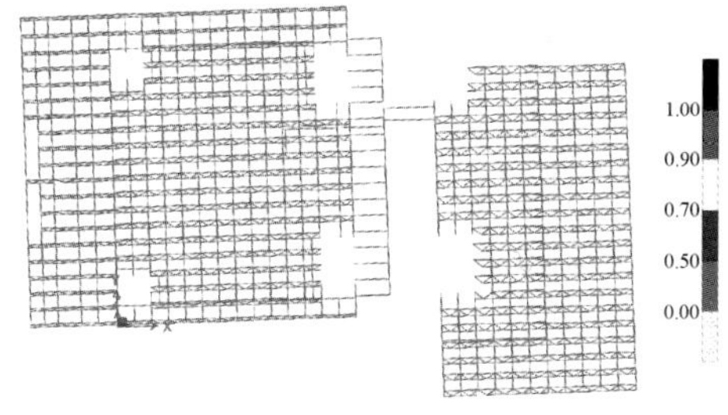

图 2.10.6-4　三层桁架应力比图

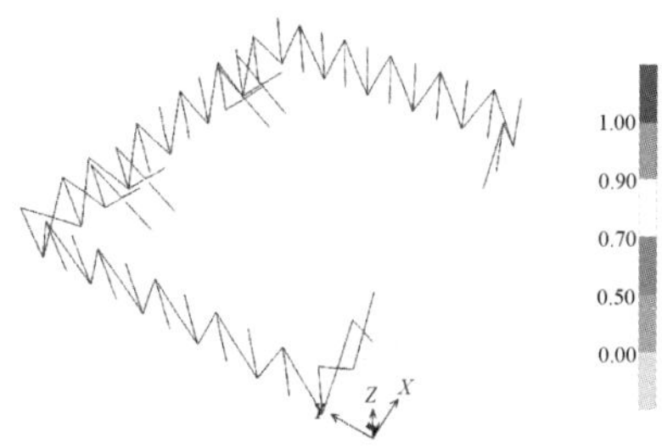

图 2.10.6-5　五层伸臂及腰桁架应力比图

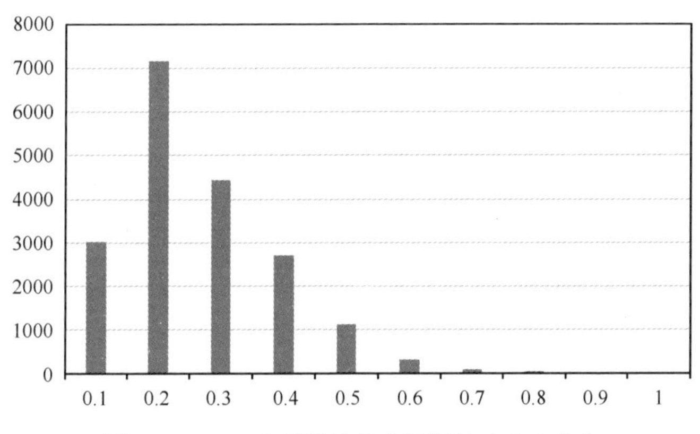

图 2.10.6-6　中震设计组合下杆件应力比分布

由图 2.10.6-4～图 2.10.6-6 可知，与混凝土剪力墙相连接主桁架端部杆件以及伸臂与腰桁架杆件在中震弹性设计组合作用下应力比均满足要求，因此，与混凝土剪力墙相连接主桁架端部杆件以及伸臂与腰桁架杆件能够满足中震作用下正截面弹性的要求。另外，由中震设计组合下杆件应力比分布可知，杆件应力比基本上都在 0.7 以下，结构满足设计要求。

2.10.7　大震作用下的弹塑性动力时程分析

本工程选用北京迈达斯技术有限公司开发研制的 MIDAS BUILDING 系列软件中的结构大师（STRUCTURE MASTER）进行大震作用下的动力弹塑性时程分析。选取两组强震天然波（TH003、TH3）及一组人工模拟的加速度时程曲线（RH3）。采用双向地震输入，主方向与次方向加速度峰值的比值为 1.0∶0.85。计算时考虑结构的 P-Δ 效应。

1. 整体分析结果

首先分析结构的整体反应指标，依此可以判断结构进入弹塑性状态的程度。

（1）X 方向的弹塑性分析结果

结构在大震作用下 X 方向的最大楼层位移曲线、最大层间位移角曲线、最大层间剪力曲线、顶点位移时程曲线、基底剪力时程曲线如图 2.10.7-1 所示，最大水平相对位移值及最大基底剪力值如表 2.10.7-1 所示。

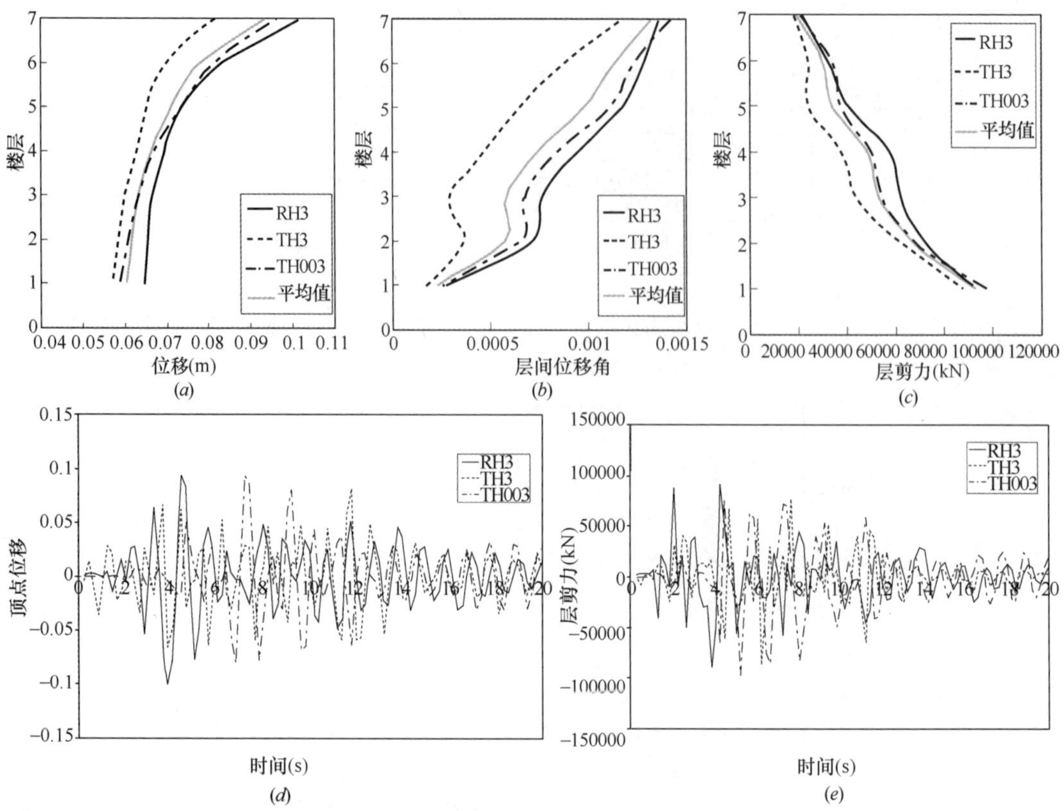

图 2.10.7-1　三组地震波作用下结构 X 向的反应曲线

（a）最大楼层位移曲线；（b）最大层间位移角曲线；（c）最大层间剪力曲线；（d）顶点位移时程曲线；（e）基底剪力时程曲线

三组地震波作用下的结构 X 向的最大基底剪力值和最大层间位移角值　表 2.10.7-1

地震记录	X 向最大基底剪力（1）	小震地震波作用（峰值加速度 35gal）X 向最大基底剪力（2）	（1）/（2）	X 向最大层间位移角（层号）
RH3	93021kN	21532kN	4.32	1/736（7F）
TH3	88005kN	18920kN	4.65	1/856（7F）
TH003	97806kN	18387kN	5.32	1/706（7F）
平均值	92944kN	19613kN	4.74	

（2）Y 方向的弹塑性分析结果

结构在大震作用下的 Y 方向的最大楼层位移曲线、最大层间位移角曲线、最大层间剪力曲线、顶点位移时程曲线、基底剪力时程曲线如图 2.10.7-2 所示，最大水平相对位移值及最大基底剪力值如表 2.10.7-2 所示。

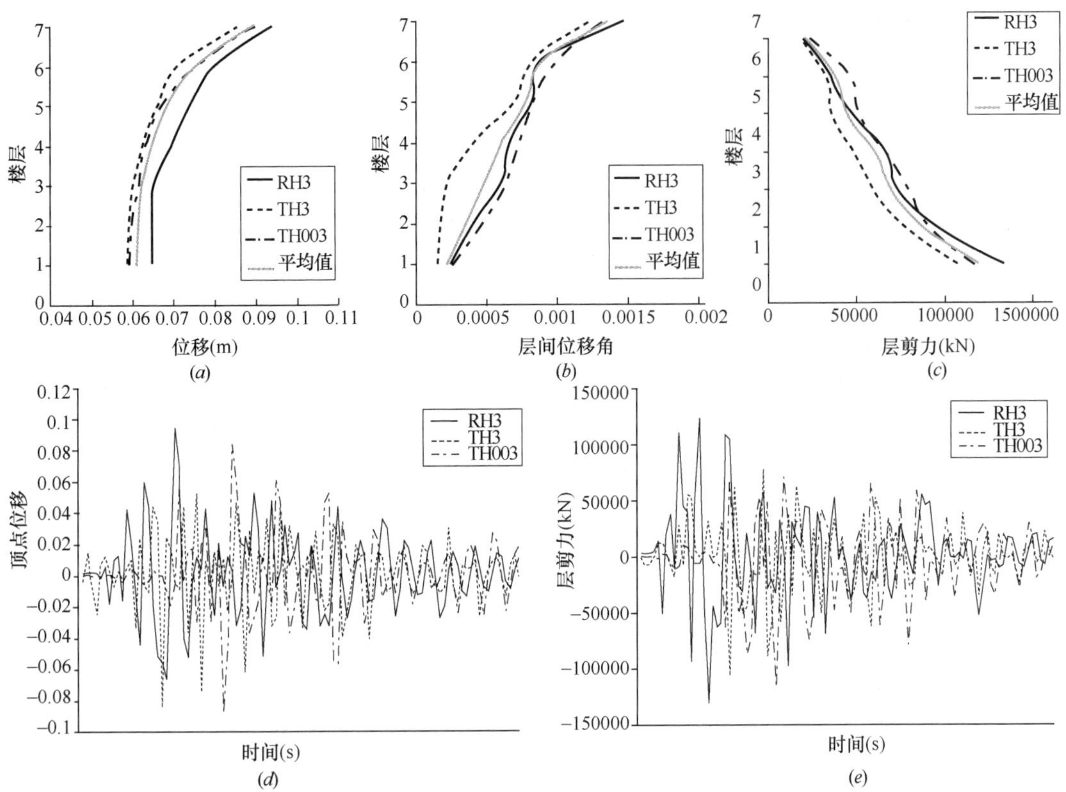

图 2.10.7-2　三组地震波作用下结构 Y 向的反应曲线

（a）最大楼层位移曲线；（b）最大层间位移角曲线；（c）最大层间剪力曲线；（d）顶点位移时程曲线；（e）基底剪力时程曲线

三组地震波作用下的结构 Y 向的最大基底剪力值和最大层间位移角值　表 2.10.7-2

地震记录	Y 向最大基底剪力（1）	小震地震波作用（峰值加速度 35gal）Y 向最大基底剪力（2）	（1）/（2）	Y 向最大层间位移角（层号）
RH3	133742kN	25731kN	5.20	1/672（7F）
TH3	106780kN	21089kN	5.06	1/805（7F）
TH003	116543kN	20413kN	5.71	1/741（7F）
平均值	119022	22411kN	5.31	

由上述分析可以看出，X、Y 两个方向的最大层间位移角均小于《高规》中关于层间弹塑性位移角限值的要求，可以判断结构最终能保持基本直立，满足规范“大震不倒”抗倒塌的抗震设防基本要求。

2. 大震作用下结构构件的性能分析

评估结构构件抗震性能，结合程序特点，对于钢筋混凝土梁、柱等杆系构件，其采用的三折线铰类型输出两种状态：第1状态是开裂状态，第2状态是屈服状态，图例中用两种颜色区分，未进入第3状态表示该塑性铰处于CP阶段以内；同时，输出塑性应变以评价杆件所处的性能水准。

对于剪力墙单元，定义混凝土材料的五个等级用于表达混凝土材料所处的受力状态：第1等级定义为弹性状态，第2等级定义为开裂状态，第3等级定义为屈服前状态，第4等级定义为屈服状态，第5等级定义为极限状态。定义钢筋材料的五个等级用于表达钢筋所处的受力状态：第1等级定义为弹性状态，第2、3等级定义为屈服前状态，第4等级定义为屈服状态，第5等级定义为极限状态。定义钢筋混凝土剪力墙抗剪的五个等级用于表达钢筋混凝土构件的受剪状态：第1等级定义为弹性状态，第2、3等级定义为屈服前状态，第4等级定义为屈服状态，第5等级定义为极限状态。并根据材料发生的应变，判断构件所处的性能水准。鉴于篇幅所限，本部分仅给出波RH3作用下的结构及构件的性能。

① 剪力墙、框架柱

大震作用下剪力墙基本未发生剪切屈服，抗剪性能良好；大部分钢筋混凝土柱出现开裂，所有钢筋混凝土及钢框架柱均未出现抗剪及正截面屈服，满足性能目标要求。

② 网架端部杆件、伸臂桁架及腰桁架

根据前述的小中震分析可知，本项目的水平大跨、大悬挑网架结构主要受重力荷载工况控制，地震作用影响甚微，因此采用了小中震SAP总装模型将水平地震影响系数调至大震水平，阻尼比仍取0.03，进行大震等效弹性工况的复核，材料抗力以及地震作用效应均取标准值，如在大震等效弹性作用下对于网架端部杆件、伸臂桁架及腰桁架均能满足材料不屈服，即可认定其在大震弹塑性工况下能达到预期的不屈服性能目标。

根据计算结果其相应杆件均能达到不屈服性能水平，此处节选了受力较大的三层大跨网架和五层大跨、大悬挑网架计算结果，如图2.10.7-3所示。

3. 分析结论及建议

通过结构在大震作用下的动力弹塑性时程分析，可以得出如下结论及建议：

(1) 结构整体及主要构件在大震作用下能够满足抗震性能目标要求。

(2) 结构层间弹塑性位移及层间位移角均满足规范限值要求。

(3) 所有剪力墙混凝土受压在屈服前状态，剪力墙钢筋在屈服前状态，且未发生剪切屈服。

(4) 大部分钢筋混凝土框架柱进入开裂状态，但均未发生正截面及剪切屈服。满足性能目标要求。

(5) 所有钢框架柱未出现抗剪及正截面屈服，满足性能目标要求。

(6) 楼层网架端部杆件、伸臂桁架及腰桁架在大震作用下均满足不屈服性能水准。

2.10.8 结构专项分析

1. 施工模拟分析的必要性

本项目结构复杂，存在跨层支撑及吊挂构件；且施工方法对原设计可能存在较大的安

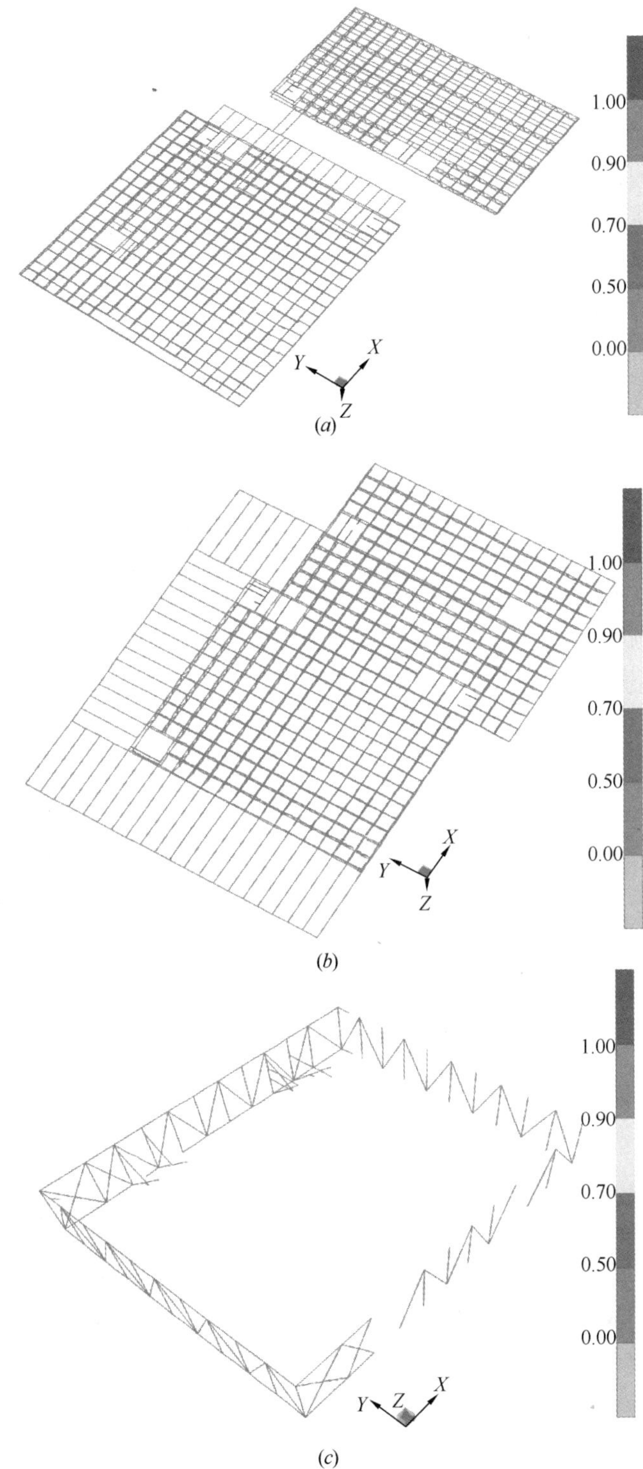

图 2.10.7-3 桁架杆件的屈服应力比结果

(*a*) 三层杆件屈服应力比；(*b*) 五层杆件屈服应力比；(*c*) 五层伸臂及腰桁架屈服应力比

全隐患，本节对施工过程进行模拟分析。

2. 结构施工过程分析

施工模拟过程如下：

第 1 步：地下室～5 层核心筒剪力墙及框架柱施工（筒体高度仅 54m，层数仅 4 层，筒体分段施工对施工模拟分析影响较小，故先施工完核心筒体）；

第 2 步：核心筒及框架柱间 3 层主桁架施工；

第 3 步：3 层次桁架及下挂构件施工；

第 4 步：3 层楼板施工；

第 5 步：4 层核心筒间主桁架施工；

第 6 步：4 层悬挑位置处设置临时支撑，临时支撑底部位于首层柱顶；

第 7 步：4 层次桁架及下挂构件施工；

第 8 步：4 层伸臂及外围腰桁架施工，腰桁架施工时设置临时支撑保证稳定性；

第 9 步：5 层核心筒间主桁架施工；

第 10 步：5 层次桁架施工；

第 11 步：拆除 4 层悬挑位置处临时支撑；

第 12 步：4 层楼板施工；

第 13 步：5 层楼板施工；

第 14 步：6 层核心筒间主桁架及东侧和南侧腰桁架施工；

第 15 步：5 层北侧和西侧悬挑处设置临时支撑，并施工北侧和西侧悬挑处的腰桁架下弦杆、筒支梁；

第 16 步：5 层北侧和西侧伸臂及腰桁架施工，腰桁架施工时设置临时支撑保证稳定性；

第 17 步：6 层次桁架施工；

第 18 步：拆除 5 层北侧和西侧悬挑处临时支撑；

第 19 步：5 层北侧和西侧悬挑处楼板及屋盖施工；

第 20 步：施加楼面附加恒载及幕墙和隔墙荷载；

第 21 步：施加楼面活载。

3. 施工模拟模型

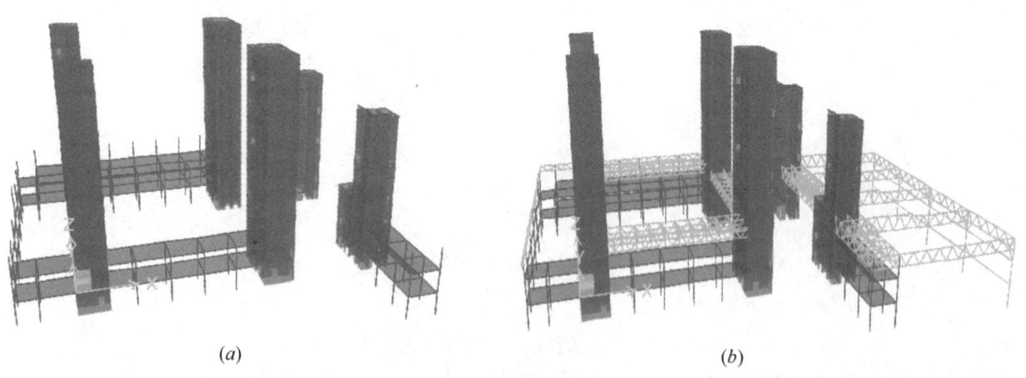

(*a*)　　(*b*)

图 2.10.8-1　施工步骤示意图（一）

(*a*) 第 1 步；(*b*) 第 2 步

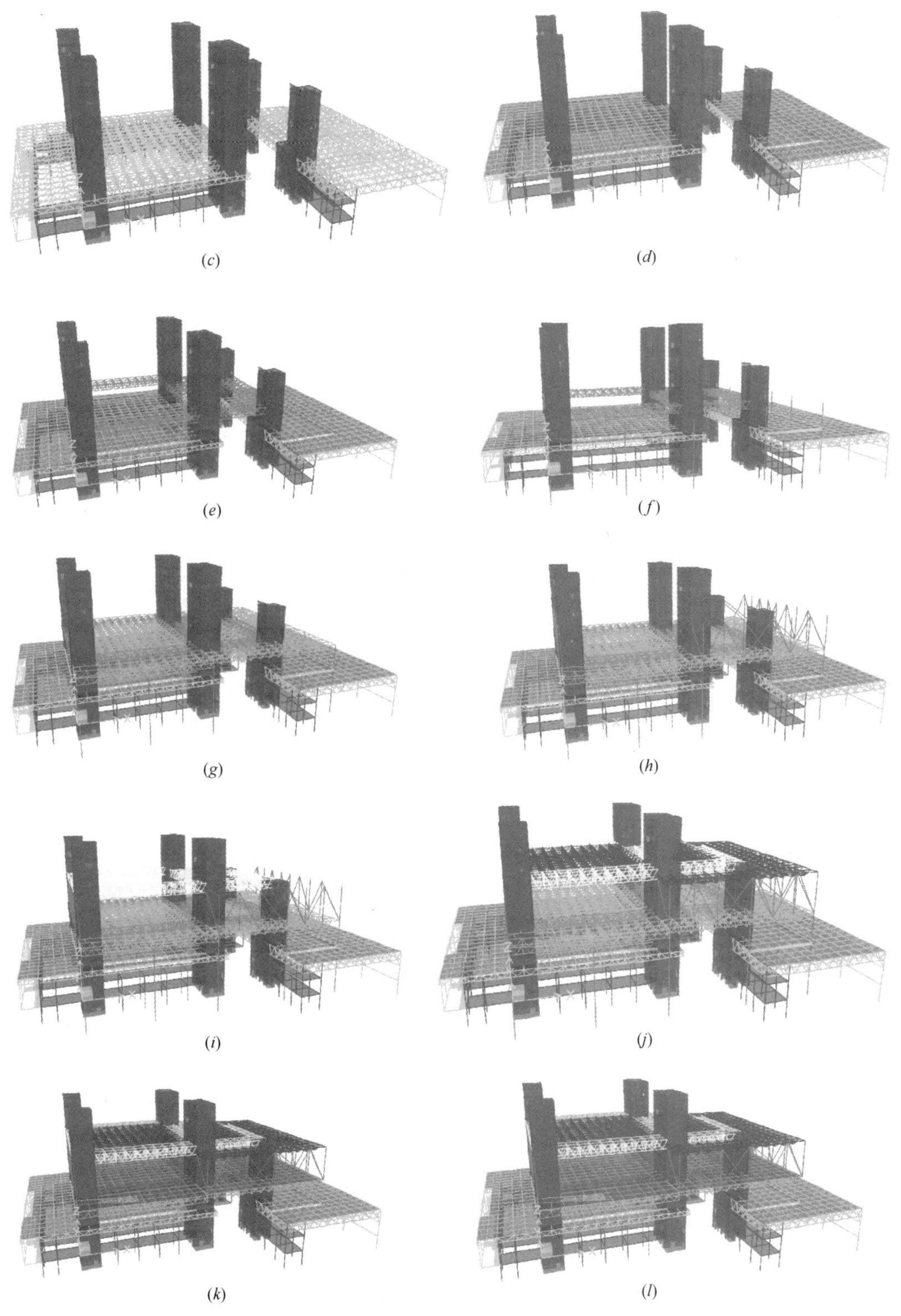

图 2.10.8-1 施工步骤示意图（二）

(c) 第 3 步；(d) 第 4 步；(e) 第 5 步；(f) 第 6 步；
(g) 第 7 步；(h) 第 8 步；(i) 第 9 步；(j) 第 10 步；(k) 第 11 步；(l) 第 12 步

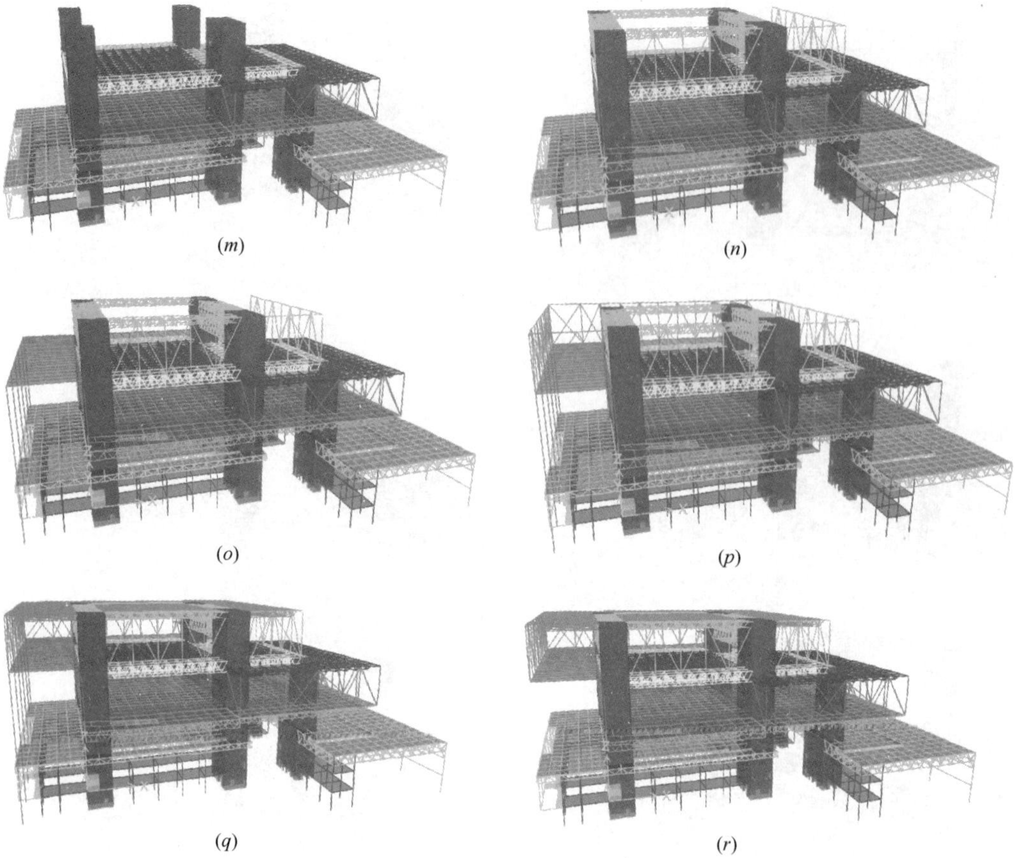

(*m*)　　(*n*)

(*o*)　　(*p*)

(*q*)　　(*r*)

图 2.10.8-1　施工步骤示意图（三）

（*m*）第13步；（*h*）第14步；（*o*）第15步；（*p*）第16步；（*q*）第17步；（*r*）第19步

4. 变形分析结果

结构在施工过程中的变形如图 2.10.8-2 所示：

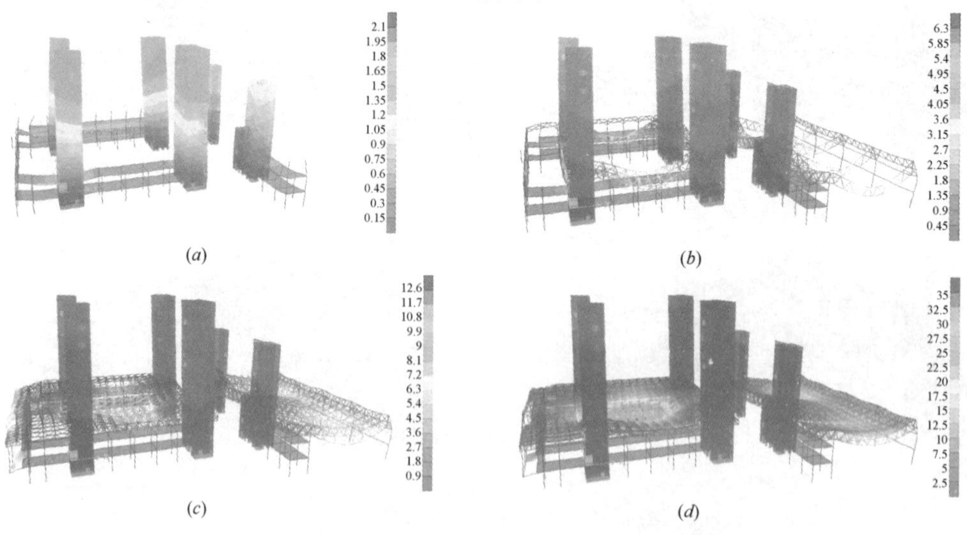

图 2.10.8-2　各施工步骤下结构变形图（一）

（*a*）第1步；（*b*）第2步；（*c*）第3步；（*d*）第4步

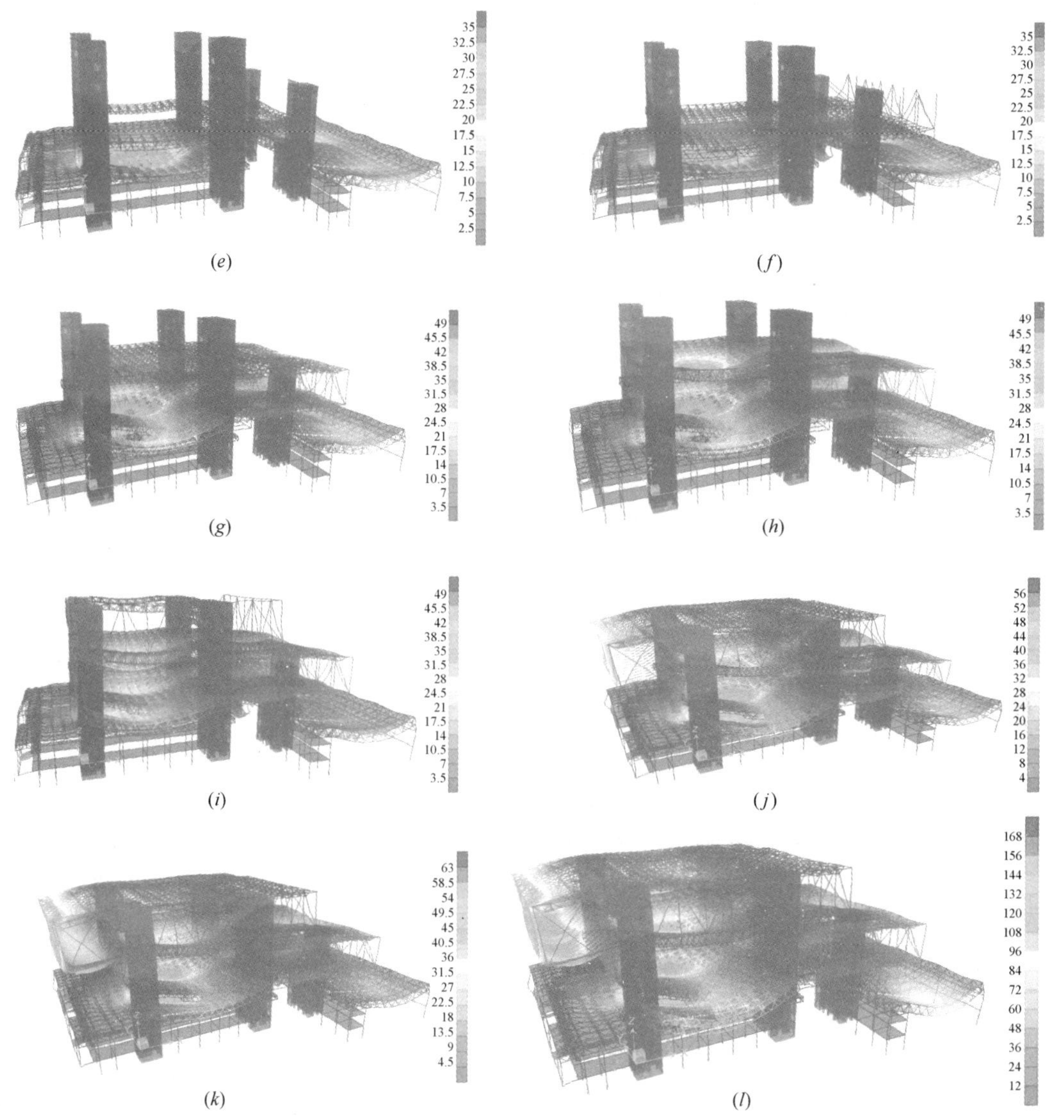

图 2.10.8-2 各施工步骤下结构变形图（二）
（*e*）第 5 步；（*f*）第 8 步；（*g*）第 12 步；（*h*）第 13 步；
（*i*）第 14 步；（*j*）第 18 步；（*k*）第 19 步；（*l*）第 21 步

从上图可以看出，施工模拟第 21 步结构的最大变形在 5 层悬挑 20m 处腰桁架的跨中，变形为 125mm，小于 130mm，满足要求。

5. 内力分析结果

取三层核心筒间靠内侧 6/G～L 轴处主桁架及四层 G/15～17 轴线、五层 5/M～P 轴线伸臂桁架对比分析。杆件编号见图 2.10.8-3，结果见表 2.10.8-1～表 2.10.8-3。

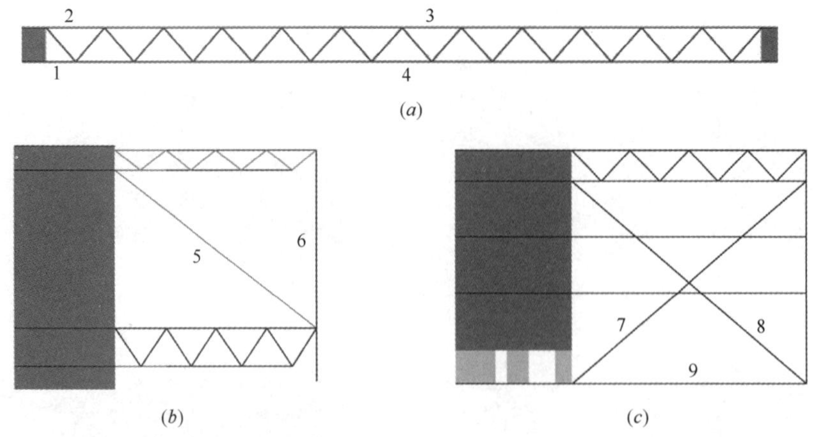

图 2.10.8-3 杆件编号图
(a) 三层 6/G～L 轴桁架杆件；(b) 4 层 G/15～17 轴线伸臂杆件；(c) 5 层 5/M～P 轴线伸臂杆件

1～4 号杆件内力比较 **表 2.10.8-1**

杆件编号	轴力(kN)					
	施工模拟第 2 步	施工模拟第 3 步	施工模拟第 4 步	施工模拟第 20 步	施工模拟第 21 步	一次性加载
1	−558	−1159	−4059	−7828	−11537	−11114
2	380	812	2887	5911	8849	8746
3	−169	−328	−1134	−2063	−2945	−2775
4	134	272	954	2062	3094	3242

5～6 号杆件内力比较 **表 2.10.8-2**

杆件编号	轴力(kN)				
	施工模拟第 12 步	施工模拟第 13 步	施工模拟第 20 步	施工模拟第 21 步	一次性加载
5	1872	2642	5572	7338	7405
6	−108	−268	−668	−825	−874

7～9 号杆件内力比较 **表 2.10.8-3**

杆件编号	轴力(kN)				
	施工模拟第 18 步	施工模拟第 19 步	施工模拟第 20 步	施工模拟第 21 步	一次性加载
7	−1212	−16074	−2566	−3583	−3856
8	854	1348	2449	3250	3384
9	−588	−886	−1605	−2102	−2323

由表 2.10.8-1～表 2.10.8-3 可知，施工模拟模型与一次性加载模型杆件内力基本一致，部分构件在施工模拟工况下应力水平高于一次性加载模型，杆件采用两个模型包络设计。

施工模拟模型与一次性加载模型三层楼板应力对比如图 2.10.8-4 所示。

由图 2.10.8-4 对比可知两个模型的楼板应力基本相同，施工图设计时楼板按施工模

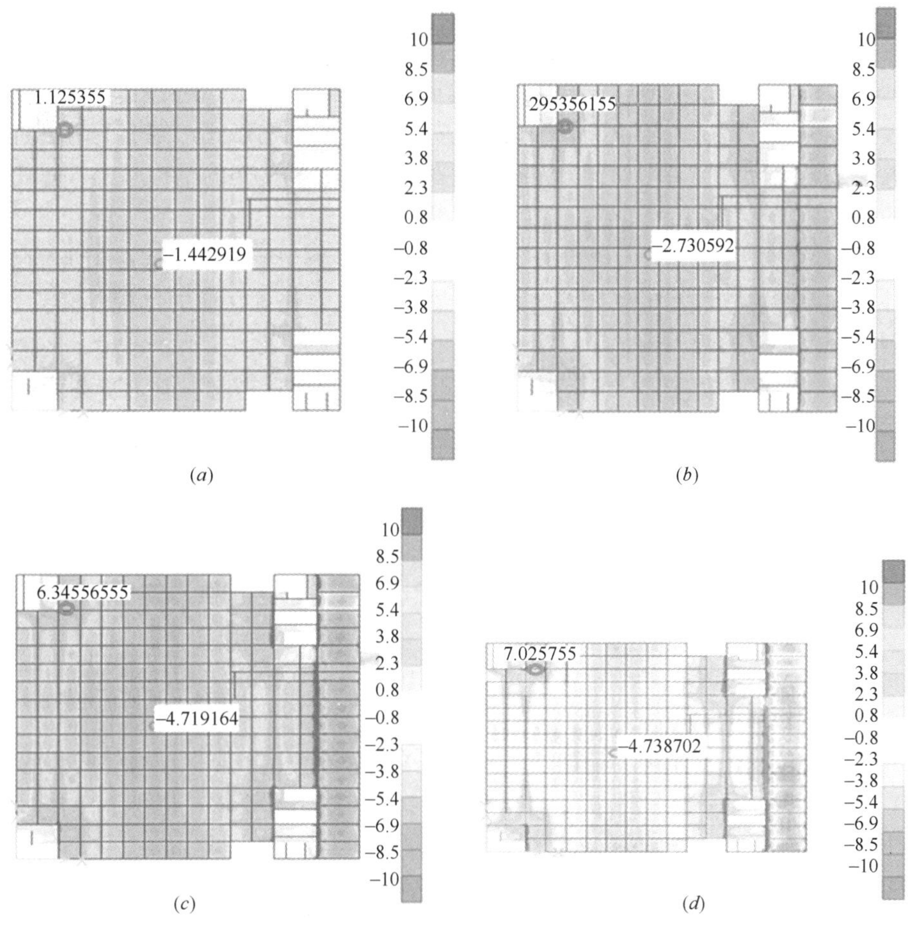

图 2.10.8-4 楼板应力分析结果

（*a*）施工模拟模型第 4 步楼板 S11 应力；（*b*）施工模拟模型第 20 步楼板 S11 应力；
（*c*）施工模拟模型第 21 步楼板 S11 应力；（*d*）一次性加载模型楼板 S11 应力

拟模型配筋更贴合实际。

6. 施工控制准则

① 短向桁架工地拼装后整体吊装，长向桁架散装；

② 三层楼板浇筑前桁架跨中起拱 47mm，楼板浇筑完成后挠度不超过 5mm；

③ 四层楼板浇筑前桁架跨中起拱 43mm，楼板浇筑完成后挠度不超过 5mm；东侧悬挑处腰桁架跨中起拱 19mm，楼板浇筑完成后挠度不超过 5mm；

④ 五层楼板浇筑前桁架跨中起拱 36mm，楼板浇筑完成后挠度不超过 5mm；西侧、北侧悬挑处腰桁架跨中起拱 54、12mm，楼板浇筑完成后挠度不超过 5mm；

7. 结论

设计阶段的施工模拟方法考虑了较为可行的施工方案、施工进度和施工荷载等情况，较为准确地模拟了实际施工过程；施工模拟较为准确得反映了恒、活荷载作用下结构的变形和内力分布，与一次性加载做对比，构件设计应采用两个模型包络设计；实际施工过程中施工方案的调整会对原有设计有影响，应注意进行准确的施工模拟分析。

2.10.9　抗震综合措施

针对上述结构特点，对结构体系进行了抗震构造加强，措施如下：

（1）在大跨位置，采用双向正交网架结构形式，并加强与核心筒剪力墙相连接的主桁架；在大悬挑位置：四层大悬挑位置采用腰桁架＋拉杆的结构形式，使上下两层桁架共同工作；五层大悬挑位置，采用伸臂＋腰桁架并配合上部悬挑桁架的结构形式，使其满足结构变形的需要。

（2）根据恒活设计组合、小震计算结果，应着重控制与剪力墙相连接桁架端部杆件、四层拉杆、五层伸臂以及腰桁架杆件的稳定、变形、应力比等，应力比控制在 0.8 以内，变形控制在规范要求的范围内。

（3）3 层东侧大跨位置控制钢管混凝土柱的长细比，加强钢管混凝土柱间连接，控制结构变形。

（4）钢结构节点受拉且与混凝土内埋钢骨有偏心时，应加强连接钢骨与受拉杆件的加劲板，同时沿偏心方向对钢骨上翼缘采取加腋处理，另外，在钢骨范围内设置暗梁，梁的全截面配筋率加强至 2%。

（5）依据楼板分析，加强核心筒周圈楼板配筋至 2%，并在核心筒周圈设置后浇带，进而释放部分楼板拉应力。

（6）在大跨位置以及大悬挑位置，应检测结构的震动，控制结构的舒适度；若不满足要求时，可采用相关措施进行控制，如加 TMD 方案。

（7）在伸臂位置，提高剪力墙的水平分布筋配筋率至 0.5%，保证墙体的抗剪性能。

（8）温度荷载作用下的楼板应力在各筒体内的应力水平较高，将筒体内楼板厚度由 120mm 增加至 150mm，并双层双向配筋予以加强；同时在三层楼面的 F/5～6 轴和 K/14～15 轴区域，以及四层楼面的 F/5～6 轴区域拉应力水平 2.1～2.2MPa，需额外附加 X 向温度附加钢筋，配筋率 0.5%～0.6%。

（9）依据结构抗连续倒塌分析，四～五层悬挑桁架拉杆位置，需提高上下悬挑桁架弦杆根部杆件截面承载力，即加大杆件截面尺寸及杆件强度，使杆件承载力至少提高 60%。由中部大跨主桁架下弦的失效分析知，与弦杆相连的第一道腹杆受力明显加大，应力比超限，需加大尺寸，计算得出需将原截面□250×12 加大至□250×16。同时，所有主桁架根部第一道腹杆均应参考此分析结果进行截面加强，截面强度增加比例不小于 35%。

2.10.10　超限审查意见

2018 年 6 月 15 日，深圳市住房和建设局主持召开了本项目超限高层建筑抗震设防专项审查会。审查结论为通过。在下一阶段工作中补充以下内容：

1. 整体分析模型应考虑各夹层；
2. 主桁架合拢的做法应考虑温度的不利影响；
3. 应考虑地下一层的实际嵌固作用及地下室不平衡土压力的影响。

设计单位：悉地国际设计顾问（深圳）有限公司

主要设计人：李建伟　赵勇　杨斌斌　程金永　廖文斌　王宁　黎学宏

第 3 章　若干问题的探讨与建议

3.1　一向少墙剪力墙结构抗震设计技术指引

3.1.1　总则

1. 根据深圳市住建局《关于提升建设工程质量水平　打造城市建设精品的若干措施》（深建规〔2017〕14 号）的要求，针对近年来深圳大量出现的一向少墙剪力墙结构抗震设计方法，结合已有研究成果和工程经验，特制定本文件（指引）。

2. 本文件适用于深圳地区（包括抗震构造措施 8 度），其他抗震设防 7 度地区可参考应用。

3. 结构设计应符合国家和广东省有关规范规定，现行规范中没有规定的问题，参照本技术指引相关条文采用。

3.1.2　术语和符号

1. 扁柱楼板框架　flat column-slab frame

由剪力墙部分墙段面外与楼板共同组成的框架。

2. 一向少墙结构　few shear walls in one direction

3. 作用和作用效应

V_i——规定水平力作用下第 i 层的楼层总剪力；

V_{iw}——规定水平力作用下第 i 层的剪力墙分担的楼层总剪力；

V_{if}——规定水平力作用下第 i 层的梁柱框架分担的楼层总剪力；

V_{iwf}——规定水平力作用下第 i 层的扁柱楼板框架分担的楼层总剪力。

4. 计算系数及其他

μ_{iw}——规定水平力作用下第 i 层的剪力墙分担的楼层剪力比；

μ_{if}——规定水平力作用下第 i 层的梁柱框架分担的楼层剪力比；

μ_{iwf}——规定水平力作用下第 i 层的扁柱楼板框架分担的楼层剪力比；

l_c——约束边缘构件沿墙肢的长度；

l_f——梁柱框架构件（沿墙肢）的长度；

l_{bz}——扁柱楼板框架构件沿墙肢的长度。

3.1.3　少墙方向的结构组成

1. 一向少墙剪力墙结构是指仅在一个方向（Y 向）剪力墙很多，符合规范对剪力墙结构的要求，而在另一向（X 向）仅有少量剪力墙的结构。

2. 少墙方向结构由剪力墙、梁柱框架、扁柱楼板框架三部分共同工作抵抗水平荷载作用：①少量 X 向布置的剪力墙；②X 向梁和柱（含剪力墙端柱）组成的框架；③Y 向墙和楼板组成的扁柱楼板框架。以图 3.1.3-1 结构平面布置图为例，经划分后 X 向结构组成如图 3.1.3-2 所示，其中 X 向剪力墙以黑体填充表示；图中无填充的部分为 X 向梁柱框架，其特点是框架柱截面包括 Y 向剪力墙端部一定长度在内（形状为非矩形截面）；扁柱楼板框架以斜向平行线填充表示，其特点为扁柱楼板框架两侧的扁柱往往不在同一轴线上。由此可见，本结构少墙方向的结构体系不能判别为剪力墙结构体系。

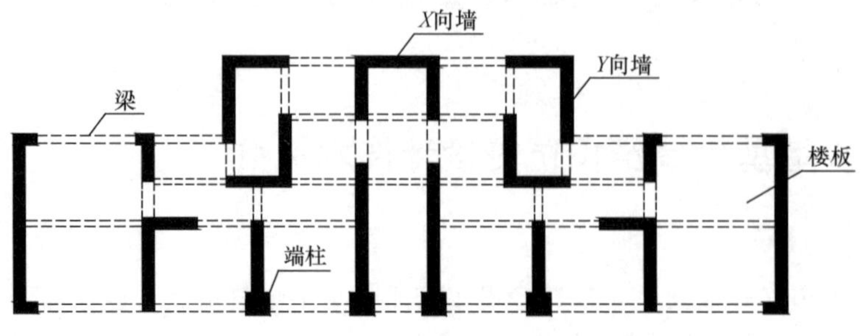

图 3.1.3-1 某工程的平面布置示意图

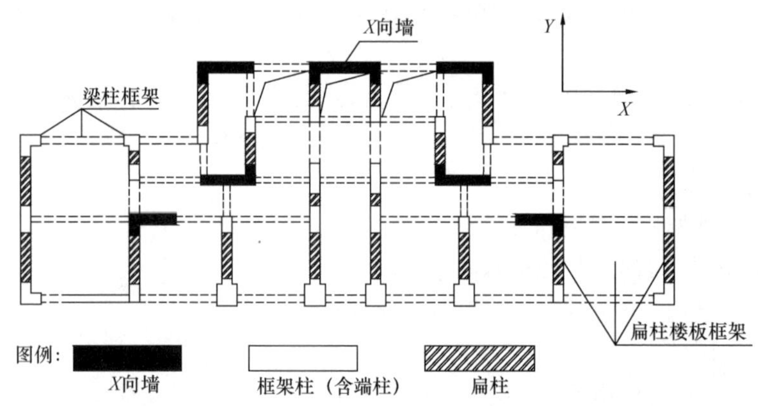

图 3.1.3-2 少墙方向（X 向）抗侧力体系示意图

3.1.4 一向少墙结构的结构体系

1. 在规定水平力作用下，当扁柱楼板框架底层的剪力比小于 0.1 时属于框架-剪力墙结构，应按规范框架-剪力墙结构进行设计，扁柱框架部分采取构造措施；当比值大于 0.1 时属于复合框架-剪力墙结构（为一向少墙结构），除按规范框架-剪力墙结构进行设计外，应对扁柱框架的抗震承载力进行验算，并进行相应的构造加强，详见表 3.1.4-1。

一向少墙结构的结构体系 **表 3.1.4-1**

扁柱楼板框架剪力比	结构体系	设计方法及注意事项
$\mu_1 w_f \leqslant 0.1$	框架-剪力墙结构	执行规范框架-剪力墙结构设计方法，扁柱框架部分采取构造措施
$0.1 < \mu_1 w_f < 0.2$	复合框架-剪力墙结构	除按规范框架-剪力墙结构进行设计外，应对扁柱楼板框架的抗震承载力进行验算，并进行相应的构造加强。扁柱不考虑二道防线内力调整

2. 少墙方向结构层间位移角限值与框架-剪力墙结构相同。

3.1.5　结构概念设计

1. 当扁柱楼板框架底层的剪力比大于0.1时，其结构计算及设计方法宜参照本章及其后各章要求进行。

2. 宜控制扁柱楼板框架的剪力比在0.1以内，扁柱楼板框架的剪力比一般不宜大于0.2，超出时应补充论证并采取更严格的构造措施。

3. 设计时少墙方向宜尽量设置剪力墙，符合《高规》8.1.3条关于框架剪力墙结构的规定；非少墙方向宜限制一字墙的设置，端部宜设置端柱或翼墙。

4. 少墙方向宜增大 X 向梁、柱（含剪力墙端柱）框架的刚度，减小扁柱框架分担的剪力。

3.1.6　计算模型

1. 剪力墙。少墙方向需要根据墙面外的作用，对墙单元分段。一向少墙剪力墙结构在计算时，剪力墙分段方法与一般剪力墙结构不同，它必须兼顾 Y 向剪力墙结构与少墙方向梁柱框架中柱截面的需要，X 向布置的剪力墙、梁柱框架、扁柱楼板框架的分段原则如下：

① 一字墙

如图3.1.6-1的一字墙，面外既不搭梁亦不与 X 向剪力墙相接，此时整段一字墙划为扁柱楼板框架的一部分。

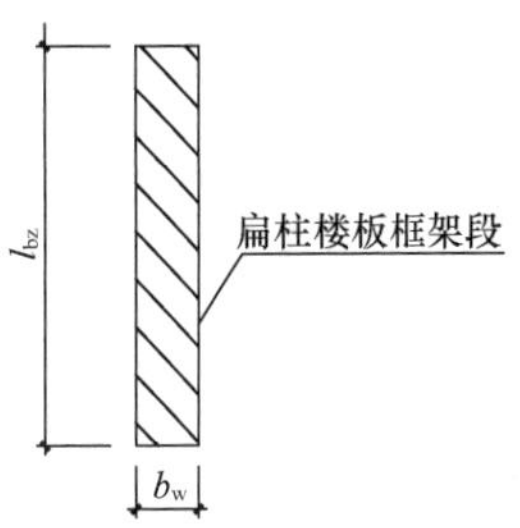

图3.1.6-1　一字墙

② 一字墙面外搭梁

当一字墙面外搭梁时，大致可分为三种情形。当如图3.1.6-2（a）所示在墙面外的端部搭梁时，梁柱框架的柱宽取值为 $l_f=\max(b_b+b_w,\ 0.5l_c)$；如图3.1.6-2（$b$）在距离墙端 b_1 的位置设置一道梁时，梁柱框架的柱宽取值为 $l_f=\max(b_1+b_b+b_w,\ 0.5l_c)$，此处 $b_1 \leqslant b_w$；如图3.1.6-2（c）在墙中部设置一道梁时，梁柱框架的柱宽取值为 $l_f=b_b+2b_w$。

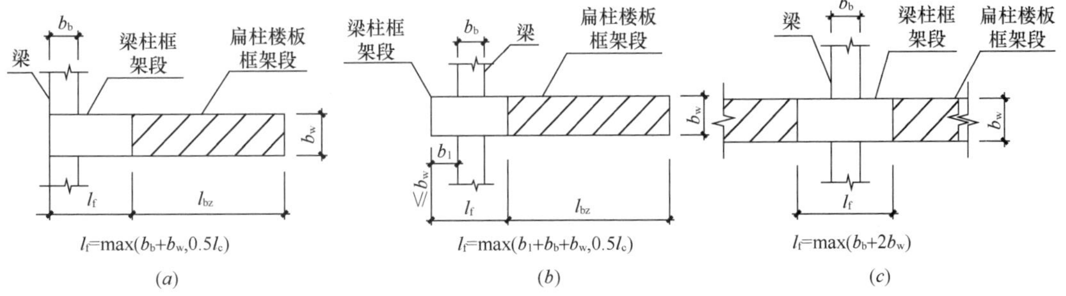

图3.1.6-2　一字墙面外接梁

（a）梁边与墙端平行；（b）梁边距墙端 b_1；（c）墙中部面外接梁

③ 一端与端柱相连

当如图3.1.6-3（a）所示在墙的其中一端与端柱相连时，梁柱框架的柱宽取值为 $l_f=b_c+300$；如图3.1.6-3（b）一端与端柱相连，另一端搭梁的情形，与端柱相连一端的梁柱框架的柱宽取值为 $l_f=b_c+300$，搭梁一端的梁柱框架的柱宽取值为 $l_f=\max(b_b+b_w,\ 0.5l_c)$。

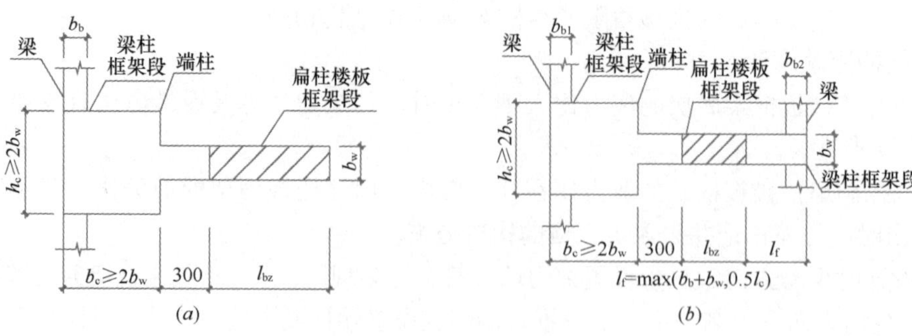

图 3.1.6-3　墙有端柱

(*a*) 仅墙端与梁相接；(*b*) 墙端及墙面外与梁相接

④ 一端与 X 向剪力墙相连

当一字墙一端与 X 向剪力墙相连时，大致可分为三种情形。当如图 3.1.6-4（*a*）一端与 X 向剪力墙的中部相连时，一字墙长 l_{bz}，该一字墙均计入扁柱楼板框架段；如图 3.1.6-4（*b*）一端与 X 向剪力墙的端部相连时，一字墙端部长度为 $l=\max(b_{w1}, 300)$ 的一段划为 X 向剪力墙，剩余的部分划为扁柱楼板框架段；如图 3.1.6-4（*c*）一端在距离 X 向剪力墙端部 l_x 的位置与 X 向剪力墙相连时，且 $l_x \leqslant b_{w1}+b_{w2}$ 时，一字墙端部长度为 $l=\max(b_{w1}, 300)$ 的一段划为 X 向剪力墙，剩余的部分划为扁柱楼板框架段；当 $l_x > b_{w1}+b_{w2}$ 时，X 向剪力墙及扁柱楼板框架段的取值与图 3.1.6-4（*a*）一致。

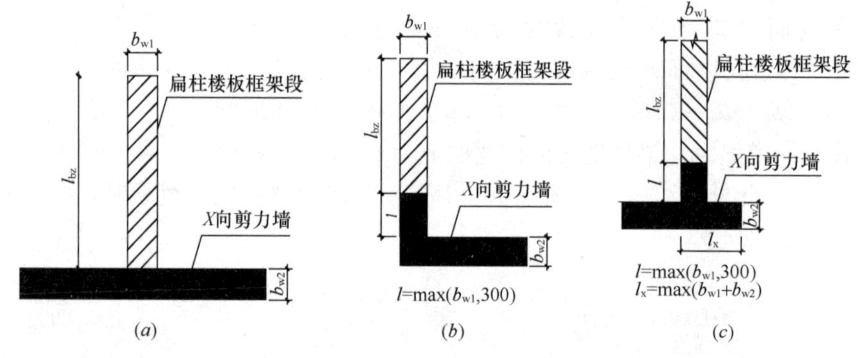

图 3.1.6-4　一端与 X 向剪力墙相连

(*a*) Y 向墙位于翼墙中部；(*b*) Y 向墙位于翼墙端部；(*c*) Y 向墙距翼墙端 l_x

⑤ 一端与 X 向剪力墙相连，另一端搭梁

图 3.1.6-5（*a*）一端与 X 向剪力墙的中部相连，另一端搭梁时，端部梁柱框架的柱宽取值为 $l_f=\max(b_b+b_w, 0.5l_c)$，剩余部分划为扁柱楼板框架；如图 3.1.6-5（*b*）一端与 X 向剪力墙的端部相连时，另一端搭梁时，一字墙端部长度为 $l=\max(b_{w1}, 300)$ 的一段划为 X 向剪力墙，另一端梁柱框架的柱宽取值为 $l_f=\max(b_b+b_w, 0.5l_c)$，剩余的部分划为扁柱楼板框架；如图 3.1.6-5（*c*）一端在距离 X 向剪力墙端部 l_x 的位置与 X 向剪力墙相连，且 $l_x \leqslant b_{w1}+b_{w2}$，另一端搭梁时，一字墙端部长度为 $l=\max(b_{w1}, 300)$ 的一段划为 X 向剪力墙，另一端梁柱框架的柱宽取值为 $l_f=\max(b_b+b_w, 0.5l_c)$，剩余的部分划为扁柱楼板框架；当 $l_x > h_{w1}+b_{w2}$ 时，X 向剪力墙及扁柱楼板框架的取值与图

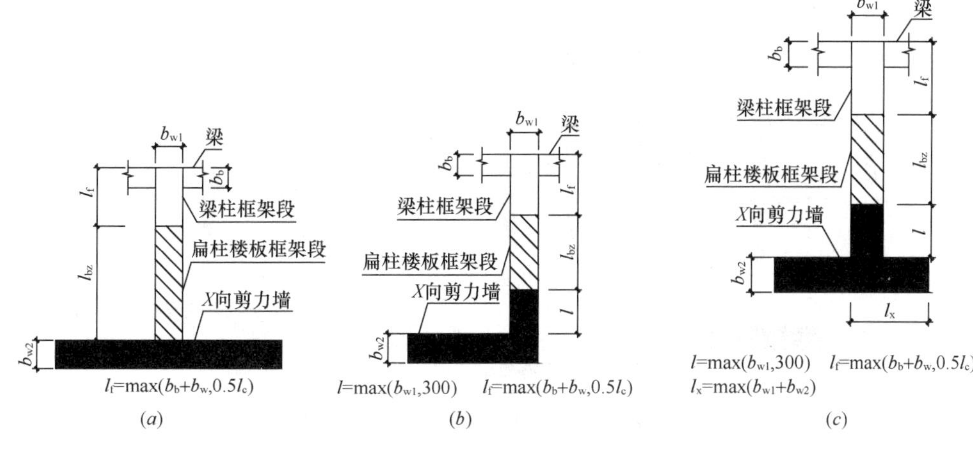

图 3.1.6-5　Y 向剪力墙一端与 X 向剪力墙相连，另一端搭梁

(*a*) 一端与翼墙中部接；(*b*) 一端与翼墙端部接；(*c*) 一端距翼墙端部 l_x

3.1.6-5（*a*）一致。

对于以上各种情况，建议：①当 l_{bz} 即扁柱楼板框架段尺寸小于 min（300，b_w）时，可将扁柱楼板框架段计入梁柱框架段或 X 向剪力墙段，如当一字墙一端仅与端柱相连或面外搭梁时，扁柱框架段并入梁柱框架段，否则并入 X 向剪力墙；②图中 l_c 的计算依据《高规》7.2.15 条取值如表 3.1.6-1：

l_c 计算　　　　**表 3.1.6-1**

	一级（9 度）		一级（6、7、8 度）		二、三级	
μ_N	≤0.2	>0.2	≤0.3	>0.3	≤0.4	>0.4
l_c（暗柱）	0.20h_w	0.25h_w	0.15h_w	0.20h_w	0.15h_w	0.20h_w
l_c（翼墙或端柱）	0.15h_w	0.20h_w	0.10h_w	0.15h_w	0.10h_w	0.15h_w

注：(1) μ_N 为墙肢在重力荷载代表值作用下的轴压比，h_w 为墙肢的长度；

(2) 剪力墙的翼墙长度小于翼墙厚度的 3 倍或端柱截面边长小于 2 倍墙厚时，按无翼墙、无端柱查表。

(3) l_c 为约束边缘构件沿墙肢的长度。对暗柱不应小于墙厚和 400mm 的较大值；有翼墙或端柱时，不应小于翼墙厚度或端柱沿墙肢方向截面高度加 300mm。

2. 梁柱框架。与框架结构或框剪结构的框架采用杆单元模拟不同，少墙方向的梁柱框架一般是由剪力墙端柱接梁或剪力墙面外接梁构成，其截面包含 Y 向剪力墙端部一定长度范围内的墙，如图 3.1.6-6 所示无填充的部分，因此少墙方向的框柱宜采用墙单元模拟。

3. 楼板。楼板的作用是扁柱框架的"梁"，其设计需要考虑水平荷载作用。由于两侧扁柱往往不在同一轴线上，连接两侧扁柱的"梁"（楼板）在平面上往往是折梁的形式。楼板应采用具有面外及面内刚度的弹性板单元。

4. 采用以上剪力墙端部划分处理，小震作用下 X 向和 Y 向采用同一计算模型进行计算。

5. 设防地震（中震）计算模型。采用与小震计算相同的计算方法，考虑到中震时部分框架梁与连梁已弯曲屈服，连梁刚度折减系数取 0.5，框架梁刚度折减系数取 0.8。

6. 罕遇地震（大震）计算模型。大震作用下结构连梁、框架梁、楼板多已屈服，应

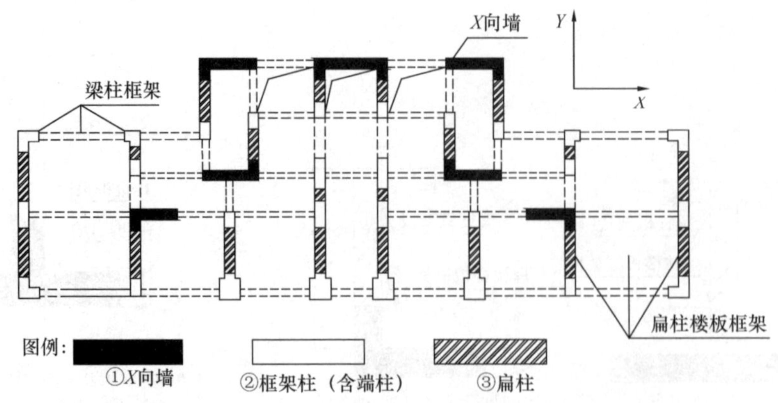

图 3.1.6-6　一向少墙结构的组成示意图

采用弹塑性模型进行时程分析。应用时应根据扁柱内力计算结果补充扁柱的抗震承载力计算。

7. 大震模型计算也可采用近似弹性算法作为参考，连梁刚度折减系数一般不小于 0.3，框架梁刚度折减系数取 0.5，阻尼比增大 0.01～0.02。

3.1.7　抗震等级

少墙方向的 X 向剪力墙其抗震等级宜按照框剪结构中的剪力墙选取，梁柱框架及扁柱楼板框架宜按框剪结构中的框架选取。扁柱可不考虑与抗震等级有关的内力调整系数。少墙方向与非少墙方向的结构体系不同可能会引起两个方向的抗震等级不一致，设计时应从严考虑。

3.1.8　抗震性能目标

少墙方向结构的抗震性能目标可按照 C 级选取，结构及构件的性能要求如表 3.1.8-1 所示。

一向少墙结构少墙方向（X 向）的性能目标　　　　表 3.1.8-1

抗震烈度			多遇地震	设防地震	罕遇地震
性能水准			1	3	4
层间位移角限值			1/500～1/650	—	1/100
构件性能水平	X 向剪力墙	底部加强区	弹性	抗弯不屈服 抗剪弹性	部分抗弯屈服（<LS） 抗剪不屈服
		一般剪力墙	弹性	抗弯不屈服 抗剪弹性	允许抗弯屈服（<LS） 抗剪不屈服
	框架柱（含剪力墙端柱）		弹性	抗弯不屈服 抗剪弹性	部分抗弯屈服（<LS） 抗剪不屈服
	扁柱		弹性	抗弯不屈服 抗剪弹性	少量抗弯屈服（<LS） 抗剪不屈服
	连梁		弹性	部分抗弯屈服 抗剪不屈服	抗弯屈服（<CP） 抗剪不屈服
	框架梁		弹性	部分抗弯屈服 抗剪不屈服	抗弯屈服（<CP） 抗剪不屈服
	楼板（梁）		弹性	部分抗弯屈服 抗剪不屈服	抗弯屈服（<CP） 抗剪不屈服

3.1.9 构造措施

1. 少墙方向剪力墙与梁柱框架剪力调整宜增大10%。柱端箍筋加密区的箍筋最大间距取100mm，箍筋最小直径取8mm。扁柱的钢筋宜满足表3.1.9-1的构造要求。

扁柱钢筋的构造要求　　表3.1.9-1

抗震等级	一、二、三级	四级
水平、竖向最小配筋率	0.28%	0.22%
钢筋间距（mm）	≤200	
钢筋直径 d（mm）	$8\leqslant d\leqslant 0.1h_w$	

2. 非底部加强区构造边缘构件配筋率宜比最小构造要求增大10%。

3. 扁柱楼板框架承担了风和水平地震作用，楼板配筋设计应考虑风和小震作用。少墙方向楼板的支座钢筋，当按整体有限元法计算配筋时，宜将风和小震作用下的计算结果增加10%。

4. 少墙方向的楼板钢筋宜满足表3.1.9-2的构造要求。扁柱楼板框架的楼板钢筋在边墙部位应有可靠锚固，见图3.1.9-1。

少墙方向楼板钢筋的构造要求　　表3.1.9-2

支座受拉钢筋最小配筋率（%）	钢筋间距（mm）	钢筋直径 d（mm）
max（0.25，$55f_t/f_y$）	≤200	≥10

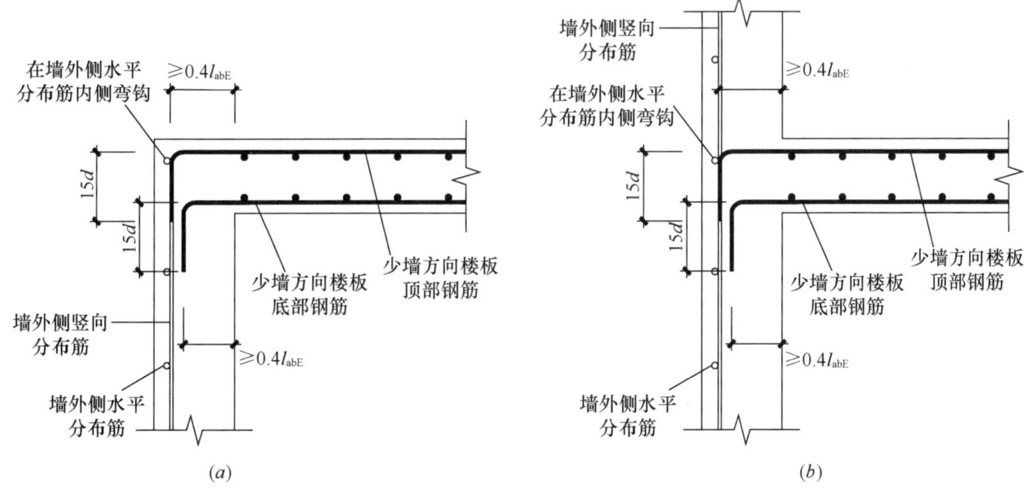

图3.1.9-1　少墙方向楼板钢筋在边墙的锚固

（a）顶层；（b）中间层

5. 与一字墙垂直布置的梁端纵筋锚固应有可靠的锚固措施，并应核算墙体面外承载力。

3.2 高层建筑平面凹凸不规则弱连接楼盖抗震设计方法技术指引

3.2.1 总则

1. 根据市住房和建设局“关于提升建筑工程质量水平打造城市建设精品的若干措施”的要求，针对近年来深圳市大量出现的平面凹凸不规则住宅建筑弱连接楼盖的抗震设计方法，结合已有研究成果和工程经验，制订本文件（指引）。

2. 本文件适用于深圳地区（包括抗震构造措施8度），其他抗震设防7度地区可参考应用。

3. 结构设计应符合国家和广东省现行有关规范、标准的规定，对本类结构在现行规范、标准中没有相关规定的问题，参照本文件相关规定采用。

4. 本文件主要针对Y形平面不规则高层建筑结构做出具体规定，其他形式平面凹凸不规则高层结构可参照应用。

3.2.2 术语和符号

1. 平面凹凸不规则高层结构 high-rise buildings with irregular plane

超过B级高度且单肢长宽比超过1.5的结构。

2. 单肢 Single wing

由中心区结构沿不同方向伸出的结构，通常不能独立成立。

3. 中心区 central area

平面凹凸不规则结构的中心部分，连接各单肢成为一个整体共同抵抗风和水平地震作用。

4. 弱连接楼盖 weak slab connection

连接单肢与中心区的梁板。

5. 材料力学性能

f_{ck}、f_c——分别为混凝土轴心抗压强度标准值、设计值；

f_{tk}、f_c——分别为混凝土轴心抗拉强度标准值、设计值；

f_{yk}——普通钢筋强度标准值；

f_y、f'_y——分别为普通钢筋的抗拉、抗压强度设计值；

f_{yhk}——楼板内与受剪方向平行的钢筋的抗拉强度标准值。

6. 作用和作用效应

S_k——荷载标准组合的效应设计值；

S_{GE}——重力荷载代表值的效应；

S^*_{Ehk}——水平地震作用标准值的构件内力；

S_{wk}——风荷载效应标准值。

7. 计算系数及其他

γ_G——重力荷载分项系数；

γ_{Eh}——水平地震作用分项系数；

γ_w——风荷载分项系数；

ψ_w——风荷载的组合值系数，取0.2，无地震参与组合时取1.0；

γ_{RE}——构件承载力抗震调整系数；

γ_s——构件内力矩的力臂系数。

3.2.3 结构组成和结构体系

1. 高层建筑平面凹凸不规则形式可归纳为单肢非正交（或斜交）形式和单肢正交形式两种，前者如Y形平面、X形平面等，后者如工字形、十字形、风车形等。

2. 平面凹凸不规则结构由中心区结构及沿不同方向伸出的单肢结构通过楼盖整体连接而成，见图3.2.3-1、图3.2.3-2。单肢结构一般不能单独成立，需通过中心区连成整体共同抵御风和水平地震作用。

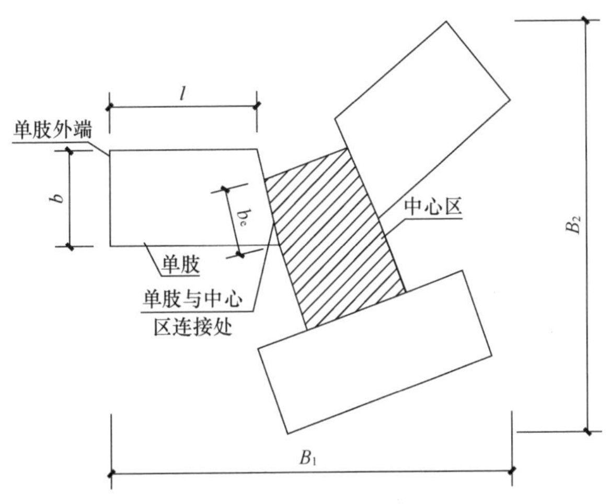

图3.2.3-1 “Y”形不规则平面示意图

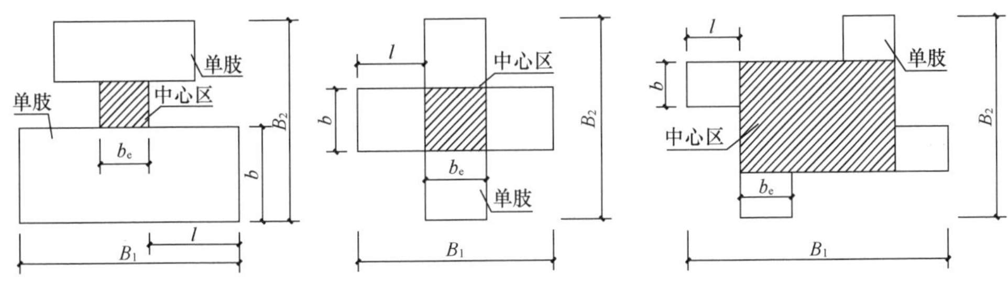

图3.2.3-2 不规则平面的不同形式

3. 单肢结构平面内应布置与单肢纵向相垂直的剪力墙和梁柱框架（横向）抗震，在单肢纵向允许出现少墙结构，但应有可靠的楼面梁板以拉、压的方式将单肢纵向水平地震力传递到中心区核心筒和其他肢的同方向剪力墙。中心区外周应设置围合剪力墙，中心区内部电梯井部位宜布置剪力墙。布置剪力墙时宜尽量减少或避免采用一字墙。

4. 结构高宽比H/B、单肢结构长宽比l/b和单肢结构的高宽比H/b是保证结构良好整体性能的重要参数，宜根据不同形式的凹凸平面确定。

5. 单肢非正交形式的高层结构高宽比，其结构宽度以单肢结构的纵向最大总长度B_1和横向长度B_2确定，见图3.2.3-1。单肢正交形式高层结构的高宽比，其宽度在X向、Y向确定，如图3.2.3-2所示。

6. 结构的适宜最大高宽比为6.0，结构的适宜高度限值按高规规定采用，最大不宜超过250m。

7. 结构超过B级高度时，单肢的长宽比 l/b 比值不宜大于2.0，不应大于3.0。

8. 单肢与中心区连接处楼板宽度 b_e，在扣除孔洞后不应小于5m。

9. 根据中心区和单肢区不同方向剪力墙的布置，平面凹凸不规则高层结构一般可判定为框架剪力墙结构体系，当单肢平面内纵向剪力墙很少时，宜按一向少墙的剪力墙结构进行结构体系论证和验算。

3.2.4 结构总体分析与设计

1. 平面凹凸不规则高层结构按框架剪力墙结构进行计算与设计，求出结构的内力与变形，并按规范相关规定验算其承载力，满足规范相应规定。

2. 结构荷载：

① 竖向荷载：按荷载规范规定采用。

② 风荷载：按荷载规范规定采用，近似用矩形平面外包法计算结构顶点加速度时，其顶点加速度值应乘以单肢长宽比效应系数。当 $l/b=1.0$ 时取1.1，当 $l/b=1.5$ 时取1.2，当 $l/b=2.0$ 时取1.4。当结构高度大于120m、单肢最大长宽比大于2.0时宜进行风洞试验。由于非正交单肢结构存在不同方向伸出单肢，风荷载作用方向应考虑沿不同单肢伸出方向（纵向）及预期垂直方向（横向）输入风荷载，当中心区楼板走向与各单肢伸出方向不同时，应计入沿楼板走向及预期垂直方向输入风荷载。设计时尚宜考虑风荷载可能的不同分布情况造成的不利影响。计算结构变形时采用50年一遇的风荷载，深圳地区的基本风压取0.75kN/m^2；计算结构承载力时，采用100年一遇的风荷载，深圳地区取0.82kN/m^2；计算结构舒适度时，按10年一遇的风荷载，深圳地区取0.45kN/m^2。

③ 地震作用按建筑抗震设计规范规定采用，需考虑多遇地震（小震）、设防烈度地震（中震）和罕遇地震（大震）作用。计算时应沿伸出单肢和中心区楼板不同方向输入地震作用。在大震作用下宜划定可屈服构件和要求不屈服构件，采用弹塑性时程分析法进行计算，根据结构的弹塑性分析结果，验算要求不屈服构件的抗剪截面和抗剪承载力满足规范要求，对可屈服构件应验算构件的弹塑性变形小于不同破坏程度的限值要求。当结构高度小于A级高度限值时，可采用《高规》规定的等效弹性方法近似计算。

3. 结构计算模型

在进行风和小、中震作用下有限元弹性分析时，结构各类构件采取如下单元计算模型。

① 剪力墙：按壳单元处理

② 梁、柱：按杆单元处理

③ 剪力墙连梁：按杆单元处理，当梁高跨比较大时，可沿梁高划分单元，按平面有限元模型处理

④ 楼板：按壳单元处理，大震工况下可按膜单元处理

4. 结构计算方法

在风、小震作用下，采用三维空间有限元弹性分析方法。当单肢长宽比 l/b 小于1.5时，允许按楼板为平面内刚性假定计算结构的各项总体指标。中震作用下，可采用与小震

相同的计算方法，连梁刚度乘以 0.5 的折减系数。

5. 单肢与中心区连接处的梁板截面内力计算见附录 A。

6. 在风、小震作用下，结构高度在 150m 以内楼层的最大层间位移角不宜大于 1/650，当结构高度大于 150m、小于等于 250m 时，按高度差在 1/650～1/500 中间插值取用。

3.2.5 楼板应力分析与截面承载力验算

1. 对平面凹凸不规则高层结构的楼板应按平面内弹性进行有限元计算。建模时宜尽量采用四边形单元，在受力复杂及关键部位，单元网格宜取 0.5～1.0m。

2. 计算单肢与中心区连接处楼板截面的配筋时，抗弯配筋应按楼板在竖向荷载和水平荷载作用下的截面弯矩组合计算；截面抗拉配筋按水平荷载作用下的轴力组合计算；截面抗剪承载力按截面剪力与板截面配筋遵照相应规范规定验算。

3. 在水平荷载作用下，计算楼板的主拉应力时应以楼板的中面应力为准。

4. 按如下方法进行楼板承载力验算：

① 小震/风作用下楼板面内主拉应力验算，荷载组合为：

$$S_k = S_{GE} + S'_{Ehk} + \psi_w S_{wk} \tag{3.2.5-1}$$

式中，S_k 为荷载标准组合的效应设计值；S_{GE}为重力荷载代表值的效应，竖向荷载作用下楼板不出现面内拉应力的情况，取 0；S'_{Ehk}为水平地震作用标准值的构件内力；S_{wk}风荷载效应标准值；ψ_w 风荷载的组合值系数，取 0.2，无地震参与组合时取 1.0。

按楼板小震/风作用下混凝土不开裂要求验算，σ_{max}应满足下式：

$$\sigma_{max} \leqslant f_{tk} \tag{3.2.5-2}$$

式中，σ_{max}为楼板面内最大主拉应力。此处的面内主拉应力是楼板中面处应力。对于局部有应力集中的单元，建议取 1.0m 左右范围内平均应力，设计时可在应力集中处采取局部加强防裂配筋措施。

② 小震/风作用下，控制板面内钢筋抗拉、抗弯弹性。荷载组合为：

$$S_d = \gamma_G S_{GE} + \gamma_{Eh} S^*_{Ehk} + \psi_w \gamma_w S_{wk} \tag{3.2.5-3}$$

式中，S_d 为荷载和地震作用组合的效应设计值；γ_G 重力荷载分项系数；γ_{Eh}水平地震作用分项系数；γ_w 风荷载分项系数。

楼板小震/风作用下钢筋弹性的验算方法为：

轴力引起的配筋应满足下式，单侧配筋：

$$A_{s1} = \frac{\gamma_{RE} N}{2 f_y} \tag{3.2.5-4}$$

弯矩引起受拉侧的配筋应满足下式，单侧配筋：

$$A_{s2} = \frac{\gamma_{RE} M}{\gamma_s f_y h_0} \tag{3.2.5-5}$$

式中 γ_s 为内力矩的力臂系数，可取 0.85～0.9；γ_{RE}为承载力抗震调整系数，可取 0.85。单侧楼板实际配筋应满足 $A_s \geqslant A_{s1} + A_{s2}$。

③ 中震作用下，控制板面内钢筋抗拉、抗弯不屈服。荷载组合为：

$$S_k = S_{GE} + S'_{Ehk} \leqslant R_k \tag{3.2.5-6}$$

楼板中震不屈服的验算方法为：

轴力引起的配筋应满足下式，单侧配筋：

$$A_{s2} = \frac{N}{2f_{yk}} \tag{3.2.5-7}$$

弯矩引起受拉侧的配筋应满足下式，单侧配筋：

$$A_{s2} = \frac{N}{\gamma_s f_{yk} h_g} \tag{3.2.5-8}$$

单侧楼板实际配筋应满足 $A_s \geqslant A_{s1} + A_{s2}$。

④ 中震作用下，控制板面内钢筋抗拉、抗弯弹性。荷载组合为：

$$S_d = \gamma_G S_{GE} + \gamma_{Eh} S'_{Ehk} \tag{3.2.5-9}$$

楼板抗拉钢筋弹性的验算方法为：

轴力引起的配筋应满足下式，单侧配筋：

$$A_{s1} = \frac{N}{2f_y} \tag{3.2.5-10}$$

弯矩引起受拉侧的配筋应满足下式，单侧配筋：

$$A_{s2} = \frac{M}{\gamma_s f_y h_g} \tag{3.2.5-11}$$

单侧楼板实际配筋应满足 $A_s \geqslant A_{s1} + A_{s2}$。

⑤ 大震作用下，控制板面内钢筋抗拉不屈服。荷载组合为：

$$S_k = S^*_{Ehk} \tag{3.2.5-12}$$

楼板大震抗拉钢筋不屈服的验算方法为：

轴力引起的配筋应满足下式，单侧配筋：

$$A_s = \frac{N}{2f_{yk}} \tag{3.2.5-13}$$

⑥ 大震抗剪不屈服，楼板剪力由截面剪应力求和得到。选定楼板薄弱连接处，控制薄弱处混凝土楼板全截面抗剪承载力。荷载组合为：

$$V_k = S_{GE} + S^*_{Ehk} \tag{3.2.5-14}$$

楼板大震抗剪不屈服验算时：楼板全截面剪力标准值应满足下式：

$$V_k \leqslant 0.15\beta_c f_{ek} b_f t_f \tag{3.2.5-15}$$

式中，b_f、t_f 分别为楼板验算截面宽度和厚度；β_c 为混凝土强度影响系数，当混凝土强度不超过 C50 时，取 1.0。

楼板全截面抗剪配筋应满足以下公式，全截面受压时：

$$V_k \leqslant 0.4 f_{tk} b_f t_f + 0.1N + 0.8 f_{yhk} \frac{A_{sb}}{s} b_f \tag{3.2.5-16}$$

式中，N 为楼板截面轴向压力标准值，N 大于 $0.2 f_{ek} b_f t_f$ 时应取 $0.2 f_{ck} b_f t_f$；f_{yhk} 为板内与

受剪方向平行的分布钢筋的抗拉强度标准值；s 为板内与受剪方向平行的分布钢筋间距。

全截面受拉时：

$$V_k \leqslant 0.4f_{tk}b_f t_f + 0.1N + 0.8f_{yhk}\frac{A_{sb}}{s}b_f \qquad (3.2.5\text{-}17)$$

式中，$N>4f_{tk}b_f t_f$ 时，取 $4f_{tk}b_f t_f$。

5. 根据板面内应力差异，在楼板不同区域可配置不同数量钢筋。

3.2.6　弱连接楼盖结构计算与设计

1. 单肢长宽比 l/b 大于等于 2.0 时，弱连接楼盖部位含中心区及各单肢内端 1/4 肢长或距离单肢内端一跨距离区域内的楼板和梁；单肢长宽比 l/b 小于 2.0 时，弱连接楼盖部位仅含中心区；当中心区较大、单肢长度较短时，可不定义为弱连接楼盖。

2. 弱连接楼盖部位楼板的抗震性能目标如下：

① 小震作用：水平荷载标准值作用下板面内拉应力不大于混凝土抗拉强度标准值。

② 中震作用：抗剪弹性，板面内钢筋抗拉、抗弯不屈服

③ 大震作用：抗剪不屈服，板面内钢筋抗拉不屈服

3. 弱连接楼盖部位梁的抗震性能目标如下：

① 小震作用：抗剪弹性、抗拉、抗弯不屈服

② 中震作用：抗剪弹性，抗拉、抗弯部分屈服

③ 大震作用：抗剪不屈服，抗拉、抗弯不屈服

4. 在竖向荷载作用下弱连接楼盖计算与一般楼盖相同；在水平荷载作用下板面内产生正应力和剪应力。给出板面应力时，应区分竖向荷载和水平荷载，并区分板表面与中面不同的应力状况。

5. 楼板面内配筋按本文件第 5 节公式计算。

6. 单肢内端截面剪力和中心区洞边板截面剪力、弯矩与轴力值沿结构高度变化较大，进行截面抗剪和抗弯承载力验算时，宜沿高分段验算。

7. 中心区的楼板宜直接连接各伸出单肢的楼板；当中心区楼盖孔洞较大，单肢内端楼板支承于中心区开洞处的外墙时，应复核墙体由此产生的面外剪力与弯矩，并采取适当加强措施。

8. 中心区竖向构件包括外围的剪力墙以及中心区内电梯筒剪力墙，应具备足够的刚度与强度，中心区外围剪力墙的连梁及与单肢内端的连接梁应严格控制并适当提高其性能目标的要求，保证在风和地震作用下中心区结构与伸出单肢结构共同工作形成结构的整体作用。

9. 中心区墙体与连梁的计算与设计与一般剪力墙相同。

3.2.7　构造措施

1. 平面凹凸不规则高层结构的剪力墙、框架柱、框架梁构造要求按相应规范一般框架剪力墙结构的规定执行。

2. 结构弱连接楼盖在结构顶部及底部应设加强区采取加强措施。结构底部加强区高度按高规有关规定执行，顶部加强区高度按顶点向下 1/10 高度范围。

3. 加强区由单肢内端起 0.25 倍肢长范围。对于该区域的楼板，当单肢长宽比 l/b 大

于1.5小于2.0时板厚不宜小于130*mm*；当单肢长宽比l/b大于2.0小于3.0时板厚不宜小于150mm；应采取双层双向配筋且配筋率不小于0.25%。加强区的弱连接楼盖部位的梁应设置腰筋，单侧不宜少于2根，单侧腰筋截面积不应小于腹板截面积的0.2%，且其间距不宜大于150mm。

4. 加强区内中心区楼板的板厚不宜小于150mm，双层双向配筋，配筋率不小于0.3%。

5. 弱连接处楼板的板内钢筋应可靠锚入两侧梁与墙体内。

6. 中心区剪刀梯中间宜设剪力墙，并与楼层或半楼层处用梁拉结。

3.2.8　单肢与中心区连接处梁板截面内力计算

在水平荷载作用下单肢结构内端与中心区连接处的截面将产生水平剪力V_{Li}、弯矩M_{Li}和轴力N_{Li}，i层的相应内力可分别由下式计算。

① 水平剪力V_{Li}

$$V_{Li}=F_i-(V_{s,i+1}-V_{s,i}) \tag{3.2.8-1}$$

式中，F_i为i层水平外荷载，$V_{s,i+1}$、$V_{s,i}$分别为$i+1$层、i层横向剪力墙的层剪力，当层剪力差（$V_{s,i+1}-V_{s,i}$）与F_i同向时，单肢内端截面剪力V_{Li}将大于外水平荷载F_i。示意简图见图3.2.8-1。

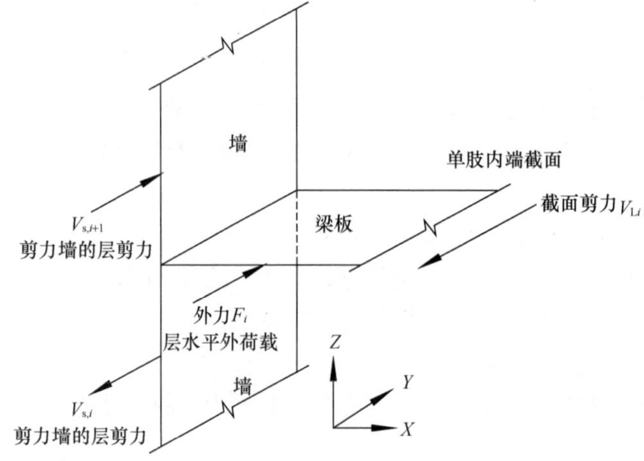

图3.2.8-1　水平剪力V_{Li}

② 弯矩M_{Li}

$$M_{Li}=F_id_i-V_{s,i+1}d_{s,i+1}-V_{s,i}d_{s,i} \tag{3.2.8-2}$$

式中，d_i为水平外荷载合力的力臂长度，$d_{s,i+1}$、$d_{s,i}$分别为$i+1$层、i层剪力墙h合力的力臂长度。示意简图见图3.2.8-2。

③ 轴力N_{Li}

$$N_{Li}=\Sigma(V'_{s,i+1}-V'_{s,i}) \tag{3.2.8-3}$$

式中，$V'_{s,i+1}$、$V'_{s,i}$分别为$i+1$层、i层剪力墙在单肢纵向剪力之和。上述截面轴力系整个截面的轴力，包含板侧梁截面的轴力，计算时宜区分梁和板截面各自的轴力。示意简图见图3.2.8-3。

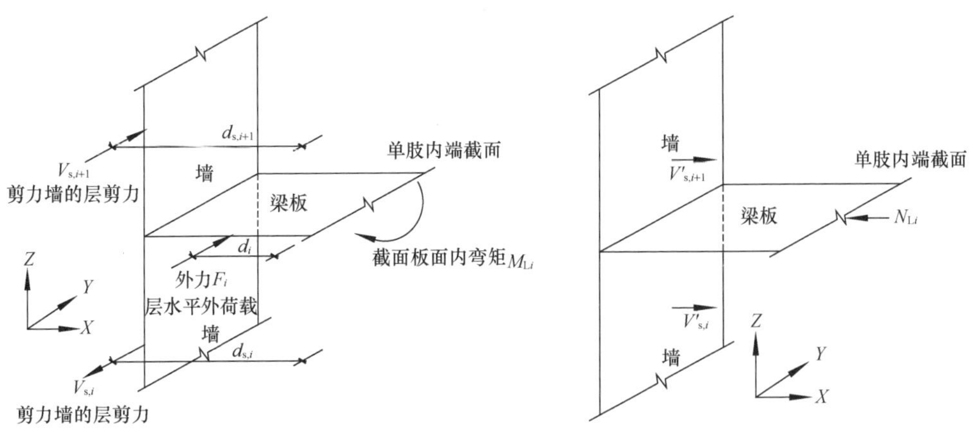

图 3.2.8-2　弯矩 M_{Li}　　　　图 3.2.8-3　轴力 N_{Li}

进行截面承载力验算（小震、中震工况）时，式（3.2.8-1）截面剪力宜乘以调整系数 2.0，式（3.2.8-2）、（3.2.8-3）截面弯矩与轴力宜乘以调整系数 1.5。

3.3　一向少墙剪力墙结构抗震设计计算方法

3.3.1　前言

近年来，由于土地用地紧张及业主对景观的要求，一方面大量涌现了超 B 级高度的剪力墙结构，另外一方面，此类剪力墙结构在建筑一个方向剪力墙很多，符合规范定义的剪力墙结构要求，而在另一个方向剪力墙稀少不能符合规范对于剪力墙结构的要求。

对于一向少墙的钢筋混凝土剪力墙结构，主要存在两个大问题需要解决，一是少墙方向结构体系的判断；二是现行软件计算模型中剪力墙均按壳单元处理，在整体分析中已考虑剪力墙平面外刚度，但程序中并没有对剪力墙面外和相关的端柱的抗震承载能力进行计算，因而现行程序按剪力墙结构进行整体分析验算的结果是存在缺漏的，必须研究改进。

3.3.2　少墙方向抗侧体系

少墙结构在 X 方向的抗侧力体系是由三部分结构组成（假定 X 向剪力墙稀少），即 X 向布置的剪力墙，X 向梁和柱（含剪力墙端柱）组成的框架以及 Y 向墙（面外）和楼板组成的扁柱楼板框架。

图 3.3.2-1 某工程结构平面布置示意图为例，经划分后 X 向结构体系如图 3.3.2-2 所示，X 向剪力墙以黑体填充表示；X 向梁柱框架以方格填充表示，其特点之一是框架柱

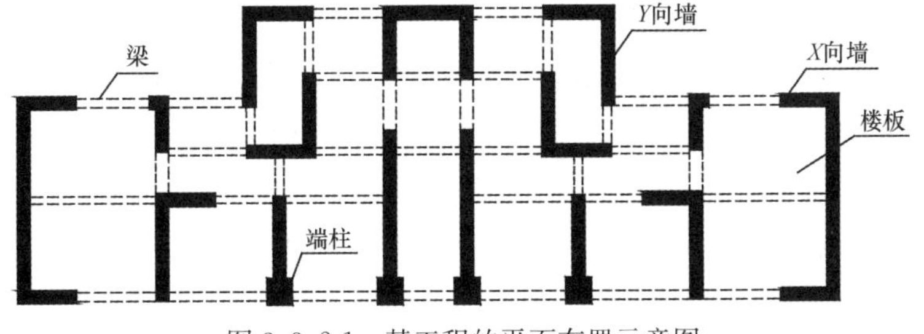

图 3.3.2-1　某工程的平面布置示意图

截面包括 Y 向剪力墙端部一定长度在内，其形状为非矩形截面；扁柱楼板框架以斜线填充表示，其特点为扁柱楼板框架两侧的扁柱往往不在同一轴线上。由此可见，本案例少墙方向的结构体系不能判别为剪力墙结构体系，而是一种新的框架剪力墙结构体系。

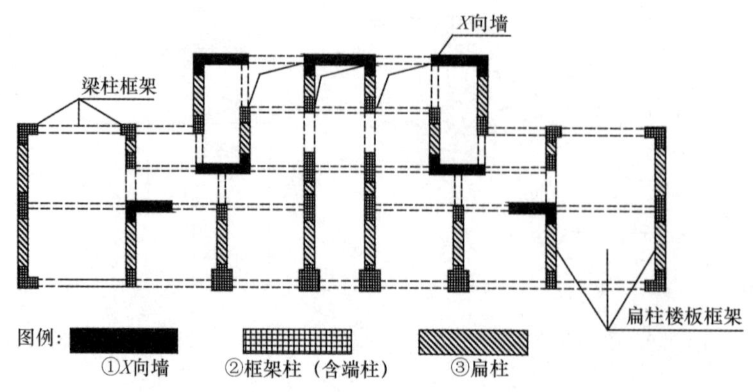

图 3.3.2-2　少墙方向抗侧力体系示意图

假设弹性分析求得少墙方向三部分抗侧力结构第 i 层的剪力分别为 $V_{i\mathrm{w}}$（X 向剪力墙），$V_{i\mathrm{f}}$（X 向梁柱框架）及 $V_{i\mathrm{wf}}$（扁柱楼板框架），可由下式求得第 i 层少墙方向各抗侧结构承受的楼层剪力与层总剪力 V_i 的比值为

剪力墙部分：

$$\mu_{i\mathrm{w}} = V_{i\mathrm{w}}/V_i \tag{3.3.2-1}$$

梁柱框架部分：

$$\mu_{i\mathrm{f}} = V_{i\mathrm{f}}/V_i \tag{3.3.2-2}$$

扁柱楼板框架部分：

$$\mu_{i\mathrm{wf}} = V_{i\mathrm{wf}}/V_i \tag{3.3.2-3}$$

以上三部分和为：

$$\mu_{i\mathrm{w}} + \mu_{i\mathrm{f}} + \mu_{i\mathrm{wf}} = 1.0 \tag{3.3.2-4}$$

由上可知，一向少墙的剪力墙结构仅在多墙方向为剪力墙结构，在少墙方向并非剪力墙结构，而是一种新型的框架剪力墙结构，多了扁柱楼板框架的成分，而框架柱因另一向剪力墙端部参与工作而成为L形等异形柱。研究表明，当扁柱楼板框架剪力比 $\mu_i w_{\mathrm{f}}>0.1$ 时，扁柱框架的抗侧作用不可忽视，可称为复合框架剪力墙结构；当 $\mu_i w_{\mathrm{f}}\leqslant 0.1$ 时，扁柱楼板框架的抗侧作用相对较小，一般不需专门进行计算复核，可采用构造方法处理解决，此时可称为框架剪力墙结构，其受力与一般框架剪力墙结构基本相同。

3.3.3　计算模型

一向少墙结构另一方向为剪力墙结构，少墙方向为复合框架剪力墙结构，如两个方向取不同的计算模型，则工作量较大且目前尚无相应的商业计算软件可用，为此建议两个方向采用同一剪力墙计算模型，采用有限法进行计算，分述如下：

（1）剪力墙。对于双向剪力墙结构，仅需考虑剪力墙面内设计，不需要对剪力墙面外进行分析。少墙结构，在墙较多方向，剪力墙设计分为边缘构件及一般墙身段，可沿用现有程序采用墙单元按照组合墙肢或一字墙进行内力计算及承载力设计；少墙方向则需要根据墙面外的作用，对墙单元分段，为此需要通过人工进行墙单元分割，并根据分割后的单元分别求取梁柱框架、扁柱楼板框架的内力进行承载力设计。

（2）梁柱框架。与框架结构或框剪结构的框架采用杆单元模拟不同，少墙方向的梁柱框架一般是由剪力墙端柱接梁或剪力墙面外接梁构成，其截面包含 Y 向剪力墙端部一定长度范围内的墙，因此少墙方向的框柱宜采用墙单元模拟，特别是剪力墙端柱，建议采用与墙身不同厚度的墙单元建模。少墙方向的框架柱截面形式一般为异形柱截面，内力应按照分段后的截面形式计算，楼面梁依然采用杆单元。

（3）楼板。在墙较多方向，楼板由竖向荷载控制，其设计方法依然可以采用在假定的边界条件下，根据计算手册进行查表。在少墙方向，楼板的作用是扁柱框架的"梁"，其设计需要考虑水平荷载作用。由于两侧扁柱往往不在同一轴线上，连接两侧扁柱的"梁"（楼板）在平面上往往是折梁的形式。实际上，在水平荷载作用下，楼板支座弯矩较大，跨中弯矩较小，我们仅需在原有设计基础上，考虑楼板支座负弯矩即可。因此楼板应采用具有面外及面内刚度的弹性板单元，建议以 1m 为网格细分楼板，设计时仅取搭接在扁柱范围内的楼板进行计算，取水平荷载作用下，1m 板带的支座负弯矩与竖向荷载作用组合设计即可。

3.3.4 剪力墙分段方法

以上论述表明，一向少墙剪力墙结构在计算时，剪力墙分段方法与一般剪力墙结构不同，必须兼顾 Y 向剪力墙结构与少墙方向梁柱框架中柱截面的需要，可参照《高层建筑混凝土结构技术规程》JGJ 3—2010（简称《高规》）7.1.6 条及 7.2.15 条的规定对 X 向布置进行合理分段。少墙方向结构抗震设计计算方法

少墙结构作为一种新型的结构体系，设计方法亟待研究解决，市场上尚未有相应的设计软件可用。根据过往的经验及结合现有规范有关于框剪结构的设计思路，建议少墙方向的设计可按照性能设计法进行。

1. 抗震等级与性能目标

当扁柱楼板框架剪力比 $\mu_i w_f > 0.1$ 时，该结构体系为复合框架剪力墙结构，少墙方向的 X 向剪力墙抗震等级宜按照框剪结构中的剪力墙选取，梁柱框架及扁柱楼板框架宜按框剪结构中的框架选取。

少墙方向的抗震性能目标建议可按照 C 级选取，结构及构件的性能要求如表 3.3.4-1 所示。

少墙结构少墙方向结构及构件的性能目标　　表 3.3.4-1

抗震烈度			多遇地震	设防地震	罕遇地震
性能水准			1	3	4
层间位移角限值			1/500～1/800 (1/650)	—	1/100
构件性能水平	X 向剪力墙	底部加强区	弹性	抗弯不屈服 抗剪弹性	部分抗弯屈服（<LS） 抗剪不屈服
		一般剪力墙	弹性	抗弯不屈服 抗剪弹性	允许抗弯屈服（<LS） 抗剪不屈服

续表

抗震烈度		多遇地震	设防地震	罕遇地震
构件性能水平	框架柱（含剪力墙端柱）	弹性	抗弯不屈服 抗剪弹性	部分抗弯屈服（<LS） 抗剪不屈服
	扁柱	弹性	抗弯不屈服 抗剪弹性	少量抗弯屈服（<LS） 抗剪不屈服
	连梁	弹性	部分抗弯屈服 抗剪不屈服	抗弯屈服（<CP） 抗剪不屈服
	框架梁	弹性	部分抗弯屈服 抗剪不屈服	抗弯屈服（<CP） 抗剪不屈服
	楼板（梁）	弹性	部分抗弯屈服 抗剪不屈服	抗弯屈服（<CP） 抗剪不屈服

注：多遇地震层间位移角限值根据结构的总高，参照框架剪力墙结构取值，括号中的1/650是广东省《高规》取值。表中的弹性、不屈服可按其3.11.3节的公式进行计算。

如表3.3.4-1所示，X向剪力墙及梁柱框架的性能目标与一般框剪结构相似。少墙结构剪力墙面外破坏对非少墙方向的影响需给予充分的关注，当墙厚较薄时，一旦出现屈服，剪力墙面外全截面可能迅速破坏，因此建议应严格控制扁柱的抗震性能目标。

2. 小震设计

少墙方向小震设计需根据上述分段后分别进行。其中X向剪力墙截面形式可能为矩形、T形、L形以及两端带翼缘的复杂截面，设计时应根据具体截面形式及分段尺寸提取内力进行设计，其构造措施应满足规范对于剪力墙的要求。现有程序对于复杂截面剪力墙的计算一般有两个方法，一种是把复杂截面分别按照一字墙计算后，重叠部分配筋直接叠加；另一种是按照《混凝土结构设计规范》GB 50010—2010第9.4.3条及《建筑抗震设计规范》GB 50011—2010第6.2.13-3取一定的翼墙长度作为组合墙肢，按照异形墙截面进行计算设计；建议少墙方向宜按照组合墙肢计算，翼缘的计算长度可直接采用本文的分段方法选取。

少墙方向的梁柱框架，其框架柱的截面形式可能为矩形或L形等异形柱截面，设计时同样应根据分段后的截面提取内力进行设计，其构造亦应满足相关规范对于异形柱的要求。

扁柱的设计，宜先按照传统剪力墙设计方法对面内进行配筋，再根据面外分段提取不同分段的内力，采用面内配筋结果分段进行承载力复核，只有当面外承载力不满足要求时，才需根据面外受力情况重新进行配筋设计。扁柱在另一个方向是面内剪力墙，扁柱的配筋设计应考虑两个方向的配筋结果取包络。扁柱纵向构造配筋要求，可分为以下两部分：第一，若扁柱与剪力墙面内边缘构件有重叠部分，重叠部分的构造要求宜遵循边缘构件的要求；第二，扁柱的中段一般为剪力墙面内的中部墙身位置，其构造配筋与普通框架柱的构造配筋往往相差较大，若按照普通框架柱的构造配筋进行设计，将大大增加剪力墙的配筋，可能会造成严重的浪费，为此建议在满足上述承载力的前提下，扁柱与边缘构件非重叠区域可取扁柱计算配筋的结果并应满足剪力墙墙身构造要求；基于安全考虑，建议对于较长的扁柱可考虑在中部位置间隔一定距离设置暗柱，该暗柱可参照框架柱的构造配筋进行配筋，暗柱的尺寸可参照高规 6.4.1 及 7.1.6 的要求，柱高可取为 max（400，$2h_w$），柱宽可同墙宽 h_w，如图 3.3.4-1 所示：

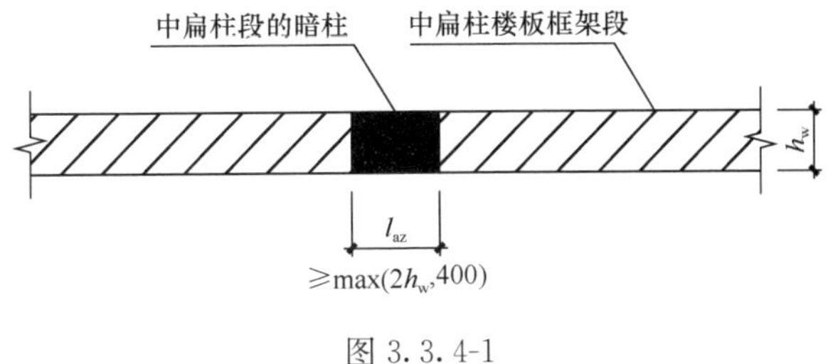

图 3.3.4-1

进行抗剪承载力设计时，在满足面内墙约束边缘构件箍筋配置的同时，对扁柱应根据计算配置一定的抗剪钢筋。由于常规设计并未对剪力墙面外的抗剪进行设计，原有的面外拉结筋对抗剪作用有限，建议扁柱段可考虑按照下式进行面外斜截面承载力验算，当承载力足够时，可不另设面外的抗剪钢筋：

偏心受压时，

$$V \leqslant \frac{1}{0.85}\left(\frac{1.05}{\lambda+1}f_t bh_0 + 0.056N\right) \tag{3.3.4-1}$$

偏心受拉时，

$$V \leqslant \frac{1}{0.85}\left(\frac{1.05}{\lambda+1}f_t bh_0 - 0.2N\right) \tag{3.3.4-2}$$

当不能满足式（3.3.4-1）或（3.3.4-2）要求时，参照《高规》6.2.8 条及 6.2.9 条，按下式进行面外抗剪钢筋配筋计算：

偏心受压时，

$$V \leqslant \frac{1}{0.85}\left(\frac{1.05}{\lambda+1}f_t bh_0 + 0.056N + f_{yv}\frac{A_{sv}}{s}h_0\right) \tag{3.3.4-3}$$

偏心受拉时，

$$V \leqslant \frac{1}{0.85}\left(\frac{1.05}{\lambda+1}f_t bh_0 - 0.2N + f_{yv}\frac{A_{sv}}{s}h_0\right) \tag{3.3.4-4}$$

由于剪力墙面内与面外的抗剪面积是一致的，而剪力墙面内剪力往往远远大于面外剪力，故扁柱的抗剪截面要求是由剪力墙面内剪力控制，因此面外无需验算剪压比。

少墙方向楼板在水平荷载作用下，楼板两侧支座产生一定的负弯矩。取 1m 板带为研究对象，其沿板跨的弯矩分布如图 3.3.4-2 所示，两端负弯矩较大，跨中弯矩较小；对于双向剪力墙结构，楼板端部的弯矩往往较小，可不考虑其对承载力的影响。

在竖向荷载作用下，沿板跨的弯矩分布如图 3.3.4-3 所示；竖向荷载作用下，其支座

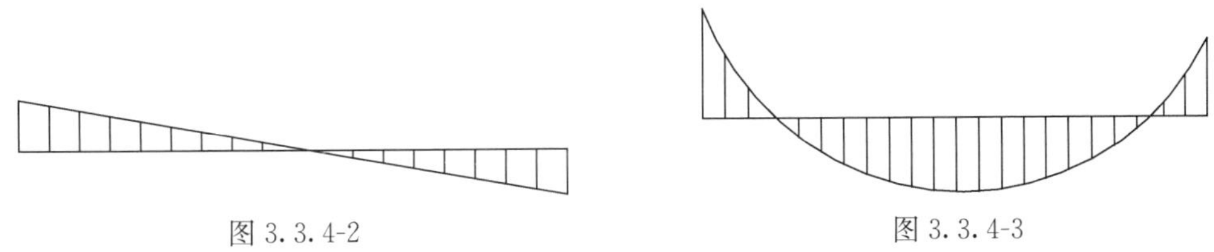

图 3.3.4-2　　图 3.3.4-3

及跨中弯矩均往往较大；当考虑不同的荷载组合，将图 3.3.4-2 与图 3.3.4-3 叠加以后，与只考虑竖向荷载的工况相比，楼板的支座弯矩增大较多，跨中弯矩基本上不变；因此为了保证小震作用下楼板的承载力，楼板支座的抗弯承载力设计必须考虑水平荷载的影响（对于风控地区，尚需考虑风荷载的影响）。

当楼板抗弯承载力满足要求，则其构造配筋可遵循现有规范对楼板的构造要求；考虑水平荷载后楼板支座负弯矩影响范围较大，支座钢筋从墙边伸入楼板长度应适当增加，并有一定数量的通长钢筋。

3. 中震及大震分析

根据《高规》3.11.3 条的规定，第 3、4、5 性能水准的结构应进行弹塑性计算分析，中震、大震抗震性能水准一般都为第 3 或第 4 水准，因此对于少墙结构，中、大震理论上应采用弹塑性分析法进行计算分析；然而，实际工程中考虑少墙方向的弹塑性分析存在以下困难：①现有的计算程序不能考虑剪力墙面外的非线性，少墙方向的框架柱及扁柱均采用了墙单元模拟，使得框架柱及扁柱在少墙方向只能按照弹性计算；②楼板单元不能考虑面外非线性；③同时考虑楼板及剪力墙面外的非线性会使弹塑性分析耗时大大增加。

在未能解决弹塑性分析方法的困难前提下，建议两个方向在小震弹性分析模型的基础上，采用同一模型按照等效弹性法近似计算。采用等效弹性法时，参考《高规》3.11.3 的规定进行计算，应考虑中震及大震作用下结构刚度退化，中震、大震连梁刚度折减系数不应小于 0.3，中、大震分析的结构阻尼比可比小震分析适当增加。

3.3.5 算例

1. 工程简介

本案例项目位于深圳前海深港现代服务业合作区，建筑总高度为 131.10m，其附属商业裙房高度为 16.25m。本项目含 4 层地下室，地下四层～地下二层为车库和设备用房，地下一层为商业。嵌固端取地下一层顶板，板厚 180mm。上部楼层除加强层层高 5.1m，其余楼层层高 3.6m，板厚为 180mm。图 3.3.5-1 为本项目标准层平面图。从图中可以看出，本项目 X 方向布置的剪力墙较少，可能存在少墙问题，需对 X 向的结构体系进行少墙判别。Y 方向布置的剪力墙较多，可不进行少墙判别。

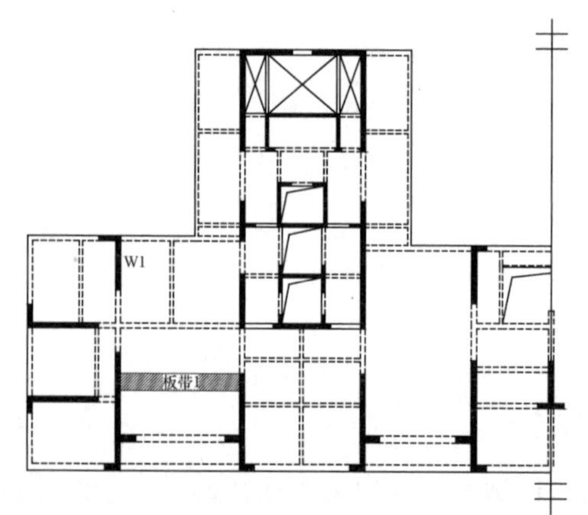

图 3.3.5-1 标准层平面示意图

2. 结构体系判别及整体指标计算

经计算，本案例少墙方向的抗侧力体系各部分的剪力比如表 3.3.5-1 所示；

剪力比计算 表 3.3.5-1

	X 向剪力墙	X 向梁柱框架（含剪力墙端柱）	扁柱楼板框架
剪力（kN）	4610	2432	1297
剪力比	0.553	0.291	0.156

表 3.3.5-1 的计算结果表明，本案例 X 向的扁柱楼板框架的剪力比为 0.156>0.1，X 向可判别为复合框架剪力墙结构。

表 3.3.5-2 为结构基本指标汇总表。

结构基本指标汇总表　　　　**表 3.3.5-2**

		X 向	Y 向
周期（s）		3.66	2.83
地震	基底剪力（kN）	16384	18427
	层间位移角	1/1027（24F）	1/1765（26F）
规范限值		1/800（1/650）	1/800（1/650）

表 3.3.5-2 数据表明，在地震作用下，本案例少墙方向最大层间位移角为 1/1027，Y 方向最大层间位移角为 1/1765，满足位移角限值要求。

3. 少墙方向构件抗震等级选取及抗震承载力验算

本案例在 X 向为复合框架剪力墙结构，设防烈度 7 度，按照框剪结构设计，其高度为超 B 级高度，构件的抗震等级如表 3.3.5-3 所示。

构件抗震等级　　　　**表 3.3.5-3**

	X 向剪力墙	梁柱框架	扁柱楼板框架
抗震等级	一级	一级	一级

如前文所述，少墙方向的 X 向剪力墙、梁柱框架抗震等级与框架剪力墙结构相同，模型中框架柱为采用墙单元模拟的异形柱，需人工求出内力并根据规范相关要求进行构件内力的调整，关于 X 向剪力墙、梁柱框架的具体验算过程本文不再赘述。此处仅以图 3.3.5-1 所示的剪力墙 W1 及图中斜线板带为例，说明扁柱楼板框架承载力的验算。根据第 3 节的划分方法，将 W1 墙划分为如图 3.3.5-2 所示的两部分。

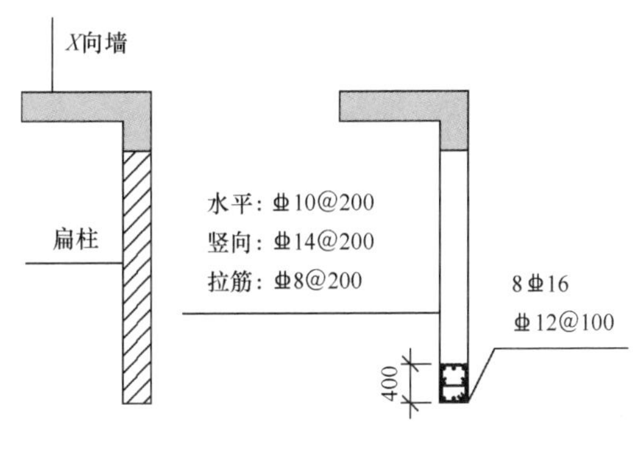

图 3.3.5-2　W1 示意图

扁柱压弯承载力验算　　　　**表 3.3.5-4**

	小震	中震不屈服	大震不屈服
扁柱	P, M3, M2	P, M3, M2	P, M3, M2

扁柱抗剪承载力验算（kN）　　表 3.3.5-5

剪力设计值			抗剪承载力			最小抗剪截面		
小震	中震	大震	小震	中震	大震	小震	中震	大震
67.5	102.3	133.7	914	993	1014.5	3748.9	3748.9	4461.2

注：此处抗剪承载力计算未考虑拉结筋

中震及大震采用等效弹性法，连梁折减系数分别取 0.5、0.3，中震的阻尼比与小震一致采用 0.05，大震阻尼比采用 0.06。根据内力计算结果及图 3.3.5-2 的配筋结果，对扁柱进行双向压弯、拉弯承载力验算，如表 3.3.5-4 所示。

表 3.3.5-4 的验算结果表明，本案例扁柱压弯抗震性能可满足小震弹性、中震不屈服的要求；在大震作用下，扁柱压弯已屈服，不满足设定的性能目标要求，在设计阶段，应适当增大配筋满足设定的性能目标。

扁柱抗剪验算如表 3.3.5-5 所示。表 3.3.5-5 的验算结果表明，本案例剪力墙面外抗剪抗震性能可满足小震、中震弹性，大震不屈服的要求；小震、中震、大震均能满足最小抗剪截面要求。

以图 3.3.5-1 所示的板带 1 为例说明扁柱框架的楼板验算。在恒载作用下，板带 1 的弯矩图如图 3.3.5-3 所示，其中 $M_1=21.38$kN・m/m，$M_2=20.7$kN・m/m，$M_z=-16.94$kN・m/m（上侧受拉为正）。竖向荷载作用下，板带 1 的弯矩分布类似于两端为弹性支座的梁，端弯矩取决于弹性支座的刚度。上述内力均为弹性解，未作弯矩调幅。

在小震作用下，板带 1 弯矩的分布特征如图 3.3.5-4 所示；其中，$M_1=8.14$kN・m/m，$M_2=-3.39$kN・m/m，$M_z=0.52$kN・m/m。水平荷载作用下，板带 1 的弯矩分布类似于框架结构在水平荷载作用下梁的弯矩分布特征，两端支座弯矩较大，跨中弯矩较小，其中支座弯矩的大小与剪力墙的面外刚度有关。

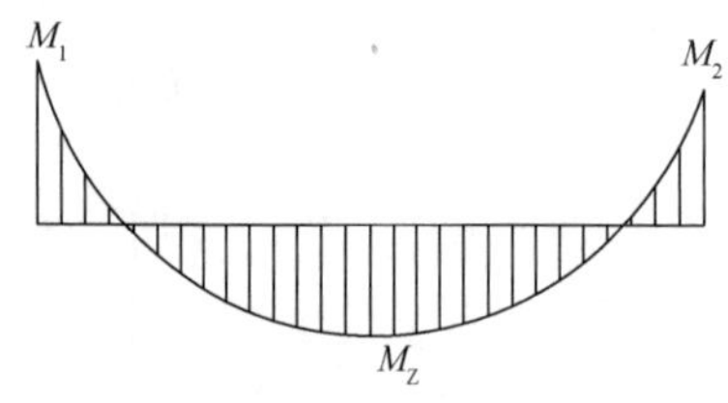

图 3.3.5-3　恒载作用下每米板块弯矩示意图

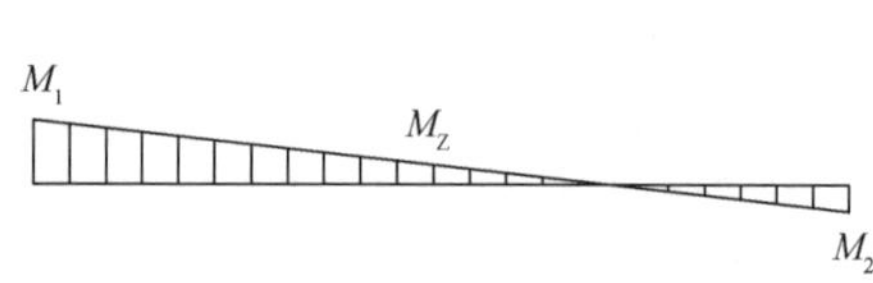

图 3.3.5-4　小震作用下每米板块弯矩示意图

图 3.3.5-4 表明，水平荷载作用下，楼板在少墙方向会产生较大的支座面外弯矩。小震作用下，板带 1 西侧支座面外弯矩为 8.14kN・m/m，与恒荷载引起的支座面外弯矩相比，小震约为恒载作用下的 38.1%，表明楼板在少墙方向承载力设计应考虑水平荷载的影响。

根据竖向荷载及水平荷载作用下，楼板在少墙方向内力分别的特征，对楼板进行相应的配筋设计。本算例风为控制工况，此处将风荷载作用下的内力亦列出，各工况下，板带 1 西侧支座弯矩及跨中弯矩汇总如表 3.3.5-6 所示。

板带 1 西侧支座弯矩及跨中弯矩汇总（kN·m/m） **表 3.3.5-6**

	恒载 D	活载 L	风 WX	小震 EX	中震	大震
西侧支座	21.38	7.04	9.68	8.14	21.06	40.70
跨中	−16.94	−6.04	0.63	0.52	1.35	2.60

板带 1 西侧支座弯矩及跨中弯矩设计值汇总（kN·m/m） **表 3.3.5-7**

工况	竖向荷载		风		小震		中震	大震
	1.2D+1.4L	1.35D+0.98L	1.2D+1.4L+0.84W	1.2D+0.98L+1.4W	1.2D+0.6L+0.28W+1.3EX	1.2D+0.6L+1.3EX	1.0D+0.5L+1.0EX	1.0D+0.5L+1.0EX
支座	35.5	35.8	43.6	46.1	36.7	34.4	46.0	65.6
跨中	−28.8	−28.8	−28.3	−25.4	−23.1	−23.3	−18.61	−17.36

根据高规及《建筑结构荷载规范荷载规范》（GB 50009—2012）的相关规定，考虑以下荷载组合后，板带 1 西侧支座弯矩及跨中弯矩设计值见表 3.3.5-8。

表 3.3.5-7 的计算结果表明，当按一般楼板仅考虑竖向荷载进行配件设计时，板带 1 西侧支座弯矩设计值为 35.8kN·m/m；考虑水平荷载参与组合后，其弯矩为 46.1kN·m/m，约为前者的 1.29 倍。分别采用仅考虑竖向荷载及考虑风荷载的两个组合，配筋设计如表 3.3.5-8 所示。

板带 1 西侧支座配筋设计 **表 3.3.5-8**

	弯矩设计值（kN·m/m）	计算面积（mm^2）	实配面积（mm^2）
仅考虑竖向荷载	35.8	762	770（C14@200）
考虑水平荷载	46.1	981	1026（C14@150）

表 3.3.5-8 的计算结果表明，考虑水平荷载参与组合后，配筋面积比仅考虑竖向荷载时增加约 33%，板带 1 西侧支座在少墙方向的楼板配筋应考虑水平荷载的影响。进一步的采用考虑水平荷载的配筋结果进行中、大震性能目标验算，材料强度取标准值，则板带 1 西侧支座的极限承载力为：

$$M_u \leqslant 0.9 f_{yk} A_s h_0 = 47.24\text{kN} \cdot \text{m/m}$$

由此可见，中震作用下，楼板抗弯已接近屈服，大震作用下，楼板抗弯已屈服。由于水平荷载引起的板块跨中弯矩较小，板带 1 跨中配筋设计可仅考虑竖向荷载组合；考虑到大震作用下，楼板支座已屈服，跨中弯矩有所增大，此时可考虑将相应板带假定两端铰支且材料强度宜采用标准值进行跨中配筋设计；板带 1 跨中仅考虑竖向荷载并进行内力调整后，其配筋面积为 754mm^2（C12@150）。板带 1 西侧支座抗剪承载力验算见表 3.3.5-9 所示。

板带 1 西侧支座抗剪承载力验算（kN/m） **表 3.3.5-9**

工况	风		小震		中震	大震
	1.2D+1.4L+0.84W	1.2D+0.98L+1.4W	1.2D+0.6L+0.28W+1.3EX	1.2D+0.6L+1.3EX	1.2D+0.6L+1.3EX	1.0D+0.5L+1.0EX
剪力设计值	40	39	51	49	44	48

续表

工况	风		小震		中震	大震
	1.2D+1.4L+0.84W	1.2D+0.98L+1.4W	1.2D+0.6L+0.28W+1.3EX	1.2D+0.6L+1.3EX	1.2D+0.6L+1.3EX	1.0D+0.5L+1.0EX
抗剪承载力	145	145	171	171	171	204
最小抗剪截面	518	518	488	488	488	437

表3.3.5-9的验算结果表明，本案例楼板面外抗剪抗震性能可满足小震、中震弹性，大震不屈服的要求；小震、中震、大震均能满足最小抗剪截面要求。

3.3.6　结论与建议

建议一向少墙剪力墙结构抗震设计要点如下：

（1）当扁柱楼板框架剪力比 $\mu_i w_f \leqslant 0.1$ 时，说明扁柱楼板框架的作用较小，建议不进行扁柱楼板框架承载力验算，适当采用加强构造措施处理。当扁柱楼板框架剪力比 $\mu_i w_f > 0.1$ 时，说明扁柱楼板框架的作用较大，必须验算扁柱楼板框架的承载力，本文建议的性能设计方法可供参考应用。

（2）少墙方向的 X 向剪力墙一般为非矩形的复杂截面，设计时建议采用组合墙肢的设计方法；梁柱框架一般为异形柱截面，应按异形柱设计。

（3）少墙方向的扁柱楼板框架，楼板的验算应考虑水平荷载的作用。

（4）在弹塑性分析方法尚未完善前，建议用等效弹性法验算少墙方向中、大震的性能目标。

3.4　平面凹凸不规则高层结构设计的若干问题

3.4.1　前言

平面凹凸不规则是当今常见的一种通风及采光良好的建筑平面布置形式。然而，现行规范的相关规定较少，导致此类结构设计时遇到较多困难。本文选用实际工程案例，讨论该形式结构设计上存在的一些问题，给出设计建议供结构设计人员参考。

3.4.2　工程案例结构概况

工程案例标准层平面简图见图3.4.2-1。

上部为剪力墙结构，下部5层设有转换层，计算模型选取正负零为嵌固端，地面以上45层，结构高度149.1m，首层层高5.1m。本工程所在位置50年一遇的基本风压 ω_0 为 $0.7kN/m^2$，地面粗糙度类别为C类。风荷载体型系数为1.4。抗震设防烈度为7度，设计基本地震加速度为0.1g，设计地震分组为第1组，场地类别为Ⅱ类。

结构由A、B、C三个单肢以及中心区（阴影部分）组成。单肢A、单肢B与X轴夹角分别为160°和20°并沿中心线对称。结构高宽比为149.1/28=5.3。单肢A、B平面尺寸为8.2m×14.9m，单肢A、B高宽比149.1/8.2=18.2，长宽比14.9/8.2=1.8，连接部位宽度6.2m，板厚0.15m。转换层层高5.2m，平面简图见图3.4.2-2。

主要构件的尺寸及混凝土等级见表3.4.2-1。

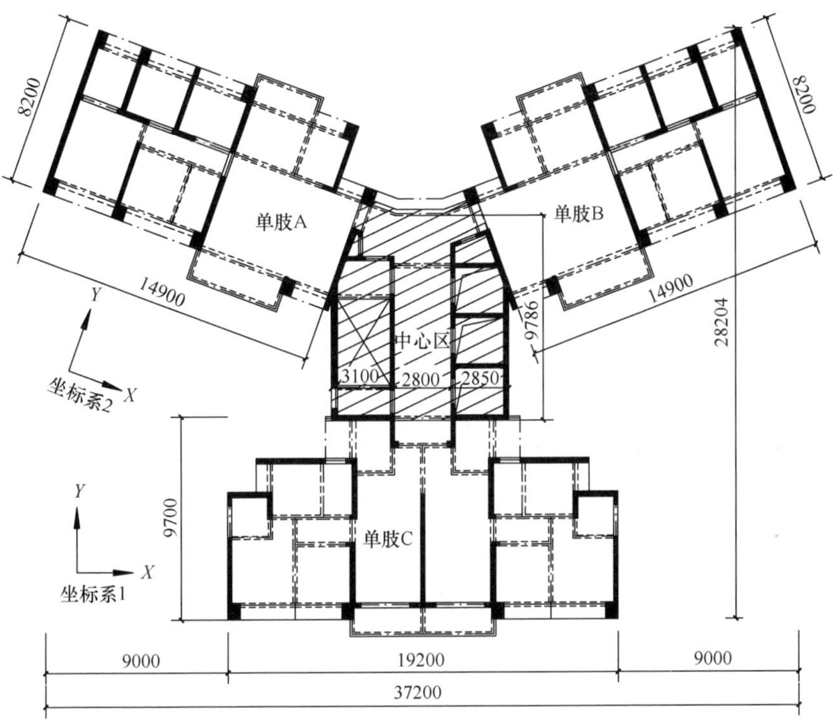

图 3.4.2-1 工程案例标准层平面简图

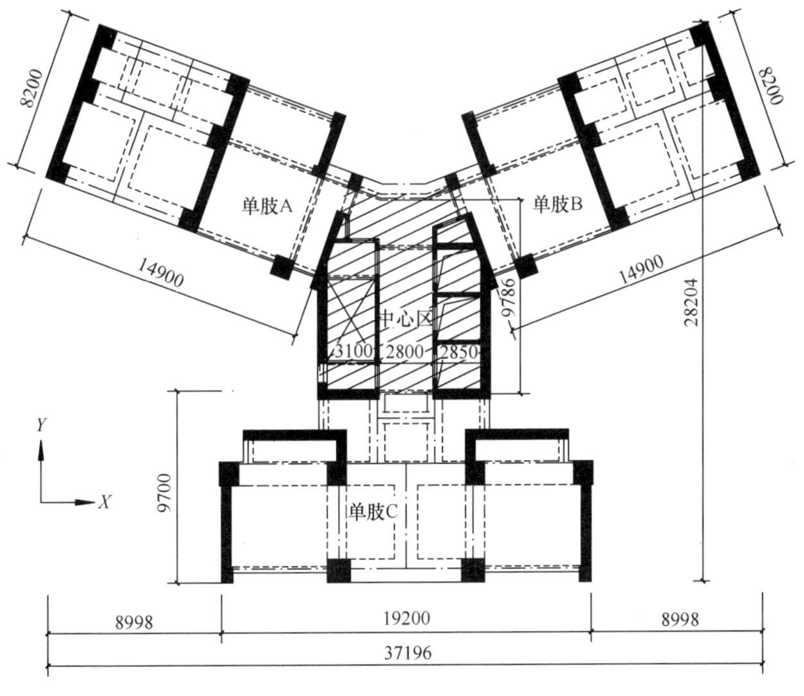

图 3.4.2-2 工程案例转换层平面简图

主要构件尺寸与混凝土等级　　表 3.4.2-1

层号	主要剪力墙		单肢与中心区连接楼板	
	墙厚（mm）	混凝土等级	板厚（mm）	混凝土等级
1～4	500	C60	150	C30
5（转换层）	500	C60	180	C35
6	300	C60	150	C30
7～15	250	C60	150	C30
16（避难层）	250	C60	150	C30
17～31	200	C50	150	C30
32（避难层）	200	C50	150	C30
33～45	200	C50	150	C30

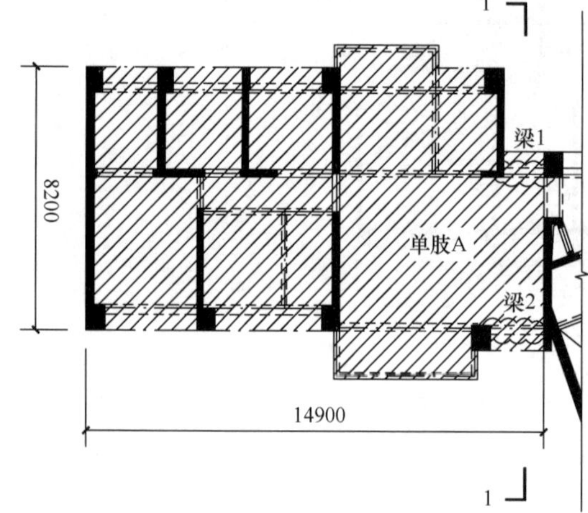

图 3.4.3-1　单肢 A（阴影部分）标准层布置图

3.4.3　关于单肢结构

为了模拟最不利情况，本节中的外力加载方向及内力方向参考图 3.4.2-1 坐标系 2。单肢 A（图 3.4.2-1 阴影部分）在 $+Y$ 风工况下单肢内端的 1-1 截面的 $+Y$ 向剪力沿层高分布见图 3.4.3-2。

计算结构表明，在 $+Y$ 风工况下，除转换层及以下层外，1-1 截面的 $+Y$ 向大部分的剪力由楼板承担。剪力在顶层（45 层）出现大值，向下迅速衰减。在转换层附近则出现较大的剪力且与外荷载同向。单肢 A 结构顶层的 1-1 截面在此工况下的剪力仅为 200kN 左右，说明单肢 A 独立时横向（Y 向）刚度较低，1-1 截面无需提供很大的约束剪力，即可将其变形推回协调中心区结构变形。

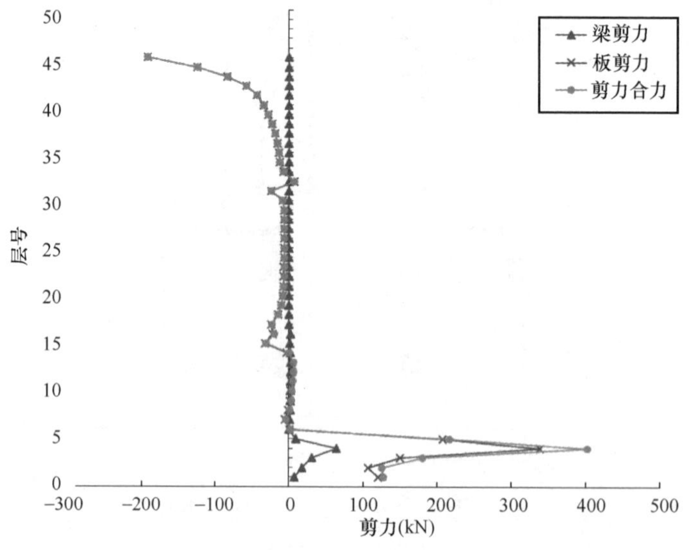

图 3.4.3-2　1-1 截面在 $+Y$ 风工况下的 $+Y$ 向剪力（kN）

3.4.4 风荷载作用下单肢 A 的 1-1 截面的梁的受力

1. 梁的竖向受剪

图 3.4.3-1 中的梁 1、梁 2 的跨高比相对较小，在 $+X$ 风工况作用下可能会出现较大的沿垂直 Z 轴的剪力，梁 1、梁 2 在 $+X$ 风工况下的 $+Z$ 向剪力见图 3.4.4-1。

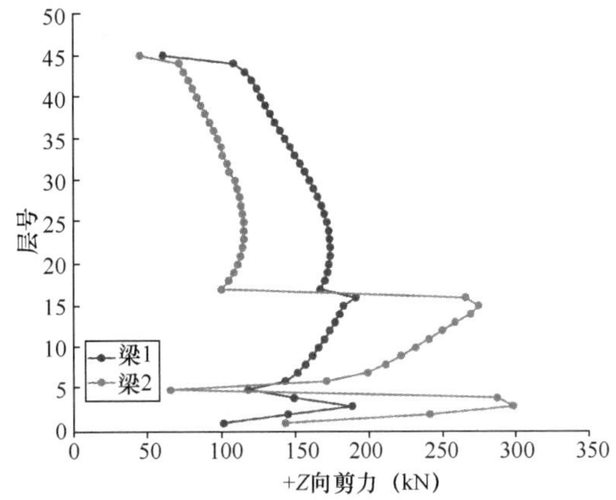

图 3.4.4-1　在 $+X$ 风工况下 1-1 截面梁 1、梁 2 的 $+Z$ 向剪力

标准层出现的最大剪力数值见表 3.4.4-1。

在 $+X$ 风工况下 1-1 截面梁 1、梁 2 的 $+Z$ 向剪力（kN）　　**表 3.4.4-1**

项次	层号	$+X$ 风作用下的剪力	$0.15f_cbh_0$	剪力/$0.15f_cbh_0$
梁 1	16	191.12	405.41	47.14%
梁 2	15	275.23	405.41	67.89%

由上可知，梁 1、梁 2 的 $+Z$ 向剪力最大值分别出现在 15 层及 16（避难层）层处；$+X$ 风单工况下的 $+Z$ 向剪力已分别达到 $0.15f_cbh_0$ 的 47.14% 和 67.89%。说明该处梁是连接单肢与中心区结构共同工作的重要构件，设计时应充分给予关注。

2. 梁的轴向拉压

图 3.4.3-1 中的梁 1、梁 2，在 $+Y$ 风工况作用下可能会出现较大的拉、压应力。梁 1、梁 2 轴力的沿高分布见图 3.4.4-2。

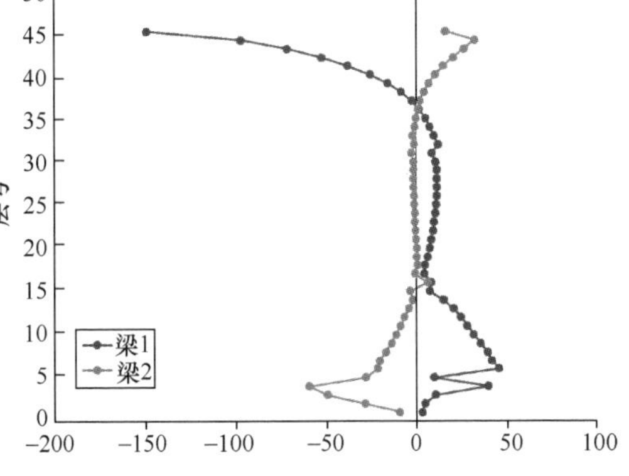

图 3.4.4-2　在 $+Y$ 风工况下 1-1 截面梁 1、梁 2 的 $+X$ 向轴力（kN）

由上图可看出，除了避难层处以外，在此工况下梁 1、梁 2 的轴力的方向相反，反映出 1-1 截面楼板的受弯现象。同时轴力的最大值出现在顶层部分，设计时应充分给予关注。

3.4.5 加长单肢伸出长度的不利影响

1. 加长单肢 A 模型

单肢 A 的加长部分定位及加长方向见图 3.4.5-1。

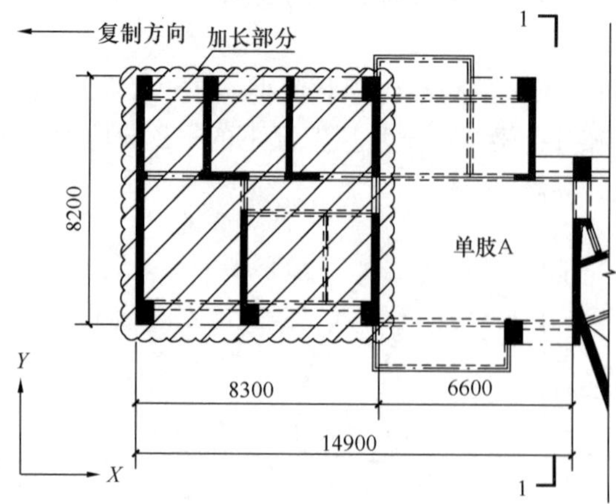

图 3.4.5-1　单肢 A 加长部分定位图

对比模型与原模型平面布置对比见表 3.4.5-1。

加长单肢模型与原模型对比　　表 3.4.5-1

项次	单肢 A 尺寸		长宽比（与原模型比值）
	长（m）	宽（m）	
原模型	14.90	8.20	1.82
加长模型 A	22.95	8.20	2.80（153.85%）
加长模型 B	31.00	8.20	3.78（207.69%）

原模型与加长模型的自振周期及质量见表 3.4.5-2。由表可知，加长单肢 A 后，结构周期明显增长。

原模型与加长模型的自振周期及质量对比　　表 3.4.5-2

原模型			
项次	T_1	T_2	T_3
周期（s）	3.73	3.05	2.91
加长模型 A			
项次	T_1	T_2	T_3
周期（s）	3.94	3.27	2.94
自振周期与原模型比值	105.76%	107.30%	101.18%
加长模型 B			
项次	T_1	T_2	T_3
周期（s）	4.30	3.24	2.94
自振周期与原模型比值	115.23%	106.38%	100.91%

2. 加长单肢 A 对单肢 A 内端的 1-1 截面的受力影响

为了模拟最不利情况，本节中的外荷载及内力方向参照图 1 的坐标系 2。加长单肢 A 模型与原模型的 1-1 截面的剪力合力对比见图 3.4.5-2。

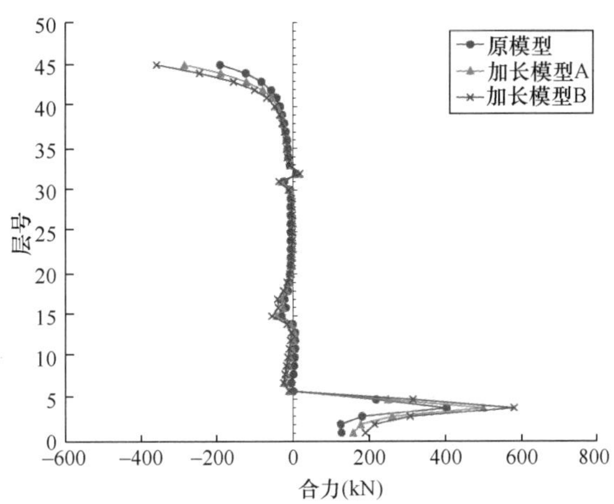

图 3.4.5-2 1-1 截面在+Y 风工况下的+Y 向剪力合力（kN）

由上图可知，原模型和两个加长单肢 A 模型的 1-1 截面剪力合力沿层高变化规律相近。剪力合力在 45 层（顶层）出现最大值，向下迅速衰减，中部楼层的 1-1 截面剪力仅为顶层的 10%～20%。在转换层附近出现较大值且与外荷载同向。顶层和第 4 层的剪力合力数值见表 3.4.5-3。

加长单肢 A 模型与原模型的 1-1 截面剪力合力对比　　表 3.4.5-3

+Y 风工况下顶层 1-1 截面剪力合力（kN）			
项次	原模型	加长模型 A	加长模型 B
+Y 向剪力	−191.16	−285.50	−359.19
与原模型比值	—	149.35%	187.90%
+Y 风工况下第 4 层 1-1 截面剪力合力（kN）			
+Y 向剪力	402.81	500.73	581.21
与原模型比值	—	124.31%	144.29%

对于顶层 1-1 截面的剪力合力，在对原模型的单肢 A 加长一跨后（加长模型 A），增长至原模型的 149.35%，加长两跨后（加长模型 B）则为原模型的 187.90%。对于第 4 层 1-1 截面的剪力合力，在对原模型的单肢 A 加长一跨后（加长模型 A），增长至原模型的 124.31%，加长两跨后（加长模型 B）则为原模型的 144.29%。由此可知，1-1 截面受到的剪力会随着单肢 A 的加长而明显增大。

3. 加长单肢 A 模型与原模型位移的比较

为了模拟最不利情况，本节中的外荷载及内力方向参照图 3.4.2-1 的坐标系 2。加长单肢 A 模型与原模型的最大层位移对比见图 3.4.5-3。

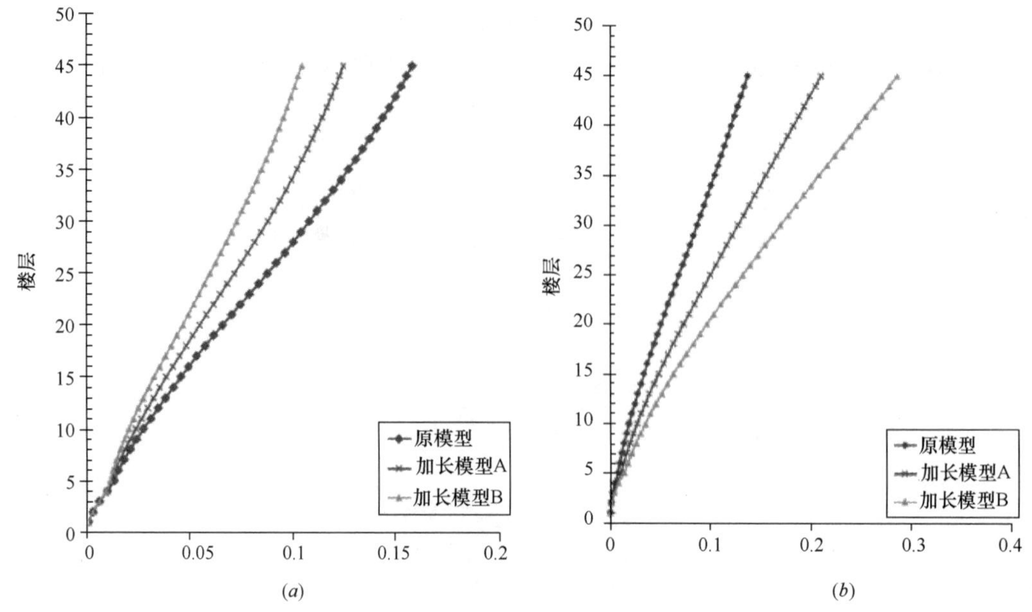

图 3.4.5-3　加长单肢 A 模型与原模型的最大层位移对比
(*a*) *X* 向最大层位移 (m)；(*b*) *Y* 向最大层位移 (m)

加长单肢 A 模型与原模型顶点位移的对比见表 3.4.5-4。

加长单肢 A 模型与原模型的顶层位移对比　　表 3.4.5-4

X 向风 (WX)			
顶层 *X* 向位移	最大层位移 (m)	质心位移 (m)	最大层位移/质心位移
原模型	0.159	0.145	110.05%
加长模型 A (与原模型比值)	0.125 (78.64%)	0.116 (80.30%)	107.77%
加长模型 B (与原模型比值)	0.105 (65.99%)	0.092 (63.63%)	104.38%
Y 向风 (WY)			
顶层 *Y* 向位移	最大层位移 (m)	质心位移 (m)	最大层位移/质心位移
原模型	0.137	0.115	119.72%
加长模型 A (与原模型比值)	0.210 (153.25%)	0.148 (128.69%)	142.56%
加长模型 B (与原模型比值)	0.286 (208.51%)	0.184 (160.37%)	156.28%

对于加长模型 A，*Y* 向顶层最大层位移增加 153.25%，其自身的最大层位移与质心位移的比值也增大了约 23%，其扭转变形也更为明显。对于加长模型 B，弱方向 *Y* 向顶层最大层位移增加 208.51%，其自身的最大层位移与质心位移的比值也增大了约 37%。由此可知，弱方向 *Y* 向的顶层最大层位移及最大层位移与质心位移的比值随着单肢 A 的加长而急剧增大，这对于结构顶层单肢外端的舒适度显然是不利的。此类结构按《高规》近似计算结构舒适度时，顶点横风加速度应适当增大。

3.4.6　单肢的剪力墙厚度对结构的影响

1. 加厚单肢剪力墙模型

加厚剪力墙的定位见图 3.4.6-1。

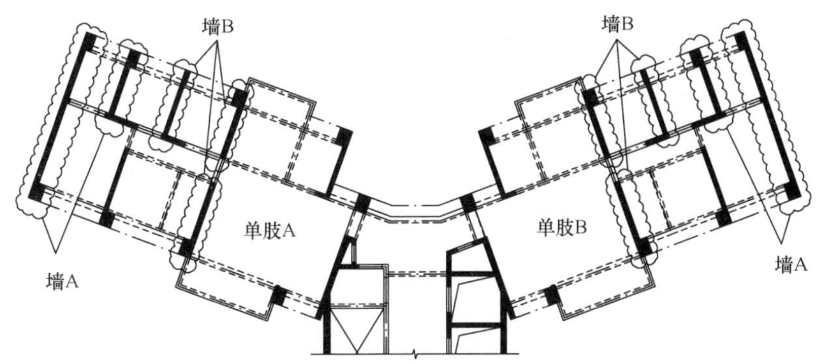

图 3.4.6-1 单肢 A、B 墙定位示意图

对比模型与原模型平面布置对比见表 3.4.6-1。

加厚单肢剪力墙模型与原模型对比 **表 3.4.6-1**

加墙厚模型 A（仅加厚墙 A）		
项次	墙 A 厚度（mm）	
层号	原模型	加墙厚模型 A
1～4	500	500
5	500	500
6	300	500
7～15	250	500
16	250	500
17～45	200	500
加墙厚模型 B（仅加厚墙 B）		
项次	墙 B 厚度（mm）	
层号	原模型	加墙厚模型 A
1～4	500	500
5	500	500
6	300	500
7～15	250	500
16	250	500
17～45	200	500

对比模型增加了 6～45 层的墙厚，原模型与加长模型的自振周期及质量见表 3.4.6-2。

原模型与加墙厚模型的自振周期及质量对比 **表 3.4.6-2**

原模型			
项次	T_1	T_2	T_3
周期（s）	3.73	3.05	2.91
加墙厚模型 A			
项次	T_1	T_2	T_3
周期（s）	3.81	3.11	2.97
自振周期与原模型比值	102.02%	101.95%	102.03%

续表

加墙厚模型 B			
项次	T_1	T_2	T_3
周期（s）	3.66	3.07	2.93
自振周期与原模型比值	98.12%	100.67%	100.52%

由上表可知，加墙厚模型 A 的自振周期与原模型相比略有增大，而加墙厚模型 B 的自振周期与原模型相比则变化幅度很小，总体看来，对结构周期影响不大。

2. 加厚单肢剪力墙对单肢 A 内端的 1-1 截面的受力影响

加厚剪力墙模型与原模型的 1-1 截面的剪力合力对比见图 3.4.6-2。

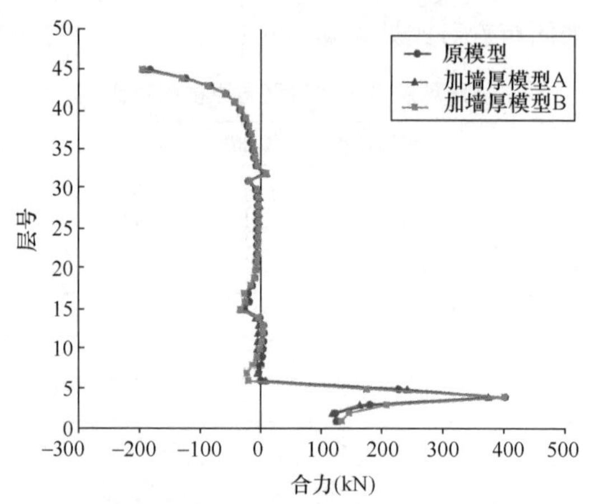

图 3.4.6-2　加墙厚模型与原模型 1-1 截面在 +Y 风工况下的 +Y 向剪力合力对比（kN）

由图 3.4.6-2 可知，原模型和两个加墙厚模型的 1-1 截面剪力合力沿高度方向的分布特征相近。剪力在 45 层（顶层）出现大值，向下迅速衰减。在转换层附近出现较大值且与外荷载同向。顶层和第 4 层的剪力数值见表 3.4.6-3。

加墙厚模型与原模型 1-1 截面剪力合力对比　　表 3.4.6-3

+Y 风工况下顶层 1-1 截面剪力合力（kN）			
项次	原模型	加墙厚模型 A	加墙厚模型 B
+Y 向剪力	−191.16	−192.79	−196.43
与原模型比值	—	100.85%	102.76%
+Y 风工况下第 4 层 1-1 截面剪力合力（kN）			
项次	原模型	加墙厚模型 A	加墙厚模型 B
+Y 向剪力	402.81	373.93	401.35
与原模型比值	—	92.83%	99.64%

对于顶层 1-1 截面的剪力合力，加墙厚模型 A、B 皆出现小幅增长。对于第 4 层 1-1 截面的剪力，加墙厚模型 A、B 皆略微小于原模型。综上，本节中的对比模型的 1-1 截面的剪力与原模型相比没有明显差别。

3. 加墙厚模型与原模型位移的比较

为了模拟最不利情况，本节中的外荷载及内力方向参照图 3.4.2-1 的坐标系 2。加墙厚模型与原模型的最大层位移对比见图 3.4.6-3。

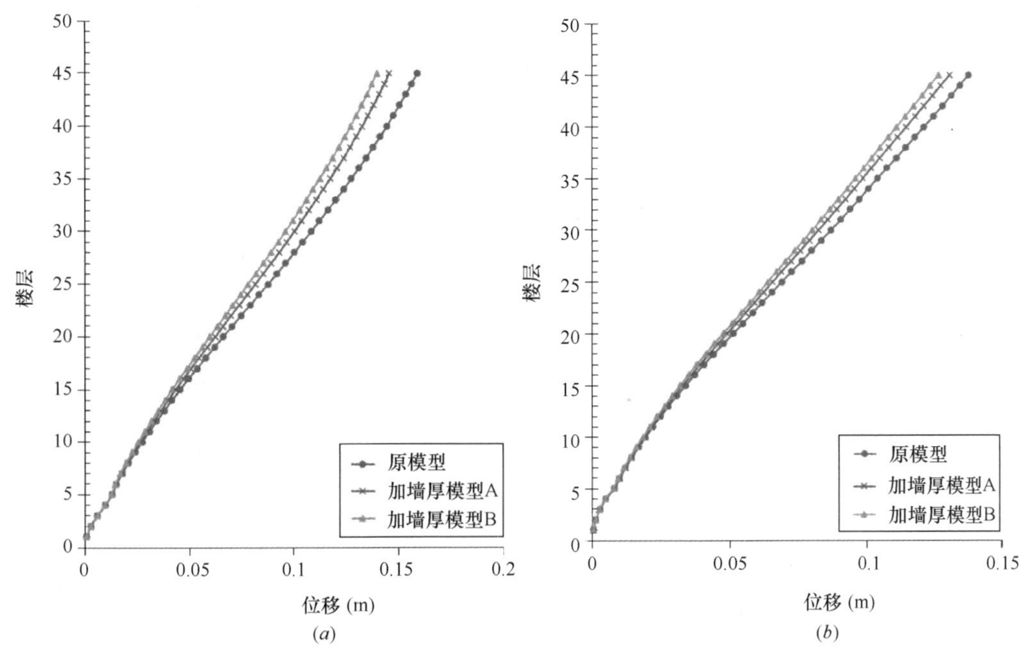

图 3.4.6-3　加墙厚模型与原模型的最大层位移对比

(*a*) *X* 向最大层位移 (m)；(*b*) *Y* 向最大层位移 (m)

加墙厚模型与原模型顶点位移的对比见表 3.4.6-4。

加墙厚模型与原模型的顶层位移对比　　表 3.4.6-4

+*X* 向风 (WX)			
顶层 *X* 向位移	最大层位移 (m)	质心位移 (m)	最大层位移/质心位移
原模型	0.159	0.145	110.05%
加墙厚模型 A (与原模型比值)	0.146 (91.72%)	0.134 (92.37%)	108.88%
加墙厚模型 B (与原模型比值)	0.140 (87.95%)	0.129 (89.18%)	107.14%
+*Y* 向风 (WY)			
顶层 *Y* 向位移	最大层位移 (m)	质心位移 (m)	最大层位移/质心位移
原模型	0.137	0.115	119.72%
加墙厚模型 A (与原模型比值)	0.130 (95.03%)	0.111 (96.55%)	117.25%
加墙厚模型 B (与原模型比值)	0.127 (92.09%)	0.109 (94.25%)	116.40%

由上可知，对比原模型，两个加墙厚模型的顶点位移、顶层最大层位移/质心位移比值皆略有减少。加墙厚模型 B 的减小幅度略微大于加墙厚模型 A。总体看来，加厚单肢的剪力墙对结构受力变形略有改善，但影响不大。

3.4.7　关于中心区结构

1. 中心区的 2-2 截面的受力分析

工程案例中心区标准层平面图见图 3.4.7-1。除第 5 层（转换层）楼板厚 180mm 外，其余楼层楼板厚度为 150mm。

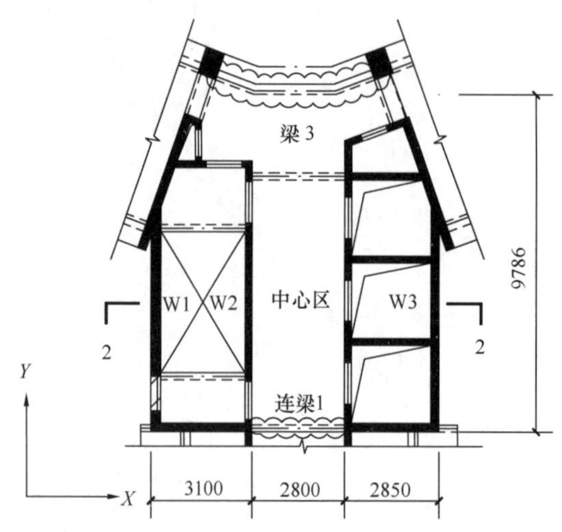

图 3.4.7-1　工程案例中心区标准层平面图

由上图可知，中心区的长宽比约为 1.12，中间的 2-2 截面剖开了三面剪力墙，分别为 W1、W2、W3。

最不利工况为＋X 风工况，外力加载方向及内力方向参照图 3.4.7-1 的坐标系。以2-2截面为例，在＋X 风工况下 2-2 截面的＋X 向剪力见图 3.4.7-2。

由上图可知，在＋X 风工况下，2-2 截面的＋X 向剪力几乎都被楼板承担，并在顶层和第 4 层（转换层下一层）出现大值。除了转换层及以下，W1～W3 三片面外剪力墙受剪接近于 0。楼板最大剪应力出现在顶层。2-2 截面在＋X 风工况下的绕垂直 Z 轴的弯矩见图 3.4.7-3。

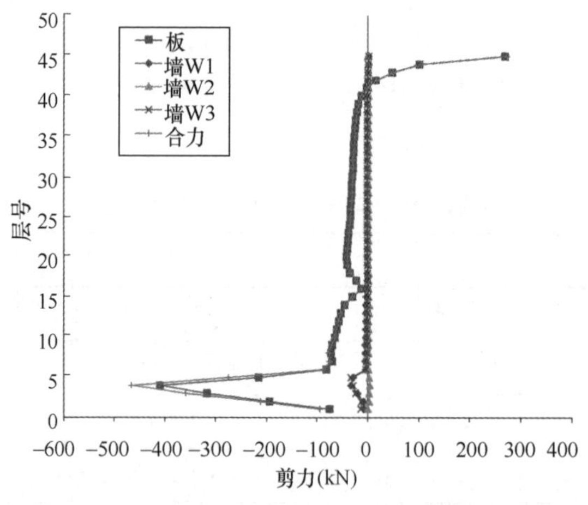

图 3.4.7-2　2-2 截面在＋X 风工况下的＋X 向剪力（kN）

由图 3.4.7-3 可知，2-2 截面的剪力墙受到的面外弯矩相较小，剪力墙 W1、W3 仅在转换层以下出现明显大值，其余层都接近于 0。而位处于中间的剪力墙 W2 沿层高的面外剪力全部接近于 0。2-2 截面的剪力及弯矩的具体数值见表 3.4.7-1。

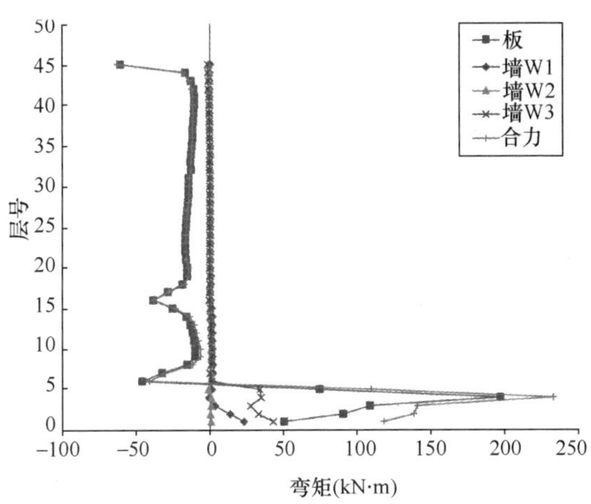

图 3.4.7-3 2-2 截面在+X 风工况下的绕垂直 Z 轴的弯矩（kN·m）

2-2 截面在+X 风工况下的受力 **表 3.4.7-1**

+X 风作用下顶层 2-2 截面受力				
项次	楼板	墙 W1	墙 W2	墙 W3
+X 向剪力（kN）	268.58	2.08	−0.05	2.37
绕 Z 轴弯矩（kN·m）	−61.06	0.14	−1.16	−1.45
+X 风作用下第 4 层（转换层下一层）2-2 截面受力				
项次	楼板	墙 W1	墙 W2	墙 W3
+X 向剪力（kN）	−409.55	−32.25	3.92	−28.53
绕 Z 轴弯矩（kN·m）	197.17	−0.38	0.91	35.00

由上可知，对于中心区的 2-2 截面，在最不利工况+X 风作用下，楼板承受了大部分外力荷载。

2. 风荷作用载下中心区的梁的竖向受剪情况

在+X 风工况下，图 3.4.7-1 中的梁 3 和连梁 1 可能会出现较大的沿垂直 Z 轴的剪力，外力加载方向及内力方向参照图 3.4.7-1 的坐标系。梁 3 和连梁 1 在+X 风工况下的+Z 向剪力见图 3.4.7-4。

标准层出现的最大剪力数值见表 3.4.7-2。

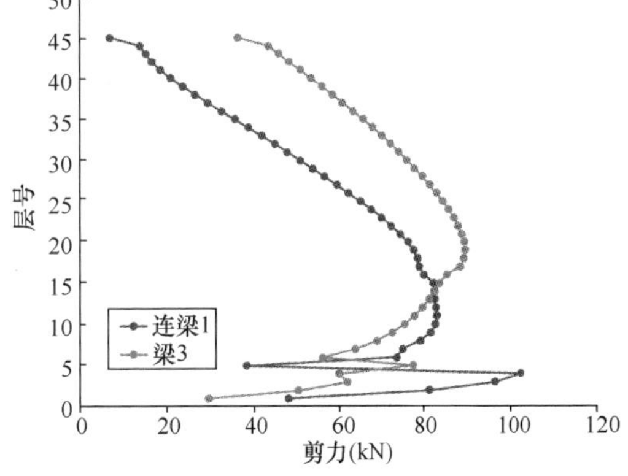

图 3.4.7-4 连梁 1、梁 3 在+X 风工况下的+Z 向剪力（kN）

在+X 风工况下梁 3、连梁 1 的+Z 向剪力（kN） **表 3.4.7-2**

项次	层号	+X 风作用下的剪力	$0.15f_cbh_0$	剪力/$0.15f_cbh_0$
连梁 1	11	82.78	205.9	40.20%
梁 3	19	89.25	405.4	22.02%

由上可知，连梁 1、梁 3 的 +Z 向剪力最大值分别出现在 11 层及 19 层处；+X 风单工况下的 +Z 向剪力分别达到 $0.15f_cbh_0$ 的 40.20% 和 22.02%。设计时应充分给予关注。

3.4.8　中心区外围剪力墙对结构的影响

1. 加厚中心区外围剪力墙模型

加厚剪力墙的定位图见图 3.4.8-1。

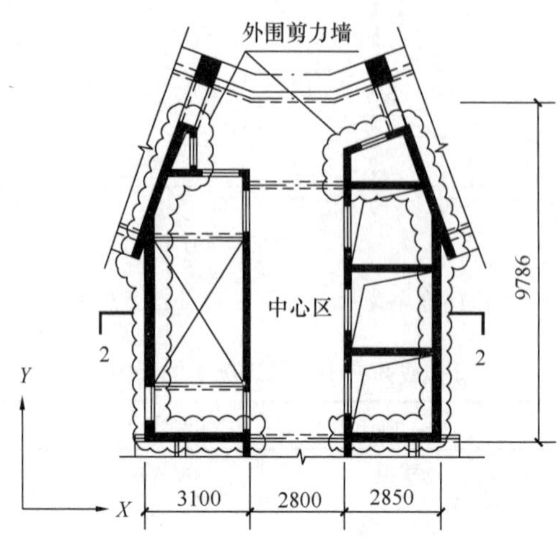

图 3.4.8-1　中心区外围剪力墙定位

加墙厚模型与原模型的区别见表 3.4.8-1。

墙加厚模型与原模型对比　　表 3.4.8-1

项次	墙厚
原模型	保持原模型墙厚不变
墙加厚模型 A	中心区外围剪力墙厚度+300mm
墙加厚模型 B	中心区外围剪力墙厚度+600mm

原模型与加墙厚模型的自振周期及质量见表 3.4.8-2。

原模型与加墙厚模型的自振周期及质量对比　　表 3.4.8-2

原模型			
项次	T_1	T_2	T_3
周期（s）	3.73	3.05	2.91
墙加厚模型 A			
项次	T_1	T_2	T_3
周期（s）	3.72	2.90	2.74
自振周期与原模型比值	99.73%	95.08%	94.16%
墙加厚模型 B			
项次	T_1	T_2	T_3
周期（s）	3.77	2.89	2.63
自振周期与原模型比值	101.07%	94.75%	90.38%

由上表可知，在对中心区的外围剪力墙加厚后，结构的第一自振周期变化不明显，第2、第3周期有所减小。

2. 加厚中心区剪力墙对中心区 2-2 截面的受力影响

墙加厚模型与原模型的 2-2 截面的剪力对比见图 3.4.8-2。

由上图可知，原模型和两个加墙厚模型的 2-2 截面剪力沿高分布特征相近。剪力在顶层（45 层）出现大值，向下迅速衰减，中间楼层的 $+X$ 向剪力仅为顶层的 15%～20%。在转换层附近出现较大值。顶层和第 4 层的剪力合力见表 3.4.8-3。

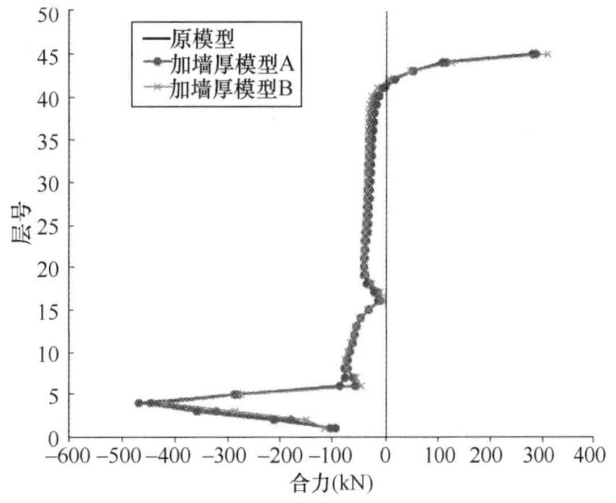

图 3.4.8-2 加墙厚模型与原模型 2-2 截面在 $+X$ 风工况下的 $+X$ 向剪力合力对比（kN）

加厚剪力墙模型与原模型的 2-2 截面受力对比　　表 3.4.8-3

$+X$ 风工况下顶层 2-2 截面剪力合力（kN）			
项次	原模型	加墙厚模型 A	加墙厚模型 B
$+X$ 向剪力	279.17	285.43	309.66
与原模型比值	—	102.24%	110.92%
$+X$ 风工况下第 4 层 2-2 截面剪力合力（kN）			
项次	原模型	加墙厚模型 A	加墙厚模型 B
$+X$ 向剪力	−468.45	−446.9	−420.45
与原模型比值	—	95.40%	89.75%

对于顶层 2-2 截面的剪力，加墙厚模型 A、B 皆出现小幅增长。对于第 4 层 2-2 截面的剪力，加墙厚模型 A、B 皆略微小于原模型。

3. 加墙厚模型与原模型位移的比较

加墙厚模型与原模型的最大层位移对比见图 3.4.8-3。

加墙厚模型与原模型顶点位移的对比见表 3.4.8-4。

加墙厚模型与原模型的顶层位移对比　　表 3.4.8-4

$+X$ 向风（WX）			
顶层 X 向位移	最大层位移（m）	质心位移（m）	最大层位移/质心位移
原模型	0.159	0.145	110.05%
加墙厚模型 A（与原模型比值）	0.145（91.19%）	0.131（90.34%）	110.69%
加墙厚模型 B（与原模型比值）	0.138（86.79%）	0.125（86.21%）	110.40%
$+Y$ 向风（WY）			
顶层 Y 向位移	最大层位移（m）	质心位移（m）	最大层位移/质心位移
原模型	0.137	0.115	119.13%
加墙厚模型 A（与原模型比值）	0.117（85.40%）	0.097（84.35%）	120.62%
加墙厚模型 B（与原模型比值）	0.109（79.56%）	0.091（79.13%）	119.78%

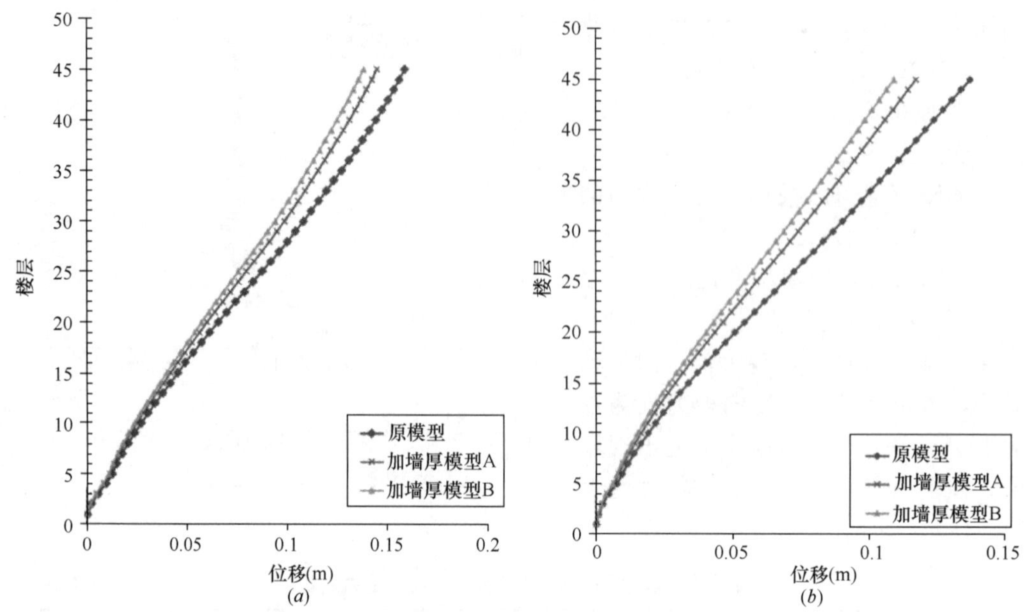

图 3.4.8-3　加墙厚模型与原模型的最大层位移对比

(*a*) *X* 向最大层位移 (m)；(*b*) *Y* 向最大层位移 (m)

由上可知，对比原模型，加墙厚模型的 *X*、*Y* 向的顶层最大层位移、顶层质心位移皆有所减小。但是最大层位移/质心位移的比值却几乎没有变化。

3.4.9　中心区楼板的作用分析

1. 加厚中心区楼板模型

加厚中心区楼板定位见图 3.4.9-1。

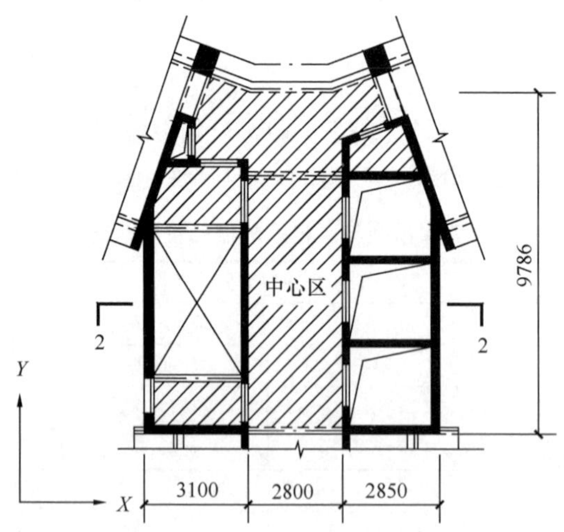

图 3.4.9-1　中心区楼板定位（阴影部分）

对比模型与原模型的区别见表 3.4.9-1。

加板厚模型与原模型对比 **表 3.4.9-1**

项次	板厚
原模型	150mm（转换层 180mm）
加板厚模型 A	300mm（转换层 330mm）

原模型与加板厚模型的自振周期及质量见表 3.4.9-2。

加板厚模型与原模型对比 **表 3.4.9-2**

原模型			
项次	T_1	T_2	T_3
周期（s）	3.73	3.05	2.91
加板厚模型 A			
项次	T_1	T_2	T_3
周期（s）	3.63	3.06	2.88
自振周期与原模型比值	97.32%	100.33%	98.97%

由上表可知，在加厚中心区的楼板后。第二周期变化不大，第一、第三周期分别减小约 3%、1%。结构质量的增加约 2%。

2. 加厚中心区楼板对中心区 2-2 截面的受力影响

加板厚模型 A 与原模型的 2-2 截面的剪力对比见图 3.4.9-2。

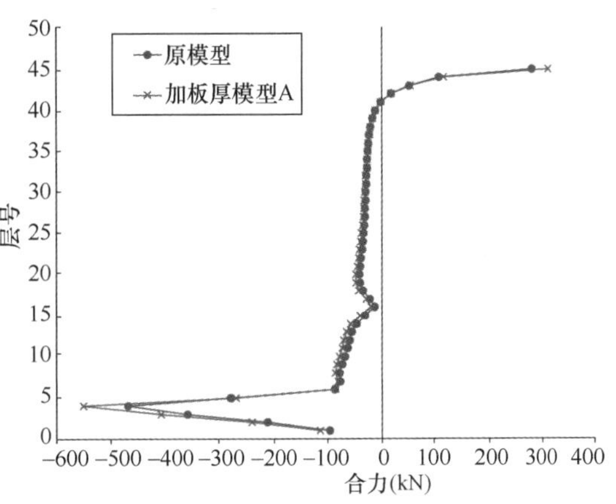

图 3.4.9-2 加板厚模型 A 与原模型的 2-2 截面在 X 风工况下的 +X 向剪力合力对比（kN）

由上图可知，原模型和加板厚模型 A 的 2-2 截面剪力沿高分布特征相近。剪力在顶层（45 层）出现大值，向下迅速衰减。在转换层附近出现较大值且与外荷载同向。顶层和第 4 层的 2-2 截面剪力合力见表 3.4.9-3。

加板厚模型 A 与原模型的 2-2 截面剪力合力对比 **表 3.4.9-3**

+X 风工况下顶层 2-2 截面剪力合力（kN）		
项次	原模型	加板厚模型 A
+X 向剪力	279.17	311.48
与原模型比值	—	111.57%
+X 风工况下第 4 层 2-2 截面剪力合力（kN）		
项次	原模型	加板厚模型 A
+X 向剪力	−468.45	−551.24
与原模型比值	—	117.67%

对比原模型，加板厚模型 A 的顶层、第 4 层的 +X 向 2-2 截面剪力合力分别出现了 11.57%、17.67% 的增长。加板厚模型 A 与原模型的 2-2 截面楼板剪应力对比见

图 3.4.9-3。

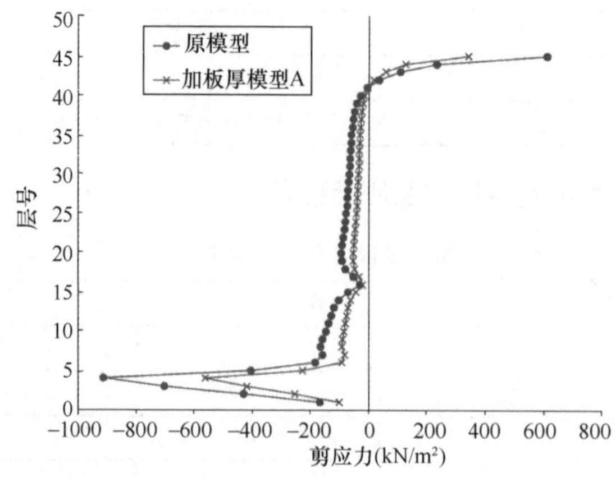

图 3.4.9-3　板加厚模型与原模型 2-2 截面的楼板在 $+X$ 风工况下的 $+X$ 向剪应力对比（kN/m²）

顶层和第 4 层的楼板剪应力具体数值见表 3.4.9-4。

板加厚模型与原模型的 2-2 截面楼板剪应力对比　　**表 3.4.9-4**

$+X$ 风工况下顶层 2-2 截面楼板剪应力（kN/m²）		
项次	原模型	加板厚模型 A
$+X$ 向剪应力	610.36	340.76
与原模型比值	—	55.83%
$+X$ 风工况下第 4 层 2-2 截面楼板剪应力（kN/m²）		
项次	原模型	加板厚模型 A
$+X$ 向剪应力	−913.93	−561.02
与原模型比值	—	61.39%

由上可知，相比起原模型，加板厚模型的 2-2 截面剪力合力有所增大，但其楼板的 $+X$向的剪应力却有明显减小。$+X$ 风工况作用下顶层、第 4 层的 $+X$ 向 2-2 截面楼板剪力分别为原模型的 55.83%、61.39%。可见加厚楼板对减小楼板面内剪应力是有效的。

3. 加板厚模型与原模型位移的比较

加板厚模型 A 与原模型的层位移对比见图 3.4.9-4。

加板厚模型 A 与原模型顶点位移的对比见表 3.4.9-5。

加墙厚模型与原模型的顶层位移对比　　**表 3.4.9-5**

$+X$ 向风（WX）			
顶层 Y 向位移	最大层位移（m）	质心位移（m）	最大层位移/质心位移
原模型	0.159	0.145	109.66%
板加厚模型 A （与原模型比值）	0.148 （93.08%）	0.136 （93.79%）	108.82%
原模型	0.137	0.115	119.13%
板加厚模型 A （与原模型比值）	0.132 （96.35%）	0.112 （98.26%）	117.86%

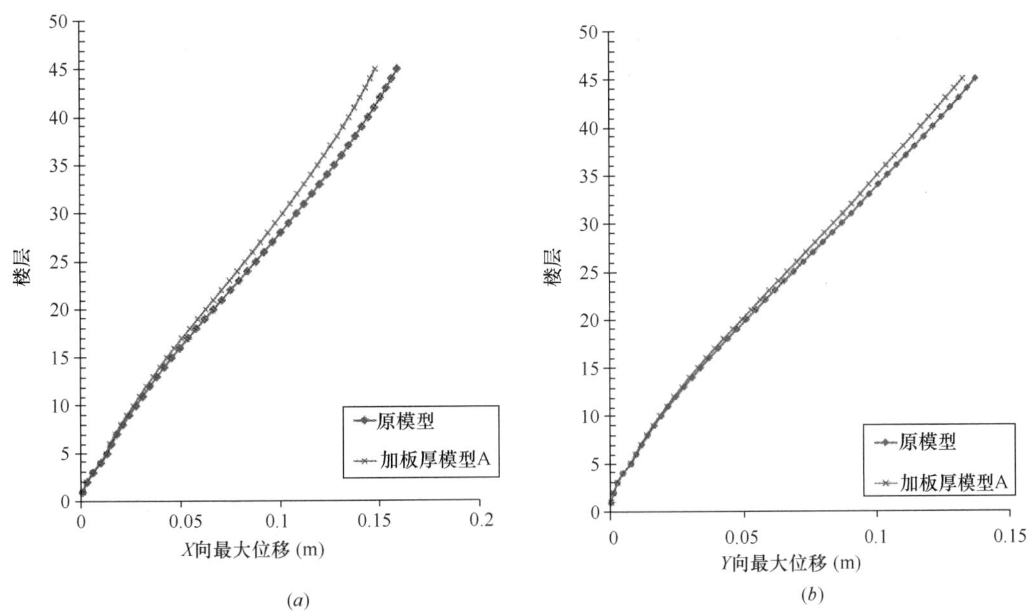

图 3.4.9-4　加板厚模型 A 与原模型的最大层位移对比

（a）X 向最大层位移（m）；（b）Y 向最大层位移（m）

由上可知，对比原模型，板加厚模型 A 的 X、Y 向的顶层最大层位移分别减小约 7%、3%。但是对最大层位移/质心位移的比值却几乎没有变化。

3.4.10　单肢及中心区楼板应力分布

1. 单肢 A 楼板的应力分布

对于单肢 A，由上不同的对比模型可知楼板的最大面内剪应力都出现在了顶层，为了模拟最不利情况，本节中的外荷载及内力方向参照图 1 的坐标系 2。单肢 A 顶层楼板在 +Y 风工况作用下的 XY 平面剪应力云图见图 3.4.10-1。

由上可知，在 +Y 风工况作用下单肢 A 楼板的面内剪应力在单肢 A 内端（1-1 截面）附近出现最大值，剪应力集中出现在了柱、剪力墙开洞边缘处，设计时应结合不同荷载工况以及规范要求进行相关设计。

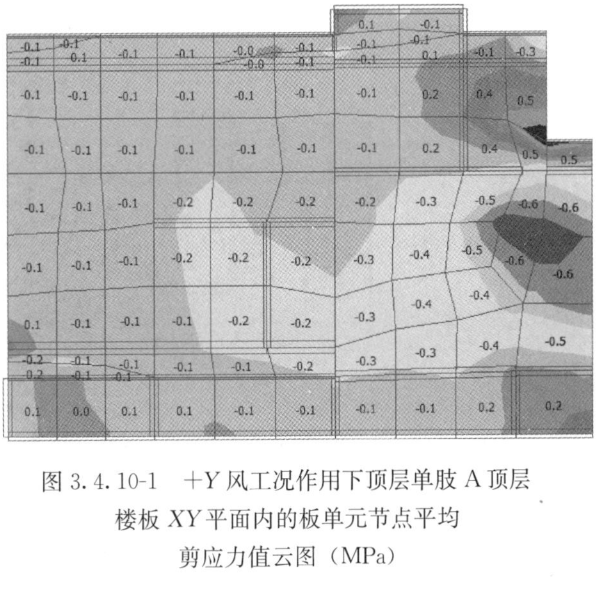

图 3.4.10-1　+Y 风工况作用下顶层单肢 A 顶层楼板 XY 平面内的板单元节点平均剪应力值云图（MPa）

2. 中心区楼板的应力分布

对于中心区，由上不同的对比模型可知楼板的最大面内剪应力都出现在顶层，外荷载及内力方向参照图 3.4.2-1 的坐标系 1。中心区楼板在 +X、+Y 风工况作用下的 XY 平面剪应力云图见图 3.4.10-2、图 3.4.10-3。

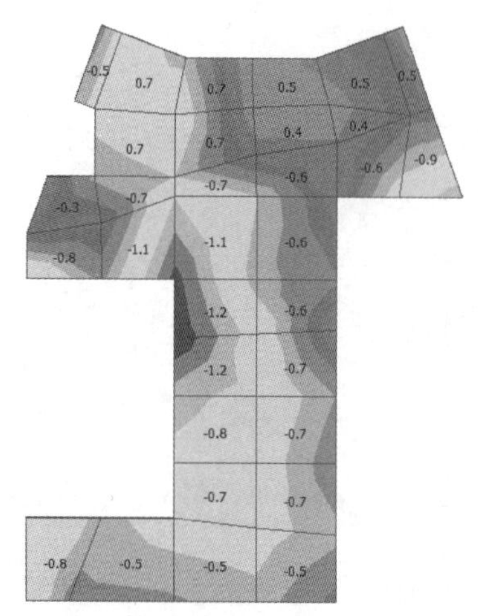

图 3.4.10-2　+*X* 风工况作用下中心区顶层楼板 *XY* 平面内的板单元节点平均剪应力值云图（MPa）

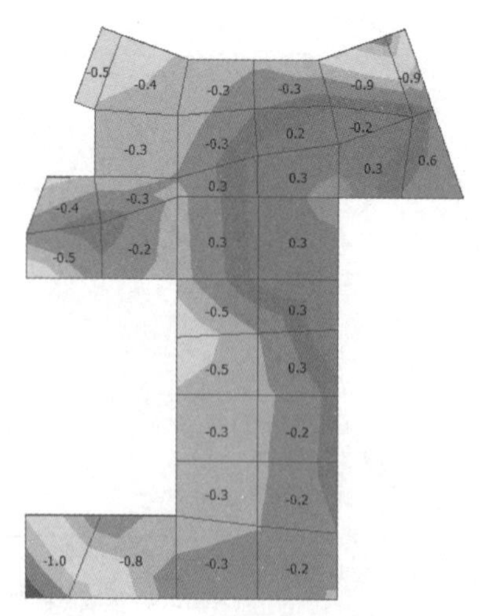

图 3.4.10-3　+*Y* 风工况作用下中心区顶层楼板 *XY* 平面内的板单元节点平均剪应力值云图（MPa）

由上可知，中心区楼板剪应力集中出现在了与剪力墙连接处，设计时应结合不同荷载工况以及规范要求进行相关设计。

3.4.11　不同风荷载作用形式的影响

1. 风荷载作用形式对单肢 A 的影响

仅局部有风荷载时，由于单肢 A 要协调中心区的变形，连接处的受力和顶点位移或会出现更不利的影响。+*Y* 向局部风荷载模型示意图见图 3.4.11-1。

对比模型与原模型风荷载加载方式对比见表 3.4.11-1。

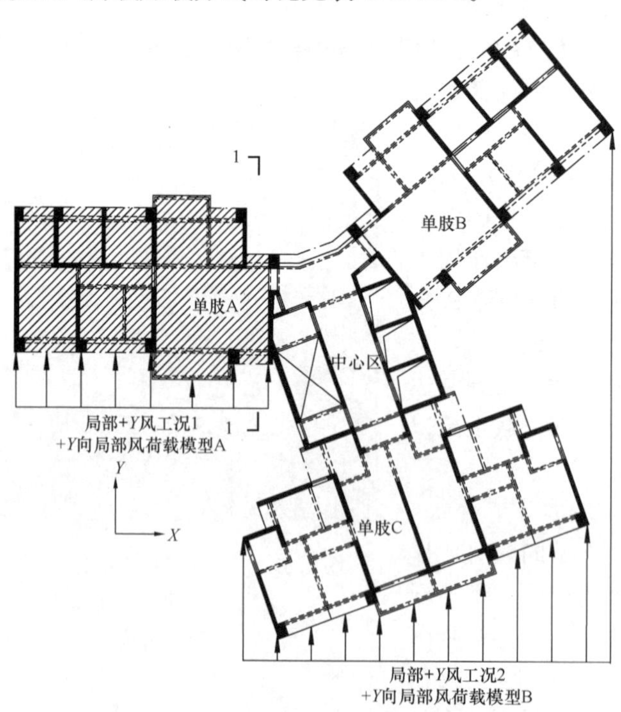

图 3.4.11-1　+*Y* 向局部风荷载模型示意图

+Y 向局部风荷载模型与原模型对比 表 3.4.11-1

项次	工况名称	描述
原模型	+Y 风工况	正常加载风荷载
+Y 向局部风模型 A	局部+Y 风工况 1	单肢 A 有风荷载
+Y 向局部风模型 B	局部+Y 风工况 2	单肢 B、C 及中心区有风荷载

为模拟最不利请情况，本节中的外荷载及内力方向参照图 3.4.11-1 的坐标系。局部风荷载模型与原模型的 1-1 截面剪力合力对比见图 3.4.11-2。

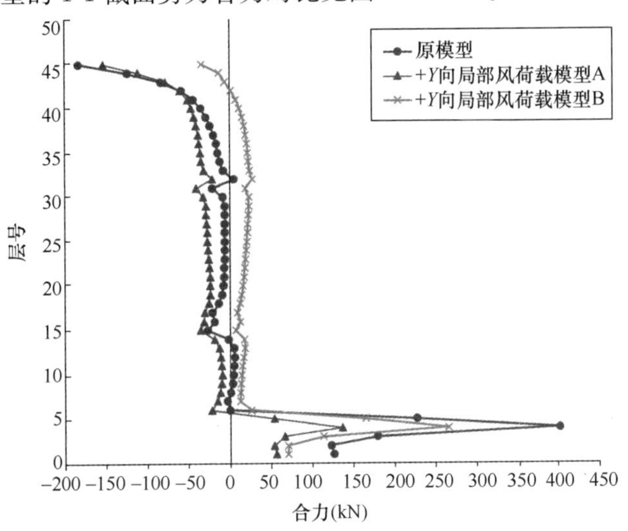

图 3.4.11-2 +Y 向局部风荷载模型与原模型 1-1 截面在+Y 风工况下的+Y 向剪力合力对比（kN）

由上图可知，原模型和+Y 向局部风荷载模型 A 的 1-1 截面剪力合力的沿层高分布特征相近。剪力在 45 层（顶层）出现大值，向下迅速衰减。在转换层附近出现较大值且与外荷载同向。+Y 向局部风荷载模型 B 的 1-1 截面剪力在顶层则未出现明显大值。

比起原模型，+Y 向局部风荷载模型 A、B 在中间楼层的 1-1 截面剪力合力有所增大，但顶层及第 4 层的剪力合力小于原模型。顶层和第 4 层的剪力合力见表 3.4.11-2。

+Y 向局部风荷载模型与原模型的 1-1 截面剪力合力对比 表 3.4.11-2

+Y 风工况下顶层 1-1 截面剪力合力（kN）			
项次	原模型	+Y 向局部风荷载模型 A	+Y 向局部风荷载模型 B
+Y 向剪力	−191.16	−152.97	−33.99
与原模型比值	—	80.02%	17.78%
+Y 风工况下第 4 层 1-1 截面剪力合力（kN）			
项次	原模型	+Y 向局部风荷载模型 A	+Y 向局部风荷载模型 B
+Y 向剪力	402.81	136.23	265.95
与原模型比值	—	33.82%	66.02%

由上表可知，对于顶层及第 4 层单肢 A 的 1-1 截面的剪力合力，两个局部风荷载模型均未出现比原模型更大的值。

$+Y$ 向局部风荷载模型与原模型在 $+Y$ 风工况下的 $+Y$ 向最大层位移对比见图 3.4.11-3。

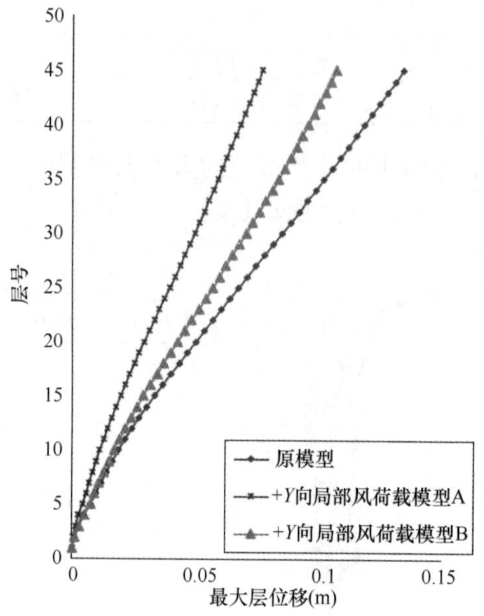

图 3.4.11-3　$+Y$ 向局部风荷载模型与原模型的 $+Y$ 向最大层位移对比（m）

两个局部风荷载模型与原模型顶点位移的对比见表 3.4.11-3。

$+Y$ 向局部风荷载模型与原模型的顶层位移对比　　表 3.4.11-3

Y 向风（WY）			
顶层 Y 向位移	最大层位移（m）	质心位移（m）	最大层位移/质心位移
原模型	0.137	0.115	119.72%
$+Y$ 向局部风荷载模型 A（与原模型比值）	0.077（56.20%）	0.029（25.22%）	265.52%
$+Y$ 向局部风荷载模型 B（与原模型比值）	0.108（78.83%）	0.085（73.91%）	127.06%

由表 3.4.11-3 可知，对比原模型，两个局部风荷载模型的顶点最大层位移均有大幅减小；顶层最大层位移/质心位移比值均有所增大。特别是 $+Y$ 向局部风荷载模型 A，其最大层位移/质心位移比值达到了 265.52%。

2. 风荷载作用形式对中心区的影响

仅局部有风荷载时，由于中心区要协调单肢的变形，中心区的受力和顶点位移或会出现更不利的影响。$+X$ 向局部风荷载模型示意图见图 3.4.11-4。

对比模型与原模型风荷载加载方式对比见表 3.4.11-4。

$+X$ 向局部风荷载模型与原模型对比　　表 3.4.11-4

项次	工况名称	描述
原模型	$+X$ 风工况	正常加载风荷载
$+X$ 向局部风模型 A	局部 $+X$ 风工况 1	单肢 C 及部分中心区有风荷载
$+X$ 向局部风模型 B	局部 $+X$ 风工况 2	单肢 A、B 及部分中心区有风荷载

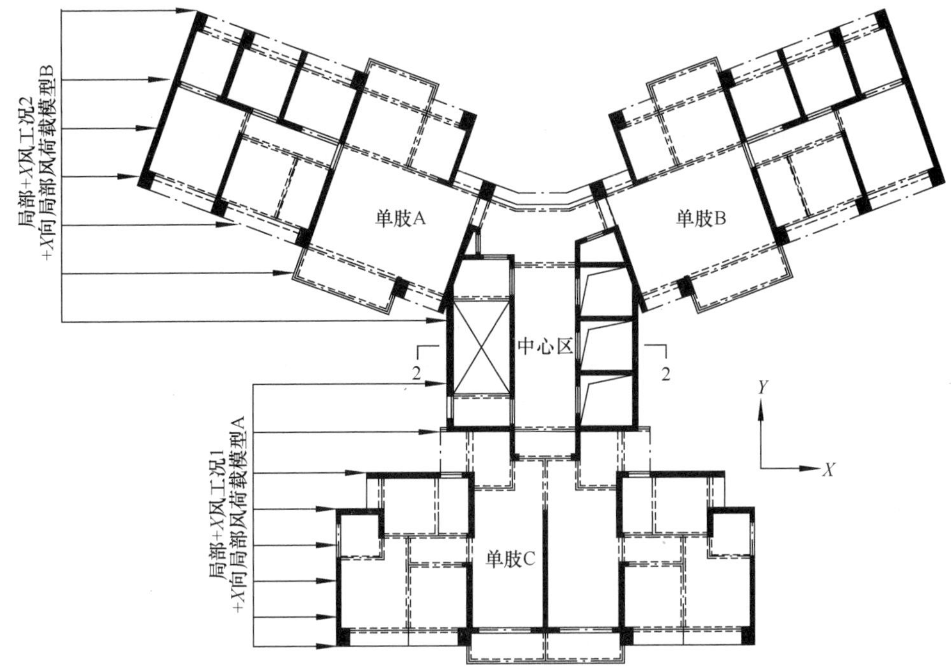

图 3.4.11-4　+X 向局部风荷载模型示意图

为模拟最不利请情况，本节中的外荷载及内力方向参照图 3.4.11-4 的坐标系。局部风荷载模型与原模型的 2-2 截面剪力合力对比见图 3.4.11-5。

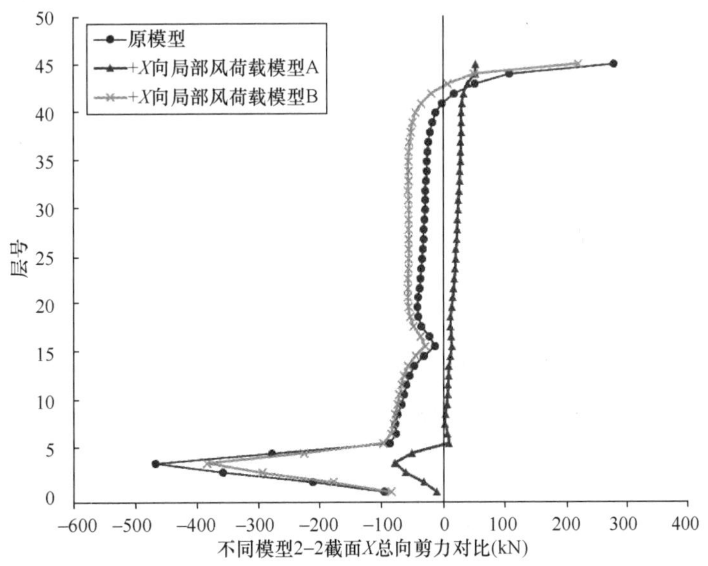

图 3.4.11-5　+X 向局部风荷载模型与原模型 2-2 截面在+X 风工况下的+X 向剪力合力对比（kN）

由上图可知，原模型和+X 向局部风荷载模型 B 的 2-2 截面剪力合力的沿层高分布特征相近。比起原模型，+X 向局部风荷载模型 A 的 2-2 截面剪力合力明显小于原模型；+X 向局部风荷载模型 B 在中间楼层的 2-2 截面剪力合力有所增大，但顶层及第 4 层的剪力合力小于原模型。顶层和第 4 层的剪力合力见表 3.4.11-5。

+X 向局部风荷载模型与原模型的 2-2 截面剪力合力对比　　　表 3.4.11-5

+X 风工况下顶层 2-2 截面剪力合力（kN）			
项次	原模型	+X 向局部风荷载模型 A	+X 向局部风荷载模型 B
+X 向剪力	279.17	52.36	219.66
与原模型比值	—	18.76%	78.68%
项次	原模型	+X 向局部风荷载模型 A	+X 向局部风荷载模型 B
+X 向剪力	−468.45	−78.43	−393.84
与原模型比值	—	16.74%	84.07%

由上表可知，对于顶层及第 4 层的 2-2 截面的剪力合力，两个+X 向局部风荷载模型皆未出现比原模型更大的值。+X 向局部风荷载模型与原模型在+X 风工况下的+X 向最大层位移对比见图 3.4.11-6。

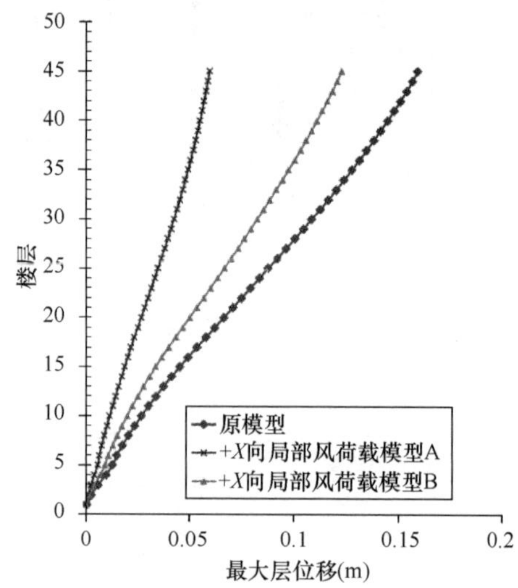

图 3.4.11-6　+X 向局部风荷载模型与原模型的+X 向最大层位移对比（m）

两个局部风荷载模型与原模型顶点位移的对比见表 3.4.11-6。

+X 向局部风荷载模型与原模型的顶层位移对比　　　表 3.4.11-6

X 向风（WX）			
顶层 X 向位移	最大层位移（m）	质心位移（m）	最大层位移/质心位移
原模型	0.159	0.145	119.72%
+X 向局部风荷载模型 A（与原模型比值）	0.060（37.74%）	0.042（28.97%）	142.86%
+X 向局部风荷载模型 B（与原模型比值）	0.123（77.36%）	0.098（67.59%）	127.06%

由上可知，对比原模型，两个局部风荷载模型的顶点最大层位移皆有大幅减小；顶层

最大层位移/质心位移比值皆有所增大。特别是局部风荷载模型 A，其最大层位移/质心位移比值达到了 142.86%。

3.4.12 结构风振舒适度

实际工程结果表明，现行的横风振舒适度近似计算方法存在一定缺陷。

对于平面布置凹凸不规则结构，一些软件在计算时将其平面等效成矩形截面并将每层视为单质点进行计算，在某些情况下或会低估不规则平面的外端点横风加速度。

对于矩形截面的横风向风力的修正，削角、凹角的修正尺寸 b 如图 3.4.12-1 所示。现行规范中仅给出了 $0.05 \leqslant b/B \leqslant 0.2$ 时的修正系数取值，而平面布置不规则结构的 b/B 可能会超过 0.2。同时，对于某些平面布置不规则结构，修正系数对横风向风力过度折减会导致其计算结果偏小。

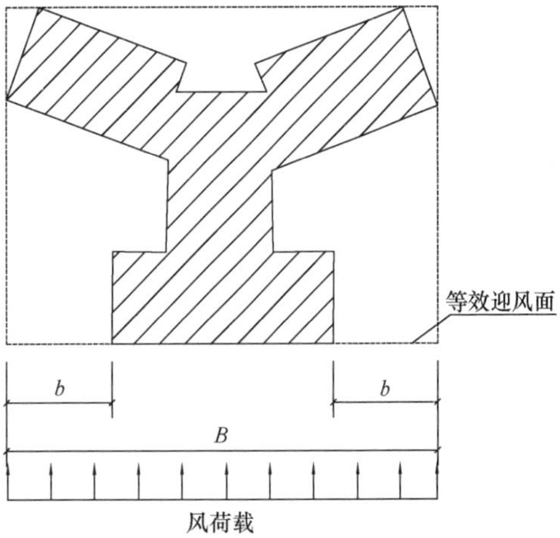

图 3.4.12-1 横风向风振等效风荷载示意图

3.4.13 结语

对于此类结构的单肢部分，主要结论如下：

（1）单肢内端截面（1-1 截面）的面内剪力沿高分布特点为：顶层出现大值，向下迅速衰减，中部楼层受剪很小，转换层附近再次出现较大值且与外荷载同向，设计时应沿楼层分段验算其抗剪承载力。

（2）单肢内端与中心区连接处 1-1 截面梁的 $+Z$ 向剪力较大，作为使单肢与中心区共同工作的板块，设计时应对其刚度、承载力及延性要求给予关注。

（3）除避难层外，单肢内端与中心区连接处 1-1 截面梁的轴向力方向相反，这反映出 1-1 截面楼板的受弯现象，同时梁的轴向力在结构顶部出现最大值，设计时应采取相应的构造措施，如设置腰筋等。

（4）单肢 A 的长宽比的增大会对结构位移产生明显不利影响。顶点位移、最大层位移与质心位移的比值、单肢内端截面的剪力随着单肢 A 的长宽比出现几乎线性的增长。对结构单肢外端顶层的舒适度也颇为不利。

（5）局部加载风荷载时，顶层及第 4 层并未出现大于原模型的控制剪力，但是在中间楼层出现了比原模型大的面内剪力，同时最大层位移/质心位移比值皆有所增大，设计时需考虑包络，这也说明考虑风荷载的不利作用情况是有必要的。

（6）加厚单肢 A 的剪力墙厚度，对结构的位移、最大层位移/质心位移比值略有改善，但影响不大。

（7）对于单肢 A，楼板的最大面内剪应力都出现在顶层，剪应力集中出现在单肢内端与中心区连接处的柱、剪力墙开洞边缘处。

（8）转换层及附近楼层的楼板、剪力墙受力明显大于其他楼层，设计时应对其承载能力进行分别验算。

（9）在风荷载作用下，中心区中间的截面（2-2 截面）大部分剪力由楼板承担，剪力墙受到的面外剪力很小，可以忽略不计。

（10）中心区中间的截面（2-2截面）的面内剪力沿高度方向的分布特点为：顶层出现大值，向下迅速衰减，中部楼层受剪很小，转换层附近再次出现较大值且与外荷载同向，设计时应按楼层分段验算其抗剪承载力。

（11）中心区中间外围的框架梁（梁3）和连梁（连梁1）的$+Z$向剪力较大，设计时应对其刚度、承载力及延性要求给予关注。

（12）加厚中心区的外围剪力墙厚度，结构的最大层位移略有减小，但对最大层位移/层质心位移比值影响不大。

（13）加厚中心区的楼板后，中心区中间的截面（2-2截面）的面内剪力合力有所增大，但楼板受到的面内剪应力有明显减小。

（14）中心区楼板与剪力墙连接处出现剪应力集中，设计时应重点验算。

（15）转换层及附近楼层的楼板、剪力墙受力明显大于其他楼层，设计时应对其承载能力进行验算。

（16）在对平面布置凹凸不规则的高层结构进行舒适度验算时，现行规范及计算软件对于风振舒适度的计算方法或将低估凹凸不规则平面的外端点横风加速度。当此类结构高度较高，单肢长宽比也较大时，应采用风洞试验计算舒适度。

3.5 水平荷载作用下高层建筑受力与非受力层间位移角的计算

3.5.1 前言

我国抗震设计规范自1989年GBJ 11—89版颁布以来，历届修订版直至GB 50011—2011版均对高层建筑在多遇地震作用下的层间位移角限值作出规定；与此相应，高层建筑混凝土结构技术规程自1979年JZ 102—79版（原名钢筋混凝土建筑结构设计与施工规定）颁布以来，历届修订版分别对风及地震作用下的层间位移角限值作出了规定。79版和91版还同时对结构顶点位移角限值作出规定。于是，几十年来控制结构在风和地震作用下的最大层间位移角，使其满足规范规定的要求就成了结构工程师们在高层建筑结构设计中必须跨过的一道门槛。

在几十年的设计实践中，由于高层建筑层间位移角对结构设计的影响很大，有时甚至起着决定性作用，导致结构工程师们对这一限值的科学性和合理性的讨论和争议从未间断。其主要原因是规范定义的层间位移为相邻上、下楼层的层间位移之差，层间位移角为此层位移差除以相应层高，但却未能清楚说明此层间位移角的内涵和组成，更未给出明确的量化计算公式。本节拟从源头剖析层间位移的组成及其内涵，在此基础上提出相应的计算方法并给出工程案例说明其应用，为今后逐步解决工程界对高层建筑位移角限值这一重大设计控制问题的争议和歧见，提供理论依据和说明，可供规范修订和设计作为参考。

3.5.2 层间位移的组成剖析

早在1994年，在《地震作用下建筑结构变形计算方法》一文中，指出高层建筑在水平荷载作用下的i层层间位移包含受力与非受力层间位移两部分，并非单一由受力位移构成。i层层间位移系该层与相邻下一层的位移差，可用下式表示，

$$\widetilde{\Delta}_i = \Delta_i - \Delta_{i-1} \quad (3.5.2\text{-}1)$$

i 层的层间位移角为

$$\theta_{i-1}=\widetilde{\Delta}_i/h_i \tag{3.5.2-2}$$

式中，Δ_i、Δ_{i-1}分别为 i 层与 $i-1$ 层的层位移，h_i 为 i 层层高。

需要指出的是，上式实际上是 i 层任一竖向构件 j 的顶、底位移差。当楼层按弹性板分析时，任一墙柱的层间位移均不相同，如图 3.5.2-1 所示，取出 i 层中任意一个竖向构件 j（柱或墙）进行分析，图 3.5.2-1(a) 表示水平荷载作用下构件上下端的位移状况，顶端产生位移 $\Delta_{i,j}$，底端产生位移 $\Delta_{i-1,j}$与转角 $\theta_{i-1,j}$；图 3.5.2-1(b) 表示构件顶端产生的内力为 $M_{i,j}$、$V_{i,j}$，在 $M_{i,j}$与 $V_{i,j}$作用下构件顶端产生受力位移$\Delta^{\mathrm{s}}_{i,j}$；图 3.5.2-1($c$) 表示底端转角 $\theta_{i-1,j}$时在顶端产生非受力位移$\Delta^{\mathrm{r}}_{i,j}$。杆件顶端位移可以下式表示，

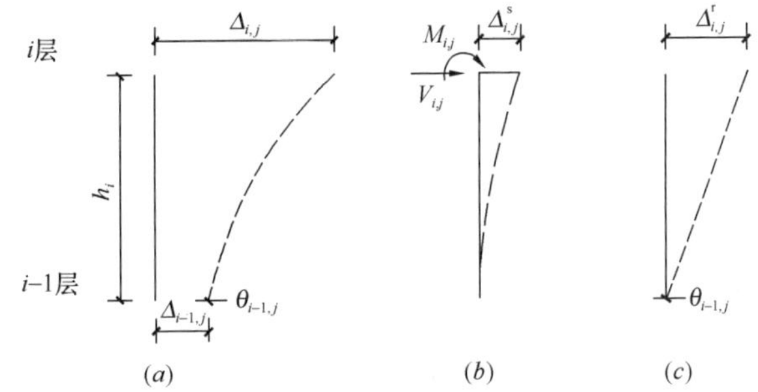

图 3.5.2-1 楼层杆件层间位移组成

(a) 层位移差；(b) 受力位移；(c) 非受力位移

$$\Delta_{i,j}=\Delta_{i-1,j}+\Delta^{\mathrm{s}}_{i,j}+\Delta^{\mathrm{r}}_{i,j} \tag{3.5.2-3}$$

由此得，i 层杆件 j 的层间位移$\widetilde{\Delta}_{i,j}$为

$$\widetilde{\Delta}_{i,j}=\Delta_{i,j}-\Delta_{i-1,j}=\Delta^{\mathrm{s}}_{i,j}+\Delta^{\mathrm{r}}_{i,j} \tag{3.5.2-4}$$

式中，$\Delta^{\mathrm{s}}_{i,j}$ 为竖向构件顶端在弯矩$M_{i,j}$与剪力 $V_{i,j}$作用下之受力位移（也有称为有害位移）；$\Delta^{\mathrm{r}}_{i,j}$ 为竖向构件底端转角 $\theta_{i-1,j}$引起顶端之非受力位移（也有称为刚性位移或无害位移），可分别用公式表示如下，

$$\Delta^{\mathrm{s}}_{i,j}=M_{i,j}\Delta_{\mathrm{im},j}+V_{i,j}\Delta_{\mathrm{iv},j} \tag{3.5.2-5a}$$

$$\Delta^{\mathrm{r}}_{i,j}=\theta_{i-1,j}h_i \tag{3.5.2-5b}$$

式中，$\Delta_{\mathrm{im},j}$、$\Delta_{\mathrm{iv},j}$ 为构件在相应单位弯矩$M_{i,j}$与单位剪力 $V_{i,j}$作用下的顶端位移，当杆件为等截面杆时，

$$\Delta_{\mathrm{im},j}=\frac{h_i^2}{2EI_{ij}} \tag{3.5.2-6a}$$

$$\Delta_{\mathrm{iv},j}=\frac{h_i^3}{3EI_{ij}} \tag{3.5.2-6b}$$

公式（3.5.2-4）清楚表明，层间位移由受力层间位移和非受力层间位移两部分组成，它不是单一的受力位移，随着杆件底端 $\theta_{i-1,j}$的增大，非受力层间位移的占比将相应增大。当结构底端定为嵌固端时，转角为零（$\theta_0=0$）此时首层之非受力层间位移 Δ^{r}_i 为零，层间位移$\widetilde{\Delta}_{1,j}$ 与受力层间位移$\Delta^{\mathrm{s}}_{1,j}$ 相等。

$$\widetilde{\Delta}_{1,j}=\Delta^{\mathrm{s}}_{i,j} \tag{3.5.2-7}$$

由式（3）可知，$i>1$ 各楼层层间位移必大于该层的受力位移，如下式所示

$$\widetilde{\Delta}_{i,j}>\Delta^{\mathrm{s}}_{i,j}(i=2,3,\cdots,n) \tag{3.5.2-8}$$

式中，n 为楼层数。

随着楼层位置增高，i 增大，任意层 i 竖向构件在水平荷载作用下底端均发生同向转角，每层均相应出现非受力层间位移 Δ_i^r，其值逐步增大，当 θ_i 在结构中上部达到较大值时，结构层间位移 $\widetilde{\Delta}_i$ 将大部分甚至绝大部分由非受力层间位移 Δ_i^r 构成。

大量案例分析说明，除顶部竖向构件和结构刚度较差的情况外，一般最大受力层间位移 Δ_i^s 发生在首层，即

$$\Delta_1^s > \Delta_i^s (i = 2, 3, \cdots, n) \tag{3.5.2-9}$$

最大层间位移 $\widetilde{\Delta}_i$ 则发生在结构的中上部，其值一般比非受力层间位移 $\widetilde{\Delta}_i^r$ 略大，有时甚至颇为接近，即规范定义的层间位移此时基本上由非受力层间位移构成。

3.5.3 受力与非受力层间位移的计算

对于一个 n 层的高层建筑，其 i 层一般有柱和剪力墙组合构成，设该层柱为 m_c 个，墙为 m_s 片，则在水平荷载作用下任一柱之非受力位移和受力位移可由下式计算，

$$\Delta_{c,i,j}^r = \theta_{c,i-1,j} h_i (j = 1, 2, \cdots, m_c) \tag{3.5.3-1}$$

当柱为等载面矩形杆时，

$$\Delta_{c,i,j}^s = \frac{M_{c,i,j} h_i^2}{2EI_{c,i,j}} + \frac{V_{s,i,j} h_i^3}{3EI_{c,i,j}} (j = 1, 2, \cdots, m_c) \tag{3.5.3-2}$$

式中，$M_{c,i,j}$、$V_{s,i,j}$ 为 i 层柱 j 顶部之弯矩与剪力；$I_{c,i,j}$ 为 i 层柱 j 之截面惯性矩；$\theta_{c,i-1,j}$ 为 i 层柱 j 底端之转角。以上各值均由结构整体分析结果给出。

当剪力墙为矩形截面杆时，由于墙计算模型的不同，计算方法略有差异，当将剪力墙视为与柱相同杆件时，其非受力层间位移计算与柱公式（3.5.3-1）相同，即

$$\Delta_{s,i,j}^r = \theta_{s,i-1,j} h_i (j = 1, 2, \cdots, m_s) \tag{3.5.3-3}$$

其受力层间位移为

$$\Delta_{s,i,j}^s = \frac{M_{s,i,j} h_i^2}{2EI_{s,i,j}} + \frac{V_{s,i,j} h_i^3}{3EI_{s,i,j}} + \mu \frac{V_{s,i,j} h_i}{GA_{s,i,j}} (j = 1, 2, \cdots, m_s) \tag{3.5.3-4}$$

式中，$I_{s,i,j}$、$A_{s,i,j}$ 为 i 层 j 段剪力墙之截面惯矩与截面积；μ 为截面剪力分布不均匀系数；$M_{s,i,j}$、$V_{s,i,j}$ 为 i 层 j 段剪力墙顶部之弯矩与剪力；$\theta_{s,i-1,j}$ 为墙底端转角，均可由结构整体分析结果给出。

当剪力墙作为壳单元按有限元方法分析时，平截面假定严格意义上已不存在，可按以下方法近似计算，将剪力墙段在水平向划分为 k 个单元时，取各单元底端之转角平均值为剪力墙底端之转角，即

$$\theta_{s,i-1,j} = \frac{\sum_k \theta_{s,i-1,j}^k}{k} \tag{3.5.3-5}$$

非受力层间位移可近似由下式计算，

$$\Delta_{s,i,j}^r = \theta_{s,i-1,j} h_i (j = 1, 2, \cdots, m_s) \tag{3.5.3-6}$$

墙顶之受力层间位移，由有限元分析求得顶部各单元节点内力，并组成截面弯矩和剪力后，按式（3.5.3-4）近似计算求得。在以上所有计算中均认为柱墙顶端轴力作用于截面形心，不产生受力位移。

由此可见，高层建筑受力与非受力层间位移，并非以一个楼层为单元给出同一结果，而是通过层间各竖向构件柱、墙的不同受力与非受力层间位移的结果来表达。

3.5.4 一些情况的分析

1. 楼板假定平面内为无限刚

（1）对称结构

当结构对称各层楼板假设平面内无限刚时，结构各楼层 i 的层位移在水平荷载作用下只有唯一值 Δ_i，而由于楼层 i 的层间竖向杆件柱、墙底端产生的转角 θ_{i-1} 不同，相应由 θ_{i-1} 引起杆件顶端的非受力位移 Δ_i^{r} 也不同，因此，其顶端受力位移也必然不同，两者之和则等于该层的层间位移 $\widetilde{\Delta}_i$。可以表示为

$$\widetilde{\Delta}_i = \Delta_{i,j} \tag{3.5.4-1}$$

（2）不对称结构

不对称结构在水平荷载作用下任意楼层 i 同时产生扭转角 ϕ_i，如图 3.5.4-1 所示，这时柱 $c_{i,j}$ 还产生由扭转引起的附加位移 $\phi_i a$，该处之层间位移为

$$\widetilde{\Delta}_{c,i,j} = \widetilde{\Delta}_i + \phi_i a_{i,j} \tag{3.5.4-2}$$

式中，$\widetilde{\Delta}_i$ 为楼层质心处的位移；ϕ_i 为楼层 i 的扭转角；$a_{i,j}$ 为构件至质心的距离。

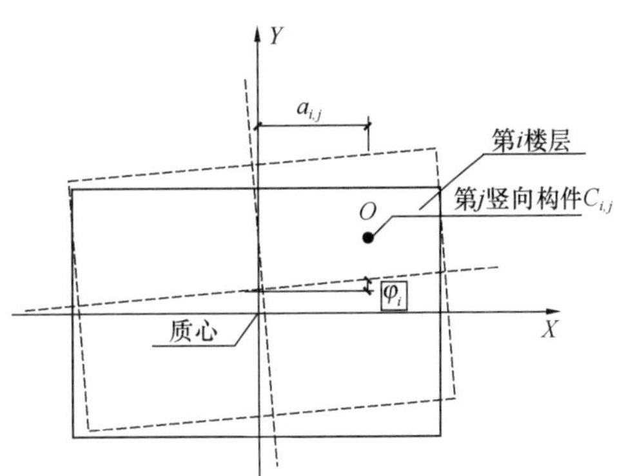

图 3.5.4-1 不对称结构的构件位移组成

2. 斜柱

如图 3.5.4-2 所示，斜柱顶和底端的水平层位移为 $\Delta_{i,j}$ 和 $\Delta_{i-1,j}$，层间位移为 $\widetilde{\Delta}_{i,j} = \Delta_{i,j} - \Delta_{i-1,j}$，非受力层间位移为

$$\Delta_i^{\mathrm{r}} = \theta_{i-1} h_i \tag{3.5.4-3}$$

当杆件为等截面杆时，层 i 的受力层间位移为，

$$\Delta_i^{\mathrm{s}} = \frac{M_{i,j}h_i^2}{2EI_{i,j}\cos\alpha} + \frac{V_{i,j}h_i^3}{3EI_{i,j}\cos^2\alpha} + \theta_{i-1}h_i - \frac{M_{i,j}\sin\alpha}{E_{i,j}A_{i,j}\cos\alpha} \tag{3.5.4-4}$$

式中，$N_{i,j}$ 为斜柱端的轴力值；α 为斜柱的倾角。

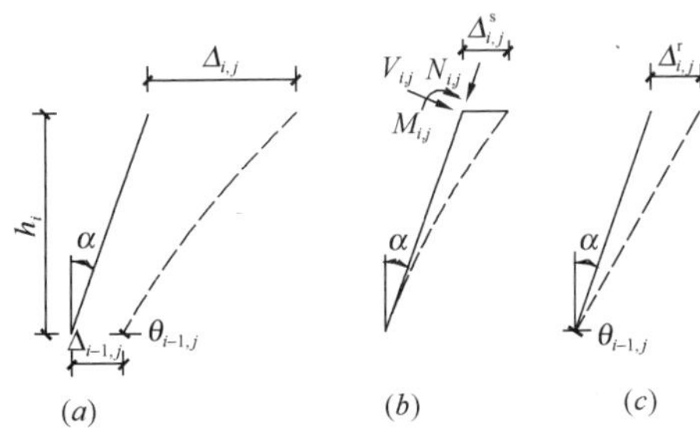

图 3.5.4-2 楼层斜柱杆件的层间位移组成
（a）层位移差；（b）受力位移；（c）非受力位移

当斜杆变直柱（$\alpha=0$）时式（3.5.4-4）即退化为式（3.5.3-2）。剪力墙一般垂直于楼层，不另列出斜墙相应计算公式。

3. 嵌固端位于地下室底板

当嵌固端取在地下室底板处时，由于地下室四周土的约束以及地下室外墙的巨大抗侧刚度等因素，地下室各楼层的水平位移可近似取为零，但地下室顶板（即结构首层底端）处各柱、墙之转角不为零，$\theta_{0,j} \neq 0$，即首层层间位移 $\widetilde{\Delta}_1$ 中包含了非受力层间位移 $\theta_{0,j}h_1$。因而首层的层间位移与受力层间位移并不相等而是前者大于后者，这与嵌固端设于±0 或地下室顶板处时计算结果显然不同，可以下式表示

$$\widetilde{\Delta}_1 > \Delta_1^s \tag{3.5.4-5}$$

$$\widetilde{\Delta}_1 = \Delta_1^s + \Delta_1^r \tag{3.5.4-6}$$

4. 整个楼层假设为平截面，楼板平面内假设为无限刚

水平荷载作用下，实际结构在各楼层竖向杆件的底端均产生不同的转角。当假设结构整个楼层在水平荷载作用下符合平面假定时，各楼层产生同一转角 θ_i，层间各竖杆柱墙底端的转角 θ_{i-1} 必然相同，此时发生在所有层间竖杆顶端的非受力层间位移 Δ_i^r 相同；当楼板平面内为无限刚时，任意楼层 i 也出现同一的层位移，由于各竖杆顶端层间位移 $\widetilde{\Delta}_i$ 相同，因此各个竖杆顶端的受力位移也必然相等。

由此可见，只有在这种各楼层整个维持平截面，且假定楼板为面内无限刚的特定情况下才能用整个楼层相同的受力位移与非受力位移来表达。

3.5.5　工程案例一

1. 结构概况

海口市某酒店采用框架-核心筒结构，结构平面及墙柱编号见图 3.5.5-1，地面以上 24 层，高度为 98.5m（属于 B 级高度），结构高宽比为 2.88。结构构件主要尺寸及混凝土强度等级见表 3.5.5-1。50 年一遇基本风压 w_0 为 0.75kN/m^2，地面粗糙度类别为 B 类，风荷载体型系数 1.4。抗震设防烈度为 8 度，设计基本地震加速度为 0.3g，设计地震分组为第二组，阻尼比为 0.05。小震设计时为地震控制，风荷载作用下的变形较小。经验算地震和风作用柱墙构件的变形规律相近，本文仅给出柱墙构件在风荷载作用下的变形情况。

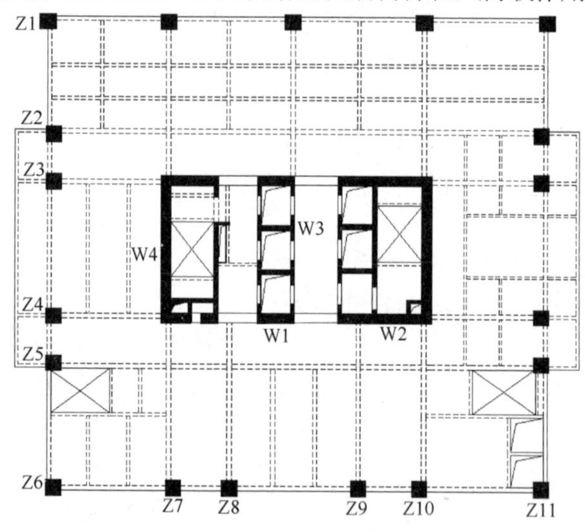

图 3.5.5-1　结构平面布置及墙柱编号图

结构构件主要尺寸及混凝土强度等级　　表 3.5.5-1

楼层	梁	板	柱	剪力墙
构件尺寸	300×800、500×1200、300×800、400×900、400×700	首层 200；屋面层板厚 120～150；其他 100～150	1200×1200～700×700，从下往上逐渐减小	核心筒外墙 650～250mm 内墙厚度 300～200mm
混凝土等级	C40～C35	C40～C35	C60～C35	C60～C35

2. 结构周期

采用 PKPM、Midas Gen 两个软件求得结构前六阶自振周期如表 3.5.5-2，计算结果表明两软件计算结果很接近，以下采用 Midas Gen 软件进行进一步计算。

结构自振周期 **表 3.5.5-2**

程序	总质量代表值（t）	主要自振周期					
		T_1（s）	T_2（s）	T_3（s）	T_1（s）	T_2（s）	T_3（s）
PKPM	61390	2.33	2.18	1.66	0.75	0.61	0.59
Midas Gen	60527	2.43	2.21	1.68	0.71	0.622	0.618

3. 楼层柱墙底端转角计算结果

计算结果表明任一楼层各柱墙底端转角均不相同，说明整个楼层转角不符合平截面假定。X 向风荷载作用下，第 10 层柱墙最小转角发生在柱 Z8、Z9，其值为 $\theta_{8,9}=0.44\times10^{-3}$(rad)，其余柱墙底端转角均大于此值，相应比值见图 3.5.5-2，由图可见，各墙底端转角明显大于柱底端转角，最大差值接近 20%。Y 向风荷载作用下，第 10 层之柱墙底端转角的最小值发生在柱 Z4，其值为 $\theta_4=0.42\times10^{-3}$(rad)，其余柱墙底端转角均大于此值，相应比值见图 3.5.5-3。由图可见，各墙底端转角明显大于柱底端转角，最大差值接近 20%。选取 Z3、W1 和 W4，其底端转角沿高的变化见图 3.5.5-4，说明此转角在塔楼底部楼层最小，最大值发生在塔楼的中上部楼层，顶部楼层略微减小。

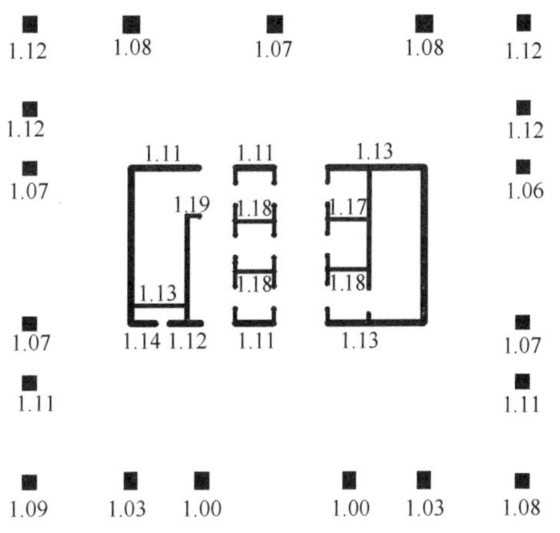

图 3.5.5-2 X 向风荷载作用下 10F 柱墙转角分布图（$/\theta_{8,9}$）

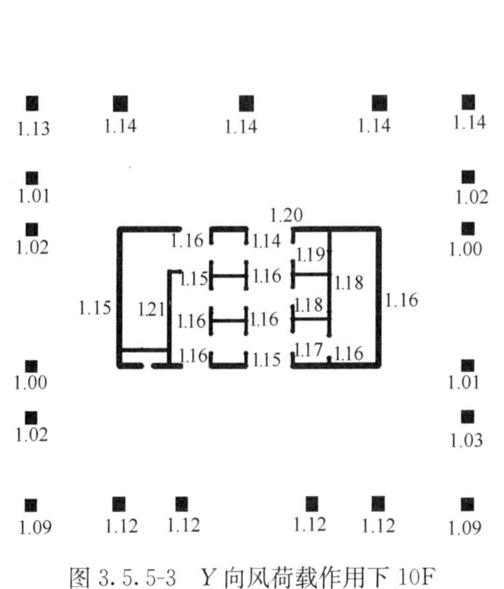

图 3.5.5-3 Y 向风荷载作用下 10F 柱墙转角分布图（$/\theta_4$）

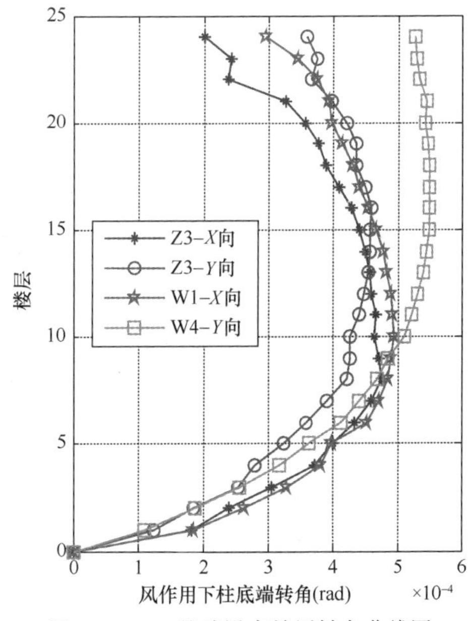

图 3.5.5-4 柱墙沿高楼层转角曲线图

4. 楼层柱墙层间位移角计算结果

选取 Z3，X 向风作用下选取 W1，Y 向风作用下选取 W4，采用前文所述的计算方法，得出其受力层间位移角、非受力层间位移角及层间位移角的沿高变化如图 3.5.5-5、图 3.5.5-6 所示。由图可见，结构沿高受力层间位移角一般均很小，当底部为嵌固端时，结构首层墙柱受力层间位移角与层间位移角相等，且数值最大为 1.16×10^{-4}(rad)，沿高略有减小（顶部柱因结构原因除外）；结构首层墙柱的非受力层间位移角为零，随着结构高度增大，非受力层间位移角迅速增大，达到与相应楼层层间位移角数值接近，甚至两者接近相等。

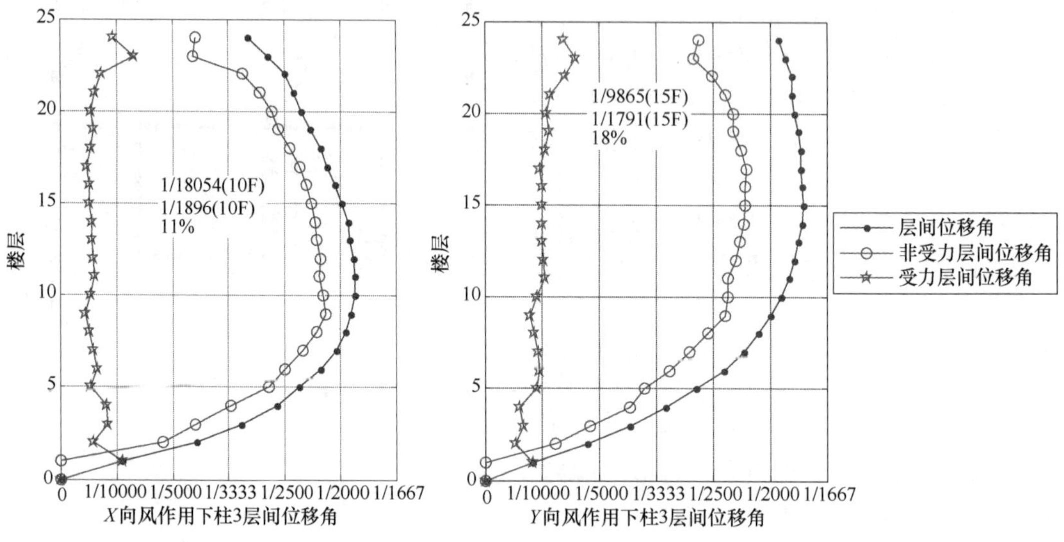

图 3.5.5-5 风荷载作用下柱 3 层间位移角

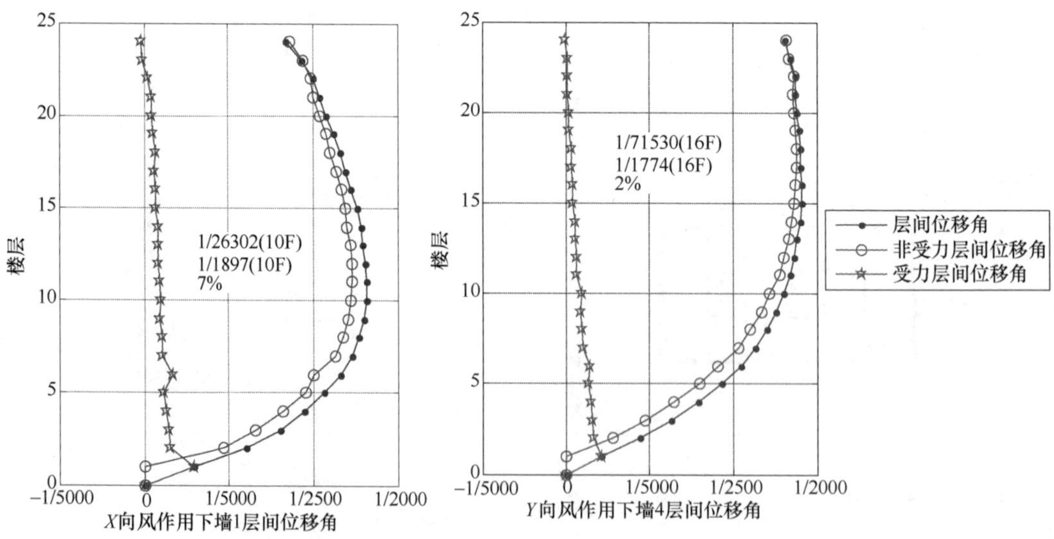

图 3.5.5-6 风荷载作用下墙 1 和墙 4 层间位移角

经分析，最大层间位移角楼层发生在结构中上部，Z3 非受力层间位移角与层间位移角接近，X 向、Y 向的非受力层间位移角与相应层间位移角之比分别为 89%、82%，受力层间位移角与相应层间位移角之比分别为 11%、18%，非受力层间位移与受力层间位移之比为 8.1、4.6；核心筒墙肢的受力层间位移角占比较柱的更小，X 向、Y 向的非受力层间位移角占比分别为 93%和 96%，受力层间位移角占比分别为 7%和 4%，非受力层间位移与受力层间位移之比为 13.3、24。柱墙的受力层间位移角占比沿高分布见图 3.5.5-7、图 3.5.5-8，非受力层间位移角占比沿高分布见图 3.5.5-9、图 3.5.5-10。

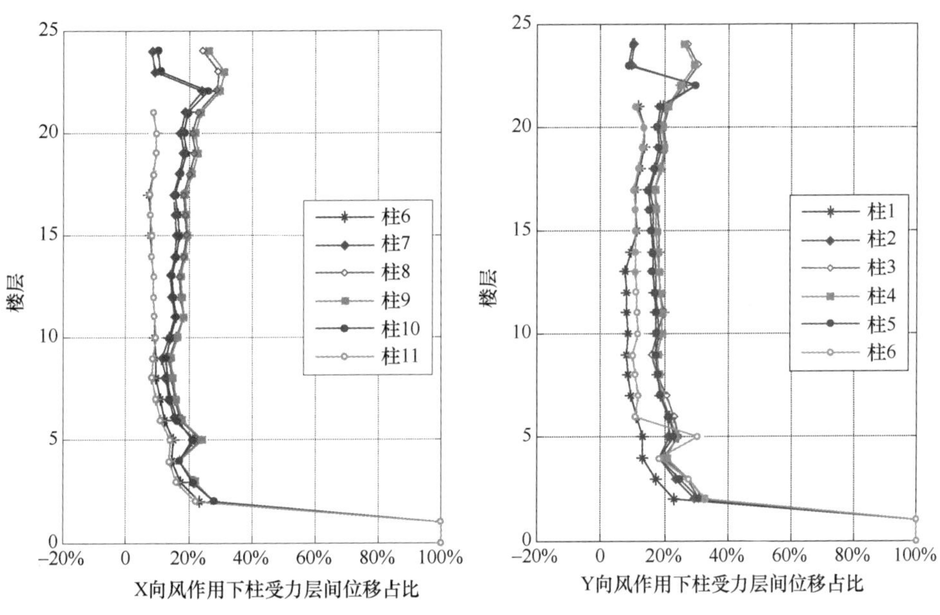

图 3.5.5-7 柱受力层间位移占比

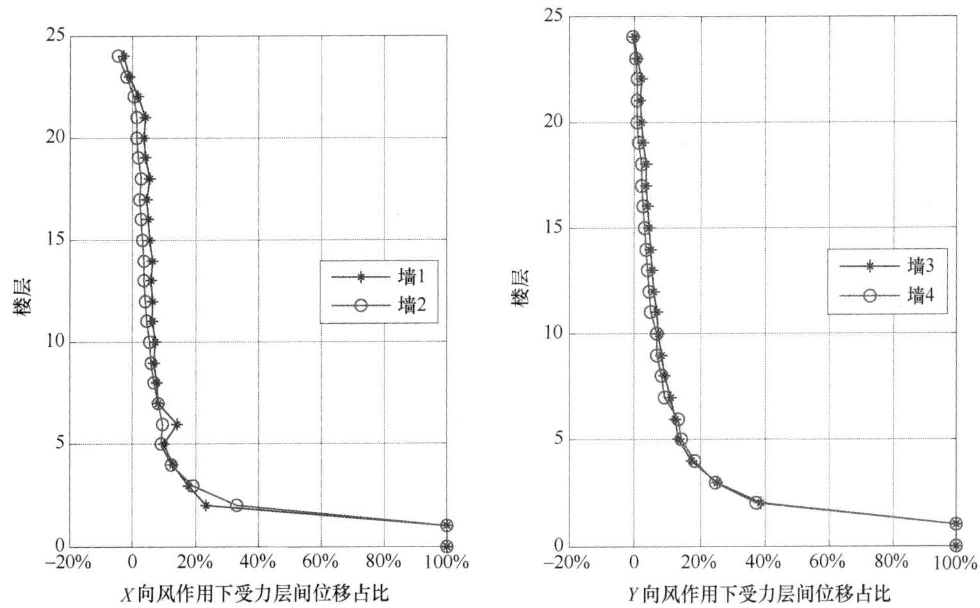

图 3.5.5-8 墙受力层间位移占比

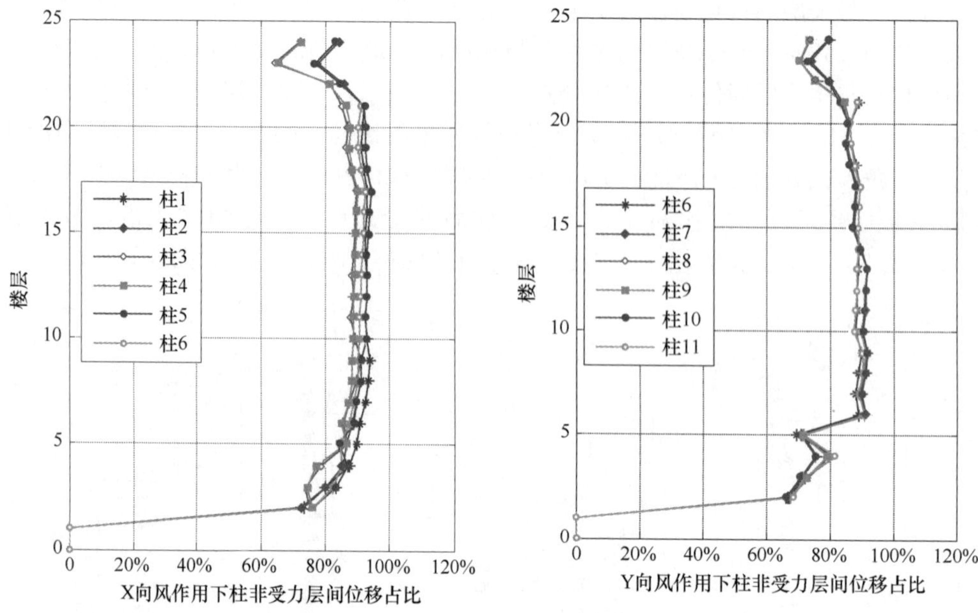

图 3.5.5-9　柱非受力层间位移占比

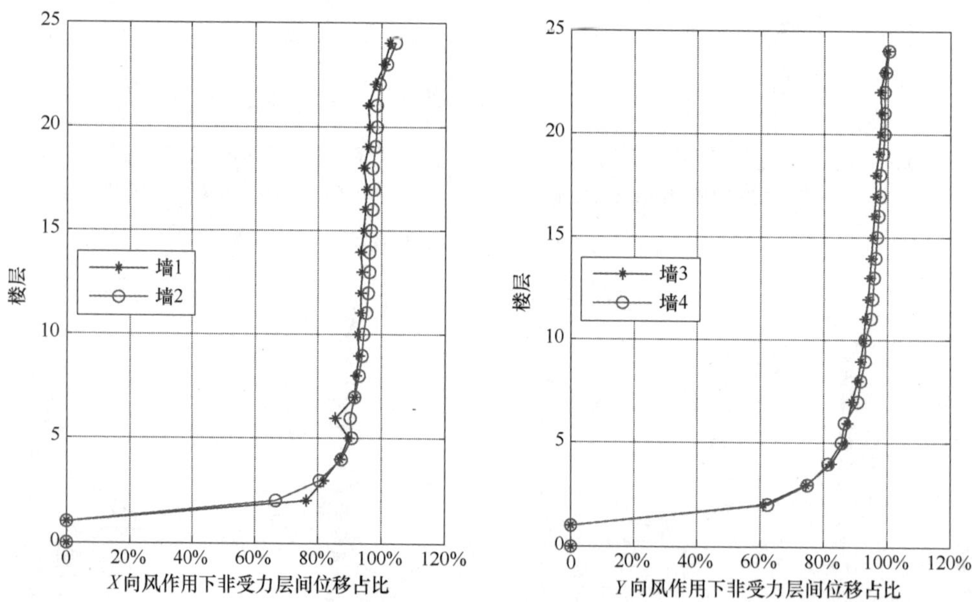

图 3.5.5-10　墙非受力层间位移占比

3.5.6　工程案例二

1. 工程概况

本项目塔楼采用框架-核心筒结构，有四个带伸臂的加强层，分布在沿高度约 50m、100m、150m 及 200m 处。结构三维示意图见图 3.5.6-1，结构平面及墙柱编号见图 3.5.6-2；室外地面到塔楼主要屋面共 65 层，高度为 253.8m（属于超 B 级高度），宽度为 23m，高宽比为 11.03。结构构件主要尺寸及混凝土强度等级见表 3.5.6-1。深圳地区 50

年一遇的基本风压 w_0 为 0.75kN/m^2，地面粗糙度类别为 B 类。风荷载体型系数 1.4。抗震设防烈度为 7 度，设计基本地震加速度为 0.15g，设计地震分组为第一组，阻尼比为 0.05。小震计算分析时，结构为风荷载控制，在风荷载作用下的变形较大。特别是 Y 向迎风面较大，且刚度较弱，结构 Y 向在风荷载作用下最大层间位移角较大，这里给出柱墙构件在 Y 向风荷载作用下的变形情况。

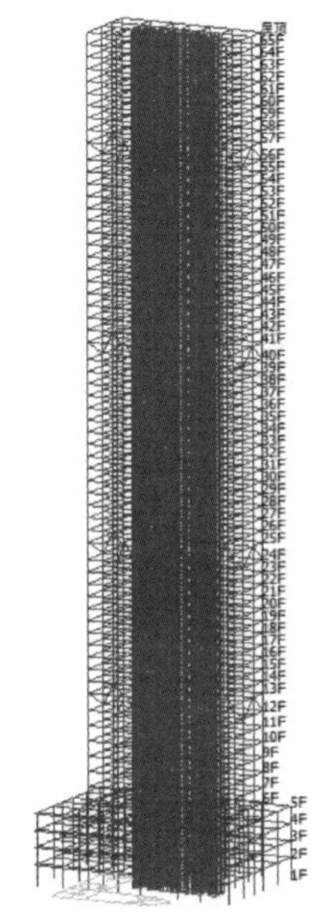

图 3.5.6-1　三维结构示意图

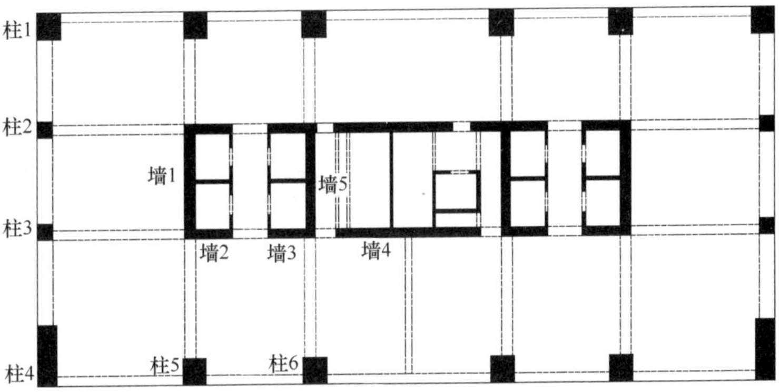

图 3.5.6-2　结构平面布置及墙柱编号图

结构构件主要尺寸及混凝土强度等级　　**表 3.5.6-1**

楼层	梁	板	柱	剪力墙
构件尺寸	700×800、1000×800、500×700、500×800	首层 200；屋面层板厚 120～150；其他 120～180；	2000×2000～800×800，从下往上逐渐减小，型钢混凝土	核心筒外墙 1000～600mm 内墙厚度 600～500mm
混凝土等级	C35	C35	C60～C45/G345	C60～C45

2. 结构周期

分别采用 YJK、Midas Gen 软件求得结构前六阶自振周期如表 3.5.6-2，计算结果表明两软件计算结果很接近，以下采用 Midas Gen 软件进行进一步的计算。

结构自振周期　　**表 3.5.6-2**

程序	总质量（万 t）	主要自振周期					
		T_1（s）	T_2（s）	T_3（s）	T_1（s）	T_2（s）	T_3（s）
YJK	15.54	6.27	4.19	3.44	1.57	1.17	1.03
Midas Gen	15.61	6.21	4.31	3.66	1.61	1.24	1.07

3. 楼层柱墙底端转角计算结果

计算结果表明任一楼层各柱墙底端转角均不相同，说明整个楼层转角不符合平截面假定。Y 向风荷载作用时，第 33 层柱墙底端转角的最小值发生在柱 3，其值为 $\theta_{32}=2.197\times10^{-3}$(rad)，其余柱墙底端转角均大于此值，相应比值见图 3.5.6-3。由图可见，各墙底端转角明显大于柱底端转角，最大差值约 4%。选取柱 1、墙 1 和墙 2，其底端转角沿高的变化见图 3.5.6-4，说明此转角在塔楼底部楼层最小，最大值发生在塔楼的中上部楼层，顶部楼层略微减小。

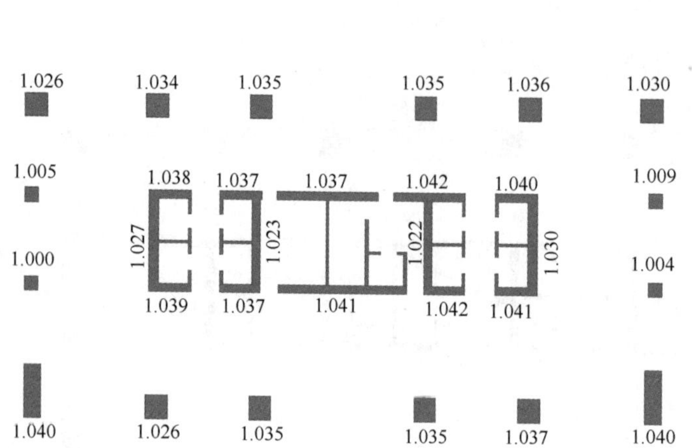

图 3.5.6-3　Y 向风作用下 33F 柱墙转角分布图（$/\theta_{32}$）

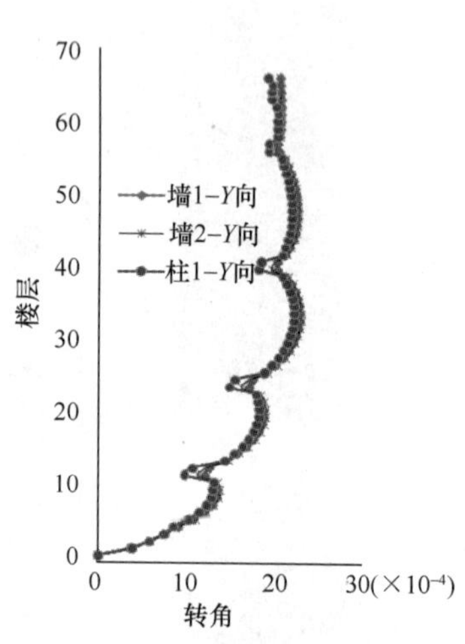

图 3.5.6-4　柱墙楼层底端转角

4. 楼层柱墙层间位移角计算结果

选取柱 1、柱 2、墙 1、墙 5 采用前文所述的计算方法，得出其受力层间位移角、非受力层间位移角及层间位移角的沿高变化如图 3.5.6-5～图 3.5.6-8 所示。由图可见，结

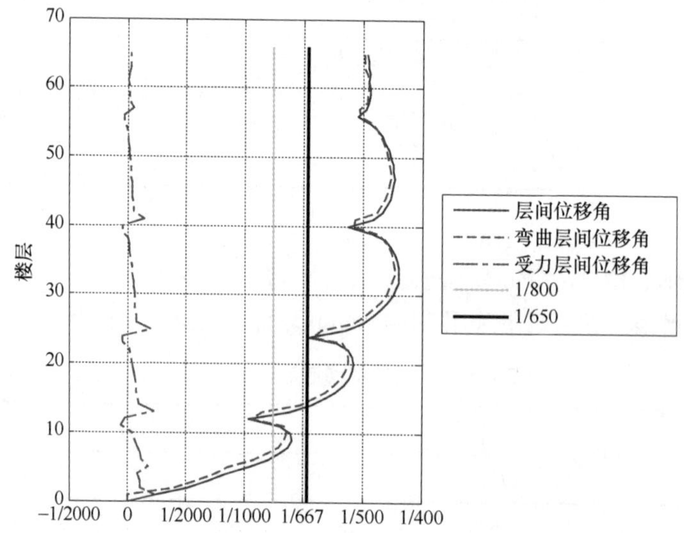

图 3.5.6-5　Y 向风作用下柱 1 层间位移角

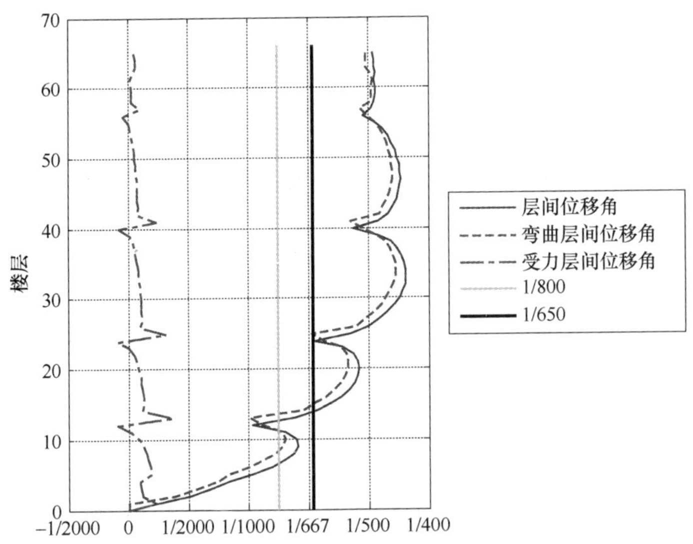

图 3.5.6-6 Y 向风作用下柱 2 层间位移角

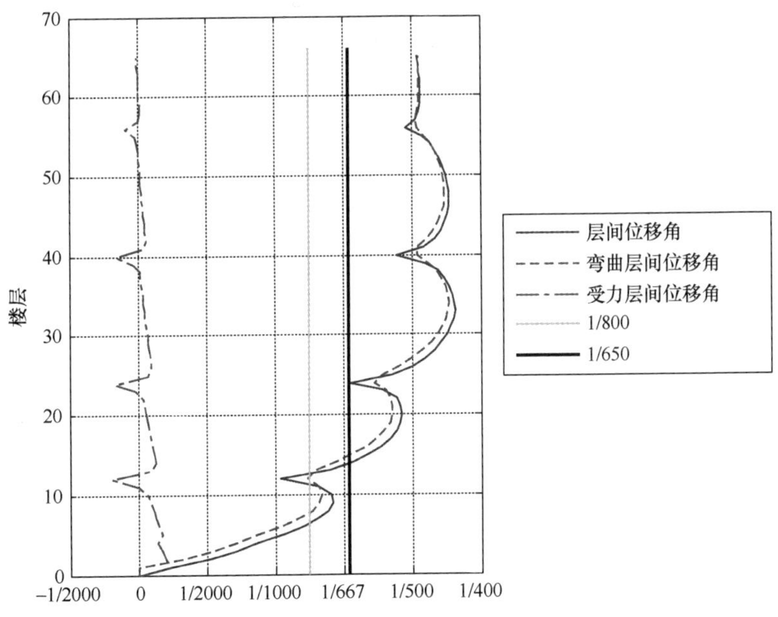

图 3.5.6-7 Y 向风作用下墙 5 层间位移角

构沿高受力层间位移角一般很小，当底部为嵌固端时，结构首层墙柱受力层间位移角与层间位移角相等，且数值最大为 3.97×10^{-4} rad，沿高略有减小（加强层位置除外）；结构首层墙柱的非受力层间位移角为零，在加强层位置，受力层间位移角为负值。随着结构高度增大，非受力层间位移角迅速增大，与相应楼层层间位移角数值接近。经分析，在最大层间位移角楼层，发生在结构中上部，墙柱非受力层间位移角与层间位移角接近，除加强层及相邻楼层，Y 向的非受力层间位移角分别为 96%，受力层间位移角占比约为 4%，非

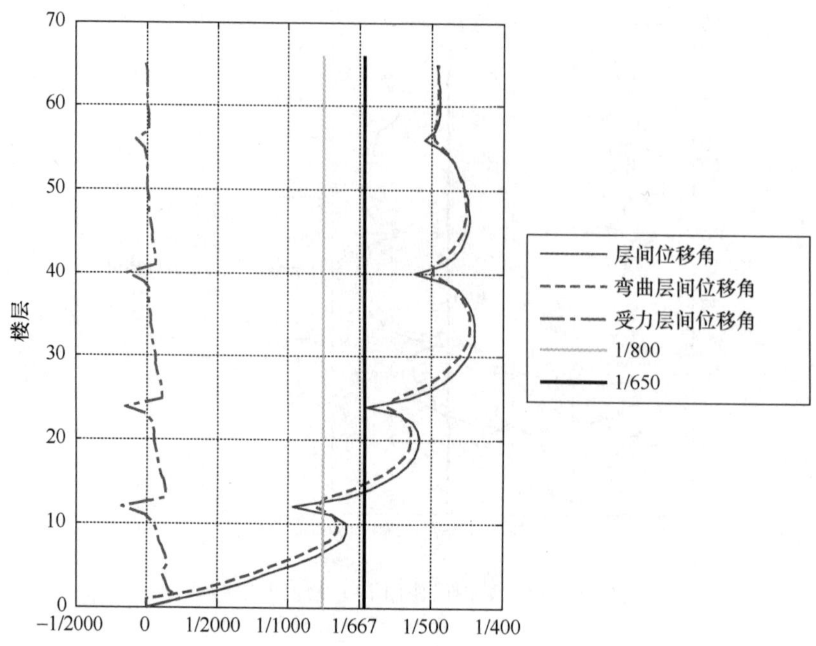

图 3.5.6-8　Y 向风作用下墙 1 层间位移角

受力层间位移与受力层间位移之比高达 24；核心筒墙肢的受力层间位移角占比较柱的更小，Y 向的非受力层间位移角占比约为98%，受力层间位移角占比约为 2%，非受力层间位移与受力层间位移之比高达 49。柱墙的受力层间位移角占比沿高分布见图 3.5.6-9，非受力层间位移角占比沿高分布见图 3.5.6-10。

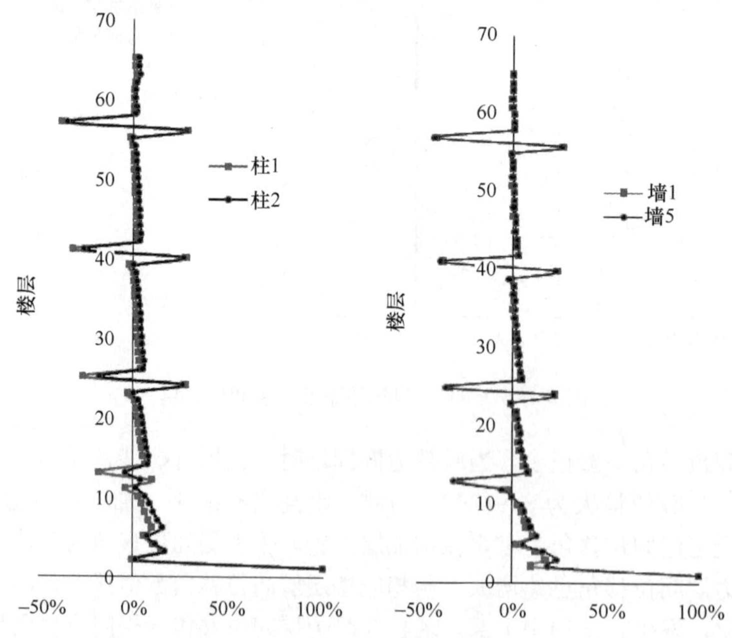

图 3.5.6-9　柱墙受力层间位移的占比

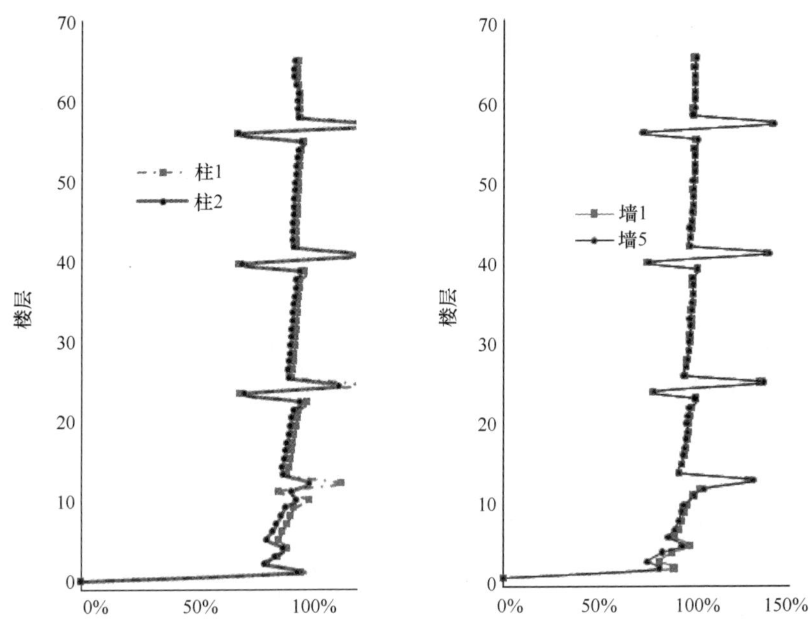

图 3.5.6-10 柱墙非受力层间位移的占比

3.5.7 结语

本节从最一般情况出发，深入地研究了高层建筑层间位移的组成及计算方法，主要结论如下：

（1）高层建筑各层楼板按弹性分析时层间各柱、墙的位移差均不相同，结构的层间位移实质上不能用单一结果表达，而是以各个柱墙的不同位移差来反映。当假定楼板为面内无限刚时，楼层各柱、墙的层间位移差是相同的，即该楼层各柱、墙顶底端的位移差是一致的，可以给出该楼层层间位移角的唯一值。当结构有扭转时，需考虑扭转角的附加影响。

（2）层间位移是由受力层间和非受力层间位移两部分组成，在水平荷载作用下任一楼层 i 柱、墙底端均产生不同的转角 θ_i，由此产生柱、墙顶端的非受力层间位移 Δ_i^r；受力层间位移通过柱墙顶端的内力按悬臂杆计算，两者之和等于该楼层相应柱、墙的层间位移。当楼板为面内无限刚时，各墙柱的层间位移相等，但各墙柱的非受力层间位移与受力层间位移是不同的。当各楼层墙柱竖向变形成楼层符合平截面转动假定时，楼层中所有竖向杆件底端的转角及相应的非受力层间位移相同，当楼板为面内无限刚时，各柱墙的受力层间位移都相同，两者之和即该楼层的层间位移也相等，由此可见，只有在这种情况下，高层建筑的层间位移才能统一代表楼层各墙柱的层间位移。

（3）楼层各墙柱的非受力层间位移为其底端的转角 θ_i 与层高的乘积，计算非常方便，在结构整体分析中软件可给出各墙柱底端转角的数值，从而可方便简捷求出所有墙柱的非受力层间位移；楼层各墙柱的受力层间位移可由整体分析求出顶端的内力，按悬臂杆求出，也十分方便简捷。当楼层为面内无限刚时，楼层的层间位移由相邻上下层的位移差给出。

（4）通过两个工程案例计算可知，高层建筑楼层的受力层间位移值很小。在本文的两个案例中，首层受力层间位移角最大，其值分别为1/8620、1/2520。非受力层间位移首层为0（嵌固端在±0时），随着高度增加其值迅速增大，在中高部位达最大值，约为1/1774（案例一）、1/432（案例二），其与楼层非受力层间位移之比分别达24和49。由此可见，规范规定的高层建筑最大层间位移角限值主要目的实际上不是控制结构受力的安全性。

（5）弹性层间位移角的大小对非结构构件及设备运行是有影响的，当非结构构件及设备运行对层间位移角有明确和较严要求时，设计应满足相应的限值要求。

3.6 钢筋混凝土高层建筑在风荷载作用下最大层间位移角限值的讨论与建议

3.6.1 前言

高层建筑的层间位移角是反映结构刚度的一个指标，其值大小直接反映了结构侧向刚度大小，规范对层间位移角大小的限制从某种程度上也确保结构有一定的侧向刚度。因此确定结构层间位移角的合理限值，对于保证结构安全性和经济性至关重要。本节将对我国历版《高规》有关层间位移角限值规定的演变进行分析，对影响层间位移角计算结果的各种因素进行讨论，在分析层间位移角组成的基础上，提出层间位移角限值的合理建议，供有关规范修订和工程设计参考应用。

3.6.2 《高规》有关规定及演变

1. JZ 102—79版高规

我国1980年颁布执行的《钢筋混凝土建筑结构设计与施工规定》JZ 102—79对高层建筑水平位移的控制规定如下：建筑物层间相对位移与层高之比δ/h，建筑物顶点水平位移与建筑物总高度之比Δ/H不应超过表3.6.2-1规定的限值。在采用弹性计算方法计算位移时，考虑了刚度折减系数0.85。

1979版《高规》关于高层建筑顶点位移角和层间位移角的限值　　表3.6.2-1

结构形式	层间相对位移与层高之比 δ/h		顶点水平位移与建筑物总高度之比 Δ/H	
	风	地震	风	地震
框 架	1/400	1/250	1/500	1/300
框架-剪力墙	1/600	1/300～1/350	1/800	1/350～1/450
剪力墙	1/800	1/500	1/1000	1/600

从表3.6.2-1可以看出，早期高规区分了风和地震作用下的限值，而且除了对不同结构类型的层间位移角作了限制外，还对结构的顶点位移角作了限制，层间位移角限值约为顶点位移角限值的1.25～1.33倍，这是基于一般建筑物层间位移角与顶点位移角的关系给出的。

2. JGJ 3—91版高规

1991年颁布的《钢筋混凝土高层建筑结构设计与施工规程》JGJ 3—91对不同类型结构按弹性方法计算的楼层层间位移与层高之比$\Delta u/h$，结构顶点位移与总高度之比u/H的限值规定见表3.6.2-2。

1991 版《高规》关于高层建筑顶点位移角和层间位移角的限值　　表 3.6.2-2

结构形式		层间相对位移与层高之比 $\Delta u/h$		顶点水平位移与建筑物总高度之比 u/H	
		风	地震	风	地震
框 架	轻质隔墙	1/450	1/400	1/550	1/500
	砌体填充墙	1/500	1/450	1/650	1/550
框架-剪力墙 框架-筒体	一般装修标准	1/750	1/650	1/800	1/700
	较高装修标准	1/900	1/800	1/950	1/850
筒中筒	一般装修标准	1/800	1/700	1/900	1/800
	较高装修标准	1/950	1/850	1/1050	1/950
剪力墙	一般装修标准	1/900	1/800	1/1000	1/900
	较高装修标准	1/1100	1/1000	1/1200	1/1100

条文说明中指出，由于不考虑刚度折减系数 0.85，所以在风荷载作用下计算的位移比 JZ 102—79 要小，相应地，风荷载位移限值比 JZ 102—79 的规定要严。

3. JGJ 3—2002 版高规

2002 年颁布的《高层建筑混凝土结构技术规程》JGJ 3—2002 对不同类型和高度的高层建筑结构按弹性方法计算的楼层层间位移与层高之比 $\Delta u/h$ 的限值规定如下：

① 高度不大于 150m 的高层建筑，$\Delta u/h$ 的限值见表 3.6.2-3；

2002 版《高规》关于高层建筑层间位移角的限值　　表 3.6.2-3

结构形式	$\Delta u/h$ 限值
框 架	1/550
框架-剪力墙、框架-核心筒、板柱-剪力墙	1/800
筒中筒、剪力墙	1/1000
框支层	1/1000

② 高度等于或大于 250m 的高层建筑，$\Delta u/h$ 的限值为 1/500；

③ 高度在 150～250m 之间的高层建筑，其 $\Delta u/h$ 的限值按第 1、2 款的限值线性插值取用。

同时规定注明，楼层层间最大位移 Δu 以楼层最大的水平位移差计算，不扣除整体弯曲变形。

2002 版较前几版《高规》有了较大变化，不再区分风和地震作用下的位移限值，也不区分不同装修下的限值，同时不再控制顶点位移角的限值。

4. JGJ 3—2010 版高规

2010 年颁布的《高层建筑混凝土结构技术规程》JGJ 3—2010 关于楼层水平位移限值的规定基本沿用了 JGJ 3—2002 的规定。

5. 历次《高规》对最大层间位移角规定的变化和特点

综合分析以上 1979 年第一版本《高规》到 2010 年版本高规有关最大层间位移角限值规定的变化，可看出以下特点：

① 1979 和 1991 年版本同时控制顶点位移角和层间位移角限值，以后版本改为仅控制最大层间位移角。

② 1979 和 1991 年版本对风和地震作用给出不同的限值。地震作用下规定限值较风作用规定限值略严。从总体看，除框架结构外，最大位移角限值按不同结构类型区别，限值规定为 1/750～1/1100。

③ 各版本高层建筑位移计算均规定采用弹性计算方法。1979 版本考虑了构件刚度折减系数，计算结果会增大，相应的位移角限值规定也相对较大，1991 以后版本均未考虑刚度折减系数，相应位移角规定相对较 1979 版本规定为小。但对影响位移计算结果的其他因素未作明确说明或规定。

⑤ 2002、2010 版根据建筑高度的增大放松了较高建筑的位移限值，即 250m 以上的高层建筑不论结构形式如何，均取 1/500。150m 至 250m 可按内插法取值。规范条文的说明是“高度超过 150m 或 $H/B>6$ 的高层建筑，可以扣除结构整体弯曲产生的楼层水平绝对位移值，因为以弯曲变形为主的高层建筑结构，这部分位移在计算的层间位移中占有相当的比例，加以扣除比较合理。如未扣除，位移角限值可有所放宽。”但这一说明未对什么是结构的整体弯曲变形，怎样计算确定其值均无论述，实际上是无法定量求出的。

⑥ 关于最大层间位移角的规定依据，1979、1991 版未作任何说明，2002、2010 版条文说明是“限值高层建筑结构层间位移的主要目的有：保证主结构基本处于弹性受力状态；保证填充墙、隔墙和幕墙等非结构构件的完好，避免产生明显损伤”。

3.6.3 层间位移角的组成及沿高变化规律

高层建筑在水平荷载作用下的楼层层间位移并非单一由受力位移构成，而是由受力与非受力层间位移两部分组成，即 i 层杆件 j 的层间位移 $\widetilde{\Delta}_{i,j}$ 为

$$\widetilde{\Delta}_{i,j}=\Delta_{i,j}-\Delta_{i-1,j}=\Delta^{s}_{i,j}+\Delta^{r}_{i,j} \tag{3.6.3-1}$$

式中，$\Delta^{s}_{i,j}$ 为竖向构件顶端在弯矩与剪力等作用下之受力位移（也有称为有害位移）；$\Delta^{r}_{i,j}$ 为竖向构件底端转角 $\theta_{i-1,j}$ 引起顶端之非受力位移（也有称为刚性位移或无害位移）。

由于非受力位移是由构件底端转动引起的顶端位移，所以随着楼层高度增加，当底端转角增大时由转动引起的非受力位移会逐渐增大，即非受力位移的占比将相应增大，反之会相应减小。根据层间位移由受力位移和非受力位移组成的理论，通过高度 30m（框架结构）～250m 不同类型高层建筑案例的分析，说明非受力层间位移在高层建筑中始终是远大于相应的受力层间位移，在高度更大的高层建筑中非受力层间位移与受力位移的比例更大些。可以认为“最大层间位移楼层的非受力层间位移远大于相应的受力层间位移”是一条符合实际的普遍规律。由此可见，在确定最大层间位移角限值时可不考虑建筑高度差异的影响。

3.6.4 层间位移角计算参数的影响

计算结构的楼层层间位移时，荷载作用、计算模型、计算参数等都会影响计算得到的结果，以下逐点进行分析。

（1）风荷载作用。现行荷载规范给出 50 年和 100 年重现期的风荷载作用值，当按《高规》要求进行风洞试验时，还可以采用风洞试验结果作为风荷载值进行结构位移计算

的荷载依据。显而易见，实际设计中，风荷载是作为一种确定性的荷载来考虑的，但实际上风荷载仍有一定的随机性。由于风荷载大小会直接影响计算得到的结构层间位移角，因而计算结果有一定的不确定性。

（2）结构的重力二阶效应。当考虑结构的重力二阶效应影响时，构件的受力层间位移角及楼层转角均会增大。对这一影响高规未明确计算位移时是否考虑，2010 版《抗规》条文说明，计算结果"一般不扣除由于结构重力 P-Δ 效应所产生的水平相对位移"，这表明抗规规定位移计算时应考虑 P-Δ 效应。研究表明 P-Δ 效应对位移计算结果是有一定影响的，尤其对高度较高的建筑这种影响是不能忽略的。表 3.6.4-1 列出的几个工程案例中考虑 P-Δ 效应后结构的最大层间位移角会增大约 5%～7%。

考虑 P-Δ 效应与否对结构最大层间位移角的影响分析　　表 3.6.4-1

	结构型式	结构高度（m）	是否考虑 P-Δ 效应		(1) / (2)
			是（1）	否（2）	
案例一	框架-核心筒	250	1/505	1/536	1.06
案例二	框架-核心筒	280	1/593	1/636	1.07
案例三	框架-核心筒	350	1/467	1/492	1.05

（3）地下室竖向构件拉压及转角变形的影响。规范规定结构首层底部一般为嵌固端，当计算模型未考虑地下室结构竖向构件变形的影响时，层间位移角计算结果会偏小，当地下室层数较多时，层间位移角计算结果会偏小较多。表 3.6.4-2 列出的几个工程案例中考虑地下室后结构的最大层间位移角会增大约 5%～17%，地下室层数越多，考虑地下室后层间位移角增大越多。

考虑地下室与否对结构最大层间位移角的影响分析　　表 3.6.4-2

	结构型式	结构高度（m）	地下室层数及深度	是否考虑 P-Δ 效应	是否考虑地下室		(1)/(2)
					是（1）	否（2）	
案例一	框架-核心筒	250	5 层，23m	考虑	1/433	1/505	1.17
				不考虑	1/464	1/536	1.16
案例二	框架-核心筒	280	5 层，25m	考虑	1/510	1/593	1.16
				不考虑	1/554	1/636	1.15
案例三	框架-核心筒	350	4 层，19m	考虑	1/443	1/467	1.05
				不考虑	1/469	1/492	1.05

（4）结构构件刚度折减的影响。1979 版《高规》规定位移计算考虑构件刚度折减系数，其值在风作用下为 0.85，相应位移计算结果比 1991 年及以后版本不考虑构件刚度折减系数的计算结果增大至约 1.18 倍，1979 版还考虑了连梁的刚度折减系数，其计算结果将更大些。因此当不考虑刚度折减时位移角的限值应相应较严。

（5）非结构构件的影响。建筑结构中有许多非结构构件，如房间隔墙、外围护墙、幕墙等，这些墙体材料的刚度及其与主体结构的连接方式对对结构的刚度有所增大，周期缩短，因而计算中不考虑此影响会使计算结果略偏大。

（6）计算模型中的某些假定。如一般不计斜置楼梯的刚度，又如有文献指出的，当按楼板弹性板考虑时，各个墙柱的层间位移值与刚性板假定的层间位移值不同，另外杆件间连接方式和节点尺寸等都不能在计算模型中准确反映，也会对层间位移角的计算结果有一定影响。

3.6.5　规定最大层间位移角限值的目标

根据对现行规程对楼层层间位移角限值的规定，可以看出规范规定最大层间位移角限值有以下一些设计目标。

2010 版《高规》3.7.1 条的条文说明中对层间位移角限制主要有两个目的：①保证主结构基本处于弹性受力状态；②保证填充墙、隔墙和幕墙等非结构构件的完好，避免产生明显损伤。

近二十余年来，国内许多学者先后对此进行了深入研究，指出高层建筑的最大层间位移角不是受力层间位移角，它包含了非受力层间位移和受力层间位移两部分，且前者有时达后者的数十倍。可以确认，现计算的最大层间位移角不是结构受力层间位移的反映。因此认为控制最大层间位移角的目的是“保证主结构基本处于弹性受力状态”的说法是不符合实际情况的。

对于“保证填充墙、隔墙和幕墙等非结构构件的完好，避免产生明显损伤”的目的，则是需要遵守的。

另外电梯运行对结构层间位移角的要求一般认为不宜大于 1/200。

3.6.6　风荷载作用下最大层间位移角限值的建议

风荷载作用下最大层间位移角的限值需考虑以下因素：

（1）计算层间位移角时考虑结构重力 $P\text{-}\Delta$ 效应。

（2）采用结构刚度折减系数时，限值规定宜增大；反之宜减小。

（3）保证填充墙、隔墙和幕墙等非结构构件的完好。

①《建筑幕墙》GB/T 21086—2007 规定，建筑幕墙平面内变形性能以建筑幕墙层间位移角为性能指标。抗风设计时指标值应不小于主体结构弹性层间位移角控制值，一般约 1/200～1/300。

② 建筑内部房间之间的分户隔墙以及周边的维护墙体等非结构构件在水平荷载作用下也会产生一定的变形，需要控制其在水平荷载作用下的变形值不超过其允许的变形值。有文献提出，填充墙正常使用状态允许的层间位移角可大于 1/400。

③ 基于上述两条，风荷载作用下层间位移角的限值可不按结构类型区分。

（4）高层建筑的层间位移角越大，结构的顶点加速度越大，对结构的舒适度越不利。

（5）考虑到层间位移角计算中有些因素难以定量考虑，确定最大层间位移角限值时应适当留有余地。

以上分析和研究结果表明，现行弹性变形计算方法未考虑刚度折减的因素，使计算结果偏小；也未能考虑非结构构件对结构刚度的影响，使计算结果偏大，二者都难以准确定量计算，由于超高层建筑地下室层数较多，地下室竖向构件变形对层间位移角有一定影响，再加上风荷载存在一定的非确定性。综合考虑以上因素，初步建议当不考虑刚度折减系数时各类高层建筑风荷载作用下的最大层间位移角限值取 1/500，当计算时考虑地下室构件对层间位移角影响时，限值可适当放宽。请业界广大工程师进行讨论。

3.7 剪力墙轴压比计算方法的研究

3.7.1 前言

轴压比是控制剪力墙在竖向荷载和地震共同作用下进入塑性阶段和防止塑性变形过大的重要参数，也是剪力墙抗震设计中的一个关键参数。在设计过程中常通过设置约束边缘构件来提高端部剪力墙的塑性变形能力，从而改善剪力墙的延性，提高整体结构的抗震性能。

《高层建筑混凝土结构技术规程》JGJ 3—2010（简称《高规》）规定墙肢轴压比是重力荷载代表值作用下墙肢承受的轴压力设计值与墙肢的全截面面积和混凝土轴心抗压强度设计值乘积的比值，并没有反映地震作用下剪力墙两端受压的情况。当剪力墙两端轴压力达到一定值后，即使在端部设置约束边缘构件，剪力墙仍可能因混凝土压溃而丧失承受重力荷载的能力，因此对剪力墙轴压比加以适当控制是必要的。

3.7.2 《高规》剪力墙轴压比计算公式

高规规定剪力墙墙肢轴压比 μ 计算公式如下：

$$\mu = 1.2N_G/f_cA_c \tag{3.7.2-1}$$

式中：1.2 为荷载分项系数；N_G 为重力荷载代表值作用下的墙肢轴力标准值，N_G＝恒载＋0.5×活载；f_c 为混凝土轴心抗压强度设计值；A_c 为剪力墙墙肢的全截面面积。

高规对剪力墙轴压比限值的规定如表 3.7.2-1 所示。

剪力墙墙肢轴压比限值　　　　表 3.7.2-1

抗震等级	一级（9度）	一级（6～8度）	二、三级
轴压比限值	0.4	0.5	0.6

上述对于剪力墙轴压比的计算公式及其限值的合理性存在以下几点疑问：

（1）式（3.7.2-1）表明重力荷载代表值作用下，墙体沿截面轴向应力假设均匀分布，而实际工程中剪力墙轴向应力分布是不均匀的，主要受楼板的传力方式、墙上搭梁以及墙端连接构件情况等影响。

（2）不同设防烈度时，地震作用的大小也是数倍之差，留给不同烈度地震作用的空间应有差别，但高规对一级抗震 6～8 度采用同一限值 0.5 显然是不合理的。

（3）式（3.7.2-1）的表述是以设计值为准，但大震分析时是以标准值为准，因而不易判断其对大震作用留下的富余空间，下面改以荷载和材料标准值来定义轴压比，可得：

$$\mu_{1k} = \frac{N_G}{f_{ck}A_c} = \frac{\mu}{1.4 \times 1.2} = 0.60\mu \tag{3.7.2-2}$$

按式（3.7.2-2）求得《高规》中墙肢以标准值表示的相应轴压比限值如表 3.7.2-2 所示。

相应高规限值时按标准值计算的轴压比　　表 3.7.2-2

抗震等级	一级（9 度）	一级（6～8 度）	二、三级
轴压比限值	0.24	0.30	0.36

表 3.7.2-2 表明，以标准值表达的剪力墙墙肢轴压比限值较小，这实际上是设计时给大震作用下墙肢所产生的轴压比预留的空间。如在表 3.7.2-1 中，7 度的剪力墙轴压比限值为 0.50，按荷载和材料标准值计算时其限值为 0.30，大震作用下仍然有 0.70 的空间。

（4）不能反映水平地震作用下，与地震作用同方向剪力墙墙肢轴向应力两端大且反号，中段小、中和轴处为零的特点，因此式（3.7.2-1）及式（3.7.2-2）用全截面面积来定义墙肢轴压比的方法不适用于地震作用下剪力墙墙肢不同部位轴向应力差异反号的实际状况。

（5）表 3.7.2-1、表 3.7.2-2 为仅考虑重力荷载代表值作用下剪力墙轴压比限值，其冗余部分留作地震作用影响，但同一烈度大震与小震作用的大小相差数倍，因此，采用小震还是大震作用下轴压比进行设计控制是一个需要进一步研究解决的问题，表 3.7.2-1 及表 3.7.2-2 限值对此均不明确。

广东省《高层建筑混凝土结构技术规程》DBJ 15-92—2013（简称广东省《高规》）规定：当地震作用下核心筒或内筒承担的底部倾覆力矩不超过总倾覆力矩的 60%时，在重力荷载代表值作用下，核心筒或内筒剪力墙的轴压比不宜超过表 3.7.2-3 限值。

剪力墙墙肢轴压比限值　　表 3.7.2-3

等级或烈度	一级		二、三级
	6，7 度（0.1g）	7（0.15g）、8 度	
轴压比限值	0.60	0.55	0.65

综上所述在地震作用下用全截面 A_c 统一考虑该墙肢的轴压比的方法是不合理的，它不能反映剪力墙不同位置轴力的差异，也未较完善考虑不同地震烈度下地震作用及同一烈度下大、小震作用的差别。本文就此展开讨论，提出相应的设计建议，并结合实际工程说明了方法的应用。

3.7.3　剪力墙轴向应力分布特点剖析

1. 在自重下剪力墙轴向应力分布特点

结合深圳某超高层建筑进行分析，结构体系为巨柱-核心筒结构，建筑高度为 350m，地震烈度为 7 度（0.1g），基本风压 0.75kN/m²。结构地下 4 层，地上 79 层。在建筑避难层的位置设有环桁架，即 6 层、17 层、29 层、41 层、53 层、65 层、79 层这 7 个位置。17 层、41 层、65 层这 3 个位置设有伸臂，首层平面布置如图 3.7.3-1 所示。

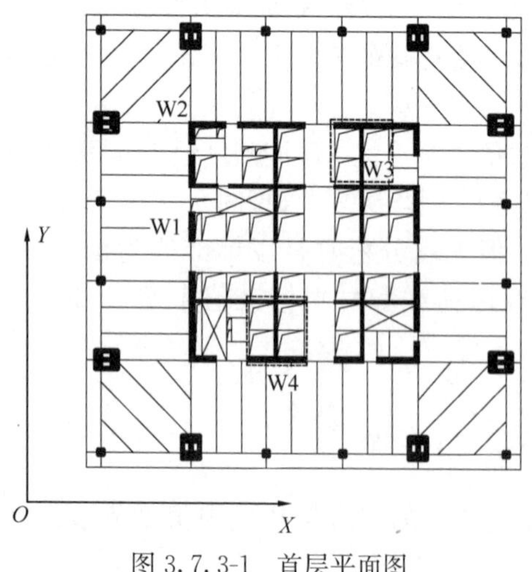

图 3.7.3-1　首层平面图

首层墙 W1（一字形）、W2（L 字形）、W3

（T字形）、W4（工字形）在重力荷载代表值作用下的轴向应力如图3.7.3-2所示，剪力墙轴向应力主要是受楼板的传力方式、墙上搭梁以及墙端连接构件情况等影响。作为计算剪力墙构件负荷的从属面积直接影响剪力墙轴向应力分布，通常情况下在剪力墙的两端从

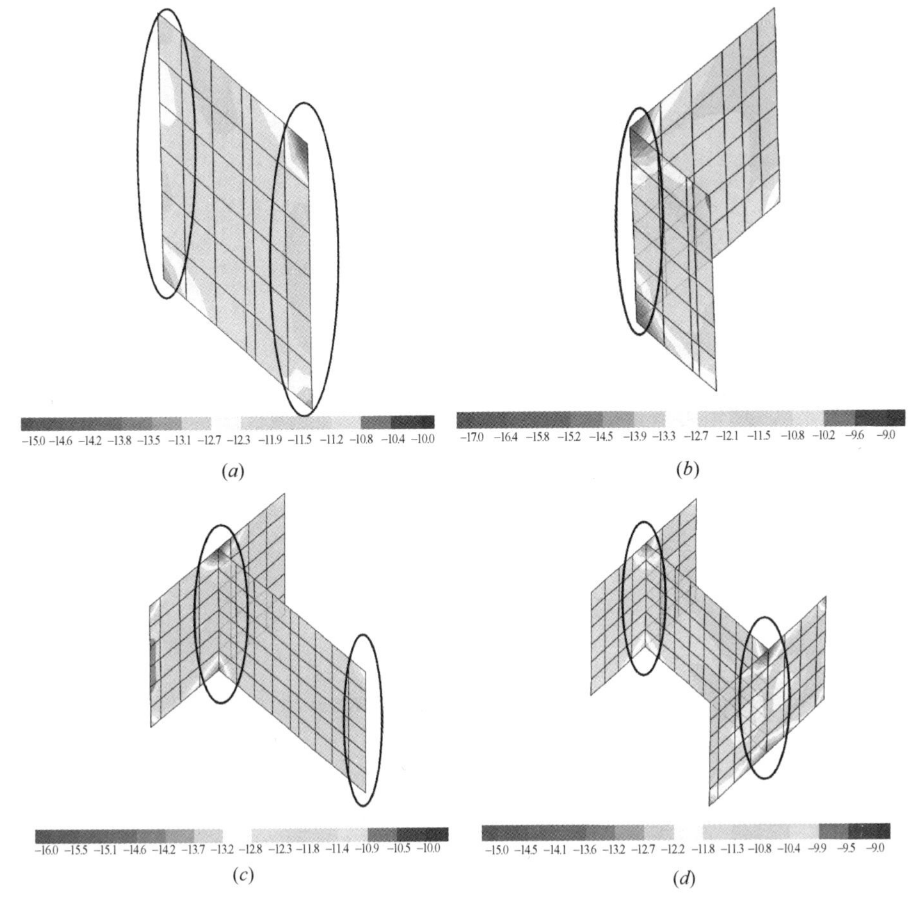

图3.7.3-2　重力荷载代表值作用下的剪力墙轴向应力分布图（MPa）

(*a*) W1的轴向应力；(*b*) W2的轴向应力；(*c*) W3的轴向应力；(*d*) W4的轴向应力

属面积稍比中间部位大，如对于一字形剪力墙，其轴向应力呈“哑铃型”分布。搭梁情况对于剪力墙轴向应力的影响体现在增加集中力和重新影响楼板荷载导荷形式两个方面，剪力墙轴向应力分布在搭梁的位置会稍微增大。

2. 在地震作用组合下剪力墙轴向应力分布特点

计算剪力墙轴压比时需考虑水平地震作用的不利影响，参照《高规》中对于框架柱轴压比的计算方法，具体如下：

$$\mu' = [1.2N_G \pm 1.3N_E]/f_c A_c \tag{3.7.3-1}$$

式中 N_E 为小震作用下的轴力标准值。

对2.1节案例进行分析，在重力荷载代表值与水平地震作用的共同组合下，不同形式剪力墙轴向应力如图3.7.3-3所示。从轴向应力分布规律上不难发现，考虑地震组合后剪力墙出现轴向应力分布大的情况往往在核心筒外围墙上、角部墙肢及长墙的端部处。

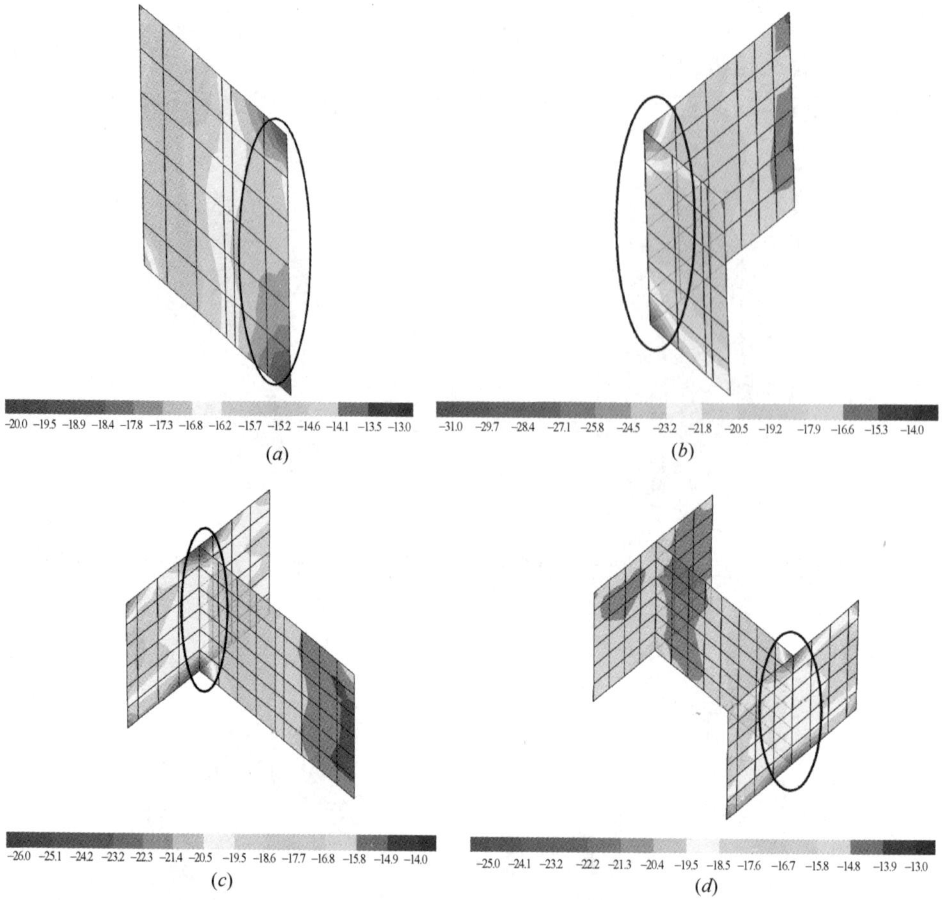

-20.0 -19.5 -18.9 -18.4 -17.8 -17.3 -16.8 -16.2 -15.7 -15.2 -14.6 -14.1 -13.5 -13.0

(*a*)

-31.0 -29.7 -28.4 -27.1 -25.8 -24.5 -23.2 -21.8 -20.5 -19.2 -17.9 -16.6 -15.3 -14.0

(*b*)

-26.0 -25.1 -24.2 -23.2 -22.3 -21.4 -20.5 -19.5 -18.6 -17.7 -16.8 -15.8 -14.9 -14.0

(*c*)

-25.0 -24.1 -23.2 -22.2 -21.3 -20.4 -19.5 -18.5 -17.6 -16.7 -15.8 -14.8 -13.9 -13.0

(*d*)

图 3.7.3-3　考虑地震组合的剪力墙轴向应力分布图（MPa）

（*a*）W1 在工况 1 下的轴向应力；（*b*）W2 在工况 2 下的轴向应力；

（*c*）W1 在工况 3 下的轴向应力；（*d*）W4 在工况 4 下的轴向应力

注：工况 1，3，4 为 max[1.2×(恒载+0.5 活载)+1.3E_y]，工况 2 为 max[1.2×(恒载+0.5 活载)±1.3E_x]。

3.7.4　剪力墙的分段方法

由于剪力墙在重力荷载代表值和水平地震的共同作用下的轴向应力一般呈现出端部大中间小的分布规律，如图 3.7.4-1 所示。通过应力大小分段计算轴压比能够较好反映实际受力情况，本文基于此提出剪力墙分段轴压比的计算方法，主要考虑剪力墙两端边缘约束构件范围内的轴压比，将其控制在安全合理的范围，同时也应考虑到墙中段的轴压比由于与边缘约束构件相比变形能力相对较弱，其轴压比的控制宜相应较严。

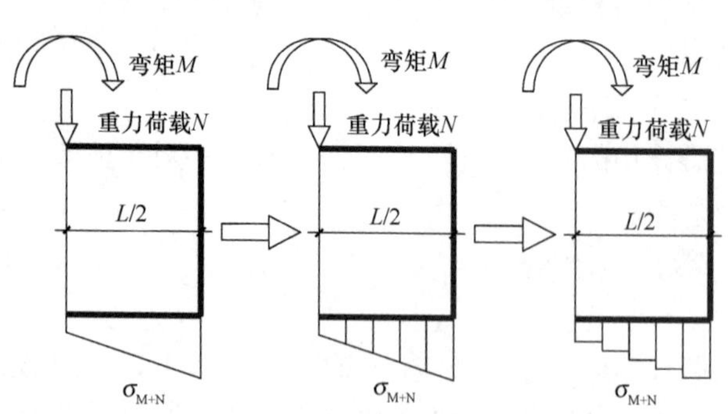

图 3.7.4-1　重力荷载代表值和水平地震组合下轴力分布图

为了将剪力墙沿长度分段，首先需要合理确定墙端分段长度，遵照

《高规》剪力墙边缘构件长度的规定，建议根据剪力墙不同构成情况，按照以下原则划分，对于有梁搭于墙上的情况，需单独划定墙段长度，以 X 向墙为例，如下为剪力墙分段方法：

（1）一字形墙

一字墙两端约束边缘构件阴影部分按暗柱分段，l_c 为约束边缘构件沿墙肢的长度，其取值按照《高规》第 7.2.15 条表 7.2.15 计算，b_w 为墙肢厚度，阴影部分为约束边缘构件 L_u 长度，L_m 为除去约束边缘构件阴影部分 L_u 后的墙肢长度，其分段见图 3.7.4-2。

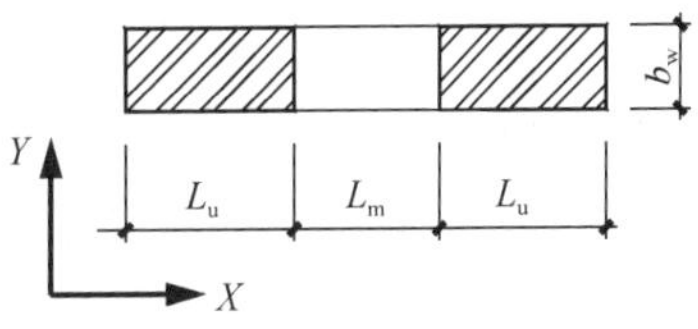

图 3.7.4-2　一字形墙分段方法

$L_u=\max(b_w,\ 0.l_c,\ 400)$

（2）一字形墙面外搭梁

一字墙面外搭梁一般分为墙端搭梁、墙端梁位置偏移 b_1 以及墙中部搭梁三种情况，其分段见图 3.7.4-3。

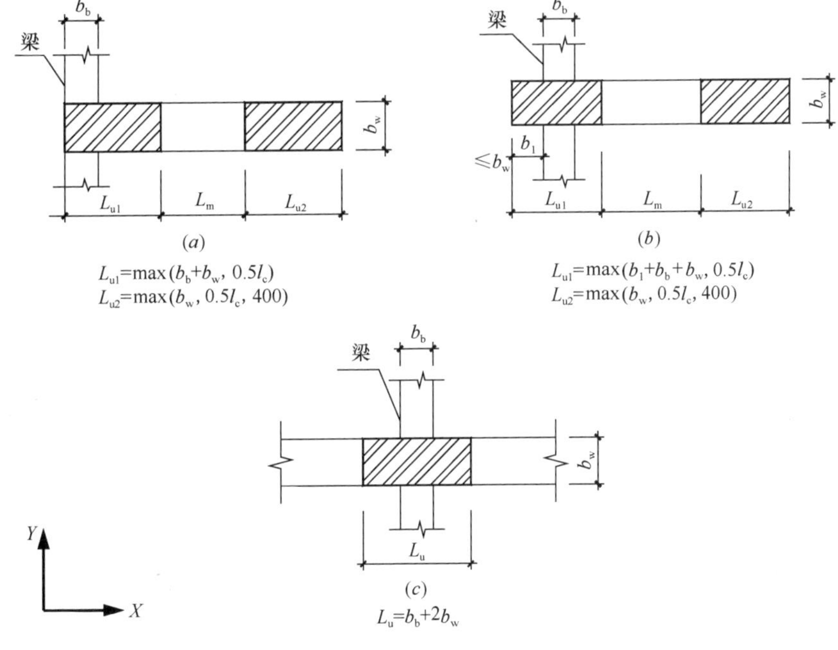

图 3.7.4-3　一字形墙墙面外搭梁时分段方法

（a）墙端搭梁情况；（b）墙端梁位置偏移情况；（c）墙中部搭梁情况

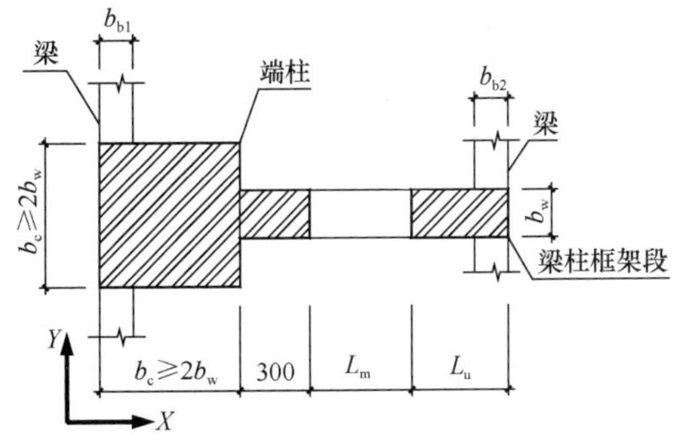

图 3.7.4-4　端柱搭梁时分段方法

$L_u=\max(b_{b2}+b_w,0.5l_c)$

（3）端柱搭梁

当墙有端柱且墙端也有搭梁时，其分段见图 3.7.4-4。

（4）一端与垂直向墙相连

当 Y 向墙与 X 向墙相连形成 T 形或 L 形墙肢时，其分段见图 3.7.4-5。

（5）一端与垂直向墙相连且垂直向墙面外搭梁

当 Y 向墙与 X 向墙相连形成 T 形或 L 形墙肢，且在 X 向墙面外搭梁时，分段见图 3.7.4-6。

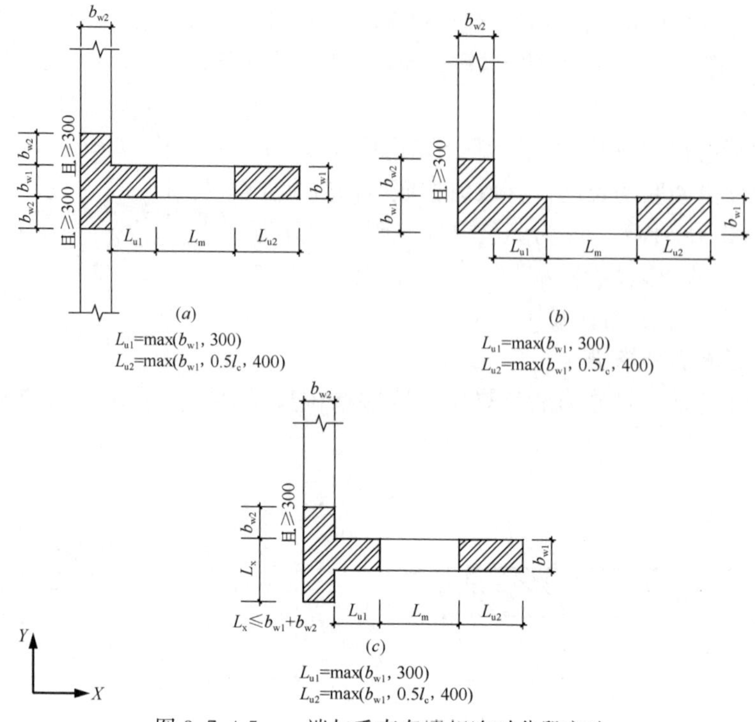

图 3.7.4-5　一端与垂直向墙相连时分段方法

（a）T形墙；（b）L形墙；（c）L形墙凸出情况

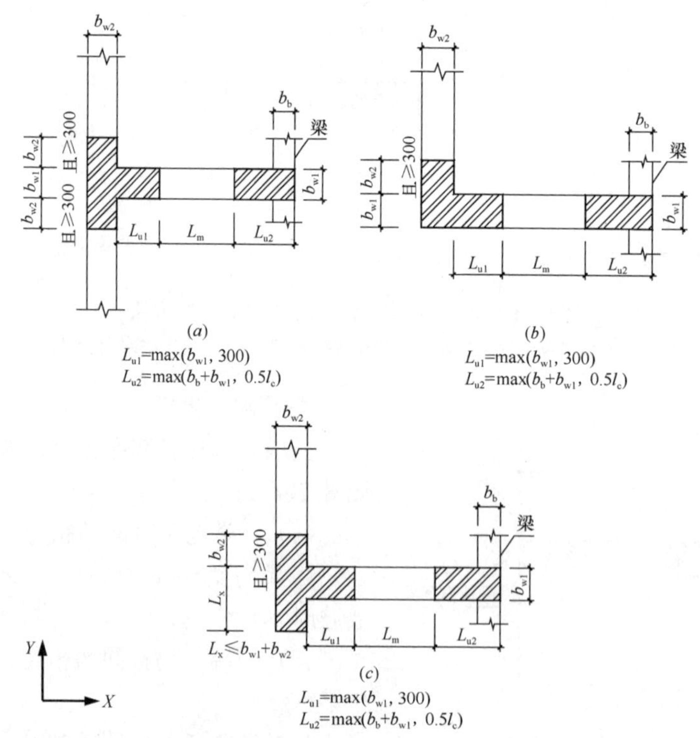

图 3.7.4-6　一端与垂直向墙相连且垂直向墙面外搭梁时分段方法

（a）T形墙与墙端搭梁复合情况；（b）L形墙与墙端搭梁复合情况；（c）L形墙凸出与墙端搭梁复合情况

剪力墙墙肢分段时，需注意以下几点：

（1）对于图 3.7.4-2～图 3.7.4-6 中，当 $L_m<\min(300, b_w)$ 时，L_m 平分到其相邻左右两侧的暗柱；当 $\min(300, b_w)<L_m\leqslant 2000$ 时，L_m 为一个计算长度；当 $L_m>2000$ 时，应进一步等分剖分，将 L_m 剖分后的单元长度不宜大于 2000 且不宜小于 $\min(300, b_w)$。

（2）当两侧暗柱存在重叠（即 L_m 段不存在），两侧暗柱应合并，且合并后的新暗柱总长不宜大于 2000mm，否则平分成 2 个暗柱分别计算其轴压比。

（3）当图 3.7.4-3(b) 面外偏置一道梁，其偏置的距离 b_1 不大于 b_w 时，端部暗柱按照图 3.7.4-3(b) 所示取值；当 b_1 大于 b_w 且满足以上第（1）和（2）条件时，可按第（1）和（2）条所述合理进行合并。

（4）次梁荷载较小，不考虑其对墙肢轴压比的影响，仅考虑主梁的作用。

（5）当图 3.7.4-5(c)，图 3.7.4-6(c) 中的 $L_x>b_{w1}+b_{w2}$ 时，同图 3.7.4-5(a)，图 3.7.4-6(a) 情形分段。

（6）当图 3.7.4-6(a) ～图 3.7.4-6(c) 右端与端柱相连或者与 Y 向墙相连又或者如图 3.7.4-3(b) 面外偏置了一道梁时，其右端的阴影部分尺寸参照以上各图的情形。

3.7.5　剪力墙分段轴压比计算方法和限值建议

根据以上的分析，本文建议采用剪力墙分段计算，考虑地震作用在内及以标准组合表述的新的轴压比计算方法。

1. 标准组合剪力墙分段轴压比

鉴于剪力墙在重力荷载代表值和水平地震共同作用下轴向应力呈现明显不均匀分布规律的特性，剪力墙轴压比宜按第 3.7.4 节的分段方法给出剪力墙分段轴压比公式，这样才能更为合理地反映剪力墙的受压特性。当采用标准组合时，第 i 段墙肢轴压比可用下式表示：

$$\mu_{2ki}=\frac{N_{Gi}+N_{Ei}}{f_{ck}A_{ci}} \tag{3.7.5-1}$$

式中：i 为剪力墙全截面分段后任意段；N_{Gi} 为重力荷载代表值作用下 i 段墙肢的轴力标准值；N_{Ei} 为小震作用下 i 段墙肢的轴力标准值；f_{ck} 为墙体混凝土抗压强度标准值；A_{ci} 为 i 段墙肢截面面积；

2. 小震组合作用下剪力墙分段轴压比

假设小震组合作用下 i 段墙体轴力占重力荷载代表值产生轴力的比值为 λ_i，可得：

$$\lambda_i=\frac{N_{Ei}}{N_{Gi}} \tag{3.7.5-2}$$

将式（3.7.5-2）代入式（3.7.5-1），得

$$\mu_{2ki}=\frac{(1+\lambda_i)N_{Gi}}{f_{ck}A_{ci}} \tag{3.7.5-3}$$

重力荷载代表值作用下，标准组合剪力墙分段轴压比为：

$$\mu_{1ki}=\frac{N_{Gi}}{f_{ck}A_{ci}} \tag{3.7.5-4}$$

联合式（3.7.5-3）和式（3.7.5-4）得：

$$\mu_{2ki}=(1+\lambda_i)\mu_{1ki} \tag{3.7.5-5}$$

当 λ_i 值为 0.10～0.40 时，$\mu_{2ki}=1.1\sim1.4\mu_{1ki}$，地震作用占比较大时，墙体轴压比也将增大。

如表 3.7.2-2 所示重力荷载代表值作用下，标准组合剪力墙轴压比限值规定地震烈度 6～8 度时同为 0.3，则小震组合作用下剪力墙分段轴压比 $(1+\lambda_i)\mu_{1ki}$，其限值不大于 $0.3(1+\lambda_i)$。此时通过 λ_i 反映了不同地震烈度的影响，远优于以往不反映地震烈度取同一限值的做法，但对小震作用下的限值进行规定对抗震设计没有实际意义，因为它不能反映相应大震作用下的剪力墙分段轴压比，而这是满足大震抗震设计必须加以关注和控制的参数。

3. 大震组合作用下剪力墙分段轴压比分析

若在大震、小震作用下结构按弹性分析的剪力墙墙段轴力比为 γ_e，γ_e 值即为相应水平地震影响系数最大值 α_{max} 之比及相应 γ_e 值如表 3.7.5-1 所示。

弹性分析时 γ_e 比值　　**表 3.7.5-1**

地震烈度	6 度	7 度	8 度	9 度
小震 α_{max}	0.04	0.08 (0.12)	0.16 (0.24)	0.32
大震 α_{max}	0.28	0.50 (0.72)	0.90 (1.20)	1.40
γ_e	7.0	6.25 (6.0)	5.63 (5.0)	4.44

注：①小震为多遇地震简称，大震为罕遇地震简称；②7，8 度时括号内数值分别用于设计基本地震加速度为 0.15g 和 0.30g 的地区。

大量的大震弹塑性分析表明，考虑结构进入塑性时刚度衰减的影响，剪力墙墙段大震轴力与小震轴力之比 γ_p 将小于 γ_e。大震作用时考虑塑性影响的标准组合剪力墙分段轴压比可按下式计算：

$$\mu_{3ki}=\frac{N_{Gi}+\gamma_p N_{Ei}}{f_{ck}A_{ci}} \tag{3.7.5-6}$$

将式（3.7.5-2）代入式（3.7.5-6），得：

$$\mu_{3ki}=\frac{(1+\lambda_i\gamma_p)N_{Gi}}{f_{ck}A_{ci}} \tag{3.7.5-7}$$

按式（3.7.5-7）计算剪力墙分段轴压比时，需给定相应的 γ_p 值，根据已有大量大震弹塑性分析结果的统计，建议 γ_p 近似取值见表 3.7.5-2。

弹塑性分析时 γ_p 比值　　**表 3.7.5-2**

地震烈度	6 度	7 度	8 度
γ_p	6	5	3.5～4.5

注：8 度区 γ_p 取值按 8 度中震结构破坏程度取值：破坏较轻微时，取 4.5；较严重取 3.5。

在设计过程中常在剪力墙两端设置约束边缘构件来提高剪力墙的塑性变形能力，从而提高剪力墙的延性。端部剪力墙往往配置较多的竖向钢筋或放置型钢，考虑竖向钢筋和型钢的影响后，标准组合下剪力墙分段轴压比计算公式如下：

$$\mu_{4ki}=\frac{(1+\lambda_i\gamma_p)N_{Gi}}{f_{ck}A'_{ci}+f_{ak}A_{ai}+f_{yk}A_{si}} \tag{3.7.5-8}$$

或
$$\mu_{4ki}=\frac{(1+\lambda_i\gamma_p)N_{Gi}}{f_{ck}A_{ci}\left(1-\rho_{ai}-\rho_{si}+\frac{f_{ak}}{f_{ck}}\rho_{ai}+\frac{f_{yk}}{f_{ck}}\rho_{si}\right)} \tag{3.7.5-9}$$

式中：A'_{ci} 为 i 段墙肢内扣除型钢和钢筋的截面面积；A_{ai}为 i 段墙肢内型钢的截面面积；f_{ak}为型钢强度标准值；A_{si}为 i 段约束边缘阴影部分钢筋截面面积；f_{yk}为钢筋强度标准值；ρ_{ai}为型钢的含钢率，$\rho_{ai}=A_{ai}/A_{ci}$；ρ_{si}为约束边缘构件配筋率，$\rho_{si}=A_{si}/A_{ci}$。

4. 剪力墙分段轴压比限值建议

剪力墙分段后还可分为约束边缘构件段、构造边缘构件段和墙体中段。在抗震设计时，边缘约束构件段墙体由于配有较多较密的箍筋，因此具备较好的变形能力，一般可允许在大震作用下出现轻微的受压屈服，按上述方法计算，根据大震下近似计算结果其轴压比限值可初步建议为 $\mu_{4ki}\leqslant1.1$，当不允许屈服时，建议为 $\mu_{4ki}\leqslant1.0$；构造边缘构件段建议 $\mu_{4ki}\leqslant1.0$；墙体中段一般无约束配筋，不宜在大震作用下屈服，其限值建议为 $\mu_{3ki}\leqslant0.9$。

综上，按第 4 节设计时剪力墙厚度的确定更为合理。

3.7.6 高规剪力墙轴压比限值调整建议

高规关于剪力墙轴压比限值的规定见表 3.7.2-1，当采用标准组合时其限值见表 3.7.2-2，此法主要优点是设计应用方便，不足之处是不能具体考虑大小地震作用的影响，不能量化明确不同地震烈度地震作用下留给大震作用的空间，6～8 度时的地震作用有着成倍差异，却规定为相同的轴压比限值，显然需要改进。

为得到剪力墙分段轴压比 μ_{4ki}与标准值计算轴压比 μ_{1k}的关系，将式（3.7.5-8）改写为如下：

$$\mu_{4ki}=(1+\lambda_i\gamma_p)\mu_{1k} \tag{3.7.5-10}$$

对式（3.7.5-10）各参数进行以下分析，μ_{1k}分别取 0.3、0.35、0.4，γ_p 分别取 3、4、5、6，求标准组合剪力墙分段轴压比 μ_{4ki}，如图 3.7.6-1 所示。

根据图 3.7.6-1(*a*)～图 3.7.6-1(*c*)的结果，不难看出如下规律：

(1) 当标准组合轴压比限值 $\mu_{1k}=0.3$，λ_i 在 0.2 左右时，即使 γ_p 达到 6，剪力墙分段轴压比尚远小于 1.0；当 λ_i 增大至 0.3～0.4 时，其轴压比仍小于 1.0。

(2) 当标准组合轴压比限值 $\mu_{1k}=0.35$，λ_i 在 0.3 左右时，即使 γ_p 达到 6，剪力墙分段轴压比仍小于 1.0。

(3) 当标准组合轴压比限值 $\mu_{1k}=0.40$，λ_i 在 0.2 左右时，即使 γ_p 达到 6，剪力墙分段轴压比也尚小于 1.0。

由此可见，6 度区地震作用较小，λ_i 值较小，现《高规》规定全截面面积轴压比限值 μ_{1k}可从 0.3 调大至 0.4；7 度区地震作用增大，λ_i 值居中，全截面面积轴压比限值 μ_{1k}可从 0.3 调大至 0.35；8 度区地震作用较大，λ_i 值可能较大，其全截面面积轴压比限值 μ_{1k}可按《高规》规定取为 0.3，表 3.7.6-1 为建议的 μ_{1k}值，相应的设计组合轴压比 μ 也列入表中。

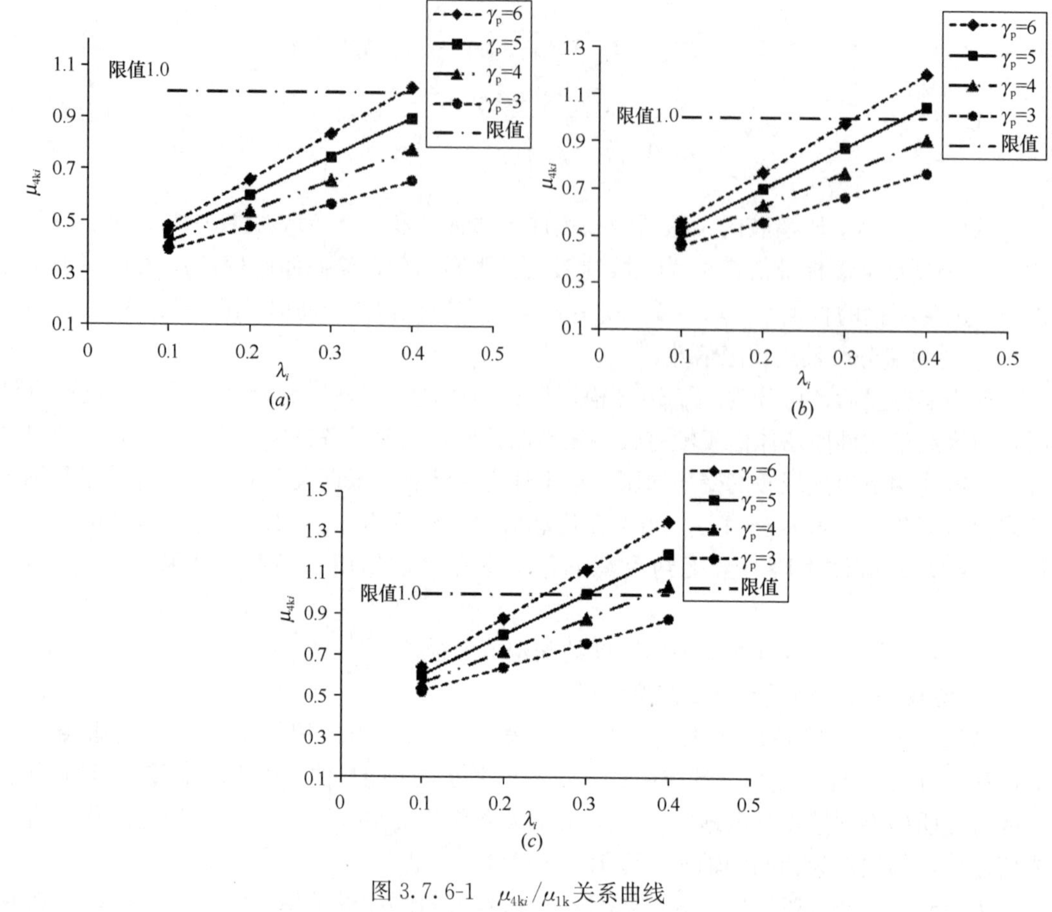

图 3.7.6-1　μ_{4ki}/μ_{1k}关系曲线

(a) μ_{1k}=0.30；(b) μ_{1k}=0.35；(c) μ_{1k}=0.40

《高规》调整轴压比限值　　　　**表 3.7.6-1**

抗震等级	一级				二、三级
地震烈度	9 度	8 度	7 度	6 度	/
μ_{1k}（标准组合）	0.24	0.30	0.35	0.40	0.42
μ（基本组合）	0.40	0.50	0.58	0.66	0.70

本章第 4 节提出的剪力墙分段轴压比计算方法及其限值的建议，相对于《高规》剪力墙轴压比的计算方法和限值规定都更为合理，若设计时不采用剪力墙分段轴压比和限值建议，也可按表 6 所列对《高规》限值进行调整，这能明确不同地震烈度地震作用下预留给大震的空间。

3.7.7　案例

结合第 2 节案例在不考虑和考虑地震组合两种不同荷载组合下剪力墙轴压比计算的差异，按照第 3 节剪力墙的分段法进行剪力墙的轴压比分析。首层核心筒剖分平面布置见图 3.7.7-1。

按式（3.7.2-1）计算的剪力墙轴压比不分段且仅考虑重力荷载代表值基本组合 1.2（D+0.5L）作用下时，大部分剪力墙轴压比大于 0.5，如图 3.7.7-2 所示，显然不满足

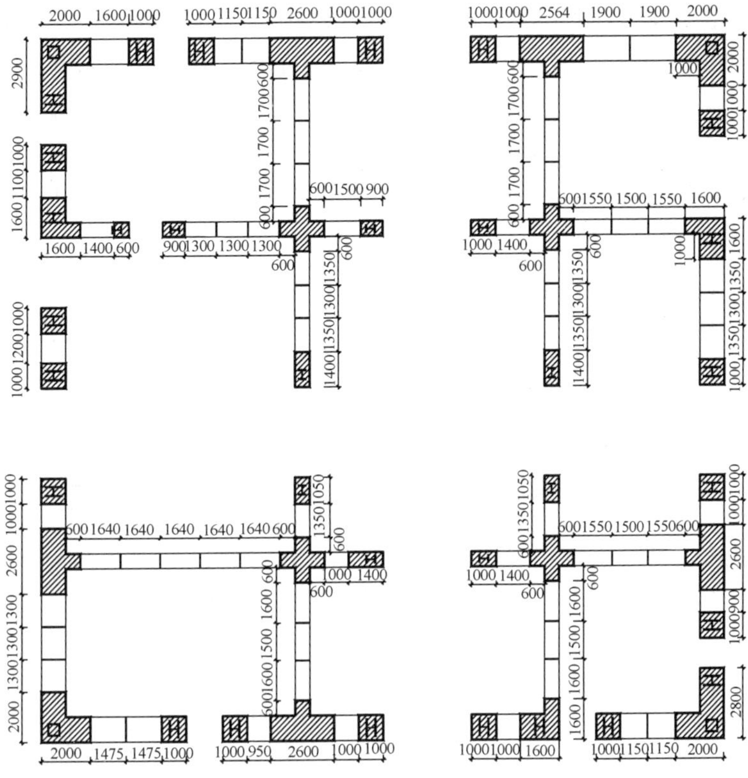

图 3.7.7-1　首层核心筒剖分平面布置图

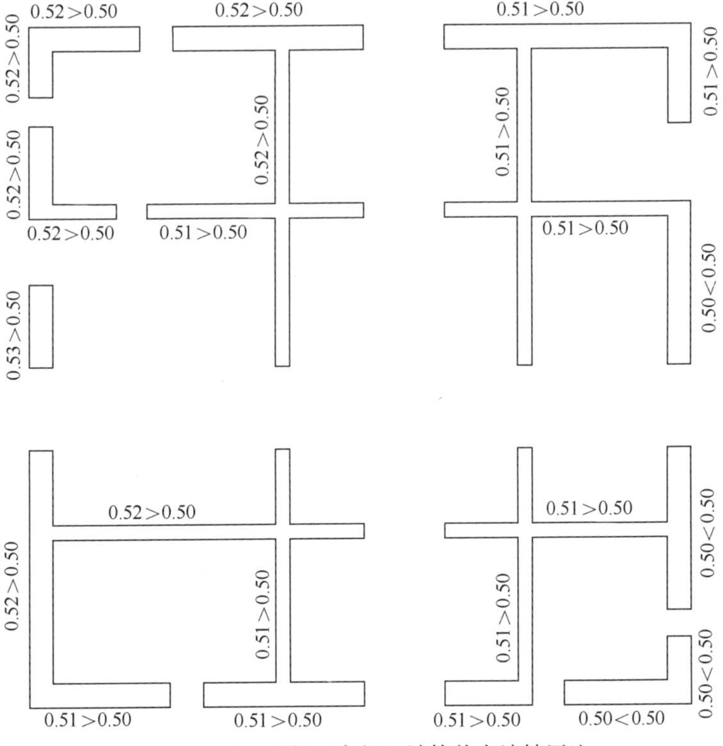

图 3.7.7-2　现行《高规》计算剪力墙轴压比

《高规》对轴压比限值的要求。按第 3 节剪力墙的分段方法和式（3.7.2-1）计算剪力墙的轴压比，结果如图 3.7.7-3 所示，与图 3.7.7-2 结果比较，剪力墙分段后约束边缘构件阴影部分的轴压比计算结果都较大，这是剪力墙分段后反映了重力荷载代表值作用下，墙体沿截面轴向应力的不均匀性，是比较符合实际的。分段阴影部分轴压比虽相对较高，但按表 3.7.6-1 轴压比限值建议 7 度 μ 的控制，剪力墙分段轴压比大部分小于 0.58，个别大于限值 0.58，基本上符合要求。

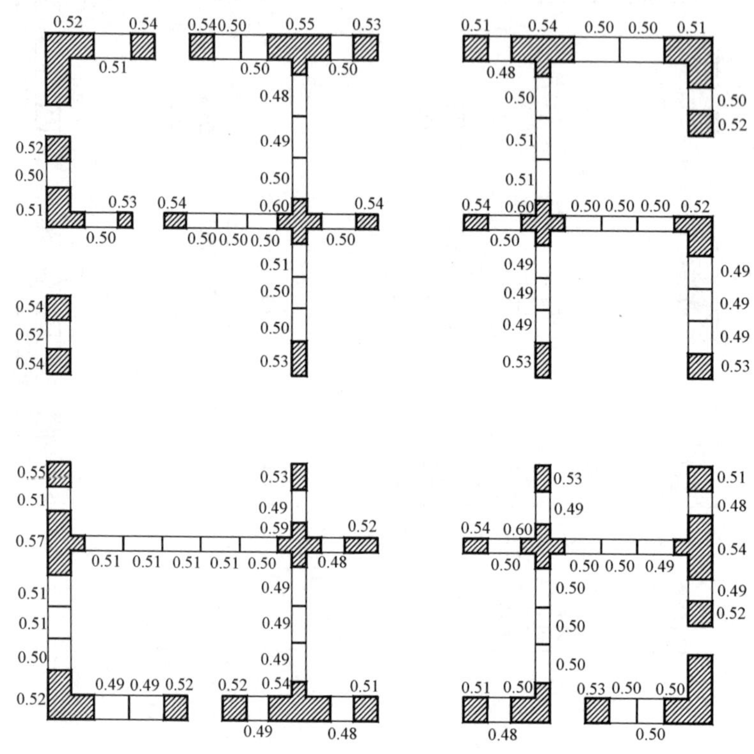

图 3.7.7-3　现行《高规》调整剪力墙分段轴压比

采用本章第 4 节剪力墙分段计算新方法，考虑小震作用标准组合（D+0.5L±E）轴压比计算方法式（3.7.5-1），图 3.7.7-4 的计算结果显示，剪力墙约束边缘构件阴影部分轴压比较大，反映了剪力墙在重力荷载代表值和水平地震共同作用下受压不均匀的特性。图 3.7.7-4 小震标准组合剪力墙分段轴压比结果小于图 3.7.7-3 的计算结果且均小于 0.5，说明按式（3.7.5-1）计算小震标准组合作用下剪力墙分段轴压比时，仍为大震作用下墙肢轴压比预留 0.5 的空间。

为反映相应大震作用剪力墙分段轴压比的情况，按本文第 4 节式（3.7.5-7）计算，结合表 3.7.5-2 取弹塑性大震轴力与小震轴力比值 γ_p 为 5 进行计算，大震标准组合（D+0.5L±5E）剪力墙分段轴压比如图 3.7.7-5 所示。由图可知，约束边缘构件阴影部分轴压比较大，多数集中在 0.85～0.95，少数接近 1，个别超过 1（图 3.7.7-5 矩形框示）。允许约束边缘构件段在大震作用下出现轻微受压屈服时，按 4.4 节剪力墙分段轴压比限值建议，在大震作用下未有约束边缘构件屈服，符合要求。在图 3.7.7-5 矩形框中，墙体中段分段轴压比个别大于 0.9，出现受压屈服的情况，可采取相应加强措施，其余均满足要求。

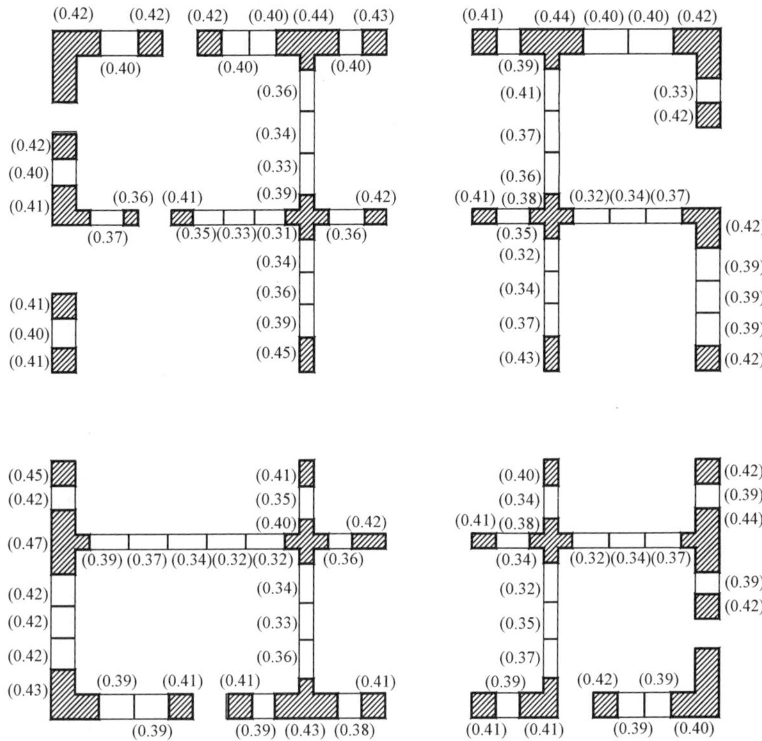

图 3.7.7-4 小震标准组合剪力墙分段轴压比

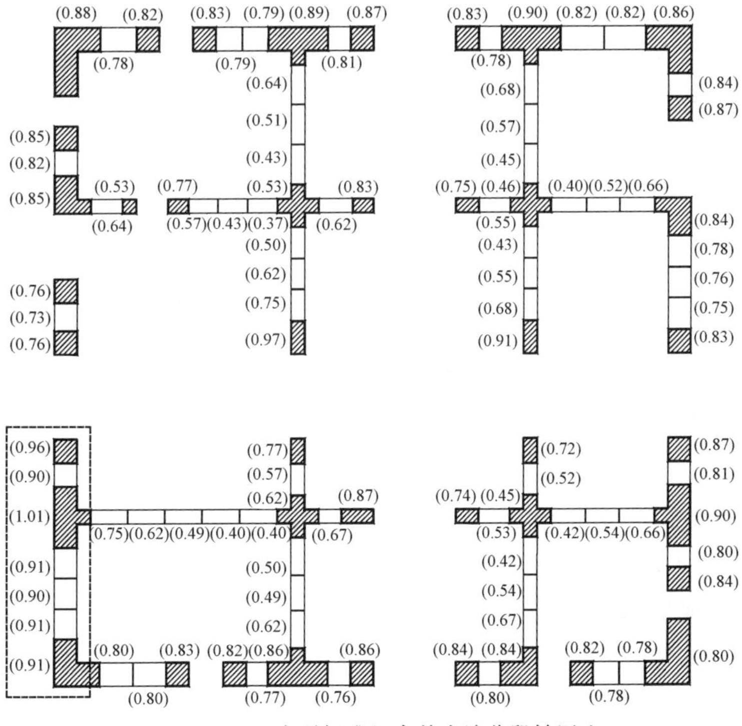

图 3.7.7-5 大震标准组合剪力墙分段轴压比

约束边缘构件阴影区常配有较密的箍筋和纵向受力钢筋，具备较好的变形能力，其对约束边缘构件轴压比的影响往往不可忽略，在此基础上计算剪力墙分段轴压比，结果如图 3.7.7-6(仅列出大震组合下的轴压比计算结果)，与图 3.7.7-5 计算结果比较，考虑约束边缘构件阴影区箍筋和纵向受力钢筋的作用，阴影区的轴压比约减少 11%，且满足要求。

综合以上计算结果，在大震标准组合下计算剪力墙轴压比以及限值规定是较为合理的，更能反映剪力墙在竖向荷载和地震共同作用下轴压比的分布及对构件的延性要求。

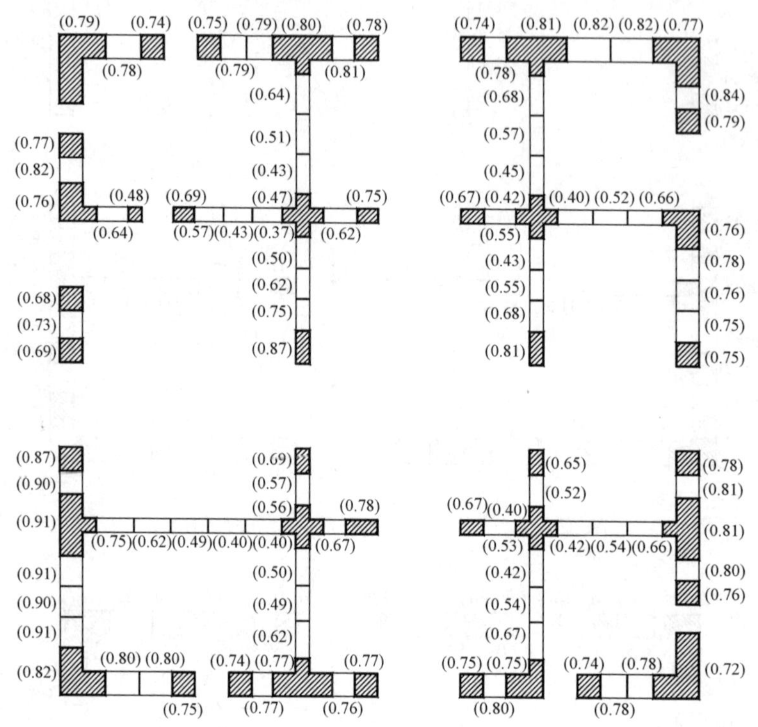

图 3.7.7-6　大震标准组合剪力墙分段轴压比（考虑约束边缘构件阴影区钢筋作用）

3.7.8　结论与建议

（1）对现有《高规》剪力墙轴压比的计算方法进行了讨论，指出其未能反映在重力荷载作用下剪力墙轴压比分布的不均匀性，也未区分不同烈度地震作用的影响而采用同一剪力墙轴压比限值的规定是不够合理的。

（2）《高规》规定剪力墙轴压比的计算公式是以设计组合表述，不能清楚表达出给大震作用下增大的轴压比预留的空间，考虑到大震是以标准值为准进行计算，提出了以标准组合表述的轴压比计算公式。

（3）介绍了剪力墙在竖向荷载作用下轴向内力的分布特点，总结了剪力墙轴压比在重力荷载与水平地震作用的共同组合下呈现出端部大中间小的分布特点，据此提出了剪力墙标准组合下分段轴压比的计算方法及相关限值建议。

（4）在研究成果的基础上对现有规范设计组合下剪力墙同一的轴压比限值按照不同烈度进行了调整，6、7 度时比原规定有所降低。

（5）结合实际工程案例说明剪力墙分段轴压比计算方法的应用，计算结果表明新方法更加合理，更有利于充分发挥剪力墙的抗震潜能。

（6）采用本文方法进行剪力墙轴压比计算及验算时，需要将各墙肢按照文内剪力墙分段方法进行分段划分，对于一字墙与现行方法基本一致，对于节点处剪力墙需组成验算轴压比的墙段。采用现行软件计算时需配合手工计算，但在今后结构软件中增加这部分内容后计算将大为简便。

3.8 框架部分承担倾覆力矩的计算方法研究

3.8.1 前言

《高层建筑混凝土结构技术规程》JGJ 3—2010 第 8.1.3 条指出，框架-剪力墙结构的抗震设计方法应根据规定水平力作用下结构底层框架部分承受的地震倾覆力矩与结构总地震倾覆力矩的比值来确定；《建筑抗震设计规范》GB 50011—2010 第 6.1.3 条指出，框架-剪力墙结构框架部分的抗震等级应根据底层框架部分承担的地震倾覆力矩与结构总地震倾覆力矩的比值来确定；广东省《高层建筑混凝土结构技术规程》DBJ 15—92—2013 第 9.1.6 条指出，当地震作用下核心筒或内筒承担的底部倾覆力矩不超过总倾覆力矩的 60%时，在重力荷载代表值作用下，核心筒或内筒剪力墙的轴压比限值可适当放松。

以上条文说明了我国相关的现行规范对框架部分承担的倾覆力矩有明确的规定，其计算结果直接影响结构类型的判别，影响到结构设计。

对于框架部分承担的倾覆力矩计算方法，ETABS、MIDAS、YJK、PKPM 等工程界常用的计算程序均给出了抗规法及轴力法，这两种算法的计算结果往往差异较大，但程序中未说明何种条件下取用何种方法，使设计者困惑；本文对此进行分析，阐明两法结果差别的原因，在此基础上本文提出了力偶法。

3.8.2 抗规算法的分析

《建筑抗震设计规范》GB 50011—2010 第 6.1.3 条条文说明指出的框架部分的地震倾覆力矩计算公式，即“抗规法”为：

$$M_{\mathrm{f}} = \sum_{i=1}^{n} \sum_{j=1}^{m} V_{ij} h_i \tag{3.8.2-1}$$

其中，n 为结构层数；m 为第 i 层框架柱的总根数；V_{ij} 为第 i 层第 j 根框架柱在规定水平力作用下的剪力；h_i 为第 i 层层高。

令 $\sum_{j=1}^{m} V_{ij} = V_{ci}$ 则式（3.8.2-1）可简化为：

$$M_{\mathrm{f}} = \sum_{i=1}^{n} V_{ci} h_i \tag{3.8.2-2}$$

图 3.8.2-1 为框剪模型，在规定水平力的作用下，将结构在各层梁反弯点处切开，得左侧框架部分，右侧带框架梁的剪力墙部分，如图 3.8.2-2 所示。图中 F_i 为作用在第 i 层的规定水平力，V_i 是第 i 层梁的剪力；p_i 是第 i 层梁的轴力，可理解为通过水平构件如梁、板传递到框架部分的规定水平力；N 为柱、墙底部轴力，V_{ci}、V_{wi} 分别是第 i 层柱、墙的剪力，M_{c}、M_{w} 分别是柱底、墙底弯矩，x_i，x'_i 分别是第 i 层梁反弯点距离框架柱及剪力墙的距离。

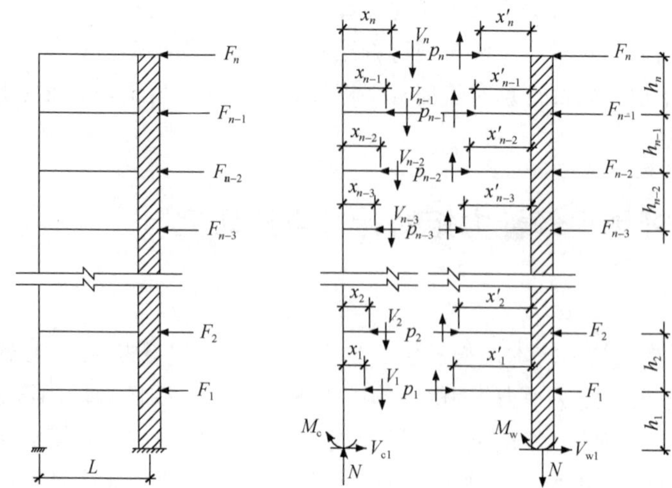

图 3.8.2-1　框剪结构示意图　　　图 3.8.2-2　隔离体示意图

根据图 3.8.2-2，在各层规定水平力 F_i 作用下，连结柱和剪力墙的梁产生轴力 p_i（水平力）和剪力 V_i，在 p_i 作为外力的作用下，左侧框架部分底部受到的外力矩作用为

$$M_{\mathrm{f}}=p_n(h_n+h_{n-1}+\cdots+h_1)+p_{n-1}(h_{n-1}+\cdots+h_1)+\cdots+p_1h_1 \tag{3.8.2-3}$$

由于框架部分各层剪力为

$$V_{\mathrm{c}i}=p_i+p_{i+1}+\cdots+p_{n-1}+p_n \tag{3.8.2-4}$$

将式（3.8.2-4）代入式（3.8.2-3）并整理后，可得

$$M_{\mathrm{f}}=V_{\mathrm{c}1}h_1+V_{\mathrm{c}2}h_2+\cdots+V_{\mathrm{c}(n-1)}h_{n-1}+V_{\mathrm{c}n}h_n=\sum_{i=1}^{n}V_{\mathrm{c}i}h_i \tag{3.8.2-5}$$

同理，图 3.8.2-2 右侧剪力墙部分在 p_i 作为外力的作用下，底部的外力矩作用为

$$M_{\mathrm{s}}=(F_1-p_1)h_1+(F_2-p_2)(h_2+h_1)+\cdots+(F_n-p_n)(h_n+h_{n-1}+\cdots+h_1) \tag{3.8.2-6}$$

由于剪力墙部分各层剪力为

$$V_{\mathrm{w}i}=(F_i-p_i)+(F_{i+1}-p_{i+1})+\cdots+(F_{n-1}-p_{n-1})+(F_n-p_n) \tag{3.8.2-7}$$

将式（3.8.2-7）代入式（3.8.2-6）并整理后，可得

$$M_{\mathrm{s}}=V_{\mathrm{w}1}h_1+V_{\mathrm{w}2}h_2+\cdots+V_{\mathrm{w}(n-1)}h_{n-1}+V_{\mathrm{w}n}h_n=\sum_{i=1}^{n}V_{\mathrm{w}i}h_i \tag{3.8.2-8}$$

由以上推导可见，《抗规》算法的实质为底层框架及以上隔离体所分配到的层水平外力 p_i 对底层框架的力矩之和。但根据图 3.8.2-2，在各层规定水平外力作用下，连结框架和剪力墙的梁反弯点处，除产生水平力 p_i 外，尚同时伴生剪力 V_i，在框架部分底部产生各柱底的轴力 N，轴力 N 也参与抵抗倾覆力矩的作用。

3.8.3　轴力法的分析

由于现有"抗规法"仅从水平外力分配的角度计算框架部分承担的倾覆力矩，不能反映框架部分梁剪力及柱轴力对抵抗倾覆力矩的贡献，近年来出现了基于结构底部竖向构件轴力及弯矩的轴力法，并在一些程序中得到反映。

根据图 3.8.3-1 的三维框剪结构计算模型及其中一榀结构底部的内力，提出如下公式

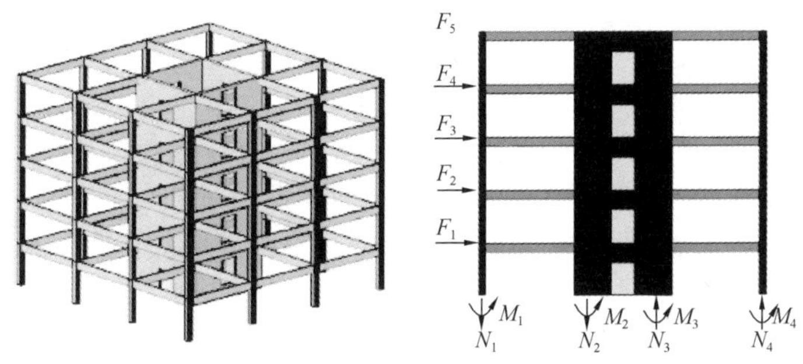

图 3.8.3-1 轴力法计算简图

计算框架部分 X 向承担的倾覆力矩作用：

$$M_{\mathrm{f}}=\sum_{i=1}^{n}N_i(x_i-x_0)+\sum_{i=1}^{n}M_{ci} \tag{3.8.3-1}$$

其中，n 为底层框架柱的总数；N_i 为结构底层第 i 根框架柱在规定水平力下的轴力；x_i 为第 i 根框架柱的横坐标，x_0 为取矩点的横坐标；M_{ci}为第 i 根框架柱柱底弯矩。

式（3.8.3-1）表明，轴力法与竖向构件的位置、轴力、弯矩有关，其计算结果反映的是框架部分的抵抗力矩。从式中也可以看出，轴力法的计算结果取决于求矩点位置的确定。对于轴力法求矩点 x_0 的位置，不同的程序给出不同的算法。

PKPM、YJK 等程序根据下式计算求矩点 x_0：

$$x_0=\frac{\Sigma\mid F_{\mathrm{N}j}\mid x_j}{\Sigma F_{\mathrm{N}j}\mid} \tag{3.8.3-2}$$

式中 $F_{\mathrm{N}j}$为底层第 j 根竖向构件的轴力。该法的求矩点 x_0有何意义呢？假定第 k 根受拉竖向构件（剪力墙及框架柱）合力为 $F_{\mathrm{t}k}$，第 l 根受压竖向构件（剪力墙及框架柱）合力为 $F_{\mathrm{c}l}$，由平衡条件可知：

$$\Sigma\mid F_{\mathrm{tk}}\mid=\Sigma\mid F_{\mathrm{c}l}\mid \tag{3.8.3-3}$$

又因为

$$\Sigma\mid F_{\mathrm{N}j}\mid=\Sigma\mid F_{\mathrm{tk}}\mid+\Sigma\mid F_{\mathrm{c}l}\mid=2\Sigma\mid F_{\mathrm{tk}}\mid \tag{3.8.3-4}$$

则受拉构件拉合力点 x_{t} 为：

$$x_{\mathrm{t}}=\frac{\Sigma\mid F_{\mathrm{tk}}\mid x_{\mathrm{k}}}{\Sigma\mid F_{\mathrm{tk}}\mid} \tag{3.8.3-5}$$

受压构件压力合力点 x_{c} 为：

$$x_{\mathrm{c}}=\frac{\Sigma\mid F_{\mathrm{c}l}\mid x_l}{\Sigma\mid F_{\mathrm{c}l}\mid} \tag{3.8.3-6}$$

则受拉合力点与受压合力点间的中点坐标为

$$x_{\mathrm{m}}=\frac{x_{\mathrm{t}}+x_{\mathrm{c}}}{2}=\frac{\dfrac{\Sigma\mid F_{\mathrm{tk}}\mid x_{\mathrm{k}}}{\Sigma\mid F_{\mathrm{tk}}\mid}+\dfrac{\Sigma\mid F_{\mathrm{c}l}\mid x_l}{\Sigma\mid F_{\mathrm{c}l}\mid}}{2} \tag{3.8.3-7}$$

即

$$x_{\mathrm{m}}=\frac{\Sigma\mid F_{\mathrm{tk}}\mid x_{\mathrm{k}}+\Sigma\mid F_{\mathrm{c}l}\mid x_l}{2\Sigma\mid F_{\mathrm{tk}}\mid}=\frac{\Sigma\mid F_{\mathrm{tk}}\mid x_{\mathrm{k}}+\Sigma\mid F_{\mathrm{c}l}\mid x_l}{\Sigma\mid F_{\mathrm{N}j}\mid} \tag{3.8.3-8}$$

因此，$x_{\mathrm{m}}=x_0$。由此可见，式（3.8.3-2）的求矩点为受拉构件合力点与受压构件合力点之间的中点。

ETABS程序采用下式计算求矩点 x_0：

$$x_0 = \frac{\Sigma E_j A_j x_j}{\Sigma E_j A_j} \tag{3.8.3-9}$$

其中，E_j、A_j 分别为底层第 j 根竖向构件的弹性模量和截面积；式（3.8.3-9）表明，ETABS程序计算的求矩点为基底截面重心，该点位置取决于构件的材料属性、截面积及构件位置，其计算方法简便，但其计算结果与竖向构件的受力状态无关。

很显然，分别把式（3.8.3-2）、式（3.8.3-9）代入式（3.8.3-1），其计算结果是不一致的，即根据不同的求矩点计算方法求得的框架部分的倾覆力矩不同。轴力法指出了柱底截面轴力参与了抵抗水平外力作用产生的倾覆力矩，而抗规法没有这一点，因此抗规法与轴力法计算结果差异较大是必然的。

3.8.4 力偶法

为了解决抗规法及轴力法的不足，本文提出力偶法供工程界参考。

1. 倾覆力矩的力偶形式

由力的平衡原理可知，结构在水平荷载作用下，各竖向构件产生的轴力 N_i 之和必须是零，即 $\Sigma N_i = 0$。该轴力可分解为大小相等方向相反的一对拉、压力；根据理论力学知识，力偶是大小相等、方向相反、作用线平行但不重合的一对力，力偶的大小仅与这对力的大小及力的作用点距离有关，与求矩点无关。由此可见，结构在水平荷载作用下，对底部产生的倾覆力矩可视为由底部各柱、墙截面的弯矩 M_{ci}、M_{wi} 及由竖向构件的轴向拉、压力形成的力偶来共同抵抗。

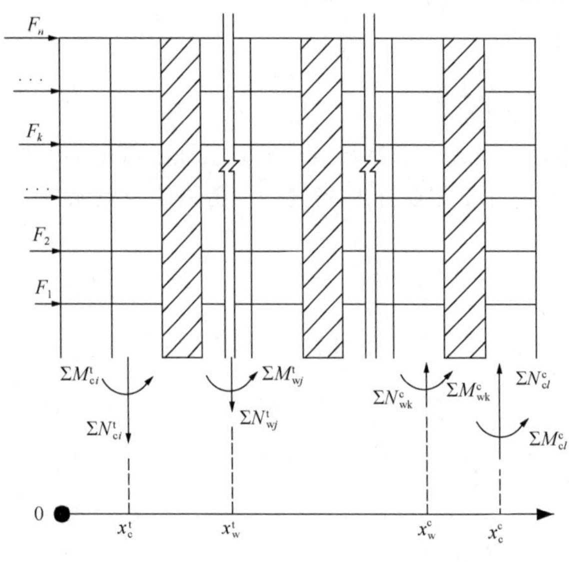

图3.8.4-1 竖向力合力示意图

对于图3.8.4-1所示的一般情形，框架和剪力墙底部的轴力可合成如图所示的几部分轴力：受拉群柱、群墙分别合成各自的合拉力 N_{tc}、N_{tw}，并假设合力点坐标分别为 x_{tc}、x_{tw}；受压群柱、受压群墙分别合成各自的合压力 N_{cc}、N_{cw}，并假设合力点坐标分为 x_{cc}、x_{cw}。由力的平衡有：

$$N^t_c + N^c_c = -(N^t_w + N^c_w) \tag{3.8.4-1}$$

在此假定 $|N^t_c| < |N^c_c|$，则 $|N^t_w| > |N^c_w|$。结合图3.8.3-1，结构底部可形成3对力偶。

受拉群柱合拉力与受压群柱合压力形成力偶 M_{o-f}（假定拉力为正，压力为负）：

$$M_{o-f} = N^t_c \times (x^c_c - x^t_c) \tag{3.8.4-2}$$

受拉群墙合拉力与受压群墙合压力形成力偶 M_{o-w}：

$$M_{o-w} = |N^c_w| \times (x^c_w - x^t_w) \tag{3.8.4-3}$$

框架柱不平衡轴力 $N_f=N_c^t+N_c^c$ 与剪力墙不平衡轴力 $N_s=N_w^t+N_w^c$ 形成不平衡力偶 M_{o-wf}：

$$M_{o-wf}=(N_c^t+N_c^c)\times(x_c^c-x_w^t) \tag{3.8.4-4}$$

此处需特别注意的是，根据上述假定，框架柱不平衡轴力作用点为 $x_f=x_c^c$，剪力墙不平衡轴力作用点为 $x_s=x_w^t$；对称结构，不平衡轴力为 0，此时 M_{o-wf}亦为 0。

结构底层倾覆力矩可表达为：

$$M_{ov}=M_{o-f}+M_{o-w}+M_{o-wf}+\sum M_{ci}+\sum M_{wi} \tag{3.8.4-5}$$

式（3.8.4-5）即以力偶形式表达的结构底部总倾覆力矩，式中各力偶作用、各构件底部弯矩方向与外力矩方向相反时取为正值，反之取负值。

2. 力偶法的计算公式

我们的目标主要是分别计算框架部分和剪力墙部分承担的倾覆力矩。为此，我们需将式（3.8.4-5）改写成如式（3.8.4-6）的表达形式，即

$$M_{ov}=M_f+M_s \tag{3.8.4-6}$$

式中 M_f、M_s 分别为底层框架部分、底层剪力墙部分承担的倾覆力矩。显然，式（3.8.4-5）中的 M_{o-f}是由框架部分承担的，M_{o-w}是由剪力墙部分承担的；对于非对称结构，存在不平衡力偶 M_{o-wf}，要精确地把这部分力偶进行分配较困难。框架部分的不平衡轴力及剪力墙部分的不平衡轴力共同形成了不平衡力偶 M_{o-wf}，它们是一对大小相等方向相反的力，共同决定了不平衡力偶的大小，因此可近似地将不平衡力偶按照各占 50%的比例在框架及剪力墙之间进行分配。

综上，力偶法计算的框架部分及剪力墙部分承担的倾覆力矩公式分别为：

$$M_f=M_{o-f}+0.5M_{o-wf}+\sum M_{ci} \tag{3.8.4-7}$$

$$M_s=M_{o-w}+0.5M_{o-wf}+\sum M_{wi} \tag{3.8.4-8}$$

由此可见，力偶法的计算结果与结构底部竖向构件形成的外力偶有关，其计算结果与求矩点无关。

3.8.5　抗规法、轴力法及力偶法的相互关系

根据相关定义和结构力学力的平衡原则，力偶法式（3.8.4-7）中的 $M_{o-f}+\sum M_{ci}$ 与抗规法的 M_f 关系为

$$M_f=M_{o-f}+\sum M_{ci}+\sum_{i=1}^{n}V_i x_i \tag{3.8.5-1}$$

二者的差为抗规法定义的框架部分底部外力矩 M_f 值未计入梁剪力 V_i 对框架底部形成的力矩。

轴力法将框架部分柱轴力对指定矩点取矩之和及与柱底弯矩之和定义为框架部分的倾覆力矩，式（3.8.3-1）可改写为

$$M_f=M_{o-f}+\sum M_{ci}+N_f(x_f-x_0) \tag{3.8.5-2}$$

式中，N_f 为柱的不平衡轴力，x_f-x_0 为柱不平衡轴力作用点与轴力法确定的矩点的距离（不平衡轴力）。力偶法提出的不平衡力偶 M_{o-wf}与 $N_f(x_f-x_0)$ 的关系为：

$$N_f(x_f-x_0)=\alpha M_{o-wf} \tag{3.8.5-3}$$

式中，α 为比例系数，随 x_f-x_0 的变化而变化，当矩点位置选在力偶法与力偶距的中点

时，$\alpha=0.5$ 时，$N_f(x_f-x_0)=0.5M_{o\text{-}wf}$，轴力法与力偶法建议的计算结果一致。

3.8.6 算例

1. 算例1

图3.8.6-1是深圳某办公项目的标准层平面图，层高4.5m，共37层，建筑总高170.85m。框架柱截面为1000mm×1200mm～1000mm×2000mm，剪力墙墙厚为400～1100mm。分别采用抗规法、轴力法、力偶法计算 X 向框架部分承担的倾覆力矩，计算结果详见表3.8.6-1：

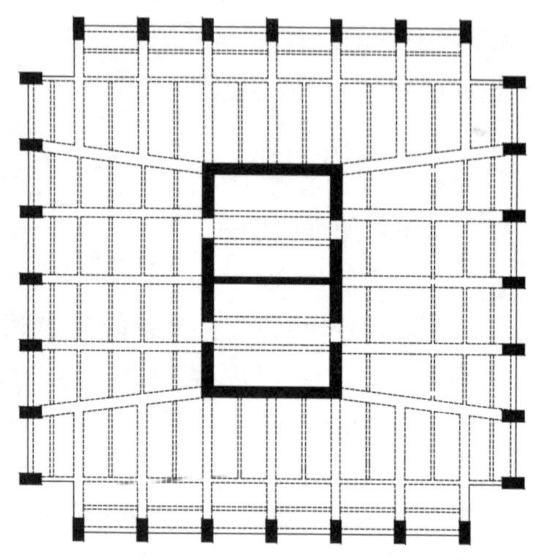

图3.8.6-1 深圳某项目标准层平面图示意图（对称）

对称结构框架部分倾覆力矩占比 **表3.8.6-1**

抗规法	轴力法		力偶法
	求矩点1	求矩点2	
27.9%	49.5%	49.5%	49.5%

注：表中的求矩点1是根据文献［4］计算，求矩点2是根据文献［5］计算，下同。

计算结果表明，由于对称结构不平衡力矩为0，轴力法、力偶法计算结果完全一致，而抗规法计算结果明显较小，仅占前者的56%。

2. 算例2

图3.8.6-2是深圳某住宅项目的标准层平面图，首层层高4.5m，其余层层高3m，共

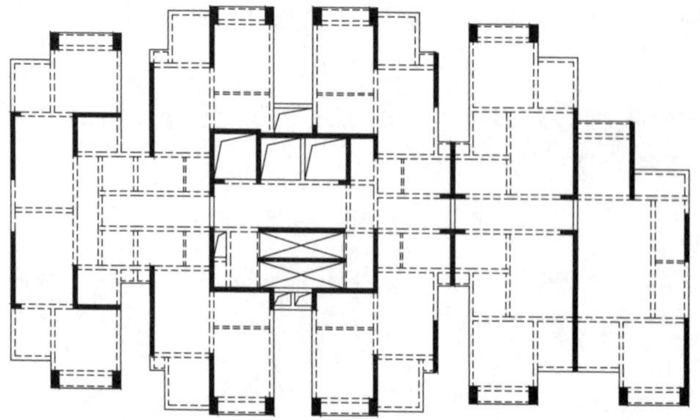

图3.8.6-2 深圳某项目标准层平面图示意图（非对称）

27层，建筑总高82.5m。剪力墙墙厚200～300mm，框架柱截面400mm×800mm。分别采用抗规法、轴力法、力偶法计算Y向框架部分承担的倾覆力矩，计算结果详见表3.8.6-2：

非对称结构框架部分倾覆力矩占比 **表3.8.6-2**

抗规法	轴力法		力偶法
	求矩点1	求矩点2	
13.6%	51.0%	51.5%	48.5%

计算结果表明，轴力法两计算结果因求矩点的差异，其计算结果略有差别。力偶法计算结果略小于轴力法；相比而言，抗规法偏小很多，仅占其余方法的25%左右。

3. 算例3

图3.8.6-3是不对称的平面框剪结构，柱截面为600mm×600mm，梁截面为600mm×300mm，剪力墙墙厚300mm，混凝土强度等级均为C40。在图示水平力作用下，分别采用抗规法、轴力法、力偶法计算框架部分承担的倾覆力矩，计算结果详见表3.8.6-3：

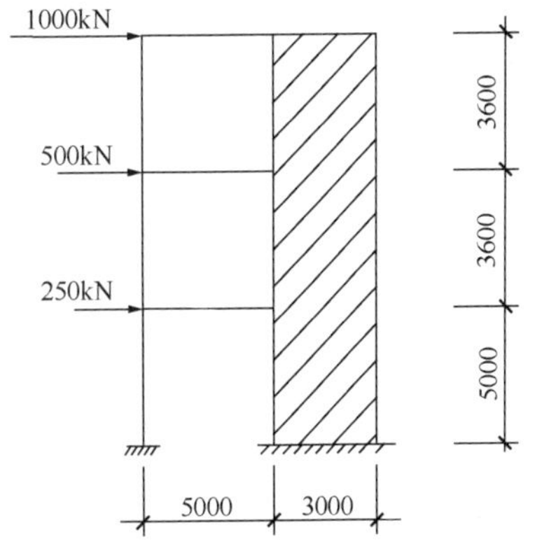

图3.8.6-3 单跨框架剪力墙结构示意图

非对称结构框架部分倾覆力矩占比 **表3.8.6-3**

抗规法	轴力法		力偶法
	求矩点1	求矩点2	
4.6%	5.6%	7.3%	5.6%

本算例为单跨的不对称结构，抗规法与其他方法计算结果接近是因为本案例主要是以剪力墙墙身底部弯矩抵抗外力矩。轴力法因求矩点不同，其计算结果有一定的差异。

3.8.7 结论

对于框架部分承担的倾覆力矩的计算本文得出以下结论与建议：

（1）抗规法的定义是底层框架及以上隔离体所分配到的层水平外力对底层框架的力矩之和；该法并未考虑梁剪力及柱轴力对抵抗倾覆力矩的贡献。

（2）与抗规法不同，轴力法考虑了结构底部竖向构件轴力对抵抗外倾覆力矩的贡献，但PKPM、ETABS两程序采用不同的求矩点位置得出的框架部分承担的倾覆力矩结果不同。

（3）为解决抗规法及轴力法的不足，本文分析了柱、墙底部轴力形成的三对力偶作用，并根据力偶与求矩点位置无关这一特性提出了力偶法，供工程界参考使用。

（4）力偶法指明，柱、墙底部轴力形成的三对力偶中，由柱底和墙底竖向力形成的力偶难以严格明确其在框架部分和剪力墙部分分担比例，建议用柱、墙的剪力比作为补充判断。

3.9　风作用下的舒适度分析

3.9.1　引言

随着建筑结构的发展与人们对生活和工作环境要求的提高，建筑结构的舒适度日益受到使用者及设计研究人员的高度关注。度量舒适度的主要指标是结构风振加速度反应峰值，与其相关的作用主要是风。我国《高层建筑混凝土结构技术规程》（JGJ 3—2010）及《高层民用建筑钢结构技术规程》（JGJ 99—2015），规定了高层建筑需满足的舒适度标准。该标准为在10年一遇的风荷载标准值作用下结构顶点的水平风振加速度峰值，不应超过表3.9.1-1、表3.9.1-2给出的限值。

混凝土结构的顶点风振加速度限值 a_{max}　　　　表3.9.1-1

使用功能	a_{max}（m/s^2）	使用功能	a_{max}（m/s^2）
住宅、公寓	0.15	办公、旅馆	0.25

注：计算时混凝土结构阻尼比宜取0.01～0.02。

钢结构的顶点风振加速度限值 a_{max}　　　　表3.9.1-2

使用功能	a_{max}（m/s^2）	使用功能	a_{max}（m/s^2）
住宅、公寓	0.20	办公、旅馆	0.28

注：计算时钢结构阻尼比宜取0.01～0.015。

对风荷载作用下结构风振加速度，目前常采用如下三种方法求取：

（1）采用《建筑结构荷载规范》GB 50009—2012附录J高层建筑顺风和横风向风振加速度计算的方法。

（2）根据风速谱获得模拟的风作用时程，并加载到结构分析模型中，按动力分析的方法求出在顺风作用下的结构风振加速度。

（3）通过风洞试验，获得各方向下各处风力时程，并加载到结构分析模型中，按动力分析的方法求出顺风及横风同时作用下的结构风振加速度。

下面内容主要是对方法2及方法3等相关的内容进行分析与探讨。

3.9.2　风的基本统计规律

一般来说，作用在结构上的空气的质点速度 $V(x,y,z,t)$ 可表示为平均风速 $\overline{v}(z)$ 与脉动风速

即

$$V(x,y,z,t)=\overline{v}(z)+u(x,y,z,t) \tag{3.9.2-1}$$

式中，x，y，z 为空气质点对应的空间座标，t 为时间。

平均风速 $\overline{v}(z)$ 沿高度 z 的变化规律可用下式表达：

$$\overline{v}(z)=\left(\frac{z}{10}\right)^{\alpha}\overline{v}(10) \tag{3.9.2-2}$$

式中 $\overline{v}(z)$ 和 $\overline{v}(10)$ 分别为高度 zm和10m处的平均风速，α 为地面粗糙度指数，可按表3.9.2-1选取。

地面粗糙度指数 **表 3.9.2-1**

	地面粗糙度类别			
	A	B	C	D
α	0.12	0.16	0.22	0.3

脉动风速 $u(x,y,z,t)$ 可视为平稳随机过程，其自功率谱可采用经过大量观测整理出来的沿高度不变的 Davenport 风速谱：

$$S_u(f) = 4K\bar{v}^2(10)\frac{x^2}{f(1+x^2)^{4/3}} \tag{3.9.2-3}$$

式中，$x = \dfrac{1200f}{\bar{v}(10)}$；$f$ 为风荷载频率（Hz）；K 为系数，可取 $K=0.0021522\times\exp(12.4436\times(\alpha-0.16))$，$\alpha$ 为上述地面粗糙度指数。

风速谱包含脉动风频率分布与幅值大小等信息。对 B 类地面粗糙度及 $\bar{v}(10)=26.8\text{m/s}$ 来说，其风速谱曲线如图 3.9.2-1 所示。

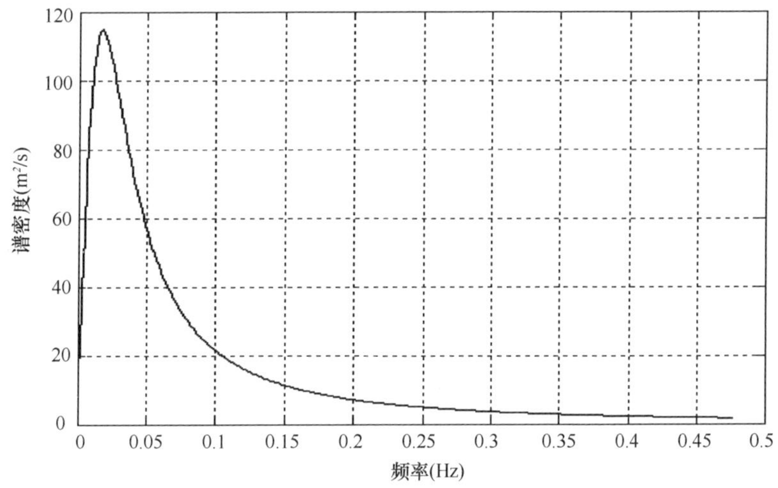

图 3.9.2-1 脉动风功率谱密度-频率曲线

由图 3.9.2-1 可知，功率谱密度在 $f=\dfrac{1}{60}=0.0167\text{Hz}$ 出现峰值，即峰值周期约为 60s，从上图亦可看出脉动风的频率分布情况。

脉动风速 u 的根方差 σ 与自功率谱密度的关系为：

$$\sigma = [E(u)^2]^{\frac{1}{2}} = \left[\int_{-\infty}^{\infty} S_u(f)\mathrm{d}f\right]^{\frac{1}{2}} \tag{3.9.2-4}$$

上式表明脉动风速的标准差是风速谱曲线与轴所围成面积的平方根。由于平稳随机过程中的随机变量服从高斯分布，故有下式：

$$P = P\{|u| > 3.1\sigma\} = 0.001 \tag{3.9.2-5}$$

式（3.9.2-5）表明脉动速度 u 绝对值超出 3.1 倍的根方差的可能性只有千分之一，亦即可利用 3.1σ 来估计脉动速度 u 的上下幅值。

作用在不同高度点的脉动风随机过程在空间上是相关的，其相关函数可根据 Shiotani

的建议表达为：

$$\rho_{ij}(f) = \exp\left\{-\left[\frac{(x_1-x_2)^2}{L_x^2}+\frac{(y_1-y_2)^2}{L_y^2}+\frac{(z_1-z_2)^2}{L_z^2}\right]^{0.5}\right\} \tag{3.9.2-6}$$

式中：$L_x=L_y=50\text{m}$，$L_y=60\text{m}$；（x_1，y_1，z_1）为 i 点坐标，（x_2，y_2，z_2）为 j 点坐标。

则脉动风互功率谱函数表达式如下：

$$S_{uij}(f) = [S_{ui}(f)\times S_{uj}(f)]^{0.5}\times\rho_{ij}(f) \tag{3.9.2-7}$$

式中：$S_{ui}(f)$ 为 i 点风的自功率谱函数，$S_{uj}(f)$ 为 j 点风的自功率谱函数。

3.9.3　脉动风动模拟

首先，对风速时程做如下假定：

（1）任意一点处平均风速是定值，不同高度风的功率谱相同；

（2）脉动风速时程是平稳高斯随机过程；

（3）不同点处脉动风速时程具有空间相关性。

在上述假定下，可认为脉动风时程符合自回归 AR 模型的相关要求，即可采用 AR 模型方法模拟脉动风时程（由几个历史数据推测未来的数据），即可得 M 个空间相关点脉动风速时程 $u(x,y,z,t)$

$$u(x,y,z,t) = \sum_{k=1}^{p} pu_k\cdot u(x,y,z,t-k\Delta t)+N(t) \tag{3.9.3-1}$$

式中：（x，y，z）为空间点坐标，t 为时间，Δt 为时间步长，p 为 AR 模型的阶数（本例中取 4），pu_k 为自回归系数，$N(t)$ 为独立随机过程变量。

具体算法如下：

① 求相关函数及互功率谱；

② 求自相关矩阵 R

利用辛钦公式，对频率积分：

$$R=integral(svij(f)\cdot\cos(2\cdot\pi\cdot f)\cdot \mathrm{d}f)$$

③ 解相关矩阵方程 $R\cdot pu=R'$，求 pu；

④ 求随机函数 $N(t)$

$$N(t)=L\cdot n(t),$$

式中：$n(t)$为方差等于 1、均值等于 0 的正态分布随机数；L 为 Rn 的乔基分解，即 $Rn=L\cdot LT$；

⑤ 根据自回归模型方程，求脉动速度时程 $u(x，y，z，t)$；

⑥ 节点风压力 W 时程即按下式求出：

$$W=\frac{V^2}{1600}\cdot u_S\cdot A \tag{3.9.3-2}$$

式中：u_S 为体型系数（此式中的速度与结构的表面形状无关，故应乘以体型系数，如 0.8 或－0.5），A 为迎风面积，V 为平均风速加脉动风速，即按（3.9.2-1）式求出，可利用 MATLAB6.5 直接产生 MIDAS/GEN 软件中时程作用函数 SGS 文件。

3.9.4　脉动风速时程模拟方法的验证

计算例题：计算高度 H=96.8m，B类地面粗糙度指数 K 为0.16，10m处平均风速 $\overline{v}(10)$ =26.8m/s，

计算起始频率为0.01Hz、终止频率为10Hz，频率增量为0.01Hz，计算时长为2000s，计算时长步长为0.1s，自编的脉动风速时程模拟程序 wind _ ar.m 运行后，其脉动风时程及其功率谱等分析结果如图3.9.4-1～图3.9.4-2所示。

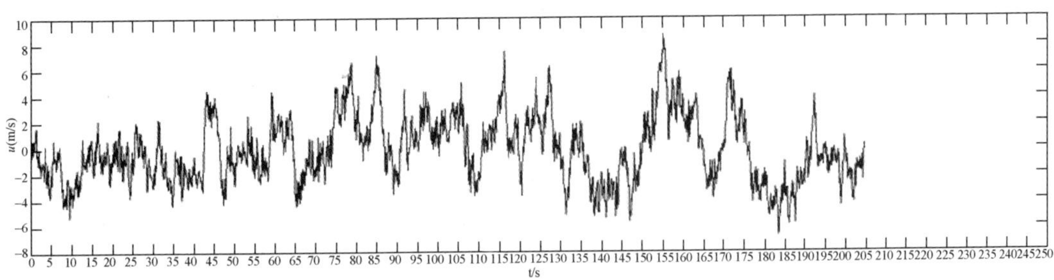

图3.9.4-1　脉动风时程曲线

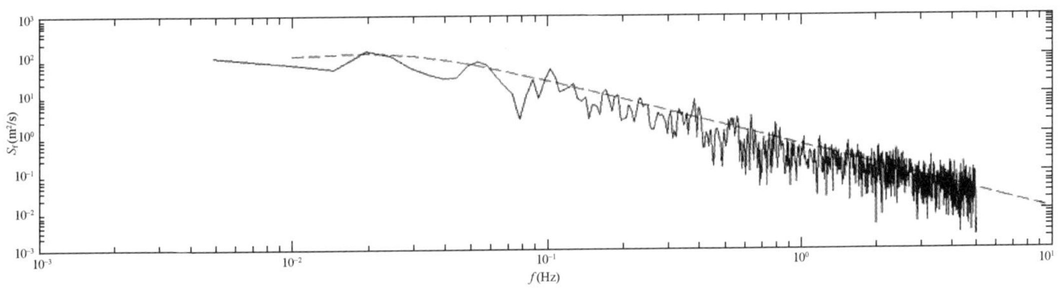

图3.9.4-2　脉动风功率谱曲线

对脉动风的模拟结果，验证如下：

（1）样本功率谱与Davenport目标功率谱比较。

根据上图，可知样本自功率谱与Davenport风速谱（目标谱）较为接近，也即部分说明上述模拟方法的正确性。

（2）比较根方差

由Davenport风速谱曲线的面积开方求出根方差即 $\sigma_0=\left[\int_0^{\infty} S_u(f)\mathrm{d}f\right]^{0.5}=2.84$，另外由样本 $u(t)$ 求出均方差 σ=std(u) =2.73，可以看出两者较为接近，部分说明算法及计算参数选择的正确性。

（3）脉动样本平均值应趋零。mean (u)=0.2此值接近于零。

（4）样本幅值应满足式（3.9.2-5）。3.1σ=3.1×2.84=8.804，由图3.9.4-1可看出样本幅值基本在−8.804与8.804之间。

注意，若自功率谱与Davenport风速谱（目标谱）相差较大或脉动时程峰值大于3.1σ较多时，则此脉动风时程不可用。

3.9.5　采用模拟风时程风振加速度分析的实例

项目位于江西省南昌市，地下2层，地上25层，建筑高度96.8m，12～25层为办公，其余为客房与配套用房。另外，结构顶部有高出屋面29m钢桁架柱及高出屋面24m的拱形钢构架。根据使用单位反映，在峻工使用半年后，当地发生了一次大风，强度约10级，当地气象部门报告距地10m处的风速达26（m/s），25层的办公人员感觉有明显的振动现象。在分析了计算书与设计图纸后认为，顶部风振加速度峰值过大是由于上部钢结构的刚度不够，故应该对上部钢结构进行加强，以减小上部钢结构的风振加速度，从而提高顶部楼层的舒适性。另外，甲方要求本建筑在与上述风力相当的风力作用下，结构的舒适度应满足规范要求，所以，下述内容的主要目的是为上述要求与处理措施服务的。

1. 结构分析模型建立

运用MIDAS/Gen建立包含顶部钢结构的模型，阻尼比取0.015；建立重力作用工况及2个顺风向时程分析工况；对钢筋混凝土部分每层选一个节点作为作用点；对钢结构部分，选一些特征点作为作用点，按节点动力荷载将风作用时程输入到结构模型数据库中。结构分析模型图如图3.9.5-1所示。

图3.9.5-1　Midas/Gen结构分析模型图

2. 分析结果

对钢桁架柱两侧增加钢桁架支撑，对拱形钢构架增加2道钢环梁以及斜撑作为纵向刚度加强措施，通过表3.9.5-1可看出，此加强措施是有效的，可满足规范的要求。

结构风振加速度峰值（m/s²） 表 3.9.5-1

部位	按实际发生的不利方向施加风作用时程	
	加强前	加强后
顶层	0.36	0.22
28 层	0.35	0.20
27 层	0.31	0.17
26 层	0.27	0.15

3. 案例启示

（1）对顶部有大型钢结构的高层建筑，应按含有上部钢结构的模型计算结构在风荷载动力时程作用下的风振加速度，以便判断顶部楼层结构的舒适度是否符合要求，作用标准可按 10 年一遇风荷载或按业主提出的要求确定相关标准。

（2）顶部钢结构应具备足够的刚度，以降低脉动风对顶部楼层舒适度的影响。

（3）在无风洞试验时，可采用 AR 模型模拟脉动风作用时程，并可用来分析顺风向脉动风对结构的动力效应。

3.9.6 基于风洞风力时程的风振加速度精细分析及其实例

1. 分析方法

一般情况下，风洞试验完成后，可得各测点的压力时程，然后选择各层的质心为作用点，通过各层所属临空面上测点的风力时程对面积进行积分，得到作用点上力和力矩的时程；通过动力分析，可得结构各节点上的风振加速度。由上述算法可知，此风振加速度不能反映结构扭转效应及弹性楼板的影响，而对具有凹凸不规则、楼板不连续及扭转不规则的结构，此分析方法不可接受，而应采用更精细的风振加速度分析方法。

精细的风振加速度分析方法要点如下：

（1）在计算分析模型中，按测点上的风力时程及所代表的面积求出节点力时程，并加载到距测点最近的节点上；

（2）进行动力时程分析；

（3）对各点的风振加速度矢量时程 $\mathrm{Ar}(t)=(\mathrm{Ax}(t),\ \mathrm{Ay}(t))$，$\mathrm{Ax}(t)$ 和 $\mathrm{Ay}(t)$ 分别为同一时刻的 x 向及 y 向的风振加速度分量，求风振加速度矢量模（即风振合加速度）的时间序列 $\mathrm{A}(t)$：$\mathrm{A}(t)=\sqrt{(\mathrm{Ax}^2(t)+\mathrm{Ay}^2(t))}$，此式的右端即是代表平方和开方的算法；

（4）对各点的合加速度序列求最大值，即是该点风振加速度的峰值；

（5）根据风工程的做法，由于风压力时程存在一定的随机性，故可按一定保证率取值以消减其峰值。

$$Am\text{（99\%保证率的风振加速度峰值）}=Au+\lambda\cdot\sigma;$$

式中，Au 为风振合加速度序列的平均值；λ 为峰值因子，可取 2.5；σ 根方差或标准差，代表序列与平均值的偏离程度。

2. 分析实例

项目位于深圳市临海区域，建筑层数 51 层，建筑高度为 160m，高宽比约 5，但局部小翼高宽比达 22。地面粗糙度为 C 类，舒适度计算取 10 年一遇 0.45kN/m²，计算舒适度阻尼比取 0.02，风荷载时程由风洞试验测得。

结构平面布置如图 3.9.6-1 所示。

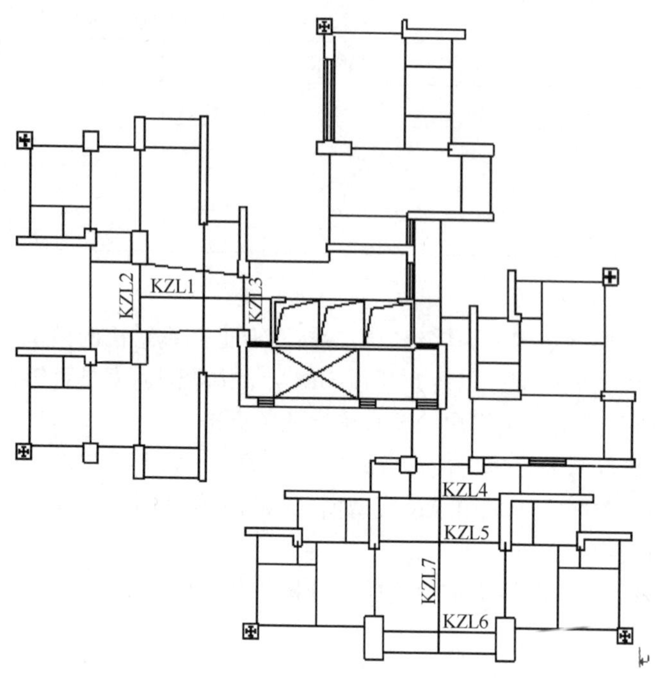

图 3.9.6-1　某住宅结构平面示意图

在 ETABS 模型中，采用弹性楼盖假定，按测点输入不利方向各层各点的压力时程 3978 个［51（层）×26（测点）×3（方向）］，作用时间为 1000s，在 24 核的服务器中运行约 30h，得到风振加速度时程分析结果，并与其他分析方法进行对比，其结果如表 3.9.6-1内容。

分析结果汇总表　　　　**表 3.9.6-1**

计算方法	结构风振加速度峰值	备注
基于风洞试验数据，采用传统的风振加速度分析方法。	0.14（m/s^2）	1倍
基于风洞试验数据，采用精细的风振加速度分析方法，即按测点输入风力时程，采用弹性楼盖的假定，并按合加速度进行控制。	0.27（m/s^2）	1.93倍
基于风洞试验数据，采用精细的风振加速度分析方法及随机理论方法，即考虑一定保证率，消减风振加速度的峰值。	0.23（m/s^2）	1.64倍

由表 3.9.6-1 可知，各计算方法结果相差较大；另外，宜以采用精细的风振加速度分析方法及随机理论方法的结果为准。此外，本项目采用水箱减振方法，使结构风振加速度峰值控制在规范允许值以内。

3. 案例启示

（1）由于建筑布置追求视野、通风和采光等方面的性能，另外，由于土地资源紧张，住宅建筑高度不断变大，使得住宅结构整体性能较差及抗侧刚度较弱，不仅出现较多的弱连接，也常使得小翼结构的高宽比较大，有的甚至达到 15～20，导致结构顶部容易出现局部振动和扭转振动。

（2）由于常规的风振加速度分析方法采用近似公式，并按单向风振加速度控制，而不按风振合加速度来控制；另外，也没有考虑扭转效应及弹性楼盖的影响，掩盖了一些设计中的风振问题。

（3）对凹凸不规则、楼板不连续及扭转不规则的结构，应直接采用风洞试验测点的风力时程进行多点加载和分析，并按规范限值控制风振合加速度值的峰值。

3.10 液体黏滞阻尼器在某超高层建筑抗风减振中的应用

3.10.1 前言

超高层结构在脉动风作用下产生的结构顶点风振加速度通常较大，若不加以控制，过大的顶点风振加速度会令人感到不适与恐慌。因此，《高层建筑混凝土结构技术规程》JGJ 3—2010 对结构的顶点最大风振加速度有相关限制。对于某些超高层结构，若结构本身的刚度已能满足风荷载作用下的位移角限值要求，再通过进一步增加结构自身刚度来减小风振加速度，会引起结构自重的增加和结构地震反应的增大，此时使用阻尼器来增加结构阻尼比从而实现抗风减振更为合理。本文将介绍和对比不同的抗风减振措施，同时通过实际工程案例介绍液体黏滞阻尼器实际应用。

3.10.2 不同抗风减振措施对比

1. 黏弹性阻尼器

国内外学者做了大量试验研究，内容包括黏弹性阻尼器在变频、变温、变应变下的工作性能，分析了频率、温度、应变等因素对黏弹性材料性能参数的影响。结果显示出黏弹性阻尼器的缺点，其中最主要的问题是黏弹性阻尼器的温度敏感性。黏弹性阻尼器的基本性能受环境温度和加载频率的影响较为明显，工作环境温度较高时，黏弹性阻尼器的阻尼比会出现明显下降，减振率也随之下降。

2. TMD/TLD 减振系统

TMD 减振系统是目前高层、高耸结构风振控制中应用较多的控制装置 。然而 TMD 系统也存在如下几个问题：① 对频率很敏感，只有频率非常接近结构受控振型的频率时，抗风效果才明显。但高层建筑在使用过程中由于活载、刚度的变化，会使结构的频率有一定程度的变化。② 几百甚至上千吨的质量块附加在结构上，会使结构的动力反应增大。③ TMD 通常拥有用于避免质量块和结构主体发生碰撞的限位系统，但一旦限位系统在大风或强震中由于破坏而失效，将十分危险。④ TMD 系统的造价十分昂贵，同时，由于 TMD 工作时需要长时间做大位移的摆动，其所用阻尼器是特殊的可连续工作的大功率阻尼器，而这种阻尼器价格通常也很昂贵。⑤ TMD 的质量块通常成百甚至上千吨，再加上悬挂等系统，所占空间庞大安装不便。

调谐液体减振系统（TLD）由一个或多个固定在目标结构物上的水箱组成，也是目前高层建筑用于减小风振反应的常用措施。TLD 具有容易安装造价低，并且大多可和建筑顶部储水装置结合等诸多优点。但对于高层结构，需要采用多个 TLD 对不同振型进行减震控制，由此需要的水箱数量过多、液体总质量多大，并且水箱摆放位置也受到建筑功能和外观的极大限制，很难达到理论的最佳控制效果。

3. 液体黏滞阻尼器

液体黏滞阻尼器是成熟的耗能元件，也是应用最广泛的。不但可以用于抗风，还能使结构可以有效地提高抗地震能力，其具有以下优点：① 不同于 TMD/TLD，液体黏滞阻尼器可全面提高结构阻尼比。② 对附属结构起到明显的减振作用，特别是玻璃幕墙、室内各种设备的减振。③ 性能稳定、概念清晰、安装方便、造价相对较低。④ 占用建筑使用面积相对较小。

以上的对比说明，采用液体黏滞阻尼器来改善结构风振舒适度问题是较好的选择。

3.10.3　液体黏滞阻尼器的应用方法

1. 斜撑式连接

将液体黏滞阻尼器以斜撑的方式布置于结构墙柱间或柱与柱之间是常见的应用方法（图 3.10.3-1）。安装方便，仅需简单的吊装并使用销轴连接即可。同时还可以安置在隔墙内，既不影响建筑室内美观也不占用建筑使用面积。

2. 伸臂竖直连接

伸臂竖直连接是通过结构的弯曲变形造成的内外部结构的竖直位移差来使阻尼器运动，从而产生阻尼减振效果。

3. 套索式（Toggle）连接

套索阻尼器设置形式(图 3.10.3-2）是美国泰勒公司的专利，它是一种可以放大液体黏滞阻尼器位移的机械系统，对于楼层变形较小的结构更为有效。在采用相同参数阻尼器情况下，可将阻尼器变形放大 2～3 倍。

图 3.10.3-1　斜撑式布置的液体黏滞阻尼器

图 3.10.3-2　部分外国工程的套索阻尼器

针对不同的具体情况，液体黏滞阻尼器的连接方式需经过阻尼器布置的有效性分析或敏感性分析后确定。

3.10.4　带液体黏滞阻尼器的结构的风振加速度计算

1. 整体模型

对于带有液体黏滞阻尼器的结构，在计算结构的顶点风振加速度时宜输入风时程作用，采用时程分析法进行计算。墙、梁、柱等结构构件按弹性单元输入。

2. 液体黏滞阻尼器的模拟

阻尼器按非线性连接单元输入。根据《建筑消能减震技术规程》JGJ 297—2013，对于液体黏滞阻尼器（速度型阻尼器），宜采用Maxwell模型（图3.10.4-1）。

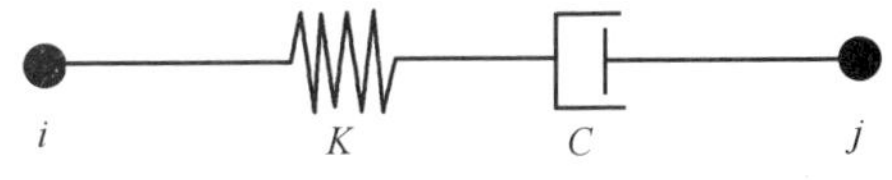

图3.10.4-1　Maxwell模型

如图3.10.4-1所示，Maxwell模型中，阻尼单元与“弹簧单元”串联。当模拟黏滞阻尼器时，可将弹簧刚度设为无穷大，此时Maxwell模型中只有阻尼单元发挥作用。但是过大弹簧刚度也会引起软件求解困难，根据《ETABS使用指南（2004）》使用10^2～10^4倍的C值作为“弹簧单元”的刚度。

黏滞阻尼器的阻尼力F与活塞运动速度V之间具有下列关系：$F=Cv^{\alpha}$，其中C为阻尼系数，与油缸直径、活塞直径、导杆直径和流体黏度等因素有关；α为速度指数，与阻尼器内部的构造有关。

黏滞阻尼器的阻尼力与阻尼系数呈线性变化，阻尼系数C越高，耗能越大，但造价也越高。速度指数α越小，耗能越大，但过小的速度指数会导致产品的性能不够稳定。

依据速度指数α的取值，可将黏滞阻尼器分为三类：线性黏滞阻尼器（$\alpha=1$）、非线性黏滞阻尼器（$0<\alpha<1$）和超线性黏滞阻尼器（$\alpha>1$）。线性阻尼器的阻尼力与相对速度呈线性关系；非线性阻尼器在较低的相对速度下，可输出较大的阻尼力，而速度较高时，阻尼力的增长率较小。由于结构的风振通常速度相对较低，因此抗风振一般选用非线性黏滞阻尼器。

3. 风时程的输入

风时程宜采用风洞试验提供的风时程数据。舒适度计算使用10年一遇的风压强度，钢筋混凝土结构阻尼比取0.015～0.02，钢结构取0.01。每个风向角的风时程数据的数量与结构楼层数相等，每层有F_x、F_y、M_z（扭转）三个分量。计算时可采用刚性楼板假定，将风时程数据输入相应楼层的楼板质心。

4. 顶点横风振加速度结果取值

在结构顶部选出横风振加速度最大的点，以该点的加速度时程均方根的2.5倍为评估参数进行评估。

3.10.5　工程案例

1. 工程概况

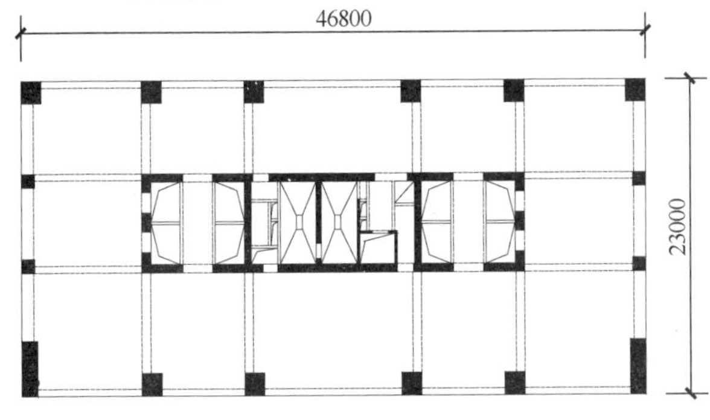

图3.10.5-1　塔楼典型楼层平面图

某工程塔楼为超高层公寓（15F层以下为办公楼）。结构采用混凝土框架-核心筒体系，地面以上61层，塔楼屋顶高度246.85m，屋顶以上构架最高处高约255.85m，宽度23m，高宽比约10.7，高宽比超过《高规》限值较多。典型楼层平面图见图3.10.5-1。

塔楼的风洞试验结果表明，当

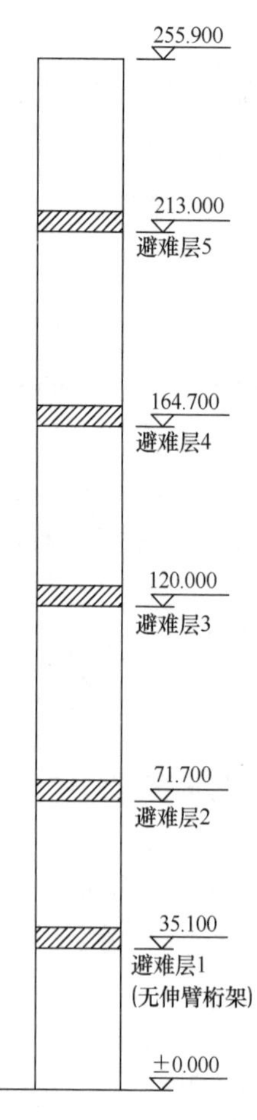

图 3.10.5-2　避难层标高示意图

结构阻尼比取 0.02 时，10 年一遇风荷载作用下的顶点最大加速度为 0.192m/s²，不满足规范“不超过 0.15m/s²”的要求，需要采取相应的处理措施。风洞试验报告同时表明，当结构阻尼比取 0.03 时，10 年一遇风荷载作用下的顶点最大加速度为 0.150m/s²，基本满足规范“不超过 0.15m/s²”的要求；结构阻尼比取 0.035 时，10 年一遇风荷载作用下的顶点最大加速度为 0.137m/s²，满足规范“不超过 0.15 m/s²”的要求。因此采取措施降低结构在横风作用下的振动是必须的。

由于本工程案例自身的结构刚度已足够，再按传统方法增加结构自身刚度来减小风振加速度是不合适的，因此采用设置液体黏滞阻尼器的方案以增加结构阻尼比，降低结构在风荷载作用下的风振加速度。

2. 液体黏滞阻尼器的布置

阻尼器布置需要考虑建筑使用功能要求。本工程选择在建筑避难层布置斜撑式阻尼器。本工程共有 5 个避难层，层高均为 5.1m。由于 B 塔 Y 向（东西向）高宽比较大，侧向刚度相对较弱，结构设计时在第 2、3、4、5 个避难层的 Y 向中间 4 榀布置了伸臂桁架。避难层标高示意图见图 3.10.5-2，避难层阻尼器布置见图 3.10.5-3，黏滞阻尼器数量见表 3.10.5-1。

3. 黏滞阻尼器参数

由于风荷载相对地震而言频率较低，峰值力较小。而非线性阻尼器在较低的相对速度下，可输出较大的阻尼力。因此，本项目采用非线性阻尼器（$0<\alpha<1$），黏滞阻尼器参数详见表 3.10.5-2。

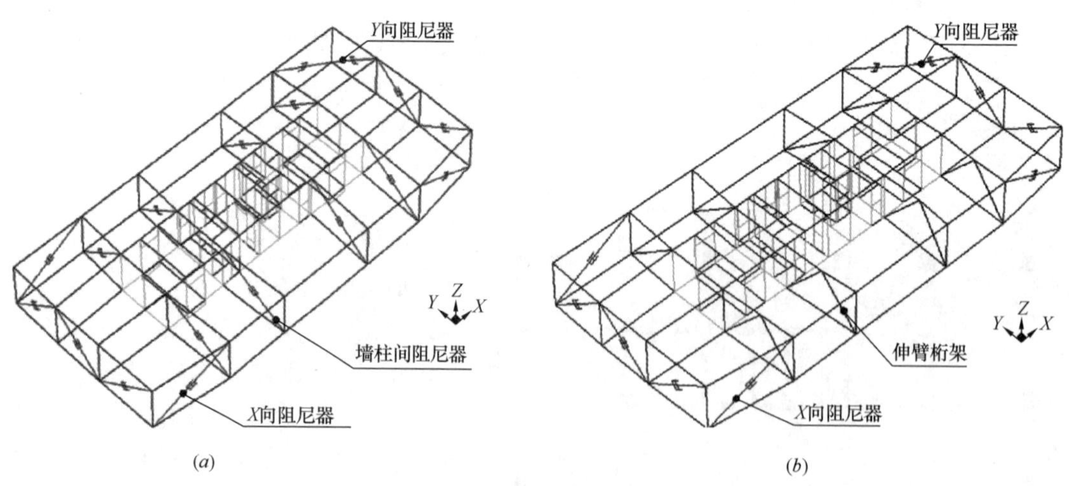

图 3.10.5-3　阻尼器布置示意图

(a) 避难层 1；(b) 避难层 2、3、4、5

阻尼器数量　　表 3.10.5-1

项次	X 向阻尼器	Y 向阻尼器	墙柱间阻尼器	共计
避难层 1	4	6	8	18
避难层 2	4	6	0	10
避难层 3	4	6	0	10
避难层 4	4	6	0	10
避难层 5	4	6	0	10
共计	20	30	8	58

黏滞阻尼器参数　　表 3.10.5-2

项次	阻尼系数 C (kN/(m/s)$^{\alpha}$)	速度指数 α
X 向阻尼器	8000	0.4
Y 向阻尼器	8000	0.3
墙柱间阻尼器	8000	0.4

4. 计算模型

塔楼分析使用 ETABS 进行，黏滞阻尼器单元采用 MAXWELL 单元进行模拟，模型如图 3.10.5-4 所示。

风洞试验风向角示意图见 3.10.5-5，风荷载使用风洞试验报告提供的结果。风向角 110°时，有 X 向最大顶点横风振加速度为 0.146/(m/s^2)；风向角 180°时，有最不利 Y 向最大顶点横风振加速度为 0.192m/s^2。

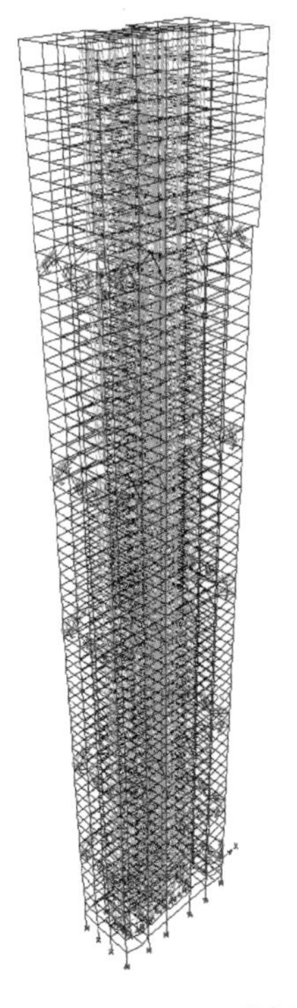

图 3.10.5-4　ETABS 分析模型

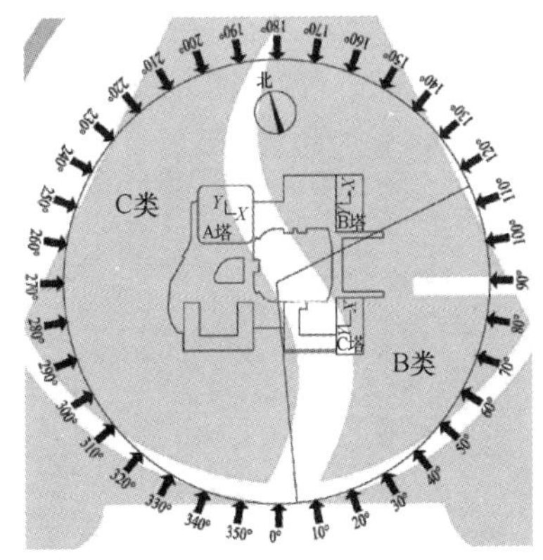

图 3.10.5-5　风洞试验风向角示意图

对塔楼进行风时程分析时（风向角 180°），在模型的每层刚性楼板的质心输入相应的 F_x、F_y、M_z（扭转）三个时程。

5. 减振效果

起控制作用的 Y 向顶点横风振加速度，减振前为 0.192m/s²，减振后为 0.136m/s²，减振率 29.46%。减振前后的 Y 向顶点横风振加速度时程结果见 3.10.5-6，其中浅色为减振前的横风振加速度结果，深色为减振后的横风振加速度结果，从中可以看出顶点加速度明显减小。分析结果表明，减振后顶点横风振加速度可以满足规范要求。

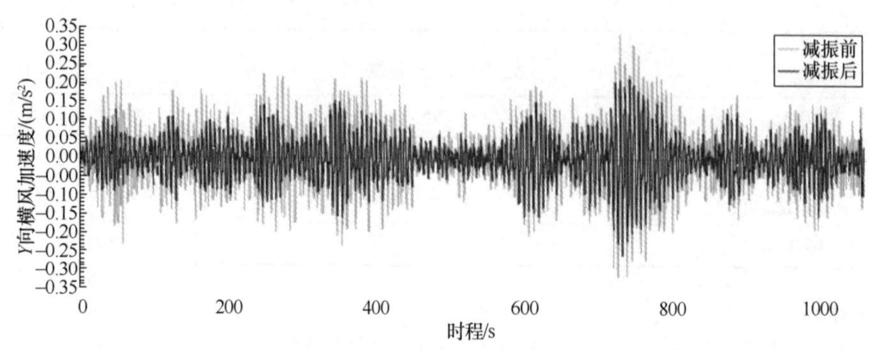

图 3.10.5-6　减振前后的 Y 向顶点横风振加速度（m/s²）

附加阻尼比可采用“对比法”进行估算。将无布置阻尼器的结构阻尼比提高 1.5% 时，即使用 3.5%的比时，10 年一遇风荷载作用下的顶点最大横风振加速度为 0.137m/s²。在采用减振方案后，计算得出的顶点横风振加速度为 0.136m/s²，由此可得阻尼器提供的附加阻尼比约为 1.5%。

3.10.6　结语

本文研究表明，采用液体黏滞阻尼器对结构的风振舒适度有明显改善作用。案例展示了带液体黏滞阻尼器结构的计算过程和结果，在布置液体黏滞阻尼器后，本案例的横风振减振率接近 30%，效果显著，大幅减小结构的横风振加速度，改善了结构的横风振舒适度。

本章 3.9 节由张剑编写，其余各节由魏琏、王森等编写。